输电铁塔制造技术

宏盛华源铁塔集团股份有限公司　编著

内 容 提 要

本书以输电铁塔制造为主线，贯穿铁塔制造上下游领域，涵盖铁塔设计、原材料加工、铁塔制造工艺、技术管理与质量管理，以及铁塔组立全过程。

本书共十二章，包括输电杆塔概述、输电铁塔设计技术、输电铁塔主要原材料、输电铁塔用紧固件、输电铁塔制造工艺、制造设备、防腐技术、输电铁塔制造技术管理、质量管理、信息化技术应用、输电铁塔现场组立技术、输电铁塔制造技术发展等。

本书内容翔实，实用性强，是一本全面系统阐述铁塔制造技术及行业技术现状和发展的读物。本书主要适用于铁塔制造企业技术与管理人员，对从事输电铁塔设计、铁塔原材料加工、铁塔施工等的技术管理、工艺管理、质量管理、物资管理及检验检测等方面的人员也有很好的参考价值。

图书在版编目（CIP）数据

输电铁塔制造技术/宏盛华源铁塔集团股份有限公司编著．—北京：中国电力出版社，2023.1
ISBN 978-7-5198-7114-7

Ⅰ．①输…　Ⅱ．①宏…　Ⅲ．①输电铁塔-工程施工　Ⅳ．①TM75

中国版本图书馆 CIP 数据核字（2022）第 183659 号

出版发行：中国电力出版社
地　　址：北京市东城区北京站西街 19 号（邮政编码 100005）
网　　址：http：//www.cepp.sgcc.com.cn
责任编辑：刘　薇
责任校对：黄　蓓　李　楠　郝军燕
装帧设计：张俊霞
责任印制：石　雷

印　　刷：三河市百盛印装有限公司
版　　次：2023 年 1 月第一版
印　　次：2023 年 1 月北京第一次印刷
开　　本：787 毫米×1092 毫米　16 开本
印　　张：29.25
字　　数：730 千字
印　　数：0001—2500 册
定　　价：128.00 元

本书编委会

本书编写组

主　　编　徐德录

副 主 编　常建伟　杨靖波

参编人员　（按姓氏笔画排序）

王正寅　王自成　朱小明　朱建清　朱彬荣　刘蔚宁

李凤辉　李　光　李代君　李进春　李茂华　杨垂玮

杨春华　张加友　张　红　张忠文　张殿桦　吴昊亭

侯中伟　施洪亮　殷绪珂　黄元勋　黄　成　葛晓峰

蒋　旭　韩　梅　廖智诚　戴刚平

前言

输电铁塔是输电线路的重要组成部分，它不仅要承受导线、地线、金具、绝缘子及杆塔等自身荷载，还要承受风、冰等附加荷载。铁塔结构设计的合理性、铁塔制造技术的先进性、铁塔制造质量的稳定性是输电线路安全可靠运行的根本保证。十多年来，我国特高压输电工程快速发展，铁塔用材及铁塔承载力要求不断提高，推动了铁塔设计创新和铁塔制造工艺技术进步。

本书以输电铁塔制造为主线，贯穿铁塔制造上下游领域，涵盖铁塔设计，原材料加工，铁塔制造工艺、技术及质量管理，铁塔组立全过程，由工程管理、铁塔设计、铁塔制造、监造、检验及铁塔材料与铁塔装备等方面的人员共同编写。第一章介绍了输电杆塔相关基础知识和概念，从行业结构、企业竞争力方面分析了行业现状，由李代君、常建伟、侯中伟、杨垂玮编写；第二章介绍了铁塔选型方法和要求、铁塔设计基本方法、铁塔结构优化方法、铁塔真型试验等，由杨靖波、李茂华、朱彬荣编写；第三章介绍了角钢、钢板、钢管、法兰等铁塔用材的生产工艺和性能特点等，由李光、常建伟、施洪亮编写；第四章介绍了铁塔用紧固件的制造技术、热浸镀锌和检测要求等，由王正寅、李代君、黄元勋编写；第五章介绍了铁塔放样、下料、制孔、制弯、矫正、焊接、压号、清根、铲背、试组装等工艺要求，由朱小明、蒋旭、廖智诚、韩梅、王自成、殷绪珂、施洪亮编写；第六章介绍了铁塔加工的下料设备、制孔设备、制弯与整形设备、焊接设备、复合型多功能生产线、热浸镀锌设备的功能特点和主要技术参数等，由王自成、张加友、施洪亮、朱建清、张殿桦、黄成编写；第七章介绍了输电铁塔的腐蚀机理和腐蚀特征，介绍了环保、高效、智能化热浸镀锌改进技术，由张忠文、常建伟、施洪亮编写；第八章介绍了输电铁塔企业的技术管理，由葛晓峰、戴刚平、常建伟、徐德录编写；第九章介绍了输电铁塔企业的质量管理，由李凤辉、常建伟、李进春、张红编写；第十章介绍了铁塔企业 ERP、MES、EIP 等信息化技术应用，由杨春华、常建伟编写；第十一章介绍了超高压和特高压输电铁塔的组立技术和施工方法，由刘蔚宁、吴昊亭、徐德录编写；第十二章从绿色智能制造、制造装备数字化与智能化、数字化车间与智能车间建设等方面阐述了铁塔制造技术发展方向，由常建伟、徐德录、杨靖波、戴刚平、李茂华、朱彬荣、张加友编写。附录部分列举了输电铁塔制造常用标准清单、GB 50661—2011《钢结构焊接规范》对钢结构焊接工艺评定要求、输电铁塔制造常用焊接材料型号表示方法等。全书由徐德录统稿。

本书主要面向铁塔制造企业技术人员，力求为从事输电铁塔设计、制造、施工的技术管理、工艺管理、质量管理、物资管理及检验检测等方面的技术人员，提供一本全面系统阐述铁塔制造行业技术现状和发展的读物。

由于编者水平所限，书中难免有疏漏、不足之处，敬请读者批评指正。

编者

2022 年 12 月

目录

第一章　输电杆塔概述

第一节　输电线路基础知识

一、电力系统概述

电力系统是由电能的生产、输送、分配和使用所组成的电能生产与消费系统，它的功能是将自然界的一次能源通过发电装置转化成电能，再经输电、变电和配电将电能供应到各用户（如图 1-1 所示）。传统的电力系统是由发、供、用三者联合组成的整体，要保持动态平衡，其中任意一个环节配合不好，都不能保证电力系统安全、经济运行。

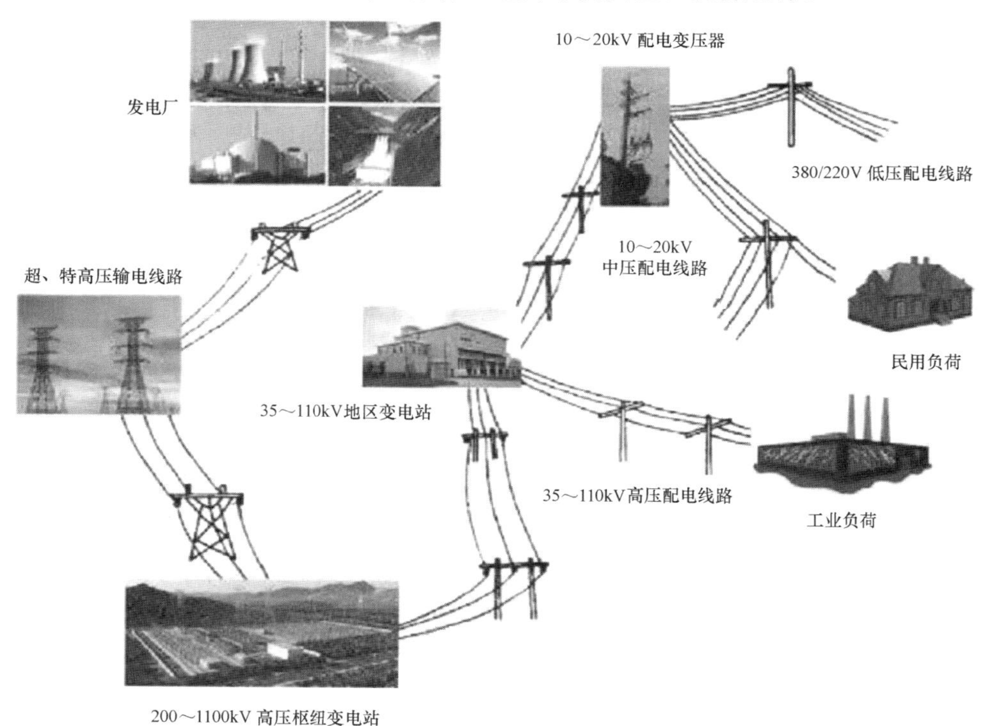

图 1-1　电力系统组成示意图

电力系统主要包括发电厂、电力网和用户（用电设备）。其中，发电厂的功能是生产电能，把非电形式的能源转换为电能。发电厂类型很多，传统电力系统的电源主要是火力发电厂、水力发电厂、燃气电站，以及核电站、风力电站、光伏电站等。电力网是联系发电厂和客户的中间环节，其作用是输送和分配电能。电力网由输电网和配电网组成，而输电网和配电网又分别由各级电压的电力线路及变（配）电站所组成，其中，输电网是电力系统的主要网络（简称主网），起到电力系统骨架的作用，所以又称为“网架”。配电网是将电能从变电站分配到用户的电网，其主要作用是为用户供电。

2021年3月，习近平总书记主持召开中央财经委员会第九次会议，提出深化电力体制改革，构建新型电力系统，新型电力系统的概念便是基于这样的背景下诞生出来。

目前，新型电力系统尚无明确的官方定义，新型电力系统的目标是为了实现电力系统减碳。与传统电力系统相比，其主要差别是：

（1）电源结构：由可控连续出力的火电装机占主导，向强不确定性、弱可控出力的新能源发电装机占主导转变。

（2）负荷特性：由传统的刚性、纯消费型，向柔性、生产与消费兼具型转变。

（3）电网形态：由单向逐级输电为主的传统电网，向包括交直流混联大电网、微电网、局部直流电网和可调节负荷的能源互联网转变。

（4）运行特性：由源随荷动的实时平衡模式、大电网一体化控制模式，向源网荷储协同互动的非完全实时平衡模式、大电网与微电网协同控制模式转变。

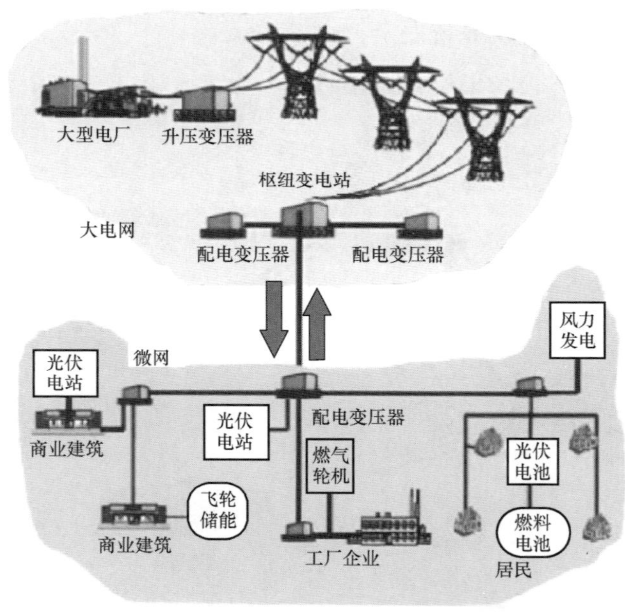

图1-2　传统电力系统向新型电力系统转型

因而，构建新型电力系统，必须以新能源能够安全可靠地替代传统能源为基础。为此，需要建设大型风光电基地，建设坚强智能电网，发展新能源＋储能，实现源网荷储多能互补智能互动。所以，新型电力系统更需要柔性化、智能化，以调节各种能源的生产-输送-配电-使用，实现多种能源系统的融合协调（见图1-2）。

为适应这一变化，大型风光电基地需要新建外送通道，而特高压作为远距离电力输送的重要工具，可以有效解决新能源发电端和用户端的空间错配问题，更好地支撑电力系统转型升级。

二、输电线路概述

在电力网中，电力线路是输电线路和配电线路的统称。输电线路的作用是将发电厂的电能输送到负荷中心，它的特点是线路较长、电压等级较高。配电线路的作用是将负荷中心的电能配送到各个电能用户，它的特点是线路较短、电压等级较低。

传输相同功率的电力，电压越高输电损耗越小，但是线路电压越高，输变电设备的绝缘要求也越高，从而造成造价提高。输电电压可按式（1-1）计算

$$U=5.5\sqrt{0.6l+P/100} \tag{1-1}$$

式中：U 为输电电压，kV；l 为输电线路长度，km；P 为输送功率，kW。线路越长，传输功率越大，要求的传输电压越高。

为了减少输配电设备和发电资源的浪费，有利于输配电设备的标准化设计生产，实现设备制造规模化效益，世界各国均规定了标准电压。为避免电压等级过多过密造成设计繁杂、输变电设备容量重复和资源浪费，规定了电压等级序列。我国采用 50Hz 标准电压系列，GB/T 156—2017《标准电压》规定了我国标称电压等级序列：

（1）220～1000V 交流系统：220、660、1000V；

（2）1kV 以上至 35kV 交流系统：3、6、10、20、35kV；

（3）35kV 以上至 220kV 交流系统：66、110、220kV；

（4）220kV 以上交流系统：330、500、750、1000kV；

（5）直流系统：±400、±500、±660、±800、±1100kV。

输电线路主要指架空线路，是架设在地面之上、用绝缘子将输电导线固定在直立于地面的杆塔上以传输电能的输电线路。凡是挡距超过 25m 且利用杆塔敷设的高、低压电力线路都属于架空线路。通常将 35～220kV 的输电线路称为高压线路，330～750kV 的输电线路称为超高压线路，750kV 以上的输电线路称为特高压线路。目前，世界各国都采用高压输电，并不断地由高压（110～220kV）向超高压（330～750kV）和特高压（750kV 以上）升级。

输电线路主要由杆塔（含基础）、导线、避雷线（架空地线）、绝缘子、金具和接地装置等组成。

杆塔是电力线路的主要承载物，要承受导线、地线、金具、绝缘子及杆塔本身等的荷载，还要承受风、冰等附加荷载，因而要有足够的强度和刚性。

导线架设在杆塔上，导线的功能主要是输送电能。导线长期处于野外且承受各种气象条件和各种荷载，因此，导线不仅要求有良好的导电性能，还要具有较高的机械强度、耐震性能和一定的耐腐蚀性能，且价格又经济合理。导线常采用钢芯铝绞线、铝包钢芯铝绞线、钢芯铝合金绞线、防腐钢芯铝绞线。

架空地线又称避雷线，地线架设在导线的上空，由于架空地线对导线的屏蔽及导线、架空地线间的耦合作用，可以减少雷电直接击于导线的机会。

绝缘子是输电线路绝缘的主体，其作用是悬挂导线并使导线与杆塔、大地保持绝缘。绝缘子不但要承受导线的垂直荷重，还承受水平荷重和导线张力。输电线路常用绝缘子有盘形悬式瓷质绝缘子、盘形悬式玻璃绝缘子、棒形悬式复合绝缘子，如图 1-3 所示。按承载能力分为 70、100、160、210、300、400kN 等。每种绝缘子又分普通型、防污型等多种类型。

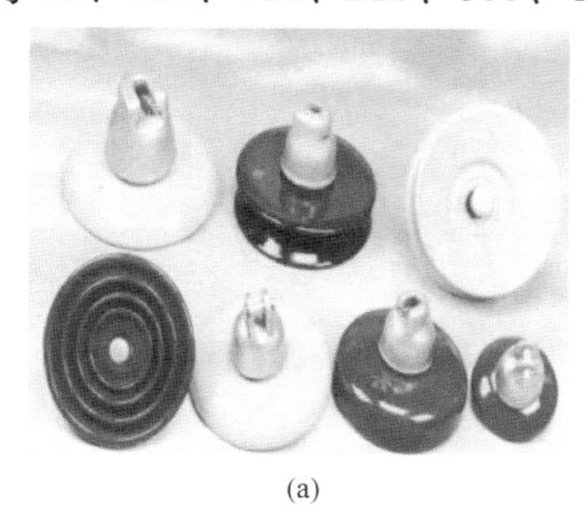

(a)

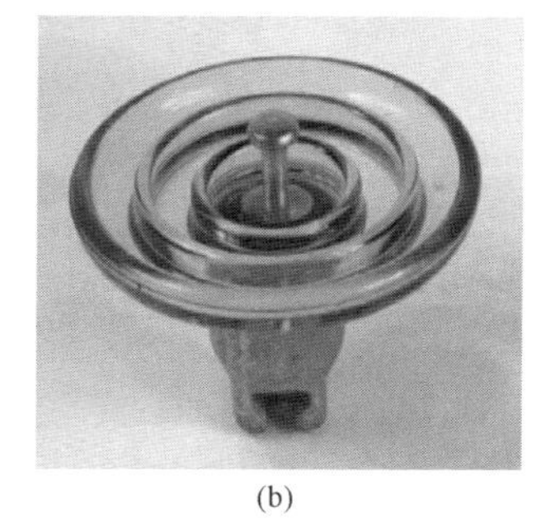

(b)

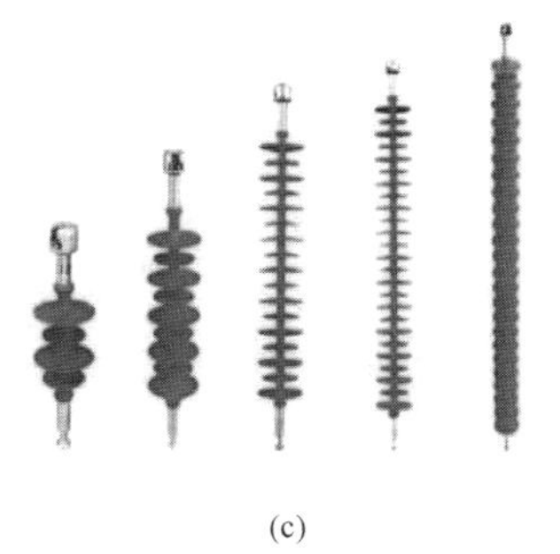

(c)

图 1-3　绝缘子

（a）盘形悬式瓷质绝缘子；（b）盘形悬式玻璃绝缘子；（c）棒形悬式复合绝缘子

架空输电线路电压等级的快速识别主要通过线路上的绝缘子片数进行区分（对于复合绝缘子，根据绝缘子的长度进行区分），一般情况如表 1-1 所示。

表 1-1　　架空输电线路悬垂绝缘子串的绝缘子片数

标称电压（kV）	10	35	110	220	330	500	750	±800	1000	±1100
绝缘子（片）	1～2	3～4	7～9	13～15	17～19	28～30	32～36	63～84	58～63	110～136

金具连接和组合电力系统中的各类装置，起到传递机械负荷、电气负荷及防护作用。金具种类繁多、用途各异。例如，安装导线用的各种线夹、组成绝缘子串的各种挂环、连接导线的各种压接管、分裂导线上的间隔棒等都属于电力金具。大部分金具在运行中需要承受较大的拉力，有的还要同时保证电气方面接触良好，因此，金具的质量对线路安全运行有重要影响。

电力金具按其作用及结构可分为悬垂金具、耐张金具、连接金具、接续金具、防护金具、接触金具、固定金具（如图 1-4 所示）。

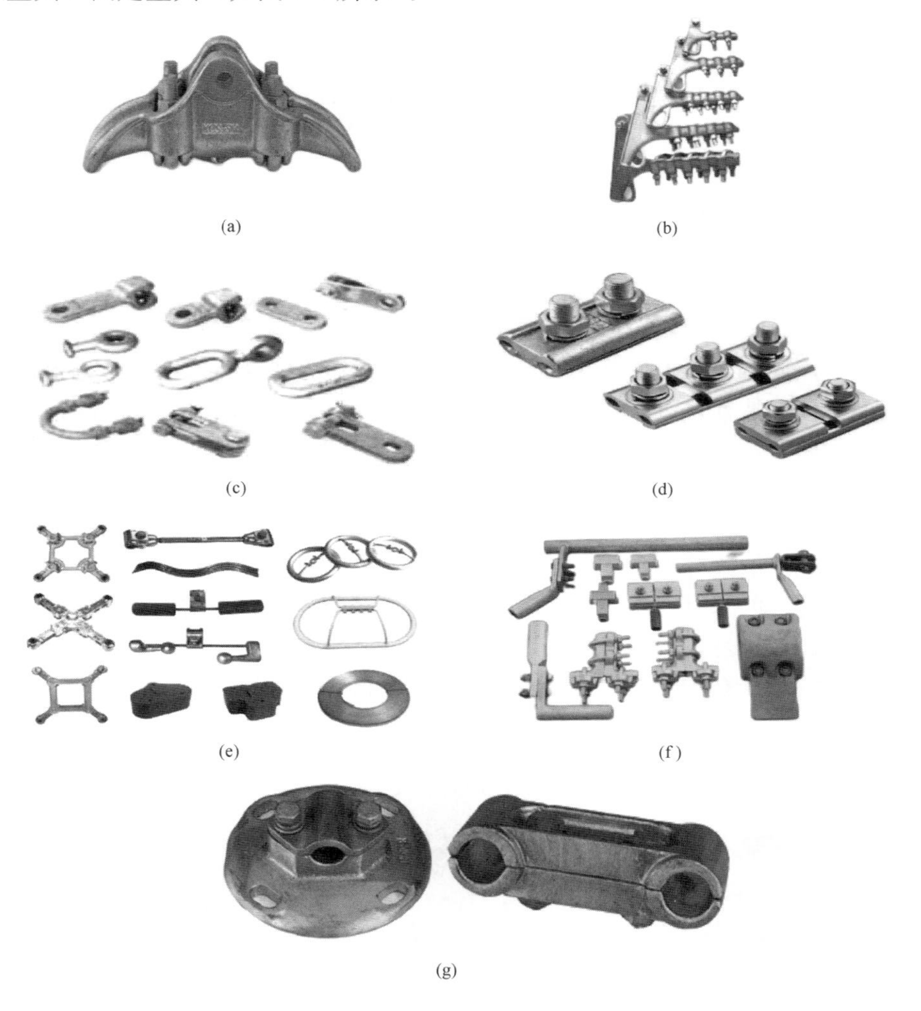

(a)　(b)　(c)　(d)　(e)　(f)　(g)

图 1-4　电力金具

（a）悬垂金具；（b）耐张金具；（c）连接金具；（d）接续金具；（e）防护金具；（f）接触金具；（g）固定金具

三、我国输电线路建设历程

新中国成立70多年来，我国电力工业勇当先行、砥砺奋进，从小到大、从弱到强，从“用上电”到“用好电”，为经济社会发展和人民生活改善做出了积极贡献。特别是党的十八大以来，我国电力工业实现了从高速度发展到高质量发展的跨越，实现了从“中国制造”到“中国创造”的转变，尤其是特高压输电技术成为国家名片，引领世界输电技术发展方向。

从1949年到改革开放初期，我国从仅有一条220kV线路和几条154kV线路发展到以220kV线路为主网架的输电网络，累计输电线路长度23万km，最高电压等级330kV。

1981年12月，我国第一条500kV超高压输电线路——平武输变电工程竣工。湖北、河南两省联网加强，中国成为世界上第8个拥有500kV线路的国家。

1990年，葛洲坝—上海±500kV直流输电工程连起了华中、华东电网。2006年12月，历时10年建设的三峡到江苏、广东、上海三条±500kV线路，将水电资源送入东部、华南的负荷中心。到2004年，我国成为世界上水电装机容量最多的国家。

到2009年，我国35kV及以上输电线路长125.40万km，220kV及以上输电线路回路总长度为39.94万km，位列世界第一位。

2009年1月，1000kV晋东南—南阳—荆门特高压交流试验示范工程建成；2010年7月，向家坝—上海±800kV特高压直流工程建成投产。中国电网全面进入特高压交直流混合电网时代。

2011年，青藏电力联网工程投运，标志着中国除台湾地区以外，实现了全国联网。

2014年2月，国家电网公司与巴西国电联营体（中方占股51%）成功中标巴西美丽山特高压输电项目，使之成为中国在海外中标的首个特高压直流输电工程，标志着中国特高压技术走出国门。

2019年9月，世界上电压等级最高的昌吉—古泉±1100kV输电工程竣工投产，输送容量达1200万kW，输送距离超过3000km。

截至2020年底，我国35kV及以上输电线路达202.36万km，为新中国成立初期的312.5倍。其中，220kV及以上输电线路回路总长79.41万km；1000kV交流输电线路回路总长13 072km，±800kV及以上直流输电线路回路总长25 217km。以特高压技术为代表，我国电网建设规模和装备制造水平已成为世界领跑者。

第二节 输电杆塔基础知识

一、输电杆塔概述

（一）输电杆塔的作用

输电杆塔是支承架空输电线路导线和架空地线，并使导线与导线之间、导线和架空地线之间、导线与杆塔之间，以及导线对大地和交叉跨越物之间有足够的安全距离的杆形或塔形构筑物。输电杆塔作为输电线路的重要组成部分，起着支撑架空电力线的作用，保证电能安全可靠地输送到电网或用户。

输电杆塔不仅要承受导线、地线、金具、绝缘子及杆塔本身等的荷载，还要承受风、冰等附加荷载，因而要有足够的强度和刚性。按照材料和用途不同，输电杆塔分为角钢塔、钢管塔、钢管杆等，前两者主要用于输电线路，后者多用于配电线路。

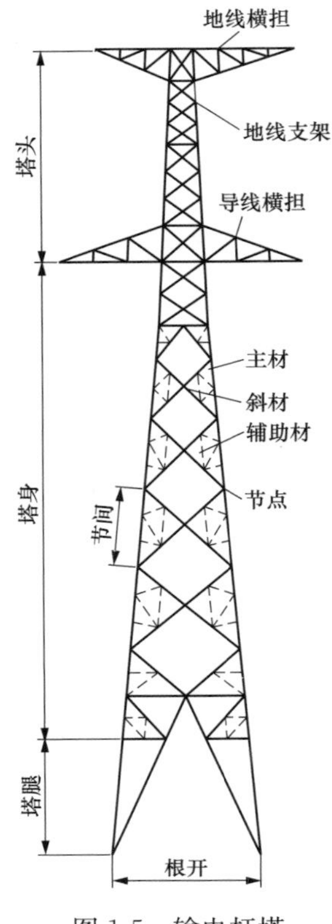

图 1-5　输电杆塔主要组成示意图

（二）输电杆塔组成

以角钢塔、钢管塔为例，输电铁塔分为塔头、塔身和塔腿三部分，包括地线支架、横担、V 面、隔面、脚钉、爬梯等附件，图 1-5 为输电杆塔主要组成示意图。

塔头：从塔腿往上塔架截面急剧变化（出现折线）以上部分为塔头，如果没有截面急剧变化，那么下横担的下弦以上部分为塔头。

塔身：塔腿和塔头之间的部分称为塔身。

塔腿：基础上面的第一段塔架称为塔腿。

地线支架：塔头用于挂地线的部件。

横担：伸出塔身并支撑导线或地线的构件框架。

V 面：一个塔脚上连的两根斜材组成的一个视图面称为 V 面。

隔面：两根钢材展开组成的面，在机械制图上称为剖面图。

脚钉：安装在塔身上，方便施工人员从塔底登上塔顶。

爬梯：在角钢塔的内部或塔身上，由塔底连到塔顶，起着登高作用的梯子，和脚钉的作用差不多。

吊杆：一般指由塔身交叉点连到横材上的钢材。

走道：由塔身连到平台的过道。

平台：在检修设备的时候用作站脚的工作台。

二、输电杆塔的分类

输电杆塔的分类方式有多种，比较常见的是根据用途和材料进行分类。

（一）按用途分类

输电杆塔按其在线路中的用途主要分为直线塔、耐张塔、转角塔、终端塔、跨越塔、换位塔、分歧塔、景观塔等（见图 1-6）。例如，在线路的转折处要设置转角塔，在被跨越的两侧要设置较高的跨越塔，为均衡三相线路的阻抗，要每隔一定距离设置换位塔，在变电站的进、出口处要设置终端塔。不同塔型的受力特点也不相同，直线塔的导、地线前后张力相等，塔体只承受输电线产生的竖直力，受力简单，而转角塔的导、地线前后张力形成水平合力，塔体需承受不平衡的水平拉力作用，受力相对复杂。

1. 直线塔

在正常情况下，直线塔不承受顺线路方向的张力，而仅承受导线、地线、绝缘子和金具等的重力和风压，其绝缘子串是垂直悬挂的，所以直线塔也叫悬垂塔。在架空线路中，直线塔的数量约占全部杆塔数量的 80%。直线塔通常用字母“Z”表示。

直线塔一般采用自立式，为了降低工程造价，有时采用轻型拉线式直线塔。直线塔因为受力较小，塔身坡度较小，塔材规格较小，节点螺栓较少，塔体较轻。

2. 耐张塔

耐张塔是承力塔的一种，用于承受导线水平张力。耐张塔在线路中把整个线路的较长直线段分成若干个小的直线段，起着锚固直线段中塔上导线、地线的作用，可以限制线路在本塔前后区段安装和检修紧线的不平衡张力，并在断线、倒杆的情况下限制事故范围，减少线路断线事故的影响。

耐张塔分为耐张直线塔和耐张转角塔，耐张直线塔可以承受小转角，在线路正常运行和断线事故下，均承受较大的顺线路方向的张力。耐张转角塔位于线路转角处，线路转向内角的补角称为线路转角，耐张转角塔两侧的导线张力不在一条直线上，因而耐张转角塔除承受垂直荷载和风压荷载以外，还承受较大的导线张力角度合力，其大小决定于转角的大小和导地线水平张力大小。

耐张塔的塔身坡度较大，整体高度较低，部件材料规格较大，节点螺栓用量较多，单塔比直线塔重，绝缘子串呈下斜式，接近水平而又不是水平。耐张塔在线路中较少。耐张塔通常用字母“N”表示。

图 1-6　铁塔类型（按功能分类）

（a）直线塔；（b）耐张塔；（c）转角塔；（d）终端塔；（e）跨越塔；（f）换位塔；（g）大地巨人景观塔；（h）米奇景观塔；（i）吉祥物景观塔；（j）岗巴羊景观塔

3. 转角塔

转角塔也是承力塔的一种，转角塔设在线路转角处。典型设计中按角的大小分0°～20°、20°～40°、40°～60°、60°～90°角度系列。转角塔具有与耐张塔相同的特点和作用，但较耐张塔多了一个侧向永久性张力。转角塔分直线转角塔和耐张转角塔，转角塔通常用字母“J”表示。

4. 终端塔

终端塔也是承力塔的一种，终端塔设在线路的起点和终点处。终端塔具有与耐张塔、转角塔相同的特点和作用外，还比耐张塔、转角塔多了一个顺线路方向、向线路侧的单向永久性载荷。终端塔通常用字母“D”表示，转角终端杆塔用“DJ”表示。

5. 跨越塔

跨越塔一般都是成对设立，用来跨越海、江、河或较大沟谷、铁路、公路及中小型电力线路。跨越塔也是直线塔的一种特殊类型，通常用于线路出现较大档距或要求跨越段，跨越塔比一般直线塔要高得多，塔型较复杂，耗钢量和投资较多。一般的跨越形式为耐-直-直-耐、耐-直-直-直-耐。跨越塔通常用字母“K”表示。

6. 换位塔

当线路长度超过100km时，为了使各相电感、电容相等，减少对邻近平行通信线路的干扰，需要变换导线的相序（相位），而处于导线相序变换位置处的铁塔称为换位塔。换位塔一般在220kV及以上的线路中才设立，换位方式有单塔换位和双塔换位，500kV线路一般是用一个主塔和两个副塔配合实现换位，换位塔通常用字母“H”表示。

7. 分歧塔

一条线路同时向两个地区供电则需要设立分歧塔，分歧塔兼有终端塔和转角塔的受力特点。分歧塔的坡度一般较大，材料规格也比较大，总体不高但比较重，分歧塔通常用字母“F”表示。

8. 景观塔

景观塔，又叫工艺塔，特别适用于标志性建筑物旁边或顶部，具有美观大方、新颖独特、经久耐用、装饰效果好的特点。世界上比较有名的景观塔有大地巨人景观塔、吉祥物景观塔、米奇景观塔、岗巴羊景观塔等。

（二）按材料分类

输电杆塔按采用的材料可分为木杆、铝合金杆塔、钢筋混凝土电杆、钢结构杆塔和特殊材料杆塔等。

木杆因强度低、寿命短、维护不便，且我国木材资源有限，在我国已被淘汰。铝合金杆塔和复合材料杆塔（特殊材料杆塔的一种）因造价较高，只用于运输特别困难的山区。架空输配电线路中最常使用的杆塔主要是钢筋混凝土电杆和钢结构的杆塔。

1. 钢筋混凝土电杆

钢筋混凝土电杆分为普通钢筋混凝土电杆、预应力混凝土电杆和薄壁钢管混凝土电杆等。钢筋混凝土电杆的截面有方形、八角形、工字形、环形或其他一些异形截面。最常采用的是环形截面和方形截面。钢筋混凝土电杆中国使用最多，占世界首位。

2. 钢结构杆塔

钢结构杆塔按使用场合分为架空线路杆塔和变电构支架。架空线路杆塔按结构形式分为格构式桁架与管杆，主要有角钢塔、钢管塔、钢管杆。工程中杆塔结构形式的选择主要取决于线路的电压等级、回路数、地形地质条件和使用条件等多种因素，最后还要通过经济技术的比较择优选用。变电构支架指变电站或换流站中通过绝缘子串悬挂导线并承受导线张力的构架和支撑电气设备的支架。

角钢塔是主要采用角钢类型材制成的具有格构式结构的铁塔。角钢塔具有强度高、制造方便的优点。根据结构形状的不同，角钢塔主要分为酒杯塔、猫头塔、干字型塔、门型塔等，如图 1-7 所示。

图 1-7　角钢塔

(a) 酒杯塔；(b) 猫头塔；(c) 干字型塔；(d) 上字型塔；(e) 鼓型塔；(f) 羊角型塔；(g) 拉 V 塔

钢管塔是格构式的自立铁塔，主要采用圆形截面的钢管（多采用直缝焊管）为主材，钢管与带颈法兰采用焊接形式，辅材采用热轧等边角钢、插板等螺栓连接。钢管塔主要有特高压输电线路钢管塔和大跨越钢管塔两种类型。钢管塔的空气动力性能、截面力学特性及承载能力都优于角钢塔，由于其强度高、耐外力冲击强、占地小且铁塔制造、施工安装方便、挺拔美观等优点，因而在特高压输电线路及同塔多回超高压输电线路中得到广泛应用。

钢管杆是主要采用锥形直缝焊管（多边形或环形截面）、平板法兰、横担等构件组成的焊接钢构件。钢管杆的主杆有单根或多根，根据主杆的数量可分为单根钢管杆、门型钢管杆、四柱钢管杆。钢管杆占地面积小、外形简洁美观，具有结构简单、加工容易、施工方便、维护工作量少的特点，在城区的高压架空线路中得到了广泛的应用。

变电构支架根据结构形式大致可分为六种力学模型：独立柱；两侧侧向支撑的人字柱单

跨或多跨门形架；单侧侧向支撑的人字柱门型架；无侧向支撑的人字柱门型架；组合布置钢架；高型构架等。

3. 特殊材料杆塔

（1）球墨铸铁管杆。球墨铸铁管杆采用离心浇铸工艺一次成型，经孕育化处理和石墨球化处理，提升管杆的力学性能，是一种环形截面的锥形球墨铸铁电力管杆。与钢管杆相比，球墨铸铁管杆采用离心浇铸工艺一次成型，工艺简单，成本低，钢材利用率高，因球墨铸铁本身有良好的耐候性、抗腐蚀性，可裸装使用，是35kV及以下农网、城网输配电线路中混凝土杆和部分钢管杆的理想替代品，在35kV及以下输配电线路应用球墨铸铁管杆比热浸镀锌钢管杆更加绿色环保。

（2）耐候杆塔。耐候杆塔采用耐候钢制造，其抗大气腐蚀性优于常规输电杆塔，无需热浸镀锌，可裸装使用。耐候杆塔的应用，不仅解决了钢材易腐蚀问题，还解决了镀锌带来环境污染的问题，同时节约输电杆塔后期维护费用。

就角钢塔而言，耐候杆塔主材主要有两个技术方向：①使用冷弯角钢，采用耐候钢板冷弯成型；②使用热轧耐候角钢，采用耐候钢坯热轧加工。其中，前者在薄壁型材方面经济性较好，但由于工艺限制，其规格较少，且同型号角钢厚度系列偏少，边厚度较小；后者有完整的型号系列，同一型号角钢厚度系列多于冷弯角钢，尤其是可轧制大规格、大厚度的热轧耐候等边角钢，更适合于大负载、高电压等级输电铁塔。因此，整体上使用热轧耐候角钢有更大的经济性。而在铁塔制造方面，与冷弯角钢相比，热轧耐候角钢对清根、铲背、准距等方面的要求也较低，在同等条件下可减小角钢尺寸。这也是目前输电铁塔普遍采用热轧等边角钢的主要原因。

目前，耐候杆塔已基本解决了铁塔设计、铁塔关键原材料（角钢、钢板、紧固件）、铁塔加工技术等方面的问题，但在锈液流挂、节点防腐等方面尚需开展进一步的研究。

（3）复合材料杆塔。复合材料杆塔成型一般采用缠绕成型或拉挤成型工艺，单杆结构复合材料杆塔优选缠绕工艺，复合材料横担结构则优选拉挤工艺，若考虑复合材料横担在强度、耐腐蚀老化、抗变形及抗剪等方面的特殊性能要求，也使用缠绕成型工艺。纤维增强树脂基复合材料具有强度高、质量轻、耐腐蚀、可设计性强及绝缘性好等优异的综合性能。

复合材料杆塔主要型式有：

1）复合塔头。塔头为复合材料、下横担以下的部位是钢铁材料，其特点是整个杆塔塔头部分呈现绝缘状态。

2）复合横担。杆塔塔身部分采用角钢或钢管杆，横担采用复合材料，复合横担和绝缘子串共同承担绝缘性能。

3）全复合杆塔。杆塔的整体采用复合材料，整个杆塔没有金属材料或仅出现在复合材料构件的连接处，其特点是整个杆塔呈现绝缘状态。

目前，多种型式的复合材料杆塔已经在110kV及以上电压等级线路中运行。

节点连接是复合材料杆塔的关键技术之一，主要采用黏结和套接组合结构。但复合材料杆塔存在弹性模量低、荷载作用下变形较大、节点强度不足、前期投资高昂等不足，规模化应用需要大幅降低复合材料杆塔生产成本，解决耐老化问题，优化节点设计和防雷接地等。

（三）其他分类

输电杆塔根据电压等级的不同，分为1000、750、500、220、110kV输电杆塔等。

按线路回路数不同，分为单回路杆塔、双回路杆塔和多回路杆塔（见图 1-8）。其中，单回路杆塔既可水平排列也可三角形排列或垂直排列，双回路和多回路杆塔可垂直排列。

(a)

(b)

(c)

图 1-8　输电杆塔（按回路数分类）
（a）单回路杆塔；（b）双回路杆塔 ；（c）多回路杆塔

按输电线路电流形式分为交流输电杆塔和直流输电杆塔（见图 1-9），直流输电线路采用正负两极输电，交流输电线路采用三相线路以交流形式输电。

从维持结构整体稳定性上分为自立式杆塔和拉线式杆塔，不带拉线的杆塔称为自立式杆塔，带拉线的杆塔称为拉线杆塔。

(a)

(b)

图 1-9　输电杆塔（按电流形式分类）
（a）交流杆塔；（b）直流杆塔

第三节　输电杆塔制造基本概念

一、专业术语

制孔：为满足连接或辅助安装所设计的孔，一般通过冲压或钻削加工完成；随着激光技术的推广应用实现了下料和制孔、打码工序的合并，加工效率、尺寸精度和外观质量大幅度提高。

切角：为满足构造要求而切去角钢肢尖的角部。

切肢：为满足铁塔构造要求而切去角钢背的角部。构件切肢量的大小应视其位置而定，一般进入角钢圆弧内 r/3 及以下者可不切肢，进入角钢圆弧内 r/3 以上者应按切肢量定出尺寸。

注：角钢切角和切肢尺寸应符合设计要求且不影响构件承载能力。切角、切肢为铁塔加工的一个独立工序，目前一般采用机械（冲床、液压机）剪切和热切割（火焰、等离子）等工艺加工，随着智能制造技术的发展，实现角钢件的下料、制孔、切角一体化加工将是数控角钢加工生产的一个改进方向。

铲背：为保证连接紧密而将内贴角钢背棱角部分铲为光滑圆弧形，用于角钢塔连接接头部位的内包角钢。

清根：为保证角钢连接紧密而将外包角钢根部弧形刨掉使成直角，主要用于角钢塔连接接头部位的外包角钢，角钢塔塔脚靴板与塔腿连接部位的焊缝、双拼或四拼角钢用填板与角钢连接部位的焊缝，也需要进行清根处理。

注：铲背、清根加工技术已由传统的刨铣加工（牛头刨、龙门铣）向自动化连续加工的专用设备转变，加工效率和质量稳定性大幅度提高。

开合角：用工装设备使角钢两肢夹角不等于 90°的工艺，主要用在横担主材和 V 面的异面角钢之间的连接并消除接触间隙。有冷开合角、热开合角两种工艺。

注：开发可调整任意角度的开合角组合模具和解决开合角后角钢变形问题是提高工序制造能力的重点研究方向。

准线：螺栓孔布置在角钢肢的一条直线上，这条直线称为准线。

压扁：把角钢指定区域两肢折叠在一起的工艺，主要用在交叉角钢处吊杆一端。采用中频加热和配合机械手作业是提高工序自动化的改进方向。

制弯：对零件进行弯曲的工艺，按制弯工艺分为冷弯和热弯两种；按零件类型分为板材制弯、管材制弯、角钢件制弯。

注：如果角钢制弯采用开豁口方式，属于将非焊接件改为焊接件进行加工，一般需要设计单位予以确认，同时还应明确割缝部位焊缝的质量等级或检验要求。

连接板卷边：为了增加板的法向受力强度而把板的某边进行 90°的折弯。

角钢端头火曲：一根角钢搭接在另一个角钢上的时候，两材无法共面，为了保证连接紧密，把角钢连接的端头制弯，变成一根火曲的角钢。

注：开合角、压扁、制弯、卷边和角钢端头火曲等工序应根据材质、厚度等进行工艺试验并确定冷、热成型工艺参数，注意成型后不应产生裂纹和变形部位厚度减薄超标。

装配：按照规定的精度、工艺等技术要求，将零件以焊接方式连接或固定在一起使之成为部件或构件的过程，又称焊接件的组对。

焊接：通过加热或加压，或者两者并用，用或不用填充材料，使零件达到结合的一种加工方法。焊接是铁塔加工的关键工序，通常采用电弧焊工艺，如 CO_2气体保护焊、埋弧焊、焊条电弧焊、氩弧焊等。

注：在铁塔加工领域，目前仍以手工装配为主，焊接方面尽管最近 10 年来技术装备不断提升，开发并应用了钢管—法兰自动焊、塔脚自动焊等先进的装备和技术，但总体上仍以手工焊接为主。提高零部件加工精度和焊件的装配质量是保证焊接质量的前提，因此，借鉴相关领域内智能制造的成功经验，根据杆塔构件的特点，研发适用于铁塔节点柔性焊接的绿色、智能关键设备和技术，逐步实现机器代人是铁塔企业的主要发展方向之一。

试组装：为检验铁塔或零件、构件是否满足设计及安装质量要求而进行的预组装，其目的一般是为了验证放样与零部件加工的正确性。按照试组装方式的不同，分为立式试组装和卧式试组装，特高压直流角钢塔多采用塔头立组、塔身卧组的方式。

注：应注意“组装”与“装配”的概念是不同的，组装指的是以紧固件将零件或部件连接在一起的过程，而装配一般是专指焊接件的组对。

二、输电杆塔主要构件

主材：承担铁塔主要荷载的塔材或构成铁塔主要框架的塔材。一般角钢塔使用角钢，钢管塔使用钢管。

斜材：连接相邻两根主材的交叉材，包括角钢和钢管。

横材：连接相邻两根主材的水平材，包括角钢和钢管。

辅助材：除掉主材、斜材、横材之外的塔材，多为角钢。

挂线孔：用来安装挂线金具的孔。

安装用孔：在组装铁塔的过程中，起吊用孔或是暂时安装用的孔，一般都在横担或大型构件上（角钢塔主材、钢管塔塔身主管等）。

牌位孔：用来安装相位牌、杆号牌的孔，一般在塔身横材上。

跳线孔：在转角塔上，进线和出线不可以直接相连，由进线转到出线的过程就是跳线。

接地孔：用来安装接地件的孔，一般都在塔腿主材上。

工艺孔：在铁塔加工中，为确保工艺过程的顺利实施而开设的孔，如流锌孔、过焊孔等。

单面板：连接角钢的板是一个平面板，不需要进行制弯。

双面板：连接角钢的板有两个面，需要进行一次制弯。

三面板：连接角钢的板有三个面，需要进行两次制弯。三面板制作难度较大，有些铁塔企业采用钢板割缝后制弯，然后再焊接把割缝修补起来的方法进行加工，此种情况属于将非焊接件改为焊接件进行加工，一般需要设计单位予以确认，同时还应明确割缝部位焊缝的质量等级或检验要求。

交叉板：连接两个交叉材的板。

V 面板：在 V 面上做的火曲板。

垫板：两个交叉板在交叉点处的间隙太大，为了保证螺栓的拧紧，需要在中间加一件或两件薄钢板，这个板件即为垫板。

填板：在角钢塔中，主材采用组合角钢，将两根或四根角钢进行内部连接稳固的板为填板，主要有 T 型、十字型两种形式，采用焊接件。

塔脚板：连接铁塔主材和铁塔基础的组合。一般由底板、靴板和肋板组成。其中，底板是在塔脚板上和铁塔基础连接的水平板。靴板为连接塔脚板、主材、斜材的板。肋板是指为加强靴板的法向受力，在靴板和底板之间焊接的板。典型的角钢塔塔脚布置图如图 1-10 所示。

三、输电杆塔结构型式

（一）角钢类结构型式

1. 构造要求

（1）构件接头采用对接时，不同规格的角钢构件对接应以外边缘对齐，接头螺栓排列在

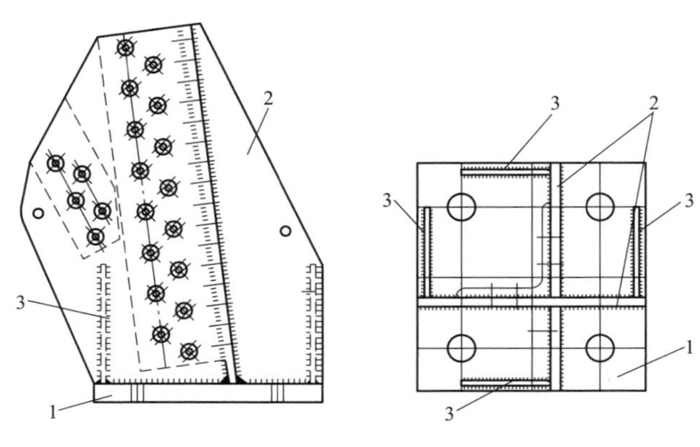

图 1-10　角钢塔塔脚布置图

1—底板；2—靴板；3—肋板

各自准线上。

（2）主材接头设置在节点时，上、下段斜材的准线应交于各自主材准线（如铁塔瓶口、塔身变坡处），如图 1-11 所示。焊接构件应以斜材重心线交于主材的外边缘或主材的重心线。

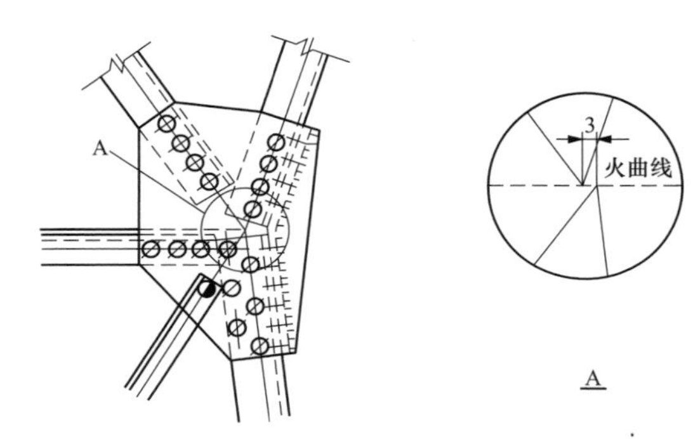

图 1-11　铁塔瓶口、塔身变坡处准线

（3）斜材与主材准线相交方式，应按下列方法确定：

1）主材为单排螺栓时，可用各自的准线交于一点或斜材准线不能交于一点则尽可能交于主材外边缘，如图 1-12（a）所示。

2）主材为双排螺栓时，斜材准线应交于主材第一排准线或斜材准线不能交于主材第一排准线则尽可能交于主材外边缘，如图 1-12（b）所示。

3）主材为组合角钢时，斜材准线交于主材中心，如图 1-12（c）所示。

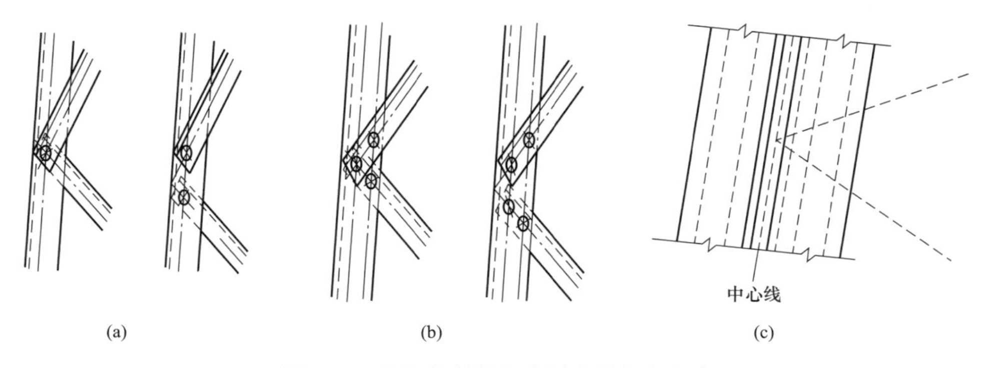

图 1-12　角钢塔斜材与主材准线相交方式

（a）单排螺栓准线；（b）双排螺栓准线；（c）主材为组合角钢

（4）斜材与辅助材宜直接与主材连接；对于制弯构件，应按照连接板、短构件、长构件顺序选择。

(5) 构件间连接，当出现空隙时应设置垫圈或垫板（当垫圈数量超过 2 个或 8mm 时应采用垫板），当两构件连接面间的夹角大于 2°时，构件应局部开、合角或制弯（如隔面主材等）处理。

(6) 横担悬臂部分超过 3m 时，应采用预拱，横担预拱值可根据实际外荷载在无风情况下的位移进行验算，一般可取横担悬臂长度的 1/(100～150)。

(7) 塔腿各主材应设置 1 个（或 2 个）接地孔（孔径 17.5mm），离基础顶面距离宜为 0.5～1.0m；地线支架上根据需要设置引流孔。

2. 结构型式

在角钢塔中，主要的角钢结构型式包括以下几种：

(1) 双拼角钢：组合角钢由两根角钢组成，有对角组合和“T”型组合两种。

(2) 十字交叉（四拼角钢）：组合角钢由四根角钢棱对棱组合，组成“十”字型。

(3) 格构式：组合角钢由四根角钢肢对肢组合，组成“口”字型。

（二）钢管类结构型式

1. 构造要求

(1) 钢管应以其中轴线为准线，钢管、角钢以准线汇交成节点，节点构造应尽量避免偏心。

(2) 钢管构件在承受较大横向荷载部位需采取加强措施；钢管构件的主要受力部位尽量避免开孔，必要时应采取加强措施。

(3) 钢管构件有可能进水的顶板应设封头板，构件局部死角处应开排气孔，若为主要受力部位应采取补强措施。

(4) 塔脚板型式可分为圆型或方型，地脚螺栓为偶数，地脚螺栓孔“十字线”方向应与基础施工图一致；塔脚斜材准线与主材准线交于塔脚板上平面。

2. 结构型式

钢管构件主要适用于圆环形截面钢管构件组合的塔架。典型节点构造型式有以下几种：

(1) 管结构相贯节点：钢管结构在搭接节点中应主管贯通，支管相贯线切割并焊于主管上。当支管厚度不同时，薄壁管应搭在厚壁支管上；当支管钢材强度等级不同时，低强度支管应搭在高强度支管上。主管和支管或两支管轴线之间的夹角不宜小于 30°；主管管径及壁厚大于支管管径及壁厚；支管不得穿入主管；各钢管的连接焊缝应平滑过渡；管壁厚在 6mm 及以上者均应切坡口后进行焊接，见图 1-13（a）。

(2) 刚性混合节点：节点板自由端宜设加劲板；斜材端部的焊缝实际长度宜比计算值加大 30%；节点板较大时，设加劲板加强，见图 1-13（b）。

(3) 柔性混合节点：节点板自由端宜设加劲板，见图 1-13（c）。

3. 主要连接形式

钢管塔中各构件主要连接形式有以下几种：

(1) 相贯连接：管与管之间通过开设相贯坡口，以焊接方式连接在一起。相贯连接是跨越塔的主要连接形式。

(2) 插板连接：钢管端部开矩形槽，钢管与插板以焊接方式连接，管件与连接板采用螺

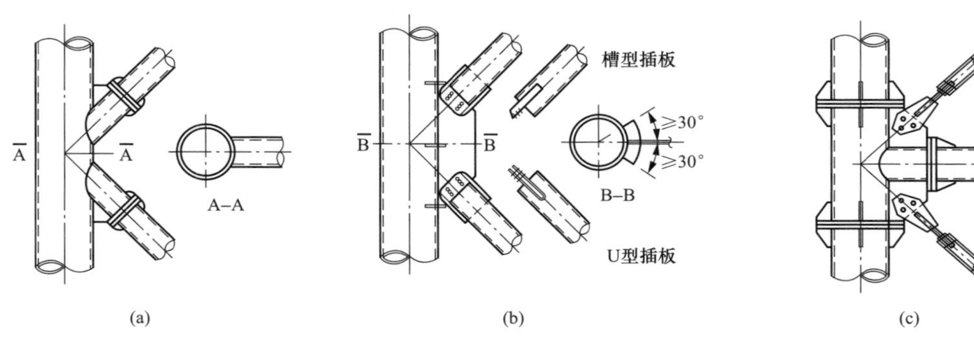

图 1-13　钢管塔主要节点类型

(a) 钢结构相贯节点；(b) 刚性混合节点；(c) 柔性混合节点

栓连接在一起。插板连接主要用于钢管塔横材与斜材，插板型式包括 U 型、I 型、C（槽）型、T 型和 X（十字）型 5 种。

（3）法兰连接：钢管通过焊接方式与法兰（包括带颈法兰、平板法兰）连接，管与管之间用螺栓通过法兰孔连接在一起。法兰连接是钢管塔的主要连接形式。其中，钢管与平板法兰的连接分为带劲板和不带劲板两种形式。

第四节　输电杆塔制造技术要求

一、输电杆塔技术标准

（一）分类与组成

我国输电铁塔技术标准由设计标准、制造标准、施工标准三大部分组成。在标准组成上，国内外标准有明显的差别，国外输电铁塔标准一般是一个综合性的标准，包括了设计、制作、施工方面的内容；而我国的输电铁塔标准，则是设计、制作、施工均为独立的标准。这种差别，反映出国内外在输电线路建设组织体系上的不同，国外工程一般采用总承包方式，而我国主要采用分部承包方式，按设计、制作、施工分别进行招投标。

（二）主要技术标准

1. 设计标准

我国架空输电线路设计的标准体系分为国家标准、行业标准等，国家标准主要有：GB 50545—2010《110kV～750kV 架空输电线路设计规范》、GB 50017—2017《钢结构设计标准》、GB 50135—2019《高耸结构设计标准》、GB 50009—2012《建筑结构荷载规范》、GB 50665—2011《1000kV 架空输电线路设计规范》等。

近年来，根据国家标准化工作改革的要求，对输电铁塔设计的电力行业标准进行了修编，将按电压等级、杆塔类型等分类的多项标准进行整合，形成了架空输电线路和杆塔结构设计的大标准体系。DL/T 5551—2018《架空输电线路荷载规范》、DL/T 5582—2020《架空输电线路电气设计规程》、DL/T 5486—2020《架空输电线路杆塔结构设计技术规程》，与 DL/T 5154—2012《架空输电线路杆塔结构设计技术规定》、DL/T 5440—2020《重覆冰架空输电线路设计技术规程》、DL/T 5442—2020《输电线路铁塔制图和构造规定》等标准一起构成了输电铁塔设计的主要标准。尤其是DL/T 5486—2020在修编过程中总结和吸收了近年来杆塔结构，尤其是特高压铁塔在新技术、新材料、新工艺（如大规格角钢、带颈对焊法兰、插板连接等）等方面的最新科研、设计成果及工程建设和运行经验，并参照了GB 50017—2017、GB/T 1591—2018《低合金高强度结构钢》等国家标准的最新要求，整合替代了DL/T 5254—2010《架空输电线路钢管塔设计技术规定》、DL/T 5130—2001《架空送电线路钢管杆设计技术规定》等标准，适用于架空输电线路（含大跨越）钢结构杆塔的设计。

另外，国家电网有限公司为适应特高压建设需要，还颁布了企业标准，如Q/GDW 1391—2015《输电线路钢管塔构造设计规定》等，对铁塔设计提出了更为细致和具体的要求。

这些标准的设计方法经历了20世纪70年代以“允许应力”到80年代以“概率论为基础的极限状态设计方法”的转变。

目前，中国、美国、欧洲铁塔设计标准均采用以概率理论为基础的极限状态设计方法，但国内外设计标准对结构可靠度等级和气候荷载重现期的取值有所不同，美国和欧洲标准的荷载重现期取值均大于中国标准。国内外设计标准对材料设计强度取值要求不同，中国标准采用材料强度的设计值，美国和欧洲标准采用材料强度的屈服值，欧洲标准需要根据厚度的不同进行调整，美国标准进行拉压强度计算时屈服强度进行0.9倍折减。

历史证明，铁塔设计创新对铁塔行业有极强的促进作用，从高强钢、大规格角钢应用，到钢管塔应用，每种新型塔材的应用均会带来铁塔行业技术革新、技术管理水平的提升，这些铁塔设计创新多数体现在特高压领域，因而，可以说特高压工程建设促使了铁塔企业上台阶，也提升了铁塔企业在同行业中的核心竞争力。

2. 制造标准

我国输电铁塔制造技术标准主要包括国家标准、行业标准、团体标准及企业标准，其中，企业标准包括主要铁塔用户制定的企业标准和铁塔企业制定的内控标准。内容涵盖产品、原材料、加工、检验及施工验收等。

我国输电铁塔起步于角钢塔，因而最早的铁塔制造技术标准是适用于角钢塔的GB 2694—1981《输电线路铁塔制造技术条件》，该标准是我国首个铁塔制造技术标准，不仅适用于输电铁塔，也适用于电力微波塔、通信塔，经过2003年、2010年、2018年三次修订，目前有效版本为GB/T 2694—2018。

从1996年开始，钢管杆大量应用于输电线路，1998年DL/T 646—1998《输电线路钢管杆制造技术条件》发布。后来，随着我国线路电压等级提高，钢管结构开始应用于钢管塔、变电构支架等，为此，2006年该标准首次修订，将标准名称变更为《输变电钢管结构制造技术条件》。再后来，更高电压等级的钢管塔开始使用，高强钢的应用逐渐增多，于2012年、2021年两次修订，目前有效版本为DL/T 646—2021。

上述两个标准是输电铁塔行业两个主要制造技术标准。

2016年，国家开始标准改革工作，2017年11月，全国人大常委会第三十次全体会议审议通过了新修订的《中华人民共和国标准化法》，首次赋予了团体标准的法律地位，明确提出标准包括国家标准、行业标准、地方标准、团体标准和企业标准，要求推荐性国家标准、行业标准、地方标准、团体标准、企业标准的技术要求不得低于强制性国家标准的相关技术要求，鼓励社会团体、企业制定高于推荐性标准相关技术要求的团体标准、企业标准。目前，铁塔制造行业团体标准主要有：

（1）中国电机工程学会团体标准 T/CSEE 00044—2017《特高压钢管塔及钢管构架加工技术规程》，该标准主要规定了特高压工程钢管塔及钢管构支架的制造技术要求，该标准获得2019年中国电机工程学会标准贡献一等奖。

（2）中国电力企业联合会团体标准 T/CEC 136—2017《输电线路钢管塔用直缝焊管》、T/CEC 137—2017《输电线路钢管塔加工技术规程》、T/CEC 352—2020《输电线路铁塔用热轧等边角钢》、T/CEC 353—2020《输电铁塔高强钢加工技术规程》。

此外，国家电网有限公司、中国南方电网公司等铁塔用户，也都结合自身实际需要，制定了相关的企业标准，作为对国家标准、行业标准的细化或补充，并对铁塔原材料的使用、加工工艺、检验要求等提出了更高的技术要求。

比如，2008年，为满足皖电东送淮南—上海特高压交流输电示范工程钢管塔的加工需要，国家电网公司开始了以钢管—法兰、插板连接的新型钢管塔研究，编制了《皖电东送特高压工程钢管塔加工技术规定》。2009年，国家电网公司基建部牵头，开展了《特高压钢管塔应用研究》项目，在《皖电东送特高压工程钢管塔加工技术规定》的基础上，国家电网公司组织编制了企业标准 Q/GDW 384—2009《输电线路钢管塔加工技术规程》，经过皖电东送工程等特高压交流工程钢管塔供货实践，2014年启动了该标准的修订工作，分别于2015年、2020年两次修订，目前版本为 Q/GDW 1384—2021《输电线路钢管塔加工技术规程》，该标准是国家电网有限公司输电线路钢管塔制造的核心技术标准。

这些标准丰富了铁塔制造领域的标准内容，为用户提供了更多可选的技术标准。铁塔企业要熟悉、了解不同标准的技术要求，尤其是要严格按照铁塔用户具体工程项目招标技术规范的要求，正确、合理地使用标准，并实时修订企业级铁塔加工技术文件，以满足铁塔的供货质量要求。

3. 工程施工及验收技术标准

我国输电铁塔一般以零散构件形式，以单基塔为单位发运至现场，由施工单位进行组装。因此，铁塔质量不仅与铁塔制造有关，也与铁塔的组立方式、安装顺序、安装技术等因素有关。

为确保铁塔组立和输电线路的架设质量，我国也制定了一系列的输电线路工程施工及验收规范，如 GB 50205—2020《钢结构工程施工质量验收标准》、GB 50233—2014《110kV～750kV 架空输电线路施工及验收规范》等。

常用的铁塔设计、制造（包括铁塔材料及其加工、检验等）、工程施工技术标准见附录A。

二、输电杆塔制造要求

（一）适应用户的特殊要求

随着国家“放管服”政策的实施，国家取消了铁塔制造许可证制度，改为由国家主管部门抽查监督的机制。在此背景下，铁塔用户加强了铁塔的质量管控与质量抽检工作。为此，铁塔企业在铁塔制造过程中，不仅要严格执行国家标准、行业标准的要求，还要关注用户对产品的特殊要求。如国家电网有限公司于2020年出台了《关于保障线路塔材出厂质量的工作措施》，该措施从三个方面通过提升质量要求，加大处罚力度，来倒逼供应商提升产品质量和履约严肃性。

（1）进一步明确各方的管理职责。一方面通过监造和抽检验收、质量违约索赔、招标联动等措施，强化供应商铁塔原材料质量管控主体责任；另一方面，加强铁塔质量验收管理，对500kV铁塔开展出厂验收检查，对330kV及以下铁塔严格执行到货抽检。

（2）督促供应商规范铁塔原材料入厂检验及加工质量管控：①加强钢材入厂检验；②实行塔材钢印标识管理；③建立原材料质量证明文件备案制度；④加强制造工艺质量控制；⑤推进塔厂与电工装备智慧物联平台（EIP）互联接入，实现铁塔原材料检测及生产工艺控制在线质量监控。

（3）加强铁塔验收检查和合同违约处罚：①严格铁塔出厂验收检查；②加强铁塔物资到货抽检；③加强合同违约处罚，通过系统信息联动，纳入招标采购评审因素，提高供应商违约成本，引导其提升产品质量和履约质量。

针对特高压输电铁塔，国家电网公司也采取了一系列措施，加强铁塔的质量管控，主要包括：

（1）加大了对大规格角钢的检验、使用要求。

1）强化钢厂的质量管控：要求钢厂对大规格角钢的表面质量、外形尺寸逐支检验，并按轧制批次，每批不少于2个试样，进行化学成分、冲击、拉伸、弯曲试验，每批抽1个试样进行低倍组织检验。进行性能试验取样时，应在同一批号厚度最大的规格上切取；钢厂应对每支大规格角钢独立编号，且具备可追溯性。

2）强化塔厂的质量管控：要求塔厂对角钢进行入厂复检，包括对随车资料的审核和实物检验。其中，大规格角钢按轧制批次，每批不少于2个试样，进行大规格角钢的化学成分、冲击、拉伸、弯曲试验；塔厂取样应在不同定尺长度的角钢上切取，应对大规格角钢逐支进行化学成分（微合金元素）检验。此外，要求塔厂结合大规格角钢构件的加工进程，强化附加检验：①领用时，要逐支检查大规格角钢的表面质量、尺寸偏差，发现疑似裂纹（包括发纹）时，应对同批次产品追加磁粉和超声波检测；②塔材铺开后对角钢表面质量检查；③制孔后对孔内壁进行检查，重点检查是否存在裂纹；④酸洗后对与焊接件装配连接的大规格角钢，抽取不少于20%（且最少1件）的塔材，对角钢连接端头1m范围内，重点检查R圆弧附近是否存在表面裂纹等。

（2）强化了紧固件的检验要求。对紧固件的检验包括对制造厂质量证明文件的审查、塔厂的入厂检验、塔厂委托进行的第三方检验、到货后的现场抽样与第三方检验。尤其是2021年开始，加强了紧固件的现场抽样与第三方检验，要求对于发货到现场的螺栓与螺母，按塔厂、紧固件供应商、性能等级、螺纹直径进行现场随机抽样。现场抽样、封样工作，由监造单位组织相关方到现场实施完成。每次抽检数量：6.8级螺栓与螺母，抽取所有直径规格；8.8级螺栓及螺母，抽取3种直径（直径规格少于3种时，全抽）。抽取样品包括检验样品、备用检验样品各1份，抽样样品邮寄或送样到具有相应资质的紧固件专业检测机构进行检验。

（3）提高了热浸镀锌层的厚度要求。2020年，国家电网公司对不同大气腐蚀等级下铁塔构件与紧固件的镀锌层厚度进行了调整（见表1-2、表1-3），要求比国家标准、行业标准更加细化。

表 1-2　　铁塔、防坠落件的镀锌层厚度要求

构件公称厚度 t（mm）	腐蚀等级	镀锌层厚度	
		最小平均镀层厚度（μm）	最小局部镀锌层厚度（μm）
$t>10$	C1～C3	86	70
	C4	120	100
$5\leqslant t\leqslant 10$	C1～C3	86	70
	C4	95	85
$t<5$	C1～C3	65	55
	C4	75	65

表 1-3　　铁塔、防坠落装置用紧固件的镀锌层厚度要求

紧固件规格	腐蚀等级	镀锌层厚度	
		最小平均镀层厚度（μm）	最小局部镀锌层厚度（μm）
M20 及以上	C1～C3	55	45
	C4	60	50
M6～M20	C1～C3	50	40
	C4	50	40

针对这一变化，塔厂一方面需要完善相关铁塔构件、紧固件的标识文件，用于规范不同腐蚀等级地区塔材、紧固件的标识要求，避免发货错误；另一方面，塔厂要对热浸镀锌工艺进行调整试验，尤其应确定对薄壁、小件的镀锌工艺，并进行 C4 及以上腐蚀等级镀层厚度下的热浸镀锌工艺验证，确定镀层均匀性、附着性、镀层厚度能够满足要求，将合格的镀锌工艺固化在相应的镀锌工艺文件中。

（二）输电杆塔施工及验收要求

杆塔组立过程中，应采取防止构件变形或损坏的措施。杆塔各构件的组装应牢固，交叉处有空隙时应装设相应厚度的垫圈或垫板。杆塔部件组装有困难时应查明原因，不得强行组装。个别螺孔需扩孔时，扩孔部分不应超过 3mm，当扩孔需超过 3mm 时，应换件处理，不得补焊堵孔，也不得气割扩孔或烧孔。

自立式转角塔、终端耐张塔组立后，应向受力反方向预倾斜，预倾斜值应根据塔基础底面的地耐力、塔结构的刚度以及受力大小由设计确定，架线挠曲后仍不宜向受力侧倾斜。对较大转角塔的预倾斜，其基础顶面应有对应的斜平面处理措施。

拉线塔、拉线转角杆、终端杆、导线不对称布置的拉线直线单杆，组立时向受力反侧（或轻载侧）的偏斜不应超过拉线点高的 3‰。在架线后拉线点处的杆身不应向受力侧倾斜。

铁塔构件通过螺栓连接，螺栓的出扣长度、穿入方向和紧固扭矩值应符合规范要求。

1. 基本规定

当采用螺栓连接构件时，应符合下列规定：螺栓应与构件平面垂直，螺栓头与构件间的接触处不应有空隙；螺母紧固后，螺栓露出螺母的长度：对单螺母，不应小于 2 个螺距；对双螺母，可与螺母相平；螺栓加垫时，每端不宜超过 2 个垫圈；连接螺栓的螺纹不应进入剪

切面。

2. 螺栓的穿入方向

对立体结构应符合下列规定：水平方向应由内向外；垂直方向应由下向上；斜向者宜由斜下向斜上穿，不便时应在同一斜面内取统一方向。

对平面结构应符合下列规定：顺线路方向，应由小号侧穿入或按统一方向穿入；横线路方向，两侧应由内向外，中间应由左向右或按统一方向穿入；垂直地面方向，应由下向上；斜向者宜由斜下向斜上穿，不便时应在同一斜面内取统一方向；对于十字形截面组合角钢主材肢间连接螺栓，应顺时针安装。个别螺栓不易安装时，穿入方向允许变更处理。

3. 紧固扭矩

杆塔连接螺栓应逐个紧固，杆塔连接螺栓在组立结束时应全部紧固一次，检查扭矩值合格后方可架线。架线后，螺栓还应复紧一遍。

受剪螺栓紧固扭矩值不应小于表 1-4 的规定，其他受力情况螺栓紧固扭矩值应符合设计要求。螺栓与螺母的螺纹有滑牙或螺母的棱角磨损以致扳手打滑的，螺栓应更换。

表 1-4　　受剪螺栓紧固扭矩值

螺栓规格	扭矩值（N·m）
M16	80
M20	100
M24	250

注　M16、M20 螺栓的扭矩是 6.8 级螺栓扭矩值；M24 螺栓的扭矩是指 8.8 级螺栓的扭矩值。

第五节　输电杆塔制造行业现状

一、行业概述

（一）行业分类

目前，我国主要依据 GB/T 4754—2017《国民经济行业分类》及《国家统计局关于执行国民经济行业分类第 1 号修改单的通知》（国统字〔2019〕66 号）进行行业分类。

我国国民经济行业划分采用的是经济活动同质性原则，按照单位的主要经济活动确定其行业归属性质划分行业。即每一个行业类别根据同一种经济活动的性质划分，而不是依据编制、会计制度或部门管理等划分。

GB/T 4754—2017 采用线分类法和分层次编码方法，将国民经济行业划分为门类、大类、中类和小类四级。代码由一位拉丁字母和四位阿拉伯数字组成。据此，将我国国民经济行业分为 20 个门类 97 个大类，依据该标准，输电铁塔制造业行业代码为 C3311，代码结构图见图 1-14。

（二）发展演变

1. 始于一穷二白，发展于改革开放

1949 年以前，我国电力工业发展和输电线路建设缓慢，输电电压未建立全国统一的电压标准，电压等级多，级差小，输电杆塔主要采用木制电杆制造。

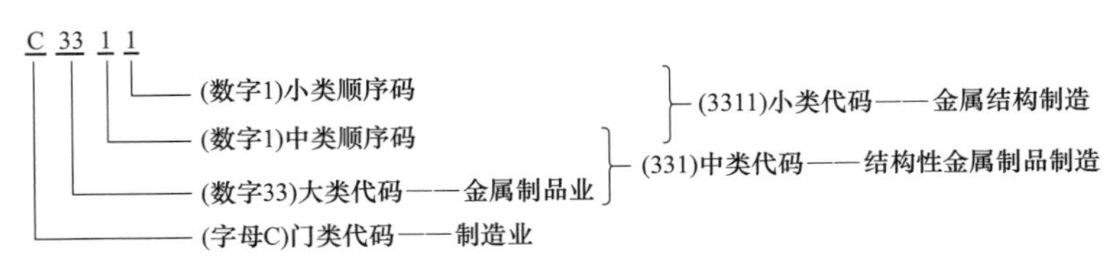

图 1-14 输电铁塔制造业代码结构图

新中国成立后，为满足我国第一条 220kV 丰满—李石寨输电线路建设需要，1953 年 3 月，燃料工业部东北电业管理局成立了新中国第一个铁塔厂——鞍山铁塔厂，同年 5 月，试生产出第一基门型铁塔并通过验收，7 月开始批量生产，实现了当年建厂，当年批量生产的壮举。

通过这次生产，培养了一大批技术工人和技术管理人员，编制了各种技术规程和管理制度。从此，输电铁塔制造成为新中国电力工业重要组成部分，也为后来铁塔制造业的发展奠定了基础。

此后，按照国家电力发展规划和对输电铁塔的需求，1958 年 9 月成立了成都铁塔厂，12 月成立了武汉铁塔厂。1970 年，由于三线建设需要，西北电建局为宝鸡螺栓厂下达了 600 余吨铁塔加工任务，此后，宝鸡螺栓厂更名为宝鸡铁塔厂，并将铁塔作为其主要产品。这样，鞍山铁塔厂、成都铁塔厂，武汉铁塔厂、宝鸡铁塔厂作为原水电部输电铁塔制造四大专业定点生产企业，成为我国计划经济时期铁塔制造的支柱企业。

改革开放后，为满足我国国民经济快速发展的需要，电力建设速度加快，330～750kV 的输电线路快速发展，对铁塔需求大幅上升，铁塔制造企业如雨后春笋般纷纷成立，尤其是大量的民营企业加入铁塔制造行列，而我国经济由计划经济到市场经济的转变，加剧了铁塔制造业的竞争格局，也给铁塔制造业的快速发展带来了生机和活力。

2006 年 8 月，1000kV 晋东南—南阳—荆门特高压交流试验示范工程开工建设，拉开了我国特高压建设的序幕。特高压输电铁塔制造的高要求，催生了铁塔制造行业装备、管理能力、技术水平的快速提升，也拉大了铁塔制造企业的差距。

2. 生产许可证制度的变化

为了加强产品质量管理，确保重要工业产品的质量，国务院于 1984 年颁布《工业产品生产许可证试行条例》(国发〔1984〕54 号)，要求企业必须取得生产许可证才具有生产该产品的资格。到 2013 年底，全国取得输电线路铁塔类产品生产许可证的企业共有 530 余家，其中具有 750kV 生产许可证的企业 81 家。

随着我国改革进程的不断深入，为持续降低企业制度性交易成本，充分激发市场主体活力。2017 年 6 月，国务院颁发《关于调整工业产品生产许可证管理目录和试行简化审批程序的决定》(国发〔2017〕34 号)，取消了包括输电铁塔在内的 19 类工业产品生产许可证管理。

为落实国务院要求，2017 年 7 月，国家质检总局下发《关于贯彻落实〈国务院关于调整工业产品生产许可证管理目录和试行简化审批程序的决定〉的实施意见》(国质检监〔2017〕317 号)，要求各省级质监部门、有关生产许可证审查机构自《决定》发布之日起，停止包括输电线路铁塔在内的 19 类产品的生产许可证审批和管理工作。

从此，输电线路铁塔质量管理，开始由铁塔企业自检、国家强制监督抽检的方式，转变为企业自检、国家质量抽查监督、业主（用户）自行组织质量抽查或监督的模式，市场化质量管理特色更加突出。

（三）输电杆塔制造业的特点

进入21世纪以来，输电杆塔制造企业经过市场的不断沉淀，大浪淘沙，两极化分化现象逐渐突出。一方面，以低电压等级角钢塔、钢管杆、变电构支架为代表的低端市场，铁塔制造企业数量众多，但大部分企业规模较小、技术力量薄弱。这部分铁塔企业，主要面向各地方电力公司的农网、配网，以及小规模变电站等，同质化竞争激烈，企业发展难度较大。另一方面，对于高电压等级（如220kV及以上电压）的输电铁塔，因对电网安全性、稳定性的高运行要求，国家电网公司、中国南方电网公司等主要铁塔用户多采用批次规模招标制度，需要对铁塔制造企业先进行资格预审，并对企业的业绩、资金规模、生产制造能力、试验检测能力、技术与质量管理能力、售后服务能力等有较高的要求。特高压输电铁塔的加工锻炼，进一步提升了铁塔企业综合能力的提升。因而，参与该类产品竞争的企业主要是实力较强、规模较大的铁塔制造企业，尤其是参与特高压钢管塔加工的企业，多数成了铁塔制造行业的头部企业。

输电铁塔制造业作为一个细分的制造行业，有其独有的行业特点：

（1）由于输电线路电压等级、回路数量的不同，以及线路气候环境、地理环境、大气腐蚀状况的差异，每条输电线路的铁塔结构、型号等也有所不同，因而，输电铁塔行业是典型的“以销定产”模式制造业。

（2）我国输电铁塔行业属于完全市场化，具有高度竞争性的行业，业主处罚力度不断加大，造成行业内企业不仅要竞质、竞价，还要竞服务，市场竞争愈加残酷。

（3）铁塔制造企业入围门槛较低，属于劳动密集型企业，企业数量较多，呈现低端分散、高端集中的两极分化竞争格局。

（4）铁塔制造中原材料成本占比较高，对资金依赖度高，企业效益受钢板、角钢、锌锭波动影响较大，近几年我国环保力度加大，对车间环境改善、镀锌环保要求愈加严格，企业利润水平不高。

（5）特高压输电线路建设的快速发展，促进了铁塔设计、制造的技术创新，推动了铁塔制造企业装备更新、技术管理水平的提高，推动了行业技术进步和核心竞争力的提升。

（6）国家电网智慧物联平台（EIP）、南方电网供应链统一服务平台上线，加快了铁塔制造技术与信息化技术的融合，进一步推动了高效、绿色、智能等先进制造技术的应用。铁塔制造行业逐步走上了制造模式创新，开启了“软”“硬”结合的发展之路。

二、行业结构分析

对2020年国家电网公司核实的159家35kV及以上铁塔制造企业的地域分布、企业性质、科研创新能力等特征进行分析，这些企业基本反映了输电铁塔制造行业的基本特征。

（一）地域分布

159家铁塔制造企业在我国的区域分布很不均衡（见图1-15），主要集中在华东7省（市）区，占比67%，在华东地区，铁塔制造业企又主要集中在山东（53%）、江苏（28%）、浙江（8%）三省，占华东地区铁塔企业的89%，占全国铁塔企业的60%（见图1-16）。

华北地区［5省（市）］铁塔企业占12%，主要集中在河北省（约占67%），山西、内蒙古、天津各占11%，由于北京的功能定位及对热浸镀锌高污染企业的严格控制，无铁塔制造企业。

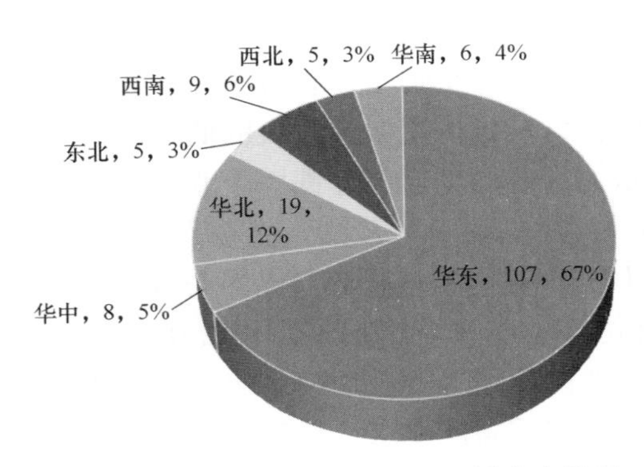

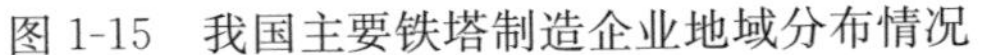

图 1-15　我国主要铁塔制造企业地域分布情况

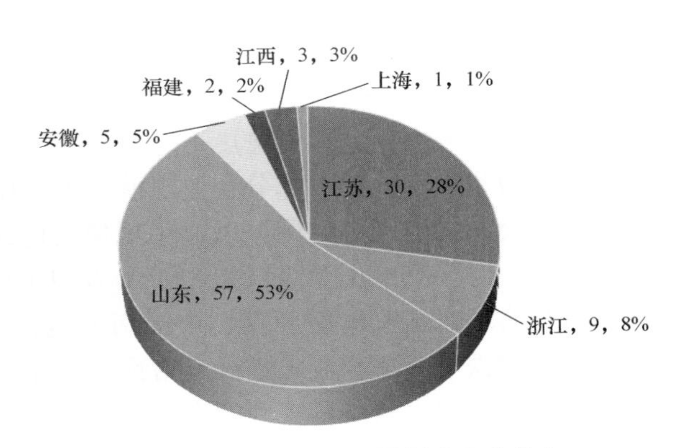

图 1-16　华东地区铁塔制造企业分布

西南地区占 6%，主要分布在四川、重庆、云南各省（市）。华中地区具有良好的区位优势，但铁塔企业不多（占 5%），主要集中在河南省。华南地区进入国家电网的铁塔企业占比约 4%，主要集中在广东省。作为我国输电铁塔制造的发源地，有我国重工业基地之称的东北地区，铁塔制造企业仅有 5 家，约占 3%。西北地区也只有 5 家，分布于陕西、新疆、青海各省。

可见，山东、江苏、河北、浙江是名副其实的输电铁塔制造大省，占全国铁塔制造企业的 75%。最近几年，由于以远距离输送为特征的特高压输电线路建设，以及行业竞争的加剧，部分铁塔制造企业为增加投标主体，同一投资主体设立不同法人的铁塔企业有所增加；此外，企业为减少运输成本，企业并购或异地建厂也有所增多。

（二）企业性质

市场体制下的企业分类主要依据投资方式和投资者对企业债务所承担责任的形式进行划分。按照投资方式一般划分为独资企业和合“资”企业两类，其中，在合“资”企业中又以投入的资本是以资金为主还是以人力为主划分为合资企业和合伙人企业。按照投资者责任形式一般分为有限责任企业和无限责任企业。

根据天眼查所提供的信息，我国铁塔制造企业主要有有限责任公司、股份有限公司、个人独资企业几种类型，其中，以有限责任公司最多，占比接近 90%，按照其出资人的不同，又包括法人独资公司、自然人独资公司、其他有限公司。

按投资主体的所有制性质，我国铁塔制造企业可划分为国有企业（含国有独资、控股）和民营企业两类，其中，国有企业约占 16%，民营企业占 84%，其中，国有铁塔企业主要分布于山东电工电气集团、中国能源建设集团、中国电力建设集团。可以看出，我国输电铁塔制造业是高度开放的竞争型行业，民营企业参与度很高，也是铁塔制造业的主力军。国有铁塔企业在输电线路的灾害抢险、紧急供货等方面发挥了突出作用。

（三）企业规模

按照国家统计局《统计上大中小微型企业划分办法（2017）》（国统字〔2017〕213 号），我国对于制造业企业规模的划分标准见表 1-5。

表 1-5 中国制造业企业规模划分

指标名称	计量单位	大型	中型	小型	微型
从业人员（X）	人	$X \geqslant 1000$	$300 \leqslant X < 1000$	$20 \leqslant X < 300$	$X < 20$
营业收入（Y）	万元	$Y \geqslant 40\,000$	$2000 \leqslant Y < 40\,000$	$300 \leqslant Y < 2000$	$Y < 300$

注 大型、中型和小型企业须同时满足所列指标的下限，否则下划一档；微型企业只需满足所列指标中的一项即可。

由于铁塔制造业属于传统的金属加工业，是一个重资产的劳动密集型行业，据不完全统计，属于大型企业的铁塔企业不足 5%，中型企业不足 20%，大量的铁塔企业属于小型、微型企业，约占 75%。在企业规模中，铁塔企业主要是由于从业人员数量不足而划定为中、小、微型企业。

小微企业在我国国民经济中有着重要地位，为我国增加就业、促进经济发展、科技创新以及社会和谐稳定等方面发挥着重要的作用。近几年来，国务院也出台了一系列的措施，从财税、金融各方面扶持小微企业发展。

（四）产品类型

据对国内规模输电铁塔制造企业调研分析，我国杆塔制造以输电铁塔占绝对优势，占 85%～90%，通信塔占 3%左右，钢结构占 4.5%～6.0%，其他（如风电塔筒、水泥杆、金具、管件等多元化产品）占 2.5%～5.0%，见图 1-17。

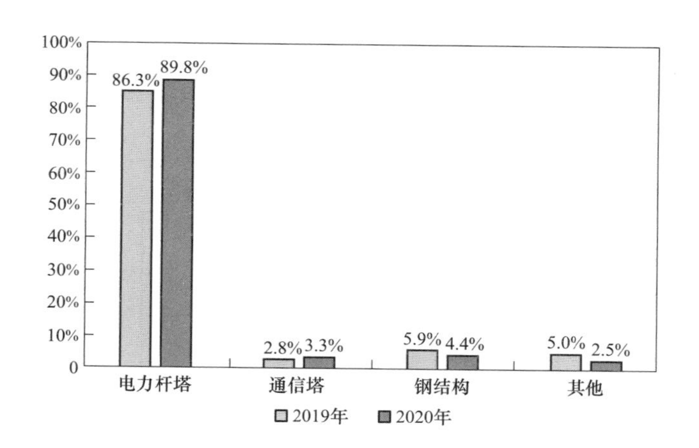

图 1-17 铁塔企业产品结构占比

据不完全统计，我国输电铁塔年需求量 350 万～400 万 t，其中，角钢塔约占 76%，钢管塔占 6%～8%，构支架约占 4%、钢管杆占 10%～14%，说明我国输电杆塔以角钢塔占绝对优势，见图 1-18。

从不同电压等级看，2019 年我国 220kV 及以上电压等级角钢塔占比超过 80%（质量比），随电压等级升高，钢管塔占比增大，在特高压输电线路中，钢管塔约有 18%，构支架仅占 1.3%。220kV 以下输电线路，由于在配电网或城市网架中大量使用钢管杆，其占比达到 25.4%，而角钢塔占比降低到 68.5%，钢管塔仅有 3%，见表 1-6。

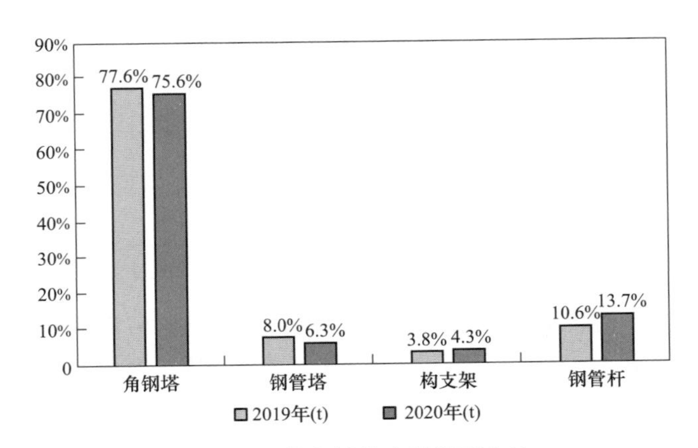

图 1-18 输电铁塔产品类型占比

表 1-6 2019 年我国输电铁塔产品质量占比（%）

电压等级	角钢塔	钢管塔	构支架	钢管杆
1000kV	80.8	17.9	1.3	—
220～750kV	83.3	8.3	5.1	3.3
220kV 以下	68.5	3.0	3.2	25.4

在产品出口方面，出口企业少，出口量不大。在 159 家铁塔企业中，有国外订单的铁塔企业不足 15%，出口产品总量不足 40 万 t，仅占产品总量的 7%～10%，其中电力杆塔占 70%～85%（见图 1-19）。出口地区以非洲、亚洲为主，少量出口美洲、大洋洲和欧洲。因而，输电杆塔产品“走出去”仍有很大潜力和市场空间。

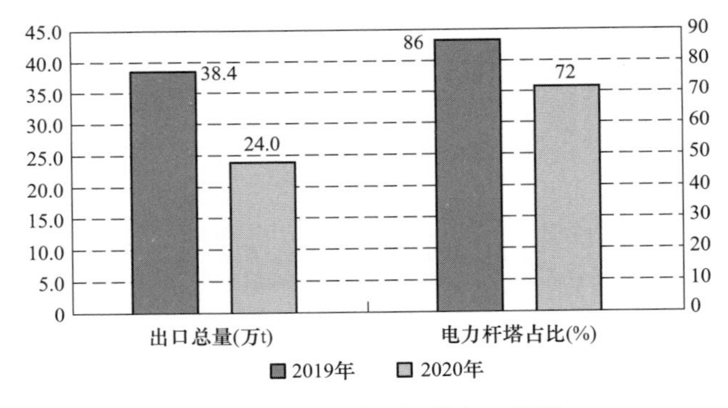

图 1-19 我国输电杆塔出口情况

（五）科技能力

1. 高新技术企业

企业创新能力与研发能力是企业发展的根本动力。我国铁塔企业积极参与高新技术企业认定，依据天眼查资料统计，159 家铁塔企业中有 51%的企业通过了高新技术企业认定。通过高新技术企业认定，可以引导企业调整产业结构，走自主创新、持续创新的发展道路；可以提升企业品牌形象，提高企业市场价值；可以使企业享受税收减免等优惠政策。

2．火炬计划项目重点高新技术企业

我国从20世纪80年代末开始实施火炬计划。高新技术企业是实施火炬计划项目的载体，火炬计划项目重点高新技术企业是高新技术企业的升级版，因而对企业要求更高，其起点是应经省、市科技行政管理部门认定的高新技术企业，且自认定后的运营期在一年以上；要求承担火炬计划项目，企业主导产品的技术水平在国内处于领先地位；年销售收入逾亿元，且其中60%以上为高新技术产品销售收入；企业研发投入不低于当年总销售额的5%；具有大专以上学历的科技人员占企业职工总数的30%以上，其中从事高新技术产品研究开发的科技人员占企业职工总数的10%以上；此外，还要求企业领导班子科技意识强，企业管理科学、规范，重视人才培养等。

通过认定的这类企业被认为是国家高新技术企业里面的优秀企业。据不完全统计，截至2021年9月，大概有6家铁塔企业被认定为火炬计划项目企业。

3．高成长型企业

高成长型企业是指能够持续进行研究开发与技术成果转化，具有核心自主知识产权和自主研发实力，具备颠覆传统行业或开拓新产业潜能，销售收入快速增长的企业。通常包括牛羚企业、瞪羚企业、独角兽企业三类。

从“十三五”开始，我国部分省市启动了高成长性科技企业培育计划，并开始进行牛羚企业、瞪羚企业、独角兽企业认定工作。由于不同地区和不同行业的特点和差异，对三类企业认定有不同的标准，各地提出了不同的激励、金融支持、配套服务等措施和政策。

截至2021年9月，在铁塔企业中，仅有1家企业通过了省（市）级牛羚企业认定，有1家原材料供应商通过了瞪羚企业认定。

4．科技型中小企业

为推动大众创业、万众创新，加速科技成果产业化，促进中小企业可持续发展，科技部、财政部、国家税务总局于2017年出台《科技型中小企业评价办法》（国科发政〔2017〕115号）。该办法以“服务引领、放管结合、公开透明”的原则，采取企业自主评价、省级科技管理部门组织实施、科技部服务监督的工作模式进行评价工作，并出台了多项扶持、优惠政策。

据不完全统计，截至2021年9月至少已有19家铁塔制造企业被确认为科技型中小企业。

5．专精特新企业

2013年7月，工信部发布《关于促进中小企业专精特新发展的指导意见》，明确了专精特新的内涵，提出促进中小企业走专业化、精细化、特色化、新颖化发展之路，这是首个专门针对专精特新企业的政策文件。

2018年工信部开始专精特新小巨人企业培育工作，提出在各省级中小企业主管部门认定的专精特新中小企业及产品基础上，培育一批专精特新小巨人企业，并提出了国家级专精特新“小巨人”企业的条件，从经济效益、专业化程度、创新能力、经营管理四个方面提出了专项指标要求。

2020年7月，工信部等16部门提出：健全专精特新中小企业、专精特新小巨人企业和制造业单项冠军企业梯度培育体系、标准体系和评价机制，引导中小企业走“专精特新”

之路。

根据工信部的定义，专精特新中小企业指具有专业化、精细化、特色化、新颖化的企业，且企业规模符合国家大中小微型企业划分办法的中小企业。专精特新小巨人企业是“专精特新”中小企业中的佼佼者，是专注于细分市场、创新能力强、市场占有率高、掌握关键核心技术、质量效益优的排头兵的企业，其当下的营收规模尚小，但潜力巨大。单项冠军企业是指在特定制造业细分行业中，经过长期深耕、激烈竞争后，最终成为龙头的企业。

截至2021年，工信部已公布了三批专精特新小巨人企业名单，铁塔企业中，入选“专精特新”中小企业和国家级专精特新“小巨人”企业数量很少。

三、输电铁塔企业竞争力

（一）生产供货能力

我国输电铁塔企业的产品涵盖输电杆塔、钢结构、通信塔等，中标能力反映铁塔企业的市场营销和市场开拓能力，而生产供货能力是铁塔企业生产组织、调度、加工等履约能力的综合反映，尤其是多品类、多订单的企业，更是对其柔性生产能力的考验。

依据国家电网有限公司2018—2020年的项目批次规模招标输电杆塔产品中标情况统计，3年间中标杆塔项目的企业有110家，其中，连续3年中标的企业有72家（占比65.5%），中标包数占总包数的93%；72家企业中，前40家企业中标包数占3年总标包数量的70%，前20家企业中标包数占到了42%（如图1-20所示），说明这些铁塔企业包揽了国家电网有限公司绝大多数的合同，有持久且较强的市场竞争力。

从生产能力看，2019年我国有12家铁塔企业实际产能超过10万t。从铁塔企业在国家电网有限公司的中标金额看，2020年有20家企业中标金额在3亿元以上（如图1-21所示）；从中标企业的性质看，民营企业约占68%，中标量约占65%，反映出我国输电铁塔制造业是高度开放的竞争型行业，民营企业参与度高，是铁塔制造领域的主力军。

上述企业具有极高的市场竞争力，成为我国铁塔制造行业的头部企业，在市场中占有主导地位。

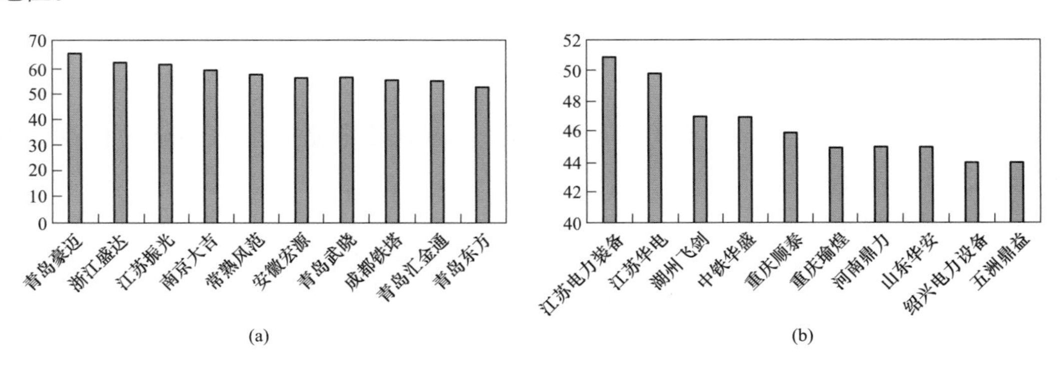

图1-20　2018—2020年国家电网有限公司项目中标包数前20名的塔厂

(a) 1～10名；(b) 11～20名

（二）特高压输电铁塔加工锤炼

最近10年来，我国特高压输电线路建设的快速发展，给铁塔制造企业带来了极大的发展机遇。与常规线路输电铁塔相比，特高压输电铁塔具有下列特点：

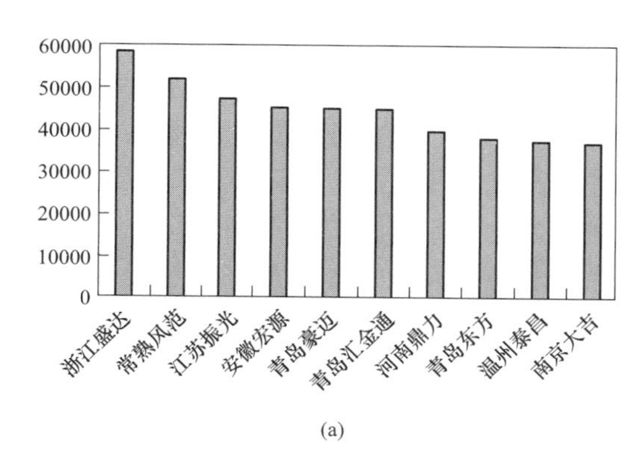

(a)

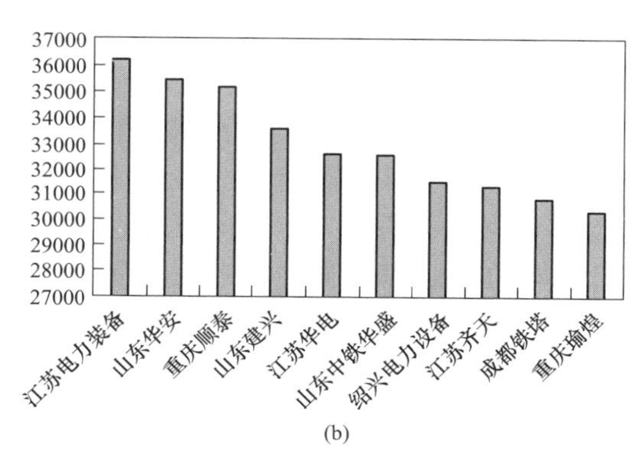

(b)

图 1-21 2020 年国家电网有限公司项目中标金额在前 20 名的塔厂

(a) 1～10 名；(b) 11～20 名

(1) 单基塔重较大，特高压交流工程钢管塔平均塔重 182t/基，角钢塔 147t/基；特高压直流工程铁塔平均塔重 81t/基，远高于高压、超高压输电铁塔。

(2) 线路规模大，铁塔用量大，加工质量要求高。其中，特高压交流工程铁塔用量达 473.36t/km；特高压直流铁塔用量达 180.65t/km。

(3) 大范围使用高强钢、大规格角钢、直缝焊管、锻造法兰等新型原材料，对材料的质量要求、检验要求高。

(4) 构件焊接位置多样，焊缝布置复杂，焊接难度大，焊缝质量要求高。

(5) 对人员、设备、加工技术要求高，加工精度、加工工艺和技术要求严格。

(6) 试组装和镀锌质量要求高。

由于特高压输电铁塔在用材品种、规格、强度级别等方面的特殊性，铁塔质量要求高（实施全过程监造）、加工难度大，不仅给铁塔企业带来了挑战，更是极大地推动了铁塔企业技术管理水平、生产能力的提升。因而，参与特高压铁塔供货的企业在技术管理上有更大的优势，在市场上有更大的竞争力。以国家电网公司 2018 年铁塔项目中标百强铁塔企业为例，前 70 家企业中标包数占 93%，其中，有特高压铁塔制造业绩的 50 余家企业，所中标包占标包总数的 73%，说明参与特高压输电铁塔制造的企业具有更大的市场竞争力。

10 年来，有大约 30%的铁塔企业进入了特高压工程的铁塔制造，截至 2020 年底，参与特高压工程铁塔供货的企业有 50 家左右，其中有 20 余家仅参与过角钢塔供货，同时参与特高压角钢塔与钢管塔供货的企业不足 30 家。

实践证明，特高压工程铁塔加工的锤炼，仍是提高铁塔企业市场竞争力的重要方面，这些企业在铁塔制造行业中具有较强的市场竞争力，成为行业中名副其实的头部企业。在这 50 余家铁塔企业中，也有 10%的企业被淘汰出局，铁塔制造行业市场竞争的残酷性可见一斑。

（三）创新管理与发展模式

与全国各制造行业一样，目前，输电铁塔制造行业也到了转型升级的关键时期，竞争的加剧、用工的焦虑、对利润的渴望等，不断呼唤铁塔企业创新管理与发展模式，调整企业发展策略，解决企业发展的关键技术问题和发展瓶颈，实现技术与管理的突破。

(1) 装备方面，企业要重点解决装备的转型升级，实现机器代人的突破。通过“哑设备”改造，实现设备由自动化向智能化升级；通过高效一体化的制造设备、智能加工中心，实现多工序一体化加工，减少中间工序流转，提升加工效率；通过现有工艺布局的改进与优化，缩短工艺流程，提升加工效益。通过提高设备的自动化、信息化程度，实现“软”“硬”结合，实现信息管理系统与加工装备的良好衔接；通过开发智慧仓库、智慧物流、自动分料、打包系统等，实现智能制造的多场景应用，进而实现发展模式的创新。

（2）工艺技术方面，出于员工职业健康的考虑，企业需要不断改善车间环境，推动绿色材料、绿色工艺、绿色制造技术的应用；出于环保要求的提高，需要对现有的热浸镀锌工艺实施智能、绿色、高效化的改造，推动无铬助镀、环保除锈等新技术研发与应用，需要积累新的热浸镀锌防腐替代技术等。通过三维数字技术的应用，推进三维设计技术与三维放样技术的不断融合与深化，推进三维虚拟试组装技术在铁塔上的应用；通过视觉识别技术的不断深化应用，推动产品质量的稳步提升等。这些新技术、新工艺的应用，有可能颠覆现有的铁塔加工技术，铁塔企业必须要思考这些新技术、新工艺对企业发展的影响。

（3）人力资源方面，企业困惑于技术人员缺乏与素质提升，急需具有丰富经验的技术工人、技术管理人员；而出于智能制造的长远考虑，企业更需要“软”“硬”结合的跨界人才。人才培养、人才引进是一方面，而如何留住人才，也是铁塔企业创新管理方式的一项重要课题。

（4）政策利用方面，要充分利用国家、地方对中小企业、小微企业的支持政策；要通过不断提升企业的科技研发水平和科技创新能力，打造高新技术企业、科技型企业；要通过申报国家、省级火炬计划项目，推进火炬计划项目企业建设；要不断提升企业活力，促进企业高速发展，打造牛羚企业、瞪羚企业等。利用国家对这类企业的政策扶持，助推企业可持续发展。

第二章　输电铁塔设计技术

第一节　杆　塔　选　型

一、杆塔型式

杆塔是支撑架空输电线路导线和地线并使它们之间，以及与大地之间的距离在各种可能的大气环境条件下，符合电气绝缘安全和工频电磁场限制的杆型和塔型的构筑物。

杆塔塔头结构、尺寸需满足规定风速下悬垂绝缘子串或跳线风偏后，在工频电压、操作过电压、雷电过电压作用下带电体与塔构的间隙距离要求。塔头尺寸还需满足导线与地线间距离要求，以及档距中央导线相间最小距离要求。对需带电作业的杆塔，还应考虑带电作业的安全空气间隙。

杆塔塔高及塔头尺寸应使导线在最大弧垂或最大风偏时仍能满足对地距离、交叉跨越距离的要求。对 500kV 及以上电压等级输电线路，导线对地距离除需考虑正常的绝缘水平外，还需考虑工频电磁场的影响。

（一）杆塔分类

杆塔多数采用钢结构或钢筋混凝土结构，少量采用木结构。通常将木结构、钢筋混凝土结构或钢柱式结构的杆形结构称为杆，塔形结构称为塔。

架空输电线路杆塔按不同的用途和功能分为六类，见表 2-1。各电压等级架空输电线路通常均具有几种不同类型的杆塔。

表 2-1　　架空输电线路杆塔按用途和功能的分类

杆塔类别	用途和功能	特点
直线杆塔	仅在线路中起悬挂导、地线的作用	导、地线在直线杆塔处不开断，正常运行时不承受线条张力
耐张杆塔	控制线路连续档长度，便于线路施工和维修，控制杆塔沿线路纵向可能发生串倒的范围	导、地线在耐张杆塔处开断，塔承受线条张力
转角杆塔	支承导、地线张力，改变线路走向	导、地线开断为耐张转角杆塔，导、地线不开断为悬垂转角杆塔
终端杆塔	线路起始或终止处的杆塔	线路一侧导、地线耐张连接在终端杆塔上，另一侧不架线或以小张力与门型构架相连
换位杆塔	改变线路中三相导线相互位置，减小电力系统正常运行时电流和电压的不对称	导线不开断称为直线换位杆塔，导线开断称为耐张或转角换位杆塔
跨越杆塔	支承导、地线跨越江河、湖泊、海峡等	杆塔高、荷载大，多采用直线跨越杆塔

杆塔按不同的外观形状可划分为不同的型式，即塔型。杆塔塔型除决定于使用条件外，还与电压等级、线路回数、地形、地质条件有关，需进行综合技术经济比较，择优选用。

根据结构形式和受力特点，杆塔可分为拉线塔、自立塔两种基本形式。拉线塔具有结构受力清晰、质量轻等优点，但占地面积大、安全性低，目前在工程中已较少采用。自立塔具有占地小、刚性好、适用地形广泛等优点。本章重点介绍使用钢铁材料制造的自立式铁塔。

（二）铁塔型式

1.330kV 及以上超高压线路常用塔型

单回路铁塔常用的有酒杯型塔、猫头塔型、干字型塔等。双回路铁塔多采用垂直排列的三层横担或四层横担的鼓型塔、伞型塔、倒伞型塔。图 2-1 是部分塔型示意图。

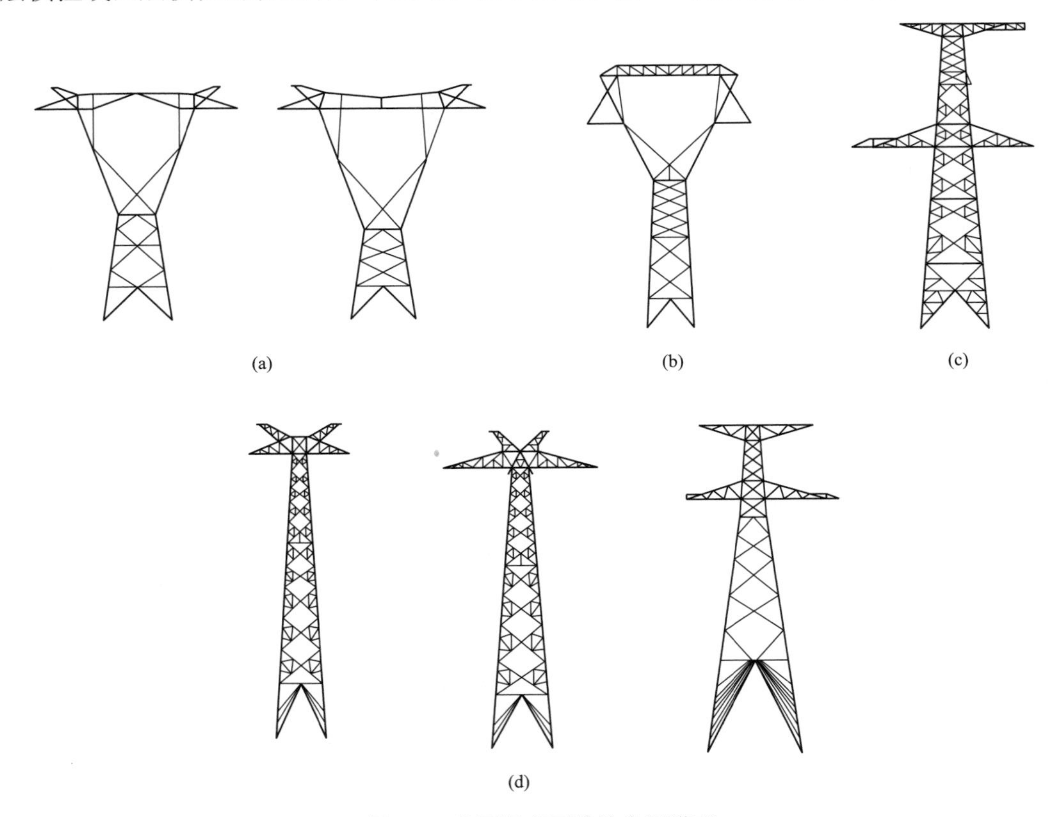

图 2-1　我国超高压线路常用塔型

(a) 330kV 或 500kV 酒杯塔；(b) 330kV 猫头塔；(c) 330kV 或 500kV 干字塔；(d) ±500kV 直流塔

2. 特高压线路常用塔型

特高压交流线路广泛使用的单回路直线塔主要有酒杯型塔和猫头型塔两种。酒杯型塔如图 2-2 所示，猫头型塔如图 2-3 所示。特高压直流线路直线塔常采用羊角型塔，如图 2-4 所示。

单回路转角塔大多选用的是干字型塔。这种塔型结构简单、受力清楚，占用线路走廊少，施工安装和检修也较方便，在各电压等级线路工程中大量使用。特高压交流、直流线路单回路转角塔采用的干字型塔如图 2-5、图 2-6 所示。

图 2-2 1000kV 酒杯型塔

图 2-3 1000kV 猫头型塔

图 2-4 ±800kV 羊角型塔

图 2-5 1000kV 干字型塔

图 2-6 ±800kV 干字型塔

特高压交流同塔双回路铁塔一般采用三层或四层导线横担的伞形或鼓形塔型，双回路鼓型直线塔、转角塔如图 2-7、图 2-8 所示。

图 2-7 1000kV 双回路直线塔

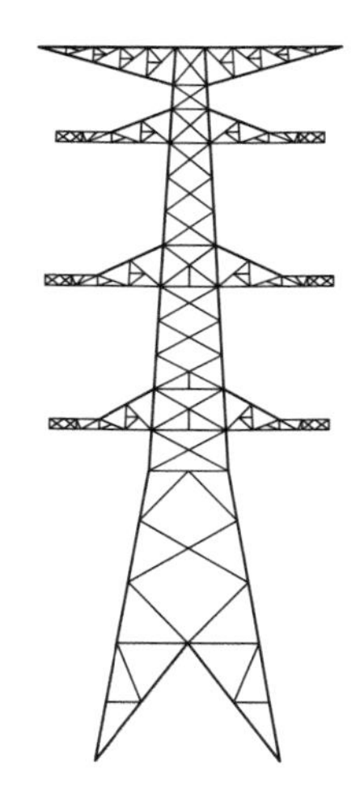

图 2-8 1000kV 双回路转角塔

二、塔型选择

（一）直线塔

1. 交流线路铁塔

单回路直线塔广泛使用酒杯型塔（如图 2-9 所示）和猫头型塔（如图 2-10 所示），其中，酒杯型塔的横担长度比猫头型塔长，线路所占走廊宽，酒杯型塔三相导线高度一样高，而猫头型塔有一相导线要抬高近 20m，导致铁塔负荷增加，塔重会比酒杯型塔重 3%～8%。因此，在线路走廊紧张、拆迁量大的地方，多用猫头型塔。

铁塔的绝缘子串通常采用 IVI 型布置或 3V 型布置，酒杯型塔和猫头型塔的绝缘子串布置如图 2-9、图 2-10 所示。

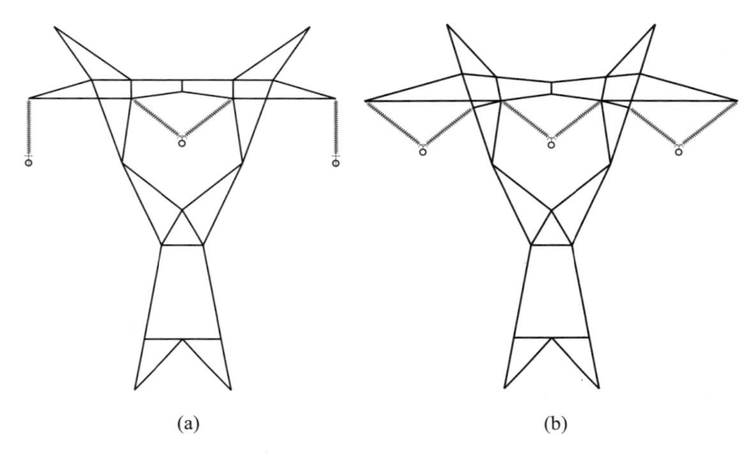

图 2-9　酒杯型塔（水平排列）
（a）绝缘子串 IVI 型布置；（b）绝缘子串 3V 型布置

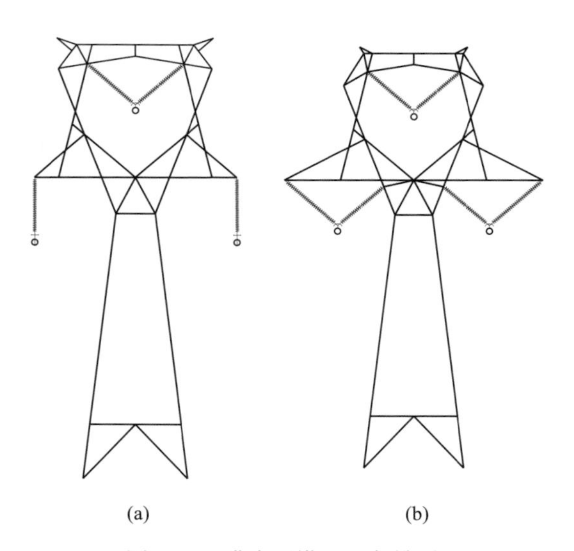

图 2-10　猫头型塔（三角排列）
（a）绝缘子串 IVI 型布置；（b）绝缘子串 3V 型布置

双回路直线塔多采用三层或四层横担的伞形或鼓形塔型（如图 2-11 所示），三相导线一般采用垂直排列的方式，可以有效减少线路走廊宽度。大跨越双回路直线塔为了减少塔高，也采用两层横担。

2. 直流线路铁塔

羊角型塔（如图 2-12 所示）和干字型塔（如图 2-13 所示）是水平排列直流输电线路最常用的塔型，具有结构简洁、传力清楚、塔重较轻、基础费用省、运行维护方便等特点。

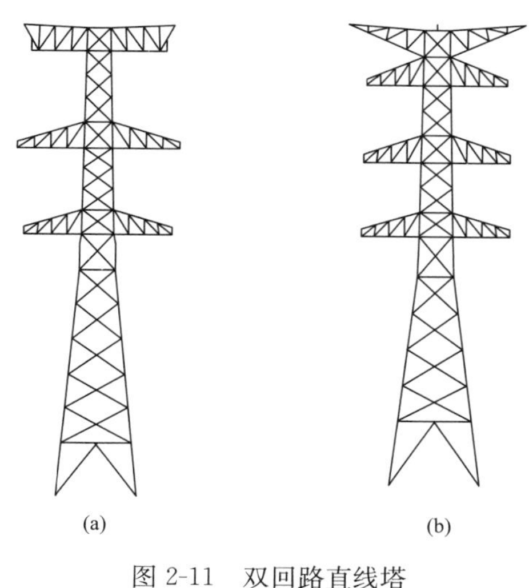

图 2-11 双回路直线塔

（a）三层横担布置；（b）四层横担布置

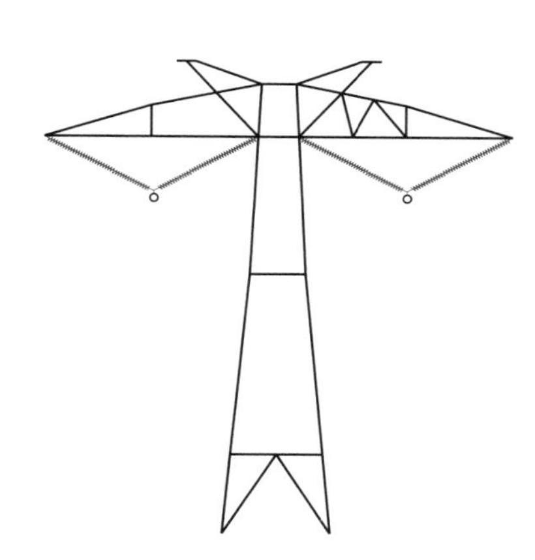

图 2-12 羊角型塔

自立式门型塔（如图 2-14 所示）较干字型塔大幅度缩小了极间距，减小了扭矩，充分节约了线路走廊。但自立式门型塔横担跨度大，塔重较干字型增重约 50%。

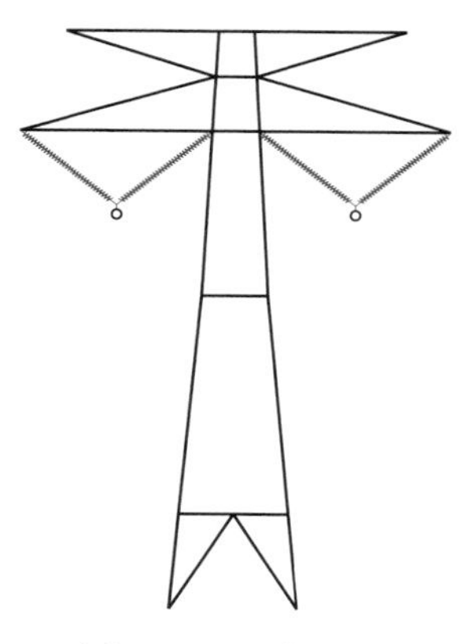

图 2-13 干字型塔

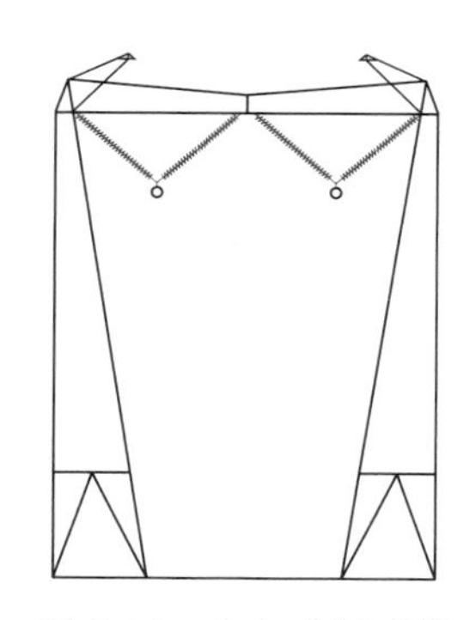

图 2-14 自立式门型塔

三柱塔（如图 2-15 所示）可以有效避免铁塔受扭，其变形仅为横向和纵向变形。单极运行的酒杯型塔（如图 2-16 所示）是在重冰区解决变形的最佳塔型。当干字型塔在变形上不满足要求时，应当首选酒杯塔型，特别是对于微气象区（覆冰变化明显的分水岭）、岩溶区、采动区等地也应首选单极运行的酒杯塔。

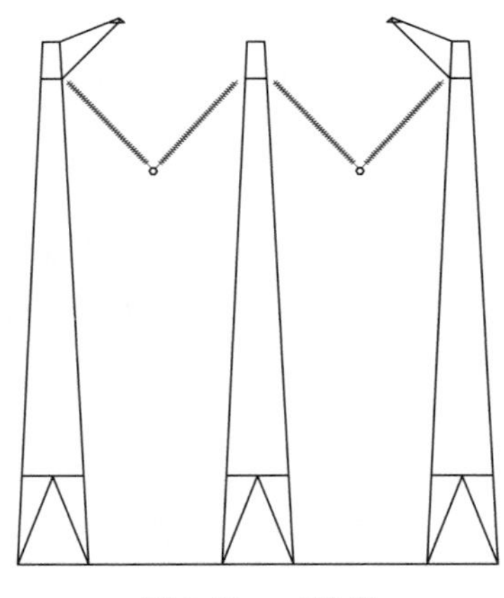

图 2-15　三柱塔

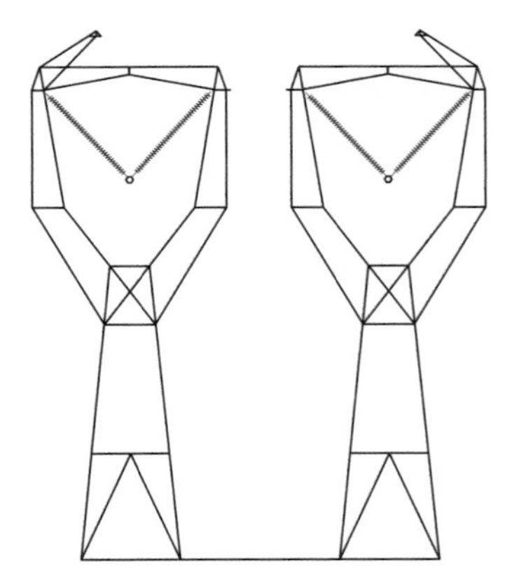

图 2-16　单极运行的酒杯型塔

（二）转角塔

1. 直线转角塔

直线转角塔主要用在房屋密集、塔位较差、避让重要设施等需用小角度改变线路走向的塔位，如图 2-17 所示。这种塔型使线路路径走线更为灵活，与耐张转角塔相比，铁塔钢材和基础混凝土用量小，具有经济性好、施工运行方便和安全可靠性高等优势。

(a)

(b)

图 2-17　直线转角塔

（a）交流塔；（b）直流塔

2. 耐张转角塔

单回转角塔大多选用干字型塔。这种塔型结构简单，占用线路走廊窄，施工安装和检修方便，在国内外各级电压等级线路工程中大量使用。图 2-18 为干字形耐张塔。

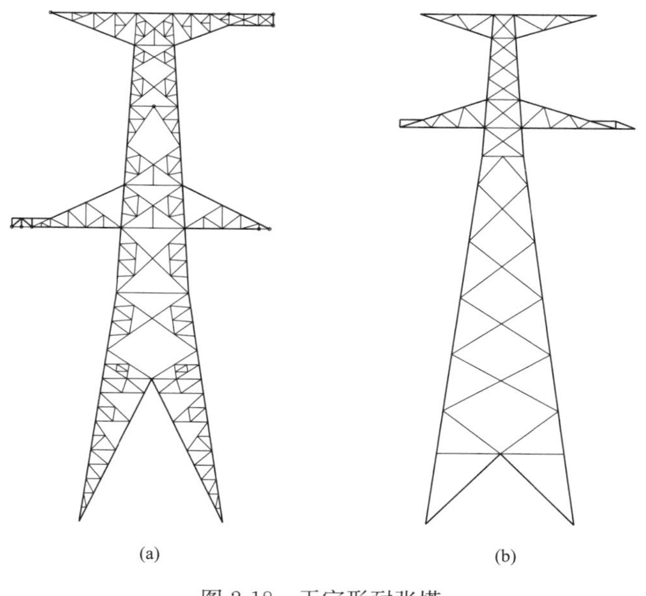

(a) (b)

图 2-18 干字形耐张塔

（a）交流塔；（b）直流塔

第二节 铁塔结构设计基本方法

一、设计基本理论

杆塔结构设计采用极限状态设计法，极限状态设计表达式采用荷载标准值、材料性能标准值、几何参数标准值及各种分项系数等表达。

设计时根据使用过程中在结构上可能同时出现的荷载，按承载能力极限状态和正常使用极限状态分别进行荷载组合，并应取各自的最不利组合进行设计。按承载能力极限状态计算结构或构件的强度、稳定性及连接的强度时，应采用荷载设计值；按正常使用极限状态计算结构或构件的变形时，应采用荷载标准值和正常使用规定限值。

（一）承载能力极限状态

对于承载能力极限状态，按荷载的基本组合或偶然组合计算荷载组合的效应设计值，并应采用下列设计表达式进行设计

$$\gamma_0 S_d \leqslant R_d \tag{2-1}$$

式中 γ_0——结构重要性系数，重要线路不应小于 1.1，临时线路取 0.9，其他线路取 1.0；

S_d——荷载组合效应的设计值；

R_d——结构构件抗力的设计值，应按各有关架空输电线路结构设计规范确定。

荷载基本组合的效应设计值 S_d，应根据设计规定的气象条件，从荷载组合值中取用最不利或规定工况的效应设计值确定

$$S_d = \gamma_G S_{Gk} + \psi \gamma_Q \sum S_{QiR} \tag{2-2}$$

式中 γ_G——永久荷载的分项系数，对结构受力有利时不大于 1.0，不利时取 1.2，验算结构抗倾覆或抗滑移时取 0.9；

γ_Q——可变荷载的分项系数，取 1.4；

S_{Gk}——永久荷载效应的标准值；

S_{QiR}——第 i 项可变荷载效应的代表值；

ψ——可变荷载调整系数。

荷载偶然组合的效应设计值 S_d 应根据设计规定的气象条件按下式计算

$$S_d = S_{Gk} + S_{Ad} + \sum S_{QiR} \tag{2-3}$$

式中 S_{Ad}——偶然荷载效应的标准值。

（二）正常使用极限状态

对于正常使用极限状态，根据不同的设计要求，按下式进行设计

$$S_d \leqslant C \tag{2-4}$$

式中 C——结构或构件达到正常使用要求的规定限值，如杆塔变形。

正常使用极限状态下荷载标准组合的效应设计值 S_d 应根据设计规定的气象条件，按下式计算

$$S_d = S_{Gk} + \psi \sum S_{QiR} \tag{2-5}$$

铁塔结构具体的设计计算方法可参照 DL/T 5486—2020《架空输电线路杆塔结构设计技术规定》。

二、设计计算基本方法

（一）设计计算力学模型

铁塔设计先后经历了采用平面桁架法、简化空间桁架法、分层空间桁架法、整体空间桁架法等发展阶段。

早期的铁塔设计通常采用手工计算，受计算条件限制，一般将铁塔分解为若干个平面桁架模型进行内力分析。为了更加精确地计算铁塔内力，提出了简化空间桁架法和分层空间桁架法。随着计算机技术的不断发展，目前通常采用整体空间桁架法。这一方法以铁塔整体为超静定空间体系，将所有节点假定为理想铰接节点，所有主材及斜材均只受轴向力作用，基于小变形和材料线弹性的假定来计算杆件内力。大量工程实践和试验表明，整体空间桁架法可以基本满足工程设计要求。

近年来，随着铁塔构件截面、节点构造等的新变化，特高压、大跨越等工程对结构安全性要求的不断提高，对整体空间桁架法又进行了完善，基于此提出了考虑杆件端部弯矩的桁梁混合单元模型，将铁塔的主材简化为梁单元，斜材简化为杆单元。桁梁混合模型与铁塔的实际受力状态更为符合，在目前的铁塔结构设计中得到广泛应用。一些主流铁塔设计软件也具备了这一功能。

现阶段，随着计算能力的不断提升，为了更加准确分析铁塔受力性能，设计人员开始采用以铁塔整体为研究对象的整体分析法，构建铁塔的精细化三维模型、实体模型进行更为精确的非线性分析，以考虑构造节点的螺栓滑移、连接偏心及半刚性等因素对铁塔承载性能的影响，但目前的铁塔设计软件还无法实现这一功能，需要借助专业的有限元分析软件。面对新的发展和需求，有的铁塔设计软件已经开始扩展精细化的三维设计模型、力学分析计算等

功能，这就为铁塔三维设计与放样加工融合创造了有利条件。

（二）设计基本流程

输电铁塔结构设计基本流程见图 2-19。

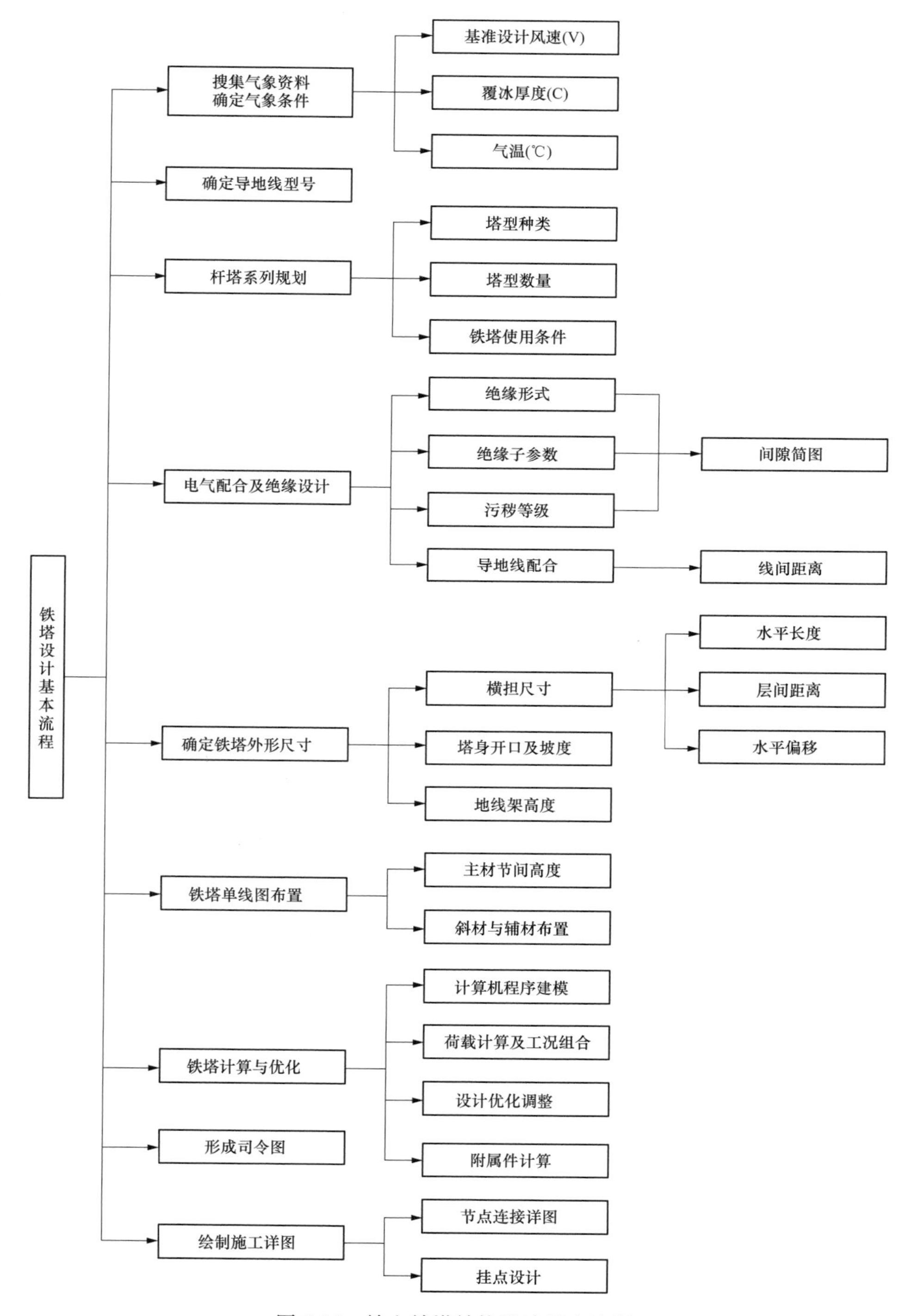

图 2-19　输电铁塔结构设计基本流程

第三节　铁塔结构优化方法

一、结构优化基本要求

铁塔结构布置本身就含有优化的要求，大型铁塔钢耗大，结构优化的意义就更大。大型铁塔的优化力求在满足电气要求的前提下，在保证杆塔结构强度与刚度的同时，降低杆塔造价。若能与基础一起考虑，使杆塔与基础总体造价最低则是更进一步的目标。铁塔结构优化同时还要兼顾整体造型协调、美观。

通过铁塔结构优化设计，应满足以下要求：

（1）结构型式简洁，杆件受力明确，结构传力路线清晰；

（2）结构构造简单，节点处理合理，利于加工安装和运行安全；

（3）结构布置紧凑，尽量减少线路走廊宽度，节约有限的土地资源；

（4）结构节间划分和构件布置合理，充分发挥构件的承载能力；

（5）结构选材合理，降低铁塔钢材耗量，使铁塔造价经济。

铁塔结构的优化设计方法：首先根据电气参数确定基本塔型，然后从材料的角度考虑钢管、高强钢的使用，以及为了减小线路走廊宽度而考虑紧凑型的塔型布置优化，进而针对不同塔型再进行坡度、节间等布置的优化设计。

二、材料优化

（一）钢材强度

特高压工程建设以前，我国输电线路杆塔普遍采用的钢材材质为Q235和Q345。国际上有许多国家率先采用了更高强度的钢材，如日本的1000kV同塔双回路线路杆塔，主材采用SS55钢管或STK55型钢，辅材采用SS41角钢或STK41型钢。我国输电线路铁塔在低强度钢材上与国际水平相近，但在高强度钢材上强度要低14%～30%，致使铁塔的耗钢量比其他国家要大。

注：Q345是GB/T 1591—2008《低合金高强度结构钢》中的钢材牌号，与GB/T 1591—2018《低合金高强度结构钢》的Q355相当。

我国从GB 50017—2003《钢结构设计规范》开始，增加了Q420钢，Q420钢强度比Q345提高了21.7%，为输电线路铁塔设计降低钢材指标提供了有力支撑。目前，我国特高压交、直流工程铁塔均广泛采用Q420钢，节省材料5%～10%（质量比），同时，高强钢的使用可简化杆塔的结构，减轻单根构件的质量，由此也可相应减少运输、安装等费用。使用Q420高强钢后总体上可节省铁塔造价2%～6%。

钢材的材质应根据结构的重要性、结构型式、连接方式、钢材厚度和结构所处的环境及气温等条件进行合理选择。铁塔上约95%的杆件由受压控制，包括受压稳定和受压强度两种情况。因此，输电铁塔采用何种强度等级的钢材可由杆件的受力特性和长细比确定：

（1）当杆件长细比λ小于40时，构件由强度控制，可采用Q420高强钢，构件规格可得到较大降低。

（2）当杆件长细比λ为40～80时，构件由稳定控制，可采用Q420高强钢，但规格大多只能降一级。受规格系列限制，有时也会出现规格不能降低的情况。

（3）当构件长细比λ大于80时，构件由稳定控制，不宜采用Q420高强钢。

（二）构件断面

输电铁塔主要由螺栓连接而成，结构较为简单，运输方便，在输电线路铁塔中广泛应用。但承受大荷载的特高压铁塔如果采用角钢结构，直线塔的主材基本为双组合或四组合，转角塔即使采用四组合结构有时也难以满足承载力的要求，需采用格构式角钢柱。这些结构的构造复杂，加大了铁塔设计、加工、安装的难度，并增加了影响结构安全的不确定性因素。

与角钢塔相比，钢管塔在技术和经济上具有相对优势，更适合在特高压、大跨越等大荷载铁塔中应用。钢管塔主要优势如下：

（1）荷载特性。钢管塔杆件承受风压小、截面抗弯刚度大、结构简洁、传力清晰，能够充分发挥材料的承载性能，一方面降低了铁塔重量，减小了基础作用力；另一方面，有利于增强极端条件下抵抗自然灾害的能力。

输电线路铁塔的塔身风荷载在铁塔计算荷载中所占的比重较大，一般在40%～50%。圆截面钢管的空气动力学性能好，风压体型系数仅为角钢的1/2左右。所以，在满足强度和稳定性计算要求的情况下，采用风压体型系数相对较小的钢管塔，可显著减小塔身风荷载。

（2）截面特性。钢管构件截面中心对称，截面特性各向同性；材料均匀分布在周边，截面抗弯刚度大。输电铁塔的受拉杆件采用的钢管与角钢在截面积相等时，钢管不显现其优势，但用于压弯构件时，采用较小截面积且有较大回转半径的钢管可以充分均衡地发挥材料的力学性能，达到结构承载的强度、刚度和稳定要求，尤其对于结构几何尺寸较大、杆件较长的大荷载铁塔，钢管杆件稳定性能好的优势更为明显。

（3）综合效益。与角钢塔相比，采用钢管作为主要受力构件的钢管塔，可减轻单基塔重15%～20%；可有效降低杆塔的基础作用力，节省基础混凝土量20%左右；还可减少占地面积，压缩输电线路走廊宽度，减少拆迁和对植被的破坏、林木的砍伐，有利于节约资源和环境保护。若采用高强度钢管，效益更为显著。

（三）连接优化

1. 带颈锻造法兰

钢管塔主材的连接方式主要是法兰连接，以往我国输电线路钢管塔主要采用有劲法兰和无劲法兰。在皖电东送特高压交流示范工程中，开发了带颈锻造法兰，法兰为整体锻造结构，金属组织更加紧密，提高了材料力学性能，与有劲法兰相比，焊缝少、加工效率高且容易保证产品质量；与无劲法兰相比，则具有较高的强度和刚度。基于以上特点，皖电东送工程钢管塔首次采用带颈锻造法兰连接主材，法兰结构采用外坡内直的形式，采用了柔性法兰设计思路（即法兰盘较薄，允许轻微变形），其结构如图2-20所示。

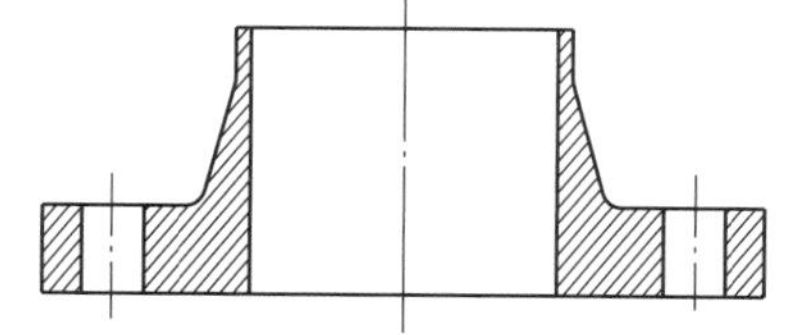

图2-20　带颈锻造法兰结构示意图

目前，国家电网公司企业标准Q/GDW 391—2009《输电线路钢管塔构造设计规定》给出了带颈锻造法兰标准化规格表，便于设计人员查用。大小管径对接的法兰连接按管径大小4级配置；法兰设计按配置管径的最大壁厚计算，不考虑壁厚差异。法兰强度等级与钢管强度等级相同，螺栓选用8.8级普通粗制镀锌螺栓，双螺帽双垫圈。

2. 插板连接

钢管塔斜材与主材主要采用插板连接，插板型式有U型、I型、C（槽）型、T型和X（十字）型插板等，5种插板型式的结构示意图见图2-21。

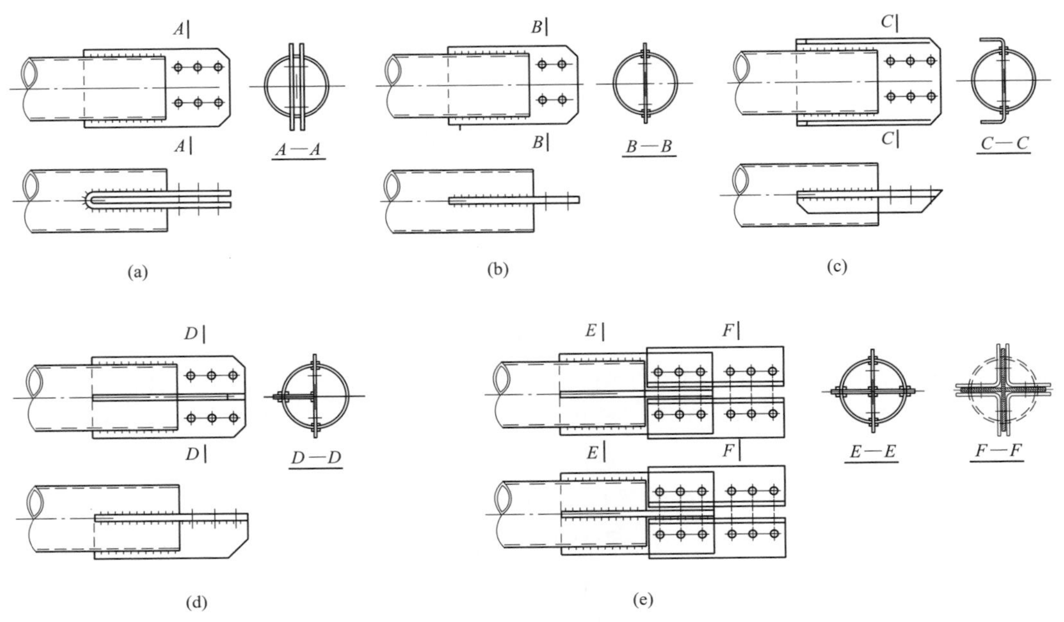

图2-21　插板型式结构示意图

(a) U型插板；(b) I型插板；(c) C型插板；(d) T型插板；(e) X型插板

5种插板应根据杆塔构件的位置、受力特性、受力大小和构造要求进行布置。鉴于I型与T型插板适用性相对较差，因此只对U型、C型与X型插板进行了系列化设计配置。插板的承载力按照钢管母材强度的100%、70%和50%三个级别进行标准化设计。设计时考虑插板、焊缝和螺栓的强度，同时考虑结构布置和构造的合理性以及节点刚度的影响。每一种型号的插板对应的钢管规格和材质均是唯一的，设计人员要根据钢管规格和材质选用插板型号。

三、结构优化

（一）塔头

塔头部分的布置及优化，主要是在满足电气间隙要求的前提下，尽量减小线路走廊宽度和铁塔受力，对500～1000kV双回路塔采用三层鼓型横担布置；对500kV四回路塔采用四层横担“V”串鼓型布置和三层横担“V”串鼓型布置；对220/500kV四回路塔采用五层（500kV横担采用三层“V”串鼓型布置和三层横担“I”串鼓型布置，220kV采用两层横担“V”串倒三角形布置。）横担布置；对110/220kV六回路塔采用六层横担“V”串正三角形布置。

和“I”串相比，采用“V”型串减少线路走廊宽度2～4m，塔高减少1～3m，塔重降低2%左右。除1000kV以外，其他电压等级铁塔由于横担悬挑长度和荷载都不大，横担部分全部采用角钢构件，在不增加塔重的情况下，方便加工和安装。

对于多回路塔，横担层数较多，塔头部分较高，塔头刚度显得十分重要，因此设计时在满足构件强度的同时，还考虑了头部的整体刚度和变形。

（二）塔身坡度

塔身坡度是影响输电铁塔整塔重量的最重要的因素之一，它直接影响主材和斜材的长度及规格。铁塔下开口即铁塔根开对整塔重量和基础的经济指标起着较大的控制作用。根据对实际工程中铁塔的统计，塔高与根开之比一般小于10，大都为4～7，单回路直线塔塔身坡度一般为7%～14%，单回路转角塔塔身坡度一般为9%～16%；双回路直线塔塔身坡度一般为9%～14%。铁塔根开增大，可降低主材受力，塔身斜材受力也变小，从而减小材料规格；但斜材与辅助材几何尺寸增大，材料构造布置也变得复杂，又使塔重相应增加。基础作用力随根开增大而减小，可使基础造价降低。因此在确定最终方案时，应综合考虑塔重及全线塔总重、基础造价等因素，对塔身坡度和根开进行方案比较。

坡度是由塔身高度、瓶口宽度和根开这三个独立的变量确定的。当塔头形式和呼高确定后，塔身就是一定值，这时塔身坡度就由瓶口宽度和根开来确定。

塔身瓶口尺寸和根开宽度取值与塔身坡度的改变紧密相关，而塔身的平均宽度的大小直接影响塔身的重量，瓶口宽度甚至影响到整个铁塔的刚度、塔头的稳定性和全塔的重量。

因此，具体进行塔身坡度优化时，主要的设计变量有塔身瓶口尺寸和根开尺寸两个。首先可根据同类工程选取瓶口尺寸和根开尺寸，没有同类工程时可依据荷载条件和电气条件近似类推。固定一个尺寸，将另一个尺寸按5%左右的幅度上下变动，可得到一个塔重指标和基础作用力均比较合理的值。然后变动另一个尺寸，确定另一个最优指标。

在进行铁塔结构布置和内力分析的时候，根据电气荷载条件、气象条件和铁塔形式，找出合适的坡度和根开，使塔重指标做到最小，并综合考虑铁塔单基指标、基础工程量、占地面积、植被等情况，力求达到最佳的综合经济效益。

（三）塔身断面

塔身断面型式一般有矩形（扁塔）、正方形（方塔）两种。根据以往500kV及以下电压等级的杆塔设计经验，扁塔比方塔要轻一些。当正面根开相同时，扁塔要比方塔轻1%～3%，主要原因在于扁塔的主材规格较之方塔变化不大，但塔身侧面斜材长度变短，规格也就有可能减小。就这两种塔身断面来看，扁塔的重量较轻，但抗纵向荷载能力较差且高低腿使用不灵活；而方塔抗纵向荷载能力强且高低腿使用灵活，但铁塔较重。通常对于高差很小的平丘地形杆塔多采用扁塔型式，但对于线路高差较大的山区地形杆塔则普遍采用方塔型式以提供足够抗侧刚度。

对于1000kV交流特高压双回路杆塔结构，由于其导线纵向张力比较大，在正面根开相同的情况下，减小侧面根开可能会造成塔身主材向上跳级，主材跳级增加的重量可能大于侧面塔身斜材减少的重量。以SZT2型塔为例，对方塔和扁塔进行了方案比较，其正面根开均为20.5m，侧面根开为18～20.5m时，塔重变化范围不超过1.5%。而采用方塔可增强纵向刚度，这对于抵抗冰灾、雪灾、风灾及防止倒串是有帮助的。此外，方塔的高低腿与塔身的连接比较简单，铁塔制造、施工比较方便；而扁塔的高低腿与塔身连接时比较复杂，塔腿V面为非对称结构，加工放样工作量大，且施工时必须注意接腿的方向性。因此，推荐采用正方形的铁塔断面。

（四）塔身斜材

铁塔构件的承载能力与构件的长度、截面面积以及材料的屈服强度有关，当构件的规格由强度控制时，构件需要选取的截面面积（规格）与其所承担的内力成正比。内力越大，所需截面面积越大；当构件的规格由稳定控制时，构件规格的选取则不仅仅与其承担的内力有关，还与构件本身的长度有关。内力一定，构件的长度越长，所需规格越大，而长度一定时，内力越大，所需规格也越大。因此，对于外荷载一定的结构，构件长度确定合适与否会严重影响其断面的选择。

塔身节间长度的确定受塔身分段、接腿及外形尺寸等因素的制约，同时考虑到节间长度对斜材、辅助材的影响以及腹杆的布置形式对主材内力的影响，往往很难理想地使主材长度达到按稳定计算的承载力与按强度计算的承载力相当。但以此为目的，按照杆件材质、规格大小的不同，根据使用经验来确定某一长度作为拟定节间长度的参考值，对构件布置形式、节间长度的进一步优化，降低塔重指标具有重要的意义。

由于特高压输电线路铁塔根开尺寸大于500kV线路铁塔，这给塔身斜材的布置形式提出了新的问题。如果还采用原来“交叉”式斜材布置方法，将会产生同时受压时斜材平面外弯曲挠度过大的不利情况，从而改变斜材的设计计算长度，改变斜材的选材规格，造成塔重指标的上升。为了避免塔身斜材同时受压，最好的办法就是对塔身变坡处的第一副斜材改用倒“K”型布置（如图2-22所示），根据节点平衡的力学原理，斜材始终处于一拉一压的受力状态。为避免横担下平面斜材的同时受压，也可以将横担下平面的靠近塔身的第一副斜材改用倒“K”型布置（如图2-23所示）。

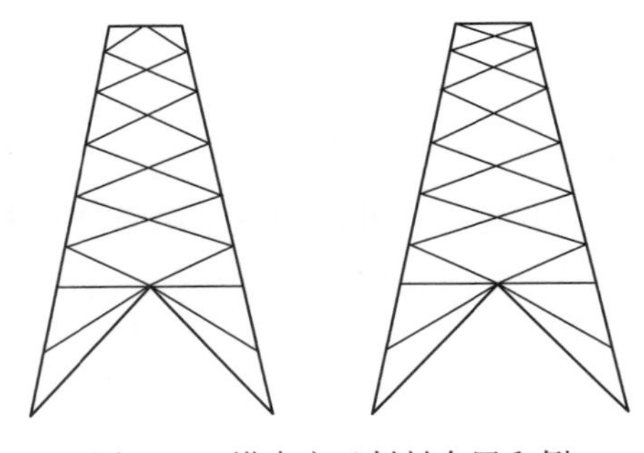

图2-22 塔身交叉斜材布置和倒“K”型斜材布置

（五）塔身隔面

根据构造要求：在铁塔塔身变坡处、直接受扭力的断面处和塔顶及塔腿顶部断面处必须设置横隔面；在塔身坡度不变段内，横隔面设置的间距一般不大于平均宽度的5倍，也不宜大于4个主材分段。合理设置横隔面可加强铁塔整体刚度，对向下传递结构上部因外荷载产生的扭力、减小塔重、均衡塔身构件内力具有明显的作用。横隔面的布置应注意以下两点：

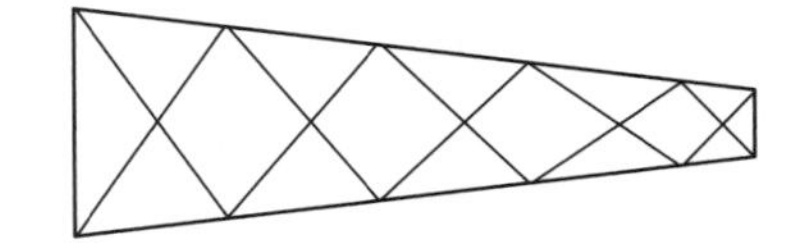

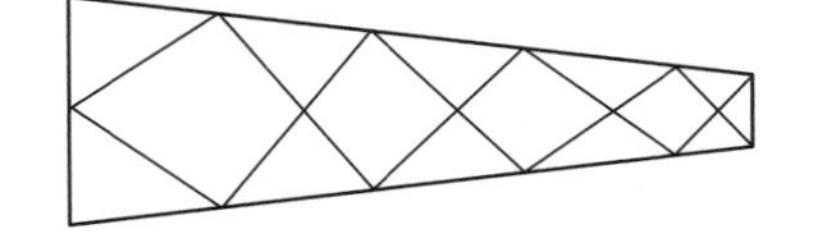

图2-23 横担下平面交叉斜材布置和倒“K”型斜材布置

（1）在满足规范要求的前提下，尽量少布置横隔面，减轻塔重。

（2）横隔面一定要作为受力单元参与结构计算。加上横隔面后，隔面下的斜材受力增加较多，并易出现斜材同时受压的情况。先不设置隔面进行设计，再按构造要求设计隔面时需进行验算。

对于塔身不变坡段内横隔面的设置位置一般有如图2-24所示的三种方式。对于方式三由于隔面横材连接较为单一，在采用法兰或焊接连接的、且不减小计算长度的大跨越钢管塔上使用最多（此时一般按拉杆考虑），而对于一般线路角钢塔，采用该方式容易引起塔身交叉斜材同时受压，且隔面横材受力较大，从而引起塔重增加。而方式一、二则避免了方式三的缺点，充分利用了其对铁塔杆件内力分配的调整作用，消除了塔身交叉斜材的同时受压情况，优化了斜材受力，降低了钢材耗量，同时还加强了铁塔的整体刚度，提高了铁塔运行的可靠度。因此对于角钢塔而言，塔身不变段内的隔面设置采取方式一和二的型式明显优于方式三。

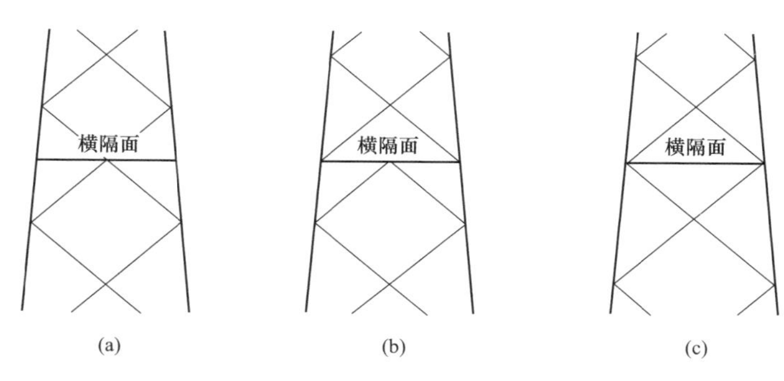

图 2-24　横隔面的设置位置

（a）方式一；（b）方式二；（c）方式三

根据以往工程经验和特高压工程的特点，隔面设置间隔不宜过大，为加强塔身抗扭刚度，宜按照 3～4 个主材分段长度设置一个隔面，以保持结构的外形尺寸不出现鼓突的情况。同时，隔面的设置对塔重的影响也并不大。

常用的几种隔面形式如图 2-25 所示。根据以往工程经验，横隔面型式的选用原则为：铁塔头部或塔身截面较小的部位，主要采用图 2-25（a）～（d）的型式，对于塔身截面较大的部位则主要采用图 2-25（e）～（g）的型式。而对于钢管塔而言，则尽量采用前四种隔面型式。

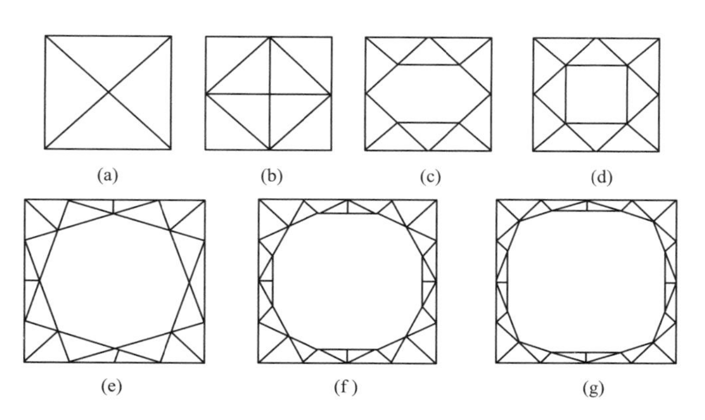

图 2-25　铁塔中常用的隔面形式

（六）接腿

传统的接腿模式为“过渡段”方式的公用腿（如表 2-2 中的公用腿型式一、二），这种方式的优点就是当塔腿主材规格相同时，接腿可在不同呼称高上互换，但该方式接身部位传力路线复杂、隔面较多、塔重较重，且当塔位地形坡度较大时，不能有效地体现高低腿减小降基面的优势。为了克服上述传统模式所带来的不利因素，推荐特高压双回交流工程采用塔腿直接与身部相连的非公用腿模式（表 2-2 中的非公用腿型式），既可减轻塔重（可降低 5%左右），也可充分发挥高低腿减少基面的优势。

表 2-2　　　　铁塔接腿（身）型式对照

项目	公用腿型式一	公用腿型式二	非公用腿型式
图例	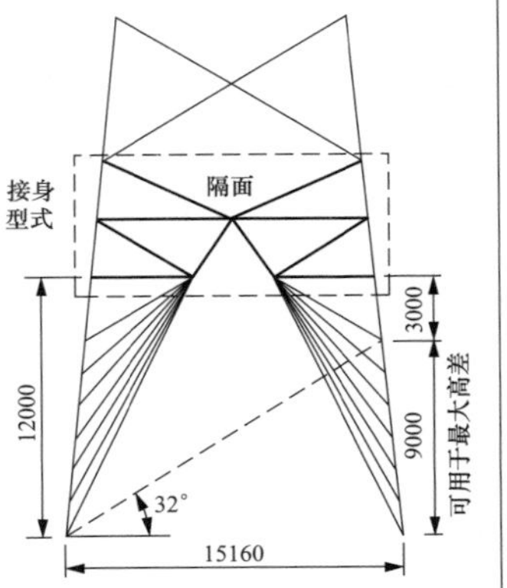 接身型式 隔面 3000 12000 9000 可用于最大高差 32° 15160	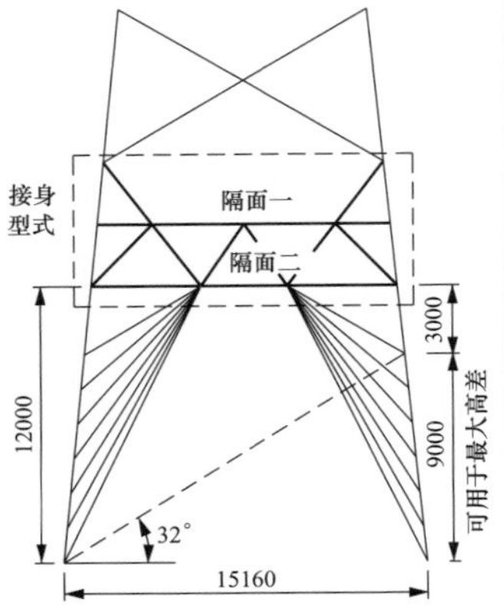 接身型式 隔面一 隔面二 3000 12000 9000 可用于最大高差 32° 15160	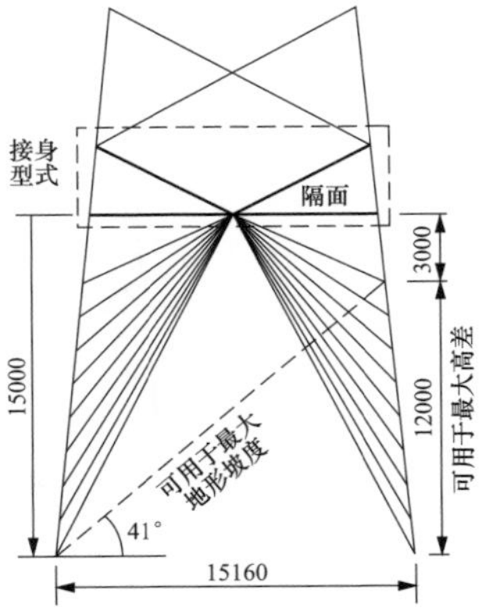 接身型式 隔面 3000 15000 12000 可用于最大高差 可用于最大地形坡度 41° 15160
受力特点	接身较为复杂，传力路线曲折	接身为一桁架结构，传力路线复杂曲折	接身型式简单，传力路线清晰明了
优缺点	优点：塔腿设计成公用腿，当主材规格一致时，在不同呼称高上塔腿均可使用。 缺点：①传力路线较为复杂，塔重较重；②受地形坡度限制，未能有效利用高低腿在地形坡度较大时不降基面的高低腿优势；③接身刚度较差	优点：与方案一相同，塔腿设计成公用腿，方便加工和安装，且塔腿刚度较好。 缺点：①传力路线复杂，隔面过多，塔重最重；②受地形坡度限制，未能有效利用高低腿在地形坡度较大时不降基面的高低腿优势	优点：①传力路线简单直接，隔面少，塔重轻；②最大接腿长度较传统方式长，对于地形坡度较陡的塔位能充分利用高低腿优势，减少基面开方；③接腿刚度好。 缺点：塔腿无法在不同呼称高上互换
塔重比	1.041	1.058	1.000
推荐型式	不采用	不采用	推荐采用

由于输电线路路径所经地区既有平地、河网、又有山地、丘陵，根据实际情况，需要采用全方位长短腿的设计，以适应不同的地形地貌条件。

全方位长短腿铁塔由于塔腿之间存在高差，塔腿的约束条件刚度差与等高腿不同，腿部及腿部附近塔身杆件将会产生力的重新平衡，导致塔腿构件的内力相差较大，基础作用力也有较明显变化，从而致使长短腿塔耗钢量略有所增加，各腿高差越大对材料规格影响也越大。对于山地铁塔来说，选取合适的全方位长短腿级差，显得非常重要，可以达到节省塔材，保护自然生态环境、减少基面开方、降低工程造价和施工难度、缩短施工周期的目的，具有明显的经济效益和社会效益。

针对特高压工程的铁塔根开较大，地形地势复杂的情况，全方位长短腿的最大高差宜控制在 7.5～9.0m（短腿高 1.5～3.0m，长腿高 9.0～12.0m），而耐张转角塔因使用量较少，长短腿的设计高差比直线塔少 1.5m。对于个别高差大于 7.5～9.0m 的塔基用基础立柱加高作相应微调（0.5～1.5m），以适合特殊地形。此外，塔腿设计不宜过长，如果为适应地形需要设计长腿，应重视塔腿支撑系统的设计，合理布置辅助材，控制塔腿主斜材之间的夹角不宜过小，一般应控制在 25°以内，以保证塔腿具有一定的刚度。

在全方位长短腿铁塔设计中，可将塔身部分设计成由一个基本段（包括共用的塔头和塔身）和若干个塔身延伸段，与一组不同高度的塔腿组合后形成一个完整的全方位长短腿铁塔，如图 2-26 所示。四个塔腿可由不等高的塔腿任意组合，这样接腿高度完全能根据塔位所处地形进行选配，只需针对每个腿的基础开挖施工用小平台即可，大大减少降低基础的土石方量的开挖，这样从理论上使基础施工基面开挖量降到零，即不需要开挖基面。

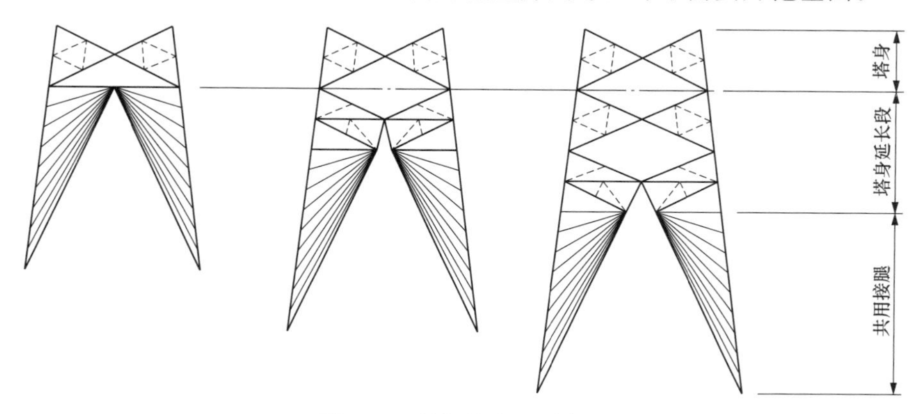

图 2-26 长短腿布置示意图

（七）辅助材

辅助材的布置除满足规范要求的承载力要求和长细比限制外，还应注意与受力材规格的匹配、辅助材体系自身的内力平衡等问题。

（1）辅助材的规格应与受力材匹配，采用合理的支撑方式增加支撑杆、减小长细比避免出现辅助材规格与受力材规格相近的情况。

（2）辅助材的受力虽较小，但若不注意辅助材体系自身的内力平衡，辅助材的内力直接作用于受力材的无支撑节点时也可能导致受力材的提前破坏。建议避免出现单根辅助材直接支撑于受力材中间的情况。

（3）有一部分辅助材不是支撑在受力材上，而是支撑在刚度相近的辅助材上，对这样的辅助材应适当提高其刚度，即减小最大允许长细比。

（八）节点连接

节点构造是杆塔结构设计的一个重要环节，直接关系到构件承载力设计值与实际承受力是否相符，对杆塔的安全可靠运行十分重要，同时也影响杆塔质量。在通用设计杆塔结构设计中遵循以下几点优化原则：

（1）避免相互连接杆件夹角过小，减小杆件的负端距；

（2）节点连接紧凑，满足一定刚度要求，尽量减小节点板面积；

（3）尽量减小杆件偏心连接，减小偏心弯矩对杆件承载力的不利影响；

（4）不采用节点的相贯焊连接方式，方便加工；

（5）合理确定杆件长度，减少接头连接数量，为进一步降低塔材耗量创造条件。

第四节　铁塔真型试验

一、真型试验的目的

根据试验目的、验收标准不同，杆塔结构试验分为验证试验和抽样试验两类。验证试验是对杆塔结构进行设计验证的试验，验证性试验的杆塔宜采用整体结构，也可对部分或局部结构进行试验，它的主要作用是：

（1）作为研究的一部分或新型杆塔的开发。

（2）检验杆塔设计特性的符合性（可看作型式试验）。

（3）研究、验证新的设计标准或设计方法。

（4）对新的制造工艺的研究、验证。

抽样试验主要用于使用前或生产过程中杆塔的批制造质量、材料质量的检验，试验杆塔从杆塔产品中随机抽取。

输电铁塔结构复杂，多采用螺栓连接，构件和节点构造型式多，结构设计计算时进行了较多的简化和近似，造成理论计算模型与实际结构之间存在一定的差异，主要表现在：

（1）铁塔杆件的端部连接形式多样，在结构设计计算时，无论简化铰接或固接，均与实际构造存在一定差别。

（2）铁塔的螺栓连接存在间隙，在外载作用下会发生一定的变形移位，铁塔实际结构发生变化，结构设计计算时无法考虑这一影响。

（3）构件承载存在偏心问题，大量构件连接在一起，其实际承载力从理论上难以准确计算。

（4）新出现的塔型，特别是高塔，存在一些非线性等问题，目前的设计理论还存在需要完善的地方。

这些差异会影响设计及加工完成后的铁塔的性能和使用，需要开展试验验证，一般通过真型试验来进行。

真型试验也可称为原型试验，其试验对象为实际结构或是按实物结构足尺复制的结构或构件。杆塔真型试验主要是指杆塔整体结构的静力荷载试验，通过对杆塔设计主要控制工况的加载试验，从强度（稳定）、刚度及结构实际破坏形态来检验和验证杆塔的整体力学性能和结构合理性，确定杆塔结构对使用要求的符合程度。

杆塔真型试验的原理和方法等，可参考张文亮主编的《特高压杆塔结构试验系统》一书。

二、我国的杆塔真型试验场

我国输电线路杆塔真型试验场有两个：中国电力科学研究院良乡杆塔试验站和国家电网公司特高压杆塔试验基地。

（一）良乡杆塔试验站

图 2-27 是良乡杆塔试验站外貌，该杆塔试验站有两套独立的杆塔试验系统，加荷塔高度分别为 60m 和 105m，可同时分别进行两基杆塔的真型试验，另配有部件试验室可对各电压等级下的杆塔结构部件进行试验。良乡 60m 级杆塔试验系统始建于 1960 年，经多次改造后，

可进行 500kV 及以下电压等级双回路直线塔、转角塔、变电架构的真型试验；2003 年，为满足更高电压等级输电线路杆塔结构试验的需要，在站内扩建了一个新的杆塔试验系统，目前可进行 500kV 线路同塔多回转角塔、750kV 线路双回路转角塔及 1000kV 级线路单回路、1000kV 级双回路小转角铁塔的杆的真型试验，最大试验铁塔高度 90m。

图 2-27 北京良乡杆塔试验站

（二）特高压杆塔试验基地

为满足特高压交直流工程建设需求，国家电网公司在河北省霸州市津港工业园区（霸州市杨芬港镇）建设了特高压杆塔试验基地，占地面积 20hm^2。2008 年 10 月 18 日正式开工建设，2009 年 3 月 28 日完成首基塔的真型试验，2009 年底全部建成。图 2-28 为特高压杆塔试验基地。

特高压杆塔试验基地按照“立足当前、兼顾长远、统一规划、分步实施”的原则，确定的主要试验能力为：以满足皖电东送工程 1000kV 特高压同塔双回铁塔真型试验为基础，兼顾特高压电网远期发展会出现的 1000kV 同塔双回、±1100kV 单回和±800kV 同塔双回线路等有可能出现的杆塔外形尺寸和设计荷载，兼顾新型杆塔结构研究的部件试验及整体试验需求、已经出现和即将大量出现的 500kV 同塔多回线路杆塔真型试验的需求。

图 2-28 特高压杆塔试验基地

特高压杆塔试验站试验能力主要技术参数见表2-3。

表2-3　　特高压杆塔试验站试验能力主要技术参数

试验对象主要技术参数		试验装备与性能参数	
被试塔高度	不大于140m	加荷塔高度	横、纵向153m，纵向反向133m
被试塔横担宽度	不大于66m	加荷塔宽度	70m
被试塔根开	不大于40m	万能基础尺寸	50m×50m
基础上拔力	不大于2000t/每腿	万能基础抗上拔能力	2000t/每腿
加荷通道数	不大于188通道	加荷通道数	188
应变测量	192个应变片	应变测量通道数	192
位移测量	三维变形、毫米精度	全站仪	3台

特高压杆塔试验基地不仅可满足特高压工程杆塔真型试验的要求，还可以结合研究工作的需要，开展杆塔构件和部件的承载力试验、节点构造优化设计试验、构件传力试验、循环荷载强度试验和结构动力稳定性试验等多个研究方向的试验研究工作。其中，杆塔真型试验能力可以覆盖特高压双回输电线路绝大多数的常规塔型，包括：

（1）轻冰区1000kV双回路直线塔及60°转角塔、500kV同塔四回直线塔及60°转角塔真型试验要求。

（2）中冰区1000kV双回路直线塔及40°转角塔真型试验要求。

（3）重冰区特高压直流线路直线塔和40°转角塔真型试验要求。

特高压杆塔试验基地试验设施按功能分为以下部分：

（1）承载系统。主要包括试验万能基础、横向加荷塔、纵向加荷塔、纵向反向加荷塔、各类转向地锚、液压缸基础、配套试验钢梁等锚固传力设施、设备等。

承载系统占地面积约3650m²。横向加荷塔、纵向加荷塔总高153m，纵向反向加荷塔总高133m。

（2）液压加载系统。主要包括横向加荷室（2个）、纵向加荷室、纵向反向加荷室共4个独立的液压加荷系统，共布置了188套液压缸，预留18个空位，远期可以扩充到206套。

（3）测量控制系统。利用VXI总线技术，实现4个加荷室、206个液压加载缸多点协调同步加载，系统数据巡检周期小于10ms，系统加荷控制精度小于1%，并设有载荷控制和保护控制条件。

（4）试验数据采集、管理系统。包括图像监控，位移、应变数据采集，试验数据库。数据采集系统规模留有按试验要求进行扩充的冗余。

（5）电气及保护系统。包括站外电源及站内配电系统、站内构筑物防雷接地等防护系统。试验基地电源从10kV电网引接，通过2台站用变压器供电。

（6）试验辅助设施。包括固定塔吊（起吊高度150m）、轨道行走式起重机、试验机、加载索具等。

（7）站内建筑物。包括办公楼、观测楼、4个加荷室、部件实验室、配电室等，总建筑面积约8635m²。

三、典型铁塔的真型试验

图2-29～图2-32为杆塔试验站所完成的一些代表性工程的铁塔真型试验照片。其中，

图 2-29 是 750kV 兰州—官厅东 JG2 转角塔真型试验图片，该工程为我国第一条试点应用 Q420 角钢的线路工程；图 2-30 为 1000kV 晋东南—南阳—荆门特高压试验示范工程猫头型塔和干字形塔的真型塔试验图片，该工程是我国首条大范围应用 Q420 角钢的特高压线路工程；图 2-31 是 1000kV 淮南—南京—上海特高压交流工程钢管塔真型塔试验图片，该工程为我国第一条全线路采用钢管塔的特高压双回路线路工程；图 2-32 是±800kV 锦屏—苏南特高压直流工程真型塔试验图片，该工程是我国首条试点应用∟ 200 以上大规格角钢的特高压线路工程。

图 2-29 750kV 兰州—官厅东 JG2 转角塔试验

图 2-30 1000kV 晋东南—南阳—荆门特高压试验示范工程真型塔试验

（第一条推广应用 Q420 角钢的特高压线路工程）

近年来未通过真型试验检验的铁塔所暴露出来的问题表明，结构设计近似和简化与实际情况之间的差异是试验未能通过的主要原因，通过杆塔结构试验对设计理论及计算方法进行验证是必要和有意义的。

图 2-31　1000kV 淮南—南京—上海特高压交流工程真型塔试验
（第一条特高压双回路线路工程，推广应用钢管塔）

图 2-32　±800kV 锦屏—苏南特高压直流工程真型塔试验
（第一条推广应用∟ 200 以上大规格角钢工程）

第三章 输电铁塔主要原材料

第一节 概 述

一、输电铁塔用钢种类及要求

（一）输电铁塔用钢种类

在输电线路及配电线路中广泛使用钢制结构的杆塔，按其产品结构和用途，主要分为钢管杆、角钢塔、钢管塔（包括大跨越高塔）三类。在变电站、换流站中广泛采用钢制结构的构架和支架（统称为变电构支架），由于变电构支架的用钢要求、制造要求与输电铁塔类似，也将其归属于输电铁塔类产品。

输电铁塔和变电构支架均属于典型的钢结构，是输电变电工程中耗钢量最大的电力设施。依据输电铁塔产品类型的不同，其主要原材料的种类也有所不同。其中，钢管杆主要以热轧钢板为原材料；角钢塔主要使用热轧等边角钢、热轧钢板；钢管塔主要使用直缝焊管、锻造法兰、热轧等边角钢、热轧钢板等；变电构支架则以型钢、钢板、钢管为主要原材料。

因此，输电铁塔产品主要的原材料种类包括角钢、钢板、钢管、法兰等。输电铁塔原材料的种类、质量和性能，不仅影响铁塔类产品的使用性能，对输电线路长期安全运行及铁塔类产品的制造成本也有较大的影响。

（二）输电铁塔用钢要求

1. 输电铁塔用钢性能要求

输电铁塔是架空输电线路的主要承载物，不仅要承受导线、地线、金具、绝缘子及铁塔本身的荷载，还要承受风荷载、冰荷载等附加荷载，因而要有足够的强度和刚性。在输电铁塔加工过程中，要进行成型、剪切、冲压、矫正等冷加工，还要进行焊接、热弯、热矫正等热加工；在输电铁塔运行中，长期在野外经受风吹雨淋日晒等，经受一定的低温、大气腐蚀等。因而，输电铁塔用钢应具有良好的力学性能和加工工艺性能，以保证结构的安全。

输电铁塔用钢的基本性能要求包括：

(1) 较高的强度。包括屈服强度（R_e）和抗拉强度（R_m），铁塔设计时以钢材的屈服强度为基础，屈服强度高可以减轻塔重，从而节省钢材，降低造价。高的抗拉强度可以增加结构的安全保障，在建筑钢结构中，为满足抗震性要求，一般对钢材的屈强比（R_e/R_m）有明确的要求，将其作为钢材强度储备的参数。

(2) 良好的塑性和韧性。塑性反映钢材经受变形的能力，一般以材料的断后伸长率（A）来表征；韧性反映钢材在塑性变形和断裂过程中吸收能量的能力，一般以冲击吸收能量（KV_2）来表示。塑性和韧性好说明结构在静载荷或动载荷作用下有足够的应变能力，不仅可以减轻结构脆性破坏的倾向，还可以通过较大的塑性变形调整局部应力，从而有利于铁塔安全。

（3）良好的加工工艺性能。以保证钢材能够适应铁塔制造过程中的各种冷加工、热加工、焊接等，不致因加工过程导致对材料的强度、塑性、韧性等造成不良影响。此外，由于输电铁塔长期工作于野外，铁塔构件一般需要进行热浸镀锌或涂装防腐涂层，以提升其抗腐蚀能力，因而铁塔用钢需要有良好的涂镀性能或有一定的抗大气腐蚀性能；有时还要求铁塔用钢具有适应低温环境的要求。表征钢材加工工艺性能的主要性能指标有冷弯性能、碳当量等。

2. 输电铁塔用钢的选用原则

（1）铁塔设计对铁塔用钢的选用要求。

1）钢材的材质应根据结构的重要性、结构形式、连接方式、钢材厚度和结构所处的环境及气温等条件进行合理选择。

2）钢材等级宜采用 Q235、Q355、Q390 和 Q420，有条件时也可采用 Q460。钢材的质量应分别符合 GB/T 700—2006《碳素结构钢》和 GB/T 1591—2018《低合金高强度结构钢》的规定。

3）所有杆塔结构的钢材均应满足不低于 B 级钢的质量要求，钢材应具有抗拉强度、断后伸长率、屈服强度和硫、磷含量的合格保证，对焊接结构尚应具有碳含量的合格保证，当采用 40mm 及以上厚度的钢板焊接时，应采取防止钢材层状撕裂的措施。

（2）国家电网有限公司对架空输电线路杆塔的选用要求。

1）杆塔用金属材料应选用 Q235、Q355、Q390、Q420 和 Q460。Q235 技术指标应符合 GB/T 700—2006 的规定，Q355、Q390、Q420 和 Q460 的技术指标应符合 GB/T 1591—2018 的规定。大气腐蚀性分类为 C1～C3 时，可选用 Q235NH、Q295GNH、Q355GNH 耐候钢，在化工、冶金企业等腐蚀源 5km 范围内及盐雾地区不应单独使用耐候钢，钢材技术指标应符合 GB/T 4171—2008《耐候结构钢》的规定。

2）钢材质量等级应不低于 B 级。当最低服役环境温度低于－40℃时，杆塔用钢还应满足以下要求：

a）Q235、Q355 和 Q390 焊接构件、Q420 钢材质量等级应不低于 C 级钢的质量要求，Q460 钢材质量应不低于 D 级钢的质量要求。

b）导、地线挂点处的构件不宜采用 Q420、Q460 高强钢。

c）带颈锻造法兰当钢材厚度小于 40mm 时，质量等级不低于 C 级；当钢材厚度不小于 40mm 时，质量等级不宜低于 D 级。

d）Q420、Q460 钢材制孔应采用钻孔工艺，Q235、Q355 钢材制孔宜采用钻孔工艺。

3）当采用 40mm 及以上厚度的钢板时，应采取防止钢材层状撕裂的措施，或采用 Z 向钢，Z 向钢的技术指标应符合 GB/T 5313—2010《厚度方向性能钢板》的规定。

4）特高压铁塔用 Q355、Q420、Q460 钢化学成分中 Mn 含量应不低于 1%。Q420、Q460 化学成分中应加入一种或多种细化晶粒的元素，V、Nb、Ti 的含量应满足 GB/T 1591—2018 的要求。

二、输电铁塔用钢及主要性能

（一）输电铁塔用钢分类

GB/T 13304—2008《钢分类》共分为2部分，分别给出了按化学成分，以及按质量等级和主要性能或使用特性的分类。本节主要介绍按化学成分的分类方法。

钢是以铁为主要元素、含碳量一般在2%以下，并含有其他元素的材料。按化学成分分为非合金钢、低合金钢、合金钢三类，其中，非合金钢又分为碳素钢和特殊性能非合金钢。

非合金钢、低合金钢与合金钢中合金元素含量的基本界限值见表3-1。

表3-1　非合金钢、低合金钢与合金钢中合金元素规定含量界限值

合金元素	合金元素规定含量界限值（质量分数，%）		
	非合金钢	低合金钢	合金钢
Al	<0.10	—	≥0.10
B	<0.000 5	—	≥0.000 5
Bi	<0.10	—	≥0.10
Cr	<0.30	0.30～0.50（不含）	≥0.50
Co	<0.10	—	≥0.10
Cu	<0.10	0.10～0.50（不含）	≥0.50
Mn	<1.00	1.00～1.40（不含）	≥1.40
Mo	<0.05	0.05～0.10（不含）	≥0.10
Ni	<0.30	0.30～0.50（不含）	≥0.50
Nb	<0.02	0.02～0.06（不含）	≥0.06
Pb	<0.40	—	≥0.40
Se	<0.10	—	≥0.10
Si	<0.50	0.50～0.90（不含）	≥0.90
Te	<0.10	—	≥0.10
Ti	<0.05	0.05～0.13（不含）	≥0.13
W	<0.10	—	≥0.10
V	<0.04	0.04～0.12（不含）	≥0.12
Zr	<0.05	0.05～0.12（不含）	≥0.12
La系（每一种元素）	<0.02	0.02～0.05（不含）	≥0.05
其他规定元素（S、P、C、N除外）	<0.05	—	≥0.05

注　当钢中同时含有Cr、Cu、Mo、Ni四种元素中的两种、三种或四种时，对于低合金钢，应考虑每种元素的规定含量；所有这些元素的含量总和，应不大于表中规定的两种、三种或四种元素中每种元素最高界限值总和的70%。如果这些元素的规定含量总和大于本表规定的元素中每种元素最高界限值总和的70%，即使这些元素每种元素的规定含量低于规定的最高界限值，也应划入合金钢。上述原则也适用于Nb、Ti、V、Zr四种元素。

输电铁塔用钢主要用于塔材和连接紧固件（螺栓、螺母、垫片、地脚螺栓等）。其中，塔材用钢分为碳素结构钢和低合金高强度结构钢；连接紧固件用钢主要包括优质碳素结构钢和合金结构钢，其中碳素结构钢、优质碳素结构钢属非合金钢。

（二）输电铁塔常用钢种

1. 碳素结构钢

一般指含有铁、碳（含量不大于 0.25%）、硅（含量不大于 0.5%）、锰（含量不大于 0.8%）、磷和硫的钢。其中，硅和锰是为了生产技术需要而加入的元素，磷、硫为杂质元素，碳素结构钢中磷、硫含量不大于 0.045%，其含量随质量等级的提升而降低。该钢种牌号以最小屈服强度和质量等级表示，属非合金钢，广泛用于输电铁塔、建筑和工程钢结构等领域。

目前，碳素结构钢国家标准为 GB/T 700—2006《碳素结构钢》，1965 年首次制定，历经 1979 年、1988 年、2006 年三次修订。标准的牌号及对比情况见表 3-2。输电铁塔主要使用 Q235 钢。

表 3-2　　碳素结构钢国家标准及相关说明

<table>
<tr><th>标准</th><th>牌号</th><th colspan="2">说明及相关要求</th></tr>
<tr><td rowspan="3">GB/T 700—1965
GB/T 700—1979</td><td>A0、A1、…、A7</td><td>甲类钢，只保证机械性能和杂质含量</td><td rowspan="3">采用苏联标准体系制定。牌号字母后数字越大，表示含碳量越高</td></tr>
<tr><td>B0、B1、…、B7</td><td>乙类钢，只保证化学成分，供热处理用</td></tr>
<tr><td>C2、…、C5</td><td>特类钢，既保机械性能又保化学成分</td></tr>
<tr><td>GB/T 700—1988</td><td>Q195、Q215、Q235、Q255、Q275 质量等级分 A、B、C、D 四级</td><td>以屈服强度汉语拼音首次母 Q 和屈服强度最小数值和质量等级表示牌号；
A 级不做冲击试验，B 级为常温冲击试验，C 级为 0℃ 冲击试验，D 级为 −20℃ 冲击试验；
Q195、Q275 无质量等级要求，Q215 和 Q255 质量等级为 A、B 两级，Q235 质量等级为 A、B、C、D 四级</td><td>参照 ISO 630《结构钢》制定。
按脱氧方式分为沸腾钢，用“F”表示；半镇静钢，用“B”表示；镇静钢，用“Z”；特殊镇静钢，用“TZ”表示。
拉伸性能方面：Q195 相当 1 号钢；Q215 相当于 A2、C2；Q235 相当于 A3、C3；Q255 相当于 A4、C4；Q275 相当于 A5、C5</td></tr>
<tr><td>GB/T 700—2006</td><td>Q195、Q215、Q235、Q275 质量等级分 A、B、C、D 四级</td><td>取消原 Q255 级和 Q275，新增 Q275，Q275 包括 A、B、C、D 四个质量等级</td><td>非等效采用国际标准 ISO 630：1995；
取消各牌号碳、锰含量下限；
取消半镇静钢“B”</td></tr>
</table>

2. 低合金高强度结构钢

低合金高强度结构钢是在碳素结构钢（碳含量不大于 0.25%）的基础上加入锰和微量的钒、铌、钛及稀土等细化晶粒元素的低碳钢。该类钢牌号以最小屈服强度和质量等级表示，广泛应用于铁塔、建筑、桥梁、船舶、车辆、工程结构等行业。

目前，低合金高强度结构钢国家标准为 GB/T 1591—2018《低合金高强度结构钢》，于 1979 年首次制定，历经 1988 年、1994 年、2008 年、2018 年四次修订。标准的牌号及对比情况见表 3-3。输电铁塔常用的钢材为 Q355（Q345）、Q420、Q460 级钢。

表 3-3 低合金高强度结构钢国家标准及相关说明

标准	牌号	说明及相关要求	
GB/T 1591—1979 GB/T1591—1988	以化学成分含量命名牌号，共计 17 个牌号	09MnV、09MnNb、09Mn2、12Mn、18Nb、09MnCuPTiV、10MnSiCu、12MnV、14MnNb、16Mn、15MnRE、10MnPNb、15MnV、15MnTi、16MNb、14MnVTi、15MnVN	沿用苏联标准体系制定，力学性能，按屈服强度分 30kg（290MPa）、35kg（345MPa）、40kg(390MPa)、45kg(440MPa)
GB/T 1591—1994	Q295、Q345、Q390、Q460。 质量等级分 A、B、C、D、E 五级	以屈服强度汉语拼音首字母“Q”和屈服强度最小数值、质量等级表示牌号； A 级不做冲击试验，B 级为常温冲击试验，C 级为 0℃ 冲击试验，D 级为－20℃ 冲击试验，E 级为－40℃冲击试验； Q295 质量等级为 A、B 两级，Q345 和 Q460 质量等级为 A、B、C、D、E 五级，Q460 质量等级为 C、D、E 三级	参照 ISO 4950：1981《高屈服强度扁平钢材》和 ISO 4951：1979《高屈服强度钢棒材和型材》，16Mn 相当于 Q345，15MnV、16MnNb、15MnVN 相当于 Q390 或 Q420
GB/T 1591—2008	取消 Q295，增加 Q500、Q550、Q620、Q690	明确屈服强度为下屈服强度，给出碳当量及裂纹敏感系数要求；锰及微合金元素不限制最低添加量	参照 EN 10025：2004《结构钢热轧产品》
GB/T 1591—2018	牌号基本未变，Q345 级改为 Q355 级	明确屈服强度为上屈服强度，取消质量等级 A 级； 标准未给出 Q420、Q460 级钢板热轧状态交货钢材的化学成分与力学性能要求	

3. 优质碳素结构钢

优质碳素结构钢指钢质纯净的碳素结构钢，钢的化学成分要求严格，碳含量为 0.05%～0.90%、同牌号极差为 0.06%～0.08%，锰含量为 0.35%～1.0%、同牌号极差为 0.30%，硅含量为 0.17%～0.37%，且严格限制杂质元素（磷、硫均不大于 0.030%）。优质碳素结构钢的牌号以化学成分含量（一般为碳和锰）命名，属非合金钢，主要用于紧固件、齿轮、轧辊、弹簧、链条、轴及连杆等。

目前，优质碳素结构钢国家标准为 GB/T 699—2015《优质碳素结构钢》，于 1965 年首次制定，历经 1988、1999、2015 年三次修订，标准的牌号及要求见表 3-4。该钢在输电铁塔行业主要为紧固件用钢，主要牌号有 25、35、45 号等。

表 3-4　　GB/T 699—2015 规定的国家标准牌号及要求

项目	说明及相关要求
适用范围	适用于公称直径或厚度不大于 250mm 热轧和锻制优质碳素结构钢棒材。标准所规定的牌号及化学成分也适用于钢锭、钢坯、其他截面的钢材及其制品
分类	按使用加工方法分两类： 压力加工用钢 UP，可细分为热加工用钢 UHP、顶锻用钢 UF、冷拔坯料用钢 UCD； 切削加工用钢 UC。 按表面种类分五类：①压力加工表面 SPP；②酸洗 SA；③喷丸（砂）SS；④剥皮 SF；⑤磨光 SP
牌号	碳钢牌号 17 个：08 号、10 号、15 号、20 号、25 号、30 号、35 号、40 号、45 号、50 号、55 号、60 号、65 号、70 号、75 号、80 号、85 号。 碳锰钢牌号 11 个：15Mn、20Mn、25Mn、30Mn、35Mn、40Mn、45Mn、50Mn、60Mn、65Mn、70Mn
交货状态	通常以热轧或热锻状态交货。 按需方要求，可以热处理（退火、正火、高温回火）状态、特殊表面（酸洗、喷丸、剥皮、磨光）状态交货
检验项目	力学性能为试样毛坯按标准热处理后测定的性能。 出厂必备的检验项目：尺寸、外形、表面质量、化学成分、拉伸性能、低倍组织、布氏硬度。需方可要求的检验项目：冷顶锻、热顶锻、脱碳层、冲击吸收能量、末端淬透性、晶粒度、非金属夹杂物、塔形发纹、显微组织、超声探伤、氧及其他残余元素等

4. 合金结构钢

合金结构钢是指用作机械零件和各种工程构件，为获得一定性能组合而加入某种特殊的合金元素或组合元素的钢。该类钢种淬透性较好，经适宜的热处理后，具有较高的抗拉强度和屈强比（一般在 0.85 左右），较高的韧性和疲劳强度，以及较低的韧性—脆性转变温度，可用于制造截面尺寸较大的机器零件。合金结构钢牌号以化学成分含量命名，广泛用于船舶、车辆、飞机、导弹、兵器、铁路、桥梁、压力容器、机床等结构上。

目前，合金结构钢国家标准为 GB/T 3077—2015《合金结构钢》，于 1982 年首次制定，历经 1988 年、1999 年、2015 年三次修订，标准的牌号及要求简介见表 3-5。该类钢主要用作输电铁塔紧固件用钢，主要牌号包括 40Cr、35CrMo、42CrMo，40CrNiMo 等。

表 3-5　　GB/T 3077—2015 规定的国家标准牌号及要求

项目	说明及相关要求
适用范围	适用于公称直径或厚度不大于 250mm 热轧和锻制合金结构钢棒材。标准所规定的牌号及化学成分也适用于钢锭、钢坯、其他截面的钢材及其制品
分类	按冶金质量分三类：①优质钢；②高级优质钢（牌号后加“A”）；③特级优质钢（牌号后加“E”）。 按使用加工方法分两类：①压力加工用钢 UP，可细分为热加工用钢 UHP、顶锻用钢 UF、冷拔坯料用钢 UCD；②切削加工用钢 UC。 按表面种类分五类：①压力加工表面 SPP；②酸洗 SA；③喷丸（砂）SS；④剥皮 SF；⑤磨光 SP

续表

<table>
<tr><th>项目</th><th>说明及相关要求</th></tr>
<tr><td>牌号</td><td>按合金元素配比，分为 24 个钢组 86 个牌号，如下：
<table>
<tr><th>钢组</th><th>牌号数</th><th>钢组</th><th>牌号数</th><th>钢组</th><th>牌号数</th><th>钢组</th><th>牌号数</th><th>钢组</th><th>牌号数</th></tr>
<tr><td>Mn</td><td>6</td><td>MnV</td><td>1</td><td>SiMn</td><td>3</td><td>SiMnMoV</td><td>3</td><td>B</td><td>3</td></tr>
<tr><td>MnB</td><td>4</td><td>MnMoB</td><td>1</td><td>MnVB</td><td>3</td><td>MnTiB</td><td>2</td><td>Cr</td><td>7</td></tr>
<tr><td>CrSi</td><td>1</td><td>CrMo</td><td>8</td><td>CrMoV</td><td>5</td><td>CrMoAl</td><td>1</td><td>CrV</td><td>2</td></tr>
<tr><td>CrMn</td><td>3</td><td>CrMnDi</td><td>4</td><td>CrMnMo</td><td>2</td><td>CrMoTi</td><td>2</td><td>CrNi</td><td>12</td></tr>
<tr><td>CrNiMo</td><td>9</td><td>CrMnNiMo</td><td>1</td><td>CrNiMoV</td><td>1</td><td>CrNiW</td><td>2</td><td></td><td></td></tr>
</table>
按钢的冶金质量分类，钢中磷、硫含量要求如下：
<table>
<tr><th>杂质元素</th><th>优质钢</th><th>高级优质钢</th><th>特殊优质钢</th></tr>
<tr><td>磷 P</td><td>≤0.030</td><td>≤0.020</td><td>≤0.020</td></tr>
<tr><td>硫 S</td><td>≤0.030</td><td>≤0.020</td><td>≤0.010</td></tr>
</table>
</td></tr>
<tr><td>交货状态</td><td>通常以热轧或热锻状态交货。按需方要求，可以热处理（退火、正火、高温回火）状态、特殊表面（酸洗、喷丸、剥皮、磨光）状态交货</td></tr>
<tr><td>检验项目</td><td>力学性能为试样毛坯按标准热处理后测定的性能。
出厂必备的检验项目：尺寸、外形、表面质量、化学成分、拉伸性能、冲击吸收能量、布氏硬度、低倍组织、非金属夹杂物（适用高级优质与特级优质钢）、晶粒度（适用特级优质钢）。
需方可要求的检验项目：热顶锻、脱碳层、末端淬透性、塔形发纹、显微组织、超声探伤，氧及氮，残余铅、砷、锑、锡、钛等</td></tr>
</table>

（三）主要性能

1. 拉伸性能

一般通过标准拉伸试验（GB/T 228.1—2021《金属材料 拉伸试验 第 1 部分：室温试验方法》）获得。钢材标准试样在单向均匀受拉情况下典型的应力（R）-应变（e）曲线如图 3-1 所示，据此曲线可以获得钢材的强度、塑性等多项性能。

（1）屈服强度（R_e、R_p）。当金属材料呈现屈服现象时，在试验期间达到塑性变形发生而力不增加的应力点，称为材料的屈服强度，单位为 MPa，包括上屈服强度和下屈服强度。其中，试样发生屈服而力首次下降前的最大应力，称为上屈服强度，用 R_{eH} 表示。在屈服期间，不计初始瞬时效应时的最小应力，称为下屈服强度，用 R_{eL} 表示。目前，GB/T 700—2006《碳素结构钢》、GB/T 1591—2018《低合金高强度结构钢》均采用 R_{eH} 来表征材料的屈服强度。

材料强度较高时，屈服现象不明显，这时一般用规定塑性延伸强度（R_p）来表示，即当塑性延伸率等于规定的引伸计标距 L_e 百分率时对应的应力，如图 3-2 所示，如 $R_{p0.2}$ 表示规定塑性延伸率为 0.2%时的应力。

在结构设计中，为了简化计算，通常假定钢材在屈服以前为完全弹性的，屈服以后则为完全塑性的，这样就可把钢材视为理想的弹塑性体，其应力一应变曲线表现为双直线，当应力达到屈服强度后，结构将产生塑性变形（低碳钢可达 25%）。因此，设计时取屈服强度作为钢材可以达到的最大应力值。

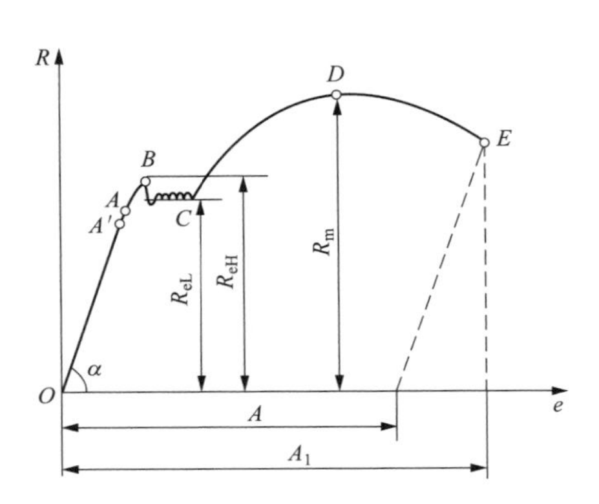

图 3-1　碳素结构钢典型应力-应变曲线

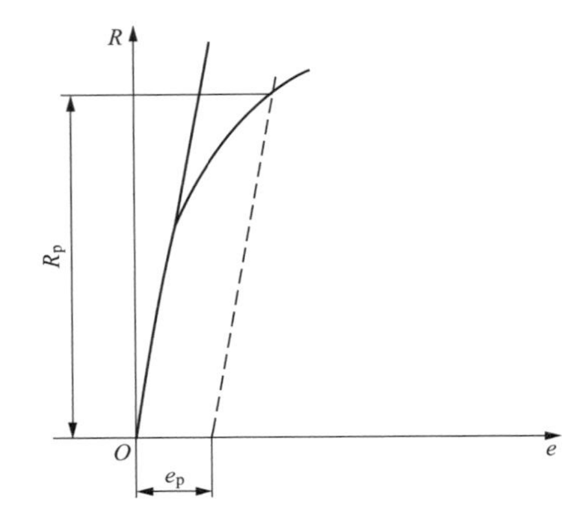

图 3-2　规定塑性延伸强度

（2）抗拉强度（R_m）。拉伸试验过程中，最大力所对应的应力为抗拉强度，用 R_m 表示，单位为 MPa。

（3）断后伸长率（A）。断后标距的残余伸长（L_u-L_0）与原始标距（L_0）之比的百分率称为断后伸长率，用 A 表示，单位为%。

$$A=\frac{L_u-L_0}{L_0}\times 100\% \tag{3-1}$$

式中：L_0 为室温下施力前的标距；L_u 为室温下将断后的两部分试样紧密地对接在一起，保证两部分的轴线位于同一条直线上，测量试样断裂后的标距，又称断后标距。

拉伸试验的试样有矩形、圆形、弧形等多种形式。图 3-3 为矩形截面试样。

对于比例试样，若原始标距不为 $5.65\sqrt{S_0}$（S_0 为平行长度的原始横截面积），断后伸长率的符号 A 应附以下脚注说明所使用的比例系数，如 $A_{11.3}$ 表示原始标距为 $11.3\sqrt{S_0}$ 的断后伸长率。

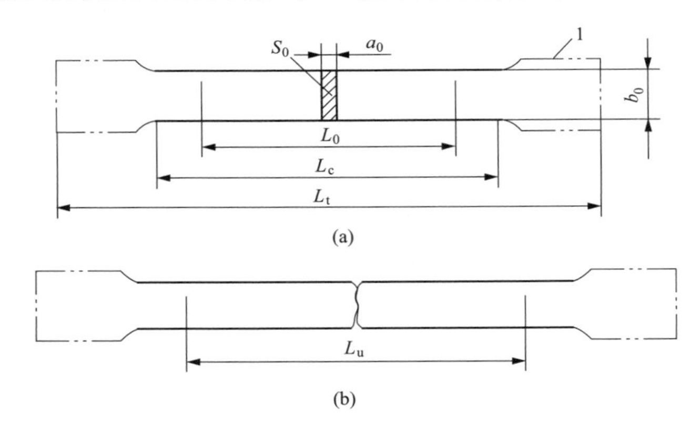

图 3-3　矩形截面拉伸试样示意图

（a）试验前；（b）试验后

a_0—试样原始厚度；b_0—试样平行长度的原始宽度；L_0—原始标距；L_u—断后标距；L_c—平行长度；L_t—试样总长度；S_0—平行长度的原始横截面积；1—夹持头部，形状为示意性的

对于非比例试样，符号 A 应附以下脚注说明所使用的原始标距，以毫米（mm）表示，如 A_{80mm} 表示原始标距为 80mm 的断后伸长率。

原始标距与横截面积有 $L_0=k\sqrt{S_0}$ 关系的试样称为比例试样。国际上使用的比例系数 $k=$

5.65。原始标距应不小于15mm，当试样横截面积太小以致采用比例系数 k 为5.65的值不能符合这一最小标距要求时，可以采用较高的值，这时应优先选择 $k=11.3$，或采用非比例试样。

（4）断面收缩率（Z）。断裂后试样横截面积的最大缩减量（S_0-S_u）与原始横截面积 S_0 之比的百分率，称为断后伸长率，用 Z 表示，单位为%。

$$Z=\frac{S_0-S_u}{S_0}\times 100\% \tag{3-2}$$

式中：S_0 为试样原始横截面积；S_u 为试样断裂后的最小横截面积。

钢材在单向受压时，受力性能基本上和单向受拉时相同；受剪的情况也相似，但屈服点 τ_e 及抗剪强度 τ_u 均较受拉时低；剪变模量 G 也低于弹性模量 E。

2. 冲击性能

拉伸试验表征的是材料在静载荷作用下的性能，反映材料的强度和塑性；冲击性能反映材料在动载荷作用下的性能，即反映材料的韧性，用材料在断裂过程中所吸收的冲击吸收能量来表示，用符号 KV_2 来表示，单位为J。材料的冲击吸收能量越低，说明材料越脆。

冲击性能一般通过冲击试验来进行测定，材料的冲击吸收能量数值随试样缺口形状的不同有较大差异，GB/T 229—2020《金属材料 夏比摆锤冲击试验方法》中，用V、U、W分别代表V形缺口、U形缺口和不开缺口时材料的冲击吸收能量，并用下标数字2、8表示摆锤锤刃半径，如 KV_2 表示V形缺口试样使用2mm摆锤锤刃测得的冲击吸收能量。该标准规定采用摆锤单次冲击的方式使试样破断，试样的缺口有规定的几何形状并位于两支座的中心、打击中心的对面。测定的参数包括吸收能量、侧膨胀值和剪切断面率等。铁塔金属材料一般采用V形缺口，主要测定材料的冲击吸收能量，即 KV_2。表3-6为V形缺口冲击试样尺寸与偏差。

冲击试验所用的标准尺寸冲击试样长度为55mm，横截面为10mm×10mm的方形截面。在试样长度的中间位置开设缺口，缺口形状有V形或U形，具体形状一般由材料或产品标准予以明确。图3-4为V形缺口试样。如果坯料不够制备标准尺寸试样，可使用厚度为7.5、5mm或2.5mm的小尺寸试样。需要特别注意以下几点：

（1）冲击试样加工精度对试验结果影响较大，尤其是缺口根部加工精度影响更大，因此，要求试验前使用专门的缺口投影仪复核试样缺口的加工精度。

（2）由于很多材料的冲击结果会随温度的变化而变化，所以材料标准都会给出特定的试验温度，当要求的试验温度不是室温时，试样就需要在可控的温度下进行加热或冷却，并要求介质的温度与规定温度的偏差为±1℃。图3-5反映的是输电铁塔常用钢材的温度—冲击吸收能量关系。

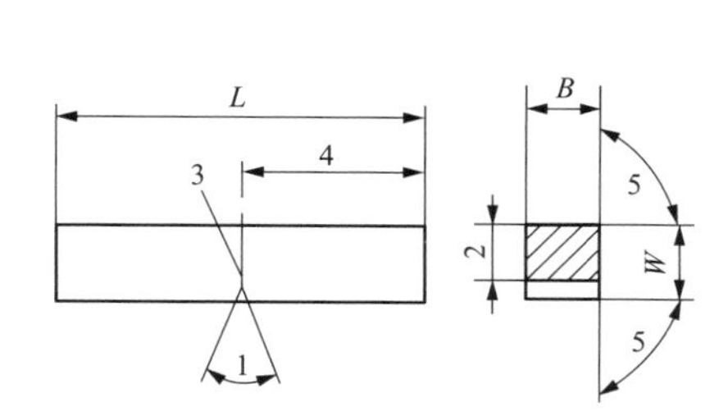

图3-4　夏比摆锤V形冲击试样

注：图中字母及数字含义见表3-6。

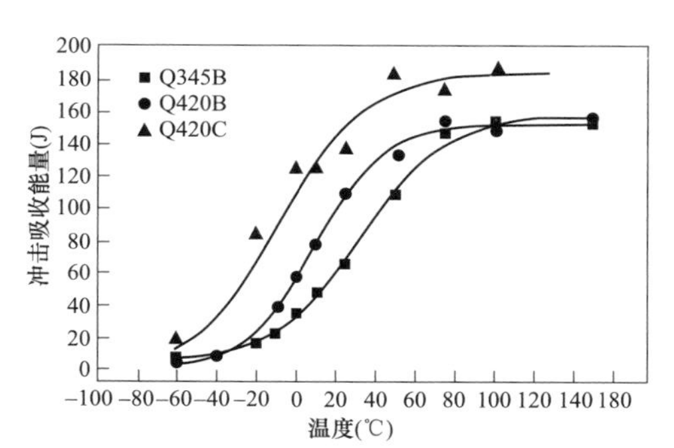

图3-5　输电铁塔常用角钢温度—冲击吸收能量

表 3-6　　V形缺口冲击试样尺寸与偏差

名称		符号或序号	名义尺寸（mm）	加工偏差（mm）
试样长度		L	55	±0.60
试样宽度		W	10	±0.075
试样厚度	标准尺寸试样	B	10	±0.11
	小尺寸试样		7.5	±0.11
			5	±0.06
			2.5	±0.05
缺口角度		1	45°	±2°
韧带宽度		2	8	±0.075
缺口根部半径		3	0.25	±0.025
缺口对称面-端部距离		4	27.5	±0.42 [a]
缺口对称面一试样纵轴角度		—	90°	±2°
试样相邻纵向面夹角		5	90°	±1°
表面粗糙度[b]		*Ra*	<5μm	—

a 端部自动定位的试验机，偏差采用±0.165mm代替±0.42mm。

b 试样表面粗糙度 *Ra* 应优于 5μm，端部除外。

不是所有的夏比冲击试验结果都可以直接进行比较的，如试验采用的摆锤锤刃半径和试样的形状、尺寸、缺口形状等，均会导致试验结果产生差异。

因此，只有当试样的形状、尺寸、缺口要求均相同时，且试验温度一致的冲击试验结果才能直接进行比较。这也正是在试验报告中，除要求明确试验标准外，还必须要明确试验机类型和试样类型、尺寸、缺口形状，以及试验后试样断裂情况等的原因。

也正是由于影响冲击试验结果的因素较多，测得的冲击吸收能力数值波动较大，因此，相关标准一般要求取 3 个或 5 个试样的平均值，并对单个试样冲击值做出限定，来作为判定材料冲击试验是否合格的依据。如 Q420B 钢材一般要求 3 个试样算术平均值 KV_2 不低于 34J，允许其中一个试样单值低于 34J，但不应低于规定值的 70%（即 24J）。

3. 冷弯性能

一般通过冷弯试验（GB/T 232—2010《金属材料　弯曲试验方法》）来确定。试验时，按照规定的弯心直径在试验机上用模具加压，使试件弯成规定的角度（结构钢一般要求 180°），然后检查试样外表面的情况来判定材料的冷弯性能是否合格。如 GB/T 1591—2018《低合金高强度结构钢》规定，钢材公称厚度不大于 16mm 时，在 $D=2a$ 下弯曲 180°；公称厚度大于 16mm 时，在 $D=2a$ 下弯曲 180°，试样弯曲外表面无可见的裂纹或分层即为合格。如图 3-6 所示。

冷弯试验可以使用圆形、方形、矩形、多边形横截面试样。GB/T 2975—2018《钢及钢产品　力学性能试验取样位置及试样制备》规定了钢材样坯的切取位置和要求，试样应去除由于剪切或火焰切割等对材料性能有影响的部分。对于方形、矩形和多边形横截面试样，表面不得有划痕和损伤。试样的棱边应倒圆，棱边倒圆时不应形成影响试验结果的横向毛刺、伤痕或刻痕，倒圆半径不能超过以下数值：

（1）1mm，此时试样厚度小于 10mm。

（2）1.5mm，此时试样厚度不小于 10mm，且小于 50mm。

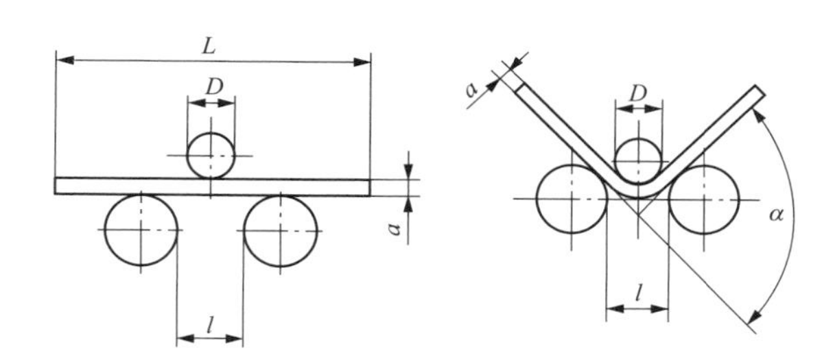

图 3-6 弯曲试验示意图

L—试样长度；a—试样厚度；D—弯轴直径；l—支辊间距离；α—弯曲角度

（3）3mm，此时试样厚度不小于 50mm。

试样宽度若没有明确要求，应按照以下要求：

（1）当产品宽度不大于 20mm 时，试样宽度为原产品宽度。

（2）当产品宽度大于 20mm 时，若产品厚度小于 3mm，试样宽度取（20±5)mm；若产品厚度不小于 3mm，试样宽度为 20～50mm。

试样厚度如无明确规定，钢板、角钢试样厚度取产品厚度。如果产品厚度大于 25mm，试样厚度可以机加工减薄至不小于 25mm，并保留一侧原表面。弯曲试验时，试样保留的原表面应位于受拉变形一侧。

冷弯试验不仅能直接检验钢材的弯曲变形能力或塑性，还能暴露钢材内部的冶金缺陷，如硫、磷偏析和硫化物、氧化物的掺杂情况，这些都将降低钢材的冷弯性能。因此，冷弯性能是确定钢材在弯曲状态下的塑性应变能力和钢材质量的综合指标。在铁塔加工中，角钢开豁口冷弯、插板制弯中如出现外表面裂纹，则可能是材料存在问题，也有可能是冷弯工艺（冷弯角度、冷弯速度）不合适所造成。

（四）影响钢材性能的主要因素

1. 化学成分

碳（C）：碳是结构钢中的主要元素，直接影响钢材的强度、塑性、韧性、焊接性等，碳含量增加，钢材的强度提高，塑性、韧性下降，同时钢材的焊接性、抗腐蚀性降低。因此，结构钢中碳含量一般小于 0.2%，并用碳当量来综合反映对焊接性的影响。

硫（S）和磷（P）：是钢中的有害元素，降低钢材的塑性和韧性。硫使钢产生热脆，并影响钢材的焊接性，磷使钢产生冷脆。因此，需要对其严格限制。

硅（Si）和锰（Mn）：炼钢时用于脱氧，可以提高钢材的强度，适当添加可以改善钢材塑性。硅含量对铁塔件热浸镀锌会产生影响，碳素结构钢硅含量一般不大于 0.3%，锰含量为 0.3%～0.8%；低合金高强钢硅含量可达 0.55%，锰含量可达 1.6%（Q355），甚至 1.7%（Q420）、1.8%（Q460）。

钒（V）、钛（Ti）、铌（Nb）：是钢中的主要合金元素，可以细化晶粒，提高钢的强度和塑性，主要添加在低合金高强度结构钢中，一般可以单独添加，也可联合添加。

铜（Cu）：在碳素结构钢中属于杂质元素，在低合金钢中加入适量的铜，可以提高钢材的耐大气腐蚀性能，是耐候钢的主要添加元素，但铜含量过高，会增加钢材热脆。

2. 钢材缺陷

钢材冶炼过程中会出现偏析、疏松、非金属夹杂、裂纹、气孔、翻皮、白点、分层等缺陷；轧制时会产生结疤、折叠、耳子、轧制裂纹等缺陷，并会改变夹杂物的形态和分布。这些缺陷不仅影响钢材的力学性能，也会严重降低钢材的冷弯性能；不仅在结构受力时表现出来，在零部件加工过程中也可能表现出来。

偏析是指钢材中化学成分不一致和不均匀性，特别是硫、磷偏析，会严重恶化钢材的性能；非金属夹杂是钢中的硫化物与氧化物等杂质，对钢材性能产生不良影响，尤其是严重影响热轧角钢的低温冲击性能，图 3-7 是非金属夹杂物在 Q355B、Q420B 角钢中的形态与分布，试样中主要的非金属夹杂物为硅酸盐类和氧化铝类，为粗系夹杂物，夹杂物宽度为 10～15μm。

因此，在角钢钢坯冶炼时，减少夹杂物的数量和分布；轧制时，采用合理的轧制工艺，以获得细小晶粒对于改善角钢的低温性能有重要意义。

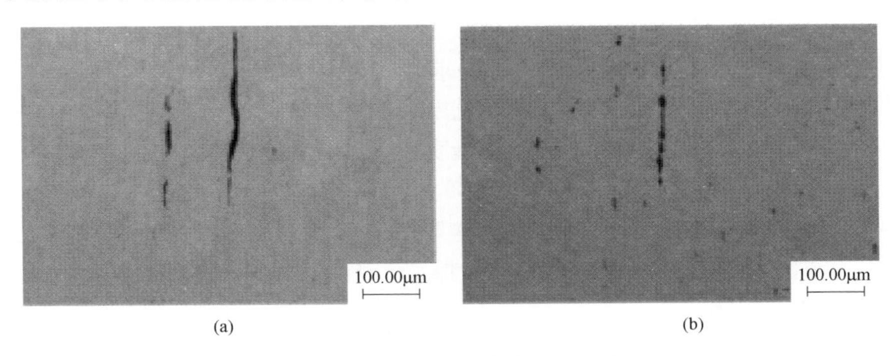

图 3-7　大规格角钢中的非金属夹杂物

（a）Q355B；（b）Q420B

3. 温度的影响

结构钢的力学性能会随温度而变化，一般随着温度的降低，钢材强度升高，而塑性、韧性变差，如图 3-8 所示是 Q355B、Q420B 大规格热轧角钢强度与塑性随温度变化情况。

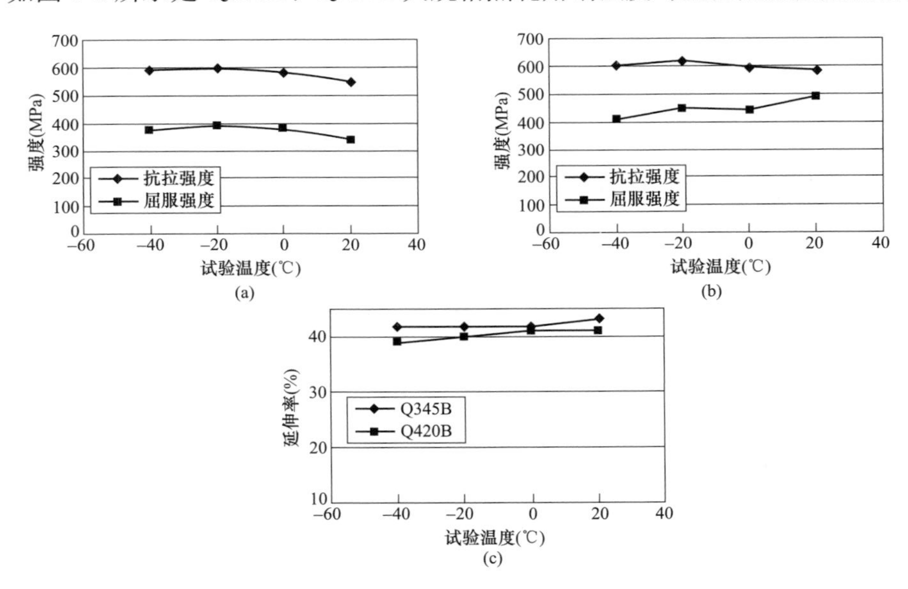

图 3-8　温度对热轧角钢拉伸性能影响

（a）Q355B 角钢强度；（b）Q420B 角钢强度；（c）角钢延伸率

随温度降低，钢材由塑性材料逐渐转变为脆性材料的现象称为低温冷脆，这一转变过程是在一个温度范围内完成的，通常用韧脆转变温度作为表征材料由韧性状态转变为脆性状态的一项指标，其对钢结构的使用有重要影响。工程中常根据结构用钢冲击韧性随温度变化的曲线特性（如图 3-9 所示）来评价其抗低温脆断的能力，并相应地确定结构用钢的最低使用温度。因此，在铁塔结构中，如果把完全脆性断裂的最高温度 T_L 作为钢材脆断设计温度，即可保证钢构件在低温下的安全。

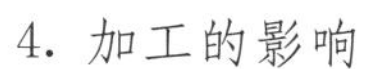

4. 加工的影响

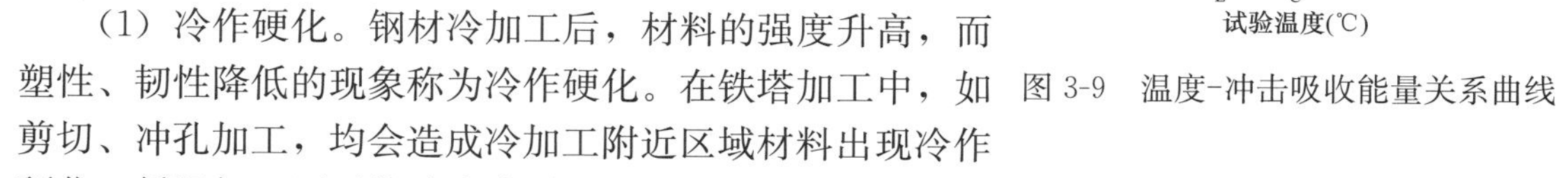

（1）冷作硬化。钢材冷加工后，材料的强度升高，而塑性、韧性降低的现象称为冷作硬化。在铁塔加工中，如剪切、冲孔加工，均会造成冷加工附近区域材料出现冷作硬化，低温加工还可能造成冷裂纹，从而给铁塔构件安全运行留下隐患。因此，铁塔加工对冷加工一般都有工艺的限制性条件，如加工的最大厚度、加工环境最低温度等。

图 3-9 温度-冲击吸收能量关系曲线

（2）应力集中。在进行结构设计或进行拉伸试验时，一般都是以构件或试样中的应力沿截面均匀分布为基础，但实际结构中的应力分布是不均匀的，总会在一些区域产生应力峰值而形成应力集中，通常把峰值应力与净截面的平均应力的比值称为应力集中系数，该系数越大，材料变脆的倾向也越大。在铁塔零部件加工过程中，如制弯裂纹、尖锐压痕或划痕、磕碰造成的尖锐缺口、未焊透、焊缝成形不良等形成的应力集中，可能会成为结构破坏的根源，因此，应引起高度重视。

除了上述因素会对材料的性能造成影响之外，结构的受力状态（拉、压、剪应力，静载荷、动载荷、交变载荷等）、环境条件（腐蚀、应力腐蚀等）等也会对材料的性能产生影响。研究和分析这些影响的最终目的是了解铁塔材料在什么条件下可能会发生破坏，进而采取有效的措施予以防止。铁塔结构的破坏，往往是多种因素共同作用的结果，如材料本身或加工过程造成的缺陷、结构或加工过程造成的应力集中、极端环境（低温、大风、覆冰等）造成的附加荷载过大、结构存在较大应力、外界因素使结构受力由静载荷变为交变载荷、三向应力作用、结构受拘束等，特别是这些因素同时作用时，铁塔构件就有可能发生局部失稳或脆性断裂。因此，输电铁塔用材的控制，不是单纯通过设计控制，或通过控制铁塔加工中某单一方面的因素就能够解决的，而是需要铁塔设计、制造、运维等多方面共同参与、共同努力方可解决的事情。

三、钢铁冶炼与轧制技术进展

我国钢铁材料性能及技术能力决定了输电铁塔用原材料种类及质量水平。长期以来，我国输电铁塔用材一直强度不高、品种单一。2005 年以后，随着我国钢铁技术进步和输电线路建设的快速发展，铁塔用材的品种、强度等级与质量等级、规格种类等开始不断提升。

我国钢铁冶炼与轧制技术的发展，推动了钢材品质的提升，就输电铁塔行业而言，不仅推动了高强钢、大规格角钢在输电铁塔上的应用，丰富了输电铁塔用钢种类，还推动了铁塔企业焊接技术水平的提升、制造装备的升级和技术管理的进步。

（一）钢铁冶炼技术

从新中国成立至今 70 多年间，我国钢铁冶炼技术不断发展，目前粗钢年产能突破 10 亿 t，

约占世界粗钢总产能的53%，举世瞩目。

1. 冶金工业体系的建立

在改革开放前30年，中国钢铁工业总结苏联模式经验，从中国国情实际出发，初步建立起了包括采矿、选矿、烧结、炼铁、炼钢、轧材、焦化、耐火材料、铁合金等要素完善，地质勘探、工程设计、建设施工、设备修造、科学研究、冶金教育等门类较为齐全，以大型企业为骨干、大中小型相结合，具备3500万t钢生产能力的新中国冶金工业体系。为后续中国钢铁工业持续、稳定、快速发展打下了基础。钢铁冶炼设备基本以小型炼铁高炉、平炉、模铸为主。

2. 改革开放，引入先进的现代化冶金技术

改革开放给我国冶金行业带来了新的机遇和活力，1978～1992年的14年间，伴随改革开放我国从国外引进700多项先进技术，利用外资60多亿美元，新建了宝钢、天津无缝钢管公司两座现代化大型钢厂，并对老钢厂实施了一系列重点改造，大型高炉、转炉、电炉、连铸技术开始引入并应用，连铸比由3.5%增加至30%，合金钢与低合金钢由16%增加至21.6%，1992年粗钢产能已达8000余万t。

3. 结构调整，促进冶炼工艺技术现代化

1993～2000年，优化产品结构和工艺技术结构，大力推进淘汰落后产能，采用新技术对老企业进行技术改造，实现工艺技术现代化。全面推广、应用高炉喷煤粉、连铸铸钢、溅渣护炉、热装热送等六大共性先进技术改造老企业，优化品种结构和工艺技术结构，加速淘汰小高炉、小转炉、小电炉、平炉、化铁炼钢的进程；连铸比由36%提高至82.5%，平炉钢比下降0.9%，转炉钢比提高到87.5%。2000年粗钢产能达12 850万t，我国成为世界最大的产钢国和消费国，大大缩短了我国与国际先进水平的差距。

4. 先进技术全面应用，炼钢装备现代化

进入21世纪，2002年中国钢铁工业彻底淘汰了平炉炼钢，技术装备国产化、现代化取得重大进展，品种质量得到优化。鞍钢、武钢、首钢、马钢等大型老企业现代化技术改造，一批大型老企业的现代化新区、新基地相继建设、投产。炼焦、烧结、炼铁、炼钢装备大型化的同时，还广泛采用高效铁矿采选技术、高风温热风炉、无料钟高压炉顶、富氧大喷煤、铁水预处理、炉外精炼技术、全保护连铸技术，炼钢工艺装备基本实现了现代化、高效化、自动化生产模式，合金和低合金钢比提高到36.3%。我国粗钢产能至2019年达9.96亿t，占全球产能18.6亿t的53.3%。

目前，我国标准规定对于碳素结构钢要求氧气转炉或电炉冶炼；对低合金高强度结构钢要求转炉或电炉冶炼，必要时需要进行炉外精炼。

（二）钢铁轧制技术

1. 建国初期的恢复与中国轧制工艺技术体系

中华人民共和国成立初期，中国唯一的钢铁生产基地为鞍钢。钢铁是国家发展的基础，因此中华人民共和国成立后第一项重点工业建设项目便是1953年投产的鞍钢“三大工程”，即50万t钢轨及型材、年产6万t的无缝钢管、918m^3高炉，形成了当时较为先进的“二初轧体系”，中国具有了型、板、管比较齐全的第一个大型钢铁联合企业。技术特点：初轧供坯、多火轧钢成材生产体系，轧制技术谈不上自动化和电气化、机械化，中板轧制生产采用

三辊劳特轧机或极简单的四辊轧机，型棒方面基本上采用老式横列式轧机，棒材采用围盘导送轧件工艺，轧钢产能低、能耗高、工人劳动强度大。1958 年“大炼钢铁”，让国人认识到钢铁的重要。此后，以鞍钢为基地，大量建设钢铁联合企业，我国的轧制工艺技术体系逐步形成。

2. 改革开放与轧制技术装备的引进消化吸收

（1）热轧带钢轧机。1978 年武钢首先引进西方和日本的技术，建设板坯连铸和 1700mm 轧机工程，连铸坯替代模铸坯，薄板轧机采用了最先进的技术，达到当时最先进水平。1978 年底宝钢引进了当时德国最新的热连轧装备和技术，如热轧加热炉燃烧控制技术、厚度控制技术、板形控制技术、加速冷却技术及全套计算机控制系统等。后续的新疆八钢、天铁、莱钢、日照钢铁、宁波钢铁等多套新建中板生产线采用了先进的热连轧装备和自动控制技术，实现了中板热轧技术跨越式发展。在消化、吸收的基础上，我国在高强碳钢、微合金高强钢、高碳钢等析出强化、相变强化机制等方面开发出了低成本、高性能的带钢产品。

（2）中厚板轧机。在中华人民共和国成立后相当长的时期内，我国中厚板轧机以 2500mm 为主力机型，装备水平较低，轧机刚度低，钢板幅面窄、厚度薄，无控制冷却和热处理手段。到 20 世纪 90 年代，各地中厚板企业相继引进国际先进水平的大型中厚板轧机，达到 4300～5000mm。除了厚度、宽度、温度等基本控制系统外，同进引进了多功能厚度控制、平面形状控制、板形自动控制、层流冷却 ＋DQ 技术、优化剪切控制等技术。产品上开发了全系列的造船及海洋工程用钢、大型原油储罐专用大线能量焊接用钢、X80 以下级别管线钢、Q460E-Z35 级钢结构板、核电用钢、锅炉用钢等，满足了国家重大工程和基础设施建设需求。

（3）钢轨及大型型钢轧机。20 世纪 60、70 年代，中国大中型型钢轧机以横列式为主，采用初轧坯和钢锭为原料，粗轧开坯、横列式轧制成材，少数企业采用连轧或半连轧方式生产中型型钢。改革开放后，马钢、莱钢、攀钢、包钢、鞍钢等公司在钢轨与 H 型钢方面相继引进万能轧制生产重轨，配置高刚度、全液压 CCS 紧凑式机架，以及全自动辊缝控制系统，大型材变形均匀、充分，确保了钢轨内在质量与表面质量；长材（棒型材）方面，引入大量全连续式或半连续式、纵列式轧机，采用平立可换、万能轧机型式，实现无扭轧制，并配以长尺大型冷床、通长矫直、冷锯切工艺，削除产能瓶颈，轧制故障大力减少，并适用于多品种生产。

（4）小型棒材与线材轧机。原小型棒材生产线用坯料为初轧二火坯，轧机基本布置为二辊粗轧、可逆轧制，横列式二辊精轧机，围盘传送轧件，自动化成都低，仅少数企业采用小型连轧机。改革开放后，小型棒材与线材轧机迅速更新换代，引进先进的轧制工艺与装备，如无牌坊轧机、悬臂式机架、减定机径、双模块轧机、COCKS 轧机等，多数为全连续无扭轧制。为了提高性能与节能，大量采用控制轧制和控制冷却技术，特别是超快冷和低温轧制技术。线材轧机由横列式轧机或复二重轧机转变为连续高速轧制，最高速度可达 140m/s。

3. 工艺装备及产品与服务的一体化自主创新

在引进、建设和改造轧制生产过程中，通过对已有的和引进的轧制生产线进行改造和再开发，创立了一批具有中国特色的新技术、新工艺、新装备，有力支撑了轧制技术的发展。主要创新有：自主集成建设中薄板坯连铸连轧短流程生产线、大厚度大单重钢板生产技术、调质热处理核心装备和技术、新一代 TMCP 技术装备、钢轨在线热处理技术等。

四、输电铁塔用材技术进展

从20世纪50年代我国首条自行设计的220kV丰满—李石寨输电线路开始采用钢制杆塔起至90年代末，我国输电铁塔以角钢塔为主，铁塔用材主要为角钢和钢板。

进入21世纪后，随着我国钢铁工业生产规模与生产技术的快速发展，钢铁冶炼与轧制水平不断提高。2008年以后，钢铁工业通过去产能，压缩低水平、高能耗产能，钢材质量水平不断提升。

这一时期，特高压输电线路建设快速发展，特高压输电铁塔中直缝焊管、锻造带颈法兰、大规格角钢、高强螺栓等新材料的大规模应用，不仅丰富了铁塔用材品种，还带动了原材料行业产能和制造能力的大幅度提升。铁塔用材无论从强度等级、质量等级、规格、品种等方面都获得了快速发展。

（一）铁塔用钢的强度等级和质量等级

2004年，铁塔用Q420B高强度热轧等边角钢研制成功。国家电网公司于2005年首次将Q420B角钢在官亭—兰州东750kV试验示范工程铁塔中试点应用。随后，2006年又在1000kV晋东南—南阳—荆门特高压交流试验示范工程铁塔中批量应用，用量约3.3万t，占总塔重的34.7%，标志着我国输电铁塔用钢进入高强钢应用时代。

2010年，首次全线采用Q460B角钢的500kV焦塔线铁塔正式投入运行，线路全长109.5km，采用同塔双回路建设，共272基铁塔，与使用Q345B相比，铁塔总重减少了9.4%，工程单位造价降低约2%。

2011年，中国南方电网公司在糯扎渡电站送电广东的±800kV特高压直流输电线路工程开始应用Q460角钢塔，线路全长1413km，于2014年9月投运。

2012年，哈密—郑州、溪洛渡—浙西±800kV特高压直流工程大批量应用Q420C级角钢。

2014年，为满足我国高海拔、高纬度、高严寒地区输电铁塔使用要求，由北京国网富达科技发展有限责任公司牵头相关钢厂，研发出了输电铁塔用高韧性热轧等边角钢，−30℃下的冲击性能大于60J。

2016年，锡盟—胜利1000kV特高压交流工程铁塔全线应用C级角钢；2019年，青海—河南、陕北—湖北±800kV特高压直流工程铁塔批量应用Q345D、Q420D级角钢。

（二）铁塔用材规格

同塔多回线路、超高压、特高压输电线路建设的发展，使得铁塔趋于大型化，铁塔设计荷载越来越大，尽管大荷载铁塔可以使用双拼或四拼组合截面角钢，但杆件数量及规格增多，节点构造复杂，使得铁塔加工与安装难度加大。

2011年，肢宽220mm和250mm的大规格热轧角钢首次试点应用于锦屏—苏南±800kV特高压直流工程铁塔，用量约6000t，材质为Q345B。此后，大规格角钢逐渐推广应用，材质有Q345B、Q345C、Q420B。至2019年底，22号和25号大规格角钢在特高压线路工程累计应用累计超过100万t。2016年，昌吉—古泉±1100kV特高压直流工程铁塔首次批量应用肢宽为280、300mm的特大规格角钢，材质有Q345B、Q345C、Q420B、Q420C。

目前，输电铁塔用热轧角钢型号范围为4～30号，规格为∠40×40×3～∠300×300×35。22、25、28、30号大规格角钢主要用于角钢塔主材，代替常规的双拼或四拼角钢，用量占塔重的20%～30%。其中，28、30号角钢多用于特高压直流输电铁塔。

（三）铁塔用钢品种

输电铁塔用钢品种主要与铁塔产品种类有关。35kV及以下输电线路、城网等主要采用钢管杆，其用钢品种主要为热轧钢板。高压、超高压输电线路主要采用角钢塔，其主要用钢品种为热轧等边角钢、热轧钢板。

特高压直流及特高压交流（单回路）线路铁塔一般采用角钢塔，其主要用钢品种与高压、超高压角钢塔类似，但所用角钢的规格更多。特高压交流（双回或多回）线路一般采用钢管塔，用钢品种主要为直缝焊管、锻造带颈法兰和平板法兰。

2010年，针对酒泉—安西750kV输电线路气温较低的情况，该工程钢管塔采用了Q420C的直缝焊管和锻造法兰，但用量较小。

2011年，皖电东送淮南—上海特高压交流输电示范工程全线路应用钢管塔，铁塔用材以直缝焊管、锻造法兰为主，材质主要为Q345B，铁塔总量约25.7万t，其中，直缝焊管占塔重的55%～60%，锻造法兰占塔重的6%～7%。

2015年，内蒙古锡盟—胜利1000kV交流输变电工程开工建设，部分采用钢管塔，用量为3.2万t。由于线路全部位于最低气温低于−40℃的严寒地区，材质为C级钢，强度等级以Q345为主。

2018年，石家庄—北京西、山东环网1000kV特高压交流输电线路采用钢管塔，首次批量应用Q420B直缝焊管和锻造法兰。

此外，Q460的高强钢管塔也有少量应用，如练塘—泗泾的同塔四回路钢管塔，直缝焊管采用Q460C钢，但锻造法兰采用的是Q345B。

直缝焊管与法兰用钢品种见图3-10。

（四）用钢规模

输电铁塔是输电线路中用钢量最大的电力设施，其钢量主要与线路电压等级、回路数、铁塔类型等有关。通过对不同电压等级典型工程铁塔用量统计，随着电压等级升高，单位线路长度铁塔用钢量大幅度提升，见图3-11。其主要原因是随着输电电压升高，导线需要的对地距离加大，铁塔高度增加；选用的导线、金具、绝缘子等规格增加，铁塔负荷增大，铁塔结构也逐渐复杂。特高压交流双回线路，由于铁塔高度、铁塔荷载大幅度提高，角钢塔已不能满足要求，因而采用了钢管塔。

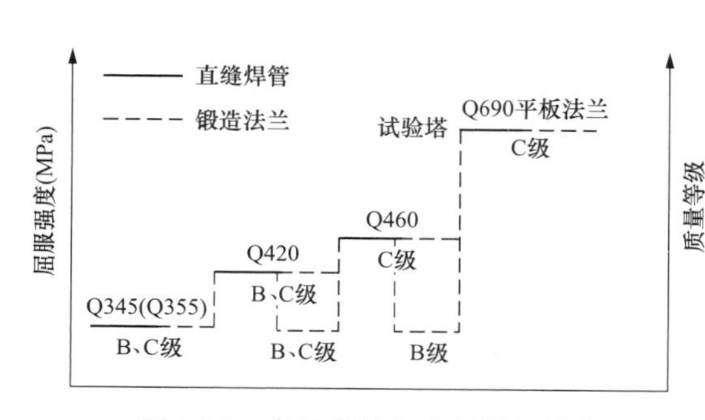

图3-10　直缝焊管与法兰用钢品种

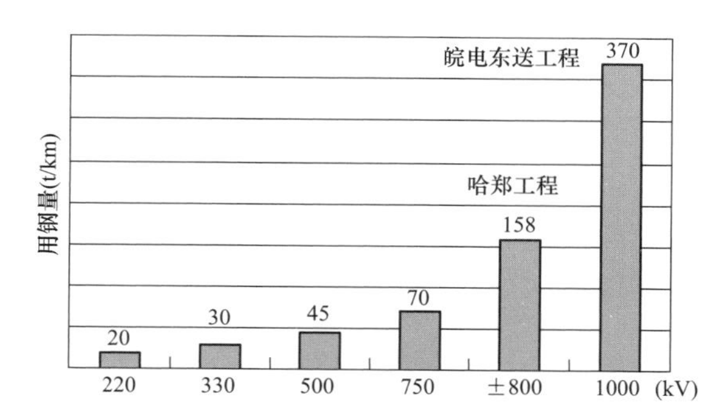

图3-11　不同电压等级输电线路铁塔耗钢量

因特高压输电方式不同，地形差异，档距差异，以及回路数的不同，选用的铁塔型式不同等，造成单位线路长度用钢量也有较大差异。特高压交流线路（钢管塔）耗钢量为300～

400t/km，（角钢塔）耗钢量为 350～410t/km，特高压直流线路耗钢量为 130～160t/km。不同电压等级输电线路铁塔和各特高压交、直流线路耗钢量见图 3-12～图 3-14。

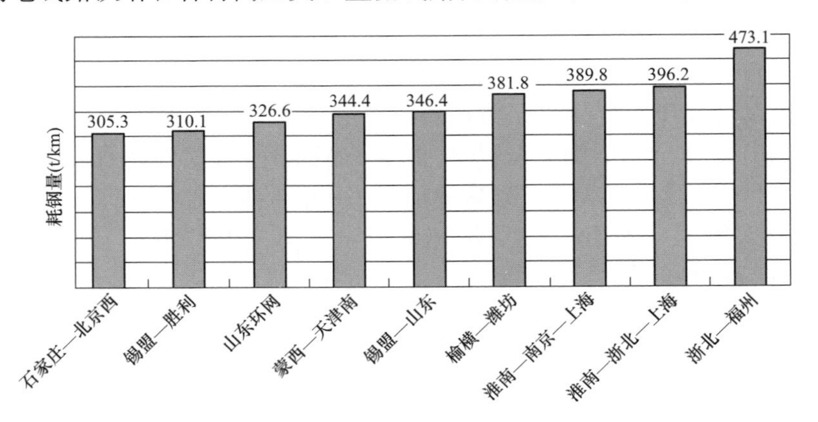

图 3-12　特高压交流线路（钢管塔）耗钢量（t/km）

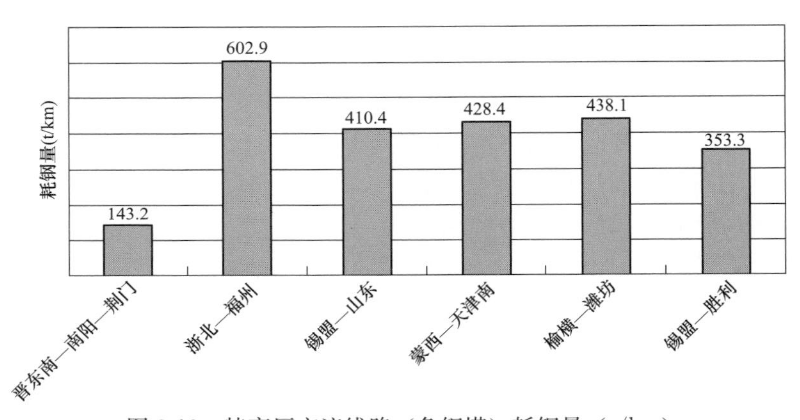

图 3-13　特高压交流线路（角钢塔）耗钢量（t/km）

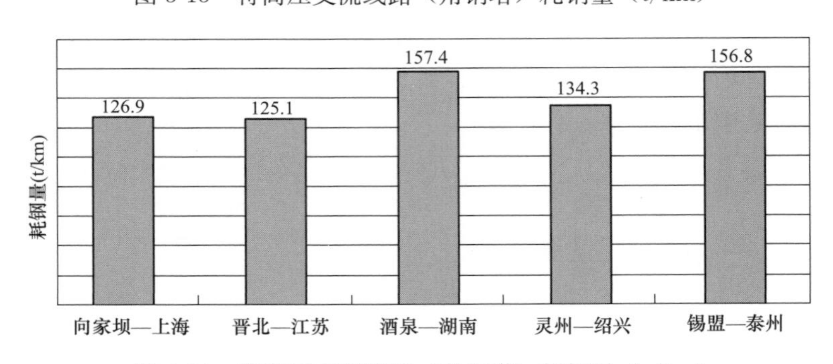

图 3-14　特高压直流线路（角钢塔）耗钢量（t/km）

2009 年以来，我国特高压输变电工程快速发展。以 2016 年为例，我国 220kV 及以上输电线路铁塔用钢量约 274.3 万 t，其中，交流线路铁塔约占 88%，直流铁塔约占 12%。各电压等级铁塔用钢量见图 3-15，以特高压输电线路铁塔用钢量最大，达 185.4 万 t，约占总量的 67.3%。

2019 年，我国输电铁塔用钢总量超过 400 万 t，其中，角钢用量超过 270 万 t，约占总用钢量的67%。

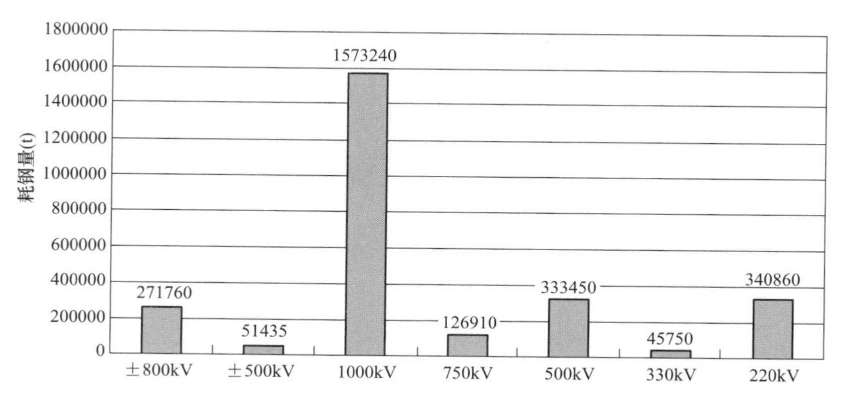

图3-15 2016年我国输电铁塔耗钢量

（五）铁塔用材多元化

铁塔用材除了用钢品种多样化之外，材质多元化倾向明显。如球墨铸铁管杆代替水泥杆及部分钢管杆应用于农网或城网的配电线路中；复合材料已在不同电压等级输电线路中应用，多用于杆塔横担。为解决常规塔材热浸镀锌造成的成本较高、环境污染大的问题，还开发了耐大气腐蚀的冷弯耐候角钢、热轧耐候角钢、耐候紧固件等，还开展了铝型材、不锈钢材料在输电铁塔中应用研究，但上述新材料目前尚未得到大范围应用。

第二节 角 钢

一、型钢概述

型钢一般是按照材料的断面形状分类的，型钢品种繁多，且同断面型钢又有很多不同规格型号，广泛应用于国防、机械制造、建筑、铁路、桥梁、矿山、造船、钢结构及民用等各个行业。

角钢是最为常用的型钢，分等边角钢与不等边角钢，输电铁塔使用的是等边角钢，而不等边角钢一般用于船舶。近年来我国型钢生产的总趋势是在钢材中占比越来越小，但其产品和品种则逐年增加。型钢品种和生产技术在一定程度上反映了一个国家冶金工业水平。

型钢常用的分类有：

（1）按截面形状简易程度分类。型钢从断面形状简易程度分为简单断面型钢和复杂断面型钢。简单断面型钢包括：方钢、圆钢、扁钢、六角钢、角钢等（如图3-16所示）。复杂断面又分异形断面和周期断面型钢。异形断面型钢包括：工字钢、H型钢、钢轨、钢板桩、电梯导轨、窗框钢、鱼尾板、铁路补强板、乙字钢等；周期断面型钢包括螺纹钢筋、肋骨钢、犁铧钢等（如图3-17所示）。

（2）按型钢断面对称性分类。

按型钢断面对称特点，分为下列四种类型：

1）断面形状对垂直轴和水平轴均对称的产品，见图3-18（a）；

2）断面形状对垂直轴对称，水平轴不对称的产品，见图3-18（b）；

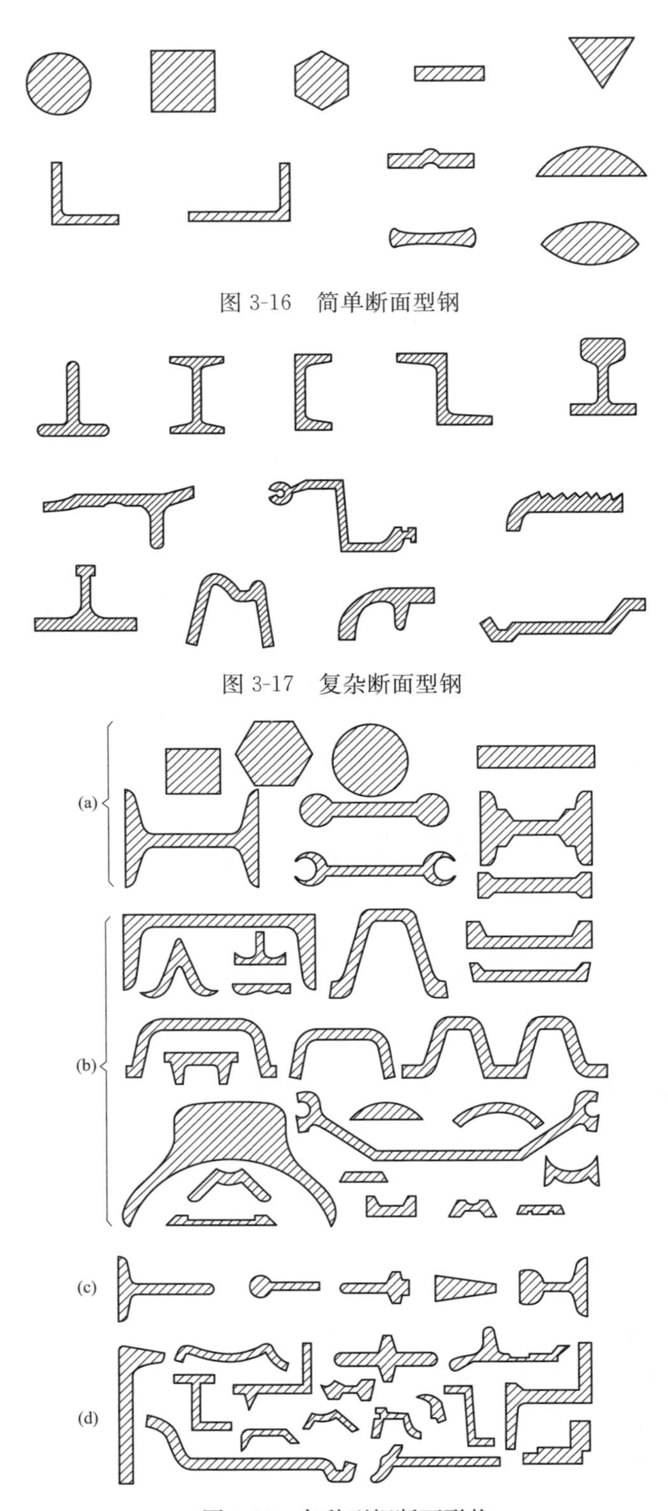

图 3-16　简单断面型钢

图 3-17　复杂断面型钢

图 3-18　各种型钢断面形状

(a) 垂直轴和水平轴均对称；(b) 垂直轴对称，水平轴不对称；(c) 垂直轴不对称，水平轴对称；(d) 垂直轴和水平轴均不对称

3）断面形状对垂直轴不对称，水平轴对称的产品，见图 3-18（c）；

4）断面形状对垂直轴和水平轴均不对称的产品，见图 3-18（d）；

等边角钢属第 2）种垂直轴对称，不等边角钢属第 4）种类型。

（3）按生产工艺分类。型钢按生产工艺分为热轧型钢、冷弯型钢、焊接型钢及特殊轧法生产的型钢。热轧又可分为纵轧、斜轧、横旋轧或楔横轧等特殊加工方式。

特殊加工生产的各种周期断面和异形断面钢材，包括螺纹钢、竹节钢、犁铧钢、车轴、变断面轴、钢珠、齿轮、丝杠、车轮与轮箍等。

输电铁塔一般使用等边角钢，按其生产工艺分为热轧和冷弯两类，应用最多的是热轧等边角钢，俗称角钢。

二、角钢标准、型号及牌号

（一）输电铁塔角钢常用标准

1. GB/T 706—2016《铁塔用热轧角钢》

GB/T 706—2016 规定了 2～25 号热轧等边角钢的技术要求，尺寸允许偏差仅有对称偏差。目前，该标准的型号规格及技术要求相对输电铁塔用钢实际需求存在一定的差距，是输电铁塔用角钢的基础性参考标准。

2. YB/T 4163—2016《铁塔用热轧角钢》

该标准正式取消了铁塔角钢 A 级质量等级，明确铁塔热轧等边角钢不同的尺寸偏差类型，并将 22、25、28、30、32、36 号大规格角钢首次纳入标准，同时给出了 Q420 级和 Q460 级铁塔用高强角钢技术要求，为高强角钢、大规格角钢在输电铁塔中应用奠定了技术基础，是目前输电铁塔用角钢的主要技术标准。

3. T/CEC 352—2020《输电线路铁塔用热轧等边角钢》

该标准在 YB/T 4163—2016《铁塔用热轧角钢》的基础上，规定了 4～30 号计 20 个型号、113 个厚度规格的输电铁塔用热轧等边角钢技术要求，牌号包括 Q235、Q345、Q420、Q460。该标准充分考虑输电铁塔用大规格角钢、Q420、Q460 高强角技术研发及应用成果，首次明确了角钢尺寸偏差类，考虑了角钢生产和铁塔加工中的问题，具有更强的适用性、可操作性和技术先进性。

4. YB/T 4185—2020《铁塔用热轧耐候角钢》

该标准是首个用于输电铁塔的耐候角钢标准，于 2020 年首次发布。该标准适用于乡村、工业大气环境条件下铁塔用热轧耐候等边角钢。该标准为输电线路应用耐候铁塔奠定了重要的技术基础。

（二）角钢型号及牌号

1. 截面及外观

角钢截面由两个对称边、内跨圆角（半径为 r）组成，r 和边端圆弧半径 r_1 用于工艺保证，不做检验要求。角钢截面形状及外观如图 3-19 所示。

2. 型号与规格表示方法

角钢型号采用边长（单位为 mm）公称宽度的 1/10 表示。目前使用的输电铁塔用角钢

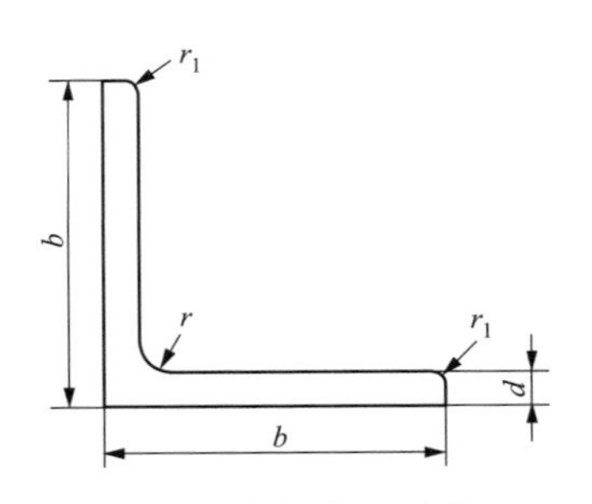

图 3-19　角钢截面及外观
b—边宽度；d—边厚度；
r—内圆弧半径；r_1—边端圆弧半径

为 4～30 号。角钢规格表示方式为：∠边长×边长×厚度，单位为 mm。例如，公称边长 200mm、公称厚度 24mm 的角钢，型号表示为：20（一般写作 20 号），规格表示为：∠200×200×24。

3. 型号分类及牌号

习惯上按轧钢生产线（大型、中型、小型）类型分类，将 5.6 号及以下型号称小型角钢，6.3～14 号之间型号称中型角钢，16～25 号型号称大型角钢，28～30 号型号称特大型角钢。目前，输电铁塔行业习惯上将 22～30 号角钢统称为大规格角钢。角钢型号分类及牌号见表 3-7。

表 3-7　角钢型号分类及牌号

序号	型号分类	型号	应用牌号
1	小型	4 号、4.5 号、5 号、5.6 号	Q235B、Q235C、Q235BNHT～Q235ENHT Q355B～Q355BE、Q355BNHT～Q355ENHT
2	中型	6.3 号、7 号、7.5 号、8 号、9 号、10 号、11 号、12.5 号、14 号	Q235B、Q235C、Q235BNHT～Q235ENHT Q355B～Q355E、Q355BNHT～Q355ENHT Q420B～Q420E、Q420BNHT～Q420ENHT Q460C～Q460E
3	大型	16 号、18 号、20 号、22 号、25 号	
4	特大型	28 号、30 号	

注　1. 后缀 NHT 牌号为耐候角钢。
　　2. 22～30 号角钢，也称大规格角钢，大规格角钢一般无 Q235 强度级别牌号。

三、角钢生产

（一）生产工艺及装备

1. 热轧工艺

角钢热轧过程属不均匀变形，角钢的异形截面各点的冷却速率差异较大，以稳定成形为目标的孔型设计基本已决定了热轧各道次变形量，而降低轧制温度和轧后快冷又容易导致顶窜事故，控轧控冷措施的难度较大，往往弊大于利，因而热轧角钢工艺设计时不会特意考虑控制轧制和控制冷却的特殊要求，以稳定成型和作业率为首选目标。热轧钢板、线材或棒材已全面普及了控轧控冷工艺；而铁塔角钢仅仅限于部分厂家的角钢生产线，为提高稳定性对部分成品前 1～3 道次采取有限的专项温控轧制。

铁塔用热轧角钢的工艺控制手段主要表现在以下各个方面：

（1）强化手段主要以控制碳含量和添加合金元素为主。

（2）一般轧制压缩比不小于 5。粗轧采用高温（1050～1250℃）、大变形，成品轧制钢温波动范围很大，一般为 900～1050℃，最低不小于 850℃。

（3）轧钢设备和自动化水平相对落后，工人高温作业、劳动强度较大。

（4）轧后冷却工艺多样，包括空冷、水冷、风冷、雾冷。

（5）成品铁素体晶粒较为粗大，一般在 5～8 级。

2. 生产流程

铁塔角钢的热轧生产工艺流程包括炼铁、炼钢、铸造制坯、钢坯加热、热轧、切断、矫直、包装入库等，见图 3-20。

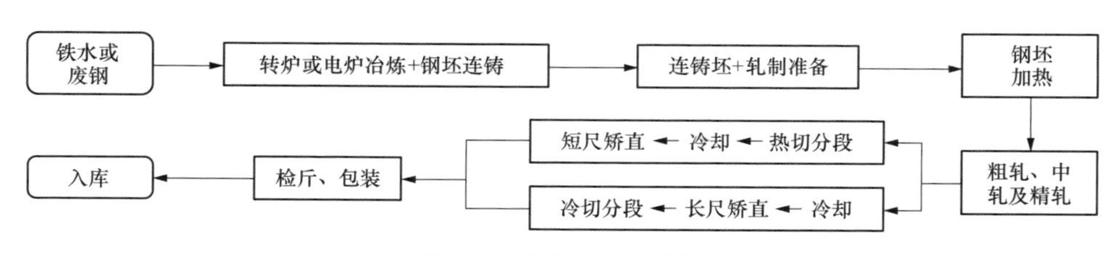

图 3-20 角钢生产流程图

可见，角钢轧后精整工序（切断、冷却、矫直）为两类，其中热切＋短尺矫直为传统的生产方式，长尺矫直＋冷切分段方式为新建、改建生产线首选工艺。

3. 轧钢机布局

角钢热轧生产线按轧钢机布局分为横列式、纵列式、布棋式、半连续式及全连续式等，按此布局顺序生产线产能与效率逐步显著提升，但占地面积同步增加，建设投资加大。横列式机组仅在少量老旧中型生产线有所保留，近年新建角钢生产线基本以全连续或半连续式生产线为主，部分大型或特大型角钢生产线采用横列式与纵列式机组，小型角钢生产已不再采用横列、纵列、布棋式机组。各类生产线布局见图 3-21。

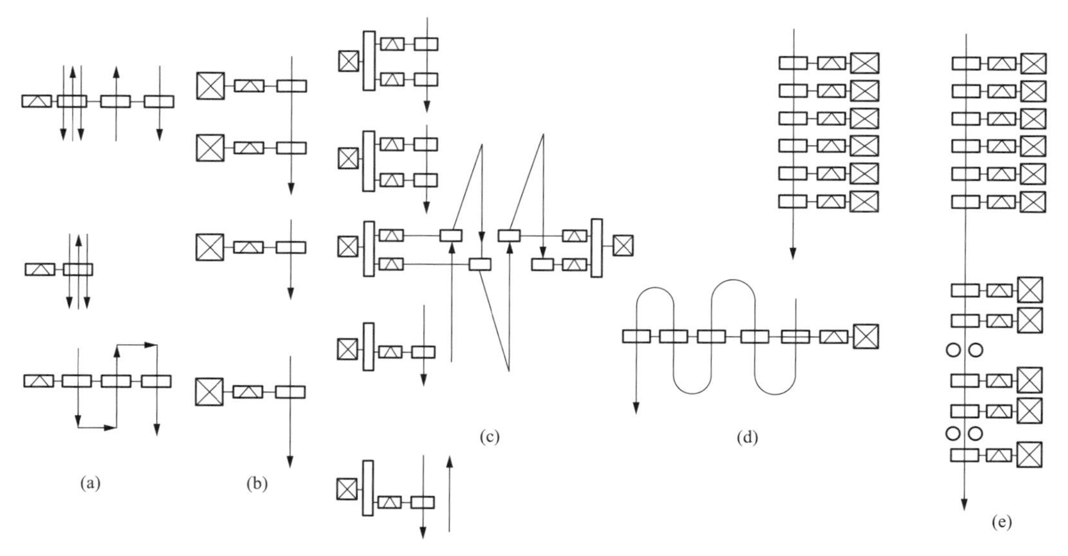

图 3-21 各种型钢生产线的布置形式

（a）横列式；（b）纵列式；（c）布棋式；（d）半连续式；（e）连续式

各型角钢匹配的轧钢机成品和生产线类型如下：

（1）小型角钢：250～400 型，全连续与半连续机组；

（2）中型角钢：400～550 型，全连续与半连续、横列、纵列机组；

（3）大型角钢：650～1100 型，全连续与半连续、横列、纵列机组；

（4）特大型角钢：850～1100 型，横列、纵列、半连续机组。

4. 新型装备应用

当前，总体上看，角钢供需市场属供方产能严重过剩类型。在低成本和高质量要求推动下，新型热轧装备已快速在全国生产线中应用。新型装备主要如下：

（1）连续轧钢生产线，除小型角钢外，部分大型、特大型角钢厂家也获得应用。

（2）万能轧机，精轧道次采用万能轧制机组，可加工角钢边端部、简化孔型设计。

（3）高压水除鳞，有效提高角钢表面质量和生产效率。

（4）长尺冷却、通长矫直，消除矫直盲区和温度应力，提高产能。

（5）冷带锯锯切，有效提高锯切质量。

（6）高耐磨轧辊（含带槽轧辊）应用，可显著提高产能。

（二）工艺设计

角钢工艺设计包括化学成分设计和孔型设计两部分，以此确定冶炼制坯工艺、轧制和精整工艺，是大规格角钢研发的重要组成部分和前提。

1. 化学成分

角钢为碳素结构钢和低合金高强度结构钢，在传统热轧工艺条件下，一般采用碳、锰固溶强化和微合金元素沉淀强化来确保强度的工艺。其中碳含量一般按 0.12%～0.20%控制；Q355 及以上强度牌号锰含量一般按 1.0%～1.7%，碳当量（CEV）按 0.38%～0.44%控制；Q420 及以上牌号，须另外添加微合金元素强化，微合金主要为钒氮合金或钒铁（钒含量 0.05%～0.13%），部分厂家采用铌钒复合强化，碳当量（CEV）一般按 0.43%～0.44%控制；C 级以上角钢一般添加铝元素，酸溶铝不低于 0.010%以上。

2. 孔型设计

孔型设计是角钢热轧生产的根本，包括孔型系统设计、配辊设计、导卫设计三部分。角钢孔型设计最小压缩比为 5，孔型按轧制顺序一般分为粗轧、切分、精轧、成品孔型 4 类（见图 3-22）。

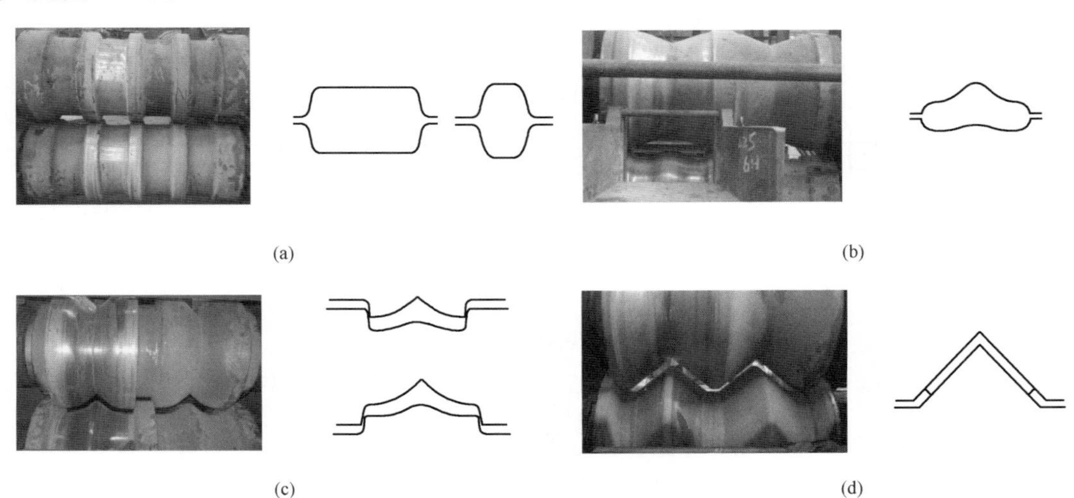

图 3-22　角钢轧制孔型分类示意图

（a）粗轧箱形孔型及轧辊；（b）切分孔型、轧辊及进品导板盒；（c）精轧蝶式孔型及轧辊；（d）成品孔型及轧辊角钢精轧孔型又可分为一般蝶式成型和 W 成型两种，W 成型一般适用于钢坯相对较小条件。各类孔型特点及作用如下：

（1）粗轧箱形孔型，常见有平箱孔和立箱孔型，主要作用是缩减断面，为切分孔提供形状规整、尺寸适宜的毛坯。粗轧孔数量视所用坯料大小和轧机布置形式而定。

（2）切分孔型，常见有开口切分孔和闭口切分孔两类，大规格角钢一般采用开口切分孔。目的是为精轧做准备，其尺寸和形状直接影响角钢成品尺寸和表面质量，是产品质量关键控制点。

（3）精轧孔型，是角钢成形孔，一般配置 3～5 个，精轧孔一般采用蝶式孔型，部分大型角钢也可采用变形蝶式孔型，即“W”孔型。精轧孔型按开口方向交替布置，主要作用为保证各道次变形均匀，直至最终成型。

（4）成品孔型，精轧孔型系统最后一个道次，角钢产品最终成形孔，设计中需重点考虑轧制的稳定性和孔型的耐磨性。

（三）冶炼与轧制

1. 冶炼

角钢一般采氧气转炉或电炉冶炼、连铸制坯，20 号以下 B 级角钢用钢坯基本采用普通连续铸工艺。质量等级 C 级及以上牌号、22 号及以上型号的角钢用钢坯，一般还需采用保护浇注和炉外精炼工艺，主要目的是提高钢的纯净度，控制氮、氧含量及铸造缺陷。连铸坯坯型为通常为矩形坯或方坯。

角钢钢坯冶炼现场见图 3-23。

图 3-23 角钢钢坯冶炼现场

（a）炼铁高炉；（b）转炉炼钢；（c）连铸现场；（d）连铸钢坯

2. 轧制及精整

（1）钢坯加热。一般采用三段式或四段式推钢加热炉或步进式加热炉，包括预热段、加热段和均热段三部分，加热段又分为上加热段和下加热段。钢坯的加热温度一般为 1050～

1150℃，不得出现过热与过烧缺陷。

（2）热轧。角钢热轧成型包括高温大变形粗轧、中轧切分和精轧成型三部分，要重点监控中轧切分后红钢的尺寸及形状。钢温方面，一般采用高强快轧，中间道次严禁喂入低温（低于 850℃）钢、剪头钢、劈头钢及有缺陷钢。

（3）冷床冷却。角钢冷却一般采用链式、拨爪或步进齿条式冷床，冷却方式为主要自然冷却、水冷、风冷或雾冷。在冷却末端，钢温低于 350℃时，一般采用喷水冷却。

（4）矫直。矫直是角钢生产重要设备之一，一般以悬臂式型钢矫直机为主，部分厂家的大型及特大型角钢采用龙门式型钢矫直机。为避免温度应力导致的弯曲，一般角钢矫前温度不大于 150℃。矫直后角钢应重点检查侧弯、平弯、压痕、端部局部死弯、肢边横向平直度。

（5）切断。小型角钢一般采用剪切，大中型角钢采用冷锯切工艺。

角钢热轧生产主要工序见图 3-24。

图 3-24　角钢热轧生产主要工序

（a）轧钢加热炉；（b）高压水除鳞装置；（c）850 两辊粗轧生产；（d）连铸钢坯；（e）冷床；（f）悬臂式矫直机；（g）带锯锯切；（h）圆盘锯切

3. 包装及标识

角钢包装需按批包装。每个包装件均设有喷标和标签（两个）。包装一般采用咬合法包装，常用方式有一正一反和两正一反。每件包装带不少于 4 道，每个包装件一般不大于 5t（见图 3-25）。

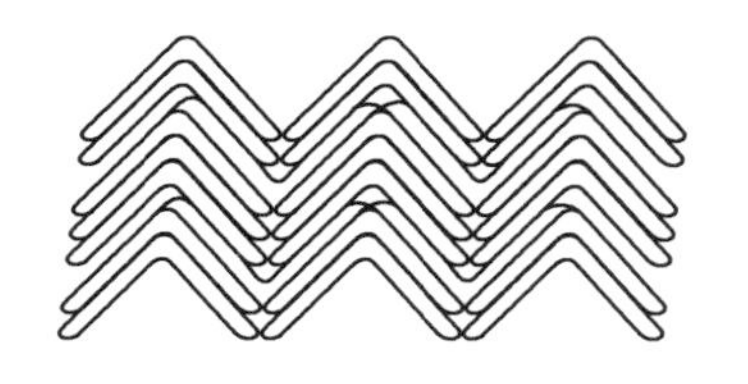
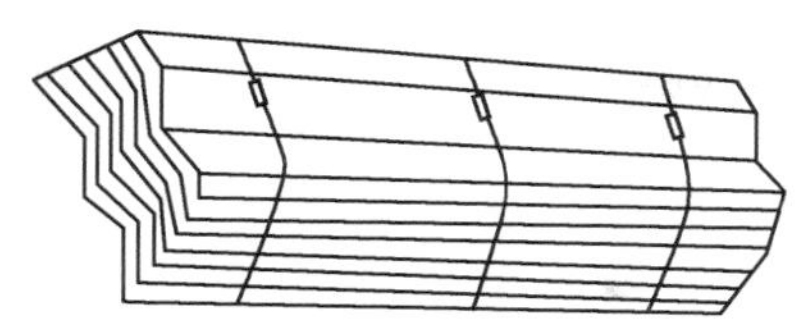

图 3-25　角钢的包装

四、大规格角钢的应用与生产

输电铁塔行业习惯上把 22、25、28、30 号四个型号统称为大规格角钢，材质主要有 Q345B、Q345C、Q420B、Q420C 四个牌号。截至 2021 年，大规格角钢已在多条特高压直流和特高压交流输电线路工程角钢塔中获得大规模应用，应用总量已超过 200 万 t。

大规格角钢截面大、温降慢，钢坯冶炼与轧制难度明显高于普通角钢。同时大规格角钢用于铁塔主材，质量风险高于普通角钢。相比普通角钢生产工艺，大规格角钢生产重点措施如下：

（1）冶炼。炼铁高炉不低于 $1000m^2$，电炉或转炉不低于 100t，需采用炉外精炼和保护浇铸工艺。钢坯一般为连铸矩形坯，常采用 220×380、260×350、320×460 等规格，确保钢坯达到 YB/T 2011—2014《连铸铸钢方坯和矩形坯》优质钢坯要求。

（2）热轧及除鳞。22～25 号角钢的粗轧机不低于 800 型、成品轧机不低于 650 型，28～30 号角钢粗轧机不低于 1000 型、成品轧机不低于 850 型。粗轧一般采用二辊可逆式轧机。

大规格角钢孔型系统采用传统、稳定的蝶式孔型系统，总轧制道次一般为 10～14 道，并按不同厚度，每型号精轧系统至少具备两套孔型。大规格角钢热轧生产须特别注重均衡生产，控制轧制节奏和钢温，以确保产能、尺寸及性能稳定。

为保证大角钢表面质量，钢坯粗轧前采用高压水除鳞方式清除钢坯加热过程产生的氧化铁皮，以避免在角钢表面出现由压入的氧化铁皮形成的明显麻面。大部分大角钢生产企业除必须具备粗轧除鳞外，还配置多道次的中轧和成品高压水除鳞机，粗轧除鳞机水压不低于 20MPa。

（3）精整。大规格角钢冷却方式为主要自然冷却、风冷或雾冷工艺，不允许在冷床高温区喷水。

矫直是大规格角钢生产重要工序之一，一般采用通长矫直工艺。生产企业一般采用 900～1200 型钢矫直机，矫直辊为 8～10 辊。为避免温度应力，一般规定矫前钢材为常温。

大规格角钢采用矫后冷锯工艺，断口质量较为平整，一般要求一侧切斜不大于 3mm。大规格角钢锯切机分为冷圆盘锯和带锯两类，冷圆盘锯为传统工艺，但效率较低、断口易出毛刺，需人工剔除；带锯断口平整，但设备投资较大、人工成本较高。

（4）包装标识。大规格角钢一般采用单片多层包装（见图 3-26），要求每支角钢均有独立标识，一般为批次号+顺序号形式。

图 3-26　大规格角钢的包装

第三节 钢　　板

一、钢板概述

钢板指不固定边部变形的热轧扁平钢材，也称板材。板材包括直接轧制的单轧钢板和由宽钢带剪切成的连轧钢板。钢板广泛用于国防建设、国民经济各部门及日常生活中，并且也是制造冷弯型钢、焊接钢管和焊接型钢的主要原料。

钢板按厚度分为薄板、中板和厚板。板材厚度小于 0.4mm 叫薄板，其中厚度为 0.2mm 以下者称为箔材；厚度为 4.0～20mm 的钢板称为中板，厚度为 21～60mm 的钢板称为厚板，厚度大于 60mm 的钢板称为特厚板，如表 3-8 所示。我国将厚度大于 4.0mm 的钢板统称中厚板。

表 3-8　　钢板按厚度分类

分类	厚度（mm）	宽度（mm）
箔材	0.2 以下	200～600
冷轧薄板	0.2～4.0	600～2500
热轧薄板	1～4.0	600～2500
热轧中板	4～20	1200～2500
热轧厚板	20～60	600～3800
热轧特厚板	60 以上	600～3000

钢板作为工业上广泛使用的钢材，有其独特的质量特点及优势，主要包括：

（1）尺寸精度高。指厚度精度，厚度的控制在生产中难度最大，我国目前热轧板材已可达到高精度轧制和负公差轧制的水平。

（2）板型好。即板型要平直，无浪形飘曲。板带钢既宽且薄，对不均匀变形的敏感性特别大，易造成板型不良。

（3）表面质量好。钢板表面不得有气泡、结疤、拉裂、刮伤、折叠、裂缝、夹杂和压入的氧化铁皮。表面缺陷不仅损害板材外观，往往破坏性能或成为破裂、锈蚀的策源地和应力集中的薄弱环节。

（4）综合性能高。钢板性能包括机械性能、工艺性能（冷弯和焊接性能）和某些用途的特殊物理性能或化学性能。特殊用途指高温合金板、不锈钢板、硅钢板、复合板等，特殊物理或化学性能指高温性能、低温性能、耐酸耐碱耐腐蚀性能、电磁性能及其他特殊性能等。

输电铁塔用钢板厚度一般为 4～60mm，属中厚板，主要用于连接板、塔角板、钢管、板式平面法兰的原材料。输电铁塔用钢板的厚度偏差除按 GB/T 709—2019《热轧钢板和钢带的尺寸、外形、重量及允许偏差》N 类对称偏差、B 类偏差（厚度恒定负偏差 0.3mm）、C 类正偏差外，有些用户还有 50%N 类厚度负偏差要求，并要求 Q355、Q420 级钢的 Mn 含量不低于 1.0%。使用的主要牌号有 Q235、Q355、Q420 和 Q460，质量等级一般为 B 级或 C 级，交货状态多为热轧状态，Q460 可以以正火轧制状态交货。对于厚度在 40mm 以上的焊接结构用钢板，需有保证 Z 向钢要求。

热轧中厚板（含钢带）是输电铁塔中最常用的板材，本文主要介绍中厚板的生产。

二、中厚板特点及用途

（一）中厚板的技术特点

我国中厚板大部分厚度为4～20mm，宽度一般为1200～1800mm，长度一般不超过10m。

中厚板外表扁平、表面积大，适用于自动化大批量生产，成本低，产品质量好，生产工艺简单。其使用特点为表面积大，包容、覆盖能力大，可冲压、弯曲，可制成各类型钢，还有良好的焊接性。

（二）中厚板的用途

基于中厚板的特点，其广泛应用于各行业：

（1）钢结构制造：桥梁工程、筑路工程、贮存容器制造、锅炉制造、建筑工程（含输电线路铁塔）、高压容器制造等。

（2）交通运输业：制造、汽车、工程机械等底盘及车厢外壳，各类船舶船体结构，飞机贮烧器外壳及骨架结构件和港口、码头、机场等结构件、集装箱等。

（3）能源工程：石油输送管道、深海钻井平台等。

（4）机械及电器制造工业：各种反应锅、反应塔及管道（耐酸、耐碱、耐高温）。

（5）冶金机械：大量用于各种外壳、机架、结构件等。

（6）国防工业：各种舰艇的船体结构、飞机的喷气燃烧筒筒体、防弹板、坦克及军车用特厚装甲钢板及原子反应堆外壳等。

各类中厚板按专业用途分类情况见表3-9。

表3-9　中厚板按专业用途分类情况

分类	代号	常见厚度（mm）	分类	代号	常见厚度（mm）
造船板	C	4～32	汽车大梁板	L	4～12
锅炉板	g	8～32	焊管用板	H	4～36
桥梁板	q	6～8	容器板	R	4～36

三、中厚板材生产

中厚板材分单轧钢板和热连轧钢板（宽钢带）。单轧钢板采用中厚板轧钢生产线生产，中厚板轧钢生产线还可按卷交货。连轧钢板厚度可覆盖4～25.4mm，可以生产绝大部分中厚板产品，其以热卷交货。热卷交货的板材可后续开平后使用。

（一）中厚板（带）轧机型式及布置

1. 中厚板轧机结构型式

中厚板轧机按应用历程包括二辊可逆式轧机、三辊劳特式轧机、四辊可逆性轧机、万能轧机及复合式轧机。其中：

（1）二辊可逆式轧机与三辊劳特式轧机精度低，属旧式中板生产装备，新建生产线已少有采用。

（2）四辊可逆轧机，集中了二辊和三辊劳特轧机优点，相比造价较高，一般用于生产宽厚板。

（3）万能轧机，一侧或两侧带有立辊的可逆轧机，可直接生产齐边钢板，但不适于宽厚比大于60的钢板。

(4) 复合式轧机，既能四辊又能二辊的多用轧机，适用产量不大的多品种生产，结构复杂，发展潜力不足。

各类轧机型式见图3-27。

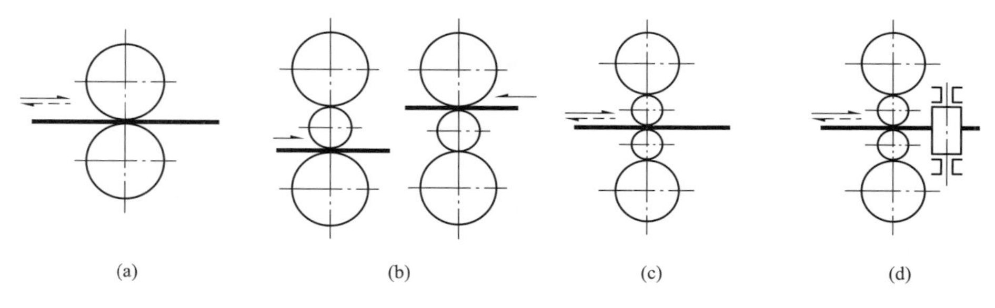

图3-27 单机座厚板轧机型式

(a) 二辊可逆式；(b) 三辊劳特式；(c) 四辊可逆式；(d) 立辊万能式

2. 中厚板（带）轧机的布置

中厚板（带）轧机早期为单机架，后续发展为双机架、多机架布置。

(1) 单机架轧机布置，现机架轧机占有一定地位，但一般为四辊可逆式生产宽厚板。

(2) 双机架轧机布置，即粗轧与精轧在两个机架完成。优点为表面质量好、尺寸精度高、板型好、生产效率高。双机架目前均为顺列双机架型式。

(3) 热连轧钢板（钢带）轧机的布置。热轧连轧钢板（钢带）机组分为粗轧机组和精轧机组。精轧机组一般由6～9架四辊机架组成（每架均为单道次），粗轧机组布置可分为全连续粗轧机组、半连续粗轧机组及3/4半连续粗轧机组，粗轧机组内单机架按工艺设计可往复式道次轧制。

（二）中厚板材生产工艺流程

中厚板热轧机组与连轧钢板机组生产工艺流程基本相同，单轧钢板与热卷区别在于热轧机组采用冷后卷取形式，见图3-28。

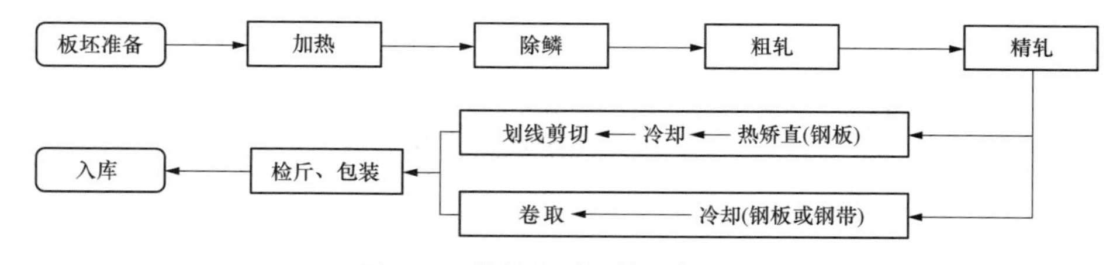

图3-28 热轧中厚板材生产流程图

四、钢板的控轧与控冷

控制轧制和控制冷却工艺是一项节约合金、简化工序、节约能源消耗的先进轧钢技术。控轧控冷强化机理为细化晶粒、沉淀强化、亚晶强化，通过调整轧制工艺参数控制钢的晶粒度、第二相沉淀及亚晶的尺寸与数量，以达到设定的性能需求。由于它具有形变强化和相变强化的结合作用，所以既能提高钢材强度又能改善钢的韧性和塑性。控轧控冷能通过工艺手段充分挖掘钢材潜力，大幅度提高钢材综合性能，给冶金企业和社会带来巨大的经济效益，因此历来受到国内外冶金界的极大重视。

（一）控制轧制

控制轧制工艺包括把钢坯加热到最适宜的温度，在轧制时控制变形量和变形温度及轧后按工艺要求来冷却钢材。通常将控制轧制工艺分为再结晶型控制轧制、未再结晶型控制轧制、奥氏体和铁素体（γ+a）两相区控制轧制三个类型，可采用单一或组合方式进行控制轧制。

1. 再结晶型控制轧制

再结晶型控制轧制指在变形奥氏体再结晶区域内进行轧制，钢板和钢带的变形温度较高，一般在1000℃以上。热轧道次变形量要根据不同温度下的再结晶临界变形量来确定，道次变形量必须大于奥氏体（γ）再结晶临界变形量。变形和奥氏体（γ）再结晶同时进行阶段，钢坯加热后粗大化的γ晶粒在奥氏体（γ）再结晶区内反复变形和再结晶而逐步得到细化。

2. 未再结晶型控制轧制

未再结晶型控制轧制的特点是在轧制中不发生奥氏体（γ）再结晶过程，钢板与钢带的变形温度在950℃～A_{r3}之间。此区间轧制后的变形γ晶粒不再发生再结晶，而是被拉长、压扁，并在晶粒中形成变形带。变形奥氏体的晶界是奥氏体向铁素体转变的有利形核部位。奥氏体晶粒被拉长，将阻碍铁素体晶粒长大。随着变形量的加大、变形带的数量增多，分布更加均匀。变形带也提供相变时的形核地点，因而相变后的铁素体晶粒更加细小均匀。

在完全再结晶区下限温度和未再结晶区的上限温度之间范围为部分再结晶区。此区轧制得到的奥氏体晶粒不均，因此，应当避免在部分再结晶区轧制。特别是在一定变形量条件下，由于应变诱发晶界迁移，会在奥氏体中产生少量特大晶粒，引起组织出现严重混晶，致使性能下降。因此，在制定轧制工艺时，这一温度范围内宜待温或快冷，而不轧制变形。

3. 奥氏体和铁素体（γ+a）两相区控制轧制

（γ+a）两相区控制轧制一般是指在再结晶区及未再结晶区轧制后部分奥氏体已发生相变的情况下在γ及a两相区进行的轧制。当轧制温度降低到A_{r3}温度以下时，γ晶粒由于变形而继续伸长并在晶内形成变形带，部分相变后的铁素体晶粒内部形成大量位错，并在高温条件下形成亚晶，因引，强度有所提高，脆性转变温度则降低。

三类控制轧制如图3-29所示。

（二）控制冷却

轧后控制冷却工艺一般也分成从终轧开始到变形奥氏体向铁素体开始相变温度A_{r3}冷却，从A_{r3}温度至奥氏体相变完毕的整个相变过程的冷却，以及奥氏体相变完毕至室温的冷却三个阶段。其中第一个阶段冷却的目的是为相变做组织上的准备，第二阶段冷却控制了奥氏体的整个相变过程，因此十分重要。钢板和钢带的控制冷却方式主要包括层流水冷、水幕冷却和高压喷嘴冷却三种方式，钢带另有喷雾冷却工艺。

（三）控轧控冷的优点与缺点

控制轧制优点是可提高钢材的强度和钢材的低温韧性，可以充分发挥铌、钒、钛等微量元素的作用。控制冷却优点是节约能耗、提高作业率，降低生产成本；可降低奥氏体相变温度，细化晶粒；降低碳当量，减少碳含量及合金元素，利于焊接、低温韧性和冷成形。

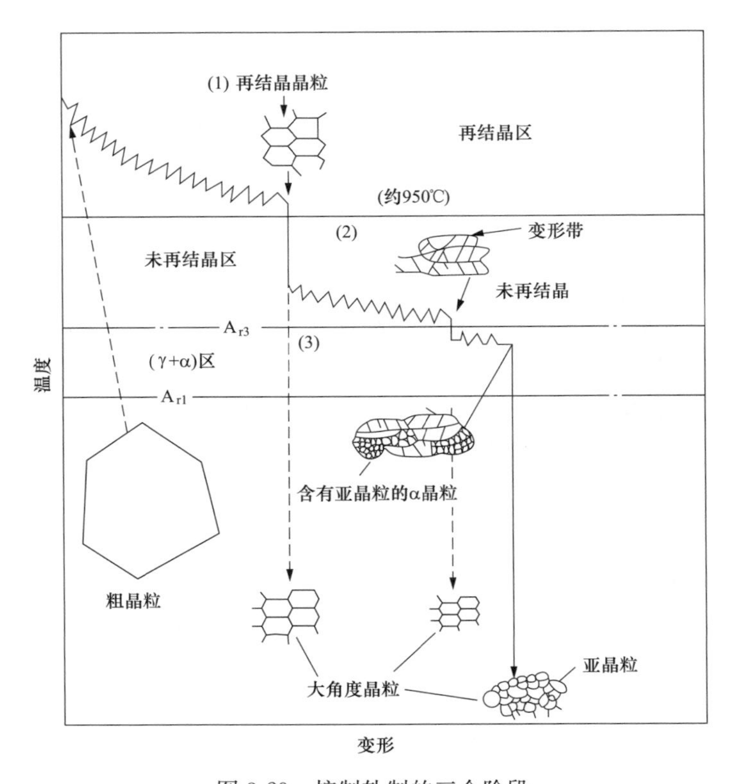

图 3-29　控制轧制的三个阶段

（1）—再结晶型控制轧制；（2）—未再结晶型控制轧制；（3）—（γ＋α）两相区控制轧制

控轧与控冷钢材需要限制严格钢坯加热温度范围，需要较低的精轧温度和较大变形量，需要精准的冷却速率，轧机负荷明显增大。钢坯温度与化学成分、轧制温度、变形量、冷却速度等的波动均会对钢板成品最终机械性能产生显著影响。

为确保输电线路铁塔质量稳定，目前特高压输电线路工程铁塔用钢板仍要求采用热轧状态交货。

第四节　钢　　管

一、钢管概述

钢管是一种重要钢材，广泛用于国民经济各个部门。钢管有两个大类，即无缝钢管和有缝钢管（焊接钢管），其中有缝钢管比例在逐步增加。

随着新技术、新设备不断发展，我国已能生产直径为 3～2500mm、壁厚为直径 0.75%～1%的高强度、高精度、特殊性能的钢管，并可根据使用条件和经济性选择、确定材质和工艺。

钢管用途广泛，分类方式繁多。按用途可分为输送管、地质和石油管、钢结构管（含输电杆塔用管）、锅炉管、化学工业用钢管、机械工业用钢管、一般配管用管等。按钢管的断面形状分为圆形钢管和多边形钢管；按纵断面尺寸可分为等断面和变断面钢管。输电线路用的钢管杆一般是锥形截面的多边形管。按制管材质可分为普通碳素钢管、优质碳素结构钢管、低合金高强度结构钢管、合金结构钢管，以及镀、涂钢管，合金钢管又包括不锈钢管、耐热钢管、轴承钢管及双金属管等。按钢管连接形式可分为管接头连接和不用管接头连接两类。前者需在钢管车间进行管端车丝、制作管接头及保护丝扣的保险环，故又称车丝钢管；后者是将管的两端切平，连接是用焊接或法兰盘等方法。按钢管的生产方法可分为无缝管和焊管。其中，无缝钢管分为热轧管、冷轧管、冷拔管、挤压管等。焊管按照焊缝的走向分为直缝焊管和螺旋焊管；按照其焊接工艺又分为电弧焊管（多采用埋弧焊，或埋弧焊＋气体保护焊组合焊工艺）和高频焊管等。按钢管外径（D）与壁厚（t）之比，分为特厚管（$D/t\leqslant10$）、厚壁管（$D/t=10\sim20$）、薄壁管（$D/t=20\sim40$）、极薄壁管（$D/t>40$）。

输电铁塔主要采用直缝焊管，一般为等直径的圆形截面钢管，且只有一条纵向直焊缝；少量采用小直径无缝管。直缝焊管是输电线路钢管塔中用量最大的原材料，占塔重的50%～60%，其产品质量对输电线路长期安全稳定运行有着重要的作用。

输电铁塔用直缝焊管的材质主要有Q235B、Q345B、Q345C、Q420B、Q420C、Q460C等牌号。规格范围大致在ϕ76～965，厚度在3～24mm。其生产工艺包括高频焊工艺和埋弧焊工艺两种。其中，高频焊管规格范围为ϕ76～508；埋弧焊管规格一般大于ϕ406。由于铁塔用直缝焊管规格较多，批量较小，部分铁塔企业考虑市场供应情况和加工成本，有时采用自制直缝焊管，多采用埋弧焊工艺生产，一般最小的埋弧焊管可达ϕ273。

输电线路跨越塔用钢管，因直径较大（最大直径达2.8m），采用钢板卷制以纵向焊缝与环形焊缝拼接而成。

由于直缝焊管在输电铁塔中用量最多，本文仅介绍直缝焊管的生产。

二、直缝高频焊管的生产

（一）工艺流程

直缝高频焊管（HFW）采用高频电阻焊工艺生产，包括高频感应焊和高频接触焊两种方法（见图3-30）。两种方法都是将钢带经成型设备变形为所需的形状——封闭孔型后，利用高频电流或感应电流及金属边部集肤效应原理，使钢带边缘部位金属温度达到固相线以上并施加一定的挤压力，实现无填料焊接并最终成型的一种制管工艺。

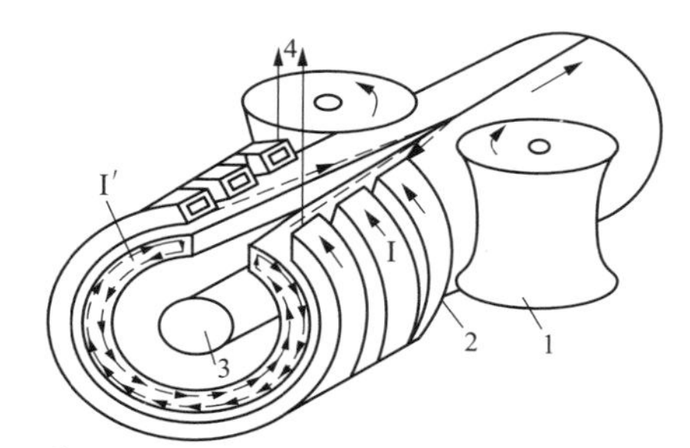

1—挤压辊；2—感应圈；3—阻抗器；4—高频电源
I—焊接电流；I′—循环电流
(a)

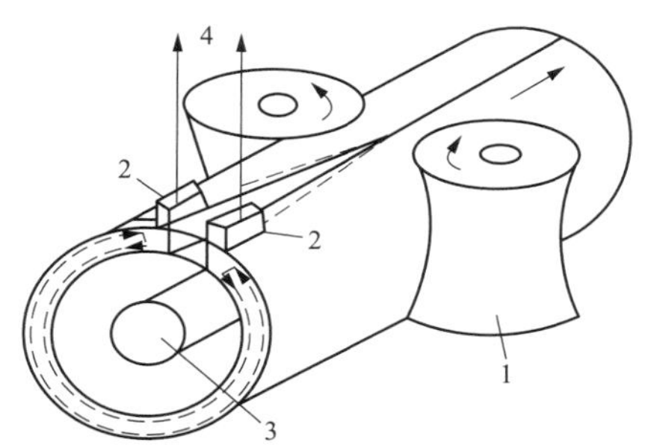

1—挤压辊；2—电极；3—阻抗器；4—高频电源
(b)

图3-30 高频焊管制造工艺
(a) 高频感应焊；(b) 高频接触焊

高频感应焊是目前直缝焊管企业主要采用的方式，高频焊管的生产工艺流程见图3-31。高频焊使用的电流频率范围通常是250k～450kHz，有时也使用低至10kHz的频率。直缝高频焊管生产效率高，生产速度可达15～40m/min，适用于中小直径、薄壁厚度的钢管，目前国内最大高频焊管规格可达ϕ711×14mm。

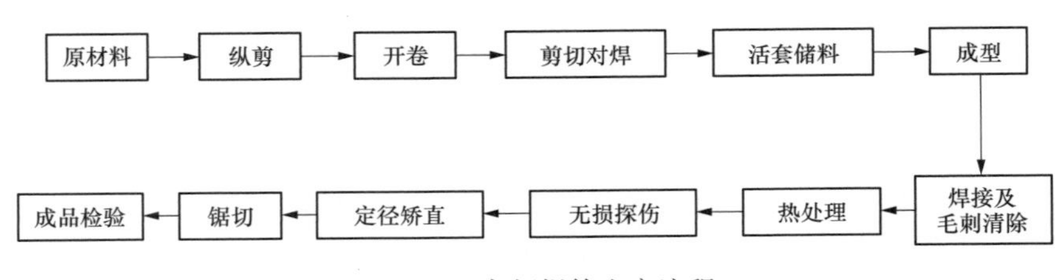

图3-31 高频焊管生产流程

在高频焊管生产过程中，有完整的定径、矫直、整圆等设备，钢管在圆度、直线度及焊接质量方面比较稳定。同时，为了细化晶粒，消除焊接应力，稳定焊接接头的性能，对低合金高强度结构钢（Q420、Q460）一般需要对焊缝区域进行在线焊后热处理（正火热处理）。

（二）关键工序

1. 成型

高频焊管整体工艺的首要任务是将钢管冷弯成圆形，故整体生产过程首先从成型开始。钢管经纵剪下料、开卷导入成型线，钢带经多个道次的变形，获得一个稳定而规整的开口圆管筒。冷弯成型段按顺序一般分为预成型、粗成型、精成型三个过程。

成型段的主要作用在于保证钢带的充分变形，在保证尺寸、外观条件下，为后面的焊接做好必要准备。稳定而规整的开口圆管筒是从事焊管研究工作者所追求的最高目标，它是获得优良焊接质量的前提和基础。其次，成型段也为成型管坯提供前进的动力与轧制力。

钢管冷弯成型方法有多种，好的成型方法能够保证钢板变形均匀，钢带表面及边缘无棱角、褶皱、鼓包及划伤等异常情况。目前，钢管冷弯成型方式一般为W成型和排辊成型法两类。

2. 高频焊接

直缝高频焊接通过高频焊接机来完成。在焊接过程中要充分考虑机组的速度、焊缝对接状态、焊接压力、挤压辊孔型、导向辊孔型和毛刺的去除，以及高频电源的功率、高频频率等因素。焊接过程中需控制焊接V型开口角度、挤压辊及表面质量情况。通常焊接过程开口角度在3°～6°，具体情况依钢板厚度而定。调整焊接挤压辊，保证适当焊接挤压量，使钢板边部加热部位在一定的挤压力下实现金属组织焊合，同时，注意钢板受到较大的挤压力，板面易产生刮伤等表面缺陷问题，生产中应多加注意观察、调整。

直缝高频焊管焊接技术特点如下：

（1）加热时间短温升快。高频焊接时，管坯边缘从室温迅速被加热到焊接温度1250～1450℃的所需时间，与管径、壁厚存在相关关系，单以管径论，管径大，挤压辊直径就大，感应圈距离挤压辊中心就越远，高频电流V型回路长，快速升温区间增长，达到焊接温度所需的时间长。

（2）加热区域窄分布不均匀。直缝高频焊管加热区域宽窄与加热电源频率关系密切。由于高频电流的频率通常为 250～450kHz，根据高频电流的集肤效应原理［见式（3-3）］，管坯边缘被加热区域宽度 b 仅在 0.8～1mm 之间。因此，在焊接过程中，管壁边缘被直接加热的金属量约占全部管坯宽度的百分比很小。

$$b=\frac{P}{ktv} \tag{3-3}$$

式中 b——管坯边缘加热宽度，mm；

P——高频焊功率，kW；

v——焊接速度，m/min；

t——焊管厚度，mm；

k——系数，与焊管尺寸和管坯材质有关。

（3）高速动态焊接，生产效率高。焊管在高速动态下焊接，机组工作稳定、外部电源稳定的情况下，不受人为因素影响，不会发生过烧或冷焊现象。高频焊接要求在确保焊缝质量的前提下，应尽可能地提高焊接速度，利于生产效率提升。焊接最高速度为 150～200m/min，生产效率高。

（4）无填充料，自我熔接。高频焊接过程无填充金属，焊接速度快，自冷作用强，不仅热影响区小，而且还不易发生氧化，焊缝组织和性优良。

（5）加热与挤压焊接同步完成。高频焊接是在 1250～1450℃高温和 20M～40MPa 挤压辊压力条件下同步完成的，两者缺一不可。

3. 热处理

对于 Q235 和 Q345 直缝高频焊管是否需要热处理，是业界有争议的问题。资料显示，对于 SM41B 材质的 ϕ89×8mm 高频焊管焊缝区域正火后，可将晶粒细化到 7～8 级，组织得到改善，受挤压后形成的焊接区域金属流线消失，接头的抗拉强度降低，屈服强度和塑性升高，焊管整体性能得到改善。

兰州理工大学通过对 ϕ219×6 mm 的 Q235B 高频焊管焊接过程三维应力场模拟，认为在高频焊管生产过程中，消除因成型、高频焊接造成的焊管残余应力是一项重要的工作，并模拟出了生产中某时刻的等效应力云图，显示应力值为 85M～209MPa，存在于焊缝附近的很小区域。

已有的试验表明，Q235 和 Q345 高频焊管，焊缝区域不进行正火热处理，接头部分的性能是不稳定的。因此，采购方应评估由此带来的使用风险，进一步开展不进行热处理状态下，高频焊管焊接接头性能稳定性的研究。

ϕ325×7mm 的 Q460C 高频焊管试验表明（见表 3-10、表 3-11），当不进行热处理时，由于毛刺清除时的快速水冷作用，在焊缝及热影响区出现粗大的上贝氏体组织，导致 Q460C 高频焊管的焊缝及热影响区在 0℃下的冲击功（5mm×10mm×55mm 小试样）急剧降低（小于 5J）；对焊接接头区域进行正火热处理后，金相组织为珠光体＋铁素体，焊缝及热影响区在 0℃下的冲击功（5mm×10mm×55mm 小试样）均高于 60J。进一步的试验表明，正火温度以 970～1000℃为宜，但焊后热处理对 Q460C 高频焊管残余应力的影响有限。因此，对 Q460C 钢高频焊管焊缝区域须进行焊后正火热处理。

表 3-10　　Q460 高频直缝焊管拉伸与压扁性能

正火温度（℃）	管体，1个样本			焊接接头，每水平3个样本			压扁
	R_{eL}（MPa）	R_m（MPa）	A（%）	R_m（MPa）			
1050	486	573	29.5	584	593	602	合格
990				596	591	596	合格
940				592	592	594	合格
890				588	599	596	合格
无				582	599	571	合格
标准要求	≥460	550～720	≥17	≥550			—

注　压扁试验时，焊缝与施力方向成90°，当两压板间距离为钢管外径的2/3时，焊缝处应不出现裂纹；当两压平板间距离为钢管外径的1/3时，焊缝以外的其他部位应不出现裂纹。

表 3-11　　Q460 高频直缝焊管冲击试验结果

正火温度（℃）	标准要求	母材（J）		焊缝（J）		影响区（J）	
		平均值	范围	平均值	范围	平均值	范围
1050	温度：0℃ KV_2 ≥17	93	88～100	70	42～90	76	62～88
990		105	99～109	79	62～89	79	72～89
940		102	97～109	81	60～100	82	69～93
890		100	97～103	77	65～84	78	72～84
无		99	96～101	4	2～11	4	3～5

注　采用5mm×10mm×55mm小试样。

因而，对Q420及以上的高强度材质高频钢管，一般对焊缝区域进行正火热处理来消除焊后快冷所造成的有害组织和内应力。实际生产中焊后采用在线中频加热方法，通过生产线的冷却段，实现正火热处理。

4. 定径、矫直

焊管定径工艺的基本功能是通过特定孔型轧辊对焊接后的钢管进行轧制，将尺寸和形状都不规则的焊管调整至形状规整、尺寸符合标准要求的成品管。定径量一般为钢管直径的0.3%～1.5%。定径的目的是控制圆度，生产厂家结合自身设备工艺情况，考虑外形质量稳定性、成定径辊磨损、成本因素及焊缝无损探伤质量情况确定定径率。

定径过程中，钢管经过几架定径辊的碾压，钢管表面的一些轻微缺陷（如氧化铁皮、浅压痕等）得以修复，从而提高钢管的表面质量。定径辊对钢管施加压应力还可部分削减成型、焊接及冷却过程中产生的残余外张应力。定径率越大，残余应力削减能力越强。钢管定径后的矫直（一般为8辊），通过一定的弹塑性变形，确保直线度满足交货要求，并利于消除焊接后钢管内残存的少量纵向内应力。

5. 无损探伤

直缝高频焊管的纵向焊缝一般采用在线电磁超声波检测方法进行无损探伤，对公称厚度不大于5mm的高频直缝焊管多采用涡流探伤。

（三）主要生产设备

高频焊管主要生产设备有开卷机、活套储料器、在线板探设备、矫平机、铣边机或刨边机、成型机、高频焊接机、内外毛刺清理设备、在线热处理设备、定径及精整设备、矫直设备、飞锯、平头倒棱及坡口加工设备、焊缝检测设备等。

开卷机一般布置在机组入口部分的前端，与钢卷小车相对应，其作用是保持带钢张力，并实现带钢的自动对中，小规格高频焊管一般还配备有纵剪设备，可以生产不同直径的高频焊管。

活套是保障高频焊管能够连续工作的储料设备，使得在上料开卷、头尾切断对焊的准备工作时，活套可将预先储存的带钢不断地输送出来，提供一定数量带钢保证机组能够连续生产，直至后续带钢不断补充进入活套。活套的型式有架空式活套、地坑式活套、笼式活套、螺旋活套等。

在线板探设备主要用于对带钢分层缺陷的检测，一般采用超声波检测方法。

铣边机或刨边机用于板边加工，以确保成型后的焊管直径及高频焊接质量。

成型机采用多机架辊式连续成型工艺，然后通过高频焊接设备进行焊接，由于钢管塔用直缝焊管要求外毛刺剩余高度应不大于0.5mm，内毛刺剩余高度应不大于1.5mm，清除毛刺后刮槽深度应不大于0.2mm，对内外毛刺清理要求较高，因而机组中需配备内外毛刺清理设备，并严格控制毛刺清理的工艺，尤其应控制刮槽深度。

为确保Q420及以上材质高频焊管质量，保证焊管焊接区域的力学性能，应配备中频热处理机组及冷却段。

为满足高频焊管的外形尺寸（直径、椭圆度、不圆度、长度）要求，机组还应配备定径及精整设备、矫直设备、飞锯、平头倒棱及坡口加工设备。

为满足对焊缝质量的检测需要，高频焊管生产线一般还配备有焊缝自动超声波检测设备或自动电磁超声设备，ERW219及以下生产线一般配备自动涡流探伤设备，以及离线自动或手工超声检测设备等。

三、直缝埋弧焊管的生产

（一）工艺流程

埋弧焊管一般采用单张定尺钢板（单轧钢板或开平板）为原料，常温挤压成型，采用电弧焊工艺加工而成。在电弧焊中，由于埋弧焊可采用多丝焊工艺，效率高，因而多称为埋弧焊管。

随着国内外长输管线钢管的发展，大规格、高强度直缝埋弧焊管获得了快速发展，在不到10年的时间里，天然气长输管道钢级从X70发展到X80，甚至制成X120级JCOE直缝埋弧焊管，达到了国际先进水平。

直缝埋弧焊管按成型方式主要有UOE、RBE、JCOE类型。几种典型工艺对比见表3-12。

输电铁塔用直缝埋弧焊管多采用JCOE工艺或UOE工艺成型，成型合缝后采用气体保护焊进行预焊，再采用埋弧焊进行内外焊接，后部工序采用管体冷扩径（或机械整圆工艺），并经一系列的检验制成。

与UOE工艺相比，JCOE工艺的每道成型工序都在大型压力机上完成，钢管调型操作技术要求高，成型机组占位时间长。相对于UOE工艺，由于多次成型，加工效率与尺寸精度较低，但模具较少，设备投资较低。因此，国内JCOE机组数量比UOE机组多。

表3-12　　几种典型直缝埋弧焊管成型工艺对比

生产工艺	UOE	RBE	JCOE	
			模压	折弯
原料	单张钢板	单张钢板	单张钢板	单张钢板
钢管外径（mm）	406～1625	508～1625	406～1625	348～1625
钢管壁厚（mm）	4～50	4～25.4	5～40	5～56
最大长度（m）	18	12	18	18
最高钢级	X120	X80	X120	X120
成型	设备较大，钢板变形均匀，O型成型后管筒开口很小，基本合拢	设备中等，采用辊压弯曲成型和后弯，变形均匀，管材残余应力小	设备中等，要预变边，管材残余应力较小	设备中等，要预弯边，弯曲成型残余应力较大
钢管外形尺寸精度	高	较高	较高	低
残余应力	小	小	小	较小
工具费用	成型模具、工艺数量多，价格昂贵	需要4～6根芯棍，工具数量少，费用中等	需要4～6个模压头，费用中等	模具少，费用少
工艺成熟度	工艺成熟	工艺成熟	工艺成熟	工艺成熟
产品用途	油气输送管、结构管	压力容器、大口径结构管	油气输送管、结构管	油气输送管、结构管
设备投资（亿元）	18～20	2～3	4～6	4～6

铁塔用直缝埋弧焊管的工艺流程如图3-32所示。

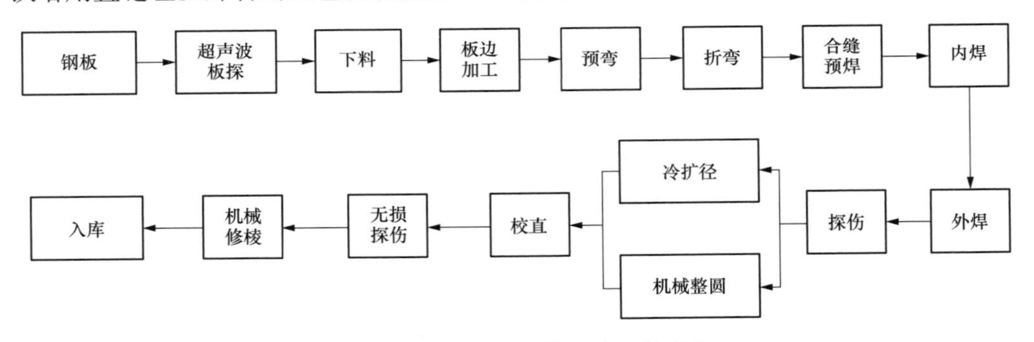

图3-32　直缝埋弧焊管生产工艺流程

埋弧焊管的特点是生产速度较快（与其他电弧焊管相比）、产品质量高、应力分布均匀、产品规格范围大、灵活性高，尤其是能够生产高频焊接机组不能生产的大直径、高强度直缝焊管。但其生产效率低于高频焊管，生产成本高于高频焊管。

（二）关键工序

1. 前工序

直缝埋弧焊管的前工序包括钢板准备、板探、下料和铣边加工。主要根据成型工艺，确定钢板下料宽度、边端外形及预弯量，为埋弧焊管成型进行准备。其中，板探的目的是对板边进行超声波探伤，以检测板材是否存在分层缺陷。铣边的目的是对板边进行铣削加工，在成型后获得合适的焊接坡口。

2. 成型

成型是直缝埋弧焊管的一个重要工序。除UOE工艺采用模具直接成型外，多数JCOE工艺采用的是折弯工艺，按J成型-C成型-O成型的顺序进行成型，按制管企业的装备能力和工艺水平分为简易折弯和精细折弯。

简易折弯：进刀量较大（大于100mm），管型呈较明显正多边形，见图3-33（a），优点是操作简单、效率高。

精细折弯：针对不同直径钢管设定不同的上刀弧度和下开口度，采用小进刀量（30～60mm）方式，确保折弯变形均匀，管型无明显的棱边，见图3-33（b）。精细折弯后钢管椭圆度可达到管体圆度要求（管体圆度为不大于1.2%D，但不满足管端圆度不大于0.6%D要求，因此，需后续对管端进行扩径或整圆）。

目前，特高压工程钢管塔用埋弧焊管生产企业除个别采用“简易折弯＋全长扩径”外，多数采用“精细折弯”工艺。

(a)

(b)

图3-33 直缝焊管两种折弯工艺

（a）简易折弯，折弯后棱形明显；（b）精细折弯，钢管无棱形、圆度好

3. 焊接

（1）预焊。

直缝焊管成型合缝后需先进行预焊，预焊指将管坯沿全长进行“浅焊”，预焊时管坯被固定在设有焊缝压紧机构的合缝框架内，焊缝两边保持平直，控制好错边量，板边紧贴或保持缝隙均匀。预焊一般采用气体保护焊工艺。预焊分为间断预焊和连续预焊两种。间断预焊是每隔一定的间隔连续焊100mm左右。连续预焊是在管坯焊缝沿全长施焊。无论是间断预焊还是连续预焊，都不需要很大的熔深和熔宽。目前，国内机组均采用连续预焊，预焊焊缝必须保证在后续工序中焊缝不开裂并且焊缝中不存在任何焊接缺陷。

预焊后的焊道表面需要清理焊渣或其他杂物。预焊多采用CO_2＋Ar或CO_2＋Ar＋O_2或其他气体保护自动焊，预焊缝若需要修补，一般采用手工电弧焊进行。

（2）埋弧焊。

预焊完成后，随后进行埋弧焊填充焊接。埋弧焊在专用的焊接装置上进行，一般先内焊后外焊。直缝埋弧焊钢管的内焊方式有两种：①将钢管固定，电焊机的焊头移动；②将焊机的焊头固定，管坯沿直线移动。外焊大多数采用焊头固定，管坯沿直线移动的方式完成。

直缝埋弧焊管的成型方式可以生产壁厚较大的钢管，为了提高生产效率并保证焊接质量，多采用2～5丝埋弧焊工艺，甚至采用多丝双层焊工艺。多丝焊埋弧焊焊丝排列一般2或3根焊丝沿焊接方向依次排列，焊接过程中每根焊丝所用的电流和电压各不相同，在焊缝成型过程中所起的作用也不相同。

4. 扩径

机械扩径的作用是降低制管过程中形成的残余应力，提高钢管几何尺寸精度、圆度、直线度和强度。天津大学测试了ϕ1016×21mm的X70直缝埋弧焊管的残余应力分布，显示周向残余应力峰值取决于制管成型工艺，轴向残余应力峰值取决于焊接工艺。扩径后，无论周向、轴向残余应力分布均趋于平缓，残余应力峰值大幅下降，其中周向残余拉应力降低约75%，焊趾处的轴向拉伸残余应力峰值降低约77%。机械扩径对直缝埋弧焊管的残余应力有明显的削峰作用。

采用环切法对比了Q355B、Q460C材质的ϕ508×10mm直缝埋弧焊管的残余应力，在同等条件下，Q460C钢管开口尺寸为56mm，Q345B钢管开口尺寸为50mm，说明Q460C焊管有更大的残余应力。扩径试验表明，扩径率0.4%时，Q460C样管开口尺寸变化很小，但Q345B样管开口尺寸减小34%；扩径率达到0.8%～1.2%时，Q460C样管开口小了60%～67%，说明随扩径率增大，对残余应力降低效应增大；扩径率在0.4%时，对Q345B埋弧焊管残余应力有明显的降低效果，但对Q460C埋弧焊管效果不大，需要扩径率达到0.8%～1.2%，残余应力才明显降低。

广东工业大学通过对管线直缝焊管机械扩径及影响因素的研究，认为扩径率对钢管圆度有明显的影响，扩径率为1.0%时，成品管的圆度误差极小，且对管壁厚度的影响较小。此外，管坯圆度对钢管成品圆度有较大影响，机械扩径具有良好的提高成品尺寸精度和形状精度的作用。

扩径时轴向重叠系数不同，会在钢管表面造成凸起或凹陷，形成“竹节纹”，影响钢管表面质量。

因此，扩径是直缝埋弧焊管生产的重要工序。扩径率范围一般为0.3%～1.5%，过小不能保证圆度，过大不利于焊缝质量和钢管厚度，故生产企业常规采用0.8%～1.0%的扩径率。

5. 整圆与校直

铁塔用焊管与带颈法兰焊接，一般采用自动焊，采用转动钢管而焊枪位置固定的方式，焊管圆度和直度对自动有较大影响，需要进行整圆和校直。

目前，生产中一般采用机械整圆，按模板直径配制分为同直径专用和多直径套用两类。多直径套用按模具直径，采用以大套小工艺，如ϕ508、ϕ529、ϕ559采用ϕ559直径模具或套用更大直径模具。考虑残余应力削除，Q420以上强度的钢管，推荐采用单直径专用方式，不应采用大直径模具套用。

铁塔用直缝焊管采用“精细折弯”成型时，后续不再采用通长扩径工序，而直接采用机械整圆。有些企业采用管端扩径+机械整圆的工艺，重点对管端部进行整圆，以确保管端圆度。

焊管校直一般采用压力机，对钢管在长度方向明显弯曲进行校正，变形量较小。

（三）主要生产设备

输电铁塔用埋弧焊管的生产设备主要有在线板探设备或专用板材超声波检测设备、铣边机或刨边机、成型机、预焊机、埋弧内焊设备、埋弧外焊设备、扩径设备、精整圆设备、矫直设备、自动或手工焊缝超声波检测设备、平头倒棱及坡口加工设备等，一般还配备自动射线或自动超声波检测设备。

目前专业管厂设备比较完善，采用刨边机或铣边机进行板边加工；在成型方面，除采用常规的JCOE成型技术、UOE成型技术外，部分厂家采用了更加先进的渐进式（PFP）成型技术、辊弯成型（RBE）技术；在焊接方面，采用自动预焊机及专用的多丝（3丝及4丝）内、外埋弧焊设备，采用了方波电源和动力波电源装置，不仅大幅提高焊接效率，也解决了各焊丝电弧间的干扰问题；扩径方面，采用全长机械扩径，使用动力缸形成控制系统，实现扩径率的精确控制。检验方面，除进行在线板探外，在焊后还进行在线射线+超声探伤，扩径后进行二次在线或离线射线+超声探伤。因而生产效率较高，产品质量稳定。

随着智能制造技术的发展，先进的焊管企业正在由单机自动化向全线数字化、自动化、网络化、智能化方向发展。数字化、信息化技术不仅用于制管设备的运行控制，也用于成型、焊接过程的有限元分析、三维应力场的动态模拟、组织性能预测、高频管焊接热影响区控制预测技术等。

第五节　法　　兰

一、法兰概述

法兰又叫法兰凸缘盘或突缘、法兰盘或法兰板，是一种十分常用的连接零件，常用于管端之间的连接，也有用在设备进出端口连接（如减速机法兰）。法兰通常是成对使用，用螺栓连接。法兰的分类有很多，主要有：

（1）按行业分类：

1）按化工（HG）行业标准分类，包括整体法兰（IF）、螺纹法兰（Th）、板式平焊法兰（PL）、带颈对焊法兰（WN）、带颈平焊法兰（SO）、承插焊法兰（SW）、对焊环松套法兰（PJ/SE）、平焊环松套法兰（PJ/RJ）、衬里法兰盖［BL(S)］、法兰盖（BL）。

2）按石化（SH）行业标准分类，包括螺纹法兰（PT）、对焊法兰（WN）、平焊法兰（SO）、承插焊法兰（SW）、松套法兰（LJ）、法兰盖（不标注）。

3）按机械（JB）行业标准分类，包括整体法兰、对焊法兰、板式平焊法兰、对焊环板式松套法兰、平焊环板式松套法兰、翻边环板式松套法兰、法兰盖。

4）按国家（GB）标准分类，包括整体法兰、螺纹法兰、对焊法兰、带颈平焊法兰、带颈承插焊法兰、对焊环带颈松套法兰、板式平焊法兰、对焊环板式松套法兰、平焊环板式松套法兰、翻边环板式松套法兰、法兰盖。

（2）按照法兰连接方式，分为板式平焊法兰、带颈平焊法兰、带颈对焊法兰、承插焊法兰、螺纹法兰、法兰盖、带颈对焊环松套法兰、平焊环松套法兰、环槽面法兰及法兰盖、大直径平板法兰、大直径高颈法兰、八字盲板、对焊环松套法兰等。

（3）按成型工艺分类，分为锻造法兰和钢板切割法兰。

在铁塔类产品中，钢管塔、跨越塔、变电站钢管构架等大量使用法兰连接结构。经过十余年的应用与优化，输电铁塔用法兰（简称铁塔法兰）已形成专用、明确的型式分类、适用规格及要求。

二、铁塔法兰基本情况

（一）铁塔法兰的分类及代号

1. 法兰分类

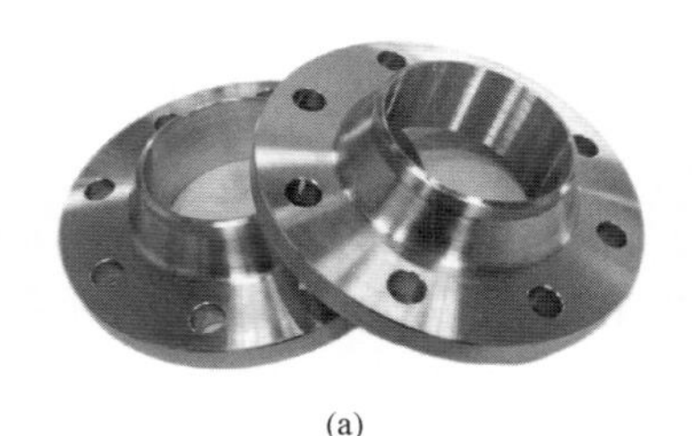

(a)

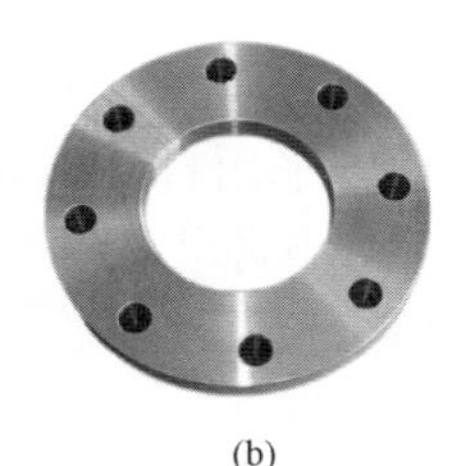

(b)

图 3-34　钢管塔用法兰

(a) 带颈法兰；(b) 板式法兰

铁塔法兰主要按结构形式分类，分为带颈法兰和板式法兰（见图 3-34）。带颈法兰按照其结构形式，又分为内直外坡、外直内坡、内外双坡等形式的带颈对焊法兰和带颈平焊法兰。板式法兰又分为有筋板的板式平焊法兰和无筋板的板式平焊法兰。铁塔法兰的代号见表 3-13。各类法兰结构及与钢管连接示意图见图 3-35、图 3-36。

表 3-13　　铁塔法兰代号

项目	代号	类型	代号	结构形式		代号
法兰	F	带颈法兰	D	对焊（对接）法兰	内直外坡	无须标识
					外直内坡	N
					内外双坡	S
				平焊（搭接焊）法兰		P
		平板法兰	锻造 BD 割制 B	有劲法兰		Y
				无劲法兰		W

按照法兰制造工艺分为锻造法兰和钢板割制法兰，其中，锻造法兰主要是带颈法兰和塔脚板式法兰，用于钢管—法兰对接焊和塔脚连接。塔脚板式法兰与钢管连接时并不垂直，而是呈一定的角度，因此，法兰内环需要进行二次加工为斜面椭圆，见图 3-36（d），以适应钢管的装配需要。

目前，输电铁塔应用最多的是外坡内直结构带颈法兰和板式法兰。铁塔法兰与直缝焊管通过对接焊或插接焊（平焊）的方式连接，是钢管塔的主要受力构件。目前主要有 Q345B、Q345C、Q420B、Q420C 四种牌号。

2. 法兰的代号

铁塔用带颈法兰的型号由 6 位字母或数字组成：第一、二位为字母，表示法兰类型，以字母“FD”表示带颈对焊法兰；第三、四位为数字，表示确定法兰盘外径的管径代号（用管径的百位数和十位数表达）；第五、六位为数字，表示确定法兰盘内径的管径代号（用管径的百位数和十位数表达）。例如，FD4235 表示连接钢管直径为 ϕ426 和 ϕ356，焊接于 ϕ356 钢管端的带颈对焊法兰；FD5050 表示连接钢管直径为 ϕ508 的带颈对焊法兰；FD7663 表示连接钢管直径为 ϕ762 和 ϕ630，焊接于 ϕ630 钢管端的带颈对焊法兰。

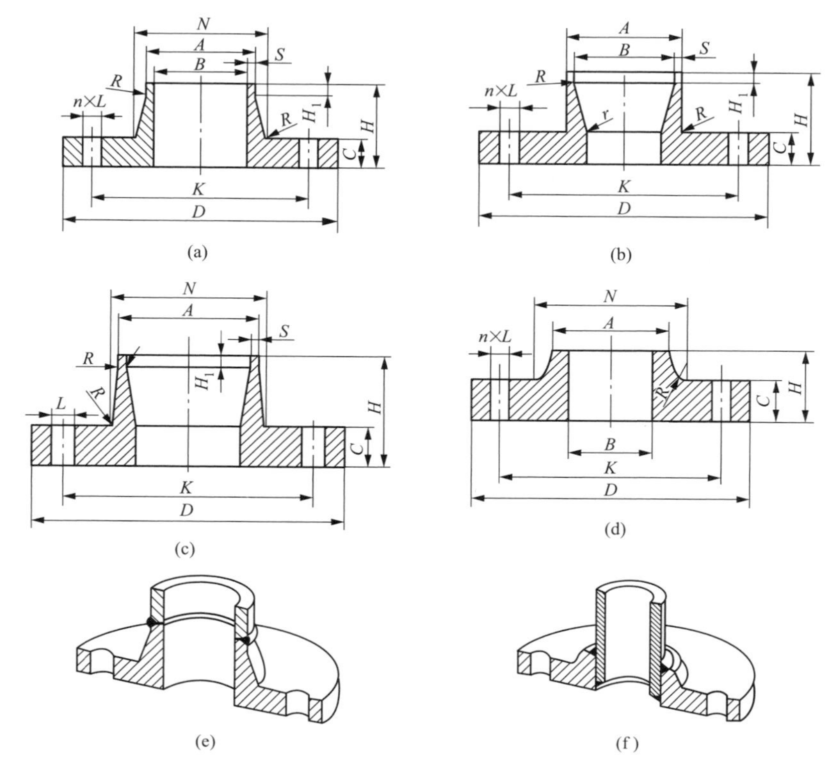

图 3-35 带颈法兰结构及与钢管连接

(a) 带颈对焊法兰(FD);(b) 带颈对焊法兰(FDN);(c) 带颈对焊法兰(FDS);
(d) 带颈平焊法兰(FDP);(e) 带颈对焊法兰与钢管连接;(f) 带颈平焊法兰与钢管连接

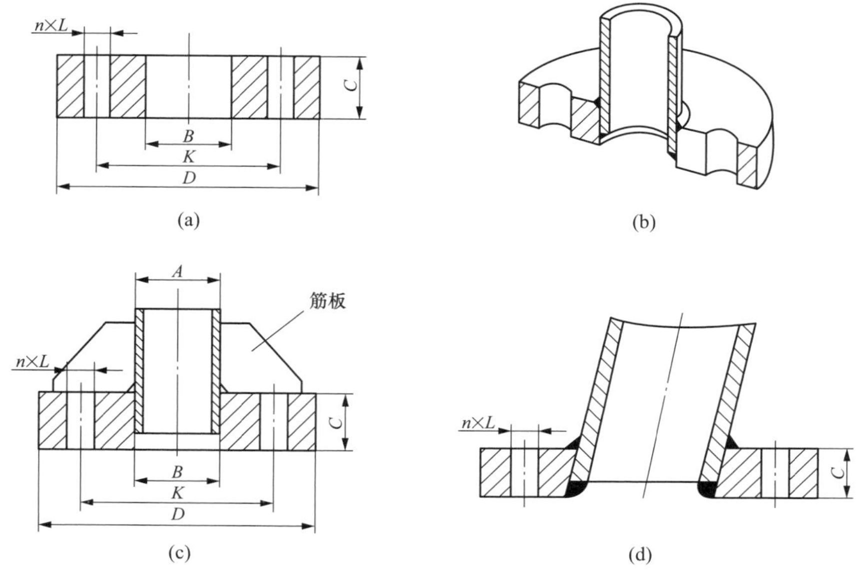

图 3-36 板式平焊法兰结构及与钢管连接

(a) 板式平焊法兰(FB);(b) 板式平焊法兰与钢管连接;
(c) 有筋板板式平焊法兰与钢管连接;(d) 塔脚法兰与钢管连接

（二）适用的塔架结构及钢管范围

钢管塔主要采用带颈法兰和板式平面法兰，其中带颈法兰和塔脚板用平面法兰为锻造加工。钢管构架主要采用板式平面法兰，一般采用钢板切割加工而成。各类铁塔法兰规格配套的钢管规格范围如下：

（1）带颈法兰适用于 ϕ965 及以下钢管，一般为单排法兰孔。

（2）板式平面法兰适用于 ϕ2300 及以下钢管，大跨越钢管塔用大直径双缝钢管部分采用双排法兰孔板式法兰见图 3-37。

(a)

(b)

图 3-37　大跨越塔双缝焊管与对接法兰

（a）单排孔板式平面法兰；（b）双排孔板式平面法兰

三、铁塔用法兰的生产

带颈法兰和大部分板式平面法兰采用锻造加工。钢板切割的板式平面法兰主要由塔厂自行加工，工序已纳入铁塔加工体系，管控相对简单，本部分主要简介锻造法兰生产。

目前我国锻造法兰多由民营企业加工，与钢板、角钢、直缝焊管的批量化流水生产相比，生产过程不确定因素较多，法兰质量稳定性相对较弱。国家电网公司在特高压工程中对锻造法兰采取了第三方检验、驻厂监造等措施，有力保证了锻造法兰供货质量。

（一）工艺流程

采用钢坯为原料，通过模锻或自由锻、或碾环机轧制工艺粗成型，通过多火热处理改善其力学性能，最后通过机械加工精成型，加工工艺流程见图 3-38。

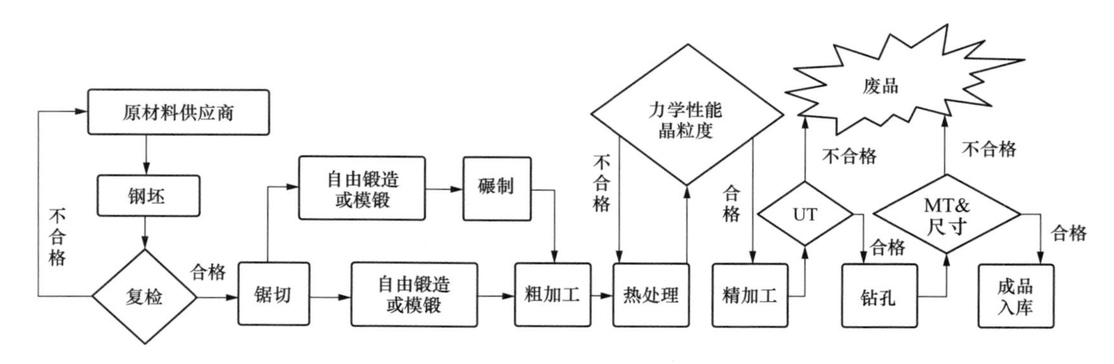

图 3-38　锻造法兰加工工艺流程

（二）关键工序

1. 原材料

一般采用初轧钢坯或连铸圆坯，原料在入厂后按照材质及炉号分区摆放，进行化学成分、非金属夹杂物、低倍组织及酸蚀试验等。复检合格后，锯切下料，完成下料的料块表面不得有肉眼可见的缩孔、气泡、裂纹、夹渣。

法兰钢坯的化学成分范围确定原则主要考虑以下因素：

（1）一般而言，对于Q355、Q420级锻造法兰原材料，按照GB/T 1591—2018《低合金高强度结构钢》规定的化学成分，通过适当的正火＋回火热处理，可以满足对法兰的性能要求。

（2）对于Q460级锻造法兰，就当前法兰锻造行业技术现状来讲，成型过程中无法实施与控制轧制相当的变形速度、变形量及变形温度的协调控制，只能依赖化学成分的调整，并配合适当的热处理工艺，方可达到法兰的性能要求。

（3）为使Q460级锻造法兰有较低的碳当量，以确保其焊接工艺性能，需要控制钢坯中C、Mn、Cr、Mo、V等元素的含量，尤其应控制其C含量。一般C含量控制在0.13%～0.20%；Mn含量控制在1.30%～1.70%。同时添加微量的合金元素V、Ni、Ti等。

2. 锻造

一般FD1XXX～FD2XXX型号的法兰主要应用模锻方式、FD3XXX～FD4XXX型号的法兰多采用自由锻或自由锻＋碾环方式、FD5XXX～FD9XXX型号的法兰主要采用自由锻＋碾环方式。锻造过程中锻造比应大于3.0。

3. 热处理

对锻坯进行正火＋回火热处理。通过正火细化晶粒获得锻坯需要的力学性能；通过回火减小锻造应力，并进一步调整锻坯力学性能。为确保热处理后的效果和质量，锻坯热处理后需进行硬度检验，并取样进行拉伸试验、冲击试验及晶粒度检验。

Q460C锻造法兰试验表明，采用正火＋回火的热处理工艺，法兰的性能不能满足输电铁塔用法兰的要求，经淬火＋回火处理后，法兰的性能才满足要求，见表3-14～表3-17。图3-39为不同热处理后法兰的金相组织，正火后的组织主要是铁素体＋珠光体，淬火＋回火后的组织是回火索氏体＋粒状贝氏体＋少量回火马氏体。工艺验证试验显示，Q460C法兰的淬火温度宜为900～930℃，回火温度宜为600～640℃，淬火后水冷，冷却水温度宜控制在40℃以下。

表3-14 试验用Q460C钢坯化学成分

牌号	C	Si	Mn	P	S	V	Nb	Ti	Mo	Cr	Ni	Cu	N	CEV
标准	≤		1.30～1.70	≤		0.04～	0.02～	0.006～	≤					
	0.20	0.60		0.030	0.030	0.20	0.05	0.05	0.30	0.30	0.80	0.10	0.10	0.45
实测	0.17	0.19	1.43	0.013	0.007	0.06	0.05	0.002	0.004	0.025	0.03	0.007	0.008	0.43

钢中至少按含有V、Ni、Ti中的一种元素（符合表中含量）。

表 3-15　　Q460C（FD8681）法兰热处理工艺

试件编号	热处理工艺	厚度（mm）	淬火（正火）			回火	
			温度（℃）	时间（min）	冷却介质	温度（℃）	保温时间（min）
7 号	正火	68	920	100	空气	—	—
10 号	淬火＋回火	68	920	100	水	640	170

注　淬火水温控制在 40℃以下。

表 3-16　　Q460C（FD8681）法兰拉伸及硬度试验结果

法兰编号	取样位置	热处理工艺	屈服强度 R_{eH}（MPa）	抗拉强度 R_m（MPa）	断后伸长率 A（%）	硬度
7 号	径向	正火	352	509	37.0	HB152
	轴向	正火	365	527	33.5	
10 号	径向	淬火＋回火	495	610	25.0	淬火：HB241 回火：HB197
	轴向	淬火＋回火	461	589	24.5	

表 3-17　　Q460C（FD8681）法兰冲击试验结果

法兰编号	取样位置	冲击吸收能量 KV_2（J）			
		试验温度：－20℃			
		1	2	3	平均
7 号	径向	128	170	80	126
	轴向	150	134	82	122
10 号	径向	182	164	192	179
	轴向	88	112	118	106

(a)

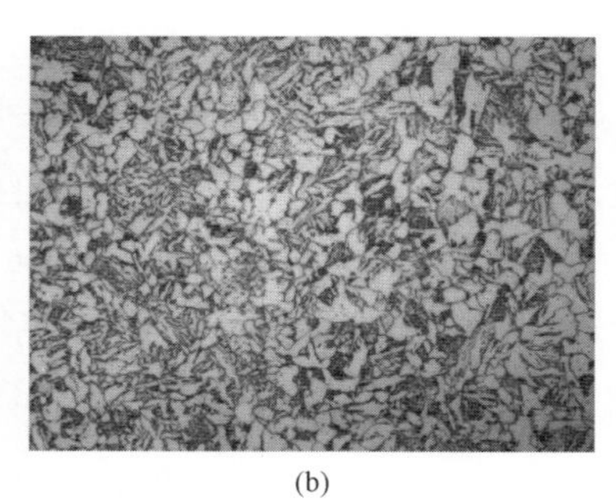
(b)

图 3-39　Q460C（FD8681A1D）法兰金相组织（500×）
（a）7 号试样；（b）10 号试样

4. 加工、钻孔

对力学性能合格的锻坯进行粗加工、精加工，精加工后对法兰进行内部超声波检测，合格后钻孔，然后进行表面无损检测及尺寸检测，对合格后的产品打钢印，包装入库。

（三）主要生产设备

主要包括锻坯下料设备、坯料加热设备、锻压设备和热处理设备、切削和钻孔设备等。此外，生产大型法兰的厂家一般还配备有机械手，完成大型锻坯加热、锻造过程中的搬运工作。

下料设备主要为金属带锯床，一般应具备对 ϕ400、ϕ500、ϕ800 等规格圆形钢坯的锯切能力。

锻坯加热设备主要采用天然气加热炉或煤气加热炉，加热炉最高温度达 1200℃。

锻造设备则根据产品锻造工艺来确定。模锻方式采用空气锤、自由锻采用夹杆锤、碾环制坯采用空气锤或油压机或电液锤和立式或卧式碾环机。锻造过程中要采用非接触式的红外测温仪对锻坯温度进行监测。

热处理设备主要有箱式电阻炉和井式电阻炉。为确保热处理的加热温度准确，需对热处理炉的有效加热区、炉温均匀性等进行检查，同时还应对使用的热电偶、温度记录仪进行检定，合格后方可投入使用。

机加工设备包括普通车床、数控车床、立式钻床、数控钻床等。

第四章　输电铁塔用紧固件

第一节　概　　述

一、输电铁塔用紧固件的重要性

在输电铁塔中各种紧固件用量占塔重的3%～5%，尽管占比不高，但对输电铁塔和输电线路的长期安全运行至关重要。铁塔螺栓一旦断裂，可能造成倒塔事故，从而影响线路安全运行。

改革开放以来，国内紧固件制造企业已有近1万家，其中生产输电线路用紧固件的企业有百余家，紧固件产品的质量参差不齐。长期以来，国内外因紧固件产品质量问题造成的重大事故不胜枚举。如1985年8月，日本航空公司一架波音747飞机失事，造成520人丧生，事故调查结果是因为飞机尾翼上的部分螺栓存在严重的质量缺陷，造成飞机尾翼破坏，导致飞机坠毁；2015年11月，河北邯郸市某化工企业一液氨储罐备用进料口由于盲板螺栓断裂，发生液氨泄漏，造成3人死亡、8人受伤的安全事故；2018年1月，云南文山州某强电迁改工程35kV东兴线项目铁塔施工中发生铁塔坍塌，造成4人死亡，经调查分析是由于地脚螺栓与螺母配合间隙过大，不能产生应有的紧固力造成；2020年7月，河北某风电场发生倒塔事故，事故是由第一节塔筒与第二节塔筒连接处的高强度螺栓断裂引发。

可见，紧固件质量问题不仅会带来巨大的经济损失，还会造成人身安全事故，1990年美国颁布了H. R 3000紧固件质量保证法，以加强紧固件质量检验和控制，防止劣质螺栓造成重大损失，由此，紧固件质量的重要性可见一斑。

二、输电铁塔用紧固件标准的变迁

（一）执行国家标准阶段

在2002年之前，输电铁塔用紧固件还没有电力行业标准，产品尺寸、技术要求均按相应的国家标准执行，主要包括：

（1）六角头螺栓：基本尺寸执行GB/T 5780—2000《六角头螺栓 C级》，机械性能按GB/T 3098.1—2000《紧固件机械性能 螺栓、螺钉和螺柱》的要求。

（2）六角螺母：基本尺寸按GB/T 41—2000《六角螺母 C级》，机械性能按GB/T 3098.2—2000《紧固件机械性能 螺母 粗牙螺纹》的要求。

（3）平垫圈：基本尺寸和技术条件按GB/T 95—1985《平垫圈 C级》的要求。

（4）弹簧垫圈：基本尺寸和技术条件按GB/T 93—1987《标准型弹簧垫圈》的要求。

（5）扣紧螺母：基本尺寸和技术条件按GB/T 805—1988《扣紧螺母》的要求。

（6）热浸镀锌：按GB/T 13912—1992《金属覆盖层 钢铁制件热浸镀锌层 技术要求及试验方法》螺纹件的要求。

上述标准不能完全满足输电铁塔对热浸镀锌紧固件的技术要求，如螺母螺纹没有适用于热浸镀锌内螺纹的公差标准，镀前攻丝尺寸完全由企业自定，造成产品质量得不到有效控制和管理。

（二）执行电力行业标准阶段

1. DL/T 764.4《输电线路铁塔及电力金具紧固用冷镦热浸镀锌螺栓与螺母》

2002年4月，我国发布DL/T 764.4—2002《输电线路铁塔及电力金具紧固用冷镦热浸镀锌螺栓与螺母》，这是我国首个输电铁塔用紧固件的行业标准。标准规定了M10～M30冷镦工艺成型的螺栓与螺母，由于当时缺少容纳热浸镀锌层的螺纹公差带的相关国家标准，该标准也没有给出螺纹容纳热浸镀锌层的方法及对应的公差带，普遍由生产企业自定内控标准，一般通过螺母镀锌前加大攻丝尺寸的方法，以容纳热浸镀锌层。

生产企业为使镀锌后的螺栓与螺母更容易旋合配套，通常把螺母攻丝尺寸尽可能放大，致使内外螺纹的啮合高度减小；此外，由于生产企业对内螺纹积锌严重无法旋合配套的螺母进行重复攻丝，使原来的螺纹再次被切削和损伤，造成螺母承载力降低，螺母保证载荷达不到标准要求，导致组塔过程中螺栓与螺母可能出现螺纹滑牙、脱扣现象，造成质量隐患。

2. DL/T 284《输电线路杆塔及电力金具用热浸镀锌螺栓与螺母》

为适应我国超高压、特高压输电线路工程铁塔对紧固件的要求，2008年中国电力科学院会同河北信德电力配件有限公司开展了《铁塔用高强度螺栓开发与应用》项目研究，对10.9级高强度螺栓氢脆倾向、螺母镀锌后攻丝承载能力、热浸镀锌对螺栓力学性能影响等问题进行了试验研究，研究成果对DL/T 764.4—2002的修订提供了关键的技术支撑。

与此同时，GB/T 22028—2008《热浸镀锌螺纹 在内螺纹上容纳镀锌层》、GB/T 22029—2008《热浸镀锌螺纹 在外螺纹上容纳镀锌层》、GB/T 5267.3—2008《紧固件 热浸镀锌层》标准的发布，也为DL/T 764.4—2002修订提供了基础。

2009年8月中国电力科学研究院牵头对DL/T 764.4—2002进行修订，修订后由DL/T 284—2012《输电线路杆塔及电力金具用热浸镀锌螺栓与螺母》替代DL/T 764.4—2002。

DL/T 284—2012把螺纹规格范围扩大到M10～M64，并增加了10.9级螺栓及搭配使用的10级和12级螺母；取消了国内输电线路工程没有采用过的5.6级、5.8级螺栓与配套螺母；增加了两种型式的脚钉产品和防松用05级薄螺母产品；取消了冷镦成型工艺的限制及对冷镦螺栓热浸镀锌前进行去应力退火的规定；明确规定螺母采用镀后加大攻丝尺寸（6AZ公差带）的方法容纳热浸镀锌层，以满足内外螺纹镀锌后的搭配使用；明确采用GB/T 5267.3—2008《紧固件 热浸镀锌层》中对热浸镀锌层技术要求，并增加了镀锌层均匀性的要求。

DL/T 284—2012的发布实施，为规范输电铁塔用紧固件的生产和进一步提高紧固件产品质量，起到了很大的促进作用。

DL/T 284—2012经过9年的应用实践，于2021年再次修订，目前有效版本为DL/T 284—2021。新版标准总结了近20年来输电铁塔用高强度紧固件的产品质量状况，提出8.8级和10.9级螺栓宜采用氢脆敏感性低的合金结构钢材料进行生产，并把热处理最低回火温度从425℃提高到500℃，以提高8.8级和10.9级产品的抗氢脆敏感性；同时，增加了5.6级和5.8级螺栓，以满足铁塔出口对紧固件的要求。

3. DL/T 1236《输电杆塔用地脚螺栓与螺母》

在2013年之前，铁塔用地脚螺栓多采用Q235、Q355、35号、45号等碳素钢或低合金钢制造，产品抗拉强度较低且没有性能等级要求，地脚螺栓性能由所用钢材的性能确定。

为满足超高压、特高压输电线路工程铁塔对地脚螺栓的要求，2013年颁布了DL/T 1236—2013《输电杆塔用地脚螺栓与螺母》，该标准规定了螺纹规格M20～M100的五种结构形式的地脚螺栓，性能等级包括4.6级、5.6级和8.8级及配套的5、6、8和10级螺母，这是首个电力行业地脚螺栓与螺母的专用标准，为规范输电铁塔用地脚螺栓与螺母的生产起到了重要作用。

2021年完成了DL/T 1236的首次修订，现行标准为DL/T 1236—2021，增加了10.9级的地脚螺栓与螺母，取消了棘爪型式的产品，并给出了各种型式产品适合的规格和性能等级，明确8.8级和10.9级的地脚螺栓须先热处理（淬火并回火），然后再进行螺纹加工的工艺要求。

目前，DL/T 284—2021《输电线路杆塔及电力金具用 热浸镀锌螺栓与螺母》、DL/T 1236—2021《输电杆塔用地脚螺栓与螺母》是输电铁塔用紧固件生产、质量管理和设计选用的最重要的标准，也给中国电力走向国际市场提供了有力保障。

三、输电铁塔用紧固件基本特性

输电铁塔用紧固件是输电铁塔组立的基本零件，其作用是对塔材的各个构件进行连接和紧固，常用的紧固件有地脚螺栓、螺栓、脚钉、螺母、防卸螺母、垫圈、垫板、弹簧垫圈和扣紧螺母等，其基本特性如表4-1所示，通常输电铁塔紧固件表面需要采用热浸镀锌进行防腐处理，热浸镀锌层的基本特性见表4-2。

目前，国内外输电铁塔用紧固件标准只有热浸镀锌防腐的要求。近年来，多种新的表面防腐技术不断出现，如机械镀锌、真空渗锌、达克罗工艺等，部分紧固件生产企业和铁塔用户进行了验证性试验和少量试用，但在使用中发现有的涂覆层出现了不同程度的脱落和紧固件生锈现象，使用效果不很理想。因此，其他表面防腐技术目前仍没有被输电铁塔用紧固件所采用。

表4-1 输电铁塔用紧固件基本特性

<table>
<tr><th rowspan="2">产品名称</th><th rowspan="2" colspan="2">性能等级</th><th colspan="2">螺纹公差</th><th rowspan="2">尺寸标准</th><th rowspan="2">性能标准</th><th rowspan="2">说明</th></tr>
<tr><th>热浸镀锌</th><th>本色</th></tr>
<tr><td rowspan="4">地脚螺栓</td><td>L型</td><td>4.6、5.6、8.8</td><td rowspan="4">6g</td><td rowspan="4">6g</td><td rowspan="4">DL/T 1236</td><td rowspan="4">DL/T 1236</td><td rowspan="4">8.8、10.9级淬火并回火后碾制螺纹</td></tr>
<tr><td>J型</td><td>4.6、5.6、8.8</td></tr>
<tr><td>T型</td><td>4.6</td></tr>
<tr><td>I型</td><td>4.6、5.6、8.8、10.9</td></tr>
<tr><td>螺栓</td><td colspan="2">4.8、5.6、5.8、6.8、8.8、10.9</td><td>6g</td><td>6g</td><td>DL/T 284</td><td>DL/T 284</td><td rowspan="2">8.8、10.9级热浸镀锌须制订预防氢脆措施</td></tr>
<tr><td>脚钉</td><td colspan="2">4.8、5.6、5.8、6.8、8.8</td><td>6g</td><td>6g</td><td>DL/T 284</td><td>DL/T 284</td></tr>
<tr><td>螺母</td><td colspan="2">5、6、8、10</td><td>6AZ</td><td>6H</td><td>DL/T 284</td><td>DL/T 284</td><td>热浸镀锌后攻丝</td></tr>
<tr><td>薄螺母</td><td colspan="2">05</td><td>6AZ</td><td>6H</td><td>DL/T 284</td><td>DL/T 284</td><td>热浸镀锌后攻丝</td></tr>
<tr><td>防卸螺母</td><td colspan="2">防卸性能按企业标准</td><td>6AZ</td><td>6H或7H</td><td>DL/T 284</td><td>—</td><td>尺寸标准为参照</td></tr>
</table>

续表

产品名称	性能等级	螺纹公差		尺寸标准	性能标准	说明
		热浸镀锌	本色			
平垫圈	100HV 200HV 300HV	—	—	DL/T 284 GB/T 95	DL/T 284 GB/T 95 GB/T 97	300HV 应淬火并回火
垫板	按设计要求选择材质	—	—	设计尺寸	按选用钢材性能	用于地脚螺栓，常用有方形和圆形两种
弹簧垫圈	淬火并回火 40HRC-50HRC	—	—	GB/T 93	GB/T 94.1	热浸镀锌后硬度会降低，影响防松性能；热浸镀锌后易开裂
扣紧螺母	淬火并回火 30HRC-40HRC	—	—	GB/T 805	GB/T 805	

表 4-2　　热浸镀锌层基本特性

锌层要求项目	技术要求	执行标准
锌层厚度	局部厚度不应小于 40μm，平均厚度不小于 50μm	DL/T 284、GB/T 5267.3
锌层均匀性	应均匀附着在基体金属表面，均匀性测定采用硫酸铜溶液浸蚀的试验方法，试验时耐浸蚀次数不少于 4 次	DL/T 284、GB/T 5267.3
锌层附着强度	应牢固地附着在基体金属面，不得存在影响使用功能的锌层脱落	DL/T 284、GB/T 5267.3
锌层外观	表面应光洁，无漏镀面、滴瘤、黑斑、溶剂残渣、氧化皮夹杂物等和损害零件使用性能的其他缺陷	DL/T 284、GB/T 5267.3
其他	按供需协议	按供需协议

第二节　常用紧固件的种类

输电铁塔用紧固件主要包括地脚螺栓、螺栓、螺母和垫圈四类产品，每个类别中又有多个产品。

一、地脚螺栓

地脚螺栓用于铁塔基础与塔腿的连接和紧固，地脚螺栓产品技术要求需要满足 DL/T 1236—2021《输电杆塔用地脚螺栓与螺母》的规定。常用的地脚螺栓有以下四种产品类型。

（1）I 型地脚螺栓。I 型地脚螺栓也称双头地脚螺栓，适用于生产 4.6 级、5.6 级、8.8 级、10.9 级及大直径规格的产品，对于 8.8 级和 10.9 级高强度地脚螺栓应优先选用该型式，结构见图 4-1（a）。

（2）L 型和 J 型地脚螺栓。L 型和 J 型地脚螺栓一般适合不需要进行热处理的产品，弯曲时可根据要求选取冷弯或热弯工艺方法；8.8 级和 10.9 级产品在淬火并回火后不应采用热弯工艺，见图 4-1（b）、图 4-1（c）。

（3）T 型地脚螺栓。T 型地脚螺栓为焊接结构，该结构型式只适用于 4.6 级产品；产品材质一般选用低碳钢或低合金钢，多采用在螺柱无螺纹的一端焊接一方形板，并用加强板加强连接，见图 4-1（d）。

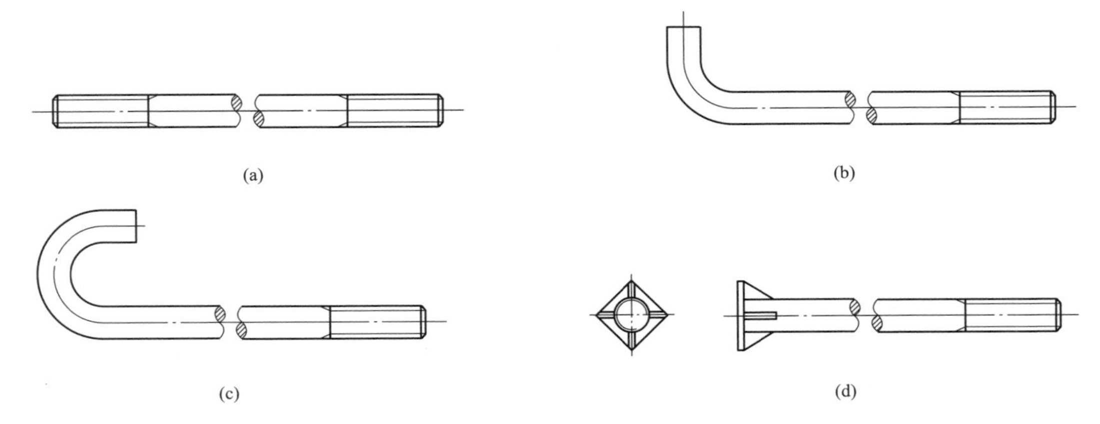

图 4-1　地脚螺栓结构示意图

(a) I 型地脚螺栓；(b) L 型地脚螺栓；(c) J 型地脚螺栓；(d) T 型地脚螺栓

二、螺栓

在输电铁塔紧固连接中，螺栓是最为关键的紧固件产品，其产品质量的可靠性对铁塔质量和运行安全至关重要，常用的螺栓主要有以下 4 种产品。

(1) 六角头螺栓。六角头螺栓常用的性能等级有 4.8 级、5.6 级、5.8 级、6.8 级、8.8 级和 10.9 级。其中，8.8 级和 10.9 级的高强度螺栓必须进行淬火并回火处理。产品技术要求应符合 DL/T 284—2021《输电线路杆塔及电力金具用热浸镀锌螺栓与螺母》规定，六角头螺栓结构见图 4-2。

(2) 插销式六角头防卸螺栓。插销式六角头防卸螺栓是在螺纹纵向部位加工出一单向楔槽，螺栓与配套的螺母安装拧紧后，在螺母内孔与单向楔槽形成的楔孔中打入一不锈钢销柱，当连接副被松卸时，销柱会锁住松卸力，使螺母难以松卸退出，从而起到防卸效果。产品防卸结构尺寸及防卸性能按生产厂家的企业标准，其他技术要求按 DL/T 284—2021《输电线路杆塔及电力金具用热浸镀锌螺栓与螺母》规定，插销式六角头防卸螺栓结构见图 4-3。

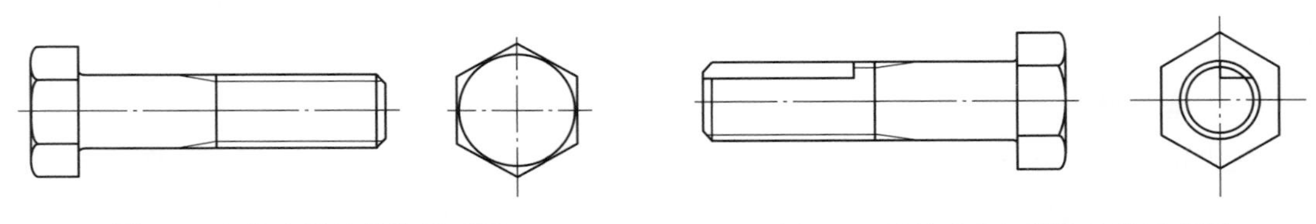

图 4-2　六角头螺栓结构示意图　　　　图 4-3　插销式防卸螺栓结构示意图

(3) 异形头防卸螺栓。异形头防卸螺栓必须和对应的异形螺母配套使用才能起到防卸效果，螺栓异形头无法使用标准通用扳拧工具实施安装和拆卸，须使用专用的扳拧工具，这种螺栓也称可拆卸防卸螺栓。常用的产品有锥体单向棘爪型、锥体五边形等，可适于 DL/T 284—2021《输电线路杆塔及电力金具用热浸镀锌螺栓与螺母》规定的各性能等级的螺栓，异形头的型式按生产厂家的企业标准执行。锥体棘爪型防卸螺栓结构见图 4-4。

(4) 脚钉。脚钉主要是用于安装、检修人员对铁塔的上下攀爬，主要承受弯曲应力，铁塔个别部位的脚钉有时也起到紧固连接作用，常用的性能等级有 6.8 级和 8.8 级两种，工程上常使用 M16、M20 和 M24 三种规格。产品主要形式有六角头脚钉和弯头脚钉两种，技术要求按 DL/T 284—2021《输电线路杆塔及电力金具用热浸镀锌螺栓与螺母》的规定，脚钉结构见图 4-5。

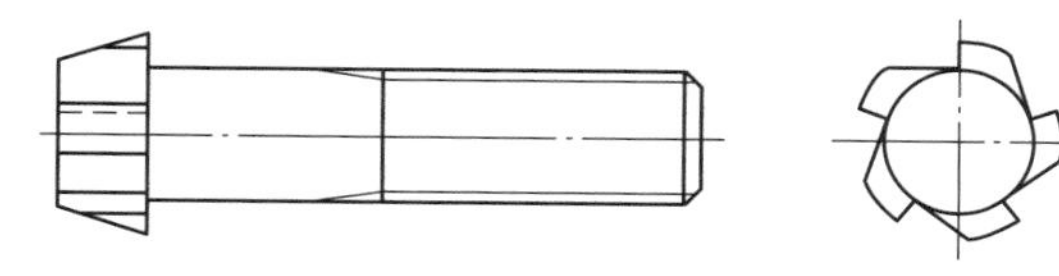

图 4-4　锥体棘爪型防卸螺栓结构示意图

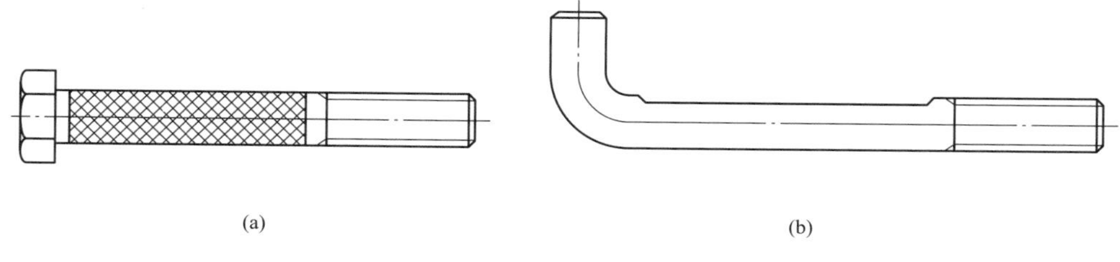

图 4-5　脚钉结构示意图

(a) 六角头脚钉；(b) 弯头脚钉

三、螺母

螺母类产品通常与对应的各种地脚螺栓、螺栓产品组合成连接副使用，输电铁塔中常用的螺母有 7 种。

(1) 六角螺母。六角螺母高度一般不小于 0.8*D*（*D* 为螺纹公称直径），一般称为厚螺母，因其外形为六角形，故称六角螺母，在紧固连接副中为承载预紧螺母，常用的性能等级包括 5、6、8 和 10 级。产品技术要求应满足 DL/ T 284—2021《输电线路杆塔及电力金具用热浸镀锌螺栓与螺母》的规定，六角螺母结构见图 4-6。

(2) 六角薄螺母。高度小于 0.8*D* 的螺母称为薄螺母，在电力行业标准中只规定了 05 级薄螺母一种，用于锁紧防松使用，不能用于任何承载防脱扣的场合。05 级螺母应进行淬火并回火处理。国家标准中的 04 级薄螺母不可用于铁塔连接防松使用。产品技术要求需满足 DL/T 284—2021《输电线路杆塔及电力金具用热浸镀锌螺栓与螺母》的规定，六角薄螺母结构见图 4-7。

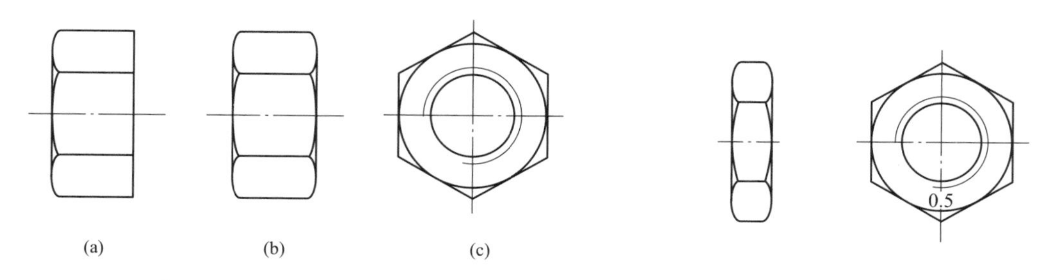

图 4-6　六角螺母结构示意图

(a) 单面倒角；(b) 双面倒角；(c) a、b 侧视图

图 4-7　六角薄螺母结构示意图

(3) 异形防卸螺母。异形防卸螺母的外形一般与配套使用的防卸螺栓异形头对应，常用的异形防卸螺母有锥体单向棘爪型、锥体五边形等，安装时必须采用特制专用扳拧工具，异形防卸螺母也称可拆卸防卸螺母，可按 DL/T 284—2021《输电线路杆塔及电力金具用热浸镀锌螺栓与螺母》规定的性能等级和技术要求生产，螺母异形的型式与配套使用的异形头螺

栓对应，按生产厂家的企业标准执行。棘爪型防卸螺母结构见图 4-8。

（4）六角滚珠（柱）式防卸螺母。六角滚珠式防卸螺母是国内铁塔中采用最为广泛的防卸螺母，它是在螺母内孔加工出一个或多个单向弧形楔槽，然后在弧形楔槽中装入一定数量的滚珠，用内孔塞把滚珠临时支承并封堵在弧形槽中。安装防卸螺母时，螺栓螺纹会随螺母的拧入而把内孔塞逐渐推出，并把滚珠封留在内外螺纹形成的单向楔孔中。当松卸防卸螺母时，滚珠会随松卸力方向被推挤到楔槽的最尖处位置而锁住松卸力，从而实现防卸功能。如把单向楔槽中的滚珠换为滚柱，则称为滚柱式防卸螺母，这两种防卸螺母的防卸结构、原理相同，防卸效果基本一致。产品的外形尺寸按 DL/T 284—2021《输电线路杆塔及电力金具用热浸镀锌螺栓与螺母》的规定，防卸结构尺寸及防卸功能按生产厂家的企业标准执行，滚珠（柱）式防卸螺母结构见图 4-9。

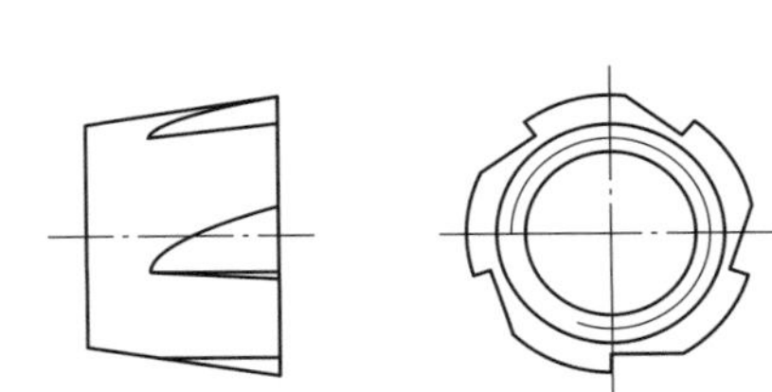

图 4-8　棘爪型防卸螺母结构示意图

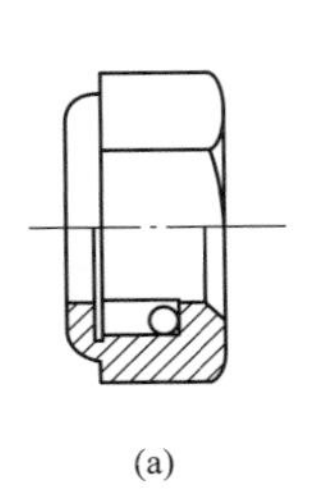

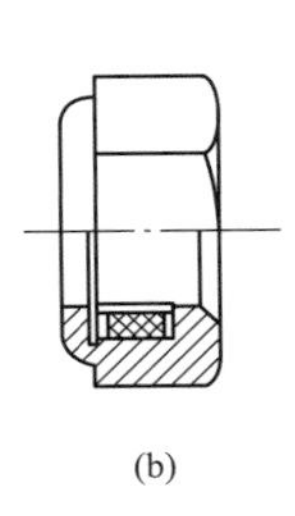

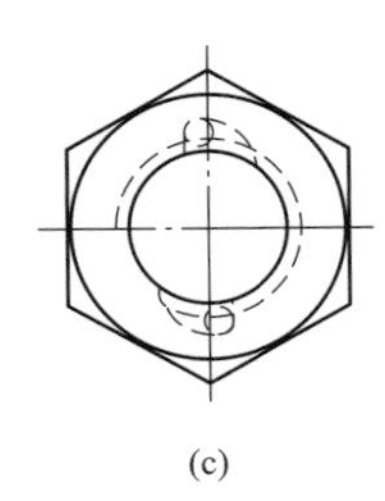

图 4-9　滚珠（柱）式防卸螺母结构示意图
（a）滚珠式；（b）滚柱式；（c）a、b 侧视图

（5）锥体扭断式防卸螺母。锥体扭断式防卸螺母国内外铁塔都有采用，可采用单螺母型式和双螺母型式，其结构是把基体螺母分为有螺纹和无螺纹两段，在有螺纹段的外面制出一锥体；无螺纹段外面为标准六角形，其内孔直径稍大于外螺纹公称大径，在有螺纹和无螺纹外过渡处加工出一扭断槽。当扳拧该螺母六角部位安装拧紧并达到设定的拧紧力矩时，六角扳拧部分和圆锥体部被扭断分离，由于锥体螺母的独特外形，使标准通用扳拧工具无法卡住锥形基体实施松卸，因此达到防松效果。产品结构尺寸按生产厂家的企业标准或按需方的要求执行，锥形扭断式防卸螺母结构见图 4-10。

（6）滑移套扭断式防卸螺母。滑移套扭断式防卸螺母是把基体螺母分为有螺纹和无螺纹两段，无螺纹段外面为标准六角形，其内孔直径稍大于外螺纹公称大径，在有螺纹段外周制出带有凸台的圆柱体，并在有螺纹和无螺纹外圆过渡处加工出一扭断槽，然后在圆柱体外配装一阶梯孔圆形外套。安装时，把配有圆形外套的一端向内，然后扳拧六角部位拧入螺栓螺纹，当达到设定的扭矩时，螺母六角部位会在扭断槽处断开并脱落，此时，螺母外圆凸台挡住圆形外套滑出，圆柱体螺母被紧固在螺栓螺纹上。如实施松卸，只能用工具卡住圆形外套，圆形外套在圆柱体螺母上转动滑移，使圆柱体螺母无法松动，从而起到防卸功能。产品结构尺寸按生产厂家的企业标准或按需方的要求执行，滑移套扭断式防卸螺母结构见图 4-11。

（7）扣紧螺母。扣紧螺母是早期输电铁塔中使用最为普遍的防松用产品，它由钢片冲压成型，内孔只有一扣向外倾斜的内螺纹。当承载螺母安装完成后，在承载螺母外端再安装一扣紧螺母并拧紧至一定的角度，使扣紧螺母牙扣的小径受拉缩小而扣住外螺纹牙底，从而起到防松效果。由于扣紧螺母在热浸镀锌后会出现硬度降低现象，因此防松性能也会降低。在以往铁塔安装和运行过程中扣紧螺母多次出现大量开裂脱落现象，因此该产品在近几年铁塔设计中逐步被淘汰。产品技术要求应满足 GB/T 805—1988《扣紧螺母》的规定，扣紧螺母结构见图 4-12。

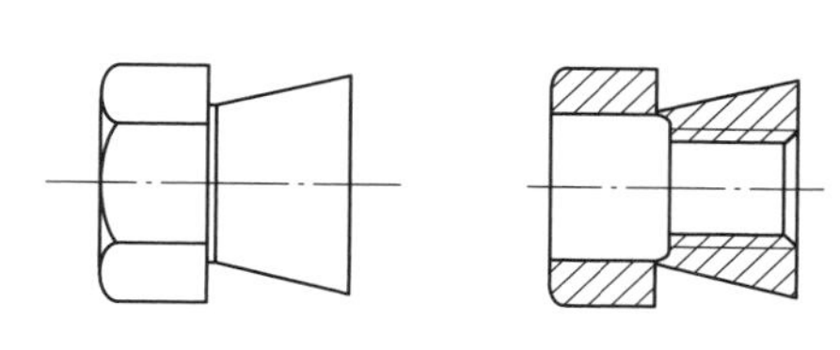

图 4-10 锥形扭断式防卸螺母结构示意图

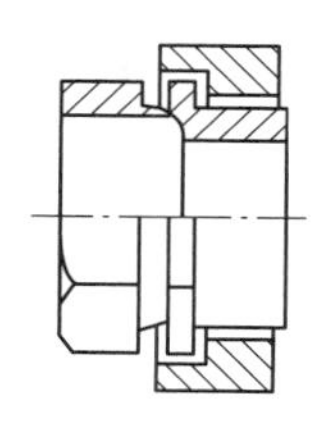
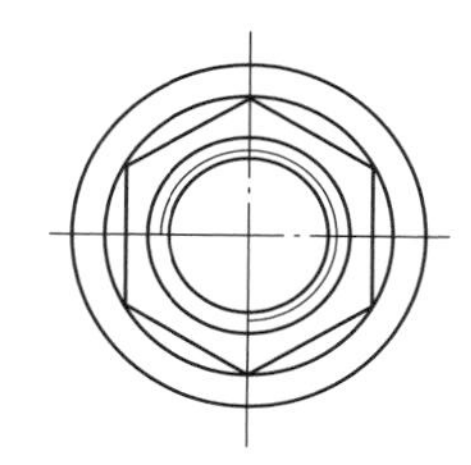

图 4-11 滑移套扭断式防卸螺母结构示意图

四、垫圈

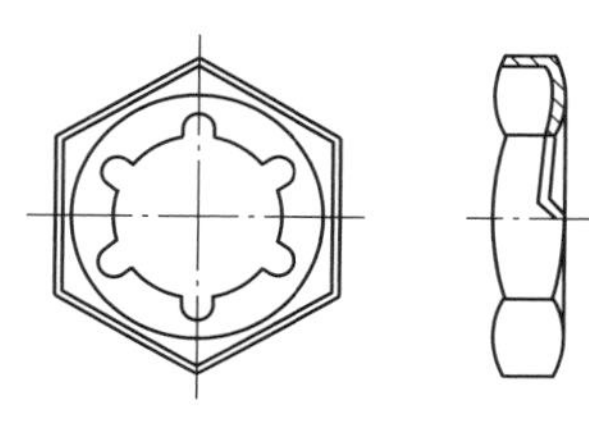

图 4-12 扣紧螺母结构示意图

（1）平垫圈。一般由专业厂家进行生产，其尺寸、技术条件应符合 DL/T 284—2021《输电线路杆塔及电力金具用热浸镀锌螺栓与螺母》附录 B（规范性附录）、GB/T 95—2012《平垫圈 C 级》的相关规定。平垫圈结构见图 4-13（a）。

（2）弹簧垫圈。一般由专业厂家进行生产，其尺寸、技术条件应符合 GB/T 93—1987《标准型弹簧垫圈》的相关规定。弹簧垫圈结构见图 4-13（b）。

（3）方形垫板、圆形垫板。方形垫板、圆形垫板主要用于地脚螺栓配套使用，一般按设计规定的材质和尺寸加工。方形垫板结构见图 4-13（c），圆形垫板结构见图 4-13（d）。

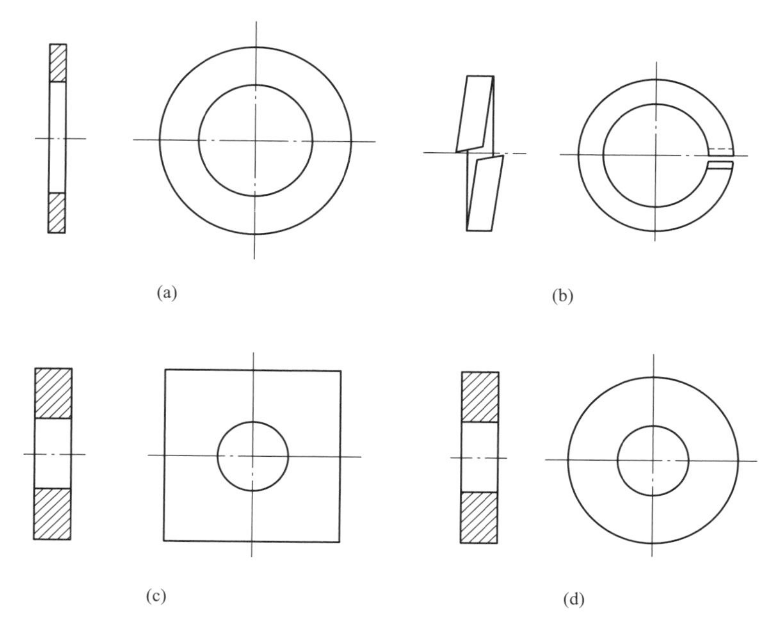

图 4-13 垫圈类结构示意图

（a）平垫圈；（b）弹簧垫圈；（c）方形垫板；（d）圆形垫板

第三节 紧固件制造技术

一、地脚螺栓、螺栓、螺母的选材

（一）高强度产品的选材

紧固件行业通常把8.8级及以上性能等级的螺栓类产品及搭配使用的螺母称为高强度产品，由于热浸镀锌工艺对高强度产品的性能和氢脆倾向有一定影响，因此高强度产品生产选用材料应重点考虑镀锌温度的影响和材料抗氢脆性能两个因素。

1. 考虑热浸镀锌温度对性能的影响

高强度产品的选材在GB/T 3098.1—2010《紧固件机械性能 螺栓、螺钉和螺柱》和GB/T 3098.2—2015《紧固件机械性能 螺母》中给出了一定的选材范围，8.8级螺栓可选用低碳合金钢或中碳钢淬火并回火；10.9级螺栓可选用中碳钢或低、中碳合金钢或合金钢淬火并回火。要求8.8级和10.9级螺栓最低回火温度为425℃。

对于紧固件的表面热浸镀锌，现在大都采用高温镀锌工艺（530～560℃），以获得光洁的产品表面。由于低碳合金钢或中碳钢生产紧固件时的回火温度一般在450℃左右，热浸镀锌温度已远高于产品的回火温度，因而对产品起到了二次回火作用，并对紧固件的机械性能产生影响。

因此，DL/T 284—2021《输电线路杆塔及电力金具用热浸镀锌螺栓与螺母》对8.8级和10.9级螺栓推荐采用合金钢生产，以使产品的回火温度接近或高于热浸镀锌温度。地脚螺栓、螺栓、螺母推荐材料见表4-3，可供生产企业参考。

表4-3 地脚螺栓、螺栓、螺母推荐材料

产品类别	性能等级	推荐材料	热处理
地脚螺栓	4.6	Q235、20号、25号、30号	需要时可进行热处理
	5.6	Q355、35号、20Cr	需要时可进行热处理
	8.8	40Cr、35CrMo、42CrMo、40CrNiMo	应淬火并回火
	10.9	40Cr、35CrMo、42CrMo、40CrNiMo	应淬火并回火
螺栓、脚钉	4.6	Q195、ML10、10A	需要时可进行热处理
	5.6	Q235、ML20、20K、25K、35K	需要时可进行热处理
	5.8	Q235、ML20、20K、25K、35K	需要时可进行热处理
	6.8	ML30、25K、27K、30K、35K	需要时可进行热处理
	8.8	规格不大于30，40Cr、ML40Cr、35CrMo 规格>30：42CrMo、40CrNiMo	应淬火并回火
	10.9	35CrMo、42CrMo、42CrNiMo	应淬火并回火
螺母	5	Q195、Q235、ML10、ML15、35号、45号	需要时可进行热处理
	6	25K、35K、45K、45号	需要时可进行热处理
	8、05	规格不大于M39，45号、55号 规格>M39：40Cr	应淬火并回火
	10	规格不大于M24，45号、55号 规格>M24：40Cr	应淬火并回火

2. 考虑材料的抗氢脆性能

为了有效预防高强度产品在热浸镀锌过程和服役过程中发生氢脆现象，生产高强度产品时应选择一些具有抗氢脆性能的添加合金元素的钢材：

（1）钢材中含有 Cr、Mo 元素的合金结构钢，如 40Cr、35CrMo、42CrMo 等，该类钢的表面能形成致密的保护膜，保护膜能够阻止氢向钢的内部扩散，从而提高钢的抗氢脆性能。另外 Cr、Mo 合金元素也能降低氢原子在 Fe 中的扩散速率，降低钢中氢的含量和浓度，有利于提高材料的抗氢脆能力。

（2）钢材中含有 Cr、Ni、Mo、V 元素的合金结构钢，如 40Cr、35CrMo、42CrMo、35CrMoV、40CrNiMo、45CrNiMoV 等钢材，此类材料主要强化机制为弥散折出的第二相强化，有提高断裂韧性和抗延迟断裂能力。通过高温回火（500～650℃）获得回火索氏体组织，能够大大提高高强度紧固件的抗氢脆敏感性。

（3）钢材中含有 Cr、Mo、V、Nb 等元素的合金结构钢，如 42CrMo、42CrMoVNb、45CrNiMoV、生产高强度紧固件淬火后，在高温回火（500～650℃）状态下，晶界碳化物逐渐断裂、球化，并在晶内析出大量细小的弥散分布碳化物，这些碳化物作为氢陷阱可捕集氢，有效降低界面处氢的浓度，从而提高了抗氢脆性能。

（二）低强度产品的选材

对于性能等级小于 8.8 级的螺栓和 8 级以下的螺母，大部分是采用低碳钢或中碳钢，含碳量一般为 0.08%～0.45%。在产品热浸镀锌过程中，锌铁合金化反应适中，锌—铁合金层也较容易控制，镀层附着强度和均匀性较好。因此在生产低强度的紧固件时，可结合企业实际来选择钢材，无需考虑特殊的技术要求。常用材料见表 4-3，供生产企业参考选用。

二、钢材的改制

钢材的改制是对原材料（盘条钢和直条钢）根据生产工艺的需要，进行退火、除锈、磷化皂化（或其他表面润滑）、材料拉拔等工序处理的过程，从而将钢材改造成适于生产工艺需要的材料，可以把改制看成对原材料的预处理。

（一）钢材退火

对冷镦成型用中碳钢、合金钢一般需进行合理的退火处理，以降低钢材硬度，提高钢材的塑性，获得理想的显微组织，并提高模具的使用寿命，为冷镦成型做好准备。

输电铁塔用紧固件生产过程中，钢材多采用球化退火工艺，常用的球化退火工艺见表 4-4，供生产企业参考。

表 4-4　球化退火处理工艺

类别	适合钢材牌号	工艺规范	退火技术要求
普通球化退火处理	ML35、ML45 35K、45K 40Cr、ML40Cr ML35CrMo、 42CrMo	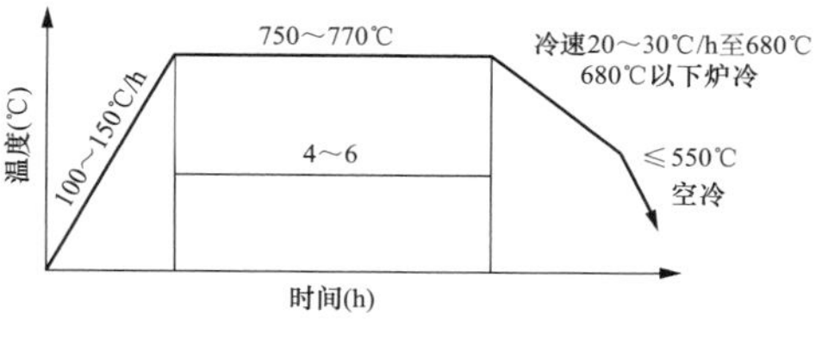 温度(℃)；时间(h)；100～150℃/h；750～770℃；4～6；冷速20～30℃/h至680℃ 680℃以下炉冷；≤550℃ 空冷	硬度：78-84HRB 球化组织：≥3 级

续表

类别	适合钢材牌号	工艺规范	退火技术要求
等温球化退火处理	ML35 ML45 35K 45K	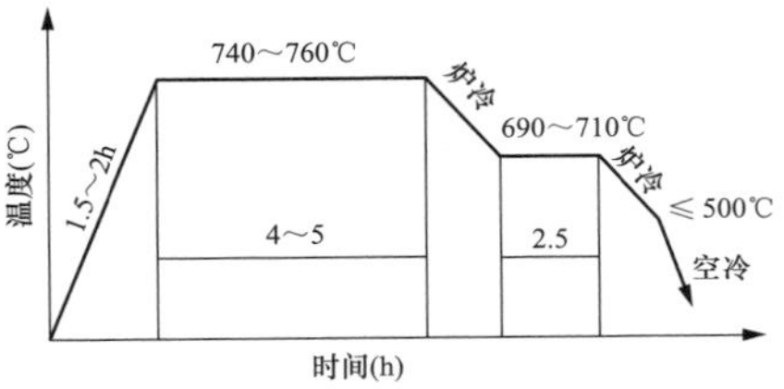 740～760℃ 炉冷 690～710℃ 炉冷 ≤500℃ 空冷 温度(℃) 1.5～2h 4～5 2.5 时间(h)	硬度：≤81HRB 球化组织：≥4级
	40Cr ML40Cr ML35CrMo 42CrMo	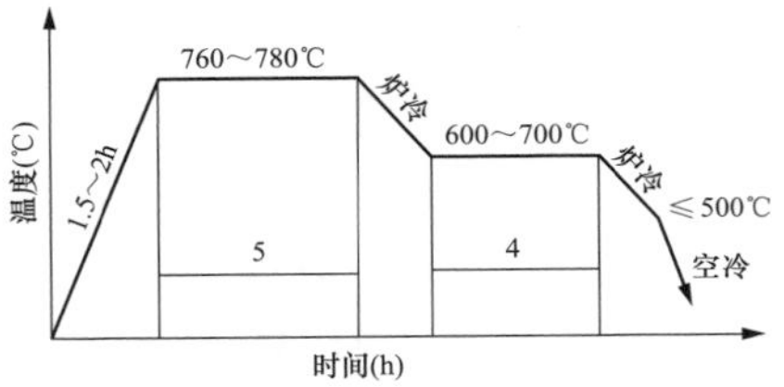 760～780℃ 炉冷 600～700℃ 炉冷 ≤500℃ 空冷 温度(℃) 1.5～2h 5 4 时间(h)	

（二）表面除锈

一般采用喷丸或抛丸的方法对钢材表面的氧化皮进行清除，为后续的磷化、皂化处理做准备，喷丸或抛丸除锈工艺可以替代污染严重的酸洗除锈工艺。

进行表面除锈时，应注意以下几点：

(1) 喷丸或抛丸的时间应合理，一般在5～15min，时间过长则表层硬化程度增强，不利于冷镦变形。

(2) 喷丸或抛丸用的钢丸直径一般在0.6～0.8mm，直径太大时钢材表面硬化加强，不利于冷镦成型；直径太小，抛丸强度不够，影响抛丸效果和生产效率。

（三）表面磷化和皂化处理

磷化处理是把钢材进浸入到磷酸盐和其他药品溶液中，在一定的工艺条件下，在钢材表面形成一层磷酸盐附着膜的过程。由于溶液配方不同，磷化膜会呈现浅灰色、暗灰色等不同颜色，其在拉拔和冷镦过程中起润滑作用，减小钢材与各工序模具之间的摩擦系数，有利于冷镦变形和提高模具寿命。磷化有高温磷化、中温磷化和常温磷化三种工艺，一般情况下，温度越高，磷化效果越好。紧固件生产中较多采用高温磷化工艺。

皂化处理是把经磷化处理的钢材浸入到皂化液中，在一定的工艺条件下，磷化膜表层的孔隙吸附一定量皂化液，经干燥后，皂化基被留在磷化膜的孔隙中，以增加钢材在拉拔和冷镦成型过程中的润滑作用。皂化溶液的温度一般控制在80～90℃，温度越高皂化效果越好。

（四）材料拉拔

材料拉拔是根据生产工艺需要，把钢材用专用模具拉细到一定的直径，也称伸线、拉光、拉丝等，不论是冷镦工艺还是热锻工艺，生产螺栓时均需进行拉拔。

输电铁塔用螺栓、螺母生产中，一般采用一次拉拔工艺就能满足生产需要，压缩率一般是5%～10%。对于4.8、5.8、6.8级产品，应根据钢材材质、钢材硬度、钢材直径等因素，合理选择压缩率，以使产品机械性能和物理性能达到标准规定。

三、生产流程及质量控制要点

（一）地脚螺栓

1. 生产工艺流程

各种地脚螺栓的主要生产工艺流程见图4-14。

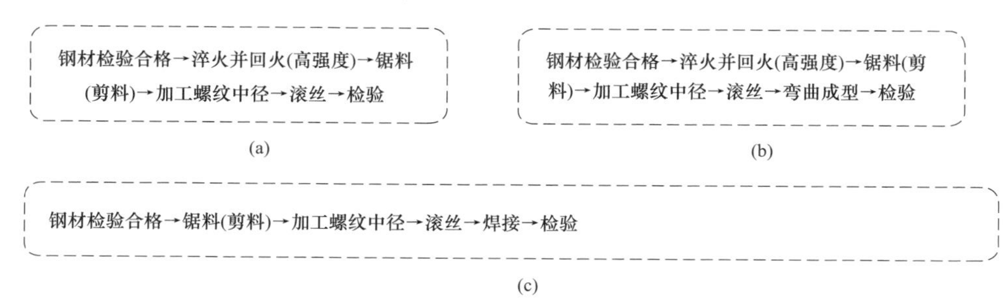

图4-14 地脚螺栓主要生产工艺流程

（a）I型地脚螺栓；（b）J型和L型地脚螺栓；（c）T型地脚螺栓

2. 质量技术控制要点

地脚螺栓生产过程涉及原材料的检验、热处理、螺纹加工、弯曲、焊接、产品检验多个环节，应加强其产品质量管控，方可生产出高质量的产品，其质量管控要点主要包括：

（1）地脚螺栓通常选用中频炉生产线、台车式炉、井式炉等热处理设备，生产前应检查设备各部位、工艺参数、控制仪器仪表是否正常。

（2）应经热处理工艺验证，确认热处理参数合理后，才能批量生产。

（3）中径尺寸应严格控制，保证螺纹通、止规检验合格。

（4）热弯和冷弯工艺应合理控制，防止弯曲部分出现裂纹，热弯温度应控制在800～950℃，热弯工艺应经工艺验证与优化，确保产品机械性能满足要求。

（5）所用焊接材料的成分、性能应与地脚螺栓材质相匹配，焊接工艺应合理控制，防止焊接处出现裂纹现象。

（6）8.8级和10.9级地脚螺栓及需要淬火并回火处理的其他性能等级地脚螺栓，必须采用原材料先热处理，然后加工螺纹中径再碾压成型螺纹的生产工艺。

（7）8.8级和10.9级地脚螺栓热镀锌生产时，必须制订合理的预防氢脆产生的措施并严格实施。

（二）螺栓与螺母

螺栓、螺母常用成型工艺有冷镦和热镦两种工艺方法。冷镦成型是材料在常温下采用镦、挤压变形等方法成型螺栓、螺母坯料的工艺，其特点是钢材利用率高、尺寸精度高、生产效率高，因此被广泛采用；热镦成型是把材料加热到800～950℃，采用镦、挤压变形等方法成型螺栓、螺母坯料的工艺，其特点是适合大规格的产品，生产成本低；缺点是生产效率较低、尺寸精度较差。

输电铁塔用紧固件的生产成型，一般M24及以下规格的产品多采用冷镦工艺生产，M24以上规格的产品多采用热镦工艺生产。

1. 螺栓

冷镦螺栓、热镦螺栓的主要工艺流程见图4-15。

钢材检验合格→退火处理(需要时)→表面除氧化皮→磷化、皂化→拉拔→多工位成型→搓丝→淬火并回火(高强度)

(a)

钢材检验合格→表面除氧化皮→拉拔→剪料、倒角→热镦成型→六角头倒角→抛丸→加工螺纹中径→滚丝→淬火并回火(高强度)

(b)

图 4-15　螺栓生产主要工艺流程
(a) 冷镦螺栓；(b) 热镦螺栓

螺栓生产的质量控制要点主要有：

(1) 钢材表面通常采用磷化、皂化润滑处理或其他更有效的表面润滑处理方式，如钢材表面润滑质量不佳，材料拉拔过程中表面易出现裂纹现象。

(2) 钢材拉拔时，钢材表面不允许有裂纹、拉毛现象。

(3) 螺栓头下与杆部结合处的 R 圆角应进行合理控制，头下 R 圆角不应太小，以防止应力集中出现。

(4) 严格控制中径尺寸，确保满足螺纹通、止规检验要求。

(5) 热锻成型过程中，加热温度应均匀，防止温度过高产生过热甚至过烧现象。

(6) 采用 42CrMo 钢材生产高强度螺栓时，如采用缩杆工艺加工螺栓中径，缩杆前必须进行退火处理。

2. 螺母

冷镦螺母、热镦螺母的主要生产工艺流程见图 4-16。

螺母生产的主要质量控制要点有：

(1) 合理控制螺母小径尺寸。

(2) 必须按电力行业标准规定，实施镀锌后攻牙的工艺。

(3) 为保证高强度螺母热镀锌后性能符合标准要求，产品在选材、热处理及热浸镀锌前必须进行相关工艺验证。

(4) 合理控制攻牙速度，防止出现螺纹“绞牙”等影响产品性能，导致螺纹不合格的现象。

钢材检验合格→退火处理(需要时)→表面除氧化皮→磷化、皂化→拉拔→多工位成型→淬火并回火(高强度)→热浸镀锌→攻牙

(a)

钢材检验合格→剪料→热镦成型→修整车制(需要时)→热处理(高强度产品)→热浸镀锌→攻牙

(b)

图 4-16　螺母主要生产工艺流程
(a) 冷镦螺母；(b) 热镦螺母

四、螺栓与螺母生产工艺

(一) 螺纹加工

1. 外螺纹加工要求

输电铁塔用地脚螺栓、螺栓的外螺纹不论哪种性能等级都必须采用碾压工艺进行螺纹加

工，不允许采用任何形式的切削加工工艺。外螺纹（镀前）尺寸按 GB/T 15756—2008《普通螺纹 极限尺寸》中 6g 极限尺寸执行。6g 外螺纹的极限尺寸见表 4-5。

表 4-5　　6g 外螺纹的极限尺寸　　单位：mm

公称直径 d	螺距 P	大径		中径		小径
		d_{max}	d_{min}	d_{2max}	d_{2min}	d_{3max}
10	1.5	9.968	9.732	8.994	8.862	8.128
12	1.75	11.966	11.701	10.829	10.679	9.819
14	2	13.962	13.682	12.663	12.503	11.508
16	2	15.962	15.682	14.663	14.503	13.508
18	2.5	17.958	17.623	16.334	16.164	14.891
20	2.5	19.958	19.623	18.334	18.164	16.891
22	2.5	21.958	21.623	20.334	20.164	18.891
24	3	23.952	23.577	22.003	21.803	20.271
27	3	26.952	26.577	25.003	24.803	23.271
30	3.5	29.947	29.522	27.674	27.462	25.653
33	3.5	32.947	32.522	30.674	30.462	28.653
36	4	35.940	35.465	33.342	33.118	31.033
39	4	38.940	38.465	36.342	36.118	34.033
42	4.5	41.937	41.437	39.014	38.778	36.416
45	4.5	44.937	44.437	42.014	41.778	39.416
48	5	47.929	47.399	44.681	44.431	41.795
52	5	51.929	51.399	48.681	48.431	45.795
56	5.5	55.925	55.365	52.353	52.088	49.177
60	5.5	59.925	59.365	56.353	56.088	53.177
64	6	63.920	63.320	60.023	59.743	56.559
68	6	67.920	67.320	64.023	63.743	60.559
72	6	71.920	71.320	68.023	67.743	64.559
76	6	75.920	75.320	72.023	71.743	68.559
80	6	79.920	79.320	76.023	75.743	72.559
85	6	84.920	84.320	81.023	80.743	77.559
90	6	89.920	89.320	86.023	85.743	82.559
95	6	94.920	94.320	91.023	90.723	87.559
100	6	99.920	99.320	96.023	95.723	92.559

2. 内螺纹加工要求

（1）非热浸镀锌内螺纹的加工要求。输电线路用非热浸镀锌的产品，一般指不进行表面处理的本色产品、发黑产品、发蓝产品、电镀产品及不锈钢产品等。内螺纹均采用丝锥攻牙的方式加工，螺纹精度按 GB/T 15756—2008《普通螺纹 极限尺寸》中 6H 的极限尺寸执行。

6H 内螺纹的极限尺寸见表 4-6。

表 4-6　　6H 内螺纹的极限尺寸　　单位：mm

公称直径 D	螺距 P	大径	中径		小径	
		$D_{\min}$	$D_{2\max}$	$D_{2\min}$	$D_{1\max}$	$D_{1\min}$
10	1.5	10.000	9.206	9.026	8.676	8.376
12	1.75	12.000	11.063	10.863	10.441	10.106
14	2	14.000	12.913	12.701	12.210	11.835
16	2	16.000	14.913	14.701	14.210	13.835
18	2.5	18.000	16.600	16.376	15.744	15.294
20	2.5	20.000	18.600	18.376	17.744	17.294
22	2.5	22.000	20.600	20.376	19.744	19.294
24	3	24.000	22.316	22.051	21.252	20.752
27	3	27.000	25.316	25.051	24.252	23.752
30	3.5	30.000	28.007	27.727	26.771	26.211
33	3.5	33.000	31.007	30.727	29.771	29.211
36	4	36.000	33.702	33.402	32.270	31.670
39	4	39.000	36.702	36.402	35.270	34.670
42	4.5	42.000	39.392	39.077	37.799	37.129
45	4.5	45.000	42.392	42.077	40.799	40.129
48	5	48.000	45.087	44.752	43.297	42.587
52	5	52.000	49.087	48.752	47.297	46.587
56	5.5	56.000	52.783	52.428	50.796	50.046
60	5.5	60.000	56.783	56.428	54.796	54.046
64	6	64.000	60.478	60.103	58.305	57.505
68	6	68.000	64.478	64.103	62.305	61.505
72	6	72.000	68.478	68.103	66.305	65.505
76	6	76.000	72.478	72.103	70.305	69.505
80	6	80.000	76.478	76.103	74.305	73.505
85	6	85.000	81.478	81.103	79.305	78.505
90	6	90.000	86.478	86.103	84.305	83.505
95	6	95.000	91.503	91.103	89.305	88.505
100	6	100.000	96.503	96.103	94.305	93.505

（2）热浸镀锌内螺纹的加工要求。目前，我国输电铁塔用紧固件明确要求采用在内螺纹上容纳热浸镀锌层的方法，螺纹的基本偏差按 GB/T 22028—2008《热浸镀锌螺纹 在内螺纹上容纳镀锌层》的规定，内螺纹采用镀后攻丝所留大间隙容纳外螺纹的镀锌层。

螺纹中径和顶径的公差等级为 6 级，其公差值应符合 GB/T 197—2018《普通螺纹 公差》的规定。推荐采用 6AZ 基本偏差的内螺纹与镀后经过离心处理的热浸镀锌外螺纹组成配合，6AZ 内螺纹的极限尺寸见表 4-7；采用 6AX 基本偏差的内螺纹与镀后没有经过离心处理的热浸镀锌外螺纹（厚镀层）组成配合，6AX 内螺纹的极限尺寸见表 4-8。

表 4-7 **6AZ 内螺纹的极限尺寸** 单位：mm

公称直径 D	螺距 P	大径	中径		小径	
		D_{min}	D_{2max}	D_{2min}	D_{1max}	D_{1min}
10	1.5	10.330	9.536	9.356	9.006	8.706
12	1.75	12.335	11.398	11.198	10.776	10.441
14	2	14.340	13.253	13.041	12.550	12.175
16	2	16.340	15.253	15.041	14.550	14.175
18	2.5	18.350	16.950	16.726	16.094	15.644
20	2.5	20.350	18.950	18.726	18.094	17.644
22	2.5	22.350	20.950	20.726	20.094	19.644
24	3	24.360	22.676	22.411	21.612	21.112
27	3	27.360	25.676	25.411	24.612	24.112
30	3.5	30.370	28.377	28.097	27.141	26.581
33	3.5	33.370	31.377	31.097	30.141	29.581
36	4	36.380	34.082	33.782	32.650	32.050
39	4	39.380	37.082	36.782	35.650	35.050
42	4.5	42.390	39.782	39.467	38.189	37.519
45	4.5	45.390	42.782	42.467	41.189	40.519
48	5	48.400	45.487	45.152	43.697	42.987
52	5	52.400	49.487	49.152	47.697	46.987
56	5.5	56.410	53.193	52.838	51.206	50.456
60	5.5	60.410	57.193	56.838	55.206	54.456
64	6	64.420	60.898	60.523	58.725	57.925

表 4-8 **6AX 内螺纹的极限尺寸** 单位：mm

公称直径 D	螺距 P	大径	中径		小径	
		D_{min}	D_{2max}	D_{2min}	D_{1max}	D_{1min}
10	1.5	10.310	9.516	9.336	8.986	8.686
12	1.75	12.365	11.428	11.228	10.806	10.471
14	2	14.420	13.333	13.121	12.630	12.255
16	2	16.420	15.333	15.121	14.630	14.255
18	2.5	18.530	17.130	16.906	16.274	15.824
20	2.5	20.530	19.130	18.906	18.274	17.824
22	2.5	22.530	21.130	20.906	20.274	19.824
24	3	24.640	22.956	22.691	21.892	21.392
27	3	27.640	25.956	25.691	24.892	24.392
30	3.5	30.750	28.757	28.477	27.521	26.961

续表

公称直径 D	螺距 P	大径	中径		小径	
		D_{min}	D_{2max}	D_{2min}	D_{1max}	D_{1min}
33	3.5	33.750	31.757	31.477	30.521	29.961
36	4	36.860	34.562	34.262	33.130	32.530
39	4	39.860	37.562	37.262	36.130	35.530
42	4.5	42.970	40.362	40.047	38.769	38.099
45	4.5	45.970	43.362	43.047	41.769	41.099
48	5	49.080	46.167	45.832	44.377	43.667
52	5	53.080	50.167	49.832	48.377	47.667
56	5.5	57.190	53.973	53.618	51.986	51.236
60	5.5	61.190	57.973	57.618	55.986	55.236
64	6	65.300	61.778	61.403	59.605	58.805

（二）产品的热处理

在GB/T 3098.1—2010《紧固件机械性能 螺栓、螺钉和螺柱》、GB/T 3098.2—2015《紧固件机械性能 螺母》、DL/T 284—2021《输电线路杆塔及电力金具用 热浸镀锌螺栓与螺母》和DL/T 1236—2021《输电杆塔用地脚螺栓与螺母》明确规定，8.8级和10.9级螺栓及搭配使用的8级（规格大于M16）、10级和05级螺母，应进行淬火并回火处理。

输电铁塔用紧固件的热处理设备有网带式炉、井式炉及多用炉等，生产前应检查设备完好性、使用的工艺参数的正确性，测控温仪表等应按要求检定合格。

1. 淬火

淬火是把工件加热奥氏体化后，选择适当的冷却方式，获得淬火马氏体组织的热处理工艺，紧固件的淬水介质常选用专用淬火油或专用水剂淬火液。

（1）加热温度。淬火加热温度主要依据所用钢材、组织状态和性能要求来确定，铁塔用8.8级、10.9级及8级和10级螺母主要用合金钢及中碳钢制造，一般淬火加热温度选择A_{C3}以上30～50℃，应注意以下几点：

1）大直径的产品考虑淬硬性和淬透性，应选择上限温度。

2）采用水剂淬火介质时，应预防产品出现淬火裂纹。

3）同样牌号的钢材的含碳量及其他相关元素出现上下极限值时，应适当调整淬火温度。

（2）保温时间。紧固件产品在淬火炉的保温时间是进行组织转变和成分均匀化的保证，确定保温时间时应综合考虑工件的直径或尺寸、装炉方式、钢材成分等，一般是把工件入炉后加热到保温温度后开始计算保温时间

$$t=\alpha KD \tag{4-1}$$

式中 t——保温时间，min；

α——时间系数，min/mm，一般在1.0～1.8选择；

K——装炉系数（间隔系数），一般在1.1～2.0选择；

D——产品有效厚度，mm。

保温时间选择应注意以下几点：

1）同直径的合金钢材质产品保温时间应比同直径碳钢的保温时间要适当延长。

2）保温时间不能过短，否则组织转化不完全，影响产品性能要求。

3）大直径规格产品应选择较大的时间系数和装炉系数。

（3）冷却。淬火冷却是为了获得理想的马氏体组织，同时要避免出现开裂和变形。常用的冷却介质有专用淬火油和水剂淬火液，应根据产品的直径大小、结构形状选择合理的冷却介质和冷却速度，制有螺纹的紧固件通常采用专用淬火油作为冷却介质，以防止工件在螺纹牙底出现淬火裂纹。

2. 回火

回火是把淬火后的工件加热到 Ac_1 以下的设定温度，保温一定时间，然后以适当的冷却方式将工件冷却到室温的工艺。其目的主要是把不稳定的淬火组织转变为稳定的回火组织，消除淬火产生的残留内应力，提高产品的塑性和韧性，获得综合的力学性能。

（1）回火温度。回火温度是决定产品性能的关键因素之一，回火温度是由淬火后的硬度及产品需要的强度、硬度、塑性及韧性决定的，同时回火温度也决定了工件回火后的金相组织，输电铁塔用紧固件常用的回火工艺有高温回火和中温回火。

高温回火：回火温度在 500～650℃，回火后的组织为回火索氏体，产品性能有一定的硬度、强度及良好的塑性和韧性，综合性能良好。由于高温回火温度接近或大于热浸镀锌温度，因此在 DL/T 284 和 DL/T 1236 推荐 8.8 级、10.9 级外螺纹产品采用合金钢进行生产时，其回火温度一般均高于 500℃，这样产品进行热浸镀锌时不会对产品性能造成不利影响。

中温回火：回火温度在 400～500℃之间，回火后获得回火托氏体组织，产品性能有较高的硬度和强度，并具有一定的韧性。输电铁塔用螺母中温回火温度一般应控制在 400℃以上，能有效避免低温回火脆性。

（2）回火时间。回火时间的确定原则是要确保回火后产品的组织充分转变，彻底消除淬火内应力，获得理想的强度、硬度、塑性和韧性。回火时间主要受产品规格（直径）、装炉量影响。根据经验，一般在淬火保温时间的基础上适当延长，确保回火时间足够。

（3）冷却方式。输电铁塔用紧固件回火冷却方式一般有空冷和水冷两种，对于采用 400～500℃中温回火的产品通常采用直接空冷的方式；对 40Cr、42CrMo、35CrMo 等合金结构钢产品进行高温回火后，应采用快速水冷的方式冷却，以消除回火脆性。

3. 螺栓的去应力退火

对于加工硬化程度较大的 4.8、5.8 和 6.8 级螺栓产品，或经多次冷变形的结构复杂的产品，若其塑性、韧性指标达不到标准的要求，为防止热浸镀锌后出现应力裂纹现象，需要对其进行去应力退火，去应力退火加热温度一般在 Ac_1 以下 100～200℃。

GB/T 5267.3—2008《紧固件 热浸镀锌层》明确要求，对重要场合使用的紧固件，在酸洗和热浸镀锌之前，可以要求先消除应力。因此对重要场合使用的螺栓应优先选择经热处理、无冷作硬化的产品，如 5.6、8.8 级产品。

第四节 紧固件热浸镀锌

一、热浸镀锌技术要求

目前，我国输电铁塔及连接用紧固件表面均要求采用热浸镀锌工艺进行防腐蚀处理。输

电铁塔用紧固件的热浸镀锌技术要求应满足 DL/T 284—2021《输电线路杆塔及电力金具用热浸镀锌螺栓与螺母》的规定，与 GB/T 5267.3—2008《紧固件 热浸镀锌层》相比，DL/T 284—2021 增加了热浸镀锌层均匀性试验要求。

（一）热浸镀层的技术要求

1. 镀锌层厚度

热浸镀锌层的局部厚度应不小于 40μm，批平均厚度不小于 50μm。近年来，有些工程和用户对热浸镀锌层厚度提出了特殊要求，如国家电网有限公司在有的特高压工程中对 C4 腐蚀等级地区用紧固件热浸镀锌层提出了加厚的要求。

2. 镀锌层均匀性

热浸镀锌层应均匀附着在基体金属表面，均匀性测定采用硫酸铜溶液浸蚀的试验方法，试验时耐浸蚀次数不少于 4 次。

3. 镀锌层附着强度

热浸镀锌层应牢固地附着在基体金属表面，不得存在影响使用功能的锌层脱落。

4. 镀锌层外观质量

热浸镀锌层表面应光洁，无漏镀面、滴瘤、黑斑、溶剂残渣、氧化皮夹杂物等和损害零件使用性能的其他缺陷。外观无光泽及色差现象不应作为产品拒收理由。

（二）紧固件热浸镀锌特殊工艺要求

1. 高强螺栓的防氢脆要求

8.8 级和 10.9 级外螺纹零件，在热浸镀锌前处理工序中应采用机械（物理）方法除锈，在热浸镀锌过程中制造者应采取有效的预防氢脆措施。

2. 重复镀锌要求

8.8 级和 10.9 级外螺纹零件不允许重复热浸镀锌，其他等级外螺纹零件最多允许两次热浸镀锌。

3. 镀后处理要求

外螺纹零件镀后应进行离心处理或爆锌处理，以去除螺纹表面的余锌。

二、热浸镀锌工艺

（一）典型工艺流程

紧固件产品热浸镀锌典型工艺流程见图 4-17。

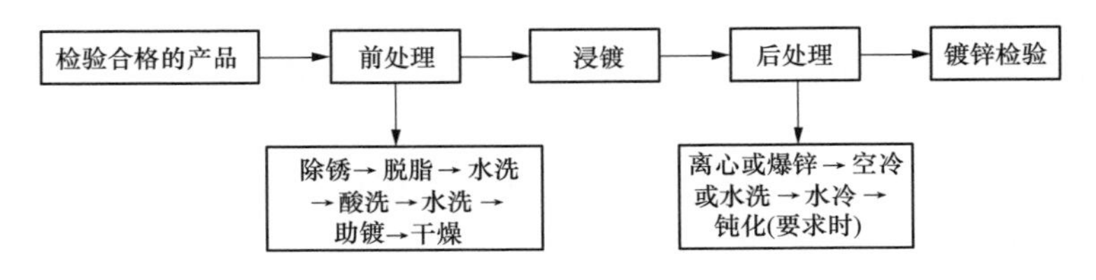

图 4-17 紧固件热浸镀锌工艺流程

（二）前处理

1. 除锈

近年来由于环保的需要，酸洗除锈工艺基本被抛丸除锈工艺替代，抛丸除锈也是高强度紧固件降低氢脆倾向的最有效方法。对于外螺纹产品的抛丸，应注意控制抛丸时间和选用抛丸直径，以防止抛丸过程中对螺纹造成变形和损伤。

2. 脱脂

脱脂也称除油，其主要目的是得到清洁的表面，以利于下道工序的酸洗和助镀，紧固件常用中高温碱性脱脂剂进行表面脱脂处理。常用的脱脂清洗方式有滚洗、浸渍、喷淋等几种形式，目前紧固件热浸镀锌大都采用滚洗法和浸渍法。

3. 酸洗

经脱脂后的低强度产品，通常要采用5%～10%稀盐酸溶液进行表面清洗处理，以去除产品在工序储存过程中表面产生的锈迹、锈斑及产品生产过程中表面涂覆的各种润滑皮膜，为下一步的助镀做好准备，酸洗时间一般为5～15min。为防止氢脆现象的产品，高强度产品不应进行该工序处理。

4. 水洗

产品经脱脂、酸洗后必须对其立即水洗，否则表面黏附的残留溶液对下道工序的作业产生不利影响，水洗次数不得低于两道。第一道水洗，可以是非流动水，但要定期更换，此水槽含有上道工序槽液，可以做上道槽液补充液。第二道水洗，应采用流动水，保持水适当的pH值。每次清洗的时间一般为1～2min，产品出液面后应停留片刻，让清水充分流回槽内。

5. 助镀处理

产品经抛丸、脱脂、酸洗、水洗处理后获得比较洁净的表面后，必须立即进行助镀处理。助镀的作用包括以下方面：

（1）净化作用，清除产品表面的残留铁盐、氧化物等杂质。

（2）隔离作用，产品表面挂上一层助镀剂盐膜，将金属表面与空气隔开，防止进一步氧化。

（3）浸润作用，可降低产品与锌液之间的表面张力，增加锌液对金属表面浸润性。

（4）净化锌液，助镀剂与锌液的各种有害杂质产生化学反应，形成浮渣并将其清除。

（5）助镀作用，助镀剂在浸镀时迅速分解，发生一系列化学反应，使金属表面进一步活化，促进锌铁合金正常的反应过程，可得到附着力牢固的镀层。

助镀剂的浓度（即氯化锌铵的含量）对助镀效果影响十分显著，当含量低时，附在产品上的盐膜过薄，不能有效地起到隔离作用和净化活化作用；如果含量过高，盐膜过厚，不易干透，浸镀时发生锌液飞溅或产生较多锌灰和烟尘，同时也会增加助镀剂的成本。实践证明，助镀液盐成分的质量分数应控制在15%～30%为宜。

助镀剂配制时应边加入边搅拌，使其尽快地充分溶解。常用氯化锌铵复盐助镀剂配方如下：①配方1：氯化锌120～160g/L＋氯化铵140～180g/L；②配方2：氯化锌150～190g/L＋氯化铵120～140g/L；③配方3：氯化锌200～240g/L＋氯化铵100～120g/L；④配方4：氯化锌230～280g/L＋氯化铵20～40g/L。

以上配方中可加入3～5g/L非离子表面活性剂，以降低溶液表面张力，提高浸润效果，并有利于产品的干燥。配方中氯化铵的比例越小，浸锌时的烟尘也越少。

助镀处理工艺参数主要包括温度、pH值、助镀时间等，助镀参数对助镀效果有较大影响。

助镀剂的温度：采用氯化锌铵助镀剂，通常加热至60～80℃使用。因为在热的溶剂中与产品润湿反应更充分，增加净化效果；当紧固件带有一定的温度离开溶剂，有助于水分的蒸发；配制和补加助镀剂时，可以使其较快溶解，使用效果稳定可靠。

助镀剂的pH值：在加热条件下（60～80℃）助镀剂的pH值通常为4.0～5.0。当pH值小于4时，溶剂的酸性过强，三价铁盐处于溶解状态，将有更多铁离子随产品被带入锌锅中，导致更多锌渣的生成。当pH值大于5时，产品从溶剂中提出后，在空气中氧的作用下，表面上的二价铁离子易转变成三价铁离子，停留时间较长，产品表面颜色会从青灰色转变为淡褐色，使净化效果变差，甚至会出现漏镀。

浸助镀剂时间：在产品表面被溶剂充分浸润后，停留片刻即可取出，助镀时间一般为1～3min。如果溶剂的pH值处于低位时，随着停留时间延长，会增加铁的溶解，这是很不利的；但停留时间过短，可能造成浸润时间不足。所以，产品在助镀剂槽内应该上下提动数次，待液面气泡消失，成平静状态时即可取出，再在槽的上方停留一段时间，使溶剂充分流回槽内避免溶剂的浪费，然后转入烘干程序。对于大规格产品，要考虑其充分热透，可延长至3～5min。

助镀剂经过一段使用后，二价铁盐会逐渐增高，一般超过5g/L后应采取措施除铁进行净化再生，其工作原理是：往溶剂中通入压缩空气或加化学药剂（双氧水、高锰酸钾等）将二价铁氧化成三价铁，再加入氨水形成$Fe(OH)_3$沉淀而去除铁离子；或加入双氧水、通入压缩空气把二价铁盐含量高的助镀溶液进行中和、氧化、沉淀和压滤，最后得到再生助镀溶液，进行循环利用。

助镀后的产品应尽快烘干，以保证最少量的铁离子出现和形成铁的化合物，否则会对助镀剂复合盐膜的溶解过程产生负面的影响。如果相当量的含铁化合物进入锌液，将使锌渣的量增加。一般烘干温度为120～160℃，烘干温度应均匀一致。温度过高，会加剧溶剂中氯化铵分解，造成助镀剂失效老化而出现漏镀现象。

（三）浸镀

产品经过溶剂助镀并烘干后便开始浸入锌锅浸镀。影响热浸镀锌的主要因素是浸镀温度和浸镀时间。

1. 浸镀温度

与铁塔工件镀锌温度不同，紧固件镀锌通常采用更高的温度，一般在530～560℃进行热浸镀锌。高温镀锌流动性好，且热浸镀锌层具有比常规热浸镀锌层更高的耐腐蚀、硬度和耐磨性和光洁度，因而在紧固件行业的热浸镀生产中得到广泛应用。

2. 浸镀时间

一般来说，把产品放入锌锅中，直至观察到锌液的“沸腾”现象停止，锌灰充分返出液面，应立即进行打灰，提出产品。在一定时间范围内，镀层厚度与浸镀时间成正比，一般紧固件的浸锌时间在40～120s。当镀层厚度未达到规定的最低要求时，可适当延长浸镀时间。要尽量减少同批产品浸镀时间上的差异，以降低同批次产品的镀层厚度和性能的差异。

（四）后处理

1. 去除表面余锌

去除表面余锌实际上是镀后冷却过程的一个组成部分。产品从锌液中取出到表层凝固时间很短，这个时间的长短与锌液温度、环境的温度、产品直径或厚度、产品提出的速度等因素相关，必须掌握好最佳时机。紧固件从锌锅提出后去除表面的余锌，一般采用离心法和爆钝法。

离心法：采用专制的离心机进行离心处理，离心时间一般为2～5s。

爆钝法：采用氯化铵（NH_4Cl）溶液400g/L，密度1.09～1.11g/cm^3，使用温度70～80℃，爆钝后用流动清水冲洗，以彻底去除表面携带的氯化铵溶液，防止氯化铵溶液对镀层的破坏。该方法处理后产品的镀锌层易出现过低现象。

2. 冷却

产品经离心机处理后停留在空气中10～20s，然后放入冷却水槽进行冷却。空冷时间直接影响产品表面光洁度。空冷时间过长会使表面镀锌层氧化和锌一铁合金层继续生长，并可能会造成锌层变脆，附着强度不好，颜色发暗。

经空冷后的产品应立即进行水冷处理，水冷操作应注意：

（1）水温不要过低。水温过低，冷却速度加快，会产生较大内应力。水温过高出现冷却水浑浊现象。所以水温保持在30～60℃为宜。

（2）水冷时间不可过长，冷却温度不可过低，冷却后产品应控制在100～120℃之间，最好能利用余热使产品自行干燥，避免冷却后产品表面存水而助长“白锈”生成。

（3）冷却水应采用清洁流动水。

3. 钝化处理

为了防止在热浸镀锌后、存放及储运过程中产品表面出现“白锈”问题，一般在水冷时或之后对产品进行钝化处理。钝化处理仅能改善镀后产品短期的外观质量，对镀层的使用寿命不产生实质性的影响。这一点与电镀件表面上的钝化膜的作用截然不同。

常用的钝化方法有六价铬钝化、三价铬钝化及无铬钝化，六价铬钝化有很大的毒性，一般不被采用。

（五）热浸镀锌常添加的合金元素

1. 铝

铝一般以锌铝合金的形式添加，常用的锌铝合金含铝量为6%～10%，锌铝合金添加的数量和次数应根据锌液的含铝量确定。通常情况锌液中的铝含量在0.02%～0.03%即可，但要使锌液中保持以上铝含量，根据经验则须添加到0.2%～0.3%方可。为了防止铝过量和不足，添加时宜采取“少而勤”的原则。

锌液中添加铝可以提高镀层的表面光亮度，减少锌灰和锌渣产生，并能提高镀层附着强度。

2. 镍

由于镍的熔点大大高于锌的熔点，镍一般以锌镍合金的形式添加，常用的锌镍合金镍含量为0.5%和2%，锌液中的最佳镍含量为0.03%～0.04%，既能抑制铁一锌合金化反应的效果，也能改善锌液的流动性。

应采用“少而勤”的方式添加，分批加入，逐步提高锌液中镍含量。补加时应在生产间歇阶段进行，以保证合金有充足的时间溶解。锌液中镍的添加，可提高镀层的表面光亮度和均匀性，并能提高镀层附着强度。

3. 稀土元素

向锌液中添加铝的同时，加入微量的稀土元素，可使镀层质量得到进一步提高，同时可降低锌耗。稀土元素的加入对锌一铁反应没有明显的影响，稀土元素可以降低锌液的表面张力，提高锌液的流动性。稀土元素一般都分布在晶界上，具有细化晶粒的作用，同时，可以抑制镀层的晶间腐蚀，改善镀层在大气中的稳定性。稀土的含量一般为0.01%～0.02%。

添加稀土时应使用专用的工装器具，添加时要确保安全操作。

（六）表面白锈的预防和处理

由于镀层表面黏附的一层凝结水与氢气、二氧化碳、二氧化硫等作用后，形成具有腐蚀性的水溶液且附着在镀层表面，形成一种电解液，该电解液与化学稳定性较差的镀层发生电化学反应，从而生成白锈。

目前人们对白锈现象已习惯，但认识并不深入。它是电化学腐蚀的一个普遍现象。白锈生成过程中一份锌会生成500份的锈蚀产物，所以可以看到生成白锈较多、面积较大，实际锌层损失很小，基本不会影响防腐功能。因此，不应把轻微的白锈认为是一种热浸镀锌表面质量缺陷。

可以通过下列措施来预防白锈的形成：

（1）产品冷却后进行一道表面钝化处理，对预防产生白锈十分有效；

（2）产品冷却后立即进行干燥处理，不可在湿热状态下堆放；

（3）产品刚镀完后应避免淋雨、受潮；

（4）产品存放应保持通风。

对于已经形成的白锈，可采取下列方法进行处理：

（1）较轻的白锈可用硬毛刷刷除并保持干燥；

（2）较重的白锈可用滑石粉和适量苛性钠配成浆液涤刷后清洗并干燥；

（3）表面产生白锈，且镀层颜色灰暗时，用碳酸铵或过硫酸铵的水溶液（容量为3%～5%）进行轻微腐蚀，最后用水彻底冲洗并干燥。

（七）降低高强紧固件氢脆的措施

高强度紧固件镀锌工艺不当可能造成氢脆，甚至造成螺栓断裂现象，严重影响铁塔安全运行。

氢脆是氢原子进入到钢基体后，由于其体积膨胀，使钢基体内部产生应力，导致钢基体延伸性或承载强度丧失而发生的一种脆性断裂现象。氢脆的产生大体可分为两种情况：①由于外部环境中的氢原子在特定条件下进入钢基体造成，如雨水、潮湿空气的影响；②由于紧固件制造过程中酸洗产生的氢原子进入钢基体所造成，这是高强螺栓出现断裂的主要因素之一。

研究表明，氢脆随钢材硬度、强度的不断增高，其敏感性不断增大。当硬度不小于320HV、或强度不小于1000N/mm^2时，氢脆倾向开始明显。因此高强度紧固件随其硬度的增加，氢脆风险随之增大。GB/T 3098.1—2010《紧固件机械性能 螺栓、螺钉和螺柱》规定8.8级螺栓的最大硬度为335HV；10.9级螺栓最小硬度为320HV，最大硬度为380HV。可以看出，10.9级螺栓较8.8级螺栓氢脆倾向更大。

由于氢脆具有延迟性和突发性的特点，会给输电铁塔运行带来极大的危害，为避免8.8级和10.9级螺栓在制造中产生氢脆，应采取以下控制措施：

（1）高强度紧固件表面脱脂工序，应采用碱溶液方法脱脂处理，防止在脱脂过程中出现渗氢现象。不应采用阴极及阴阳极交替除油，以避免氢原子附在产品表面出现渗氢现象。

（2）高强度紧固件表面除锈时，可采用抛丸、喷砂等机械方法或碱性方法，应避免采用酸洗方法除锈，严禁采用高温、高浓度、长时间浸酸处理。

（3）助镀后应进行烘干处理，以达到驱氢的目的。在前处理过程中，产品多多少少地吸收了一定量的氢在基体表层，此时烘干驱氢效果最为理想，这是有效降低氢脆倾向的关键措施之一。

（4）高强度紧固件在热浸镀锌水冷却后，应立即干燥（烘干）处理，表面不得留有水分，更不允许带有水分的产品堆积在一起放置，防止表面在出现白锈的过程中产生氢气，出现渗氢现象。

（5）高强度螺栓在热浸镀锌48h之后应进行一次表面外观检验，检查产品是否有氢脆开裂现象，可以采用目测或无损检测的方法，重点检查产品应力集中部位。

第五节　紧固件性能检测

输电铁塔用紧固件产品性能检测分为制造者质量检测、供方质量检测、需方质量检测三个环节。制造者质量检测是指紧固件制造企业在生产过程中及交付前对产品的检测，包括过程检测、完工检测及出厂检测。供方质量检测是指铁塔制造企业对采购的紧固件产品进行的质量检测，以控制采购使用的产品质量，使其符合标准规定。需方质量检测是指输电铁塔工程最终用户对紧固件产品进行的质量检测，以控制产品质量，确保达到工程技术规范的各项要求。

一、产品机械性能和物理性能检测

（一）地脚螺栓

地脚螺栓机械性能和物理性能检测项目和试验方法按DL/T 1236的规定，检测项目见表4-9。

表4-9　地脚螺栓机械性能和物理性能检测项目

序号	指标分类	项目名称	适用产品等级	说明
1	强度指标	最小抗拉强度 $R_{m,min}$	4.6、5.6、8.8、10.9	机械加工试件的拉力试验
		最小下屈服强度 $R_{el,min}$	4.6、5.6	
		规定非比例延伸0.2%的应力 $R_{p0.2,min}$	8.8、10.9	
		最小抗拉强度 $R_{m,min}$	4.6、5.6、8.8、10.9	实物拉力试样
2	塑性韧性指标	最小断后伸长率 A_{min}	4.6、5.6、8.8、10.9	机械加工试件的拉力试验
		最小断面收缩率 Z_{min}	8.8、10.9	
		−20℃冲击吸收能量 KV_2	5.6、8.8、10.9	其他试验温度可按协议
3	脱碳指标	全脱碳层的深度G	8.8、10.9	对螺纹进行试验
		未脱碳层的高度E	8.8、10.9	

续表

序号	指标分类	项目名称	适用产品等级	说明
4	硬度指标	硬度	4.6、5.6、8.8、10.9	HRC、HRB、HB 和 HV。维氏硬度 HV 是仲裁试验
5		表面硬度	8.8、10.9	用来检测热处理工艺表面是否增碳的指标
6	表面缺陷	按 GB/T 5779.1 的规定	4.6、5.6、8.8、10.9	8.8、10.9 产品可用 GB/T 5779.3 代替
7	其他	再回火后硬度的降低值	8.8、10.9	对选材和热处理工艺进行验证试验

（二）螺栓和脚钉

螺栓、脚钉的机械性能和物理性能检测项目和试验方法按 DL/T 284－2021《输电线路杆塔及电力金具用热浸镀锌螺栓与螺母》的规定，检测项目见表 4-10。

表 4-10　螺栓和脚钉的机械性能和物理性能检测项目

序号	指标分类	项目名称	适用产品等级	说明
1	强度指标	最小抗拉强度 $R_{m,min}$	5.6、8.8、10.9	机械加工试件的拉力试验
		最小下屈服强度 $R_{eL,min}$	5.6	
		规定非比例延伸 0.2%的应力 $R_{p0.2,min}$	8.8、10.9	
		紧固件实物的规定非比例延伸 0.004 8d 应力 R_{pf}	4.8、5.8、6.8	实物拉力试样
		最小抗拉强度 $R_{m,min}$	4.8、5.6、5.8、6.8、8.8、10.9	实物拉力试样
		公称保证应力 S_p	4.8、5.6、5.8、6.8、8.8、10.9	实物拉力试样
		抗剪强度 τ_b	4.8、5.6、5.8、6.8、8.8、10.9	实物剪切试验
2	塑性、韧性指标	最小断后伸长率 A_{min}	5.6、8.8、10.9	机械加工试件的拉力试验
		最小断面收缩率 Z_{min}	8.8、10.9	
		实物断后伸长率 A_f	4.8、5.8、6.8	实物拉力试样
		－20℃冲击吸收能量 KV_2	5.6、8.8、10.9	适用于 $d \geqslant 16$mm
		头部坚固性	4.8、5.6、5.8、6.8、8.8、10.9	适用于 $d \leqslant 10$mm
3	脱碳指标	全脱碳层的深度 G	8.8、10.9	对螺纹进行试验
		未脱碳层的高度 E	8.8、10.9	

续表

序号	指标分类	项目名称	适用产品等级	说明
4	硬度指标	硬度	4.8、5.6、5.8、6.8、8.8、10.9	HRC、HRB、HB和HV。HV是仲裁试验
5		表面硬度	8.8、10.9	检测热处理后表面是否增碳的指标
6	表面缺陷	按GB/T 5779.1的规定	4.8、5.6、5.8、6.8、8.8、10.9	8.8、10.9产品可用GB/T 5779.3—2000《紧固件表面缺陷螺栓、螺钉和螺柱特殊要求》代替
7	其他	再回火后硬度的降低值	8.8、10.9	对选材和热处理工艺进行验证试验

需要注意的是，在DL/T 284—2021《输电线路杆塔及电力金具热浸镀锌螺栓与螺母》中只给出了各规格最小抗剪强度，没有给出各规格最小抗剪载荷，如计算各规格最小抗剪载荷，必须确定各规格最小剪切面积。在螺栓受剪场合，设计原则是剪切面必须作用在无螺纹部分，在实际的安装时有可能出现剪切面作用于螺纹上的现象，为确保此时剪切载荷达到设计要求，设计上不应采用无螺纹杆部最小直径（$d_{s,min}$）处的应力面积作为计算最小抗剪载荷时的最小面积，而应该按螺栓螺纹的最小公称应力截面积（$A_{s,min}$）作为最小抗剪时的应力面积进行计算。计算时采用四舍五入并保留三位有效数字。

示例1：6.8级M20螺栓最小剪切载荷：370N/mm^2×245mm^2＝90 650(N)≈90 700N

示例2：8.8级M20螺栓最小剪切载荷：490N/mm^2×561mm^2＝274 890(N)≈275 000N

（三）螺母

螺母机械性能检测项目和试验方法按DL/T 284－2021《输电线路杆塔及电力金具用热浸镀锌螺栓与螺母》的规定，检测项目见表4-11所示。

表4-11 螺母的机械性能检测项目

序号	指标分类	项目名称	适用产品等级	说明
1	载荷指标	公称保证载荷	5、6、8、10	实物拉力试样
2	硬度指标	硬度	5、6、8、10	HRC、HB和HV。维氏硬度HV是仲裁试验
3	表面缺陷	按GB/T 5779.2—2000《紧固件表面缺陷 螺母》的规定	5、6、8、10	

二、热浸镀锌层的检验

（一）锌层厚度检验

热浸镀锌层的镀层厚度与使用寿命大致成正比，它是衡量热浸镀锌质量的关键指标。

DL/T 284—2021《输电线路杆塔及电力金具热浸镀锌螺栓与螺母》规定，镀锌层局部厚度应不小于40μm，镀层批平均厚度应不小于50μm。镀层局部厚度的测量应尽可能在使用功能面上进行，即安装后紧固件外露部位的表面。

锌层厚度一般按 GB/T 4956—2003《磁性基体上非磁性覆盖层 覆盖层厚度测量 磁性法》规定的磁性法进行，至少取 5 个测量点测厚，计算平均值即为镀层局部厚度。因几何形状的限制不允许测 5 个点的情况下，可以用 5 个试件的测量平均值。如有争议，应采用 GB/T 13825—2008《金属覆盖层 黑色金属材料热镀锌层 单位面积质量称量法》规定的称重法进行仲裁。

DL/T 284—2021《输电线路杆塔及电力金具热浸镀锌螺栓与螺母》给出的厚度值为最低值，通常对最高值不做限制。在一般情况下，对最高值做出限制将对工艺及操作带来一定难度，这主要是因为热浸镀锌对厚度的可控制性较差所致。

经离心处理和爆钝处理的紧固件，表面镀锌层均匀、厚度适中，有利于内外螺纹之间的配合。

磁性法测量不破坏被测产品表面，使用方便，是目前应用最广泛的方法。使用中应注意以下几点：

（1）选购性能稳定的磁性测厚仪。

（2）测厚仪应定期校准，应采用有金属覆盖层的标准片（块）或用标准箔（指塑料垫块），后者准确性较差，使用有效期较短。

（3）测量时，被测面应呈水平位置，如果必须在垂直方向或从下向上倒置测量时，应分别按上述位置进行校准。

称量法是通过对选取试样，在退镀液中溶解退除镀层，称量溶解前后质量的变化，计算镀层的镀覆量。该方法操作繁琐，所以称量法在生产中很少应用。只是当用户对磁性法的测量结果有异议时进行仲裁才使用。

（二）镀层均匀性检验

DL/T 284—2021《输电线路杆塔及电力金具热浸镀锌螺栓与螺母》规定：热浸镀锌层应均匀附着在基体金属表面，均匀性测定采用硫酸铜溶液浸蚀方法，试验时耐浸蚀次数不少于 4 次。镀层均匀性要求实质上是测定最小镀层厚度，在镀层厚度得到充分保证的情况下，硫酸铜试验通常能得到保证。目前，国内标准如 GB/T 5267.3—2008《紧固件 热浸镀锌层》、GB/T 13912—2002《金属覆盖层 钢铁制件热浸镀锌层技术要求及试验方法》等都没有对紧固件提出这一要求，这是因为只要镀层厚度符合要求，均匀性是可以得到保证的。

硫酸铜试验是整体浸渍法，试验比较繁琐，可操作性不强。所以在有特殊要求时才做该试验。试验方法可参考 DL/T 284—2021《输电线路杆塔及电力金具热浸镀锌螺栓与螺母》的附录 H。

（三）镀层附着力检验

由于热浸镀锌层与钢基体之间为冶金结合，所以，正常厚度的热浸镀件的镀层具有足够的附着强度，能够保证镀件在正常搬运、安装和使用时不产生脱皮或剥落现象。

DL/T 284—2021《输电线路杆塔及电力金具热浸镀锌螺栓与螺母》、GB/T 5267.3—2008《紧固件 热浸镀锌层》都明确规定附着力试验采用硬刀划线法进行检测，即使用坚硬的刀尖施加足够的压力，削或撬开镀锌层。如果锌层仅是分层或表面剥落，则应继续进刀直至漏出基体金属。测定锌层附着力不应在棱边或尖角处（锌层附着力最低的点）实施。

硬刀划线法试验，必须有适合的刀具并施加足够的力才能实施，刀具的硬度应不小于

50HRC，否则刀尖无法划入金属基体。试验时，刀尖用力划入镀层下面的金属基体，如观察到划痕周边有锌层崩块、脱落等掉锌现象，则判定镀层附着强度不合格。

（四）镀层的外观检验

输电铁塔用热浸镀锌紧固件表面质量的要求是应光滑，无漏镀、滴瘤、黑斑，无残留的溶剂渣、氧化皮夹杂物和损害零件预定实用性能的其他缺陷。外观无光泽不应成为拒收产品的理由。

1. 镀层表面应光滑

热浸镀锌层的主要功能是防腐性，而非装饰性。热浸镀锌层的金属光泽只能保持数月，然后转变为暗灰色，有些紧固件上的镀层镀后就呈暗灰色。镀层的“光滑”是一个相对的概念，它与基体金属的粗糙度及镀层后处理方法相关。镀锌层表面光滑为“实用性光滑”，且不得有漏镀面、滴瘤、锌灰残渣及锌刺等影响使用功能的缺陷。

随着新合金材料的应用，新工艺、新设备不断研发，镀层外观质量也不断得到提高，作为热镀锌紧固件必须把长效防腐蚀功能及其使用可靠性放在首位考虑。

2. 漏镀要求

漏镀是镀层严重缺陷，不能把镀后修复作为常规手段使用，修复层在长期使用过程中很难会保持与热浸镀锌层相同防腐性能。因此，GB/T 5267.3—2008《紧固件 热浸镀锌层》没有对漏镀给出修复要求，指出了“无漏镀面”的要求，可理解为只允许个别漏镀点的存在，漏镀点的大小没有给出具体规定，一般理解为漏镀点直径不应超出 2mm。

3. 镀层表面颜色

GB/T 5267.3—2008《紧固件 热浸镀锌层》指出“外观无光泽不应成为拒收产品的理由”。GB/T 13912—2002《金属覆盖层 钢铁制件热浸镀锌层技术要求及试验方法》也提出“只要镀层的厚度大于规定值，镀件表面允许存在发暗或浅灰色的色彩不均匀区域”。这是因为生产紧固件用钢材采用硅脱氧的镇静钢越来越多。由于圣德林效应，使镀层增厚并出现灰色镀层或色差现象。但是它对镀层的耐蚀性并不会产生不良影响。一些发达国家在 20 世纪 80 年代就已经在热浸镀层的质量标准中指出了这个问题，其原因不仅是因为灰色镀层（即铁锌合金层）与纯锌层具有相同的耐蚀性，而且镀后的色差经过一段时间大气暴露后会趋于一致。针对这些技术性问题，生产者应当向用户解释说明，打消他们的疑虑。

4. “白锈”现象

GB/T 5267.3—2008《紧固件 热浸镀锌层》和 DL/T 284—2021《输电线路杆塔及电力金具热浸镀锌螺栓与螺母》中没有提出“白锈”问题。轻微“白锈”只影响外观质量，一般不对防腐功能产生影响。

第六节　螺栓与螺母的配套和安装

一、输电铁塔用紧固件的配套和包装

热浸镀锌螺栓如热浸镀锌工艺控制不当，在螺纹处往往会有锌瘤等影响螺母旋入的缺陷，为防止出现上述现象，输电铁塔热浸镀锌螺栓与螺母一般要求进行配套后包装发货，配套的螺栓和螺母也便于安装工人高空携带，并能防止安装过程中螺栓与配套螺母的错用。

为便于铁塔用紧固件野外施工现场装卸、转运和储存，配套后螺栓螺母的包装一般采用袋装形式，每小袋包装质量不超出 40kg。小袋包装完成后，一般要再进行单基包装，单基包装就是把每一基铁塔需要的所有紧固件集中封装在一个包装内，每一单基包装对应一基铁塔，在单基包装外注明对应的塔型和塔号，这种包装方式大大降低了安装现场紧固件分配的复杂程序和劳动强度。

地脚螺栓与螺母通常也配套后打捆包装。

二、输电铁塔用紧固件的安装

（一）安装方法

输电线路铁塔紧固件安装时，从下至上先把预紧用螺母安装完毕，整基铁塔安装完成后，确认不再进行修正和更改，再安装防卸螺母或防松螺母或扣紧螺母。紧固件安装时，预紧用螺母内孔应涂黄油或要求的其他润滑剂，以有效地降低扭矩系数，并防止螺纹出现“咬死”现象。

在输电线路铁塔上薄型防松螺母采取厚螺母＋薄螺母的组合安装方式，不同于其他防松场合下的薄螺母＋厚螺母的组合安装方式。本安装方式是考虑组装铁塔在高空作业，先安装预紧厚螺母较为安全，此方法在日本等国外铁塔安装时也大都采用，防松效果经过了长时间的验证。

（二）安装拧紧力矩

螺栓与螺母连接后必须能够抵抗外力的作用，使被连接的工件按设计要求被紧固，否则会造成螺栓和螺母连接副出现松动，影响铁塔承载能力，造成铁塔件的变形，严重时甚至出现倒塔事故。因此，安装铁塔时，螺栓与螺母的紧固预紧极其重要。

预紧力的确定主要考虑以下因素：螺栓在服役过程中是受剪还是受拉，螺栓是否承受变载荷，螺栓安装采用的工具和方法精度等。在输电线路铁塔安装过程中，对钢管塔法兰连接等受拉的螺栓，其预紧力相对受剪螺栓的预紧力要大。在输电线路铁塔设计及安装图纸中，设计人员应规定相应螺栓和螺母连接时需施加的预紧力指标或拧紧力矩指标，安装过程中安装人员应严格控制执行。

对于 M12～M64 输电铁塔用热浸镀锌螺栓与螺母的拧紧力矩，可用式（4-2）进行粗略计算，供设计、安装施工参考

$$T = KPd \tag{4-2}$$

式中 T——拧紧力矩，N·m；

K——扭矩系数；

P——螺栓预紧力，kN；

d——螺栓公称直径，mm。

预紧力的选取。输电线路铁塔用热浸镀锌螺栓预紧力一般按螺栓保证载荷的 35%～60% 选取，对于受剪的螺栓，其预紧力可在以上范围内选取较小比例的保证载荷值；对于受拉螺栓，其预紧力可在以上范围内选取较大比例的保证载荷值。

扭矩系数的选取。输电线路铁塔用热浸镀锌螺栓与螺母的扭矩系数一般在 0.2～0.3，计算时一般取 $K=0.20$，选取的前提是安装时必须在螺母的内孔及内支承面涂加相应的润滑剂（如黄油等），螺母必须是镀锌后攻牙的产品；相同条件下，镀锌前攻牙螺母的扭矩系数往往会大于镀后攻牙螺母的扭矩系数，其离散性也更大。相同的条件下，当选取的预紧力较

大时，其扭矩系数比预紧力较小时增大。

第七节　输电铁塔用紧固件发展趋势

一、输电铁塔用紧固件由低强度向高强度发展

20世纪90年代之前，我国输电铁塔主要采用4.8级和6.8级螺栓及配套螺母。90年代后，随着大型输电线路的建设需要，8.8级螺栓开始在输电铁塔上采用，但用量不足2%；至2010年，8.8级螺栓用量上升到10%左右；目前，8.8级及以上的高强度螺栓与配套螺母用量已达到35%左右。随着特高压输电线路不断建设，高强度紧固件的质量要求不断提高，占比也会越来越大。

二、紧固件质量管控要求不断提高

目前，输电铁塔用紧固件产品质量参差不齐，有些小作坊式企业生产工艺落后，用料混乱，质量意识淡漠，产品质量无法保证；有些企业为了降低成本，恶意偷工减料、简化工艺。输电铁塔用紧固件质量的可靠性直接关系到输电线路的安全运行，为此，近年来铁塔用户对铁塔用紧固件的质量管控程度不断提高，不仅要求产品有制造方的质量证明，还要求铁塔企业进行质量抽检、第三方质量检测和用户抽检，同时还加大了处罚力度，倒逼紧固件生产企业加强生产自律，提高产品质量。

三、新型紧固件扳拧工具应用

组塔过程中螺纹扭矩系数的大小及离散性、紧固轴力的大小与均匀性，如控制和管理不当，都可能造成螺栓疲劳失效、连接松动、预紧力丧失，甚至造成屈服断裂，不仅会影响紧固连接的可靠性，还直接影响输电铁塔的整体质量及运行安全。随着安装扳拧技术的不断发展，各种手动、气动、电动安装扳拧工具应运而生，如冲击型扳手、定扭矩型扳手、定转角型扳手等，这都为输电铁塔用紧固件安装质量的可控性，提供了有力支撑。

四、环保型新材料及新技术的研发应用

随着我国环保要求的不断提高，输电铁塔用紧固件主要生产企业都进行了环保生产工艺、环保设备和自动化设备的改造和更新，以降低废水、废气、废渣的产生。

为减少热浸镀锌对环境带来的污染，不需要表面防腐处理的耐候钢材料得到了业内的重视，近年来，相关单位已开发出耐候铁塔配套使用的6.8N和8.8N耐候钢螺栓及配套螺母，并实现了批量生产，从而为耐候铁塔的推广应用奠定了基础。

绿色制造＋智能制造的生产模式将是制造业未来发展的必由之路。紧固件企业也应积极采取措施，积极推行智能制造，开发新的绿色制造工艺，应用清洁生产技术，开发出具有更加优良性能、更高质量可靠性的适合输电铁塔要求的新型紧固件产品。

第五章 输电铁塔制造工艺

第一节 加工工艺流程

输电铁塔的生产过程是借助生产设备、按一定的生产工艺方法，将生产原材料转化为符合设计要求的铁塔产品的过程。

铁塔的生产一般是按照塔型来进行，每个塔型先生产一基，通过试组装验证后，然后开始批量加工。

角钢塔、钢管塔、钢管杆等铁塔类产品加工流程基本相同（如图 5-1 所示），都是从生产准备开始，包括工艺技术文件的准备、材料准备、力能配置、技术交底等；然后再领料，进入车间加工阶段，包括零件的加工、焊接件的装配与焊接、工序检验等；在零部件加工完成后，对其进行试组装（或局部试拼），验证放样输出、加工过程的适宜性和符合性等。随后将黑件进行热浸镀锌防腐，经镀锌质量检查合格后，包装发运至现场，经开箱验收，进入售后服务阶段，直至铁塔组立完成，挂线试运行至质保期结束，该工程的铁塔供货才算完成。

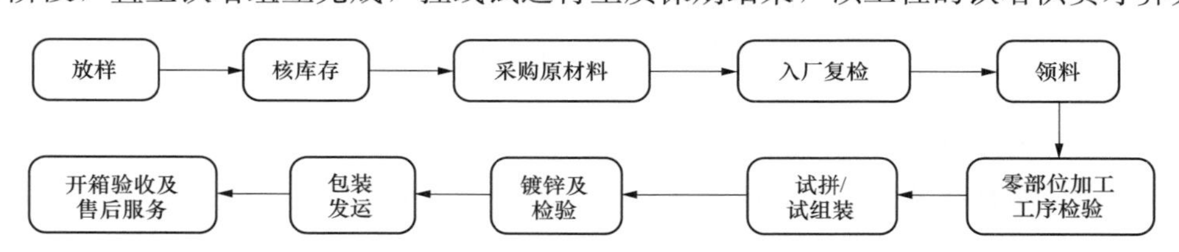

图 5-1 铁塔类产品加工基本流程

第二节 放　　样

一、概述

（一）放样的概念

放样是指铁塔企业根据设计图纸等技术资料，依据技术标准、规范的要求，通过专门的放样软件进行实际模拟，综合考虑生产工艺要求和物料需求，最终形成供车间使用的加工技术图样等的过程。

放样是铁塔制造的前提和基础，关系着铁塔加工的正确性、准确性。放样水平的高低，对铁塔试组装的适宜性、符合性等有诸多影响，同时影响铁塔企业的铁塔制造成本。

（二）放样技术的发展

输电铁塔放样技术经历了三个阶段：

第一个阶段为传统放样阶段，放样人员根据铁塔设计图纸的基本尺寸，按照正投影原理，在样台板上按1∶1的比例，通过一系列划线作图得到铁塔空间结构的平面展开图。放样比较形象直观，制成样板和样杆比较方便且便于检查，但放样效率低，误差和重复工作量大，在处理特殊部位时（如地线支架、塔腿V型断面等复杂结构）难度较大，放大样周期和培养放样人员时间较长。

第二阶段是手工计算放样阶段，主要是利用平面三角函数解三角形的方法，计算出铁塔展开图中的实际尺寸和角度，较传统放样准确，但算法麻烦且易出错，处理一些复杂的空间结构比较困难。

第三阶段是计算机放样阶段，通过借助专门的放样软件进行铁塔放样工作，即通过放样软件在虚拟的三维空间中进行铁塔的1∶1构建，从而获得各铁塔构件的实际尺寸和构成角度等参数。并利用软件功能实现出图和绘制样板、打印生产清单等。计算机放样不仅可进行二维放样，还可实现三维数字放样，极大地减轻了铁塔放样的计算量和计算难度，提高了放样准确性和放样效率，同时还可实现放样的可视化、虚拟化、具体化、直观化。

计算机放样软件从最早的二维坐标文本数据文件输入，到三维坐标文本数据文件输入，再到三维坐标AutoCAD下交互输入，最后发展到三维实体工作平台下交互输入数据。铁塔放样软件技术的不断发展，促使铁塔三维构建和渲染技术不断完善，从而使铁塔放样工作发展到了一个全新的阶段。

（三）常用的放样软件与特点

国内第一代常用的铁塔放样软件是基于AutoCAD的李平一铁塔放样软件。第二代放样软件是基于三维数字技术的放样软件，主要有北京道亨的TWsolid、北京信弧的TMA和LMA等专业放样软件。其中，TMA和LMA软件以点定位为基础，突出空间坐标定位，软件操作较复杂，常规结构放样效率低于TWsolid，但对于复杂结构，放样效率和准确性优于TWsolid。TWsolid软件以线定位为基础，软件操作相对简单，模型参数修改方便，初学者易上手，但对于复杂结构，缺乏空间点精确定位，放样精度较差。

AutoCAD和中望CAD软件是重要的后处理软件，具有图纸查看、数据核对和修改等通用功能。建筑钢结构常用tekla等软件进行放样工作，原理相同，专业性不同，一般叫作钢结构详图深化。

未来三维放样的技术核心是协同工作和集成技术，三维放样不再是一个孤立的系统，而是一个集设计、转换、加工的集成制造系统，并逐渐向企业级信息集成发展。其前端与铁塔设计相衔接，后端与企业生产信息管理系统相照应。例如，随着三维数字技术的发展，铁塔三维设计技术与三维放样技术不断融合，通过更智能化的软件来整合设计和放样过程，铁塔设计阶段完成铁塔的三维数字建模并与铁塔企业共享，铁塔企业根据制造工艺要求，修改完善三维模型，输出所需要的技术资料，甚至通过MES系统，直接传输至数字化生产车间，进行铁塔的智能化加工，实现制造的精益化、快捷化、柔性化。

二、放样过程

（一）基本流程

输电铁塔放样工作一般需要有设计院的设计图纸、技术交底纪要、工程技术规范书等技术资料。放样人员在接到放样任务后，应仔细审阅所有技术资料，领会设计意图，然后开始按设计图纸进行放样，最终形成并输出原材料需求清单、螺栓需求清单、技术联系单、零件生产图纸、构件装配图纸、现场安装图纸、产品发运清单等技术资料，指导车间的实际生产。

铁塔放样基本流程见图 5-2。

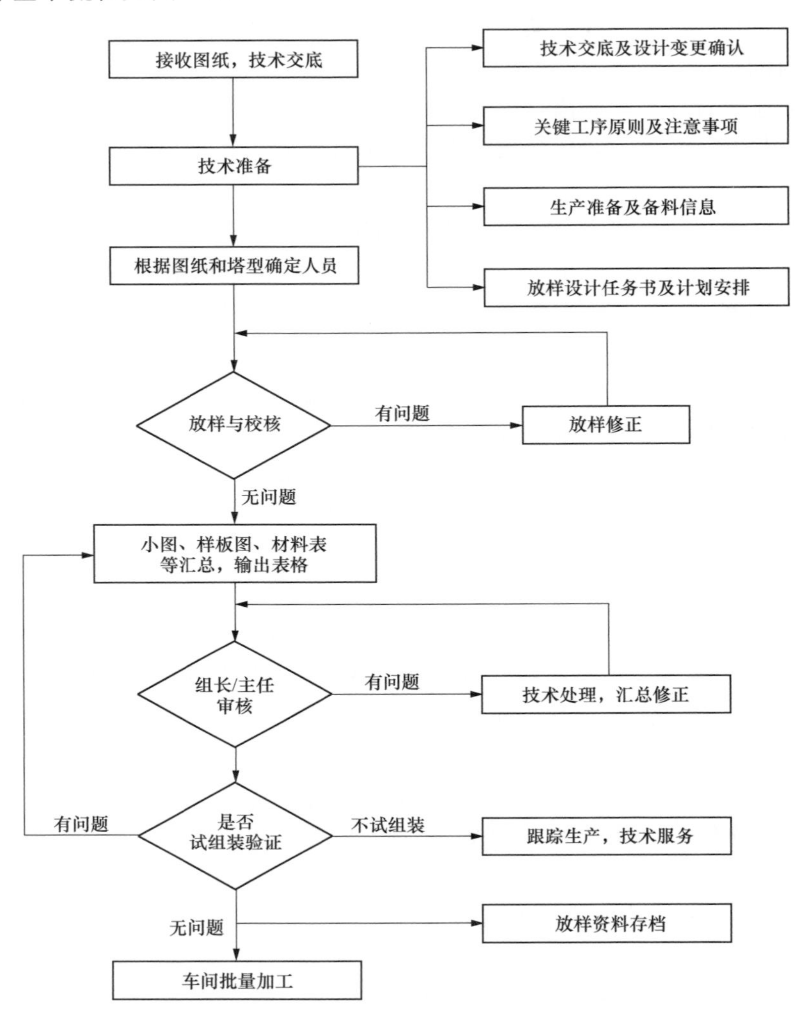

图 5-2　铁塔放样基本流程

（二）放样步骤

下面以角钢塔为例，介绍铁塔放样基本步骤。

1. 放样准备

通常在开展放样工作前，需要取得以下信息：上下开口尺寸，变坡处开口尺寸，挂线点与铁塔中心线间距离，挂线点预拱情况及不同挂线点间尺寸。同时，还要参考工程会议纪要、设计修改单等。

2. 图纸识别

图纸是放样的依据，提供了很多重要的放样信息，如全塔的具体构造，塔身上、下开口尺寸，横担挂线处的尺寸，预拱数值，图纸中是否有角钢采用了特殊准距，螺栓孔是否有非标准间距等。

识别图纸的关键是弄清楚铁塔的控制尺寸。在铁塔图纸中为了校核及识图方便，存在很多冗余标注。其中，有一些尺寸是设计院在进行应力计算时手工输入的尺寸；有一些是应力计算时，程序根据一定规则自动计算出的尺寸；还有根据应力计算结果绘制结构图时，由应力单线图推算出的尺寸，应认真梳理并加以识别。

识图时应注意单线图中同一开口在不同视图中标示数据；还应注意结构图中的相似形、角钢的规格、角钢上螺栓的间距及端距，以及结构图中角钢的正负头、角钢的心距等。

3. 输入单线模型

铁塔的单线模型是指铁塔中各节点的位置坐标及角钢的摆放和规格等信息。单线模型中不包括角钢之间的连接状态信息。单线模型是铁塔设计及放样成功的基础，也是使用放样软件进行放样最为灵活且较复杂的部分。

4. 连接设计

连接设计是利用连接板、螺栓、接头等构件将组成铁塔的各塔材，连接成一个可以承受各种荷载的整体。这些连接构造应遵循先主要连接、后次要连接的设计步骤。由于有些连接是必须待相关连接设计完后才能进行的，因而不是完全按照坐标位置进行连接设计。比如，交叉点设计时，可能需要计算交叉点螺栓的垫圈厚度，而垫圈厚度则是由构成交叉的两根塔材的四个端节点的连接状况决定的，所以必须在设计完交叉材的端节点后才可进行交叉点设计。在进行连接设计过程中，应仔细分析这些连接依附关系后，才能正确进行设计。

5. 放样校核

放样校核是指对放样模型和图纸的校对、核查，是保证放样质量的重要手段。根据校核的内容和重要程度，一般分为自校、互校、专人校核三种。放样校核需要在放样完成后、图纸下发加工前完成。落实好放样校核工作，可以有效降低铁塔生产的质量风险。

自校内容主要包括：放样模型搭建过程中的铁塔主控尺寸，基础根开，放样出图后的图纸的孔位、孔数、孔径、准线尺寸、构件明细表、焊接图、包装清单等。

互校内容主要包括：铁塔段别组成、构件明细表、各连接段别的主控尺寸等。

专人校对内容主要包括：挂线孔孔径、地脚螺栓孔径、脚钉布置方位、螺栓防松及防盗要求、设计变更等工程技术要求和重要位置尺寸的校对。

6. 放样输出

放样的目的是获得原材料需求清单、螺栓需求清单、零件加工图纸、现场安装图纸等技术资料。其中，零件加工图纸是直接用于指导铁塔生产加工的技术资料，直接影响焊接件装配、试组装乃至铁塔的制造质量。

加工图纸主要包括单件加工图、板件加工样板、焊接件装配图等。其中，单件加工图为角钢、钢管等型材的加工详图；加工样板为 1∶1 比例的板件加工图；单件加工图和加工样板图的主要尺寸和数据一般由放样软件生成。焊接件装配图是焊接件点装定位及指导焊接的加工图纸，焊接件装配图明确标识组成焊接件的各零件的焊缝位置及尺寸；对于特殊的接头形式和焊缝尺寸，可以画出局部剖面放大图来表达清楚。焊缝的断面要涂黑，以区别焊缝和母材。焊接件装配图一般由 CAD 软件绘制而成。

单件加工图应标出工程名称、塔型、材质及规格、件号、单基用量、加工总量、孔径、焊接、切角标注、孔间距、准距等、端距、累计尺寸、制弯线位置、制弯尺寸、清根长度、铲背长度及 R、开角或合角的长度及度数、打扁或切肢的长度、制图与校核人员及日期等。若需要代料，需填上代料规格及材质，焊接件必须填上“焊件”两字。挂线孔必须钻孔，单件加工图上应予注明。其他一些特殊要求也需在单件加工图上予以注明。

样板上应标出制图人员、工程名称、塔型、件号、材质及规格、单基用量、孔数、孔径、孔间距、制弯线、制弯方向、制弯角度、批量、材料要求等参数，重要板边应注明基准边及边距。样板外形的锐角小于 60°时须剪掉其锐角，样板没有明确要求按角钢肢宽定边距的一律按标准定边距。焊接板应标注“焊件”两字，焊接板的装配边应标注基准边及边距，并应注明坡口的加工尺寸。

焊件图应做到一件一图，并标注清楚焊件钢印号的位置、单基数量、总数量。焊接图应按照要求表示出单件之间相互位置关系，做到完全定位。同时标注单件材质、焊丝型号、焊接要求等技术要求，焊件图图框中应含有工程名称、单件件号、图号、制图人、审核人、加工数量等信息。

三、防差错措施

（一）放样时需要考虑的问题

放样时要考虑的问题较多，除应考虑流锌孔、加工工艺、零件装配间隙、焊接变形、挂线金具及螺栓与塔材的碰撞等众多实际因素外，还要参照工程技术规范、标准的要求；此外，当修改设计图纸或出现材料规格代用时，还应征得设计单位的书面同意。

（二）防止放样出错的措施

放样工作常采用小团队放样，同一个塔型由不同技术人员分工合作完成放样任务。为防止放样出错，一般采用自校、互校、专人校核等方式从流程上来防止技术上的放样错误，避免造成批量的错误。

放样时，应注意下列事项：

（1）放样人员在放样前应详细阅读加工图纸、加工说明，了解设计交底要求和设计变更等相关文件，认真领会设计意图，掌握输电铁塔加工的一般要求和特殊要求，并贯彻到放样当中去。

（2）如发现图纸缺页、缺项、衔接矛盾、数据不清、数据不全、版本变更等问题，要及时与设计人员取得联系，不可自行揣测。图纸中的所有修改都应有记录。

（3）铁塔主材计算书、下料单、材料清单、附属设施统计等需要手工录入的数据都应建立校核机制，确保与图纸一致。

（4）依据放样计算数据制作样板，或通过 CAD 绘制样板、制作零件小图时，应标注准确，做到图纸、材料表、样板等资料的一致性和完整性。

（5）焊接件必须考虑焊缝余高是否影响与其他杆件的装配，在放样结构图中需模拟或预留出焊缝位置，并与其他构件之间保持 10mm 以上间隙。

（6）主材布置脚钉时，注意按照从上到下的顺序进行，多人合作放样时，要对布置脚钉的主材从上到下进行互相连接校对。多人放样时，为保证铁塔正常连接，结构图中应对不同人员放样的段别之间进行连接校核。

（7）做好脚钉、接地孔、挂线板、塔脚底板孔位布置校对工作，确保其符合工程要求，并做好校对记录。

（8）塔身部段连接不同腿部时，连接板需要根据配腿表绘制，保证连接孔的正确。当与塔脚连接的角钢规格较大、角度倾斜较大时，采用软件模拟对接按照 1∶1 的比例模拟组装，检查塔脚加强筋板焊接后是否与角钢互相干涉。

（9）挂点位置需核对图纸是否要求双帽螺栓。当导地线挂板有倒挂情况时，应安排专人对倒挂情况进行校核。

第三节　零　件　加　工

在铁塔制造过程中，零件加工是铁塔制造的最为关键的环节，主要包括下料（包含开槽、开坡口等）、制孔、制弯、清根、铲背、矫正等。必要时，还需要对材料进行预处理，如矫形、除锈等；依据所用的加工工艺，也可能需要进行工艺验证试验，为正式的加工提供技术准备。

由于不同类型产品的用途、服役环境、使用的主要原材料不同，产品质量要求也不一样，因而其加工装备、加工工艺、质量与管理要求也不尽相同。

一、下料

（一）下料的概念

下料是依据图纸上的图样、样板、任务单的要求，将型材、板材、管材等原材料通过各种冷、热加工方法，加工成所需的零件形状及尺寸的工艺过程。

从工艺过程上，包括划线（套料）、加工、检验三个阶段；从加工工艺上分为冷加工和热切割两种下料方式；从钢材品种上分为钢板下料、钢管下料、型钢下料，其中，钢管的下料又包括切断与开槽；从自动化程度上又分为手工下料、自动下料等。

（二）划线与套料

1. 划线与套料的方法

手动划线：按加工图样的图形与尺寸，1∶1 划在待加工的钢材上，以便按划线图形进行下料加工的工序。对于需要多个加工工序才能完成加工的零件，还要根据样板或加工图纸划出孔位、孔径符号、火曲线、切角线、切肢线等。

软件套料：是使用专门的套料排版软件，通过计算机将板材根据加工图纸尺寸按 1∶1 比例在 AutoCAD 上画出来，生成相应的下料程序的过程。该程序通过数控切割机在要求规格的钢板上把排出来的多个零件自动排列起来，实现自动下料切割，可以提高钢板下料效率、钢材的利用率，降低制造成本。

目前铁塔企业使用数控切割时，基本上都使用专业的套料软件进行整体套料，作业人员只需操作数控切割设备（数控火焰切割机、数控等离子切割机、数控激光切割机等），无须再做调整即可完成整个套料、切割过程。

为确保下料所用的钢材材质、规格正确，在划线或套料前，应核对并记录所用钢材的牌号、生产批号、实测尺寸等钢材的原始信息，在下料时将钢材原始信息与零件加工信息（塔型、件号等）对接。通过数字化车间建设，可以通过移动终端和车间互联网，实现上述信息的对接过程，并实现加工信息的实时统计，便于汇总原材料使用表。

划线（套料）时，应注意以下事项：

(1) 要熟悉加工图和下料工艺，合理预留切割时的割缝，确保下料后零件外形尺寸偏差满足技术规范对零件的精度要求。

(2) 要预先根据图样检验样板，划线和下料前，应核对所用的钢材材质、尺寸偏差符合工程铁塔技术规范的要求；检查钢材表面质量，是否有麻点、裂纹、夹层等缺陷。

(3) 手工划线前，应将钢材垫平、放稳，划线均匀清晰。尺寸较大的零件，划线后应对其外形尺寸进行复核、检查。

(4) 划线时，应注意标注各种下道工序用线，如孔位、火曲线、切角线、切肢线、中心线，以及比较重要的装配位置线等，并加以适当标记以免混淆。

(5) 对于需要弯曲的零件，应考虑折弯线与钢材轧制的纤维方向相垂直。

(6) 划线后，应在合适的位置注明塔型、件号、数量、材质等，以免混淆。

(7) 在手工划线时，应注意合理排料、尽可能地提高材料的利用率。

2. 材料的合理利用

铁塔加工中，一般用钢材的利用率（η）来表示材料的利用程度，即用零件的总质量与使用钢材的总质量之比的百分数来表示，即

$$\eta = \frac{\sum S_{\mathrm{i}}}{S} \times 100\% \tag{5-1}$$

式中，S_{i}为某一零件的质量；S 为使用的钢材的质量。

不同的排料方法、下料工艺会有不同的材料利用率。通过小件填充大件、长短搭配、以小拼整、排样套料等方式，可以提升材料的利用率。尤其是软件套料，既方便采购也便于生产。目前，铁塔行业纳入套料的钢材主要有角钢、钢板、钢管三类原材料。使用小割缝的下料工艺，或采用共边切割技术，也可提高材料的利用率。

（三）下料工艺

输电铁塔用钢板、角钢、钢管的下料工艺包括冷加工下料（如剪切、冲裁、锯切、切削等）和热切割下料（如火焰切割、等离子切割、激光切割等）。下料时，优先采用自动下料方式易于确保零件的下料精度。

1. 剪切和冲裁

利用剪切、冲裁设备的上下刀刃的相对运动来切断材料的加工方法，是将金属材料在常温下分割开来的一种工艺。

剪切、冲裁工艺可以实现钢板、角钢的下料；冲裁工艺可以实现薄壁钢管件的开槽加工。

钢板剪切使用的主要设备包括机械剪板机和液压剪板机；角钢切断设备较多，如角钢自动线、开式曲轴冲剪机床、封闭式倾斜曲轴冲剪机床，双柱固定台式压力机等；用于钢管冲裁开槽的设备多为自制的冲裁机床。这些剪切设备的最大剪切厚度取决于材料的抗拉强度和设备的最大工作压力，否则会造成设备损坏。

剪切前，作业人员应核对样板、加工图纸，确认所用钢材的材质、规格符合要求后方可操作，同时，将材料的原始信息与铁塔零件信息对接并记录。

剪板机型号要参照其最大剪切压力与最大剪切厚度来选择。但在实际应用中，能够使用的最大剪切厚度必须满足工程技术规范或铁塔制造技术标准的限制要求，且须满足加工环境

最低温度的限制要求；对于在冬季严寒地区使用的铁塔，对最大剪切厚度要求更加严格。表 5-1 为特高压输电铁塔加工中允许剪切的最大厚度和允许剪切的最低环境温度。

表 5-1 允许剪切的最大厚度与最低环境温度（T/CSEE 0044—2017）

材质	铁塔服役地区累年极端最低温度下允许剪切的最大厚度（mm）		允许剪切的最低环境温度（℃）
	不低于－30℃	低于－30℃	
Q235	24	20	－5
Q355（Q345）	20	16	0
Q390	16	10	0
Q420	14	10	5
Q460	12	8	5

钢材在剪切过程中，一般会经历四个力学变化的阶段，对应四个剪切工艺过程，在剪切断面上形成四个区域（见图 5-3 所示）。这四个阶段最终决定剪切断面的质量。

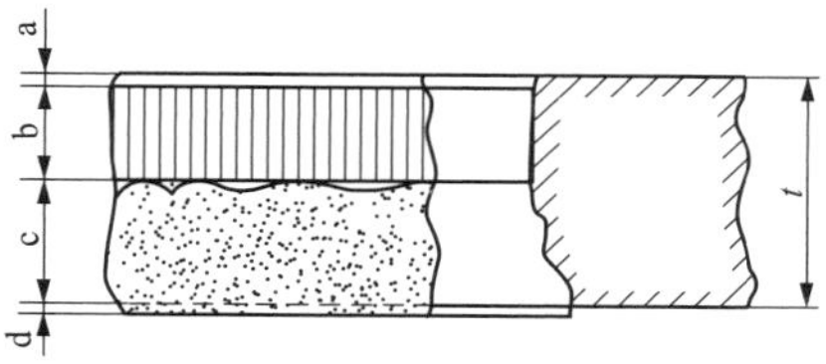

图 5-3 剪切断面示意图

a—塌角；b—切断带；c—撕裂带；d—毛刺

（1）弹性变形阶段：钢材进入上下刀刃之间并与其接触，受剪切力作用而产生变形，在弹性变形阶段后期到塑性变形阶段初期会在剪切面上产生塌角。

（2）塑性变形阶段：钢材与刀刃接触面积进一步增大，所受剪切力持续增大，并最终接近材料的屈服极限，钢材变形增大且刃口较齐，剪切面上出现切断带，切断带在塑性变形后期到剪切阶段初期产生，是剪切工艺最好的一段。

（3）剪切阶段：此阶段钢材受到的剪切力达到最大，超过材料本身的抗拉强度，裂纹萌生，剪切面上出现撕裂带，撕裂带在剪切阶段后期到断裂阶段初期产生，是决定剪切断面毛刺浓密程度的重要因素。

（4）断裂阶段：此阶段材料变形程度最大，剪切力由最大值逐渐下降，钢材受到刀刃剪切力作用，沿裂纹萌生方向快速扩展断裂，完成剪切过程，此时会在剪切断面留下毛刺，毛刺是在断裂阶段最后产生的，对钢材剪切断面质量有着重要的影响。

2. 热切割

（1）热切割方法。

热切割是铁塔零件加工最常用的工艺之一，按照其使用热源的不同，分为火焰切割、等离子切割、激光切割等。热切割具有操作方便、切割厚度较大、切割面质量好等优点。随着装备技术的发展，数控型、智能化热切割设备获得了广泛应用，数控切割设备特别适用于复杂零件的下料，如钢管件的开槽、相贯坡口加工、异形件的加工等。

依据 JB/T 10045—2017《热切割 质量和几何技术规范》，工件热切割过程的图解定义如图 5-4 所示；工件热切割完成后的图解定义如图 5-5 所示。

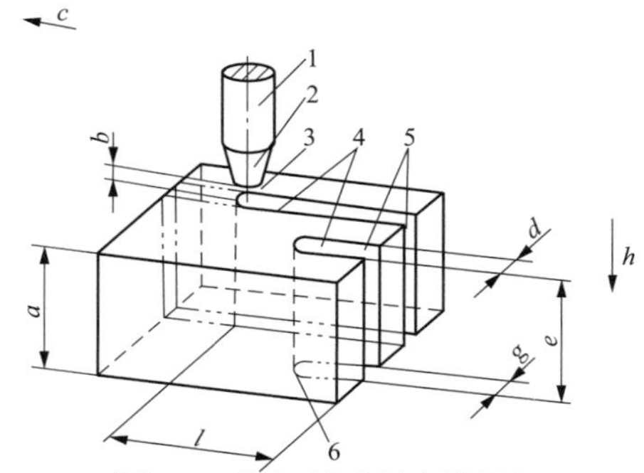

图 5-4　热切割过程中的图解

说明：1—割矩；
2—割嘴；
3—激光束/火焰/电弧；
4—割缝；
5—切割起始端；
6—割缝终止端；
a—工件厚度；
b—割嘴高度；
c—切割方向；
d—割缝上沿宽度；
e—切割厚度；
l—割缝长度；
g—割缝下沿宽度；
h— 切割位置

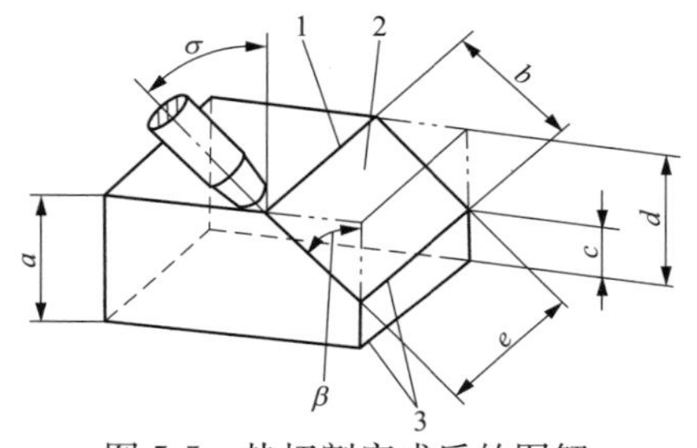

图 5-5　热切割完成后的图解

说明：1—割缝上沿；
2—切割表面；
3—割缝下沿；
σ—切割/割炬角度；
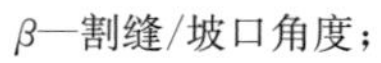
β—割缝/坡口角度；
a—工件厚度；
b—切割厚度（Y 形割缝/坡口）
c—切割厚度（Ⅰ型割缝/坡口）；
d—切割厚度（Ⅰ形割缝/坡口）；
e—切割长度

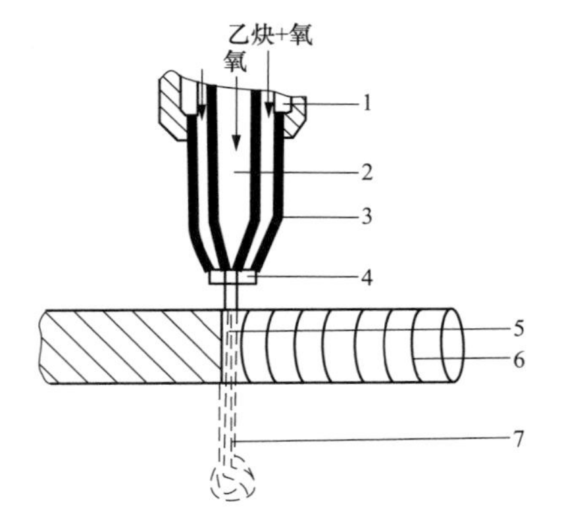

图 5-6　氧—乙炔切割示意图

1—割嘴；2—切割氧；3—预热氧；4—预热火焰；5—切口；6—工件；7—氧化铁渣

（2）火焰切割。

火焰切割又称气割，是利用气体火焰将金属预热到能够在氧气流中燃烧的温度（即燃点，碳钢是 1100～1150℃），然后开放切割氧气，将金属剧烈氧化成熔渣（氧化铁渣）并将熔渣从切口中吹掉，从而将金属分离的过程。如图 5-6 所示为氧—乙炔火焰切割示意图，此外还有氧—丙烷火焰切割、氧—天然气切割等。并不是所有的金属都适用于火焰切割，只有满足下列条件时才能够进行火焰切割：

1）金属的燃点要低于熔点。这样才能使金属在固态下燃烧，形成切口和割缝。如低碳钢燃点约 1350℃，熔点约 1500℃，因而有良好的火焰切割条件；而铜、铝、铸铁等材料燃点高于熔点，因而不能采用普通的氧气—乙炔进行火焰切割。

2）金属氧化物的熔点要低于金属的熔点。否则，表面高熔点的金属氧化物会阻碍下层金属的燃烧而影响切割。

3）燃烧是一个放热反应。放热量越多，预热作用越大，越有利于火焰切割过程的顺利进行。如切割低碳钢时，燃烧放出的热量就占到了70%，火焰所提供的热量仅占30%。

4）导热性不能太高。

5）金属中含阻碍切割过程进行的和提高淬硬性的成分及杂质要少。

低碳钢用火焰切割下料时，应结合工件厚度选择适用的氧—乙炔割炬及割嘴。常用的氧—乙炔射吸式割炬及割嘴性能见表5-2，低碳钢火焰切割工艺参数见表5-3。

表5-2　　氧—乙炔射吸式割炬及割嘴规格性能

型号	割嘴号码	割嘴形式	切透范围（mm）	切割气孔径（mm）	气体压力（MPa）		气体消耗量（L/min）	
					氧气	乙炔	氧气	乙炔
G01-30	1	环形	3～10	0.7	0.2	0.001～0.010	13.3	3.5
	2		10～20	0.9	0.25		23.3	4.0
	3		20～30	1.1	0.3		36.7	5.2
G01-100	1	环形	10～25	1	0.3	0.001～0.010	36.7～45	5.8～6.7
	2		25～50	1.3	0.35		58.2～71.7	7.7～8.3
	3		50～100	1.6	0.5		91.7～121.7	9.2～10
G01-300	1	环形	100～150	1.8	0.5	0.001～0.010	150～180	11.3～13
	2		150～200	2.2	0.65		183～233	13.3～18.3
	3		200～250	2.6	0.8		242～300	19.2～20

表5-3　　低碳钢氧—乙炔火焰切割工艺参数

板厚（mm）	切割孔径（mm）	氧气压力（MPa）	切割速度（mm/min）	气体消耗量（L/min）	
				氧气	乙炔
6	0.8～1.5	0.11～0.24	510～710	16.7～43.3	2.8～5.2
9	0.8～1.5	0.12～0.28	480～660	21.7～55	2.8～5.2
12	0.8～1.5	0.14～0.38	430～610	30～58.3	3.8～6.2
19	1～1.5	0.17～0.35	380～560	55～75	5.7～7.2
25	1.2～1.5	0.19～0.38	350～480	61.7～81.7	6.2～7.5
38	1.7～2.1	0.16～0.38	300～380	86.7～113.3	6.5～8.5
50	1.7～2.1	0.16～0.42	250～350	86.7～123.3	7.5～9.5
75	2.1～2.2	0.21～0.35	200～280	98.3～156.7	7.5～10.8
100	2.1～2.2	0.23～0.42	160～230	138.3～181.7	9.8～12.3
125	2.1～2.2	0.35～0.45	140～190	163.3～193.3	10.8～13.7
150	2.5	0.31～0.45	110～170	188.3～231.7	12.3～15.2
200	2.5	0.42～0.63	90～120	240～295	14.7～18.3

氧—乙炔手工火焰切割时，应注意以下事项：

1）切割氧气压力过大时，使切口过宽，切口表面粗糙，同时浪费氧气；过小时，切割的氧化铁渣吹不掉，切口熔渣易粘在一起，不易清除。因此，切割氧压大小应适当，一般随切割厚度而增加，快速优质切割时，切割氧压力取决于割嘴马赫数。

2）预热火焰能率的选择不应过大或过小，过大时，切口表面棱角熔化，过小时，切割过程容易中断，而且切口表面不整齐，影响切割面质量。一般随割件厚度增加而增大。

3）切割速度要适当，使熔渣和火花垂直向下飞；若切割速度过快，产生较大的后拖量，造成切不透，同时火花后飞，甚至造成铁渣往上飞，造成回火现象；若切割速度太慢，钢板两侧棱角熔化，易产生变形，并浪费切割气体。因此，可通过观察熔渣的流动情况和听切割时产生的声音来判断气割的速度是否适当，一般切割速度随割件厚度的增加而减小。

4）割嘴倾角要适当。手工直线切割时，厚度在 30mm 以下时采用 20°～30°的后倾角；厚度在 18mm 以下时后倾角可增大到 40°；厚度在 30mm 以上时，先采用 5°～10°的前倾角，割穿后，割嘴垂直于割件表面，快结束时采用 5°～10°的后倾角。数控切割或手工曲线切割时，割嘴与割件表面垂直。

5）割嘴与工件表面的距离一般为 3～5mm，钢材厚度较小时，可适当增大该距离，以减小切口淬硬层厚度；割件较厚时，应适当减小该距离，以防止切口边缘熔化。

6）割炬要保持清洁，不应有氧化铁渣的飞溅物粘在嘴头上，尤其是割嘴内孔要保持光滑。

与氧—乙炔切割相比，氧—丙烷火焰切割具有成本低、安全性好、切割质量高的特点，因而近年来在铁塔制造行业得到了广泛应用。表 5-4 是氧—丙烷数控火焰切割 Q355B 钢的常用参数。

表 5-4　　氧—丙烷数控火焰切割 Q355B 钢工艺参数

切割厚度（mm）	6	10	20	30	40	50	60	80
割嘴号码	0	1	2	3	4	4	4	5
切割氧压力（MPa）	0.5	0.6	0.6	0.6	0.6	0.62	0.64	0.66
丙烷压力（MPa）	0.05	0.06	0.06	0.06	0.06	0.06	0.07	0.07
切割速度（mm/min）	550	530	450	380	350	300	300	255
预热时间（s）	5	10	20	25	35	45	50	110

火焰切割热影响区较大，割口宽度较宽，切割较厚金属时，割纹深度较大，因此，铁塔加工中，不能用于割孔。当下料边精度要求较高时，需要进行铣、刨等进一步的机加工，为此需要留有一定的加工余量，依据被切金属的厚度，加工余量约 2～3mm；当用火焰切割方法加工焊接坡口时，需要去除氧化层。

（3）等离子切割。

等离子切割是利用高能量密度的等离子弧高温使金属局部熔化，并借助高速等离子流将熔化的金属从割口处吹走，从而形成割缝的切割方法。

等离子切割与火焰切割相比，其切割范围更广、效率更高，而且切割面质量更好。数控技术、等离子切割技术、逆变电源技术的发展，使等离子切割技术从手工、半自动逐步向数控方向发展，而且切割质量也得到显著地提升。目前，数控等离子切割已成为铁塔加工中广泛使用的一种工艺。

等离子切割工艺参数直接影响切割稳定性、切割质量和切割效果，主要包括以下几方面：

1）空载电压和弧柱电压。为便于引弧和等离子弧的稳定燃烧，等离子切割电源须有足够的空载电压，而弧柱电压一般为空载电压的一半。提高弧柱电压，能明显增加等离子弧的功率，提高切割速度和切割厚度。提高弧柱电压通常通过调节气体流量和加大电极内缩量来达到，但弧柱电压不能超过空载电压的 65%，否则等离子弧变得不稳定。

2）切割电流。增加切割电流同样可以提高等离子弧的功率，从而提高切割速度，但受到最大允许电流限制，否则等离子弧柱变粗、割缝宽度增加、电极寿命下降。要根据所切割的材料及其厚度，选择合适的切割电流和喷嘴。

3）气体种类和流量。数控等离子切割机的工作气体包括切割气体和辅助气体，有些设备还要求起弧气体，通常根据切割材料的种类、厚度和切割方法来选择。

常用的工作气体有空气、氮气、氧气、氩气、氢气等。其中，空气是最经济的工作气体，单独使用空气切割会有挂渣、切口氧化等问题，且电极和喷嘴寿命较低，影响工作效率和切割成本；氮气等离子弧有较好的稳定性，挂渣较少。在数控切割中，氮气、空气已成为高速切割碳素钢的标准气体，有时氮气还被用作等离子切割的起弧气体。氧气可以提高切割低碳钢的速度，但须使用抗高温氧化的电极，且需要对电极进行起弧时的防冲击保护，以延长其寿命。氩气等离子弧稳定，喷嘴与电机使用寿命较高，但其切割能力有限，切割厚度比空气等离子切割大约降低 25%，另外，挂渣较为严重，现已很少单独使用纯氩进行等离子切割。氢气通常作为辅助气体与其他气体共同使用，如 H35（氢气的体积分数为 35%，其余为氩气）是等离子弧切割能力最强的气体之一，一般用于 70mm 以上厚度金属材料的切割。

增加气体流量不仅可以提高弧柱电压，还可使得等离子弧能量更加集中、喷射力更强，从而提高切割速度和切割质量。但气体流量过大，会使弧柱变短，造成切割能力减弱和电弧不稳；过小的流量会使等离子弧挺直度不足，切割深度变浅，并产生挂渣。气体流量要与切割电流和切割速度相匹配，才能获得高效、高质量的切割效果。

4）电极内缩量。所谓内缩量是指电极到割嘴端面的距离，距离过大或过小，会使电极烧损、割嘴烧坏，造成切割能力下降。内缩量一般为 8～11mm。

5）割嘴高度。割嘴高度是指割嘴端面至被割工件表面的距离，该距离过大或过小，均会导致切割效率降低，并造成切割质量下降。割嘴高度一般为 4～10mm。采用陶瓷割嘴可将割嘴高度设为零，即喷嘴断面直接接触被切割件表面，效果很好。

6）切割速度。等离子切割速度与等离子弧的温度、能量密度有关。适度提高切割速度不仅提高生产率，还能减少被割工件的变形和热影响区的大小，减小粘渣。切割速度过快会造成后拖量加大，伴随挂渣增多而影响切割面质量；切割速度过慢则造成割缝增大，切口上缘因加热熔化造成塌角。

（4）激光切割。

激光切割发展于 20 世纪 60 年代末，是利用经聚焦的高功率密度激光束能量使切口部位金属被加热熔化及气化，同时用纯氧或压缩空气、氮气等具有一定压力的辅助气流将切口处的液态金属吹除；随着激光束与割件的相对移动，切缝处熔渣不断被吹除，最终在割件上形成切割缝。

根据激光与材料作用机理的不同，可以将激光切割分为气化切割、熔化切割、反应熔化切割三类，其特性如表 5-5 所示。

表 5-5　不同类型激光切割对比

	气化切割	熔化切割	反应熔化切割
工作原理	激光功率密度高，在高功率激光束加热下工件表面温度快速升至沸点，部分材料直接汽化消失，另一部分被辅助气体从切缝底部吹走而形成切口。气化切割主要使用脉冲激光	激光束熔化材料，辅助气体在高气压下吹走切口中熔化的材料和熔渣。气体喷嘴常与激光束同心	激光束将材料加热到燃点，与工业纯氧反应，放出的热量为后续反应和切割提供能量。所需的激光能量比远小于气化切割
激光器	CO_2激光器、固体激光器、光纤激光器	CO_2激光器、固体激光器、光纤激光器	超短脉冲固体激光器、CO_2激光器、光纤激光器
主要加工参数	焦点直径、激光功率、气压、喷嘴直径、切割速度等	焦点直径、激光功率、气压、喷嘴直径、切割速度等	功率密度、频率、脉冲宽度、脉冲能量、焦点直径、激光功率、切割速度
焦点直径（mm）	0.1～0.5	0.1～0.5	0.01～0.04
应用	主要是金属，如低碳钢的高质量切割	多用于金属和易熔塑料的高质量切割	透明材料的精细加工，如金属、晶体、玻璃、半导体等

激光切割是一种高速度、高质量的切割方法，其加工特点主要有：

1）切缝细窄，可提高材料利用率。如切割一般低碳钢，切缝宽度可小到 0.2～0.3mm。

2）切割速度快，热影响区小（其宽度小于 1mm），切割后工件变形小。

3）切缝边缘垂直度好，切边光滑；表面粗糙度远小于气割、普通等离子弧切割等热切割方法；工件的尺寸精度可达±0.05mm。因此，铁塔工件切割后无须再加工，可直接使用或进行焊接。

4）可实行高速切割，且任何方向都可切割，也可在任何位置开始切割和停止。

5）由于是无接触切割，所以无工具的磨损也无需更换刀具，只需调整工艺参数进行数控自动化切割。

6）切割时噪声低，污染小，适应范围广。

近年来激光器技术的快速发展，激光切割设备发展迅猛，目前已开发出 30kW 的激光切割设备，因而切割厚度大幅度提高，碳钢切割厚度超过 50mm。经试验验证，针对铁塔常用的碳钢、低合金结构钢激光切割下料的适用厚度见表 5-6。

表 5-6　激光下料的适用厚度（推荐值）

激光切割设备功率（kW）	3	4	6	8	12	15	20
适用的下料厚度 t（mm）	≤10	≤12	≤16	≤18	≤24	≤30	≤40

影响激光切割的工艺因素很多，涉及激光器、切割头和龙门数控机床的技术性能参数等。

激光的焦点直径影响切口宽度，可以通过改变聚焦镜的焦距改变焦点直径，更小的焦点直径意味着更窄的切口，而焦点位置决定了工件表面上的光束直径和功率密度及切口的形状。

影响激光切割厚度的因素除与所切割的材料有关外，激光器的功率对切割厚度有较大影响，激光器的输出功率越大，切割厚度也越大，如图 5-7（a）所示。

在激光器输出功率相同的情况下，激光切割速度一般随材料厚度而降低，如图 5-7（b）所示，太快或者太慢的切割速度会导致粗糙度的增加和毛刺的形成，从而影响切割质量。喷嘴的直径决定了从喷嘴中喷出的气体流量和气流形状，材料越厚，气体喷流的直径也要越大，相应地，喷嘴口的直径也要增大。

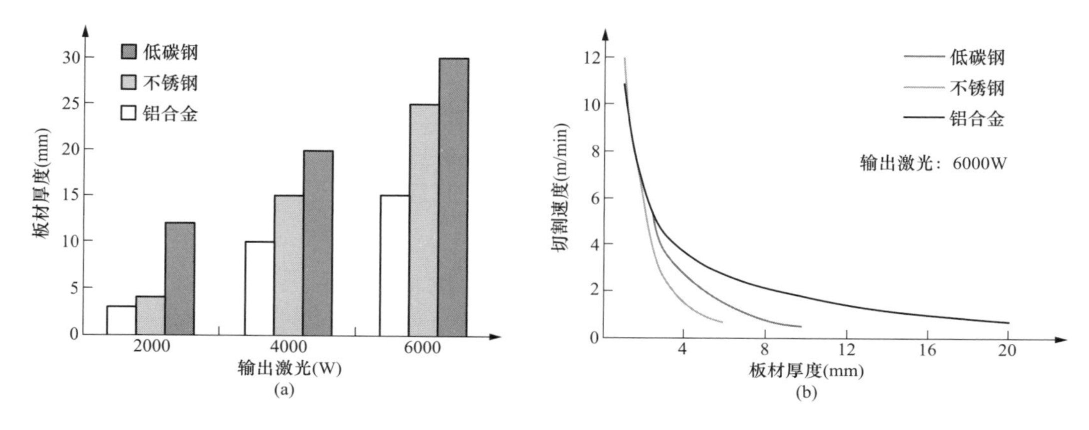

图 5-7　影响激光切割厚度的因素

（a）激光输出功率与切割厚度关系；（b）切割速度与板厚关系

气体纯度和气压影响切割效果。采用氧气时，气体纯度需达到 99.95%；采用氮气时，气体纯度需要达到 99.995%。钢板越厚，采用的气体气压越低。

（5）常用热切割方法切割特点比较。

常用热切割方法的切割性能特点比较见表 5-7。

表 5-7　常用热切割方法比较

切割方法	气割	等离子弧切割	激光切割
切割热源	氧化反应	电	光
适宜切割的材料及能切割的厚度范围（mm）	低碳钢、低合金钢（3～300）	低碳钢、低合金钢（≤150）；如不锈钢等高合金钢，铝及铝合金，铜及铜合金，铸铁	低碳钢、低合金钢（≤40）；如不锈钢、铝、钛、铜、纤维板、木材、橡胶、皮革、陶瓷等
割缝宽度（切割厚度 6mm 的低碳钢割缝宽度值）	中（1.5mm）	大（4.0mm）	小（0.3mm）
切割的尺寸精度（mm）	低（1～2）	中（0.5～1）	高（≤0.2）
切割面的垂直度	好	较好	好
切割面的割纹深度	一般	小	小
切割面上缘熔化程度	好	较好	好
切割热影响区	大	中	小

图 5-8、图 5-9 是 JB/T 10045—2017《热切割 质量和几何技术规范》给出的不同热切割工艺条件下，切割质量的平均数值，从切割后的垂直度、斜度、割纹深度看，激光切割优于等离子切割，等离子切割优于气割。

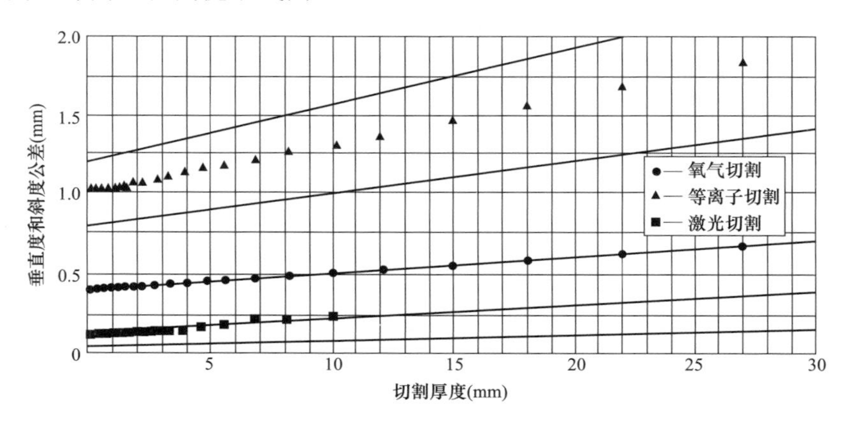

图 5-8 垂直度、斜度公差（切割厚度≤30mm）

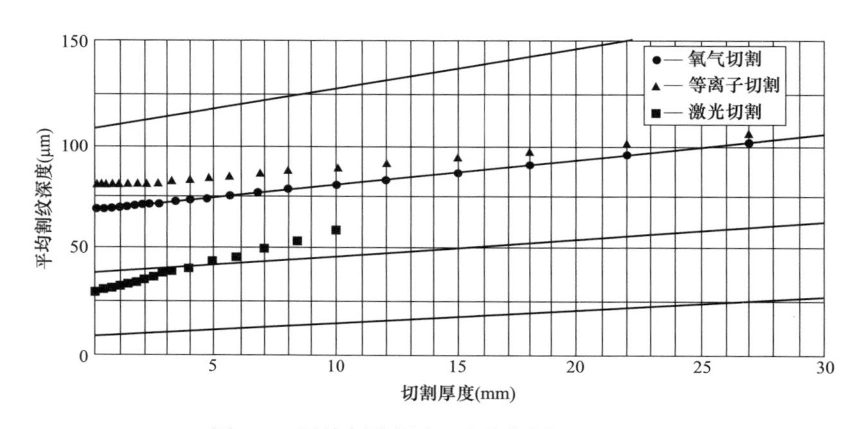

图 5-9 平均割纹深度（切割厚度≤30mm）

通过输电铁塔常用的 Q355B、Q420B、Q460C 材质的火焰切割、等离子切割、激光切割对比试验，其热影响区宽度与组织如表 5-8 所示。结果表明：火焰切割热影响区宽度最大，为 2.5～6.0mm；等离子切割热影响区宽度略大于激光切割，为 0.35～1.50mm。材质厚度对热影响区宽度的影响较大，如图 5-10 所示。

表 5-8　　火焰切割、等离子切割、激光切割热影响区宽度与组织

材质与厚度	火焰切割		等离子切割		激光切割	
	HAZ 宽度	HAZ 组织	HAZ 宽度	HAZ 组织	HAZ 宽度	HAZ 组织
Q355B，28mm	5.92mm	$B_{粒}+F$	1.50mm	$M+B_{粒}$	0.72mm	$M+B_{粒}$
Q420B，16mm	2.52mm	S+F	0.51mm	S+F	0.35mm	M+F
Q460C，22mm	4.06mm	$B_{粒}+F$	0.87mm	$M+B_{粒}$	0.40mm （14mm 厚）	$M+B_{粒}$

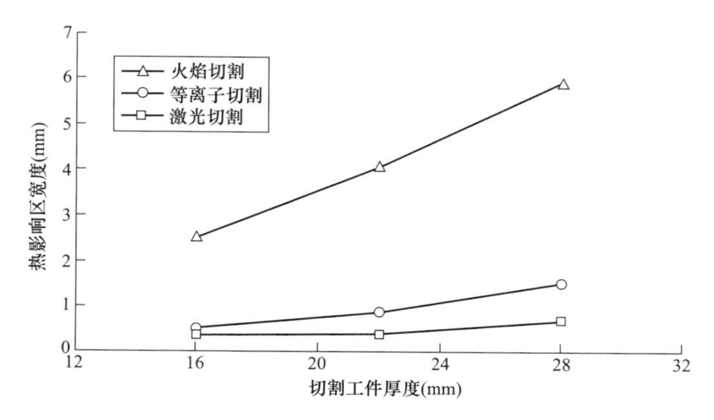

图 5-10　热切割时工件厚度对热影响区宽度影响

（四）质量要求

按照铁塔加工要求，无论采用何种下料工艺，钢材切断后切割面或切断面不应有裂纹、分层和大于 1.0mm 的缺棱，切断处的切割面平面度不应大于 0.05t（t 为厚度），且不大于 2.0mm，割纹深度不大于 0.3mm。应清除毛刺、溶瘤、挂渣、飞溅等。切割断面平整，切割缺口根部形成的尖角应进行 R 圆弧角处理，避免应力集中。

下料允许偏差一般如表 5-9 所示。

表 5-9　　下料允许偏差

序号	项目			允许偏差（mm）	图示
1	宽度 b			±2.0	
	钢板或角钢长度 L			±2.0	
	钢管长度 L	L≤8000mm		±1.5	
		L>8000mm		±2.0	
2	切断面垂直度 P			≤t/8 且不大于 3.0	
3	端部垂直度 P	角钢		≤3b/100 且不大于 3.0	
		钢管	D≤219	1.0	
			219<D≤426	1.5	
			426<D≤508	2.0	
			D>508	2.5	
4	圆盘直径 D			±D/100，且 |D/100|≤3.0	

续表

序号	项目		允许偏差（mm）	图示
5	环形板	宽度 b	±2.0	
		内圆半径 r	$^{+2.0}_{0}$	
		平面度	2.0	
6	开槽	开槽长度 L	$^{+2.0}_{0}$	
		开槽宽度 b	$^{+2.0}_{0}$	
		开槽倾角 α	1.0°	
		开槽中心线偏斜 e	1.0	

二、制孔

（一）制孔的概念

输电铁塔各构件之间的连接是通过螺栓组装在一起，承担相应的载荷。制孔的孔位精度关乎铁塔各构件能否正确组装在一起，制孔质量关系铁塔的运行安全。因此，制孔是铁塔零件加工中最重要的工序之一。

所谓制孔是按照加工图纸的尺寸要求，利用制孔设备在下料后的铁塔零件上制出符合标准要求的孔的工艺过程。

按照制孔工艺的不同，分为冲孔、钻孔和割孔和扩孔；按照零件类型的不同，分为板材件制孔、角钢件制孔等。

（二）制孔工艺

1. 冲孔

（1）冲孔的概念。

冲孔是利用冲裁模具冲压出所需尺寸孔的工艺。铁塔加工中，板材制孔一般使用机械式冲床或数控连板冲孔机进行加工；角钢冲孔一般在中小型角钢数控生产线上进行。

冲孔原理与剪切基本相同，只是剪切时刀刃为直线型，而冲孔刀刃为圆形，其冲裁断面上大致也包括塌角带、剪切带、撕裂带、毛刺四个区域，只是其分布比例不同而已，且随材料的力学性能、冲孔模具间隙、刃口状态等而发生变化。

（2）冲孔要求。

由于冲孔加工速度快、精度高，常用于铁塔零件制孔。但由于冲孔的基本特点，决定了其工件易于变形，且撕裂带表面容易产生微裂纹等，因而实际加工中，通常会对其应用范围进行限制，尤其是严寒地区使用的铁塔，以及低温环境下进行冲孔时，均对其最大厚度提出了明确要求。表 5-10 为特高压输电铁塔加工中允许冲孔的最大厚度和允许冲孔的最低环境温度。

表 5-10 特高压输电铁塔加工中允许冲孔的最大厚度与最低环境温度（T/CSEE 0044—2017）

材质	铁塔服役地区累年极端最低温度下允许的最大冲孔厚度（mm）		允许冲孔的最低环境温度（℃）
	不低于－30℃	低于－30℃	
Q235	16	12	－5
Q355（Q345）	14	10	0
Q390	12	8	0
Q420	12	不允许	5
Q460	不允许	不允许	5

图 5-11（a）是我国某线路铁塔投运后在冬季发生的铁塔下部主材断裂失效情况，共有 3 基转角塔出现了同样问题。失效分析表明，除了由于低温环境造成铁塔主材出现低温脆化外，铁塔加工中冲孔所形成的微裂纹是导致塔材失效的主要原因。在失效的塔材螺栓孔内壁发现有大量的撕裂纹，见图 5-11（b），通过螺栓孔剖面观察发现，在孔附近有深约 0.4mm 的斜向微裂纹，有部分锌液渗入角钢裂纹内部，见图 5-11（c），说明该裂纹是在冲孔时形成的。因此，对冲孔工艺进行限制是很有必要的。

(a)

(b) (c)

图 5-11 冲孔工艺不当导致的塔材失效

（a）塔材沿螺栓孔出现断裂；（b）角钢孔内表面撕裂纹；（c）镀锌后锌液渗入微裂纹内

（3）冲孔参数设计与模具选择。

冲孔模具的上下模间隙、刃口锋利程度、模具材质、制造精度和结构等对冲孔质量有很大影响，不仅影响冲孔件上下表面变形、断面质量、制孔精度等，同时还影响模具的使用寿命。

新装冲孔模具时，上模柄应与冲床滑块下面贴合，螺栓锁紧，攀车使冲头与下模周边间隙找正，锁紧滑块调整螺栓。滑块调整螺杆在螺母丝扣含量长度最短不得小于螺杆直径的

1.5倍，否则应垫高下模胎板，滑块调整示意图如图5-12所示。应确保冲孔上模与下模接触深度为0.3～0.8mm，见图5-13。

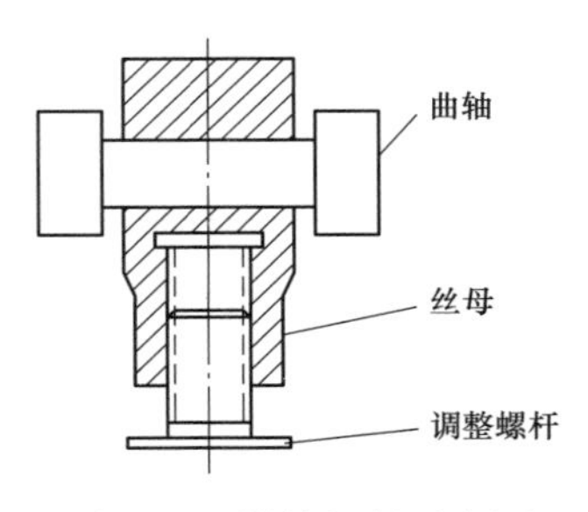

图5-12　滑块调整示意图

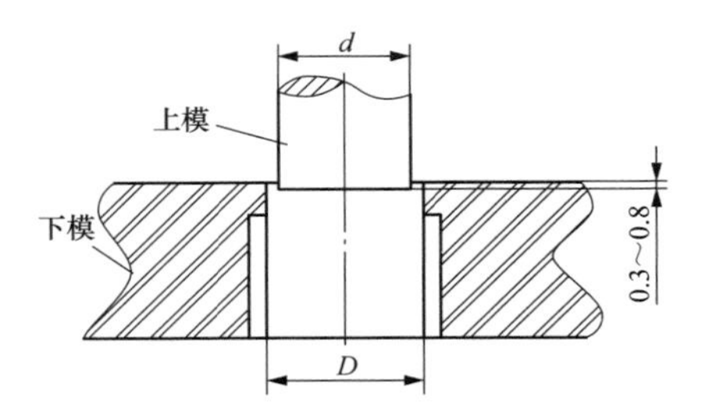

图5-13　上模与下模接触深度示意图

冲孔时，上模（凸模）的直径 d 小于下模（凹模）直径 D，两者尺寸之差称为上下模具间隙（M），如图5-13所示，可表示为

$$M = D - d \tag{5-2}$$

冲孔时上下模具之间的间隙（M），是冲孔工艺的一项重要工艺参数，M值的大小直接影响冲孔件的制孔质量，如制孔精度、上下表面变形、毛刺等，并对冲孔设备及模具的使用寿命都有影响。因此，需要合理选择上下模间隙。由于随制孔作业的不断进行，上下模具间隙会逐渐增大，因此，新模具应采用最小的合理间隙（M_{min}）。间隙的选择主要与制孔孔径、制孔件的厚度有关，可通过式（5-3）来确定

$$M_{min} = kt \tag{5-3}$$

式中：t 为制孔件的厚度，mm；M_{min}为上下模最小间隙，mm；k 为系数，冲孔时的一般取值范围为0.12～0.14。

制孔时，如果上下模具间隙合适，冲孔后孔径精度较高，且上下表面变形较小，孔内壁平整、光洁，毛刺较小。如果间隙过小，会造成冲孔件中间部分被第二次裁剪，孔内壁出现较严重的撕裂，下表面出现较大的毛刺，冲孔后孔径变小；若间隙过大，孔壁上表面出现较大的变形产生较大的塌角，断面上光亮带比例减小，下表面毛刺大而厚，冲孔后的孔径大于上模（凸模）尺寸。因此，应经常对模具进行检查和维护。

冲孔时，冲孔作业人员应根据图纸中的制孔孔径选择上模具，依据制孔件的厚度选择适当的下模具，使用下模具可变换的胎具可以方便作业人员的操作，提高加工效率。冲孔模具可直接参照表5-11进行选择。

表5-11　冲孔模具选择表　　单位：mm

上模直径/孔径	工件厚度	下模孔径	上模直径/孔径	工件厚度	下模孔径
14.1/ϕ13.5	≤4	14.6	15.2/ϕ14.5	≤4	15.7
	6、8	15.1		6、8	16.2
	10、12	15.5		10、12	16.6
16.2/ϕ15.5	≤4	16.7	17.2/ϕ16.5	≤4	17.7
	6、8	17.2		6、8	18.2
	10、12	17.7		10、12	18.8

续表

上模直径/孔径	工件厚度	下模孔径	上模直径/孔径	工件厚度	下模孔径
18.2/ϕ17.5	≤4	18.7	19.2/ϕ18.5	≤4	19.7
	6、8	19.2		6、8	20.2
	10、12	19.9		10、12	20.9
	14、16	20.3		14、16	21.3
20.2/ϕ19.5	≤4	20.7	20.7/ϕ20	≤−4	21.2
	6、8	21.2		6、8	21.7
	10、12	21.9		10、12	22.4
	14、16	22.3		14、16	22.8
21.2/ϕ20.5	≤4	21.7	22.2/ϕ21.5	≤4	22.7
	6、8	22.2		6、8	23.2
	10、12	22.9		10、12	23.9
	14、16	23.3		14、16	24.3
22.7/ϕ22	≤4	23.2	23.2/ϕ22.5	≤4	23.7
	6、8	23.7		6、8	24.2
	10、12	24.4		10、12	24.8
	14、16	25		14、16	25.4
23.7/ϕ23	≤4	24.2	24.3/ϕ23.5	≤4	24.8
	6、8	24.7		6、8	25.3
	10、12	25.4		10、12	25.9
	14、16	25.9		14、16	26.6
25.3/ϕ24.5	≤4	25.8	26.3/ϕ25.5	≤4	26.8
	6、8	26.3		6、8	27.3
	10、12	27		10、12	28
	14、16	27.6		14、16	28.6

冲孔作业应注意以下事项：

（1）角钢冲孔时，操作人员应按角钢件的准心线调整定位模板，并考虑角钢边宽负差值的调整。

（2）冲孔作业时，应先试冲孔，测量准线距离无误后再批量冲孔。

（3）冲孔作业中，不允许有冲不透、漏孔、孔边缘毛刺过大等现象。冲孔后大于0.3mm的毛刺应清除。

2. 钻孔

（1）钻孔的概念。

钻孔是利用钻头在工件上钻削出孔的工艺过程。钻孔的本质是切削加工，不会引起工件的变形，且孔内壁也无撕裂带等，因而钻孔质量优于冲孔。基于此，在铁塔零件加工中，当不适合进行冲孔加工时，多采用钻孔工艺加工；而对于重要的孔（如挂线孔），无论何种材质和何种厚度，均须采用钻孔工艺加工。

（2）钻孔参数选择。

目前，板材钻孔一般使用摇臂钻床、立式钻床或数控平面钻床进行加工，角钢件一般采用数控角钢生产线进行加工。为提高加工效率，板材钻孔多将相同的零件叠放在一起进行加工，而数控角钢生产线多使用多钻头的普通钻或高速钻来提升钻孔效率。钻孔时的切削速度为

$$V=\pi D\cdot N/1000 \tag{5-4}$$

式中：V 为切削速度，m/min；N 为钻床主轴转速，r/min；D 为孔径，mm。

进刀量按以下原则进行选择：①当 $D\leqslant 20$mm 时，进刀量（S）约为 $0.03D$；②当 $D>20$mm 时，进刀量（S）约为 $0.025D$。进刀量和切削速度参见表 5-12。

表 5-12　进刀量和切削速度参照表

深径比 L/D	钻孔切削量	孔径 D/mm								
		8	10	12	16	20	25	30	35	40-60
≤3	进刀量 S（mm/转）	0.24	0.32	0.4	0.5	0.6	0.67	0.75	0.81	0.9
	切削速度 V（m/min）	24	24	24	25	25	25	26	26	26
	转速 N（转/min）	950	760	640	500	400	320	275	235	—

注　L 为制孔深度，mm。

在钻孔加工中，钻头选择对于确保制孔精度有重要意义。应根据加工孔径选择钻头，钻头直径一般比孔径大 0.5～1.0mm。

铁塔加工中最常用的钻头是麻花钻，按照其柄部结构分为锥柄麻花钻和直柄麻花钻；按其精度不同分为普通级麻花钻和精密级麻花钻。

麻花钻一般由工作部分、颈部和柄部组成，图 5-14 为其结构图。

麻花钻的工作部分包括切削部分和导向部分。其中，切削部分主要包括两条主切削刃、两条副切削刃和一条横刃，两条主切屑刃之间通常为 118°±2°，称为顶角，横刃的作用主要是增加锉削的轴向力。导向部分在钻孔时起引导作用，也是切削部分的后备部分，导向部分有两条狭长、螺纹形状的韧带（棱边）和螺旋槽，导向部分的韧带（棱边）即钻头的副切削刃，其作用是引导钻头和修光孔壁；两条螺旋槽形成钻头的前刀面，也是排屑、容屑和切削液流入的空间，螺旋槽的螺旋角可减小棱边与工件孔壁的摩擦，同时形成了副偏角，增大螺旋角，易于排屑，但会削弱切削刃的强度和钻头的刚性。

柄部用来装夹钻头和传递扭矩，钻头直径 d_0 小于 12mm 时，常制成直柄，d_0 大于 12mm 时，常制成圆锥柄。

颈部是柄部与工作部分的连接部分，并作为磨外径时砂轮退刀用，钻头的直径大小一般刻在颈部。小直径钻头一般没有颈部。

麻花钻一般采用高速钢（HSS）制造，为提高钻削速度，提高钻头寿命，硬质合金钻头应用越来越多。常见的硬质合金钻头主要有整体硬质合金钻头、硬质合金可转位刀片钻头、焊接式硬质合金钻头和可更换刀头式硬质合金钻头四类。每一类硬质合金钻头在特定的场合应用中都有其优点，见表 5-13。

（3）钻孔注意事项。

1）在确定孔位之前要先检查零件下料后的外形尺寸，尤其是经制弯、焊接的零部件。

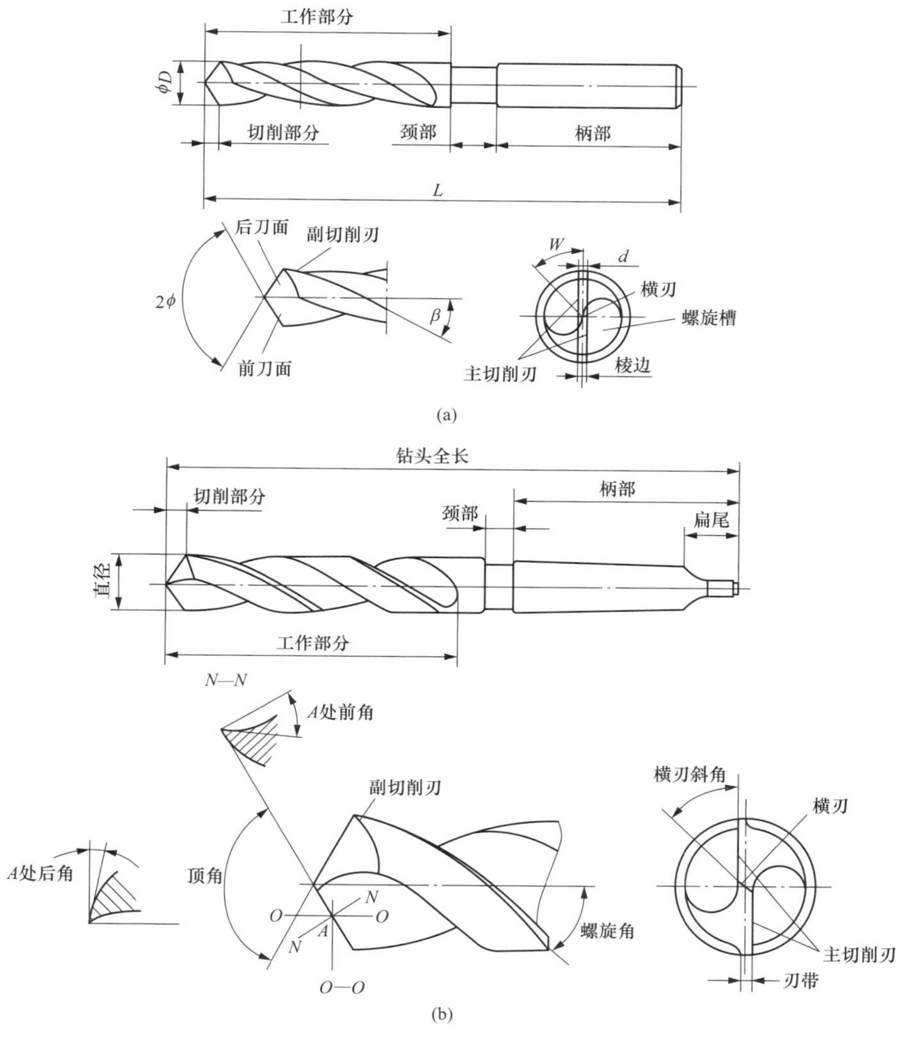

图 5-14 麻花钻结构图

（a）直柄麻花钻；（b）锥柄麻花钻

如果发生变形，需要对零件进行校正。如下料时零件的棱边上存在毛刺、飞边等，应采用锉刀或砂轮机打磨，以确保孔定位基准准确。如为焊接件，应注意装配的基准边与制孔基准边要一致。

表 5-13　　不同类型硬质合金钻头特点

类型	特点	图示
整体硬质合金钻头	1. 有定心功能，种类齐全； 2. 深孔加工精度较高； 3. 可重磨再利用，降低成本	

续表

类型	特点	图示
硬质合金可转位刀片钻头	1. 舍弃式刀片，成本低，换刀方便； 2. 不具备定心功能； 3. 刀片种类丰富，加工精度相对较低	
可更换刀头式硬质合金钻头	1. 有定心功能，种类齐全； 2. 同一刀杆可安装多直径的刀头； 3. 加工效率高，加工精度高； 4. 多种材质刀头可对应不同材料； 5. 可重磨再利用，降低成本	

2）对于孔位精度要求较高的场合，可采用游标卡尺划线后，再打样冲的方法来定位，若轻打样冲时没有打在孔中心位置，需要对样冲眼进行修正，然后再加深固定。也可以在钻孔之前用中心钻点孔，点孔深度为 1～2mm，为钻孔起到定位和导向作用。

3）在零件批量制孔时，往往使用工装或组合夹具确定孔位或直接进行钻孔加工，须注意检查工装夹具安装时的准确性和使用过程中的磨损情况，必要时要及时地调整和修改，并经常对零件进行抽检以免造成批量报废。

4）零件正确装夹，是保证孔加工过程中不会因为零件偏移而产生孔位误差的重要一环，因此，先要检查夹具本身的精度，其次选用合适的垫铁，保证零件固定牢固，与工作台平行，并与钻头垂直，不得倾斜，并且每次零件的装夹都要及时清理钻孔产生的切屑，以免切屑的堆积造成零件装夹不牢或位置偏移。在生产过程中要根据不同的零件采用不同的夹具和装夹方法。

5）铁塔加工中，多选用 118°钻尖角度、30°螺旋角度的麻花钻，选择钻头时，应注意钻头的长径比（指钻孔的深度与钻头直径的比值）不要大于 4，否则麻花钻很难将切削顶离切削区而排出孔外。

6）孔径较大时，为了更好地保证加工精度，一般采取先钻小孔再扩孔的方法进行制孔，钻孔和扩孔要采用一次装夹，以确保同轴度，防止孔位偏移。钻孔后，要对孔边缘的毛刺进行清除，一般使用比孔径略大的钻头对孔口部位进行倒角来去除毛刺。扩孔加工可用专用扩孔钻或麻花钻改磨的扩孔钻，扩孔时要注意与已加工孔的同轴度，扩孔的转速应比钻孔低些，进给量约为钻孔的 2 倍。

7）钻孔时，应注意钻头柄部打滑，特别是在进行大批量直径超过 6mm 的大孔径加工时，避免柄部打滑，造成钻头尾部的记号被磨掉，同时造成柄部划伤。此外，钻头振动会造成孔径增大或孔不圆度增加，或造成钻头弯曲甚至折断。这时，应减小钻头后角且刃磨时保证钻头左、右切削刃对称，改进夹具与定位装置等进行改进。

8）角钢件钻孔时，对于齐头角钢（端头垂直度误差在 3mm 以内）可通过调整自动线小车定位点的方式找正加工起始点，上料后先启动钻头，进行试钻定位，确定角钢端头与角钢端第一只孔的距离，然后调整加工程序中的定位设置，开动自动加工，加工后，作业人员用角磨机清理孔及角钢端距边缘的毛刺，并对端距尺寸进行自检。角钢端部垂直度偏差较大（3mm 以上）时，应首先对角钢端部进行加工，然后按上述工艺顺序进行制孔作业。

9）钻头的刃磨是保证孔径尺寸精度及孔壁表面粗糙度的关键，刃磨麻花钻要根据材料的硬度和厚薄而选取正确的刃磨角度。

10）钻头用过一段时间后需要进行修磨。磨外刃时，将钻刃摆平，磨削点大致在砂轮水平中心面上，钻头轴心线与砂轮圆柱面母线水平面内的夹角等于外刃顶角的一半。然后钻刃慢慢接触砂轮，一手握住钻头某一部位，另一只手将钻头尾部上、下摆动，磨出外刃后面，须注意钻头尾部摆动不要高出水平面，以防止磨出负后面。当钻头即将磨好成形时，不要由刃背向刃口方向磨，以免刃口退火，在磨刃时要经常用水冷却。由于钻头刃口较多，为便于检查各刃的对称性，可以把钻头竖直，两眼平视，再转 180°，反复观察两刃，感觉对称时为止。

磨月牙槽时，首先应将钻头靠上砂轮圆角，磨削点大致在砂轮中心水平面上，使外刃基本放平，若外刃缘点向上翘，会使月牙槽出现负侧扣角，并且使横刃顶角变小；然后，使钻头轴心线与砂轮侧面夹角成为 55°～60°；最后将钻头尾部压下，与水平面成一圆弧后角。

修磨横刃时，使钻头外刃背靠上砂轮圆角，磨削点大致在砂轮水平中心面上，钻头轴线左摆，在水平面内与砂轮侧面夹角大约 15°，钻头压下与水平夹角大约成 55°。然后使钻头上的磨削点由外刃背沿着棱线逐渐向钻心移动，同时稍稍转动钻头，磨削量由大到小，磨出内刃前面。磨至钻心时，保证内刃前角，此时动作要轻，以防止刃口退火和钻心过薄，还要保证外刃与砂轮侧面夹角（约 25°），为防止此角过面，应保证横刃长和两角的对称性。

修磨外刃外屑槽时，宜选用橡胶砂轮，也可用普通小砂轮，但砂轮圆角要修小一点；保证槽距、槽宽、槽深和屑槽的后侧角。

钻孔时，如果钻头使用不当或钻孔工艺不当，会形成钻孔缺陷。主要的缺陷种类、产生原因与控制措施见表 5-14。

表 5-14　　钻孔常见缺陷及控制措施

缺陷形式	产生原因	控制措施
孔呈多角形	1. 钻头后角太大； 2. 两个主切削刃不对称	1. 较小后角； 2. 正确刃磨
孔偏斜	1. 工件装夹不正确，表面偏斜； 2. 工件未固定紧； 3. 钻头主轴与工作台面不垂直； 4. 钻头横刃太长； 5. 进给量不均匀	1. 正确装夹工件； 2. 钻孔前检查工件装夹情况，并检查主轴与台面的垂直度； 3. 修磨横刃； 4. 正确控制进给量
钻孔扩大	1. 钻头的两个主切削刃不均； 2. 横刃太长或刃口崩刃； 3. 钻头韧带上有切削瘤； 4. 进给量太大或钻头摆动； 5. 钻轴偏摆	1. 正确刃磨； 2. 修磨横刃或更换钻头； 3. 修磨钻头切削瘤； 4. 正确控制进给量，消除钻头摆动因素； 5. 调整钻轴
孔壁粗糙	1. 钻头不锋利； 2. 后角太大； 3. 进给量太大； 4. 冷却不足，切削液性能差	1. 修磨钻头； 2. 修磨后角； 3. 正确控制进给量； 4. 选择性能好的切削液

（4）大直径孔的加工。

钻孔加工的最大孔径一般在 ϕ50mm，输电铁塔塔脚底板地脚螺栓孔径较大，特高压铁塔地脚螺栓孔径一般均在 ϕ50mm 以上，且对孔的尺寸精度要求较高，因而常规的钻孔工艺不能直接一次完成加工。

目前，对大直径孔的加工方法一般有两种：①采用扩孔工艺加工；②采用空心钻进行加工。

1）扩孔。扩孔是使用扩孔刀具对零件上已钻出的孔做进一步加工，以扩大孔径并提高精度和降低表面粗糙度的工艺过程。扩孔时先用小直径钻头钻出底孔，再用大直径钻头钻至所要求的孔径。通常第一次选用钻头的直径为孔径的 0.5～0.7 倍。

常用的扩孔刀具有麻花钻和扩孔钻等。精度要求不高时，多用麻花钻扩孔，精度要求较高时，可使用扩孔钻扩孔，扩孔后表面粗糙度 Ra 值可达到 12.5～6.3μm。

扩孔钻的材质有高速钢和硬质合金两种；直径 ϕ10～32mm 的扩孔钻结构一般为锥柄，直径 ϕ25～80mm 的扩孔钻则为套式。扩孔钻的结构与麻花钻相比有以下特点：

a）刚性更好。由于扩孔的背吃刀量小，切屑少，扩孔钻的容屑槽浅而窄，钻芯直径较大，增加了扩孔钻工作部分的刚性。

b）导向性更好。扩孔钻有 3～4 个刀齿，刀具周边的棱边数增多，导向作用相对增强。

c）切屑条件更好。扩孔钻无横刃参加切削，切削轻快，可采用较大的进给量，生产率较高。

因此，与钻孔相比，扩孔加工精度更高，并可在一定程度上校正钻孔的轴线偏差。

2）空心钻。空心钻头（多刃钢板钻又名取芯钻）是多刀刃环状切削的高效钻头，按其所用材质，钻头主要分为高速钢钻头、硬质合金钢钻头、钨钢钻头三大类，钻孔直径范围可达 ϕ12～150mm。

用空心钻头钻孔时，加工过程产生的热量对钻头硬度影响很大，因此钻孔过程中必须使用冷却液降温，否则钻头磨损将以相变磨损为主而快速磨损。冷却液降温方式有两种：①外部喷淋冷却，钻头工位为水平轴线方向加工，冷却液不易进入钻头刀刃部分，冷却液消耗较大，冷却效果不理想；②内部喷淋冷却，冷却液由空心钻头芯部加入，使冷却液能顺利到达钻头切削部分，冷却液消耗量低，冷却效果好。

3. 割孔

铁塔零件加工一般不允许割孔。近两年，随着激光切割技术的不断发展，其切割精度逐渐提升。北京国网富达科技发展有限责任公司联合国内主流铁塔企业、激光切割设备厂家，开展了铁塔零件激光制孔验证性试验工作，图 5-15 是试验时进行表面质量观察、金相试验和显微硬度检测时的取样位置示意图。

（1）孔壁表面质量观察。

试验表明，激光制孔后孔内壁光滑，无可见裂纹等缺陷，图 5-16 是 50 倍显微镜的孔壁表面。

（2）热影响区范围。采用金相法对激光制孔后（未镀锌）的试件进行了激光制孔热影响区的测定，结果见图 5-17，随着钢板厚度增加，激光制孔后热影响区的范围逐渐增宽，热影响区宽度为 0.3～0.7mm，而与材质关系不大。

（3）显微硬度。采用维氏硬度（负载重 300g，时间 10s）测试孔壁附近不同区域的显微

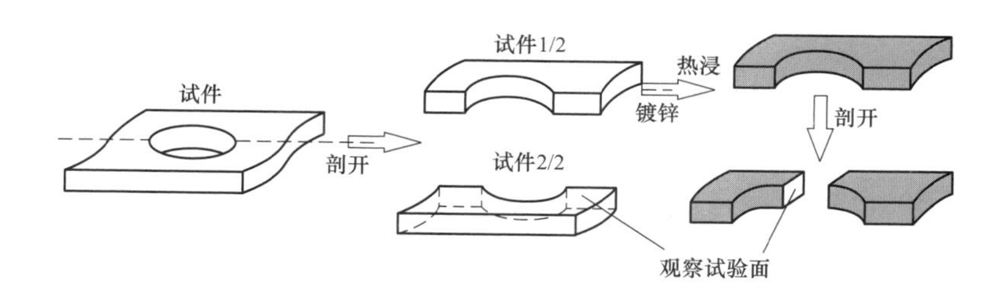

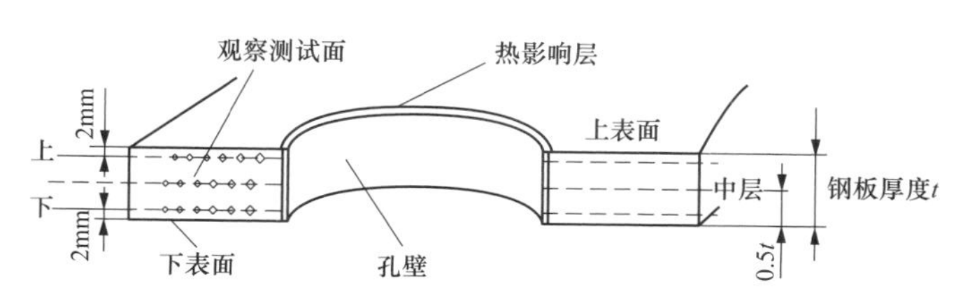

图 5-15　试验取样位置示意图

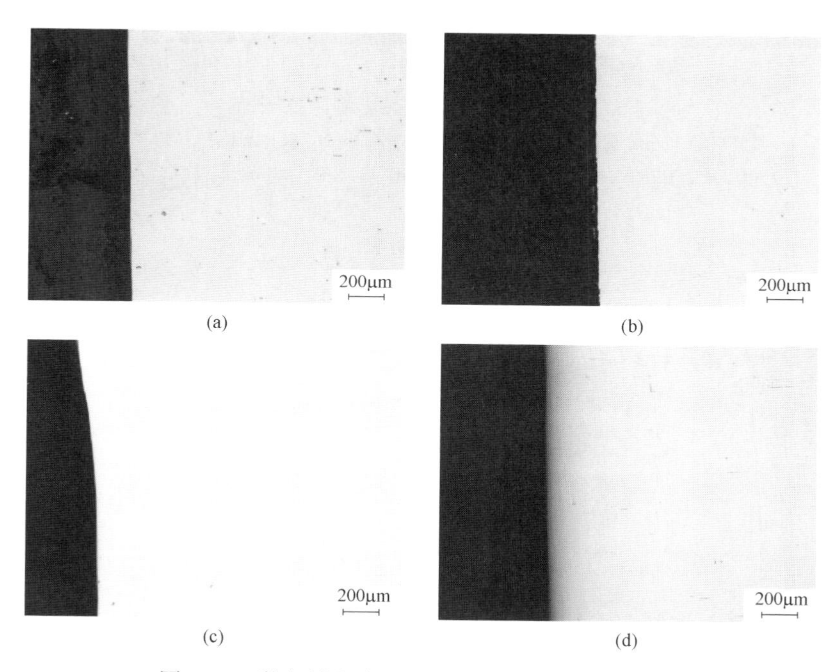

图 5-16　激光制孔孔壁表面质量（50 倍显微放大）

（a）Q355B，12mm 试样；（b）Q355B，28mm 试样；（c）Q420B，12mm 试样；（d）Q420B，28mm 试样

硬度。

图 5-18、图 5-19 分别是 Q355B、Q420B 试件（28mm 厚度）激光制孔后，未镀锌、镀锌后孔边缘区域的显微硬度，可以看出：无论 Q355、Q420 钢材，与原始组织相比，激光制孔后孔边缘附近区域显微硬度升高，显微硬度主要集中在 HV380～420 范围，随着离孔边缘距离增加，硬度逐渐降低，在距孔边缘 0.5～0.7mm 后显微硬度数值趋于平稳，基本与原始组织相当。说明激光制孔后存在一定的热影响区，在该区域内，材料有一定的淬硬倾向。

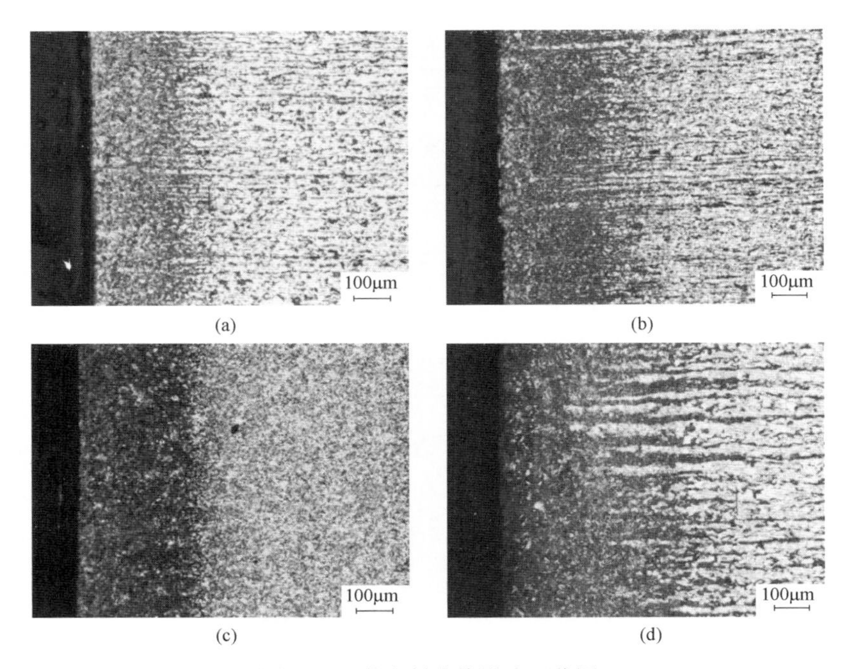

图 5-17　激光制孔热影响区范围

(a) Q355B，12mm 试样（339.744μm）；(b) Q355B，28mm 试样（423.178μm）；
(c) Q420B，12mm 试样（327.439μm）；(d) Q420B，28mm 试样（677.398μm）

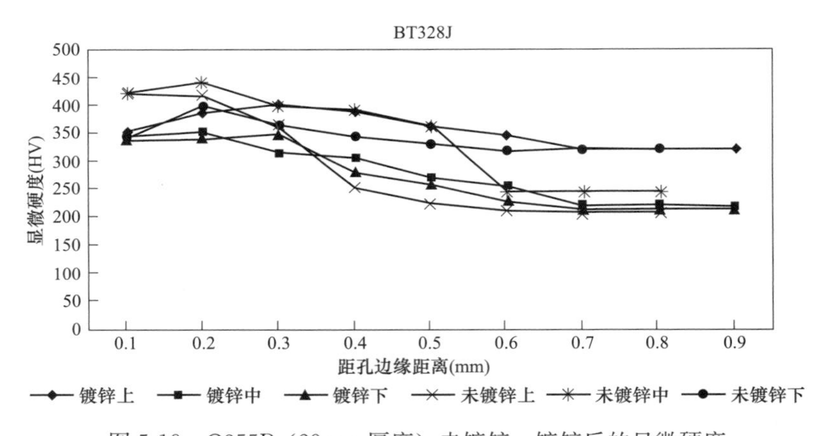

图 5-18　Q355B（28mm 厚度）未镀锌、镀锌后的显微硬度

无论 Q355、Q420 钢材，经热浸镀锌后，能够明显降低孔热影响区附近的显微硬度，降低范围为 HV90～150，镀锌后的硬度大概在 HV310 以下，说明热浸镀锌可以明显改善激光制孔所造成的热影响区的淬硬倾向。

(4) 金相组织。图 5-20 是 28mm 厚度的 Q355B、Q420B 板材激光制孔后孔壁附近区域金相组织（采用 4%硝酸+酒精侵蚀），可以看到在孔边缘区域有一定的热影响区。

图 5-21、图 5-22 分别为 Q420B 激光制孔未镀锌和镀锌后孔边缘区域的金相组织。其中，图 5-21（a）为 Q420 材质未镀锌 200 倍的组织，激光制孔后孔边缘组织可以分为 4 个区域，

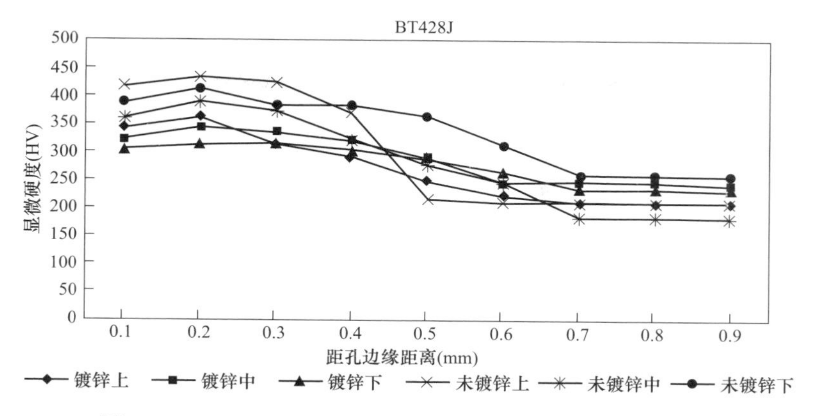

图 5-19 Q420B（28mm 厚度）未镀锌、镀锌后的显微硬度

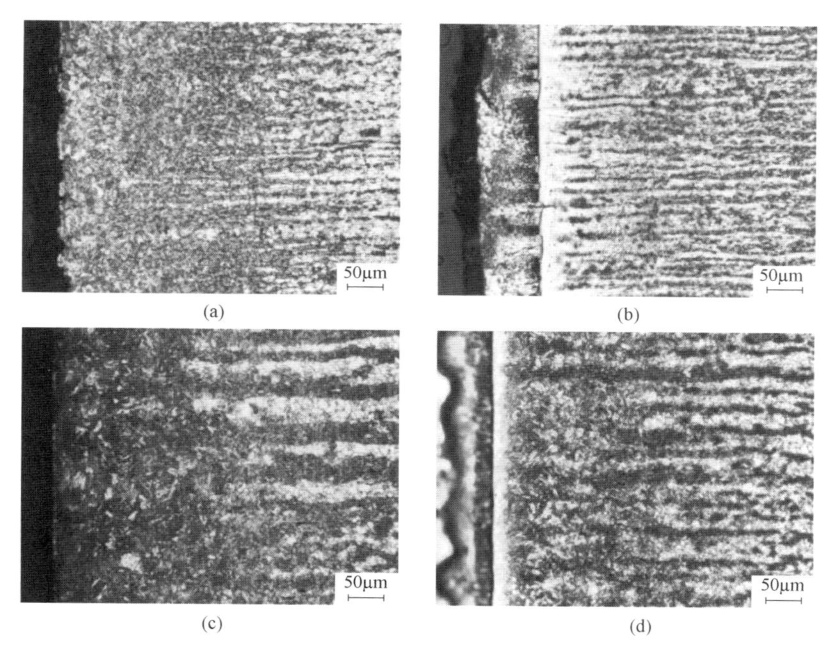

图 5-20 激光制孔边缘区域金相组织（200 倍显微放大）

（a）Q355B 未镀锌；（b）Q355B 镀锌后；（c）Q420B 未镀锌；（d）420B 镀锌后

放大到 500 倍后的 A 区域对应图 5-21（b），组织为板条马氏体＋铁素体；B 区域对应图 5-21（c），组织为板条马氏体＋铁素体＋屈氏体；C 区域对应图 5-21（d），组织为铁素体＋屈氏体，D 区域为材料原始组织。由于马氏体组织的出现，使得热影响区有淬硬倾向。

图 5-22（a）是上述试件镀锌后的金相组织，图中最左边区域为锌层，锌层与钢材黑色带为铁锌合金层，图 5-22（b）～（d）分别对应图 5-22（a）中 A、B、C 区域。由于锌层的保护，靠近边缘的金相组织晶界腐蚀较模糊，但在 500 倍放大后可以看出，存在板条马氏体＋铁素体组织，见图 5-22（b），铁素体＋屈氏体，见图 5-22（c），钢材原始区域呈现轧制态组织，见图 5-22（d），未受激光制孔和热镀锌影响。

从金相组织分析看，激光制孔后存在一个明显的热影响区，其宽度为 0.3～0.7mm，该

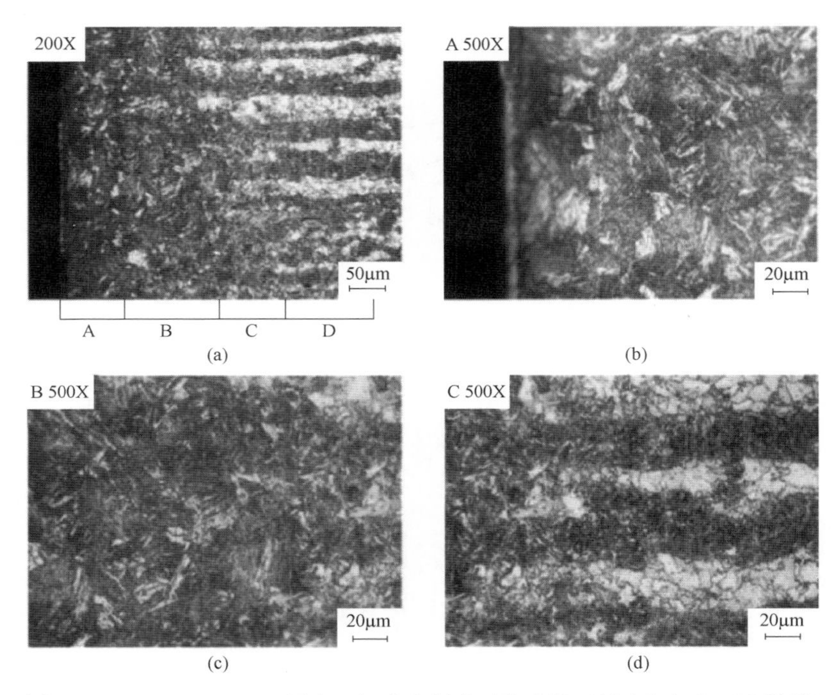

图 5-21　Q420B（28mm 厚度）钢激光制孔后孔边缘区域金相组织（未镀锌）

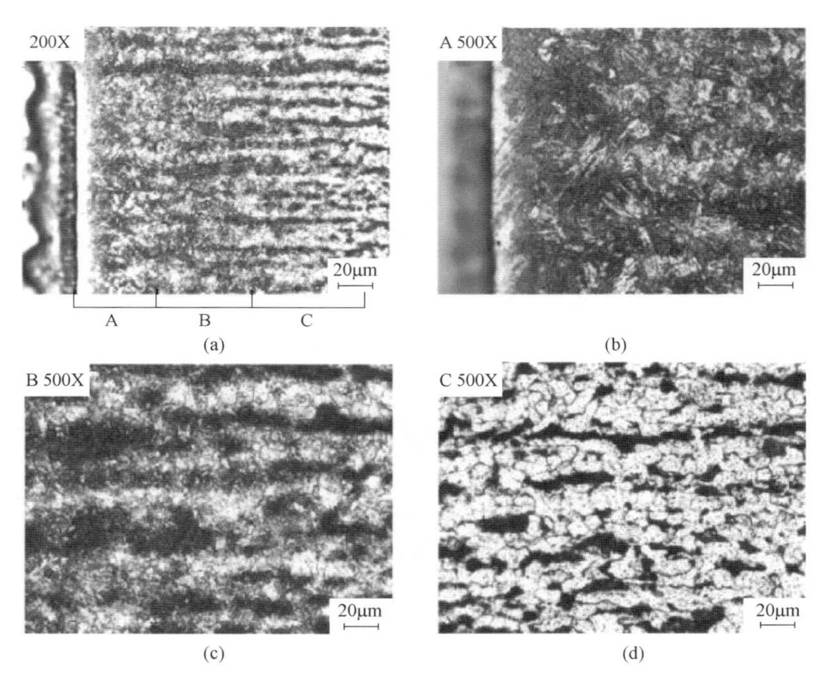

图 5-22　Q420B（28mm 厚度）钢激光制孔后孔边缘区域金相组织（镀锌后）

区域的组织随着距孔边缘距离的增加，因最高加热温度与冷却速度的不同，形成不同的组织，从而形成一定的热影响区。

这是由于 Q355B、Q420B 钢的碳含量及合金元素的含量不高，但因冷却速度很快，表层的奥氏体会转变为低碳板条马氏体（$M_{板条}$），由表层向内，随着冷却速度减小，依次转变为粒状贝氏体（$B_{粒}$）或屈氏体（团状细珠光体、$P_{屈}$）、铁素体（F）。

综合上述分析，从金相组织和显微硬度看，无论 Q355B、Q420B、Q460C 钢激光制孔后，孔边缘附近均会形成淬硬的马氏体组织。从孔壁金相观察看，在孔壁表面并未发现微裂纹，说明由于上述低合金结构钢含碳量较低，板条马氏体韧性较好，并不会对制孔后的孔壁表面造成危害。

对比热镀锌前后的金相组织、显微硬度，热浸镀锌对激光制孔热影响区的马氏体组织起到了一定的回火作用，进一步减轻了热影响区淬硬组织的影响。

（5）孔壁承压对比试验。孔壁承压对比试验（见图 5-23）表明，无论 Q355B、Q420B 激光制孔试件和钻孔试件在加载过程中，孔变形量差距均在 0.2mm 范围内，激光制孔和钻孔工艺对孔壁的承压能力影响不大，两者的孔壁承载能力相当。

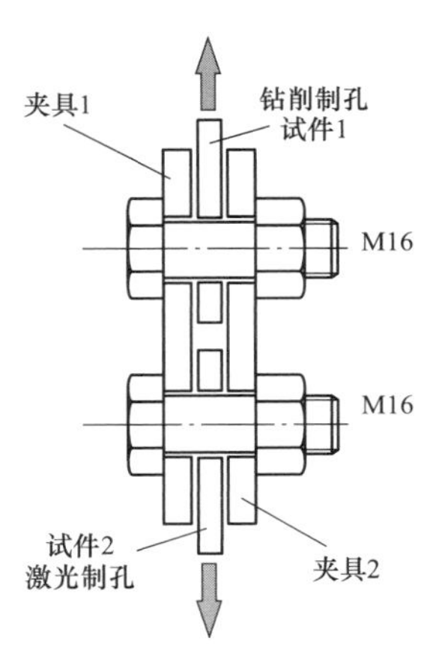

图 5-23　孔壁承压对比试件连接示意图

综合上述试验分析，铁塔零件加工中使用激光切割方式制孔是可行的。

经试验验证，不同功率的激光切割设备适宜的制孔厚度见表 5-15。但不同标准对激光制孔的厚度要求可能不同，在实际加工中应注意。

表 5-15　　激光制孔的适用厚度（推荐值）

激光切割设备功率（kW）	3	4	6	8	12	15	20
适用的制孔厚度 t（mm）	≤10	≤12	≤14	≤16	≤20	≤26	≤30

（三）质量要求

输电铁塔零件制孔后，冲孔表面不应有明显的凹面缺陷；钻孔时不准有钻不透、漏孔、孔边缘毛刺过大等现象。大于 0.3mm 的毛刺应清除。制孔后孔壁与零件表面的边界交接处，不应有大于 0.5mm 的缺棱或塌角。

当出现孔位偏差或制孔错误时，一般不允许采用补焊工艺堵孔修复。即使在某些工程中未对补焊堵孔提出明确要求，也应编制专门的补焊堵孔工艺措施，严格按工艺要求进行补焊，补焊后的孔表面应予磨平，不应产生弧坑、未焊满等缺陷。任何情况下，均不得在孔内填塞所谓的“铁豆”等嵌塞物。

制孔的允许偏差见表 5-16。

表 5-16　　孔的加工偏差

序号	项目			允许偏差（mm）	示意图
1	孔径	镀锌前	d	+0.8 0	d、d_1、t
		镀锌后	d	+0.5 −0.3	
			d_1-d	≤0.12t	

续表

序号	项目		允许偏差（mm）	示意图
2	孔径	孔圆度 d_m-d	≤1.2	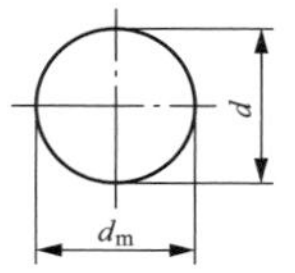
3	孔垂直度 P		≤0.03t，且≤2.0	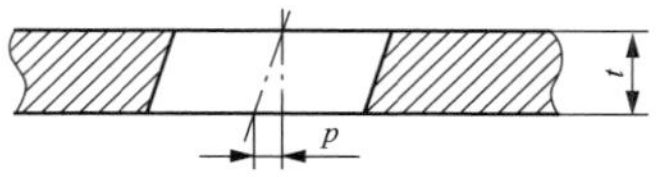
4	准距 a_1、a_2	多排孔	±0.7	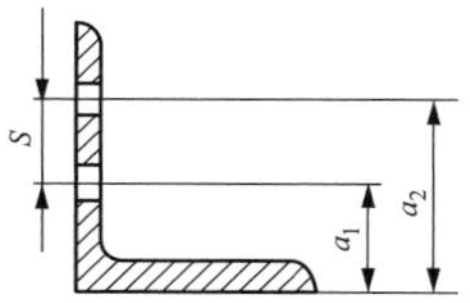
		接头处	±0.7	
		其他	±1.0	
5	排间距离 S	相邻两排间	±0.7	
		任意两排间	±1.0	
6	同组不相邻两孔距离 S_1		±0.7	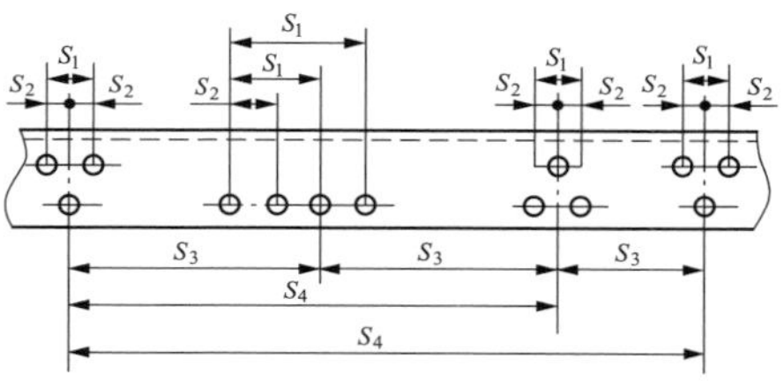 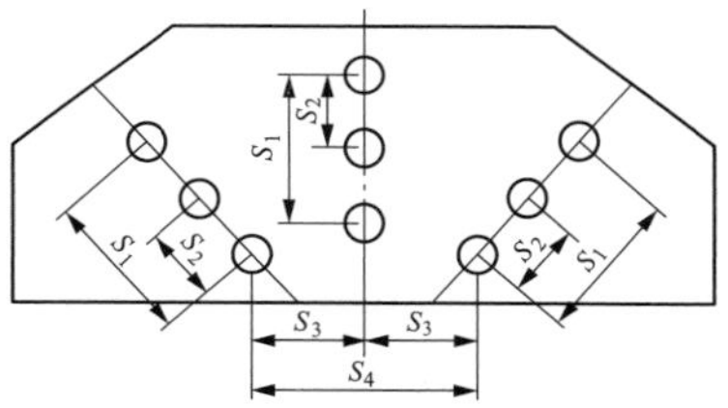
	同组内相邻两孔距离 S_2		±0.5	
	相邻组两孔距离 S_3		±1.0	
	不相邻组两孔距离 S_4		±1.5	
7	角钢接头处两面孔位移偏差 e		±1.0	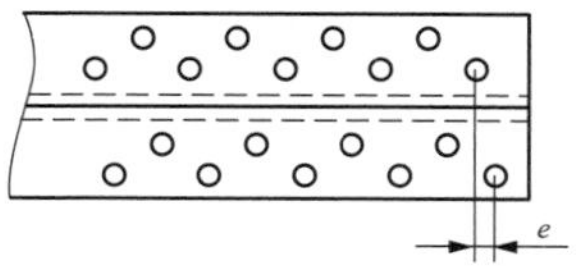
8	端边距	端距和边距 S_d	±1.5	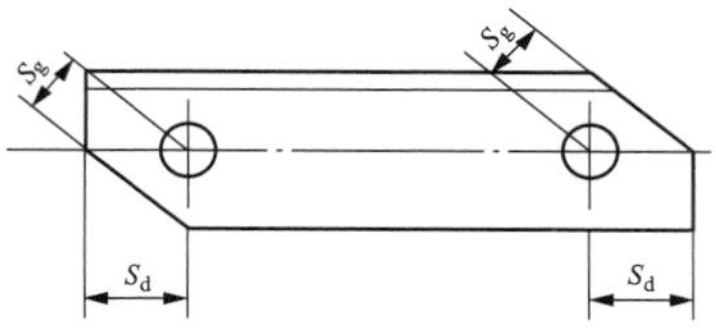
		切角边距 S_g	±1.5	

续表

序号	项目			允许偏差（mm）	示意图
9	塔脚底板	镀锌后孔径	$d\leqslant 80$	±1.0	
			$d>80$	±2.0	
		孔间距 S		±2.0	

注 1. t 为制孔件厚度。
2. 冲孔孔径的测量位置应在其小径所在平面内进行。

三、制弯

（一）制弯的概念

制弯是指利用加工设备将金属板材、型材或管材弯曲成一定的曲率、角度，并形成一定形状的零件的工艺。

制弯属于成型范畴，其中，角钢的压扁、开豁口制弯及钢板的割缝制弯，均属于制弯范畴。在铁塔加工中，按照所用钢材品种的不同，分为板材制弯、角钢制弯、钢管制弯。按照所用的制弯工艺分为冷弯和热弯。

（二）制弯工艺过程

以板材制弯为例，图 5-24（a）为弯曲前的板料，其中，a_1 为弯曲开始线，b_1 为弯曲终了线；图 5-24（b）为弯曲后的板料。弯曲前，断面上三条线相等，即 $a_1b_1=ab=a_2b_2$；弯曲后，内表面收缩，而外表面拉长，即 $a_1b_1<ab<a_2b_2$。在收缩层与拉伸层中间，有一层长度不发生变化，称为中性层。

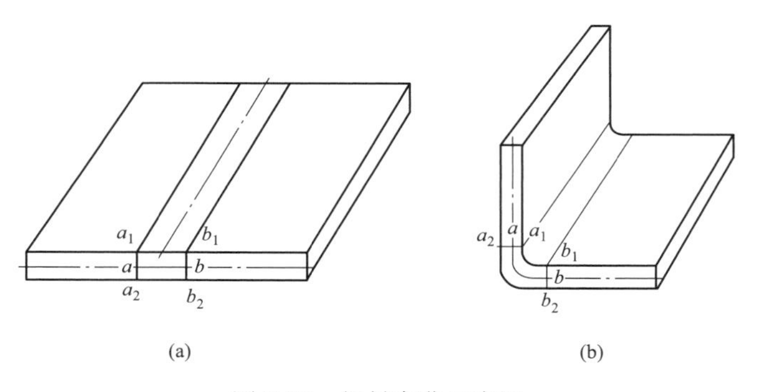

图 5-24 板材弯曲示意图
（a）弯曲前；（b）弯曲后

弯曲变形的程度可以用相对弯曲半径 r/t 来表示，其中，t 为板料厚度，r 为弯曲半径。r/t 越小，表明弯曲变形程度越大。弯曲时，窄的板材（宽度小于板厚的 3 倍）在弯曲部位的外层，因受拉而宽度变小；内层受压而增宽。宽的板材（宽度大于板厚的 3 倍）由于横向变形受宽度方向材料的阻碍，宽度基本不变。

在压力机上采用压弯模具对板料进行制弯是铁塔加工中运用最多的加工方法。弯曲变形的过程一般经历弹性弯曲变形、弹一塑性弯曲变形、塑性弯曲变形三个阶段。

弯曲开始时，模具的凸、凹模分别与板料接触，使板料产生弯曲，如图 5-25 所示。在弯曲的开始阶段，弯曲半径很大，弯曲力矩较小，仅引起材料的弹性变形［见图 5-25（a）］。随着凸模进入凹模深度的增大，弯曲半径逐渐减小，板料的弯曲变形程度进一步加大，产生塑性变形［见图 5-25（b）、图 5-25（c）］。最终，凸模的斜面接触后被反向弯曲，再与凹模斜面逐渐靠紧，直至板料与凸、凹模完全贴紧，见图 5-25（d）。

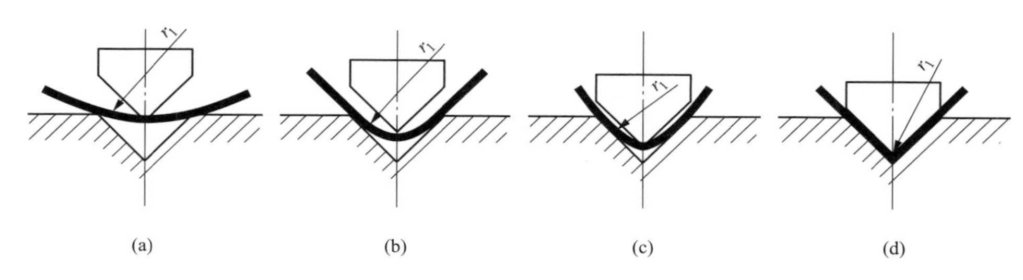

图 5-25　弯曲变形过程

当弯曲结束，外力去除后，塑性变形留存下来，而弹性变形则完全消失。弯曲变形区外侧因弹性恢复而缩短，内侧因弹性恢复而伸长，产生了弯曲件的弯曲角度和弯曲半径与模具相应尺寸不一致的现象。这种现象称为弯曲件的弹性回跳（简称回弹），如图 5-26 所示。

弯曲完成时，凸模、板料、凹模三者贴合后凸模不再下压，称为自由弯曲。若凸模再下压，对板料再增加一定的压力，则称为校正弯曲。校正弯曲与自由弯曲的凸模下止点位置是不同的，校正弯曲使弯曲件在下止点受到刚性镦压，减小了工件的回弹。

影响回弹的因素主要有材料的力学性能、材料相对弯曲半径 r/t 等。当其他条件相同时，回弹角随 r/t 值的减小而减小。

回弹会影响制弯件的尺寸精度，为减小回弹，可以采取以下措施：

（1）采用校正弯曲代替自由弯曲，增加弯曲力。

（2）进行加热弯曲，增大塑性变形。

（3）在凸模上减去一个回弹角，补偿两边的回弹。

（4）减小凸模与工件的接触区，使压力集中在弯曲变形区，加大变形区的变形，如图 5-27 所示。

（5）增加压料力或减小凸、凹模之间的间隙，也可减小回弹。

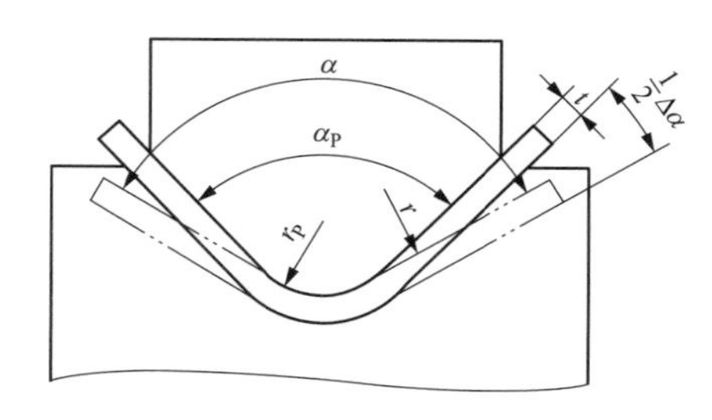

图 5-26　弯曲回弹现象

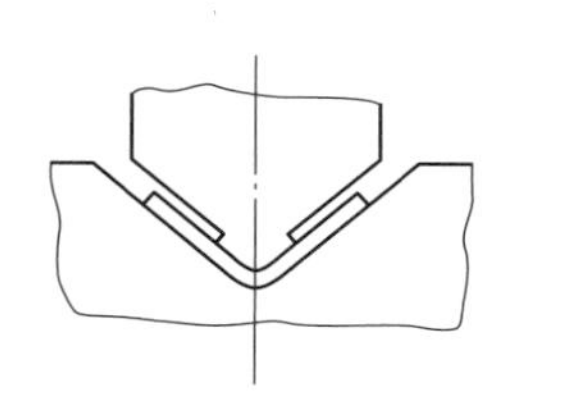

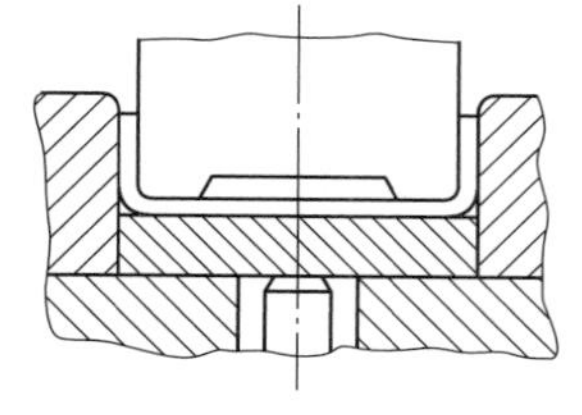

图 5-27　改变凸模形状减小回弹

（三）制弯工艺

1. 弯曲半径

板材弯曲后，弯曲区域的厚度一般会变薄并产生冷作硬化，造成该区域材料硬而脆。对于一定厚度的材料，弯曲半径越小，外层材料的伸长率越大，当外层材料的伸长率达到并超过材料的断后伸长率时，就会出现制弯裂纹。为此，应对弯曲半径加以限制。

在保证制弯件最外层纤维不发生破裂的前提下，所能获得的弯曲零件内边半径的最小值称为最小弯曲半径（r_{min}）。材料的最小弯曲半径不仅受到材料力学性能的限制，还与弯曲角度、材料的纤维方向、制弯件的边缘毛刺等有关。因此，材料的最小弯曲半径是进行弯曲件设计、制定弯曲工艺所必须考虑的问题。

制弯件的弯曲半径不宜小于最小弯曲半径，否则，工件外表面变形可能会超过材料变形极限而导致破裂；弯曲半径也不宜过大，否则，受到回弹的影响，弯曲角度与弯曲半径的精度都不易保证。

2. 制弯模具

（1）模具主要参数。

凸模半径：当工件的相对弯曲半径 r/t 较小时，凸模半径等于工件的弯曲半径 r，但不应小于要求的最小弯曲半径值 r_{min}。若 r/t 小于最小相对弯曲半径，则可以先弯成较大的圆角半径，然后再采用整形工序进行整形。当弯曲件的相对弯曲半径 r/t 较大时，则凸模圆角半径应根据回弹加以修正。

凹模半径：凹模半径的大小对弯曲力以及弯曲件的质量均有影响，过小的凹模半径会使弯矩的弯曲力臂减小，弯曲件沿凹模圆角滑入时的阻力增大，弯曲力增加，并易使工件表面擦伤甚至出现压痕。凹模两边的圆角半径应一致，否则在弯曲时弯曲件会发生偏移。

凹模深度：凹模深度要适当，若过小则弯曲件两端自由部分太长，工件回弹大，不平直；若深度过大则凹模增高，多耗模具材料并需要较大的压力机工作行程。弯曲 U 形工件时，若弯曲边高度不大，或要求两边平直，则凹模深度应大于零件高度。

凸、凹模间隙：对于 U 形弯曲件，必须选择适当凹凸模间隙，间隙的大小对制弯件的质量和弯曲力都有很大的影响。间隙越小，则弯曲力越大，间隙过小，会使工件边部壁厚减薄，降低模具寿命。间隙过大，则回弹大，降低制弯件的加工精度。

（2）常用模具的结构形式。

常用的 U 形件弯曲模有图 5-28 的几种结构形式。图 5-28（a）为开底凹模，用于底部不要求平整的工件；图 5-28（b）用于底部要求平整的弯曲件；图 5-28（c）用于工件较厚而外侧尺寸要求较高的弯曲件，其凸模为活动结构，可随工件厚度自动调整凸模横向尺寸。图 5-28（d）用于材料工件较厚而内侧尺寸要求较高的弯曲件，凹模两侧为活动结构，可随工件厚度自动调整。图 5-28（e）为精弯模，两侧的凹模活动镶块用转轴分别与顶板铰接，弯曲前顶杆将顶板顶出凹模面，弯曲时工序件与凹模活动镶块一起运动，保证了两侧孔的同轴。图 5-28（f）为弯曲件两侧壁厚变薄的弯曲模。

V 形件弯曲模的基本结构如图 5-29 所示，其特点是结构简单、通用性好。图 5-29（a）为通用可调弯曲模，其特点是结构简单，通用性好，弯曲时坯料易偏移，制弯精度较差；图 5-29（b）～(d) 分别为带有定位尖、顶杆、V 形顶板的弯曲模，可以防止坯料滑动，制弯精

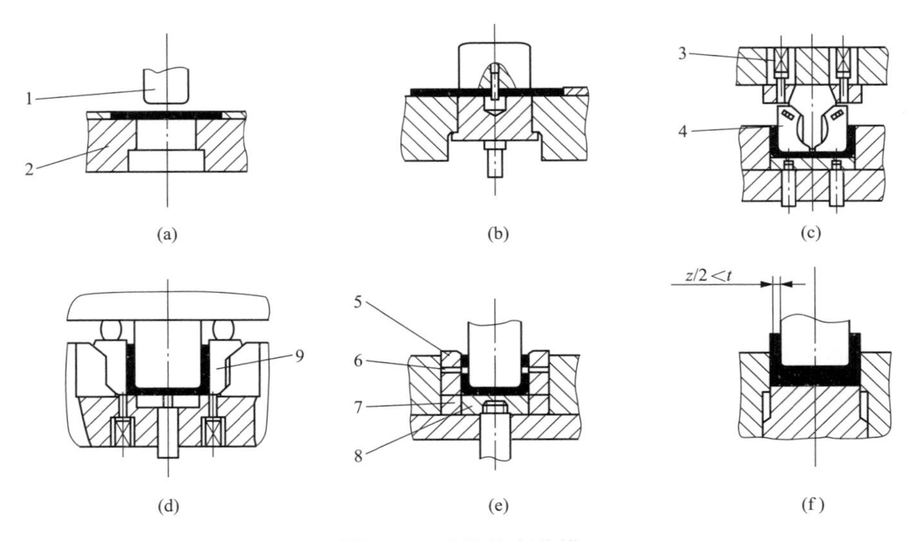

图 5-28　U 形件弯曲模

（a）开底凹模；（b）底部要求平整的弯曲件；（c）工件较厚而外侧尺寸要求较高的弯曲件；（d）材料工件较厚而内侧尺寸要求较高的弯曲件；（e）精弯模；（f）弯曲件两侧壁厚变薄的弯曲模

1—凸模；2—凹模；3—弹簧；4—凸模活动镶块；5—凹模活动镶块；6—定位销；7—转轴；8—顶板；9—调整块

度较高；图 5-29（e）是带有顶板和定料销的弯曲模，其右侧的反侧压块可以平衡左侧弯曲时产生的水平侧向力，因而可有效防止弯曲时坯料偏移，零件加工精度更高。

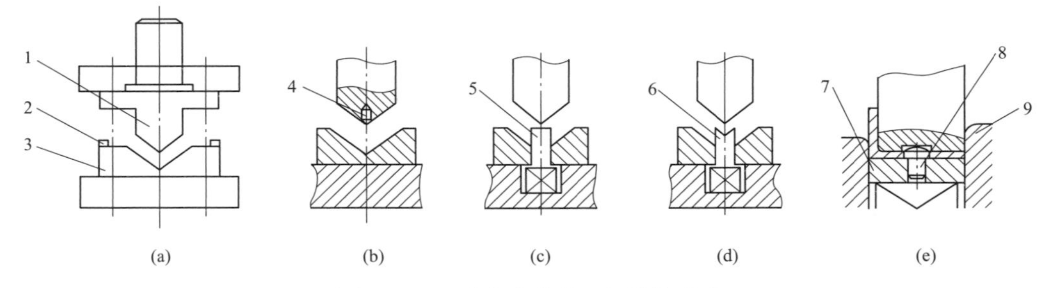

图 5-29　V 形弯曲模的一般结构形式

（a）通用可调弯曲模；（b）带定位尖弯曲模；（c）带顶杆弯曲模；（d）带 V 形顶板弯曲模；（e）带顶板和定位销的弯曲模

1—凸模；2—定位板；3—凹模；4—定位尖；5—顶杆；6—V 形顶板；7—顶板；8—定料销；9—反侧压块

3. 常用的制弯工艺

（1）冷弯。

冷弯是指在室温下进行的制弯作业。冷弯条件取决于钢材的强度、厚度、弯曲半径、制弯方向及冷弯的环境温度等，中小规格角钢开合角一般采用冷变形加工；板材制弯工艺条件见表 5-17；钢管制弯在铁塔加工中使用较少，最小弯曲半径不宜小于钢管直径的 1.5 倍。

制弯之前，应对钢材表面进行检查，不得有翘皮、重皮、弯曲、锈蚀、麻点等；同时清理弯曲受拉面毛刺，并应进行试弯曲，确定合适的弯曲工艺、工装模具等。

当碳素结构钢在环境温度低于－16℃、低合金结构钢在环境温度低于－12℃时，不应进行冷弯加工。

表 5-17　　钢板冷弯条件

材质	冷弯时的最低环境温度（℃）	弯曲半径 r	
		板厚 $t \leqslant 16$mm	板厚 $t > 16$mm
Q235	−10	$\geqslant 2t$	$\geqslant 3t$
Q355	−5		
Q420	5		
Q460	5		

注　1. 当弯曲条件超出表中条件时应进行热弯。

2. 当确保冷弯方向与钢板轧制方向一致（弯曲线方向与轧制方向垂直）时，相应的弯曲半径 r 可减小到原值的 75%。

（2）热弯。

热弯是将工件加热到一定温度进行的制弯作业。不同的技术规范推荐的加热温度有所不同。

GB 50755—2012《钢结构工程施工规范》给出的热成型温度，要根据材料的含碳量选择不同的加热温度，加热温度可控制在 900～1000℃，也可控制在 1100～1300℃。Q235 钢在温度下降到 700℃前，Q355、Q420 钢在温度下降到 800℃前，应结束加工；低合金结构钢应自然冷却。

GB/T 2694—2018《输电线路铁塔制造技术条件》、DL/T 646—2021《输变电钢管结构制造技术条件》并没有对铁塔零件热弯温度提出明确要求，为弥补这一不足，T/CEC 353—2020《输电铁塔高强钢加工技术规程》提出高强钢（Q420、Q460）热弯时，加热温度应控制在 850～930℃，温度下降到 800℃时应停止弯曲加工。热弯后应自然冷却，环境温度低于 5℃时进行热弯曲，应采取缓冷措施。并提出，热弯过程中应采用测温仪测量加热部位的温度。

工件进行热弯曲时，可以采用加热炉加热、中频（或高频）加热等均匀加热的方法，一般不允许采用氧—乙炔（或天然气）火焰进行加热弯曲。制弯时，应根据材料厚度、弯曲角度等选择合适的工装模具。

对挂线板及挂线角钢的制弯必须采用热弯工艺，制弯后自然冷却。钢管制弯一般也采用热弯，多用在钢管塔下横担部位（如图 5-30 所示），但由于该部位还需要与火曲的连接板进行焊接，造成加热部位重叠，应慎重选择该种连接结构。

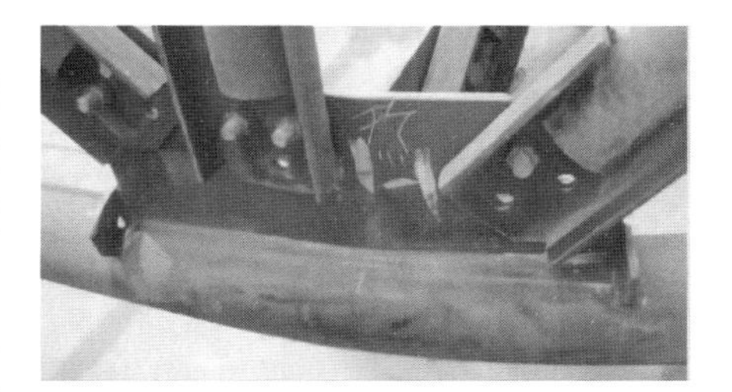

图 5-30　钢管塔横担部位热弯管件

由于热弯一般在相变点以上进行，在该温度下加热，会对钢材的性能产生巨大影响，因而，一般要求制弯前进行热弯工艺试验验证，其具体方法参见第八章。

4. 典型制弯工艺举例

（1）板件制弯。

板材制弯应根据工艺卡及最小弯曲半径要求选择模具，如图 5-31 所示。根据凸模和凹模的绝对高度，用扳手调整滑块行程的高度，用 T 形螺栓固定凸模，找正凹模，使凹凸模中心重合。

根据工艺卡要求，用石笔（尖端小于 1mm）画出火曲线作为基准线。模具安装好以后，使工件基准线对准模具中心并开动压力机，让凸模压向工件进行试弯曲，用角度模板测量弯曲角度，微调滑块高度。试弯合格后即可进行批量操作，在操作过程中随时进行抽检。

当工件冷弯时的最低环境温度或弯曲半径超过表 5-16 的冷弯条件时，应进行热弯。

1）C 形、U 形插板制弯。

在钢管塔中，大量采用插板连接结构，其中，C 形插板、U 形插板均需进行制弯作业，C 形插板弯曲角度为 90°；U 形插板要求弯曲角度 180°。

制弯前，应清理弯曲受拉面切割毛刺、撕裂棱、缺棱等，并应进行试弯曲，确定弯曲工艺、工装模等。制弯时，应根据工艺卡要求选择模具，见图 5-32 所示。然后依据上模与下模的封闭高度调整滑块的对应高度固定上模找正下模，使之中心重合。参照工艺卡尺寸用石笔画出弯曲板的中心线作为基准线。让工件基准线对准模具中心线后，开动压力机施加压力。制弯后的工件可能挤在上模上，用工具敲下后，测量其尺寸是否合乎标准。第一次弯曲后，再到调整模具上进行压制，将中间间隙板放入，用压力机压紧，即可压制成型。首件检验合格后，即可进行批量制弯，制弯过程中，应随时做好抽检工作。

同样地，当工件冷弯时的最低环境温度或弯曲半径超过表 5-16 的冷弯条件时，应进行热弯。

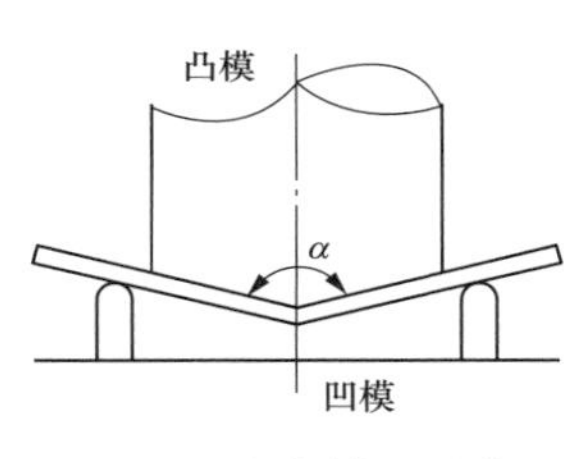

图 5-31　弯曲模具示意图

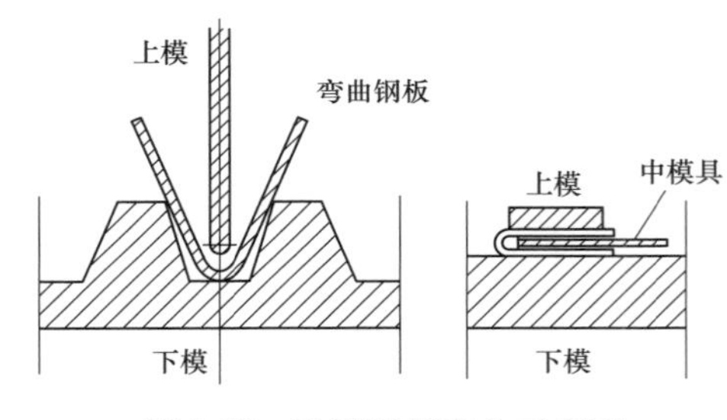

图 5-32　U 形插板弯曲示意图

2）异面角制弯。

对于异面角制弯，由于产品形状不同，其工序安排和模具设计需要根据弯曲件的形状、尺寸、精度要求及材料的性能等特点来考虑。若采用割缝制弯，应经设计单位确认，同时确认制弯后补焊割缝后的焊缝质量等级。进行割缝加工，割缝应平直。对厚度不大于 8mm 的工件，宜打磨出 V 形坡口；对厚度大于 8mm 的工件，宜打磨出 X 形坡口，以利于焊接。

（2）角钢件制弯。

1）开豁口制弯。

制弯前，应采用石笔进行划线，划线宽度不大于 1mm，然后使用火焰切割方法割出豁口，切割后，用角磨机磨出坡口，以便制弯后进行焊接，并应满足下列要求：

a）豁口根部应圆滑过渡。

b）若豁口根部出现裂纹，应予报废，不得补焊处理。

c）豁口焊接所用补料应与工件的材质、厚度相同；工件厚度不大于 8mm 时，宜采用 V 形坡口；工件厚度大于 8mm 时，宜采用 X 形坡口。

d）角钢豁口制弯后，原工件与补料应平滑过渡，不应有错边，豁口焊缝质量等级应满足设计要求，设计无要求时，不应低于二级焊缝要求，且焊缝处不应影响安装。

角钢边厚度较大或弯曲角度较大时，应进行热弯，角钢内外曲面制弯，只加热未开豁口一侧肢边。然后将角钢放在专用模具上，缓慢压制，制弯过程中应多次检查弯曲角度，直到符合要求为止。制弯后，应检查豁口根部，不得出现制弯裂纹。

制弯后，若豁口处拼装三角筋板，应严格控制焊缝尺寸，为防止焊接收缩引起角度变化，焊接后需再次使用角度板复查角度。

2）不开豁口制弯。

一般应采用热弯。可以采用加热炉或感应加热装置，若角钢内外曲面制弯，加热角钢需拉伸或压缩的肢边；若角钢内外筋制弯，加热拉伸或压缩两肢边。直到达到零件制弯温度。加热过程应使用红外测温仪检测加热温度。然后将角钢放在专用模具上，缓慢压制，制弯过程中应多次检查弯曲角度，直到符合要求为止。

（四）质量要求

零件制弯后其边缘应圆滑过渡，表面不应有裂纹和明显的折皱、凹面和损伤，划痕深度不应大于 0.5mm。加工中出现的制弯裂纹不得进行补焊修复。

零件压扁后，压扁部位应保留合理间隙以确保镀锌质量；开豁口制弯后，应检查豁口根部，不应有裂纹；角钢制弯后，边厚度最薄处不应小于原厚度的 70%；钢板、钢管制弯后，最薄处不应小于原厚度的 90%，制弯处应进行无损检测，不应出现裂纹和分层缺陷。

角钢开豁口制弯、钢板割缝制弯的焊缝质量等级一般不低于二级焊缝的质量要求，且焊接处不应影响安装。

制弯件允许偏差见表 5-18。

表 5-18　　制弯件允许偏差

序号	项目			允许偏差（mm）	示意图
1	曲点（线）位移 e			板材、角钢件：±2.0	
2				管件：±5.0	
3	制弯 f	钢　板		$5L/1000$	
4		接头角钢（不论肢宽 b）		$1.5L/1000$	
5		非接头角钢	$b\leq 50$	$7L/1000$	
6			$50<b\leq 100$	$5L/1000$	
7			$100<b\leq 200$	$3L/1000$	
8			$b>200$	$2L/1000$	
9	压扁	两肢间隙 a		2±0.5	
10		长度 L		+10.0 0	

续表

序号	项目		允许偏差（mm）	示意图
11	开合角	变形 f	$b/100$	
12		长度 L	$^{+5.0}_{0}$	
13	制弯角度 α		±0.5°	
14	制弯处圆度 D_1-D_2		$2D/100$，且不大于10.0	
15	U形板开口尺寸 b		$^{+2.0}_{0}$	

四、变形与矫正

（一）变形与矫正的概念

1. 变形

当金属材料或铁塔零部件在加工过程中，受到外力或温度的作用，引起金属材料或工件形状和尺寸的变化，称为变形。铁塔加工中的变形包括原材料的变形、焊接变形、零部件加工变形等。

原材料的变形主要来自钢材轧制过程、钢材运输和不正确地堆放，造成钢材翘曲、凹凸变形、弯曲、扭曲、波浪变形、局部变形等。原材料变形会影响铁塔零件的下料尺寸精度。

焊接变形是由于焊接本身是一个局部不均匀加热过程，焊接接头区域局部受加热、冷却作用，膨胀与收缩不一致，造成焊接应力，若此应力大于材料的屈服强度，就会引起焊接件的变形。钢结构焊接后出现的变形类型和大小与结构的材料、板厚、形状、焊缝在结构中的位置，以及采用的焊接顺序、焊接电流的大小、焊接方法等有关。按焊接后残余变形的外观形态，分为收缩变形、角变形、弯曲变形、波浪变形和扭曲变形等基本类型。

零部件加工变形主要是在下料、制孔、制弯等加工中，受剪切、冲裁力、折弯力或热切割时热胀冷缩的作用而导致。如厚板剪切时，若上下刃间隙较大，被剪板材会出现弯曲，弯曲变形量与被剪切钢板的宽度、厚度有关。热切割时，由于钢材局部区域受到不均匀的加热，产生局部应力，造成切割后的钢材出现变形，尤其是采用火焰切割薄而窄的板材时，最易产生弯曲变形。

2. 矫正

焊接变形、铁塔零部件加工变形可能造成其承载能力降低、影响铁塔组装、甚至无法使用。因此，需要对超过标准要求的变形件进行矫正。由于矫正只是一种补救措施，因此，在铁塔加工中更重要的是要立足于采取措施预防变形的产生或对变形进行控制。

矫正是依据工件的变形特点，按照技术规范的要求，通过手工或机械方法和/或加热的方法，对存在直线度、平面度、几何尺寸等超过标准要求的变形工件进行矫形的工艺。

（二）矫正工艺要求及方法

1. 工艺要求

矫正前应仔细观察工件的变形情况，确定矫正工艺和矫正步骤。由于工件种类、变形类型及规格上的差异，所采用的矫正方法与要求也不同。

对于开合角造成的工件弯曲，矫正后应确保开合角的角度符合要求；焊接件的矫正应在镀锌前进行，平面焊接组合件面积过大产生的不平整，可加大压具面积，必要时可采用火焰辅助加热；镀锌件矫正不应损坏镀锌层。

进行机械矫正时，应适当调整机械行程，以免用力过大损伤工件。矫正时先矫正大弯，后矫正小弯，在矫正过程中，应防止矫枉过正。

进行热矫正时，应适当预留回弹量。热矫正前应进行工艺试验，确定加热工艺对钢材性能的影响，并依据试验结果确定加热方式、加热区域、加热温度、加热后的冷却方式等，具体方法详见第八章。

火焰加热应采用中性火焰，热矫正过程中若需要锤击时，应垫锤击衬垫，在300～400℃范围内严禁锤打。在低温环境（0℃以下）进行热矫正时，加热部位一般要采取缓冷措施。热矫正应在镀锌前完成。

2. 矫正方法

矫正分为冷矫正和加热矫正。冷矫正有时会使金属件产生冷作硬化，并产生新的附加应力，因此，仅适用于尺寸较小、变形不大的工件。当变形较大或结构较大时，需要采用热矫正的方法。

（1）冷矫正。

对一些薄件、尺寸较小的工件可以采用手工矫正方法，即利用手锤等工具锤击变形件的适当位置来减小工件的变形，如薄板、板材焊接角变形、挠曲变形等。

多数情况下，需要使用机械设备对工件进行矫正。如角钢、管材弯曲一般采用压力矫正机或带成型辊的矫正机、斜辊机等进行校直，其中以斜辊机的矫正效率和精度最高，应用最广泛。钢板平面度矫正多采用油压机矫平。特殊组合件采用千斤顶、专用工装等进行矫正。

矫正时操作者必须熟悉所使用的矫正设备的基本参数，了解工件的变形特征，针对变形部位进行矫正，一次矫正后要及时检查矫正效果，必要时进行二次矫正，直至满足技术标准的要求。

当矫正环境温度过低时，不可使用冷矫正工艺，不同材质的最低冷矫正温度见表5-19。

表 5-19 冷矫正最低环境温度

材质	Q235	Q355	Q390	Q420	Q460
最低矫正温度（℃）	−5	0	0	5	5

冷矫正的适用范围有限，一般用于弯曲度小于10°的场合，对于大角钢构件、钢管塔塔身、横担主材或构支架主柱和横梁、塔脚板等复杂的焊接件等均不允许进行冷矫正，只能采用加热矫正方法。

（2）热矫正。

火焰加热矫正是最常用的热矫正方法，具有适应范围广、操作灵活的特点。热矫正前，应检测变形情况，根据变形程度、变形特征，确定矫正加热位置、加热温度和加热方式。

确定准确的加热位置是确保矫正效果的关键，否则，不仅不能矫正原有的变形，还会产生新的变形，一般根据工件的截面形状和变形种类来确定加热位置。对于挠曲件，火焰加热位置一般与原变形位置相反。

火焰矫正时遵循杠杆定律，火焰离中性轴越远，矫正力越大。所以，当工件变形大时，加热点可选择离中性轴稍远的地方，而变形小时，则应选择离中性轴稍近的点。火焰矫正切不可矫枉过正。

加热时，应根据工件的材质、厚度、截面形状等来选择和控制加热温度，温度过高可能造成工件性能恶化，温度过低影响矫正效果。一般钢结构热矫正加热温度控制在600～800℃之间，通常需要通过工艺验证试验来确定、优化矫正加热温度。GB 50755—2012《钢结构工程施工规范》规定：碳素结构钢和低合金结构钢在加热矫正时，加热温度应为700～800℃，最高温度严禁超过900℃，最低温度不得低于600℃。

对板材平整度的热矫正一般采用点状加热或线状加热方法，点状加热点的直径应根据板厚确定，一般为10～30mm；线状加热宽度应为钢板厚度的0.5～2倍。点状加热时火焰应在加热有效范围内均匀晃动，线状加热时应均匀移动，禁止固定在一点集中加热。

对管材的热矫正应在钢管弯曲的凸面采用椭圆形矫正的方法，椭圆大小根据管径和变形量确定，矫正位置根据弯曲的确定，加热点之间的距离应尽量均匀一致。一般火焰加热范围为环向应有管径周长的2/5，宽度方向为100～300mm，加热时应均匀移动，禁止固定在一点集中加热。

加热过程中，要采用红外测温仪检测加热温度，不宜根据经验判断加热温度。加热时动作要迅速，既要使每个点加热温度均匀，又不致产生过热现象。

热矫正后工件一般自然冷却，Q420材质当环境温度低于0℃时应采取缓冷措施。待工件冷却到环境温度后，检查矫正效果。如矫正后未能达到标准要求，可重新矫正，但再次进行火焰加热矫正时，不允许在原位置重复加热。

（三）质量要求

矫正后的工件不允许出现表面裂纹，不应有明显的凹面或损伤，表面划痕深度不应大于该钢材厚度负允许偏差的1/2，且不大于0.5mm。经矫正后，工件的允许偏差应满足表5-20的要求。

表 5-20 矫正后工件的允许偏差

序号	项目		允许偏差（mm）	示意图
1	角钢顶端直角	四拼角钢	$\pm 35'$	
		其他	$\pm 50'$	
2	型钢及钢板平面内挠曲 f	$b \leqslant 80$	$1.3L/1000$	
		$b > 80$	$L/1000$	
3	钢板局部平面度 f	$t \leqslant 14$	1.5	
		$t > 14$	1.0	
4	焊接构件节点间挠曲 f	主材	$1.3L/1000$	
		腹材	$1.5L/1000$	
5	焊接构件整个平面挠曲 f		$L/1000$	

五、压号

（一）压号的概念

为便于铁塔零件和构件的追溯和现场组塔，在输电铁塔零件和构件加工过程中，利用钢字模和压力机，或利用专门的刻字设备、工具等，在铁塔零件或构件上压制或刻蚀出产品件号标识的加工工艺称为压号或打钢印。

角钢件压号一般在数控角钢生产线上，利用钢印盘进行压印。板件若采用冲孔设备，多在制孔过程中，通过更换钢字模进行压印；若采用钻孔设备，在钻孔后转序到冲压设备进行压印。管件需将件号压印在薄钢片上，然后通过点焊方式，将其固定在钢管端部内壁。

（二）压号工艺要求

1. 压号内容

铁塔零件、构件的压号内容主要包括铁塔企业标识、工程代号标识（有要求时，由用户提供）、塔型、件号+顺序号（要求时）、钢材材质代号等。其中，钢材材质代号见表 5-21。

表 5-21 钢材材质代号标识

钢材牌号	质量等级		
	B	C	D
Q235	—	FC	FD
Q355	H	HC	HD
Q420	P	PC	PD
Q460	—	TC	TD

注 Q235B 可不标识。

对于重要的工程铁塔或工件，如特高压工程铁塔用大规格角钢、钢管、法兰等，除上述标识内容外，若同一塔型相同件号的工件数量有多个或同一工程相同塔型有多基塔，则需要增加顺序号将同件号的多个工件予以区分，以便能够全程追溯到塔位。

示例：

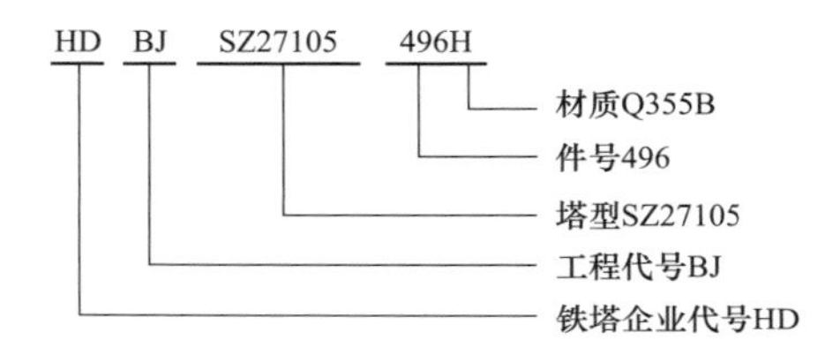

2. 钢字模印压

压印前，应依据上道工序移交的生产流动卡片，对照材质、规格、数量等，并核查有上道工序检验合格印签后，方能进行压号工作。

铁塔零件、构件压号使用的钢印字模应字迹清晰，字形无缺陷，字号一致，字体高度为8～18mm。压号后，各标识内容应完整清晰、排列一致。

钢印不得压在制孔、制弯、铣刨、焊接部位。压号时，应严格控制钢印深度，尤其是在严寒地区使用的铁塔，直接在零件或构件上压号时，应按上限控制压印深度：

（1）工件厚度 $t \leqslant 8$mm 时，钢印的深度在 0.3～0.6mm 之间。

（2）工件厚度 $t > 8$mm 时，钢印的深度在 0.5～1.0mm 之间。

如果压号时，出现压印内容错误，一般不允许补焊，可用磨光机磨去钢印，然后在其他位置重新压制钢印。对于承受载荷的工件，在磨去钢印后应检查其剩余厚度，满足工程技术规范对厚度偏差的要求。

3. 激光刻蚀打标

激光打标是利用高能量密度的激光对工件进行局部照射，使表层材料汽化或发生颜色变化，从而在材料上留下永久性标记的一种打标方法。

激光打标属于新型打标装备，激光打标属于非接触式打标，几乎可对所有材料进行打标，且标记深度可控，打标过程易实现自动化，且工件变形小，应用前景十分广阔。

目前，已有装备企业研发出了专门用于铁塔零件打标的激光设备，可以实现在线自动打标。

（三）质量要求

要求压号后，各标识内容应完整清晰、排列一致，且镀锌后清晰可辨。钢印附近的钢材表面不应产生明显的凸凹缺陷，边缘不得有裂纹或缺口。

六、清根与铲背

（一）清根与铲背的概念

角钢塔的结构中，大量使用包钢作为连接件，为了连接的紧密性，包钢分为外包钢和内包钢。其中，外包钢一般需要进行清根处理，内包钢则需要进行铲背处理，如图 5-33 所示。

角钢内侧是带弧度的，但是角钢背是 90°的直角，当要把一根角钢放入另一根角钢外侧时，为了保持两根角钢结合紧密，要把放入外侧的角钢内弧 r 铲成直角，称为清根；当要把一根角钢放入另一根角钢里侧时，需要把放入内侧的角钢背部铲出一定的弧度，称为铲背。

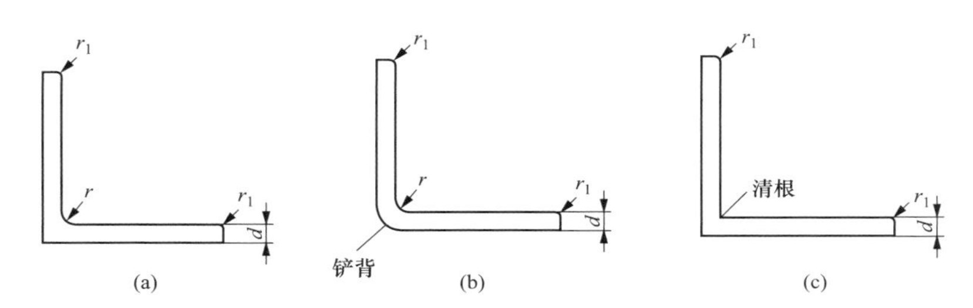

图 5-33　角钢的清根、铲背示意图

（a）原始角钢；（b）角钢铲背；（c）角钢清根

（二）加工方法与注意事项

1. 加工方法

角钢的清根、铲背一般在数控清根机、铲背机上完成，也可使用滚剪倒角机和铣边机等设备进行清根和铲背作业。有时，双拼或四拼角钢十字填板焊接后，也需对角钢连接侧的角焊缝清根。

作业前准备好所需的机具、工具，并检查机床设备是否完好，根据生产工艺卡确定包钢的铲背或清根工艺。

操作人员根据所铲背或清根件的规格，按照“铲背/清根机工作参数表”输入合适的工作参数，如规格、厚度、下刀尺寸等，即可开机进行自动地铲背或清根。

2. 注意事项

（1）加工不同规格和肢厚的角钢时，需要等到一种规格的角钢清根/铲背加工完成最后一根并取料后，方可进行另一种规格角钢的清根/铲背作业。

（2）应对每件工件的清根或铲背尺寸进行检验，特别应注意清根负偏差的控制。

（三）质量要求

角钢内角清根原则上应刨成与角钢内母线平直，若母线角钢稍弯曲，清根尺寸偏差应符合表 5-22 规定。角钢铲背后应以样板检查圆弧角度，两侧棱角刨削均匀，铲背尺寸偏差符合表 5-22 的规定。外包钢或内包钢最大间隙不应大于 0.6mm。

表 5-22　　清根、铲背允许偏差

偏差名称		允许偏差（mm）	示意图
清根	$t \leqslant 10$	+0.8 −0.4	
	$10 < t \leqslant 16$	+1.2 −0.4	
	$t > 16$	+2.0 −0.6	
铲背	长度 L_1	+5.0 −2.0	$L_1=L+5$；$R_1=R+2$
	圆弧半径 R_1	+2.0 0	L—与外接角钢搭接长度；R—外包角钢内圆弧半径

第四节　焊　　接

一、输电铁塔焊接设计

（一）焊接设计原则

1. 焊缝布置

焊缝布置应遵循以下原则：

（1）焊缝位置应避开结构的最大应力和应力集中的部位。

（2）应尽量分散，避免集中汇集和交叉，减少平面或空间的“十字”交叉焊缝，减少焊缝重叠。

（3）焊缝位置应考虑焊接和检验的可达性，对于承受荷载的非 90°的 T 形接头，应考虑结构的尺寸、焊缝位置及对接头的强度要求。

（4）焊缝设置尽可能对称布置。

（5）焊缝端部应无尖角，接头应圆滑过渡。

2. 图纸中的焊接要求

铁塔设计图中应明确规定下列焊接技术要求：

（1）所用钢材的牌号、规格。

（2）构件相交节点的焊接部位、焊缝长度、焊脚尺寸、部分焊透焊缝的计算厚度。

（3）焊缝质量等级，要求的无损检测方法、检测比例。

（4）焊接热处理要求（是否预热、缓冷、焊后热处理等）。

铁塔企业进行深化设计时，焊件图中应标明下列焊接技术要求：

（1）对图中所有焊缝进行详细标注，明确焊接部位、焊接方法、有效焊缝长度、焊缝坡口形式、焊脚尺寸等。

（2）明确所用的焊接方法、焊接材料型号。

（3）明确标注焊缝坡口详细尺寸，组对装配要求。

（4）割缝制弯的焊件，应明确割缝形状、长度、坡口加工与焊接检验要求。

3. 焊缝质量等级

应按图纸、设计文件确定的焊缝质量等级执行。若图纸、设计文件没有明确要求时，焊缝质量等级一般综合考虑焊缝受力情况、工程应用经验和加工现状等，按下列要求确定：

（1）凡要求与母材等强度的重要的对接焊缝，如钢管与带颈法兰对接环焊缝、连接挂线板对接焊缝等，应满足一级焊缝质量要求。

（2）凡要求与母材等强度的对接焊缝宜全焊透，其质量等级当受拉时不应低于二级，受压时不宜低于二级。例如，横担与主管连接的连接板沿主管长度方向的焊缝、开豁口制弯后的对接焊缝、割缝制弯后的对接焊缝，应满足二级焊缝质量要求。在极端温度不高于－30℃的地区，构件对接焊缝的质量不应低于二级。一般不建议在钢管塔变坡部位采用二级焊缝的管一管对接焊的连接形式。

（3）对于角焊缝和部分焊透的对接与角接组合焊缝，重要节点处的焊缝，如：横担与主管连接的连接板沿主管长度方向以外的其他焊缝、钢管与连接板连接的焊缝、钢管与插板连接的外侧焊缝、管与管相贯连接焊缝、钢管与带颈平焊法兰连接的角焊缝、钢管与板式平面法兰连接的环向角焊缝、环形板对接的拼接焊缝、塔脚板与靴板焊缝等，应满足二级焊缝外观质量要求。

（4）其他焊缝应达到三级焊缝的质量要求。

（二）焊缝尺寸设计原则

焊缝尺寸设计应遵循以下原则：

（1）焊缝尺寸一般按焊缝厚度来确定，应不小于焊缝的计算厚度。

（2）对于工作传力焊缝应进行焊缝强度计算；次要联系焊缝应满足焊缝构造要求并考虑经济性，不应随意增大焊缝尺寸；对于既承担工作传力又起连接作用的焊缝，应对工作传力进行强度计算。

（3）构件相交节点的焊接部位、有效焊缝长度、焊缝有效截面尺寸、组合焊缝的熔透深度应符合设计强度、焊缝构造要求。焊缝的计算厚度 h_e 按图 5-34 所示，在图纸中应注明焊缝尺寸，如角焊缝应标注焊缝厚度 h_e 或焊脚尺寸 h_f。

（4）当采用部分焊透的对接焊缝时，应在设计图中注明坡口的形式和尺寸，其计算厚度 h_e 一般不小于 $1.5\sqrt{t}$，t 为焊件的较大厚度。

（5）角焊缝的最大焊脚尺寸 h_f 不宜大于焊接较薄板的 1.2 倍（钢管结构除外）。角焊缝两边焊脚尺寸一般相等，当焊件的厚度相差较大或结构原因不易采用等焊脚尺寸时，可采用不等焊脚尺寸。与较薄板焊件接触的焊脚尺寸不宜大于较薄板厚度的 1.2 倍；与较厚板接触的焊脚尺寸不小于较厚板的 $1.5\sqrt{t}$。

（6）在焊透的情况下，有筋板支撑腹板的条件下（如钢管与连接板焊缝，塔脚、变坡节点焊缝等），腹板与翼板组合焊缝的焊脚尺寸不小于腹板和翼板较薄板厚度的一半（见图 5-35）；部分焊透的非受力焊缝，如环形板、加劲板等连接焊缝的焊脚尺寸应大于较薄焊件厚度的 0.7 倍；最大不宜大于较薄板厚度的 1.2 倍。

（7）对于设计文件未作规定的圆管形 T、K 和 Y 形节点的角焊缝焊脚尺寸可参照表 5-23 的尺寸。

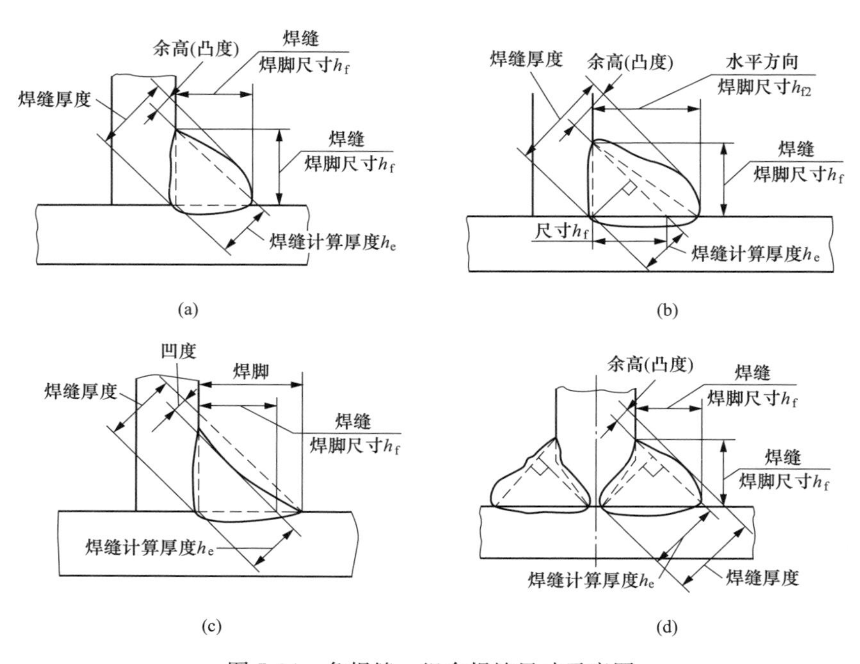

图 5-34 角焊缝、组合焊缝尺寸示意图

（a）凸形角焊缝；（b）两侧焊脚不等的角焊缝；（c）凹形角焊缝；（d）组合焊缝

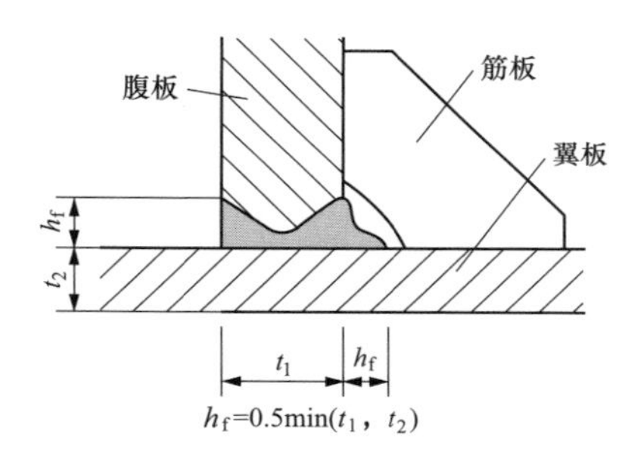

图 5-35 组合焊缝焊脚尺寸

表 5-23　圆管形 T、K 和 Y 形节点的角焊缝焊脚尺寸

ϕ	最小焊脚尺寸 h_f		
	$E=0.7t$	$E=t$	$E=1.07t$
跟部<60°	$1.5t$	$1.5t$	取 $1.5t$ 和 $1.4t+Z$ 中较大值
侧边≤100°	t	$1.4t$	$1.5t$
侧边 100°～110°	$1.1t$	$1.6t$	$1.75t$
侧边 110°～120°	$1.2t$	$1.8t$	$2.0t$
趾部>120°	t（切边）	$1.4t$（切边）	开坡口 60°～90°（焊透）

续表

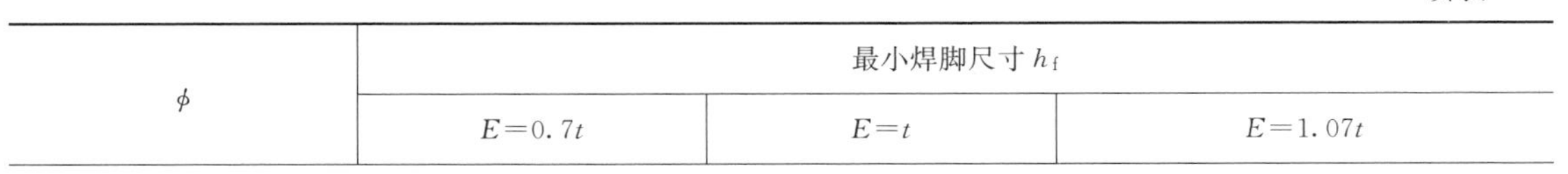

ϕ	最小焊脚尺寸 h_f		
	$E=0.7t$	$E=t$	$E=1.07t$

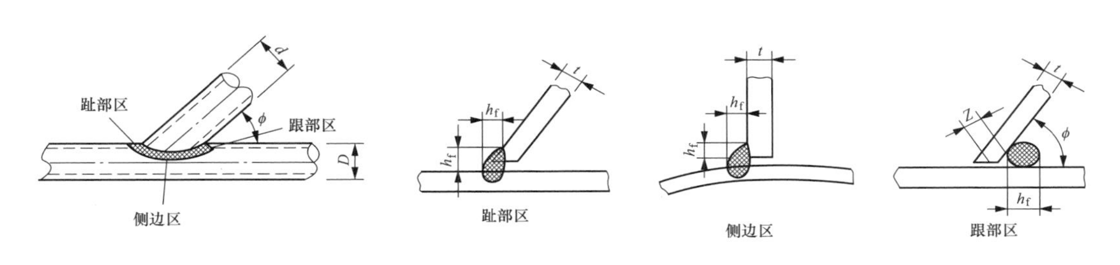

注 1. t 为薄件厚度；E 为角焊缝有效厚度，即焊缝跟部至焊缝表面的最小距离，一般由设计单位确定；Z 为跟部角焊缝未焊透尺寸，由焊接工艺评定确定。

2. 允许的跟部间隙为 0～5mm；当跟部间隙大于 1.6mm 时，应适当增加角焊缝焊脚尺寸 h_f值。

3. 当 $\phi>120°$时，边缘应切掉，以增加喉部厚度。

（三）结构构造对焊缝及加工的要求

焊接时，应注意以下要求：

（1）对于厚度大于或等于 25mm 的焊接件，应采用焊前预热和焊后保温等措施消除相应的焊接应力和变形；40mm 及以上厚度的钢板焊接时，应采取防止钢材层状撕裂的措施。

（2）焊缝的布置应避免立体交叉和集中。

（3）在 T 形、十字形及角接接头中，当翼缘板厚度不小于 20mm 时，为防止翼缘板产生层状撕裂，接头设计时应尽可能避免或减少使母材板厚方向承受较大的焊接收缩应力。承受静载荷的节点，在满足接头强度计算要求的条件下，宜用部分焊透的对接与角接组合焊缝代替完全焊透坡口焊缝。

二、焊接前的准备

（一）焊接技术文件

1. 焊接工艺评定

铁塔企业应综合考虑自身实际（包括焊接装备、焊工操作技能和焊接管理经验等），结合工程铁塔的结构特点、焊缝质量要求、加工条件和经济效益等，针对不同的焊接结构，选择合适的焊接方法。

焊接前，对于首次采用的钢材，铁塔企业应收集材料的性能、材料的焊接性及其他热加工技术参数等技术资料，结合焊接方法、焊件厚度、焊接材料、接头形式、焊接位置等组合条件进行焊接工艺评定。焊接工艺评定通用要求如下：

（1）只有经过焊接评定合格的焊接工艺才能用于铁塔生产。

（2）应依据焊接工艺评定标准的规定，审慎选择免予焊接评定、进行焊接评定的替代。当焊接条件发生重大变化时，应重新加工评定。

(3) 不同焊接方法的焊接工艺评定不能相互代替，不同类别钢材的焊接工艺评定应严格按标准要求执行。

(4) 应依据评定合格的焊接工艺评定，编制焊接工艺卡等焊接工艺文件。

焊接工艺评定是进行工程铁塔焊接的基础，铁塔制造的焊接一般按照 GB 50661—2011《钢结构焊接规范》进行焊接工艺评定，或按照工程合同或工程技术规范的要求进行焊接工艺评定。详细的焊接工艺评定流程与要求可参见第八章及附录 B，也可参照相关的焊接工艺评定标准。

2. 焊接作业文件

铁塔企业在焊接工艺评定的基础上，应编制与工程铁塔相适应的焊接方案，针对特殊的焊接结构，应制定专门的技术措施或焊接技术方案。同时，结合焊接工艺评定，依据产品特点、生产条件等编制焊接作业文件（如作业指导书、焊接工艺卡等）；若焊件有预热、后热、焊后热处理要求时，还应编制焊接热处理工艺卡。

焊接作业文件一般应包含下列内容：

(1) 编制目的及适用范围。

(2) 编制依据、产品/部件名称。

(3) 开工前的条件（包括人、工装模具、环境因素、焊接前准备、工艺措施等）。

(4) 坡口形式、尺寸、加工方法。

(5) 焊接方法、焊接设备及焊接材料的说明。

(6) 组对装配和定位焊要求。

(7) 预热方法和工艺。

(8) 焊接规范。

(9) 多层焊的层数和多道焊的道数要求及作业时间的控制要求。

(10) 焊缝背面清根要求及说明。

(11) 焊接顺序和控制焊接变形的措施。

(12) 后热及焊后热处理的方法和规范。

(13) 质量检验项目、检验方法和验收要求。

(14) 焊接修理。

(二) 焊接材料及选用

1. 焊接材料的选择

输电铁塔结构用焊接材料应根据铁塔用钢的化学成分、力学性能、使用工况条件和焊接工艺评定的结果选用。埋弧焊时，焊丝与焊剂的选配应经焊接工艺评定合格。焊接材料选择的一般原则是：

(1) 同种牌号钢焊接材料的选用应符合以下基本条件：①熔敷金属的化学成分、力学性能应与母材相当；② 焊接工艺性能良好；③有特殊性能要求时，其性能不低于母材相应要求。

(2) 异种牌号钢焊接材料的选用宜按低强度匹配原则。

输电铁塔常用钢材配套焊接材料可参照表 5-24 选用。常用焊接材料表示方法参见附录 A。

表 5-24 输电铁塔常用钢材配套焊接材料示例

钢号示例	GB/T 5117 焊条型号	GB/T 5293 埋弧焊丝及焊剂型号	气体保护焊		GB/T 39280 氩弧焊焊丝
			GB/T 8110 实芯焊丝	GB/T 11045 药芯焊丝	
Q235	E4303 E4316 E4315	S43A0MS-SU08A S43A0FB-SU26	G43AYC1S2 G49A0C1S2 G49A2C1S2 G55A0C1S2 G55A2C1S2	T49T5-1C1-1CM T55T5-1C1-1CM	W43A03N W49A03N W55A03N
Q355、Q390	E5016 E5015 E5015-G	S43A0FB-SU26 S49A0FB-SU26			
Q420、Q460	E5015-G E5516-G E5515-G E5510-G	S49A2FB-SU26 S55A2FB-SU34			

注 1. 焊接材料的型号表示方法可参照附录 C 或相应的焊接材料标准。
2. 埋弧焊焊丝与焊剂组合中，焊剂为常用类型，也可使用其他类型的焊剂，需经焊接工艺评定确定。
3. 气体保护焊用气体，除使用纯二氧化碳气体外，也可使用混合气体，也需焊接工艺评定确定。

2. 焊接材料的使用

焊接材料的使用、管理应符合 JB/T 3223—2017《焊接材料质量管理规程》的规定。焊接材料储存场所应干燥、通风良好。焊接材料应由专人保管、烘干、发放和回收，用于一级、二级焊缝的焊接材料应有详细的使用记录。

（1）焊条。焊条的保存、烘干应符合下列要求：

1）酸性焊条保存时应有防潮措施，受潮的焊条使用前应在 100～150℃ 温度下烘焙 1～2h。

2）低氢型焊条使用前应在 300～430℃ 温度下烘焙 1～2h，或按厂家提供的焊条使用说明书进行烘干。用于一级、二级焊缝的焊条烘干后，应放置于温度不低于 100℃ 的保温箱中，随用随取，在大气中放置时间不宜超过 4h，且不应重复烘干。

（2）焊剂。焊剂的烘干、回收应符合下列要求：

1）使用前应按焊剂制造厂家推荐的温度进行烘焙，已受潮或结块的焊剂不应使用。

2）用于焊接 Q420、Q460 钢材或用于一级、二级焊缝的焊剂，烘干后在大气中放置时间不应超过 4h，且焊剂的重复烘干次数不应超过 1 次。

3）同时满足下列要求的焊剂方可回收使用：①用过的旧焊剂与同批号的新焊剂混合使用，且旧焊剂的混合比在 50%以下，一般宜控制在 30%左右；②在混合前，用适当的方法清除了旧焊剂中的熔渣、杂质和粉尘；③混合焊剂的颗粒度符合要求。

在使用过程中，应保持焊接材料的识别标志，以免发生错用。焊接工作结束后，对标记清楚，且整洁、无污染的剩余焊接材料应予回收，但焊剂一般不宜重复使用。

3. 焊接保护气体的使用

焊接保护气体应在焊接工艺评定中进行评定，当变更保护气体的种类或增加混合气体中氧化性气体的比例时，应重新进行焊接工艺评定。

焊接用二氧化碳气体含量应不小于 99.5%，氧气含量应不小于 99.2%，氩气纯度应不小于 99.99%。其中，瓶装二氧化碳气体在使用前应进行游离水抽检，其方法为：将钢瓶倒置 10min，微开瓶阀，应无游离水流出。否则应按下述方法进行提纯处理：

（1）将钢瓶倒置 30min，打开瓶阀放水 1 次，重复 2～3 遍，直至无游离水流出，然后将钢瓶放正。

（2）放水后的气体在使用前放气 3min。

使用中，二氧化碳气瓶中气压低于 0.98MPa 时，氩-二氧化碳混合气瓶中气压低于 0.05MPa 时，氩气瓶中气压低于 0.2MPa 时，不得继续使用。

三、坡口与焊件组对

（一）坡口选择与加工

1. 坡口的作用

焊接坡口的主要作用是为了使焊接热源能深入接头根部，以便根部焊透，使焊接接头达到设计所要求的熔深和焊缝形状。选择合适的坡口形式，可以调整焊缝成型系数，便于操作和清理焊渣。此外，还可以节省焊接材料，降低焊接应力。

2. 坡口选择

焊缝坡口形式和尺寸，应以 GB/T 985.1—2008《气焊、焊条电弧焊、气体保护焊和高能束焊的推荐坡口》、GB/T 985.2—2008《埋弧焊的推荐坡口》的有关规定为依据来设计，特殊要求的坡口形式和尺寸应依据图纸并结合焊接工艺评定确定。

焊接坡口的选择，主要取决于连接结构的特点、母材厚度、焊接方法和工艺要求。钢管塔横担与主管连接部位、挂线板焊接部位、环形板拼接部位等，一般宜开设坡口。坡口的选择原则主要是：

（1）尽量减少填充金属量。

（2）坡口形状容易加工，经济性好。

（3）便于焊工操作和清渣。

（4）焊后应力和变形尽可能小，有利于焊接保护及操作方便。

焊接坡口的主要形式有 I 形坡口、V 形坡口和 U 形坡口等基本形式，在此基础上可延伸出 Y、K，X、J 形等多种形式的坡口，其图示和表示符号如表 5-25 所示。

表 5-25 常见焊接坡口形式

坡口名称	I 形坡口	V 形坡口	Y 形坡口	双 V 形坡口	单边 V 形坡口	K 形坡口
图示						
基本符号	I	V	Y	X	V	K

I 形坡口：是输电铁塔结构常用的坡口形式，常用于埋弧焊，可采用单面或双面焊接。

V 形坡口：坡口形状简单，加工方便，是输电铁塔常用的坡口形式，用于各种焊接方法。单面焊时不用翻转焊件，但板材单面焊时，容易产生角变形。如果需正反面施焊，可设计成 X 形坡口，这样可节省填充金属，又因正反两面施焊，可以减少角变形。

X 形坡口：与 V 形坡口相比，在相同厚度下，X 形坡口能减少焊缝金属填充量，由于采用双面焊接，焊后残余变形较小，是输电铁塔常用的坡口形式，尤其在钢管—法兰对接焊中多采用此坡口，用于气保护焊或埋弧焊。

U 形坡口：主要用于厚度较大的焊件，焊缝填充金属比 V 形、X 形坡口少，且焊件焊接变形小，但坡口加工较困难。输电铁塔结构很少使用。

对于诸如塔脚连接的 T 形焊接接头，为连接铁塔主材，需要对塔脚连接板焊缝进行清根，对该焊接坡口，可以设计成非对称的 K 形坡口，在清根侧加大坡口深度。

在跨越塔中，经常用到 T、K 形和 Y 形节点，其焊缝坡口形式及尺寸可按 DL/T 1762《钢管塔焊接技术导则》选用，见表 5-26。当坡口角度 ψ 小于 30°时应进行焊接工艺评定。

3. 坡口加工与质量要求

坡口加工应优先采用机械加工、激光切割等方法，或使用专用的坡口加工机，如平板直边坡口加工机和管端坡口加工机。也可使用自动或半自动气割、等离子切割、碳弧气刨等热加工方法加工坡口，但切口部分应留有不小于 5mm 的机械加工余量。

表 5-26 管桁结构 T、K、Y 形接头焊缝坡口形式和尺寸（DL/T 1762—2017）

<table>
<tr><th colspan="2">坡口尺寸</th><th colspan="2">细节 A：
Ψ=180°～135°</th><th colspan="2">细节 B：
Ψ=150°～50°</th><th colspan="2">细节 C：
Ψ=75°～30°</th><th>细节 D：
Ψ=40°～15°</th></tr>
<tr><td rowspan="2">坡口角度
ψ</td><td>最大</td><td colspan="2">90°</td><td colspan="2">当 $\Psi\leqslant$105° 时为 60°</td><td colspan="2">40°；Ψ 较大时为 60°</td><td rowspan="2">—</td></tr>
<tr><td>最小</td><td colspan="2">45°</td><td colspan="2">37.5°；Ψ 较小时为 1/2Ψ</td><td colspan="2">1/2Ψ</td></tr>
<tr><td rowspan="2">支管端部
斜切角度 ω</td><td>最大</td><td colspan="2">—</td><td colspan="4">根据坡口角度确定</td><td>—</td></tr>
<tr><td>最小</td><td colspan="2">—</td><td colspan="2">10°，或当 Ψ>105° 时为 45°</td><td colspan="2">10°</td><td>—</td></tr>
<tr><td rowspan="7">根部间隙
b</td><td rowspan="3">最大</td><td rowspan="3">FCAW-S
SMAW
5mm</td><td rowspan="3">GMAW-S
FCAW-G
5mm</td><td rowspan="3">FCAW-S
SMAW
6mm</td><td rowspan="3">GMAW-S
FCAW-G
当 ψ>45°，6mm
当 $\psi\leqslant$45°，8mm</td><td rowspan="3">FCAW-S
SMAW</td><td>打底焊缝宽度 W_{max}</td><td>ψ</td></tr>
<tr><td>3mm</td><td>25°～40°</td></tr>
<tr><td>5mm</td><td>15°～25°</td></tr>
<tr><td rowspan="4">最小</td><td rowspan="4">2mm；当 ψ>90°，不规定</td><td rowspan="4">2mm；当 ψ>120°，不规定</td><td rowspan="4">2mm</td><td rowspan="4">2mm</td><td rowspan="4">GMAW-S
FCAW-G</td><td>3mm</td><td>30°～40°</td></tr>
<tr><td>6mm</td><td>25°～30°</td></tr>
<tr><td>10mm</td><td>20°～25°</td></tr>
<tr><td>13mm</td><td>15°～20°</td></tr>
</table>

续表

管桁结构 T、K、Y 形接头焊缝坡口形式示意图

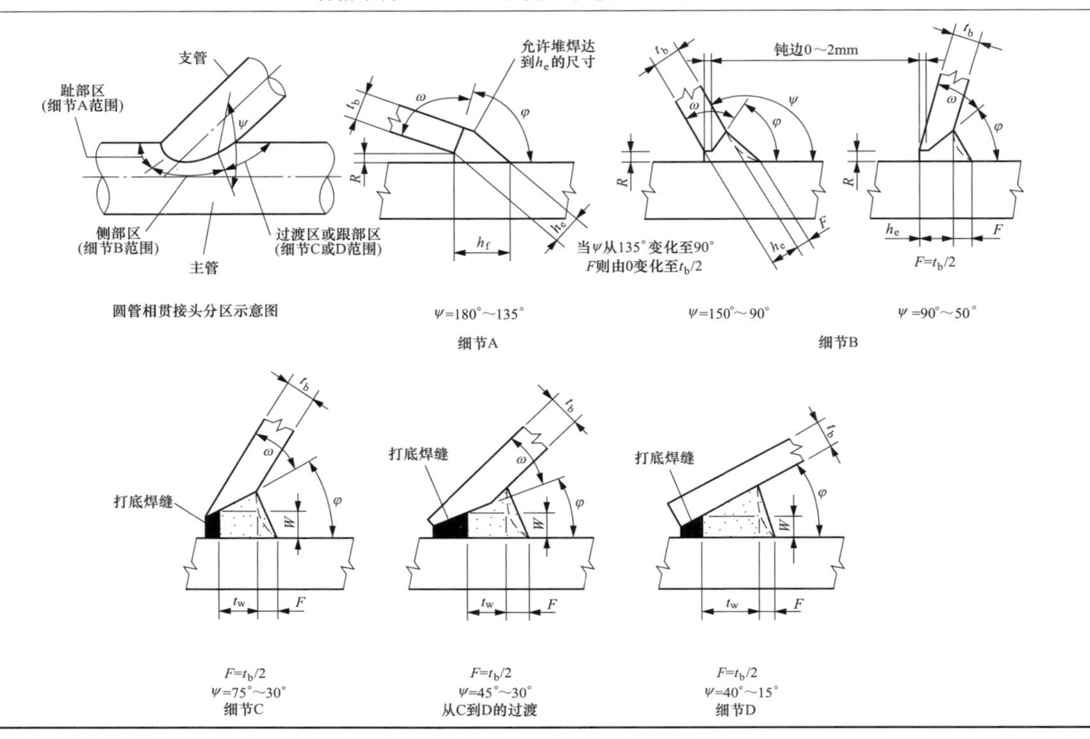

注　1. Ψ 为两面角，t_b为支管壁厚，h_f为焊角尺寸，h_e为焊缝厚度，F 为加强焊角尺寸（F 最小尺寸为$t_b/2$，同时符合 $t_b \leqslant$6mm 时，$F \geqslant$3mm；6mm$< t_b \leqslant$12mm 时，$F \geqslant$5mm；12mm$< t_b \leqslant$20mm 时，$F \geqslant$6mm；$t_b >$20mm 时，$F \geqslant$8mm）。

2. 焊缝坡口的必要宽度（W）由打底焊缝提供。

坡口加工后，坡口处应平整，无毛刺、裂纹、气割熔瘤、氧化层、夹层等缺陷。加工偏差符合表 5-27 的要求。

表 5-27　　坡口加工尺寸允许偏差

序号	项目	允许偏差（mm）	示　意　图
1	坡口面角度 α	±5.0°	α C
2	钝边 C	±1.0	

（二）焊接件组对

1. 组对工装模具的要求

设计组对工装模具时，应考虑工装的定位基准与工件的定位基准、安装基准统一，工装应有足够的强度和刚性，应定期检查工装胎模的松动、定位基准偏差，确保批量组对定位尺寸的质量稳定性，以保证装配精度和构件互换性。

2. 组对前的检查与清理

组对前，应对焊接件进行检查，确认其材质、规格符合图纸要求，坡口加工质量和坡口

尺寸偏差满足图纸和标准的要求。复查管件长度、开槽尺寸，联板安装插板处边距，U形插板开口尺寸等，检查各焊接件的变形是否超出规范要求。

组对前，应将坡口表面及附近母材（内、外壁或正、反面）的毛刺、熔渣、油、漆、污垢、锈蚀、氧化皮等清洁干净，直至出现金属光泽，清理范围如下：

（1）对接焊缝：坡口每侧各10～15mm；

（2）角焊缝：焊脚尺寸+15mm；

（3）埋弧焊焊缝：上述（1）或（2）的清理范围+5mm。

3. 组对要求

焊接件组对时，应综合考虑焊缝在铁塔构件上的布置位置，应尽量避免出现“十字”焊缝或焊缝重叠。应根据焊接工艺要求和连接孔的定位精度要求控制其组对间隙，避免间隙过大或过小。任何情况下，不应在装配间隙或坡口内嵌入填塞物焊接。

部分焊透的角接焊应使焊件贴紧；钢管的纵向焊缝宜上下对齐；连接板与环形板装配，宜使用靠模进行定位，连接板与钢管及环形板之间应留有适当的间隙，避免强行装配，环形板拼接部位应装配平整，间隙适当。钢管与插板组对时，应在组对工装上进行，用插销定位确定插板安装孔位置尺寸，并检查确定插板孔边距尺寸偏差。钢管与带颈法兰装配时，应使用装配胎具，法兰宜采用销子定位，钢管的基准应在轴心线上；钢管与板式平面法兰装配时，钢管与法兰间隙应均匀，钢管的插入深度应满足设计要求，当设计未要求时，插入深度应不小于法兰厚度的一半，且满足焊缝尺寸要求。

焊接件组对时，可采用反变形措施保证焊件的偏差要求。焊件装配位置尺寸确定后，宜采用定位焊方式或焊接临时定位支撑件的方式进行固定。对于下料尺寸偏大的零件，不应强行装配或随意切割，应查找原因，必要时重新放样加工。

4. 组对质量

焊件组对时，应做到内壁（根部）齐平，如有错口，其错口值不应超过下列限值：

（1）一级焊缝的局部错边值不应超过焊件厚度的10%，且不大于2mm；

（2）二级焊缝的局部错边值不应超过焊件厚度的15%，且不大于3mm；

（3）三级焊缝的局部错边值不宜超过焊件厚度的20%，且不大于4mm；

（4）不同厚度的焊件组对，其错口值按较薄焊件计算。

焊件组对后尺寸偏差应符合表5-28的要求。

表5-28　焊接件组对后允许偏差

序号	项目			允许偏差（mm）	示意图
1	部件长度 L	钢管杆		$^{+L/1000}_{0}$	
		管塔与构架	$L\leqslant 8000$	±2.0	
			$L>8000$	±3.0	
2	法兰面对轴线倾斜 P	$D<1500$		≤1.5	
		$D\geqslant 1500$		≤2.0	
3	法兰装配偏心			≤1.0	

续表

序号	项目			允许偏差（mm）	示意图
4	连接板位移 e	有孔		≤1.0	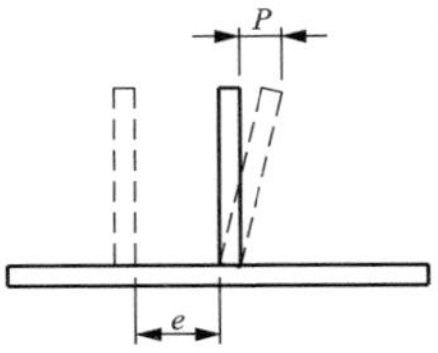
		无孔		≤3.0	
		有孔		≤1.0	
5	连接板倾斜 P	无孔		≤3.0	
6	十字板中心相对偏差 e	角钢塔填板	双拼角钢	±2.0	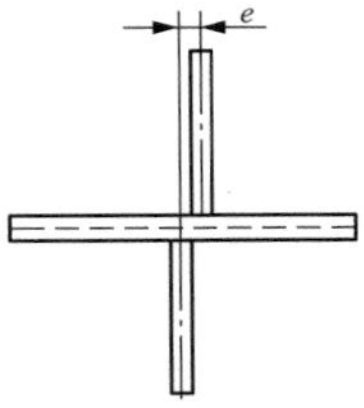
			四拼角钢	±1.0	
		管塔	十字插板	±1.0	
7	连板装配角度最大偏差 α			≤0.5°	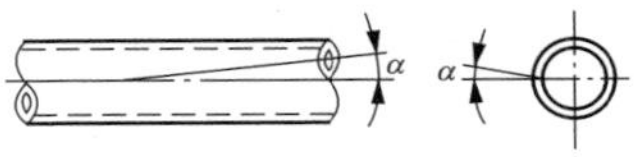
8	连板装配最大偏移 L_1			≤2.0	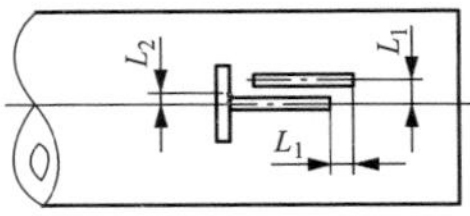
9	肋板装配最大偏移 L_2			≤2.0	
10	对接接头错边 δ			$t/10$ 且≤2.0	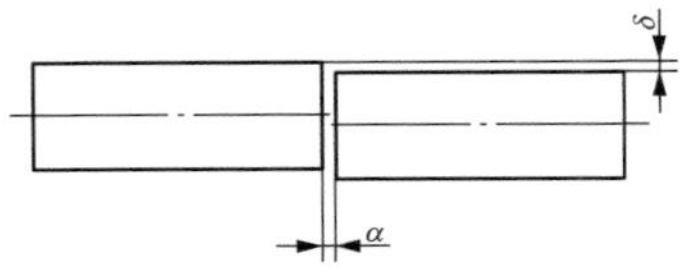
11	组对间隙 a			±1.0	
12	直线度 f			$L/1500$ 且≤5.0	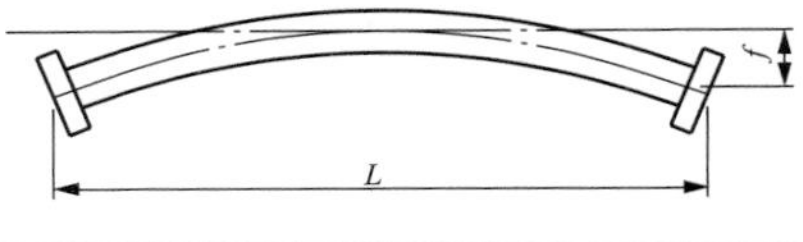
13	相邻两组连接板间距 a			±1.0	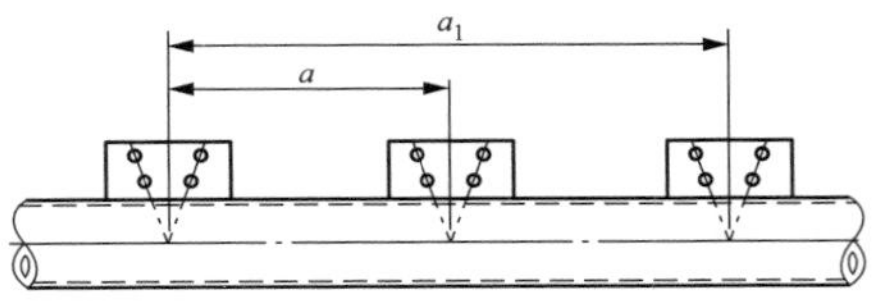
14	不相邻两组连接板间距 a_1			±1.5	
15	插板与钢管装配	中心偏移 b		±1.0	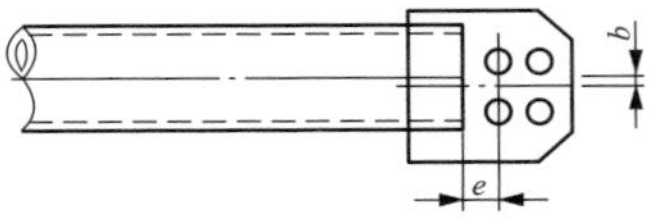
16		插板螺栓孔中心与钢管端距 e		+2.0 0	

续表

序号	项目		允许偏差(mm)	示意图
17	U形板与钢管装配	装配偏移 Δ	$\leqslant 1.0$	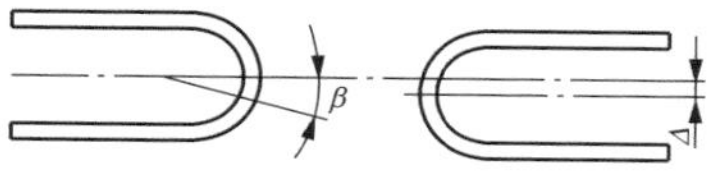
18		倾角 β	$\leqslant 1^\circ$	
19	法兰盘旋转变位 e		1.0	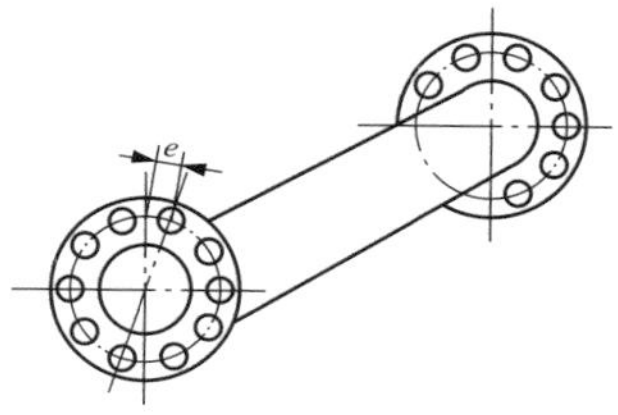
20	相贯连接	主管与支管之间角度 α	$\pm 0.5^\circ$	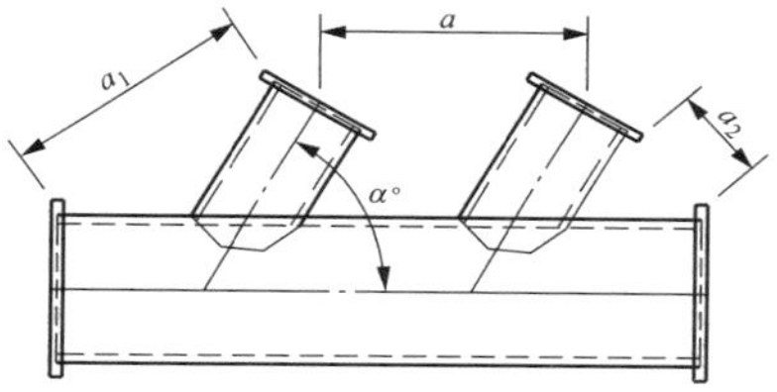
21		主管与支管法兰距离 a_1、a_2	± 1.5	
22		主管纵中心线方向上支管法兰距离 a	± 1.5	
23		变坡部位主管与支管法兰距离(同侧距离要求同时加大或减小) a	± 2.0	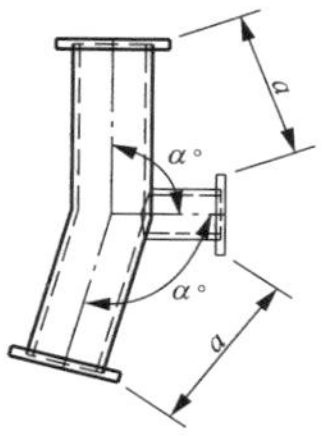
24	相贯连接	主管左右两侧支管法兰距离 a	± 2.0	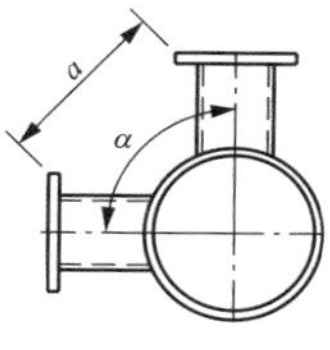
25		支管偏移 e	$\leqslant 2.0$	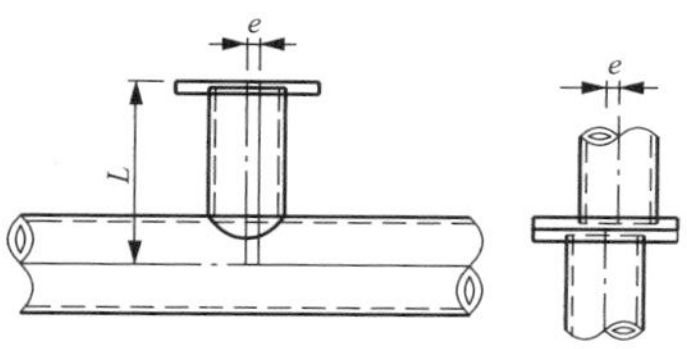
26		支管长度 L	± 1.5	

注 t 为焊件厚度,mm。L 为构件长度,mm。

四、焊接工艺

（一）焊接环境

铁塔加工中，焊接作业场所出现下列情况时应采取措施，否则不允许焊接：

（1）焊条电弧焊或药芯焊丝自保护焊时作业区的风速超过 8m/s，气体保护电弧焊时作业区的风速超过 2m/s；

（2）相对湿度大于 90％或焊件表面焊接区域潮湿、覆盖有冰雪等；

（3）焊接 Q355 以下等级、Q355 和 Q355 以上等级钢材时，环境温度分别低于－10℃、0℃和 5℃。

如果焊接环境温度低于－10℃时，应进行相应焊接环境下的工艺评定试验，并应在评定合格后再进行焊接。如果焊件尺寸较大，结构较为复杂，或焊接环境温度较低时，为避免出现焊接缺陷，一般需要对焊件进行预热。

（二）预热和层间温度

输电铁塔常用钢材的最低预热温度参见表 5-29，对于不规定预热温度的钢材，当环境温度低于 0℃时，应将母材预热到不低于 20℃和规定的最低预热温度二者较高值，并在焊接过程保持这一温度。

表 5-29 铁塔常用钢材焊接最低预热温度推荐值

钢材牌号	不同母材厚度 t 的最低预热温度（℃）			
	$t\leqslant$20mm	20mm$<t\leqslant$40mm	40mm$<t\leqslant$60mm	$t>$ 60mm
Q235	—	—	40	80
Q355（Q345）	—	20	60	100
Q390、Q420	20	60	80	120
Q460	20	80	100	150

注 1. 焊接接头厚度不同时，按较厚件选择预热温度。
2. 焊接接头材质不同时，按接头中较高强度、较高碳当量的钢材选择预热温度。
3. “—”表示焊接环境温度在 0℃以上时，可不采取预热措施。

异质材料焊接时，预热温度应按预热温度要求高的一侧执行；钢管塔中，铁塔主材与其他件焊接时，预热温度应按主材选择。

预热时，可以采用电加热或火焰加热方法进行加热，采用远红外测温仪或其他专用测温仪器测量预热温度。预热宽度在焊道两侧，每侧预热宽度应大于焊件厚度的 1.5 倍，且不小于 100mm。

焊接时的层间温度应不低于最低预热温度。低合金钢的层间温度不宜大于 230℃，高强度调质钢层间温度不宜超过 200℃。焊接过程中如果中断焊接，则一般需要后热或采取环冷措施，再次焊接前应预热。

（三）焊接

1. 定位焊

定位焊的作用是用来固定各焊接零件之间的相对位置，以保证焊件空间尺寸和连接件的孔位精度而进行的焊接，此时所形成的焊缝称为定位焊缝。

定位焊缝一般都比较短小，焊接质量不够稳定，容易产生各种焊接缺陷。在有些情况下，定位焊缝是作为正式焊缝留在接缝中，此时所使用的焊接材料、焊接工艺及对焊工操作的技术熟练程度要求，应与正式焊缝完全相同，还应满足下列要求：

（1）坡口根部的定位焊缝，应检查各个定位焊缝的质量，如有缺陷应清除，必要时应重新进行定位焊。

（2）定位焊缝的高度一般为 3～6mm 且不宜超过正式焊缝的 2/3，长度宜为 20～40mm。定位焊缝的数量视焊缝长度确定，间距不宜超过 400mm，且不少于 2 点，应均匀分布。

（3）环境温度低于 5℃时，定位焊缝易开裂，此时应尽量避免强行装配后进行定位焊，定位焊缝的高度可增加至 8mm，并适当增加定位焊缝长度。焊接结构较大时或对保证焊件定位精度起重要作用的部位，也可适当增加定位焊的尺寸和数量。

（4）需预热的焊件，定位焊时亦应进行预热，且预热温度应比正式焊接时的预热温度高约 20℃。

（5）定位焊的引弧和熄弧应在焊件坡口内完成。定位焊缝上的裂纹、气孔、夹渣等缺陷应清除。

进行定位焊时，因为定位焊点为断续焊点，焊件温度也比焊接时要低，热量不足容易产生未焊透，因此定位焊电流应比焊接电流大 10%～15%。在焊缝交叉处和焊缝方向急剧变化处不要进行定位焊，而应离开约 50mm 进行定位焊。定位焊缝的起头和结尾处均应圆滑过渡，钢管—法兰自动焊时的定位焊点应有一定的坡度。当使用临时支撑焊件刚性固定时，注意剔除临时支撑时避免损伤母材。

2. 施焊

一般情况下，铁塔焊接件均应进行封闭焊。焊接时，宜采用多层多道焊接工艺，且每层焊道厚度不宜超过 5mm；埋弧焊时，单层焊道厚度不宜超过 8mm。多层多道焊接时，应逐层逐道清理焊缝表面并自检合格后方可焊接次道焊缝。多层多道焊时的焊接接头应错开 30mm以上。对于双面焊接的 T 形焊缝，宜在两面交叉焊接，以减小变形，提高精度，且在一侧焊接后，应检查另一侧定位焊缝，确认无裂纹等缺陷后，方可进行该侧焊缝的焊接。

焊接时，宜采用调整焊接工艺参数或合理安排焊接顺序的方法控制焊接变形，也可采用反变形、刚性固定等方法。控制变形时，应避免产生焊接裂纹。除含有引弧板和引出板外，引弧和熄弧均应在焊件坡口内完成，收弧时应将熔池填满。焊接后宜采用机械方式或气割等方法去除引弧板、引出板、定位支撑件等临时焊件。采用气割方法去除时，应在离工件表面 3mm 以上处切除临时焊件，去除后应将残留的部分打磨修整，并检查表面质量，打磨后实测厚度应满足工件的偏差要求。

焊接完成后，焊工应将焊缝及母材表面上的飞溅、熔渣等清理干净，并检查外观质量。影响热浸镀锌质量的焊缝缺陷应在镀锌前进行修磨或补焊，且补焊的焊缝应与原焊缝间保持圆滑过渡。对一、二级焊缝外观质量自检合格后，应打上焊工钢印号，或永久性标识。当有要求时，应采用适当的方法消除应力。

（四）后热与焊后去应力处理

对冷裂纹敏感性较大的低合金结构钢或拘束度较大的焊件，为避免出现冷裂纹，焊后应立即采取后热措施。一般后热的加热宽度应不少于预热时的加热宽度，后热温度多为 250～350℃，保温时间与后热温度、焊件厚度有关，一般不少于 30min，达到保温时间后应缓冷至常温。若焊后立即进行了焊后热处理，该焊件可不进行后热。

铁塔结构当焊件的残余应力较大时，为防止使用中焊件开裂，需要对焊件进行去应力处理。可采用焊后热处理、振动时效、爆炸时效的方法消除应力。当采用振动时效、爆炸时效方法时，应进行专门的工艺试验，并制定专门的作业文件，并严格执行。当采用焊后热处理时，应正确选择加热温度、恒温时间和升降温速度，以获得良好的效果。

焊后热处理一般采用高温回火，应根据焊件的材质、钢材的供货状态选择热处理温度，高强度结构用调质钢焊后热处理温度应低于调质处理时的回火温度20～30℃。焊后热处理恒温时间主要按照焊件厚度来确定，焊件恒温时间的计算，应以焊缝温度达到工艺规定的焊后热处理温度时开始计算。输电铁塔常用钢材焊后热处理工艺见表5-30。

表5-30　　常用钢材焊后热处理推荐规范

焊后热处理温度（℃）	最短恒温时间 t（h）
550～580	$\delta \leqslant 50$mm时，$t=\delta/25$h，且 $t \geqslant 1/4$h； $\delta > 50$mm时：$t=(375+\delta)/100$h

注　1. δ 为焊件的名义厚度，具体规定可参考DL/T 819—2019《火力发电厂焊接热处理技术规程》。
2. 对于高强钢，当供货状态为调质状态时，应通过工艺评定试验确定。

焊件的最大升降温速度（v_{max}）：$v_{max}=5500/\delta$（℃/h），且不大于220℃/h。式中：δ 为最大焊件厚度，mm。300℃以下可不控制升降温速速。

加热期间，加热区内各部位温差不得大于80℃。焊件保温期间，均温区内最高与最低温差之差不得大于50℃。

若对焊件进行局部焊后热处理，焊件的加热宽度应不小于焊缝每侧6倍母材厚度，且加热区以外部位应采取保温措施，使温度梯度不致影响材料的组织和性能。

详细的焊后热处理要求可参见DL/T 819—2019《火力发电厂焊接热处理技术规程》。

（五）不合格焊接接头的处理

对气孔、夹渣、焊瘤或余高过大等表面缺陷，应先打磨清除，必要时进行补焊修理。对根部凹陷、弧坑、焊缝尺寸不足、咬边等缺陷，应进行补焊。对裂纹、未熔合等内部缺陷，应按以下规定进行处理：

（1）清除缺陷，如采用碳弧气刨时应磨去渗碳层，必要时用PT或MT方法进行检测；

（2）清除长度应比缺陷范围两端各长50mm；

（3）对于厚大部件的裂纹缺陷，在清除前，应采取措施防止裂纹继续扩展。

焊缝同一位置返修次数不应超过三次，需要进行预热或焊后热处理的焊接接头，返修时，应按规定进行预热，并重做焊后热处理。返修后的焊缝应按原方法检测，并且使用同样的技术和质量判据。

第五节　试　组　装

一、试组装的概念

输电铁塔的试组装是为检验输电铁塔各零件、构件是否满足设计及安装质量要求而在出厂前进行的预组装。其目的是验证放样的正确性和零件、构件加工的符合性，因此，通常选择某个塔型的首基塔进行试组装，以便对该塔型进行批量加工。为慎重起见，有些铁塔企业

续表

<table>
<tr><th>序号</th><th colspan="2">项目</th><th>允许偏差（mm）</th><th>示意图</th></tr>
<tr><td>2</td><td colspan="2">法兰连接的局部间隙 a</td><td>≤2.0</td><td>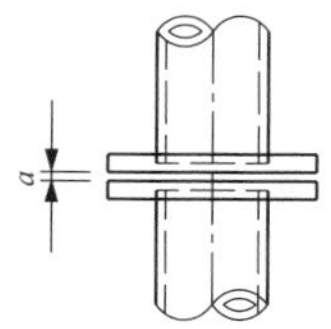
</td></tr>
<tr><td>3</td><td colspan="2">法兰对口错边 e</td><td>≤2.0</td><td>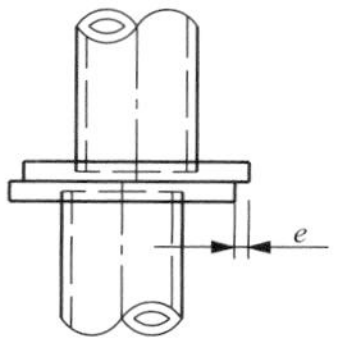
</td></tr>
<tr><td rowspan="2">4</td><td>＊挂线点之间水平距离</td><td>A、B、C、D</td><td rowspan="2">±10.0</td><td rowspan="5">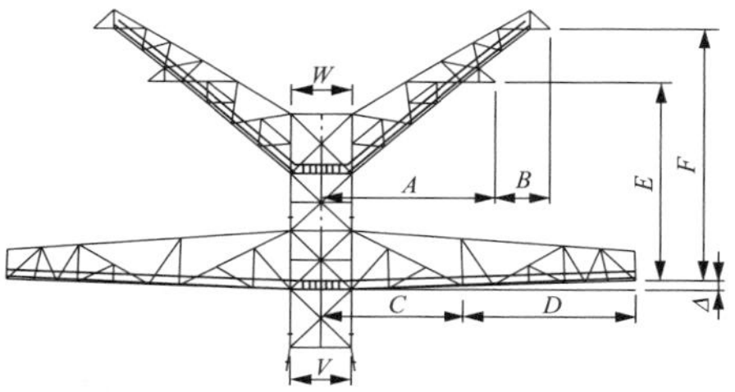
</td></tr>
<tr><td>＊挂线点之间垂直距离</td><td>E、F</td></tr>
<tr><td rowspan="2">5</td><td rowspan="2">＊横担预拱 Δ</td><td>卧式</td><td>+20
0</td></tr>
<tr><td>立式</td><td>+20
$-15\Delta/100$</td></tr>
<tr><td>6</td><td>＊塔身尺寸</td><td>W、V</td><td>±4.0</td></tr>
<tr><td>7</td><td colspan="2">横担、支架在同一平面内水平位移 K</td><td>$\leq 5L/1000$[a]
且≤10.0</td><td>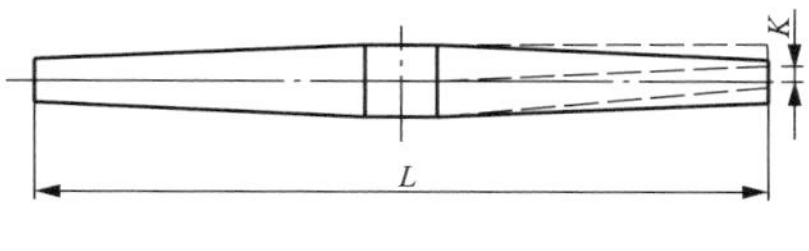
</td></tr>
<tr><td>8</td><td colspan="2">结构平面扭曲</td><td>≤10.0</td><td rowspan="6">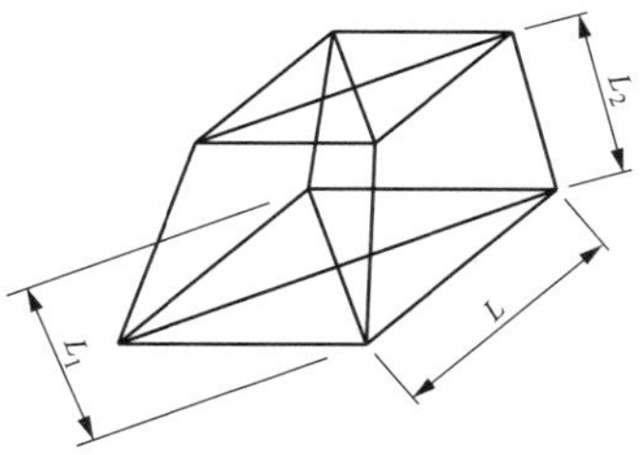
</td></tr>
<tr><td>9</td><td colspan="2">＊根开尺寸 L</td><td>$\pm L/2000$，
且不大于 10</td></tr>
<tr><td>10</td><td colspan="2">根开对角线 L_1</td><td>$\pm L_1/2000$</td></tr>
<tr><td>11</td><td colspan="2">节点间主材弯曲 L_2</td><td>$\leq L_2/1000$</td></tr>
<tr><td>12</td><td colspan="2">垂直度偏差</td><td>$\leq 0.8H/1000$</td></tr>
<tr><td>13</td><td colspan="2">连接局部间隙</td><td>≤2.0</td></tr>
<tr><td>14</td><td colspan="2">U 形板与钢管装配焊后开口尺寸</td><td>+4
0</td><td>—</td></tr>
</table>

续表

<table>
<tr><th>序号</th><th colspan="3">项目</th><th>允许偏差（mm）</th><th>示意图</th></tr>
<tr><td>15</td><td rowspan="5">钢管构架梁</td><td colspan="2">*跨度最外两端螺栓孔或支撑面最外侧距离 L</td><td>+5.0
−10</td><td rowspan="5"> 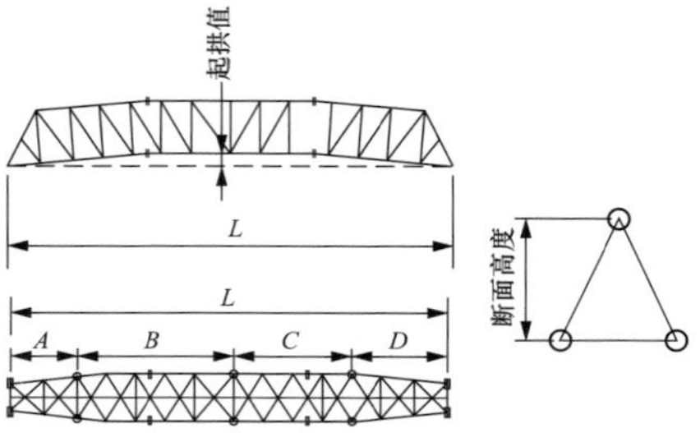起拱值 L L A B C D 断面高度</td></tr>
<tr><td>16</td><td rowspan="2">*拱度</td><td>设计要求起拱</td><td>$\pm L/5000$</td></tr>
<tr><td>17</td><td>设计未要求起拱</td><td>$+L/2000$
0</td></tr>
<tr><td>18</td><td>*挂线板中心水平距离</td><td>A、B、C、D</td><td>≤5.0</td></tr>
<tr><td>19</td><td colspan="2">断面高度</td><td>±10.0</td></tr>
<tr><td>20</td><td rowspan="3">钢管构架 A 形柱</td><td rowspan="2">*根开</td><td>法兰</td><td>±5.0</td><td rowspan="4"> 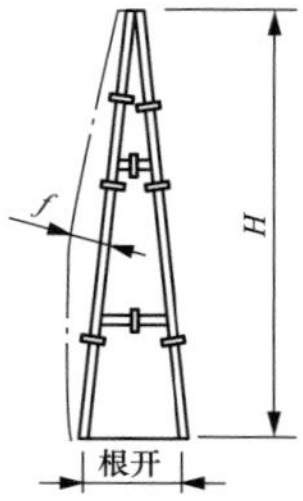f H 根开</td></tr>
<tr><td></td><td>插入式</td><td>±7.0</td></tr>
<tr><td>21</td><td colspan="2">*整体弯曲度 f</td><td>$\leqslant H/1500$[b]，
且不大于 30</td></tr>
<tr><td>22</td><td></td><td colspan="2">*柱底面到柱顶端与构架梁连接处安装孔距离</td><td>≤15.0</td></tr>
<tr><td>23</td><td rowspan="5">钢管构架、支架</td><td colspan="2">*支架高度 H</td><td>±3.0</td><td rowspan="5"> 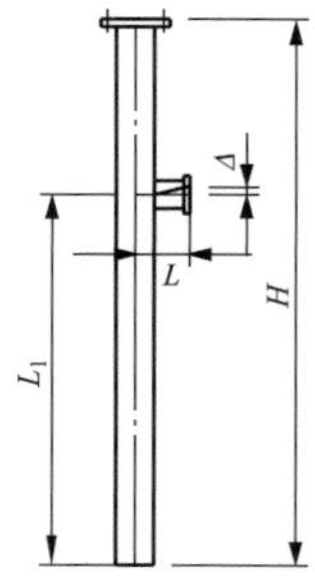Δ L H L_1</td></tr>
<tr><td>24</td><td colspan="2">柱身弯曲矢高 f</td><td>$\leqslant H/1500$[b]
且不应大于 5.0</td></tr>
<tr><td>25</td><td colspan="2">牛腿端孔到柱轴线距离 L</td><td>±1.0</td></tr>
<tr><td>26</td><td colspan="2">*牛腿的翘曲或扭曲 Δ</td><td>1.0</td></tr>
<tr><td>27</td><td colspan="2">*柱底面到牛腿支承面距离 L_1</td><td>±2.0</td></tr>
</table>

注 标有“*”的项目为主控尺寸。

a. L 为构件长度，mm。

b. H 为组装段高度，mm。

第六章　输电铁塔制造设备

第一节　概　　述

一、铁塔制造设备的发展演变

早期的中国铁塔制造行业生产工艺落后，加工工艺设备水平较低，主要以单工序、手工操作为主。

随着我国国民经济的快速增长，尤其是改革开放以后，我国全社会用电量急剧攀升，电网建设速度加快，铁塔产品需求大幅增加，输电铁塔产品型号逐渐增多，杆件断面由简单到复杂，从单角钢发展到双拼角钢、四拼角钢；从钢管杆发展到格构式铁塔；从以角钢为主的角钢塔发展到以钢管、钢板为主的钢管塔、构支架等，铁塔产品逐渐向多样化、大尺寸、高强度方向发展，推动了铁塔行业的技术进步，同时带来了铁塔加工设备的不断更新和发展。

随着我国设备制造技术水平的不断提升，铁塔加工设备的自动化水平逐渐提高，由手工加工设备逐渐发展到半自动化加工设备、自动化加工设备。如今，铁塔加工设备已发展为以数控设备、数控联合生产线为主，自动化程度获得大幅度地提升。

目前，智能制造技术的发展，具有更多功能的复合型一体化加工设备越来越多地应用于铁塔行业；数字化车间的建设要求，又进一步推动铁塔企业对加工设备进行“哑设备”改造，提升其数字化、信息化水平。

按照我国《“十四五”智能制造发展规划》，我国将大力发展智能制造设备，并针对感知、控制、决策、执行等环节的短板弱项，通过“智能制造设备创新发展行动”突破一批“卡脖子”的基础零部件和装置（如表 6-1 所示）。推动先进工艺、信息技术与制造设备深度融合，通过智能车间/工厂建设，带动通用、专用智能制造设备加速研制和迭代升级。

表 6-1　　　　我国“十四五”智能制造设备创新发展行动部分内容

序号	设备类型	主要设备
1	基础零部件和装置	微纳位移传感器、柔性触觉传感器、高分辨率视觉传感器、成分在线检测仪器、先进控制器、高精度伺服驱动系统、高性能高可靠减速器、可穿戴人机交互设备、工业现场定位设备、智能数控系统等
2	通用智能制造设备	智能立/卧式五轴加工中心、车铣复合加工中心、高精度数控磨床等工作母机；智能焊接机器人、智能移动机器人等工业机器人；激光/电子束高效选区熔化等增材制造设备；超快激光等先进激光加工设备；高端分布式控制系统、可编程逻辑控制器、监视控制和数据采集系统等工业控制设备；数字化非接触精密测量、在线无损检测、激光跟踪测量等智能检测设备和仪器；智能多层多向穿梭车、智能大型立体仓库等智能物流设备

续表

序号	设备类型	主要设备
3	新型智能制造设备	融合数字孪生、大数据、人工智能、边缘计算、虚拟现实/增强现实（VR/AR）、5G、北斗、卫星互联网等新技术的智能工控系统、智能工作母机、协作机器人、自适应机器人等新型设备

可以预见，随着更加先进的设备制造技术应用，铁塔加工设备的智能化水平将越来越高，更多的智能型铁塔加工设备将在铁塔加工行业获得应用。

二、铁塔制造设备的作用

铁塔设备制造业是促进铁塔制造业生产方式变革和产业结构调整的“发动机”。铁塔设备制造本身关联度高、需求弹性大、技术集约程度高，也是产业可持续发展的保障。因此，铁塔制造设备已经成为衡量铁塔制造业综合竞争力的重要标志，设备制造业的水平和现代化程度决定着整个铁塔行业的制造技术水平和现代化程度。

铁塔制造设备在铁塔制造的过程中起到不可或缺的关键作用。铁塔产品制造的实质就是使用制造设备，对不同品种的钢材进行下料、制孔、开槽、制弯与整形、装配与焊接、镀锌等加工的过程，最终生产出符合标准或技术规范要求的铁塔产品。铁塔制造设备在铁塔制造的过程中不仅关乎产品质量，同样对加工效率、用工强度、加工成本等有着重要的影响和不可替代的作用。

三、铁塔制造设备的分类

（1）按加工产品分类。铁塔制造设备按产品类型和加工工艺不同，分为板材加工设备、角钢塔加工设备、钢管杆加工设备和钢管塔加工设备四类。

（2）按加工工序或用途分类。铁塔加工设备按其加工工序或用途的不同，分为下料设备、制孔设备、制弯设备、开合角设备、装配与焊接设备、矫正设备、试组装设备、镀锌设备等。

本章按照铁塔制造设备的用途分别进行介绍。

第二节　下　料　设　备

一、板材下料设备

（一）剪板机

图 6-1　剪板机

1．产品用途

剪板机是用一个刀片相对另一刀片作往复直线运动剪切板材的一种通用加工设备（如图 6-1 所示），它借助于运动的上刀片和固定的下刀片，在剪切力作用下，使板材按所需要的尺寸断裂分离。剪板机属于锻压机械中的一种，主要用于金属加工行业、电力、铁塔制造行业等。

2. 产品结构

剪板机一般由机身、传动系统、刀架、压料器、前挡料架、后挡料架、托料装置、刀片间隙调整装置、灯光对线装置、润滑装置、电气控制装置等部件组成。

3. 工作原理

剪板机的上刀片固定在刀架上，下刀片固定在工作台上。工作台上安装有托料球，以便于板料在上面滑动时不被划伤。挡料架用于板料定位，位置由电机进行调节。压料器用于压紧板材，防止板材在剪切时移动。回程一般采用气动式，速度快，对设备冲击小。

4. 主要技术参数

输电铁塔加工中常用的剪板机型号与最大剪切厚度如表 6-2 所示，但实际加工所允许使用的最大剪切厚度必须满足工程技术规范或铁塔制造技术标准的限制要求，同时，还应满足铁塔加工中剪切环境最低温度的限制要求。

表 6-2　常用剪板机的型号及可承受最大厚度

剪板机型号	材质及剪切厚度 t(mm)		
	Q235	Q355	Q420
QH11-25	≤18	≤16	≤14
QH11-20	≤16	≤14	≤12
QC12Y-16	≤14	≤12	≤10
QH11-13	≤12	≤8	—
QH11-8	≤6	—	—

注　应根据钢板厚度的变化而合理调整刀片间隙，从而保证加工质量。

（二）数控切割机

1. 产品用途

数控切割机是一种机电一体化的切割设备，它通过数字程序来驱动机床运动，通过随机配备的切割工具（如等离子切割头、火焰切割头）对钢材进行切割下料，是铁塔企业广泛使用的下料设备（如图 6-2 所示），主要用于板材、管材的下料切割，也用于焊接坡口加工、钢管开槽等，尤其适用于板材复杂零件的下料。

经过几十年的发展，数控切割机在切割能源和数控系统方面取得了长足发展，切割能源由单一的火焰切割发展为多种能源（如火焰、等离子弧、激光等）的切割方式；数控切割机的控制系统由当初的简单功能、复杂编程发展到具有功能完善、智能化、图形化、网络化的控制方式；驱动系统也从早期的步进驱动、模拟伺服驱动发展到今天的全数字式伺服驱动。

2. 产品结构

数控切割机一般由床身与道轨、工作台、龙门（横梁）及其行走机构，切割头（火焰切、等离子弧等）及其行走机构，等离子电源或火焰切割的气源，电气控制系统与配套软件等组成。

3. 工作原理

通常数控切割系统是按照事先编制好的加工程序（如套料软件程序或 AUTOCAD 绘制的套料图转化的程序等），自动地进行下料。通过把零件的加工工艺路线、工艺参数、割具

(a)

(b)

图 6-2 数控切割机
(a) 龙门式数控火焰（等离子）切割机；(b) 悬臂式数控等离子切割机

的运动轨迹、位移量、切割参数等，按照数控切割系统规定的指令代码及程序格式编写成加工程序单，再把程序单中的内容输入到数控机床的数控装置中，这种从零件图的分析到切割程序输入的全部过程叫数控程序的编制。操作人员只需简单地操控设备，即可实现数控切割机的自动加工。

4. 数控切割设备的特点

(1) 数控火焰切割机。

数控火焰切割机，对低碳钢的切割厚度较大，切割费用低，但切割变形较大，切割精度不高，而且切割速度较低，切割较厚工件时，切割预热时间和穿孔时间长，较难适应全自动化操作的需要。因而，数控火焰切割主要用于大厚度碳钢板材切割，而中、薄碳钢板材切割逐渐被数控等离子切割代替。

(2) 数控等离子切割机。

数控等离子切割机具有应用范围广、对金属切割适应性广的特点，配合不同的工作气体可切割几乎所有的金属材料，尤其是对不锈钢、有色金属（铝、铜、钛、镍及其合金）切割效果更佳。在切割厚度不大的金属材料时，尤其是切割普通碳素钢薄板时，等离子切割速度快、效率高，切割速度可达 10m/min 以上，切割面光洁，变形小。

等离子切割系统主要由供气装置、电源及割枪组成。水冷割枪还需有冷却循环水装置。其中，供气装置主要是一台空压机，提供 0.3M～0.6MPa 压力的压缩空气；如使用其他气体，可采用瓶装气体减压后使用。等离子弧电源采用具有陡降或恒流外特性的直流电源，为获得满意的引弧及稳弧效果，电源空载电压较高，常用的切割电源空载电压为 350～400V。等离子割枪形式取决于割枪电流大小，一般 60A 以下的割枪多采用风冷结构，60A 以上时多采用水冷结构，割枪电极材料可采用纯钨、钍钨等。

等离子切割从设备切割能力上看，设备的加工效率、切割质量、切割厚度等取决于组成该设备的各系统的技术水平。根据等离子切割设备所用电源的不同和切割效果的不同，等离子切割分为普通等离子切割和精细等离子切割两类：

1）普通等离子切割：切割电流一般在 100A 以下，切割厚度不大于 30mm。切割时毛刺和挂渣较多，切口角度偏差较大，切割精度较低，热影响区宽度较大。

2）精细等离子切割：通过改进等离子切割技术、逆变电源技术、数控技术等，可以使等离子弧电流密度提升数倍，同时等离子弧还有很高的稳定性，因而其能量密度和切割精度更高，切割速度更快而热影响区更小。

从外观看，精细等离子切割机和普通等离子切割机区别不大，主要区别在于枪头和易损件（喷嘴、电极、保护帽），由于精细等离子切割机的喷嘴电极、枪头等性能均远高于普通等离子切割机的电极和枪头，因而其使用成本较高，但低于激光切割设备价格（为激光切割设备的1/4～1/6），具有良好的性价比。

精细等离子切割的最突出特点就是切割效果好、速度快、切割精度更好、切割面质量更高，因而被业内人士称为类激光切割机。如普通等离子切割机的切口角度偏差一般在7°～15°，精细等离子切割机可以控制到4°以内；精细等离子切割精度可达0.25～0.3mm，也远高于普通等离子切割的0.5mm。

（三）数控光纤激光切割机

1. 产品用途

主要用于钢板的下料切割，是铁塔企业近两年才开始广泛使用的新型切割设备。大有取代数控火焰切割机和剪板机的趋势。光纤数控激光切割机无光路设计，激光直接通过光纤激光器传输到机床切割头，机械结构简单，光路恒定，切割性能稳定。如图6-3所示。

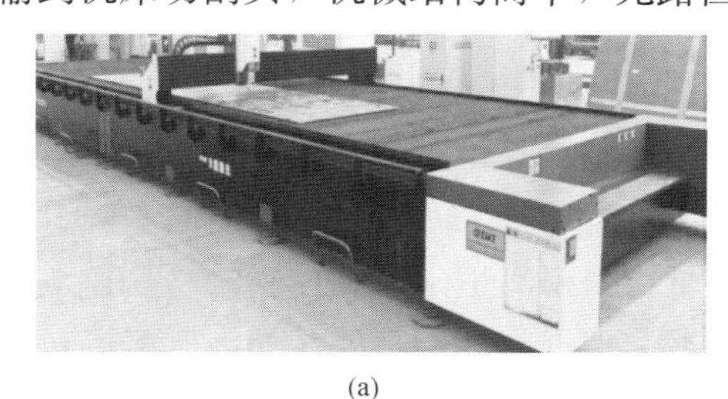

(a)

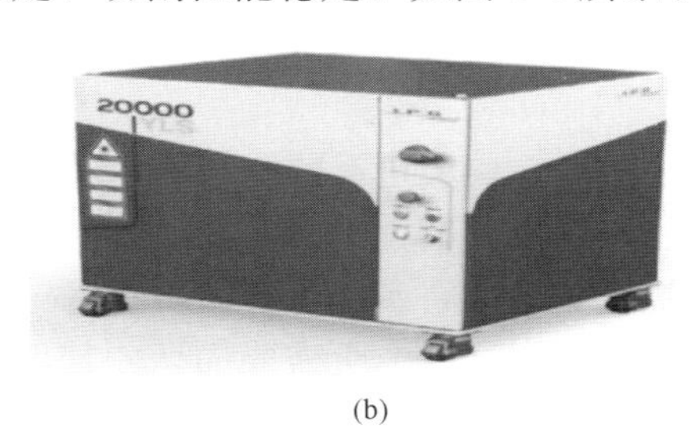

(b)

图6-3 数控光纤激光切割机

（a）激光切割床；（b）光纤激光器

2. 系统组成

数控激光切割设备组成与数控等离子切割类似，其主要区别是切割头（如图6-4所示）、激光器及其辅助系统（冷却系统、辅助气体系统等）。

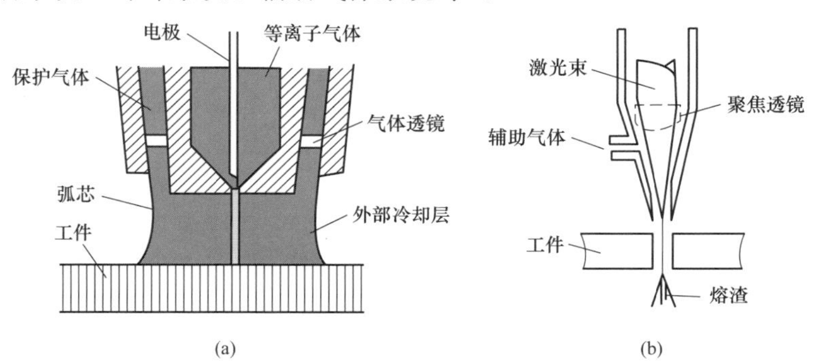

(a) (b)

图6-4 等离子弧、激光切割头示意图

（a）等离子弧切割头；（b）激光切割头

数控光纤激光切割设备的机械部分主要由床身、工作台、龙门；X、Y轴的导轨、齿轮、齿条；Z轴的导轨、丝杠；废料小车等组成。核心部件由光纤激光发生器、水冷机、切割头、电气控制系统组成。辅助部分由环保除尘、防护罩、防护栏等组成。

数控光纤激光切割设备与数控等离子切割设备主要技术参数对比如表 6-3 所示。

表 6-3　　数控光纤激光切割设备与数控等离子切割设备对比

项　目	数控光纤激光切割设备	普通数控等离子切割设备
横梁结构质量（kg）	200～250	<200
运行速度（m/min）	0～80	12～20
定位精度	±0.10mm/10m	±0.20mm/10m
重复定位精度	±0.05mm/10m	±0.20mm/10m
断面垂直度	0°	±1°
切缝宽度（mm）	0.15～0.40	2～3
热影响区宽度（mm）	<1	3～5

3. 功能特点

采用开放式、模块化、数控系统，操作简单易学。实现了多轴多通道应用，高速高精度位置闭环控制，采用智能软件随动控制算法，激光能量自动随速度变化，支持多种控制功能；集成高度随动控制系统，确保切割头与板材切割距离恒定，高速精确；切割头具备防碰撞保护功能，切割过程中所需要的切割辅助气体，如 N_2、O_2、空气等，在数控系统集中控制下自动切换，辅助气体采用电气比例阀控制，压力调整与切割工艺库有效集成，实现自动调整气压和流量控制。

目前，光纤数控激光切割设备的主要功能有：

（1）多级穿孔功能：超速穿孔、自动调焦以及蛙跳功能的强大结合，大幅缩短板材穿孔时间，提高加工效率，实现 6mm 以下碳钢板零秒穿孔。

（2）飞行切割功能：激光与伺服的内部控制周期大幅缩短，控制更细致，响应更迅速。使激光输出与机械运动的匹配得到了飞跃式的提升。

（3）自动寻边功能：通过切割头传感器自动感应寻找板材边界，上料后自动寻找板材位置和倾斜情况，无需人工调整，降低劳动强度，提高工作效率。

4. 设备主要规格

数控光纤激光切割设备的规格主要是从工作台面尺寸或有效加工范围、激光器的功率两个方面来划分。

工作台面尺寸或有效加工范围（长×宽）主要有 6000mm×2500mm、8000mm×2500mm、12 000mm×2500mm、25 000×3000mm 等几种规格。多数采用双工作台交换式，也有单工作台产品。

激光器是现代激光切割设备必不可少的核心组件之一。早期的激光加工用激光器主要是大功率 CO_2 气体激光器和 YAG 激光器，为改善激光器的光束质量，发展出了半导体激光器。随着半导体激光技术的不断发展，以半导体激光器为基础的其他固体激光器，如光纤激光器、碟片激光器等迅速发展。其中，光纤激光器在金属切割方面应用较多。

各类激光器的性能及应用对比如表 6-4 所示。

表 6-4 各类激光器的性能及应用对比

激光器类型	Nd：YAG 激光器	CO_2 激光器	光纤激光器	半导体激光器	碟片激光器
激光器波长（μm）	1.0～1.1	10.6	1.0～1.1	0.9～1.0	1.0～1.1
光电转换率（%）	3～5	10	35～40	70～80	30
输出功率（kW）	1～3	1～20	0.5～30	0.5～10	1～20
光束质量	15	6	< 2.5	10	< 2.5
聚焦性	光束发散角大，聚焦后光斑较大，功率密度低	光束发散角较小，聚焦后光斑小，功率密度高	光束发散角较小，聚焦后光斑小，光束质量好，峰值功率高，功率密度大	光束发散角大，聚焦后光斑较大，光斑均匀性好	光束发散角较小，聚焦后光斑小，功率密度高
切割特性	较差，切割能力低	切割金属材料厚度有限，使用薄板材料切割	适合切割金属材料，切割速度快，能够适应不同厚度板材的切割、效率高、切割厚度大	不适合切割应用，适合金属表面处理	一般适合切割金属材料，切割速度较快
可加工材料类型	可加工铜、铝	不可加工高反材料	可加工高反材料	可加工高反材料	可加工高反材料
金属吸收率	35%	12%	35%	35%	35%
体积	较小	最大	小巧紧凑	较小	较小
维护周期（h）	300	1000～2000	无需维护	无需维护	无需维护
运行成本	较高	较高	较低	一般	较高
加工便携性	适应性强	不方便移动	适应性强	适应性强	适应性强
使用寿命（h）	大于 300	大于 2000	大于 10 万	大于 1.5 万	大于 10 万

铁塔制造领域由于切割厚度较大，所用激光器功率较高，普遍应用了光纤激光器。目前，用于铁塔企业的激光器功率主要有 3、6、8、10、12、15、20、30kW 等。其选型原则是：

（1）选择光纤激光器或碟片激光器，功率选择上宜采用(6～10)kW＋(12～20)kW 的激光切割设备搭配使用，可覆盖绝大多数铁塔构件的加工厚度。

（2）控制功能上宜选择具有防碰撞、锥度校正、孔内起刀，收刀修整等功能的激光切割设备。

数控激光切割机具有切割速度快、精度高等特点，但激光切割机价格较贵，切割中、薄板碳钢和低合金板材或进行高精度切割，有更好的技术经济性。由于激光切割可实现下料、制孔一体化加工，减少中间物流环节，提高加工效率，因而，近两年铁塔厂使用激光切割机逐渐增多。

二、型材下料设备

（一）角钢剪切设备

1. 产品用途

机械式冲床/液压角钢剪切设备主要用于角钢剪切下料，是铁塔企业角钢件加工的主要设备之一。

2. 产品结构

剪切设备一般由普通 60～100t 冲床或液压冲床、V 形剪刀及进出料台组成，V 形剪刀由上下刀片组成，有双刃剪切和单刃剪切（如图 6-5 所示）。

3. 主要功能及特点

角钢双刃剪切设备的下刀由 2 个 90°V 形刀片组成，间距 20mm，组成一个刀盒，上刀片是 120°V 形刀片，厚度小于 20mm，每剪切一刀，有 20mm 的余料。适合于肢宽 140mm 及以上规格角钢的剪切，多采用双刃剪切，优点是剪切力小、变形小，缺点是有余料。

角钢单刃剪切设备由 1 个 90°V 形下刀片和 1 个 90°V 形上刀片组成，可根据工件厚度调整 2 个刀片的间隙，剪切时没有余料。一般用于肢宽 140mm 及以下规格角钢的剪切，多采用单刃剪切。优点是节约材料，适合于小角钢一根切 2 件或一根切 3 件，剪切后没有余料，其缺点是剪切吨位大，角钢件变形较大。

（二）金属带锯床

1. 产品用途

主要用于金属材料的锯切下料，在铁塔加工中，主要用于锯切大规格角钢、槽钢、圆钢、钢管等。目前国内最先进的带锯床是液压双立柱带锯床，它以速度快、效率高受到企业欢迎。图 6-6 是常用的一种卧式金属带锯床。

图 6-5　剪切设备

图 6-6　卧式金属带锯床

2. 产品结构

主要部件有底座、床身、立柱、锯梁和传动机构、导向装置、工件夹紧与张紧装置、送料架、液压传动系统、电气控制系统、润滑及冷却系统等。

液压传动系统由泵、阀、油缸、油箱、管路等元辅件组成液压回路，在电气装置控制下完成锯梁的升降和工件的夹紧。通过调速阀可实现进给速度的无级调速，达到对不同材质工件的锯切需要。电气控制系统由电气箱、控制箱、接线盒、行程开关、电磁铁等组成控制回路，用来控制锯条的回转、锯梁的升降、工件的夹紧等，使之按一定的工作程序来实现切削循环。

锯条传动装置安装在蜗轮箱上，电动机通过皮带轮、三角胶带驱动蜗轮箱内的蜗杆和蜗轮，带动主动轮旋转，再驱动绕在主动/被动轮缘上的锯条进行切削回转运动。锯条进给运动由升降油缸和调速阀组成的液压循环系统控制锯梁下降速度，从而控制锯条的进给（无级调速）运动。锯刷在锯条出屑的地方随锯条走锯的方向旋转，并由冷却泵供冷却液清洗，清除锯齿上的切屑。冷却液在底座的右侧冷却切削液箱里，由水泵直接驱动供冷却液。

3. 主要功能特点

该设备切削速度由液压控制，可实现无级调速；工作夹紧装置采用液压夹紧，操作方便，可定制三向液压夹紧装置；锯切稳定，精度高；导向块结构科学合理，可延长锯条的使用寿命。

4. 技术参数

带锯床主要技术参数如表 6-5 所示。

表 6-5　　带锯床主要技术参数

序号	名称	技术参数
1	产品型号	GB4240A
2	锯切能力（mm）	管材：ϕ400；矩形材：400W×400H
3	带锯条线速度（m/min）	46～66
4	带锯条规格（mm×mm×mm）	34×1.1×4700
5	主电机功率（kW）	4
6	液压电机功率（kW）	1.5
7	工作台高度（mm）	580
8	主传动结构	蜗轮传动
9	工作夹紧方式	液压虎钳
10	带锯条张紧方式	手液结合
11	带锯条清洁	钢丝刷和切屑冷却液
12	外形尺寸（mm×mm×mm，长×宽×高）	2500×1200×1750

（三）钢管定长切断与开槽设备

1. 产品用途

主要用于钢管塔中钢管的定长切断、坡口加工与开槽，便于钢管—带颈法兰的装配，以及插板—钢管的连接。该产品在 PLC 的控制下，采用等离子弧做切割能源，配合钢管长度测量系统、物流系统，实现钢管的自动下料和开槽，在下料的同时，实现管端的坡口加工，是钢管塔的主要加工设备之一。

2. 产品结构及功能

设备由管道旋转装置、割炬行走与调整装置、钢管支撑托架、上下料装置、管子定长测量装置、物流输送装置等组成（见图 6-7）。各组成部分的功能如下：

（1）设备配备管道旋转装置卡盘 1 套，由伺服驱动电机为动力来源，使钢管做回转运动，通过钢管支撑托架来承载钢管。

（2）由等离子切割机为割炬提供能源，由割炬水平左右行走机构、割炬上下移动机构等组成割炬行走及调整装置，配合卡盘的旋转，由电控系统驱动伺服电机做相应的动作，实现钢管的下料、坡口加工、开槽加工。通过高精度行走轨道，实现对钢管长度的定位与测量。

（3）上料装置用于将钢管放置在管道旋转装置上，由液压提升装置、行走部分组成；下料装置布置在传输机构的一侧，通过下料臂的翻转实现下料工作。

（4）通过布置双列轴向滚轮，与提升装置和滚轮驱动装置共同组成物流系统，实现管件的自动传输。

3. 主要技术参数

钢管定长切断与开槽设备主要技术参数如表 6-6 所示。

表 6-6　　钢管定长切断与开槽设备主要技术参数

序号	名称	技术参数
1	工件旋转装置	0°～270°
2	割炬水平左右移动轴	有效行程：12 000mm
3	割炬垂直上下移动轴	有效行程：500mm
4	切割设备	等离子弧切割机 LGK100-IGBT
5	运行速度	等离子切割速度：100～3000mm/min 空程行走速度：小于 800mm/min
6	整体切割精度	长度误差：±1mm，角度误差：±1°

对薄壁管也有采用定位模具冲裁开槽的设备，该设备加工厚度受钢材强度和厚度的限制，一般用于 12mm 厚度以下钢管开槽，如图 6-8 所示。目前，随着激光切割设备的广泛应用，部分铁塔企业引入了专用的激光开槽设备，加工效率高，开槽质量好。

图 6-7　钢管定长切断设备

图 6-8　钢管冲裁开槽机

三、坡口加工设备

（一）板材铣边机

1. 产品用途

板材铣边机主要用于对金属板材的边沿进行铣削加工，以达到焊接的坡口尺寸要求，不仅可用于板材工件的坡口加工，也可用于钢管折弯制管中钢板纵向焊缝的坡口加工，广泛应用于铁塔制造业。

2. 产品结构

主要有无压梁铣边机［如图 6-9（a）所示］和有压梁铣边机［如图 6-9（b）所示］两种结构形式；有单铣削动力头和双铣削动力头两种配置。

设备主要由床体、吸附机构或压梁、铣削动力头升降立柱、铣削动力头、铣削动力小车、导轨、铣刀盘、电器控制箱、润滑装置、电气装置、定位装置、防护装置、送料装置等组成。

3. 主要功能

主要功能有：①固定工件功能，由吸附机构或压梁将工件固定在工作台上；②铣削坡口功能，铣削加工形式主要为单V、双V、单U、双U、直边形坡口等，可以单面铣削也可以双面铣削。

(a)

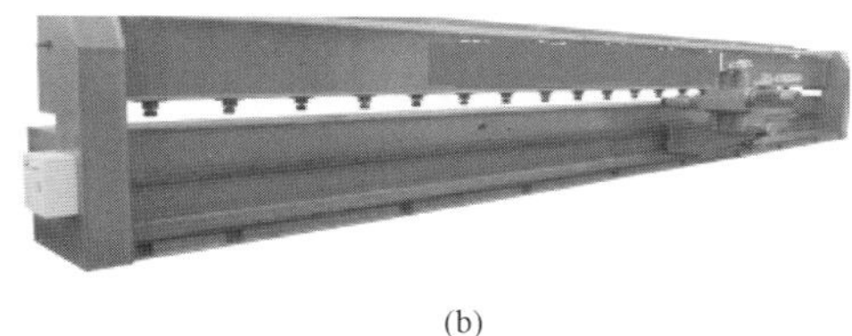

(b)

图 6-9 铣边机

(a) 无压梁双头铣边机；(b) 有压梁铣边机

4. 技术参数

板材铣边机主要技术参数如表 6-7 所示。

表 6-7 板材铣边机主要技术参数

序号	项目	主要相关技术参数
1	有效铣削板材尺寸（mm）	3000～6000
2	加工钢板厚度（mm）	6～100
3	铣削角度（°）	45～90
4	快进快退速度（mm/min）	0～1800
5	铣削速度（mm/min）	100～1000（根据板材材质和吃刀量决定）
6	铣削水平最大行程（mm）	≥120mm
7	铣削垂直最大行程（mm）	≥300mm
8	床身导轨直线度	≤0.6mm
9	床身导轨平行度	≤0.6mm
10	加工表面粗糙度	Ra6.3～Ra12.5
11	铣削动力头转速（r/min）	960

（二）机械式钢管坡口加工设备

1. 产品用途

机械式钢管坡口加工设备实际上是一台钢管车削机床（如图 6-10 所示），主要用于钢管的切断和坡口加工等，是钢管塔加工的常用设备。

2. 产品结构与功能特点

产品主要由进料道、出料道、主机底座、可升降卡盘和刀盘、电气系统和冷却系统等组成。

设备采用全数字化设定，傻瓜式操作，操作者只需选择加工参数，输入管材直径、壁厚、长度等管材参数即可进行全自动加工，实现自动取管→自动定长送管→自动循环加工→自动出管整个加工过程。

数控系统提供开放式数据库；按加工管径范围配置机头，如 ϕ150～920mm 的管子有

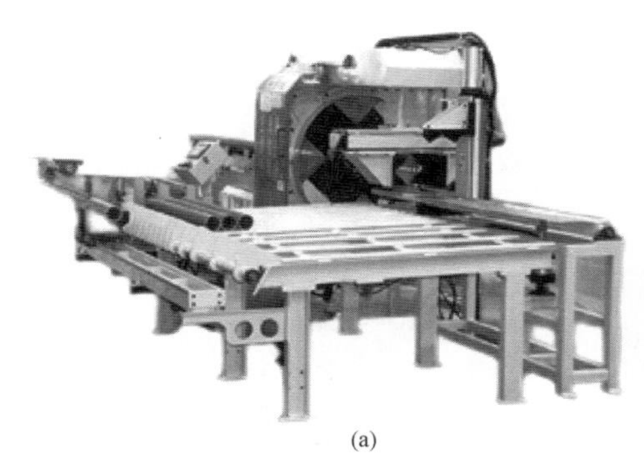

(a)

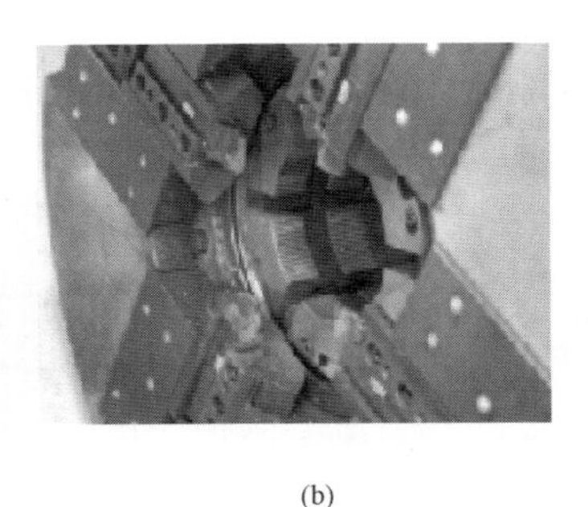

(b)

图 6-10 机械式钢管切断坡口加工一体机
(a) 钢管切断与坡口加工机床；(b) 卡盘

PCM-18B、PCM-28、PCM-36 三种机头；可配备双刀架、三刀架、四刀架，以满足壁厚 2～50mm（常规 30mm）的管道切断和坡口加工。可以一次性完成管子切断和管两端的坡口加工，可加工 I 形、V 形、U 形、双 V 形等多种坡口形式。

设备采用封闭式机床防护罩和安全门，有效隔离铁屑和切屑液飞溅等，加工过程中当安全门打开时设备加工中断，关闭时方可启动，继续加工。同时具有设备故障报警提示、参数设置错误提示等一系列安全措施。

3. 设备配置与主要加工参数

下面以 CTA 系列数控定长切断坡口加工一体化设备为例，说明其配置和主要技术参数。

（1）设备配置。CTA 系列数控定长切断坡口一体机自带夹紧式数控定长输送系统，ACS 管子输送辊道、自动上下料系统（含档料系统及翻料系统）、成品管段自动喷码系统、原材料存放料架、加工成品存放料架。

（2）主要技术参数。CTA 系列数控坡口加工机主要技术参数如表 6-8 所示。

表 6-8　　CTA 系列数控坡口加工机主要技术参数

型号	CTA-6B	CTA-12B	CTA-16B	CTA-24B
加工范围（mm）	ϕ34～168 厚度：2～30	ϕ48～325 厚度：2～30	ϕ108～426 厚度：2～30	ϕ325～630 厚度：2～30
主电机功率（kW）	4.0	5.5	7.5	11.0
伺服进刀电机功率（W）	400	400	400	400
伺报定长电机功率（kW）	1.5	1.5	2.0	3.0
刀盘转速（r/min）	60	55	50	45
进刀速度（mm/min）	0～8			
退刀速度（mm/min）	0～50			
进退刀方式	伺服控制自动进刀、退刀			
管材夹紧方式	电动或液压可选			
单次定长输送行程（m）	0～1			
加工刀具数量	2 把或 3 把			
加工坡口型式	V 形/U 形/双 V 形			
主机升降方式	重载电动升降系统			
适用材质	碳钢、合金钢、不锈钢、耐热钢等			

（三）半自动火焰切割机

1. 产品用途

采用轨道式结构，使用气体（氧—乙炔或氧—丙烷）火焰切割，用于切割厚度大于5mm 的钢板，主要进行直线切割，同时也可以作圆周切割及斜面切割和 V 形切割。一般情况下，切割后可不再进行切削加工。该设备价格低廉，广泛应用钢结构、造船、机械、建筑等行业。

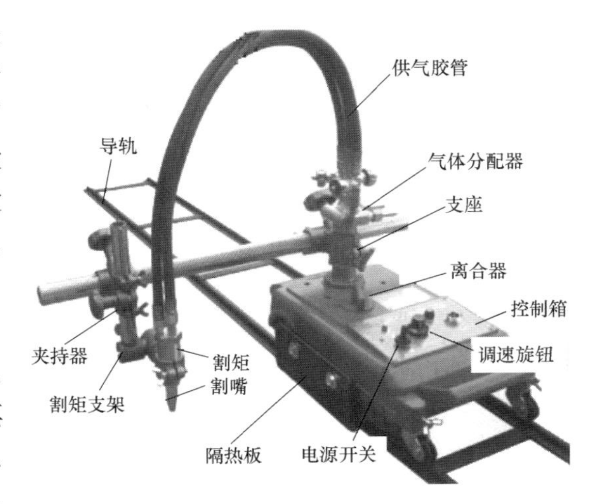

图 6-11 半自动火焰切割机

2. 产品结构与功能

半自动火焰切割机由供气与切割部分、控制部分与轨道组成，如图 6-11 所示。其中，供气与切割部分由供气胶管、氧气阀、乙炔阀、气体分配器、移动座和割炬支架、夹持器、割炬和割嘴组成，割炬角度可前后左右随意调节，以便控制切割角度；控制部分主要是控制箱，一般采用铝合金压铸而成，下面有滚轮，带动整个系统沿轨道移动，采用晶闸管实现无级调速，行走平稳；轨道采用框架结构，行走部分为凹形或凸形轨道，为提高导轨刚性，有些采用圆孔状工字结构。

半自动火焰切割机以直线切割为主，可以加工板件的 I 形、Y 形、V 形坡口；也可以配合滚轮架，实现钢管的半自动切割或管端坡口加工。

3. 主要技术参数

输入电压：AC220V/50Hz；

切割件厚度：5～100mm；

切割钢管直径：ϕ200～2000mm；

切割速度：50～750mm/min；

电机功率：24W；

导轨形状：凸形或凹形导轨；

根据所用气体配置割嘴，如氧—乙炔割嘴或氧—丙烷（液化气）割嘴。

第三节 制 孔 设 备

一、冲孔设备

（一）机械式冲床

1. 产品用途

机械式冲床（如图 6-12 所示）实际上就是一台冲压式压力机，是具有广泛用途的通用型机床，主要用于中小件、中薄钢板零件的下料、冲孔、折弯等。在铁塔加工中可实现对小规格角钢、小型联板的冲孔，以及板材的折弯加工，是铁塔加工常用的辅助设备。

图 6-12　机械式普通冲床

2. 产品结构

主要由床身、工作台、滑块、曲轴、连杆、摩擦离合器、电机、润滑系统、平衡汽缸、导轨、控制系统等组成。

3. 工作原理

冲床的工作原理是将圆周运动转换为直线运动，由主电动机出力，带动飞轮，经离合器带动齿轮、曲轴（或偏心齿轮）、连杆等运转，来达成滑块的直线运动。连杆和滑块之间有圆周运动和直线运动的转接点，其设计上大致有两种机构，一种为球形，另一种为销形，经由该机构将圆周运动转换成滑块的直线运动。

冲床用于制孔时，须配备一组模具（分上模与下模），将材料置于其间，由机器施加冲裁力，使材料分离，获得所需要的孔径。

4. 技术参数

机械式冲床主要技术参数如表 6-9 所示。

表 6-9　　机械式冲床主要技术参数

序号	项　目		型　号				
1	公称力（kN）		630	800	1000	1250	1600
2	公称力行程（mm）		5	5	10	10	6
3	滑块行程（mm）		120	120	130	140	160
4	行程次数（次/min）		50	50	45	38	40
5	模柄孔尺寸（mm）	直径	50	50	60	60	70
		深度	70	70	75	75	80
6	最大装模高度（mm）		360	370	430	375	360
7	装模高度调节量（mm）		80	80	100	100	100
8	滑块中心至机身距离（mm）		800	800	260	370	400
9	工作台尺寸	宽（mm）	500	500	500	700	750
		长（mm）	800	800	900	1100	1150
		高（mm）	90	90			
10	电机功率（kW）		5.5	7.5	7.5	11	15
11	整机前后尺寸（mm）		2210	2350	1880		
12	整机左右尺寸（mm）		1350	1250	1450		
13	整机高度（mm）		2650	2650	2900	3000	3000
14	整机质量（t）		5.5	6	6.5	8.8	13

（二）数控联板冲孔机

1. 产品用途及特点

数控液压冲孔机主要用于输电铁塔行业对联板的冲孔及打字加工。产品设有三个模位，可以装两套冲模和一个字符盒，能冲出两种不同直径的孔，并打印出字符；也可以装三套冲模，在工件上冲出三种不同直径的孔，如图 6-13 所示。

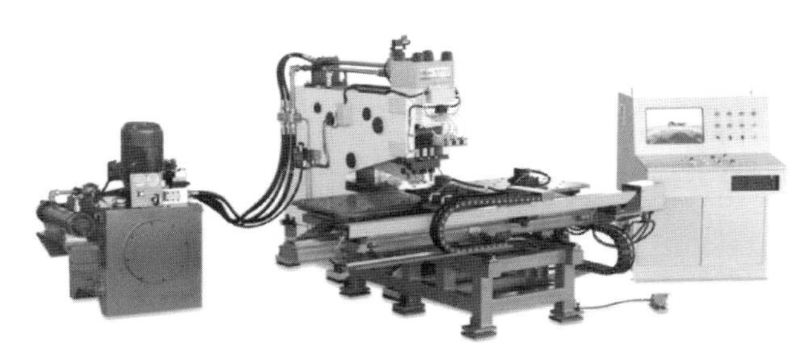

图 6-13 103/123 数控冲孔机（具有冲孔、打字功能）

2. 产品结构

由“C”形床身、数控工作台、压头、压料机构、夹钳和定位尺、液压、气动系统、电气控制系统等组成。

3. 主要功能及特点

主要有冲孔、打字功能；模位自动切换功能，自动切换冲孔、打字功能。其特点是：

（1）机身上部为液压主缸，机身下部为工作台，装有阴模座，机身中部为冲头杆导向架。

（2）压头，主缸活塞上带有压头部件。压头上装有三个汽缸和被其驱动的垫块，从而形成冲头选择机构，可程控冲头的工作次序。

（3）压料机构，由液压油缸驱动，用来压紧工件，也用于承受冲头从工件中退出的退料力。

（4）数控工作台，有两个数控轴，X 轴为夹钳的左右移动，Y 轴为夹钳的前后移动。

（5）夹钳和定位尺，两套夹钳上都有工件的定位面，限定了工件的一个边与 X 轴移动方向平行，也限定了工件相对于 Y 轴零点的位置。定位尺则限定了工件相对于 X 轴零点的相对位置。

（6）液压系统，冲孔、打字、夹钳、压料机构和定位尺的动力源。

（7）气动系统，主要用来进行模具选择。

（8）电气系统，包括数控系统、伺服、可编程控制器、检测和保护元件等。

（9）整个加工过程自动进行，操作者把工件尺寸输入计算机，此后可以自动反复调用。

4. 技术参数

设备型号、功能及主要技术参数如表 6-10 所示。

表 6-10　　数控冲孔机型号、功能及主要技术参数

型号	103	123
机器功能	冲孔、打字	冲孔、打字
最大工件尺寸（mm）	755×1500	
最大冲孔力（kN）	1000	1200
最大打字力（kN）	800	
字头数目及尺寸	10 个（14mm×10mm）	

续表

加工厚度范围（mm）	6～20	6～20
工件材质	Q355	Q420
模位数（个）	3（1个打字模位，2个冲孔模位）	3（1个打字模位，2个冲孔模位）
最大冲孔直径（mm）	ϕ26	
编程方式	键盘输入，USB接口输入，CAD生成加工程序	
加工精度	符合GB/T 2694—2018《输电线路铁塔制造技术条件》要求	
电机总功率（kW）	28	28
质量（t）	6.0	8.0
外形尺寸（mm×mm×mm）	3000×2500×1900	3000×2700×1900

注 设备的最大冲孔厚度指的是设备的冲裁能力，与工程中实际允许的冲孔厚度不同，要注意技术标准对允许的冲孔厚度要求。

图6-14 冲孔上下模具

冲孔时，冲孔上下模具（如图6-14所示）间隙对冲孔质量有很大的影响，同时也是影响模具寿命的一个重要因素。

当模具间隙较大时，上模所受负荷较小，可适当延长模具寿命，但是孔断面的圆角、毛刺均较大，孔表面质量较差。

当模具间隙较小时，上模与下模对材料产生二次切断，模具所受负荷较大，影响模具寿命，孔精度和表面质量也较差。此外，上模负荷增大还会影响液压系统压力增大，油温升高，影响液压系统的整体寿命，而且会增大对设备的刚性要求，过大的负荷甚至导致设备结构变形，影响设备的精度与使用寿命。

因此，合适的上下模间隙是保证制孔质量的主要措施之一，也是经济、高效地使用设备的重要条件。关于模具间隙选择可参阅第五章。

（三）数控联板冲、钻复合机

1. 产品用途及特点

数控液压冲、钻复合机主要用于输电铁塔行业对联板的打字、冲孔及钻孔加工。产品设有四个模位，其中三个冲压模位和一个钻孔模位，三个冲压模位可以装两套冲模和一个字符盒，能冲出两种不同直径的孔，并能打印出字符；当工件厚度、孔的直径超过冲孔标准时，可以启动钻孔模位进行钻孔加工，如图6-15所示。

图6-15 104/124数控冲钻复合机（具有打字、冲孔、钻孔功能）

2. 产品结构及特点

在数控液压冲孔机的基础上，增加了一个钻孔模位。钻孔工位设有一个自控行程钻削动力头，主轴转速和进给量无级可调，钻头接触工件后，自动转换为工进速度，工件钻透后自动返回。冲、钻复合加工，解决了部分联板的工序周转、二次装夹等，提高了生产率。

3. 技术参数

设备型号、功能及主要技术参数如表 6-11 所示。

表 6-11 数控冲钻复合机型号、功能及主要技术参数

型号	104	124
机器功能	冲孔、打字、钻孔	冲孔、打字、钻孔
最大工件尺寸（mm×mm）	755×1500	
最大冲孔力（kN）	1000	1200
最大打字力（kN）	800	
字头数目及尺寸	10 个（14mm×10mm）	
加工厚度范围（mm）	冲孔厚度 5～20 钻孔厚度≤40	冲孔厚度 6～20 钻孔厚度≤40
工件材质	Q355	Q420
模位数（个）	4(1 个打字模位,2 个冲孔模位,1 个钻孔模位)	4(1 个打字模位,2 个冲孔模位,1 个钻孔模位)
最大冲孔直径（mm）	ϕ26	
最大钻孔直径（mm）	ϕ50	
编程方式	键盘输入，USB 接口输入，CAD 生成加工程序	
加工精度	符合 GB/T 2694—2018《输电线路铁塔制造技术条件》要求	
电机总功率（kW）	34	34
质量（t）	6.5	8.5
外形尺寸（mm×mm×mm）	3000×2500×1900	3000×2700×1900

注 设备的最大冲孔厚度指的是设备的冲裁能力，与工程中实际允许的冲孔厚度不同，要注意技术标准对允许的冲孔厚度要求。

二、钻孔设备

（一）摇臂钻床

1. 产品用途

摇臂钻床操作方便、灵活，适用范围广，特别适用于单件或批量生产带有多孔的大型零件的钻孔加工，铁塔制造中多用于板材及型材的钻孔加工。

2. 产品结构

摇臂钻床主要由底座、内立柱、外立柱、摇臂、主轴箱及工作台等部分组成（如图 6-16 所示）。

内立柱固定在底座的一端，在它的外面套有外立柱，外立柱可绕内立柱回转 360°。摇臂的一端为套筒，它套装在外立柱做上下移动。摇臂钻床的摇臂可绕立柱回转和升降，通常主轴箱在摇臂上作水平移动的钻床，能用移动刀具轴的位置来对中。由于丝杆与外立柱连成一

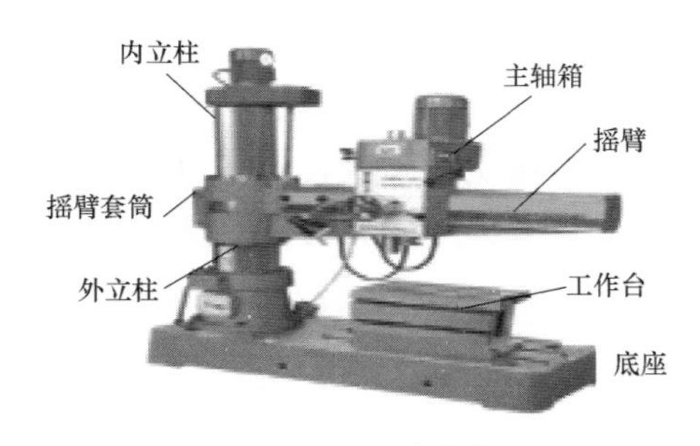

图 6-16　摇臂钻床

体，而升降螺母固定在摇臂上，因此摇臂不能绕外立柱转动，只能与外立柱一起绕内立柱回转。

主轴箱是一个复合部件，由主传动电动机、主轴和主轴传动机构、进给和变速机构、机床的操动机构等部分组成。主轴箱安装在摇臂的水平导轨上，可以通过手轮操作，使其在水平导轨上沿摇臂移动。

3. 主要功能

可对零件进行钻孔、扩孔、铰孔和攻丝等。通常钻头旋转为主运动，钻头轴向移动为进给运动。主轴箱在摇臂上移动，摇臂能回转和升降，工件固定不动，适用于加工大而重和多孔的工件。

4. 主要技术参数

摇臂钻床型号及主要技术参数如表 6-12 所示。

表 6-12　　摇臂钻床型号及主要技术参数

钻床型号	Z3032×10/1	Z3050×16/1	Z3080×25/1
最大钻孔直径（mm）	32	50	80
主轴端面至工作台距离（mm）	260～1100	350～1250	350～1600
主轴中心至立柱母线距离（mm）	350～1000	260～1600	480～2500
主轴行程（mm）	280	315	400
主轴锥孔（莫氏）	MT4	5	6
主轴转速范围（r/min）	24～1600	25～2000	16～1600
主轴转速级数	12	16	16
主轴进给量范围（mm/r）	0.10～0.25	0.04～3.2	0.04～3.2
主轴进给量级数	16	16	16
摇臂回转角度（°）		±180	±180
主电机功率（kW）	3	4	7.5
升降电机功率（kW）		1.5	1.5
机床质量（kg）	2400	3500	11 800
外形尺寸（mm×mm×mm）	1900×1070×2400	2500×1070×2800	3500×1450×3300
机床工作环境温度（℃）	±55，避免阳光直射		
机床工作温度（℃）	低于 75		

（二）数控平面钻床

1. 产品用途

数控平面钻床（如图 6-17 所示）主要用于板类工件、法兰的钻孔加工。该产品为柔性数控机床，可适应多品种批量生产。

2. 产品结构

主要由床身、移动工作台、移动式龙门、纵向溜板、钻削动力头、自动排屑器和循环冷却装置、液压系统和电气系统等组成。

图 6-17 数控平面钻床

3. 主要功能特点

设备具有自动定位、自动钻孔功能。通过数控系统控制 X、Y 轴的运动，能自动、准确、快速定位，自动完成钻孔加工工序，大大提高钻孔加工精度和速度。设备具有 Z 轴进给自动控制功能，采用高效自控行程钻削动力头，无须人工设置钻头长度和工件厚度，能自动进行快进—工进—快退的转换，方便操作。工件采用液压夹紧，小工件可同时装夹四组，以缩短非钻孔的生产时间，提高生产效率。

机床有两个工作台，当其中一个工作台上的工件进行加工时，另一个工作台可移出以便进行工件安装和拆卸，减少因工件装夹的停机时间、提高生产效率。

工作时，采用上位计算机＋PLC 数控系统控制，上位机安装有自动编程软件和机床监控软件，可以将 AutoCAD 图形文件直接转换生成加工程序。设备通过微机控制，能根据不同的孔径自动调整至最佳的钻孔进给量与转速，也可根据不同情况人工进行设置。除能加工通孔外，还能实现盲孔、台阶孔等加工。配备有莫氏 4、3 号的快换夹头，可安装 ϕ50mm 及以下不同直径的高速钢麻花钻头。

4. 技术参数

数控平面钻床型号及主要技术参数如表 6-13 所示。

表 6-13 数控平面钻床型号及主要技术参数

<table>
<tr><th colspan="2">型号</th><th>DPD3016、DPD3016/2</th><th>DPD2016、DPD2016/2</th><th>DPD1610</th></tr>
<tr><td rowspan="4">加工尺寸</td><td>材料重叠厚度（mm）</td><td>最大 80/100</td><td>最大 80/100</td><td>最大 80</td></tr>
<tr><td rowspan="3">宽×长（mm×mm）</td><td>1600×3000（一件）</td><td>1600×2000（一件）</td><td>1000×1650（一件）</td></tr>
<tr><td>1600×1500（二件）</td><td>1600×1000（二件）</td><td>825×1000（二件）</td></tr>
<tr><td>800×1500（四件）</td><td>800×1000（四件）</td><td>500×825（四件）</td></tr>
<tr><td rowspan="6">主轴</td><td>快换夹头</td><td colspan="3">莫氏 3、4 号锥孔</td></tr>
<tr><td>钻头直径（mm）</td><td colspan="3">ϕ12～50</td></tr>
<tr><td>变速方式</td><td colspan="3">变频器无级变速</td></tr>
<tr><td>转速（r/min）</td><td colspan="3">120～560</td></tr>
<tr><td>行程长度（mm）</td><td colspan="2">240</td><td>180</td></tr>
<tr><td>加工进给</td><td colspan="3">液压无级调速</td></tr>
</table>

续表

型号		DPD3016、DPD3016/2	DPD2016、DPD2016/2	DPD1610
工件夹紧	夹紧厚度（mm）	15～80		15～80
	夹紧缸个数	12		
	夹紧力（kN）	5.5		
	夹钳开启方式	脚踏开关		
冷却液	方式	冷却液体强制循环		
	容量（L）	100		
液压	夹紧压力/进给压力(MPa)	5.5/2		
	油箱容量（L）	120		
空气压力	气源（MPa）	0.4		
额定总功率（kW）		15		
尺寸（mm×mm×mm）	长×宽×高（不包括排屑器）	5800×2800×2950	4350×2800×2950	3800×2200×2780
质量（kg）	主机/排屑系统	6100/400	5500/400	4000/400

第四节　制弯与整形设备

一、制弯设备

（一）折弯机

1. 产品用途

折弯机（如图 6-18 所示）是一种能够对中薄板进行折弯的设备，在铁塔制造中，通常采用双机联动液压数控折弯机，配合折弯模具，可以完成截面形式为圆形或多边形锥形杆件压制成型，主要用于钢管杆、钢管、连接板等的制弯加工，是制造钢管杆的主要加工设备之一。

图 6-18　折弯机

2. 产品分类

主要有 WH67Y 液压折弯机、WE67K 中小型数控折弯机、WE67K 大型数控折弯机、2-WE67K 双机联动折弯机四种系列产品。

3. 产品结构与功能

折弯机包括支架、工作台和夹紧板等。工作台置于支架上，工作台由底座和压板构成，底座通过铰链与夹紧板相连，底座由座壳、线圈和盖板组成，线圈置于座壳的凹陷内，凹陷顶部覆有盖板。工作时，线圈通电后对压板产生引力，从而实现对压板和底座之间薄板的夹持。由于采用了电磁力夹持，使得压板可以做成多种工件要求，而且可对有侧壁的工件进行加工。

折弯机可以配合折弯模具，完成截面形式为圆形或多棱形的锥形杆件压制成型。

4. 结构特点

滑块部分：由滑块、油缸及机械挡块微调结构组成，采用液压传动。左右油缸固定在机架上，通过液压使活塞（杆）带动滑块上下运动，机械挡块由数控系统控制调节数值。

工作台部分：由按钮盒操纵，使电动机带动挡料架前后移动，并由数控系统控制移动的距离，其最小读数为0.01mm（前后位置均有行程开关限位）。

同步系统：由扭轴、摆臂、关节轴承等组成的机械同步机构，结构简单，同步精度高。机械挡块由电机调节，数控系统控制数值。

挡料机构：采用电机传动，通过链操带动两丝杆同步移动，数控系统控制挡料尺寸。

（二）火曲机

1. 产品用途

火曲机（如图6-19所示）主要用于输电铁塔角钢件的制弯、开合角及板材的制弯等，是铁塔制造专用的生产设备之一。

图6-19 数控火曲机

2. 产品结构

主要由四柱压力机、制弯模具、加热器、加热主机、液压系统、电气数控系统等组成。

3. 产品特点

（1）采用数控可编程控制器，触摸屏输入信息及状态反馈，操作简单，使用安全、方便。

（2）采用了智能超音频感应加热，在提高效率、降低成本的同时，还能改善员工的工作环境。

（3）火曲制弯多功能一体机，能够独立完成角钢的双面弯曲、单面弯曲、联板等的制弯加工生产。

4. 技术参数

火曲机设备型号及主要技术参数如表6-14所示。

表6-14　　火曲机设备型号及主要技术参数

设备型号	250-700型	360-900型
油缸压力（kN）	1600	3150
油缸行程（mm）	800	950
电源功率（kW）	15	15
加热功率（kW）	60×2	160×2

续表

设备型号	250-700 型	360-900 型
双曲加工范围（mm）	∠80×7～∠250×32	∠80×7～∠350×40
双曲加工角度（°）	40	30
正单曲加工范围（mm）	∠80×7～∠200×18	∠80×7～∠300×30
正单加工角度（°）	30	20
反单曲加工范围（mm）	∠80×7～∠200×18	∠80×7～∠300×30
反单加工角度（°）	25	20
曲板加工范围（mm）	厚 2～16，宽 700	厚度 2～20，宽 900
曲板加工角度（°）	0～150	
角钢开合角范围（mm）	∠80×7～∠200×16	∠80×7～∠300×30
角钢开合角度（°）	±20	±16
数控轴数	3	3
外形尺寸（mm×mm×mm）	3500×4500×4100	4200×4500×4100

（三）开合角设备

1. 产品用途

主要用于铁塔角钢件的开角和合角，是铁塔加工专用设备。

2. 产品分类

主要有三种角钢开合角加工设备：①数控火曲机，在前面已有介绍，是角钢件进行开角、合角的主流设备；②四柱压力机，配合开合角模具及专门的角钢加热设备，实现对中、大角钢的开合角；③卧式开合角机，通过调整模具，用油缸顶压进行开合角，一般用于小型工件。

3. 设备型号与技术参数

数控开合角机型号及主要技术参数如表 6-15 所示。

表 6-15　数控开合角机型号及主要技术参数

产品型号	TKH160	TKH200	TKH300
适用角钢范围（mm）	∠40～∠160	∠80～∠250	∠80～∠300
开合角范围（°）	±20	±20	±16
压力机压力（t）	160	315	400
加热	—	选配	TJR160-D
冷却塔	—	选配	15T/100000KCAL/H
进出料道	—	选配	BL20-12

（四）加热设备

进行板材制弯、角钢开合角时，如果板材较厚或角钢规格较大，工艺要求进行加热，这时需要用到加热设备。铁塔加工常用的加热设备主要是感应加热炉（中频、音频），包括板件感应加热设备［如图 6-20（a）所示］和角钢件感应加热设备［如图 6-20（b）所示］，个别企业也采用简易的焦炭加热炉。随着设备自动化水平的提高，感应加热设备得到了越来越多的应用。

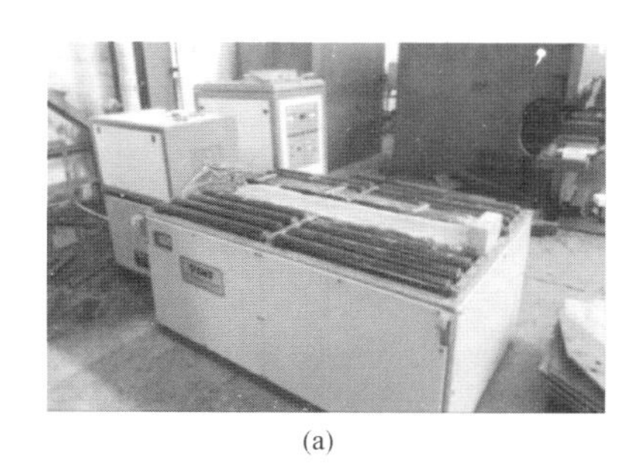
(a)

(b)

图 6-20　加热设备
(a) 板材加热设备；(b) 角钢件加热设备

二、整形设备

(一) 校直机

1. 产品用途

主要用于角钢、钢管、板材等工件的校直或矫形，是铁塔制造的主要辅助设备。

2. 产品分类

按照所校直产品的类型，分为角钢校直机、钢管校直机、板材校直机三类：

(1) 角钢校直机。主要有两类：①多辊校直机，主要用于角钢生产企业，是专业校直设备，在铁塔企业应用较少；②三点式校直机，包括卧式校直机和立式校直机，工件两端有两个支撑点，中间有油缸对工件进行顶压校直。

(2) 钢管校直机。一般由四柱压力机、上模具、下模具组成，使用油缸对工件进行顶压校直，还可用于对管端部进行整圆（如图 6-21 所示）。

(3) 板材校平机。包括多辊校平机，主要用于带钢或大块钢板的校平（如图 6-22 所示）。此外，还有卧式或立式三点校直机，与角钢校直基本相同，用于中、小型板件的局部校平。

图 6-21　钢管校直机

图 6-22　板材校平机

(二) 清根机

1. 产品用途

主要有两种产品，分别用于角钢外包钢和十字联板的清根加工。两种设备均采用圆盘专用铣刀，对外包钢或十字联板的内角进行铣削加工，将其内角 R 弧部分或焊缝的焊脚部分清除并加工成直角，使其与主材的外背完全贴合，是铁塔加工专用设备。

2. 产品结构与主要功能

两种设备结构基本相同，主要由平台机架、托料部分、进给压料部分、压料平衡部分、动力头组成。以角钢清根为例，设备具有交叉双动力头铣削结构，一个动力头加工一个角钢面，加工质量高，刀片寿命长。托料机构采用小V面定位角钢内侧靠近圆角部位，角钢有轻微变形不影响加工质量；设备采用刀具固定，工件移动的方式，通过“进料—清根—出料”的工艺过程，将角钢内侧圆角部分通过铣削加工成为直角。

十字联板清根机与角钢清根机的区别主要是：

（1）加工工件的形状不同，一个是十字联板，另一个是角钢。

（2）加工工件的范围不同，十字联板清根机按联板宽度，加工的板宽度为200～1000mm；角钢清根机加工范围按角钢肢宽，一般∠63×6～∠360×35mm。

3. 主要技术参数

角钢清根机型号及主要技术参数如表6-16所示。

表6-16　角钢清根机型号及主要技术参数

项目	250-2QX	360-2QX
加工角钢范围（mm）	∠63×6～∠250×32	∠63×6～∠360×35
电源功率（kW）	5.8	5.8
主轴转速（r/min）	288	288
主轴轴数	2	2
进料速度（mm/min）	100～500	100～500
加工长度（mm）	≥380	≥380
外形尺寸（mm×mm×mm）	2200×1400×2000	2500×2500×2100

十字联板清根机型号及主要技术参数如表6-17所示。

表6-17　十字联板清根机型号及主要技术参数

规格型号	TSZLB800	TSZLB1000
加工范围（mm）	100～800	200～1000
电源功率（kW）	10.6	10.6
主轴转速（r/min）	440	440
主轴轴数	2	2
进料速度（mm/min）	100～630	100～630
加工长度（mm）	≥380	≥380
外形尺寸（mm×mm×mm）	5000×2200×2700	5000×2400×3000

（三）铲背机

1. 产品用途

主要用于角钢内包钢的铣削铲背加工，采用圆盘专用铣刀，对内包钢的外角进行铣削加工，将包钢的外角（直角）加工成R弧，使其与主材的内脚（R弧）完全贴合，是铁塔企业专用的加工设备之一。

2. 产品结构与主要功能

主要由平台机架、托料部分、进给压料部分、压料平衡部分、动力头部分、动力头调整部分组成。双动力头铣削结构，一个动力头加工平面，大量地去除直角，另一个动力头修整圆弧。托料机构采用大V面定位角钢外侧，托料密集，加工时减少工件振颤；动力头高度采用斜面推举的方式数控调整，并用油缸压紧，配合斜面接触面积大，减少动力头振颤。

采用刀具固定，工件移动方式通过“进料—铲背—出料”的工艺过程，采用铣刀削方式，将角钢外侧直角部分加工成为圆弧面。

3. 主要技术参数

铲背机型号及主要技术参数如表 6-18 所示。

表 6-18　铲背机型号及主要技术参数

项目	200-2C	320-2CL	360-3CT
加工角钢范围（mm）	∠63×6～∠200×20	∠63×6～∠320×32	∠63×6～∠360×35
电源功率（kW）	9.5	9.5	18.5
主轴转速（r/min）	288	288	239
主轴个数	2	2	3
进料速度（mm/min）	100～500	100～500	100～500
加工长度（mm）	≥350	≥350	≥350
外形尺寸（mm×mm×mm）	2200×1600×1700	2400×2000×1800	3500×2200×1800

（四）切角机

1. 产品用途

切角机是铁塔加工专业设备，主要用于角钢端头的切角加工，切去角钢端头的多余部分，便于铁塔组装，如图 6-23 所示。

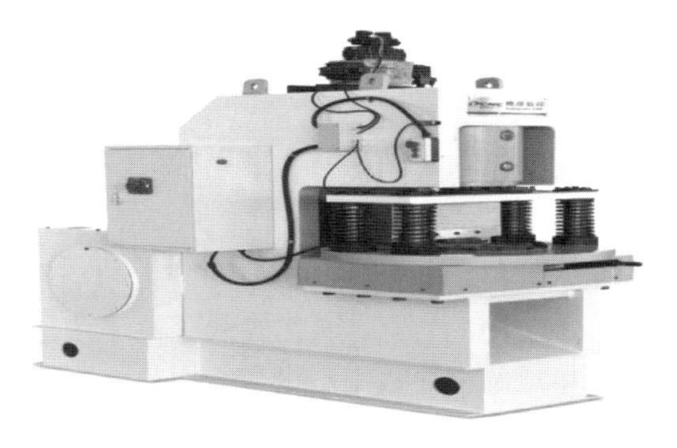

图 6-23　切角机

2. 产品结构与功能特点

切角机主要由 C 形床身、主油缸、切角模、上下刀片、液压系统、电气控制箱等组成。

切角模为直角双刃口，采用回转式多方位切角模，如果角钢剪切角度需要调整工，只需调整回转模即可，角钢不需转动角度，切角作业占地面积小，切角误差小。切角机配备有激光投影装置，可使角钢的切角更准确。

3. 技术参数

切角机型号及主要技术参数如表 6-19 所示。

表 6-19　切角机型号及主要技术参数

型号	MFP200	MFP180	MFP140
公称压力（kN）	1600	1200	800
液压系统额定压力（MPa）	22		
行程次数（次/min）	16	20～25	
电机功率（kW）	22	15	15
可切最大角钢尺寸（mm）	∠200×200×20	∠180×180×16	∠140×140×12
切角模回转角度（°）	±360		
机器质量（kg）	8200	4500	3500

第五节　复合型多功能生产线

一、角钢数控生产线

（一）角钢数控冲孔生产线

1. 产品用途

角钢数控冲孔生产线（如图 6-24 所示）主要用于电力铁塔、通信塔等角钢件的加工，具有剪切、冲孔、打字等多种功能，是铁塔企业主要的角钢件加工设备。

图 6-24　角钢数控冲孔生产线

2. 产品结构

角钢数控冲孔生产线主要由角钢上料与输送机构、冲孔机构、下料机构、液压动力机构和电器控制系统等组成。

3. 主要功能特点

角钢数控冲孔生产线集切断、冲孔、打字功能于一体，可显示工件图形，具有操作简便、人机互动的特点，只需输入工件尺寸、孔径、准距、工作件数即可，也可直接使用放样软件所生成的程序数据。设备结构紧凑，可以优化排料，提高材料利用率。

4. 主要型号和技术参数

角钢数控冲孔生产线的型号及主要技术参数如表 6-20 所示。

表 6-20　角钢数控冲孔生产线的型号及主要技术参数

型号	APL2020	APL1412	APL1010
机器功能	冲孔、打字、剪切		
加工角钢范围（mm）	∠63×63×4～∠200×200×20	∠40×40×3～∠140×140×12	∠40×40×3～∠100×100×10
工件材质	Q355		
打印字头组数	4		
每侧冲头数（个）	3	2	2
最大冲孔直径（mm）	ϕ26		
编程方式	键盘输入，USB 接口输入		
加工精度	满足 GB/T 2694—2018《输电线路铁塔制造技术条件》要求		
电机总功率（kW）	≈33.5	≈32	≈32
质量（t）	≈18	≈15	≈15
外形尺寸（m×m×m）	32×7×2.6	26×7×2.5	26×7×2.5

（二）角钢数控钻孔生产线

1. 产品用途

角钢数控钻孔生产线主要用于中、大规格角钢或高强度角钢件的加工，可以实现钻孔和打钢印，配置锯切单元，还可实现对中、大规格角钢件的下料。

2. 产品结构

按照生产线所配置的钻削动力头的不同，角钢数控钻孔生产线分为普通钻孔生产线和高速钻孔生产线两种，如图 6-25 所示为配备高速钻的角钢数控钻孔生产线，可以实现对大规格角钢件的加工。

普通钻孔生产线配置普通动力头，一个电机带 3 个主轴，每个主轴上装一个规格的钻头，由钻孔程序决定将需要钻孔的主轴通过油缸和花键套将钻头推动进行钻孔作业，其余 2 个主轴在原位置等待。钻孔生产线配置有 2 个动力头、3 个数控轴、1 个送料轴、2 个准距数控轴。

高速钻孔生产线配置 BT40 精密高速动力头，钻孔单元装配有 6 组数控钻削动力头，在角钢的两翼上各有 3 组，每个动力头上装一个规格的钻头，由钻孔程序决定将需要钻孔的主轴通过伺服电机将钻头推动进行钻孔作业，其余主轴在原位置等待。产品共有 9 个数控轴、1 个送料轴、2 个准距轴、6 个进给数控轴。

该设备主要由上料及输送机构、主机钻孔机构、下料机构、液压动力系统和电器控制系统等组成。

图 6-25　3640/2532 角钢数控钻孔生产线

3. 主要功能特点

角钢数控钻孔生产线可以实现自动打字、钻孔加工，伺服电机驱动数控钻削动力头进给，钻头的快进、工进、快退由数控系统控制，自动完成。钻头的后退位置可在上位机中设置，减少了空行程，提高了生产效率。

角钢数控钻孔生产线具有结构紧凑、制孔质量高、操作简便、可人机互动、优化排料等特点。只需输入工件尺寸、孔径、准距、工作件数即可自动加工，也可直接使用放样软件所生成的程序数据进行加工；加工的孔径公差小于 0.1mm，孔的光洁度 Ra 小于 6.3μm；材料利用率较高。

4. 设备型号与主要技术参数

数控角钢钻孔生产线的型号及主要技术参数如表 6-21 所示。

表 6-21　　　　数控角钢钻孔生产线的型号及主要技术参数

型号	APLH3635	APL3640	APL2532
功能	钻孔、打字		
加工角钢范围（mm）	∠140×140×10～∠360×360×35	∠140×140×10～∠360×360×40	∠140×140×10～∠250×250×32
工件材质	Q235、Q355、Q420、Q460		
打字力（kN）	1200		
打印字头组数	1		
工件长度（m）	14		
字头尺寸（mm×mm×mm）	14×12×19		
每组字头数（个）	20		
每侧钻头数目	3		
准距范围（mm）	50～330		
主轴转速（r/min）	最高 6000	180～560（无级调速）	180～560（无级调速）
钻孔直径（mm）	ϕ40	ϕ17.5～40	ϕ17.5～40
钻削主轴锥孔（mm）	BT40	普通主轴	普通主轴
钻削主轴行程（mm）	40～150	40～100	40～100
数控轴数	9	3	3
角钢运进速度（m/min）	40	40	40
编程方式	键盘输入，USB 接口输入，铁塔放样软件读入		
制孔精度	满足 GB/T 2694—2018《输电线路铁塔制造技术条件》要求		
外形尺寸（m×m×m）	30×9.5×3	29×9.3×2.5	29×8.9×2.5
净重（kg）	≈31 000	≈16 500	≈16 000

二、激光下料制孔一体化设备

（一）数控光纤激光切割机

参见本章第二节介绍。

（二）数控双激光复合加工机

1. 产品用途

数控双激光复合加工机（如图 6-26 所示）是在数控激光切割设备的基础上，采用双横梁双激光结构，可以实现对板材刻字、制孔、下料切割的一体化加工，是铁塔行业目前最先进的专用设备之一。

2. 产品结构及功能

产品采用双横梁结构，在原激光切割机的基础上增加一个横梁、一套激光刻字单元，实现双激光刻字、激光切割的复合加工，具体功能如下：

（1）横梁一（刻字单元）：配置低功率激光器和刻字单元，单独的字库和处理软件，实现在工件上刻字打标功能，刻字深度为0.5～1mm，也可以对薄板进行切割加工。

（2）横梁二（切割单元）：配置高功率激光器和切割单元，主要实现对工件的下料、制孔加工，图6-27是采用双激光复合加工设备所加工的零件。

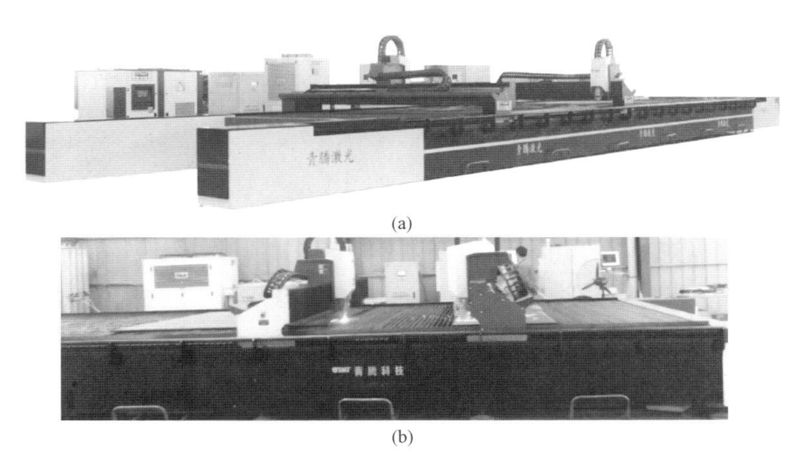

(a)

(b)

图6-26　数控双激光复合加工机

（a）数控双激光复合加工机；（b）双横梁双激光切割头

横梁上配备有激光测距报警装置，两个横梁相互协同工作且互不干涉，减少工序流转、提高加工效率。

图6-27　双激光复合加工设备加工的零件

此外，机床上配有MES接口，可以实现以下功能：

（1）具有远程和云连接的功能，通过Internet/5G网络向客户端、其他监控点及服务器端传输数据。可实现产品定位、轨迹查询、远程故障诊断、设备故障履历查询等。

（2）可收集设备状态和故障信息，将生产成本和维修成本按照一定算法进行计算，节约成本。

（3）可远程诊断维护，实时记录历史数据，有丰富的驱动类型和脚本功能，集众多的标准化接口，可与工厂的MES系统高效连接。

在软件方面，采用中文界面，编程简易，操作方便，可显示工件图形，支持通用CAD类型图纸直接导入；切割软件智能化，可优化排版；可远程读取机床的生产运行数据及统计信息，实现单机的数字化和信息化。

3. 切割喷嘴选型

喷嘴是激光经导光系统传输聚焦后最后射入工件前的关键部件，喷嘴作为激光束和辅助气体的排出通道，其内部形状及其产生的流场特征是影响激光切割质量和效率的关键因素之一，因而切割喷嘴的正确选型是实现激光高效切割的关键一环，表6-22为激光切割设备喷嘴选型推荐表。

表 6-22 激光切割设备喷嘴选型推荐表

喷嘴名称	名称符号	喷嘴外形	形状特点	用途
单层	S（Single）		内壁为圆锥形，高压气体吹渣气流量大	不锈钢、铝板等材料的熔化切割
双层	D（Double）		双层复合在单层的基础上加了内芯	双层 2.0 大小以上用于碳钢砂面切割
高速双层	E		喷嘴外形为尖状，内芯边缘三孔比普通双层大	主要用于碳钢高功率高速亮面切割
高速单层	SP		喷嘴外形为尖状，内壁为圆锥形或阶梯圆锥形	主要用于厚碳钢高功率高速亮面切割
暴风喷嘴	B（Boost）		在单层喷嘴的基础上改进，喷嘴口有一层台阶	可用于高功率氮气低气压切割不锈钢

第六节 焊 接 设 备

一、传统焊接设备

输电铁塔制造行业属于典型的小批量多品种、离散型加工，传统的铁塔产品以角钢塔和钢管杆为主，焊接工作量少，对焊缝质量要求不高。因此，长期以来，铁塔行业借助于传统组对方式，依赖人工划线、人工组对和点焊固定，采用手工电弧焊焊接，效率低，工人劳动强度大，焊接质量受人为因素影响较大。

由于钢管塔（包括跨越塔）、钢管构架不仅焊接工作量大，焊接结构更是趋于复杂，对焊接质量要求也更高。铁塔产品品种的多样化、结构的复杂化，使得铁塔焊接工艺逐渐多样化，由传统的焊条电弧焊，逐渐开始应用效率更高的 CO_2 气体保护焊、埋弧焊等焊接工艺；

近年来人工费用的升高和对焊缝的高质量要求，催生了自动化程度更高的专业化铁塔焊接设备。

目前，依据铁塔企业所用的焊接工艺，主要使用的焊接设备是电弧焊机，包括手工电弧焊机（简称手弧焊机）、熔化极气体保护焊机和埋弧焊机等，其基本型号规格均以额定焊接电流（A）来表示，其中，手弧焊机以额定最大焊接电流来表示。

电焊机产品型号由汉语拼音字母及阿拉伯数字组成，编排原则如图 6-28 所示。铁塔制造常用焊机的符号代码如表 6-23 所示。

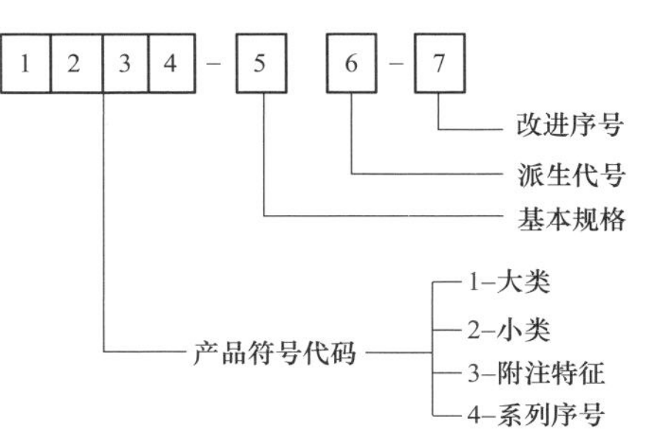

图 6-28 电焊机型号编排原则

表 6-23　　铁塔制造常用焊机符号代码

产品名称	第一位		第二位		第三位		第四位	
	字母	大类名称	字母	小类名称	字母	附注特征	字母	系列序号
电弧焊机	B	交流弧焊机（弧焊变压器）	X	下降特性	L	高空载电压	省略	磁放大器或饱和电抗器式
							1	动铁芯式
							2	串联电抗器式
			P	平特性			3	动圈式
							5	晶闸管式
							6	变换抽头式
	Z	直流弧焊机（弧焊整流器）	X	下降特性	省略	一般电源	省略	磁放大器或饱和电抗器式
							1	动铁芯式
			P	平特性	M	脉冲电源	3	动线圈式
							4	晶体管式
			D	多特性	L	高空载电压	5	晶闸管式
							6	变换抽头式
					E	交直流两用	7	逆变式
	M	埋弧焊机	Z	自动焊	省略	直流	省略	焊车式
			B	半自动焊	J	交流	2	横臂式
			U	堆焊	E	交直流	3	机床式
			D	多用	M	脉冲	9	焊头悬挂式
	N	MIG/MAG 焊机	Z	自动	省略	直流	省略	焊车式
							1	全位置焊车式
			B	半自动	M	脉冲	2	横臂式
							3	机床式
			G	切割	C	CO_2 保护焊	4	旋转焊头式
							5	台式
							6	焊接机器人
							7	变位式

二、角钢塔焊接设备

角钢塔焊接设备主要用于角钢塔塔脚板、十字板的自动焊接，是一种专用焊接设备。该设备主要采用人工划线、手工组对和定位焊，利用塔脚焊接机器人系统实现塔脚各焊缝的自动焊接。

（一）五轴机器人焊接设备

1. 产品概述

图 6-29　五轴塔脚焊接机器人

五轴机器人焊接设备（如图 6-29 所示）是由五轴焊接机器人替代人工焊接的输电铁塔专用焊接设备，由多功能变位机配合五轴焊接机器人进行焊接，主要用于角钢塔塔脚、十字板的焊接。

2. 产品结构

五轴机器人焊接设备硬件部分由行走龙门和行走机构、五轴焊接机器人、2 个二轴变位机、快速装夹装置、焊接电源、无线遥控器和控制系统组成；软件部分由编程软件和内置的焊接工艺包组成。

3. 主要功能

通过变位机自动翻转工件，使每条要焊接的焊缝都处于船型焊的位置；机器人持焊枪对工件进行焊接。

五轴机器人焊接设备配备 2 个二轴变位机，其中一个始终处于焊接工作状态，另一个用于装卸工件。龙门通过行走机构在 X 轴上运动，焊接机器人设置在龙门横梁上，可以沿 Y 轴运动，通过 X、Y 轴的运动使机器人达到工作需要的坐标点；采用拖拽式编程，拖拽机器人将焊枪对准焊缝的起始点，并在手持触摸屏上点击确认，然后拖拽机器人将焊枪对准焊缝的终点，并在手持触摸屏上点击确认，再按下启动键开始自动焊接。重复以上程序即可完成全部焊缝的焊接。

五轴机器人焊接设备标配 2 个五轴焊接机器人，2 个行走龙门架，4 个二轴变位机，由 1 个操作工操作，可以提高生产效率。但是，五轴机器人焊接设备无法实现各焊缝的封闭焊，由于镀锌工艺要求，需要手工完成各焊缝的封闭焊。

4. 技术参数

五轴机器人焊接设备的主要技术参数如表 6-24 所示。

表 6-24　　五轴机器人焊接设备主要技术参数

序号	名称	技术参数
1	焊接工件范围（mm×mm×mm）	300×300×300～1200×1200×1200
2	焊接设备轴数	13 轴，机器人 5 轴，变位机 2×2 轴，龙门 2×2 轴，为常规直线焊缝焊接
3	编程方式	点对点拖拽示教编程
4	焊接工艺	CO_2/MAG 气体保护焊
5	变位机工作台直径（mm）	ϕ1600
6	变位机翻转角度（°）	±120
7	变位机旋转角度（°）	0～360

（二）六轴机器人焊接设备

1. 产品概述

六轴机器人焊接设备（如图 6-30 所示）是五轴机器人焊接设备的升级产品，采用多功能变位机配合六轴机器人焊接设备来实施自动焊接，是专用焊接设备，主要用于角钢塔塔脚、十字板等工件的焊接。

图 6-30 六轴机器人焊接设备

2. 产品结构

六轴机器人焊接设备硬件部分由一个六轴焊接机器人、一个二轴变位机、快速装夹装置、数字化焊接电源、激光扫描器、无线遥控器和控制系统组成；软件部分由参数化编程软件和内置的焊接工艺包组成。

3. 主要功能

六轴机器人焊接设备可以实现塔脚的快速装夹（2min 完成）、快速定位（采用激光扫描，2min 完成定位）、参数化编程，通过输入工件的几个关键数据即可快速编程；通过八轴联动（六轴机器人＋二轴变位机），完成工件的自动翻转，确保每条要焊接的焊缝都处于船型焊的位置；具有自动寻找原点、自动焊接、自动清枪的功能，焊接过程中无须人工干预，机器人持焊枪对工件进行焊接，直到完成全部焊缝的焊接。

4. 技术参数

六轴塔脚焊接机器人的主要技术参数如表 6-25 所示。

表 6-25　　六轴塔脚焊接机器人主要技术参数

序号	名称	技术参数
1	焊接工件范围（mm×mm×mm）	300×300×300～1200×1200×1200
2	焊接设备轴数	8 轴，机器人 6 轴＋变位机 2 轴
3	编程方式	参数化编程，仅输入几个关键参数
4	焊接工艺	CO_2/MAG 气体保护焊
5	变位机工作台直径（mm）	ϕ1600
6	变位机翻转角度（°）	±120
7	变位机旋转角度（°）	0～360

三、钢管塔焊接设备

（一）钢管—法兰组对机

1. 产品概述

该产品（如图 6-31 所示）是将钢管与法兰组对并点焊固定的专用设备，适用于钢管塔的加工，尤其适用于钢管—带颈法兰的组对。

图 6-31　钢管—法兰组对机

2. 产品结构与主要功能

由底座双道轨、左右 2 个卡盘、料台与上料台车、焊接电源（2 台）、焊枪（2 把）和电气部分等组成。

工作时，将法兰分别装夹在 2 个卡盘上，钢管放置在料台上，由上料台车将钢管送到设备上，钢管可以上下升降调整高度，卡盘可以左右移动调整法兰与钢管的间隙，然后通过点焊定位完成钢管与法兰的组对。

3. 技术参数

钢管—法兰组对机主要型号和技术参数如表 6-26 所示。

表 6-26　钢管—法兰组对机主要型号和技术参数

产品型号	TFLZD1200	TFLZD1800
法兰直径（mm）	ϕ200～1200	ϕ250～1800
卡盘中心高（mm）	1100	1700
钢管直径（mm）	ϕ100～900	ϕ100～1500
最大加工长度（mm）	12 000	12 000
移动速度（mm/min）	300～6000	300～6000
电机总功率（kW）	6	10
控制方式	文本＋按钮	文本＋按钮
主工作台尺寸（mm×mm×mm）	16 500×2200×1300	18 000×2600×1500

（二）钢管—法兰自动焊接机

1. 产品用途

钢管—法兰自动焊接机主要用于钢管与法兰对接环焊缝的自动焊接（如图 6-32 所示），是钢管塔加工主要设备，通过物流输送系统与钢管—法兰组对机配套，组成钢管—法兰对接焊的生产线，既可以焊接钢管—带颈法兰对接焊缝，也可焊接钢管—平板法兰插接焊缝。

图 6-32　钢管—法兰自动焊接机

2. 产品结构与主要功能

钢管—法兰自动焊接机由底座双道轨、左右两个焊接主机箱、翻转滚轮架、料台、上料台车、2/4个焊接电源、2/4把焊枪和电气部分等组成。

工作时，将装配好的钢管—法兰焊接件放置在料台上，由上料台车将其送到设备的滚轮架上，2个主机箱可以左右移动，每端配有2把焊枪，焊枪位置相对固定，通过工件自动旋转，完成焊缝焊接。钢管—平板法兰插接焊缝焊接时，最多可4把焊枪同时作业，也可每把焊枪单独焊接。

3. 技术参数

钢管—法兰自动焊接设备主要技术参数如表6-27所示。

表6-27　钢管—法兰自动焊接设备主要技术参数

产品型号	TSZFL2000（环缝）
加工外径范围（mm）	ϕ300～2500
厚度范围（mm）	6～28
焊接方式	埋弧焊（仅用于钢管—带颈法兰焊接）或CO_2气保护焊选配
设备功率（kW）	5
外形尺寸（mm×mm×mm）	15 000×2000×2500

（三）钢管—联板焊接机器人

1. 产品用途

钢管—联板焊接机器人主要用于钢管—联板直线焊缝的自动焊接，是钢管塔加工主要设备。其前工序一般采用手工划线、装配和点焊。

2. 产品结构与主要功能

钢管—联板焊接机器人由床身底座、2个卡盘、支撑架、料台、送料台车、2个五轴焊接机器人系统（包括机器人底座导轨、焊接电源）等组成。

在钢管—联板装配后，由送料台车将工件送到床身上的焊件支撑架上；卡盘夹紧焊件并进行旋转，将待焊的焊缝旋转至船型焊位置；由焊接机器人自动进行焊接。

3. 技术参数

钢管—联板焊接机器人主要技术参数如表6-28所示。

表6-28　钢管—联板焊接机器人主要技术参数

序号	名称	技术参数
1	焊接工件范围	联板长度不大于2000mm
2	焊接设备轴数	13轴，(机器人5轴+外部移动1轴)×2=12轴，1个旋转轴。为常规直线焊缝焊接
3	编程方式	点对点拖拽示教编程
4	焊接工艺	CO_2/MAG气体保护焊

四、钢管杆焊接设备

（一）合缝机

1. 产品用途

合缝机的加工范围包括圆形截面的锥管、等径管及多边形锥管和等径管（多边形锥管和柱管仅适合偶数边），主要用于多边形钢管杆或圆形钢管的合缝加工，是钢管杆加工企业的主要设备。

2. 产品结构与功能

合缝机由合缝框架、升降输送辊、旋转辊、液压及电气系统等部分组成。其中合缝框架包括机架、上下压头、左右压头及托管辊等组成，机架采用焊接结构，强度高，整体刚性好；下压头、左右压头主要由导向杆、液压缸等装置构成，用于钢管坯的合缝压制；输送辊由减速机带动，用于管坯的纵向移动和输送；旋转辊 2 幅，由减速机带动，用于将管坯旋转到 12 点位置，采用手工 CO_2 气体保护焊进行点焊定位。

为便于后续实施埋弧焊，有些设备还配套了预焊设备进行打底，打底焊一般采用自动或手工 CO_2 气体保护焊工艺。

3. 技术参数

合缝机主要技术参数如表 6-29 所示。

表 6-29　合缝机主要技术参数

产品型号	1800	2500
钢管直径范围（mm）	φ250～1800	φ250～2500
钢管厚度范围（mm）	5～12	6～25
最大加工长度（mm）	12 000	12 000
锥度	≤1∶50	≤1∶50
设备总功率（kW）	9	9
外形尺寸（mm×mm×mm）	30 000×5000×4000	30 000×5600×4700

（二）内纵缝焊接机

1. 产品用途

内纵缝焊接机主要用于多边形钢管杆或圆形钢管纵向焊缝的外焊，可加工等径管或锥形管，是钢管杆加工的主要设备，一般与外纵缝焊接机配套使用。

2. 产品结构与功能

图 6-33　内纵缝焊接机

内纵缝焊接机（如图 6-33 所示）有工件移动和焊枪移动两种结构形式。工件移动式设备主要由导轨、移动式翻转滚轮架、主机箱体及悬臂、焊接电源、焊枪、焊缝显示器和控制系统组成；焊枪移动式设备主要由导轨、固定式翻转滚轮架、移动主机箱体及悬臂、焊接电源、焊枪、焊缝显示器和控制系统组成。一般采用自动埋弧焊进行焊接，专业厂家为提高焊接效率，多采用多丝埋弧焊工艺。

内纵缝焊接机具有工件旋转功能，通过翻转滚轮架将焊缝调整到适合焊接的 6 点位置，然后进行内纵缝的自动埋弧焊。

过去，对钢管杆纵向焊缝焊接质量要求不高，无须全熔透，随着产品质量要求的提高，目前多要求钢管纵向焊缝全熔透，对钢管塔用直缝焊管还要求对纵焊缝进行内部质量检验，因此，内焊缝完成后需要进行清根，以确保焊接质量。

3. 技术参数

内纵缝焊接机主要技术参数如表 6-30 所示。

表 6-30　内纵缝焊接机主要技术参数

产品型号	260（工件不动）	330（工件不动）	330（工件行走）
最小管径（mm）	ϕ260	ϕ330	ϕ330
最大加工长度（mm）	12 000	12 000	12 000
钢管厚度范围（mm）	6～28	6～28	6～28
焊接工艺	埋弧焊/CO_2 气体保护焊	埋弧焊/CO_2 气体保护焊	埋弧焊
焊接速度（mm/min）	200～1500	200～1500	200～1500
空行程移动速度（mm/min）	6000	6000	2000
设备功率（kW）	6	6	6
外形尺寸（mm×mm×mm）	32 000×1500×1700	32 000×1500×1700	32 000×1500×1700

注　工件移动速度是指非焊接时的工件快速移动速度，它快于焊接速度。

（三）外纵缝焊接机

1. 产品用途

外纵缝焊接机（如图 6-34 所示）主要用于多边形钢管杆或圆形钢管纵向焊缝的外焊，可加工等径管或锥形管，是钢管杆加工企业的主要设备。

图 6-34　外纵缝焊接机

2. 产品结构与功能

外纵缝焊接机主要有行走龙门架和行走十字架两种结构形式，另外还有床身底座、翻转滚轮架、焊接电源和焊枪等。一般采用自动埋弧焊，有些企业为提高焊接效率，采用多丝埋弧焊工艺，也有些铁塔企业采用 CO_2 气体保护焊工艺进行焊接。

外纵缝焊接机具有工件旋转功能，通过翻转滚轮架将焊缝调整到 12 点位置，以便于焊接；通过行走龙门架或行走十字架持焊枪对钢管的外纵缝进行自动焊接。

3. 技术参数

外纵缝焊接机主要技术参数如表 6-31 所示。

表 6-31　外纵缝焊接机主要技术参数

产品规格	1800	2500
钢管直径范围（mm）	ϕ300～1800	ϕ300～2500
钢管厚度范围（mm）	6～28	6～28
最大加工长度（mm）	12 000	12 000
焊接工艺	埋弧焊/CO_2 气体保护焊	埋弧焊/CO_2 气体保护焊
设备功率（kW）	5	5
外形尺寸（mm×mm×mm）	15 000×2000×2500	15 000×2000×3500

（四）合缝焊接一体机

1. 产品用途

主要用于多边形锥管、圆形椎管的加工，也可用于等径圆形、多棱形钢管的加工，可实现单件或者多件拼接钢管的合缝、焊接一体化加工，是铁塔企业生产钢管杆的主要加工设备。

2. 产品结构及特点

合缝焊接一体机主要由龙门架、导轨、液压压紧装置及其液压控制系统、电气控制系统、焊接系统组成（如图 6-35 所示）。

采用液压系统实现合缝，顶部及侧面相互配合，通过三点式挤压使折弯后的管件纵缝合拢，保证焊接间隙。设备采用工件移动焊枪固定的方式进行焊接，在焊接时，垂直加压缸和侧向加压缸可根据工件的锥度变化进行同步加压，保证焊缝的间隙和焊枪位置不变，实现边合缝边焊接，从而保证焊缝连续稳定地焊接。焊接工艺多采用埋弧焊工艺或气体保护焊工艺。

有工件自动进给及翻转功能，除进行单纵缝钢管的合缝与焊接外，还可以进行多纵缝拼接钢管（圆管、圆锥管、多边形直管、多边形锥管）的自动合缝与焊接，大大提升了钢管纵缝的焊接效率。设备拥有焊剂自动回收装置，提升焊剂的利用率。

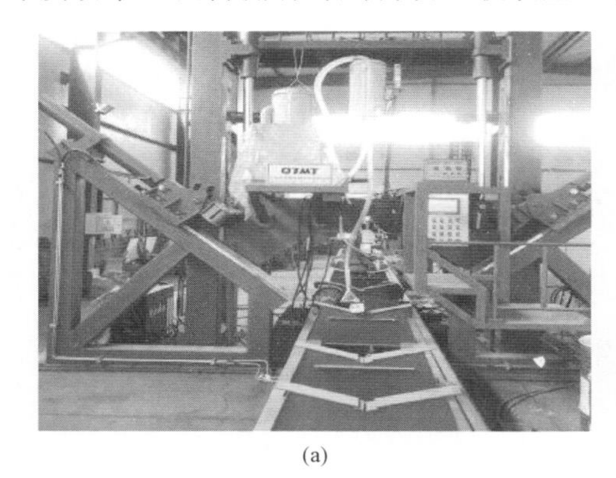

(a)

(b)

图 6-35　钢管合缝焊接一体机

(a) 自动合缝焊接一体机（埋弧焊）；(b) 自动合缝焊接一体机（气体保护焊）

3. 技术参数

钢管合缝焊接一体机主要技术参数如表 6-32 所示。

表 6-32　　钢管合缝焊接一体机主要技术参数（埋弧焊）

产品型号	1200	1800	2500
钢管直径范围（mm）	ϕ160～1200	ϕ300～1800	ϕ300～2500
钢管厚度范围（mm）	4～12	6～28	6～28
最大加工长度（mm）	12 000	12 000	12 000
管件最大锥度	≤1：50	≤1：50	≤1：50
最大焊接电流（A）	630	1000	1000
焊接速度（mm/min）	500～1500	500～1500	500～1500
焊丝直径（mm）	2.0～4.0	2.0～4.0	2.0～4.0
工件移动速度（mm/min）	10 000	10 000	10 000
设备总功率（kW）	15	22	22
外形尺寸（mm×mm×mm）	32 000×5000×6000	32 000×5700×7000	38 000×6600×8000

注　工件移动速度是指非焊接时的工件快速移动速度，快于焊接速度。

第七节 热浸镀锌设备

一、概述

（一）热浸镀锌工艺流程

热浸镀锌是铁塔加工的关键工序，由多道工序组成，其主要工艺流程如图 6-36 所示，主要包括四个阶段：①挂料阶段；②前处理阶段，包括脱脂、酸洗、漂洗、助镀和烘干；③热浸镀锌阶段；④后处理阶段，包括镀后冷却、钝化与镀后整理。

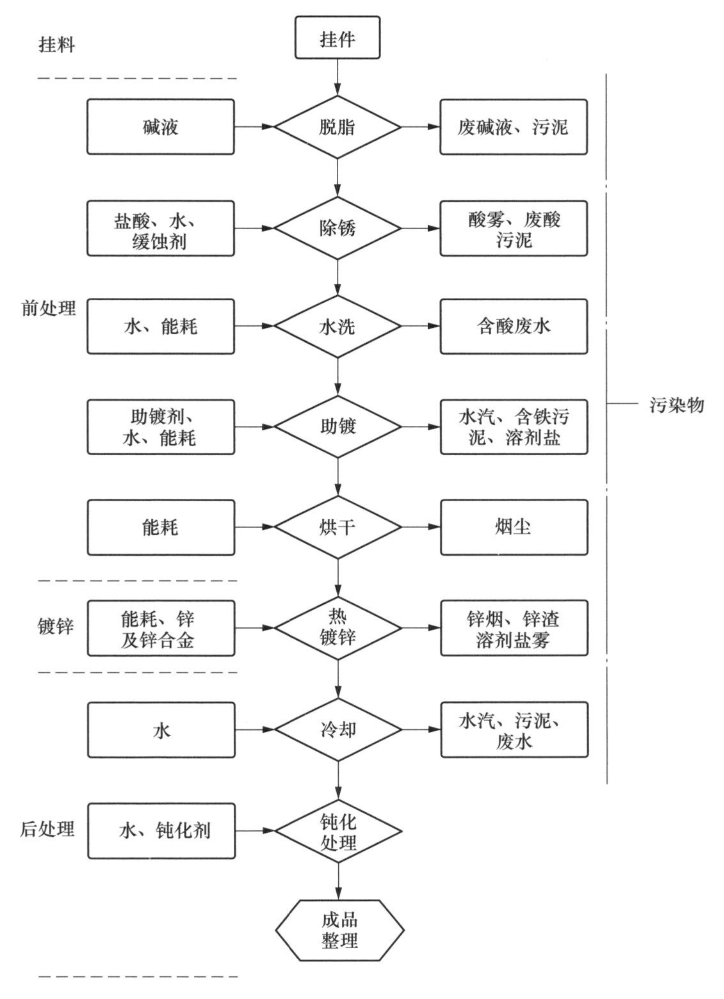

图 6-36 热浸镀锌工艺流程图

在镀锌过程中，要使用到各种溶液，如碱液、酸液、助镀液、钝化液等，这些溶液储存在工艺池或工艺槽中。热浸镀锌阶段主要在锌锅中进行，为此需要有加热和温度控制系统。为保证镀锌过程的顺利进行，还需要有挂料与起重设备等辅助装置和设备。此外，镀锌过程会产生废酸、废水、废气、污泥等，需要相应的环保设备。为提升能源利用效率，还用到余热再利用设备等。

由于输电铁塔热镀锌作业是批量作业形式，镀锌各阶段的工艺过程、生产能力须相互匹配、互相衔接而不干涉，才能保证镀锌生产线的不间断流水式作业。所以，镀锌系统是一个复杂的系统，各设备不仅要合理布局，而且要不断利用新的工艺和技术，在确保镀锌质量的前提下，提高镀锌生产效率，减少环境污染，最终提高企业的效益。

（二）输电铁塔镀锌设备布局形式

输电铁塔镀锌设备的布局形式是指热镀锌生产线各工艺流程的工艺池、锌锅及起重设备之间的布置方式，主要有直线形布局、L形布局和C形布局（如图6-37所示）。

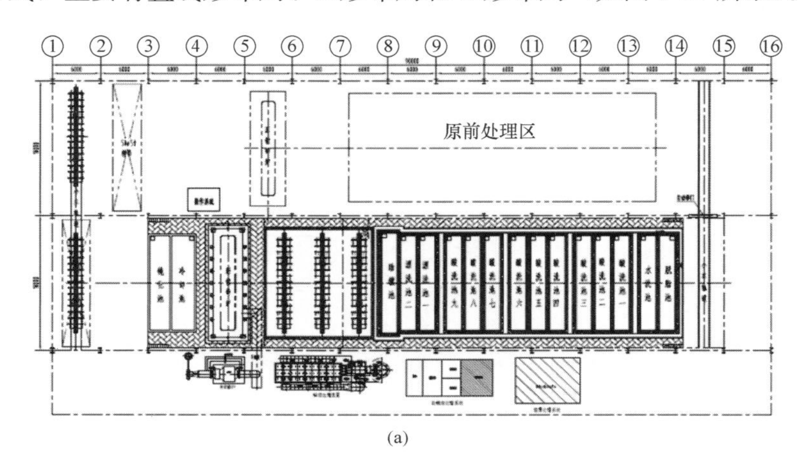

(a)

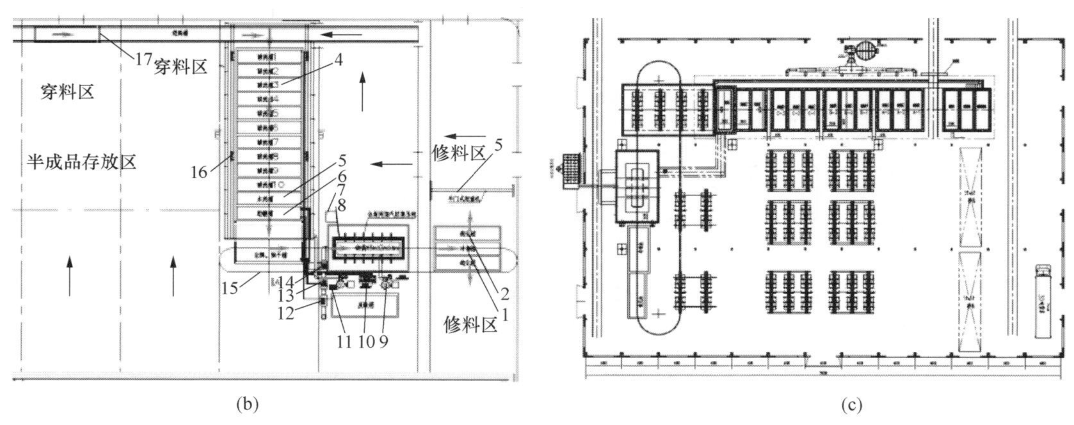

(b) (c)

图6-37　热镀锌生产线布局形式

(a) 直线形布局；(b) L形布局生产线；(c) C形生产线布局

直线形布局是传统的热浸镀锌生产线布局形式，其优点是设备简单、工件浸镀灵活、适应性好，适用于单件和大件镀锌。缺点包括：为开放式环境，排放无计划，环境污染大；主要由人工手动操作，工人劳动强度较大，工艺不固定，锌耗和产品质量不稳定；人员安全和设备运行无保障、安全隐患大。该生产线布局形式是国内多数铁塔企业镀锌生产线的布局形式，约占国内的80%以上。

还有一种改进式直线形布局，通过二次挂件，以及在镀锌槽上部配置多台无级调速的电动葫芦，实现在同一锌锅中同时采用不同的镀锌工艺（浸锌时间、起吊角度、起吊速度），可以同时对不同工件进行浸锌。此外，还可以灵活地调整起吊角度，充分利用锌锅的有效面积，作业效率更高。更加适用于小批量多规格，多品种的镀锌操作。但需要对工件要进行二次挂件操作，锌烟的收集方式受限，只能采用收集效率较低的端吹端吸式或侧吸式方式进行。

L形、C形布局方式具有操作简便、机械化程度高、劳动强度低的特点，而且生产线布局更加合理，一般将工件悬挂在专用挂具上，小件垂直悬挂在挂具上，成批的大件倾斜地悬挂在挂具两端，工件转移方便，具有高效、连续作业的特点。但缺点是工件起吊角度通常是固定的，对于长件一般很难进行“先进先出”的镀锌操作。该布局形式是近年来热浸镀锌生产线改造升级的主要发展方向。

按照镀锌生产线环保效果和作业方式，热浸镀锌生产线分为传统型开放式、环保型封闭式两种类型。

（1）传统型开放式是指酸洗、镀锌等区域敞开，存在酸雾、锌烟的无组织排放或收集率较低等问题。目前随着环保政策的日益严苛，此种方式已逐步退出市场。

（2）环保型封闭式是当前酸雾、锌烟收集的主流方式。全封闭式酸洗间是当前酸洗改造市场的主流，其中，手动式全封闭酸洗房在短期内可以满足发展要求，但制约生产效率提升；自动式全封闭酸洗房引入了智能制造理念，是更加先进的酸雾收集处置技术，对产能提升、锌耗降低都有明显效果。镀锌区域的锌烟收集根据锌锅尺寸（1.8m 为界），选取不同的收集方式，主要有侧吸式和侧吸＋集气罩两种类型，需根据锌锅宽度，合理选取不同方式，减少锌烟溢出。

按其作业方式，分为自动式和手动式两种。手动式具有投资少、见效快等优点，但存在短期内重复投资风险和工件碰撞池壁隐患等。自动式具有酸洗时间智能控制、减量工艺优化、行车自动抓取、酸洗区模块化定制等优点，但投资较大。

（三）热浸镀锌系统设备组成

按照热浸镀锌工艺流程，热浸镀锌系统主要包括镀锌设备、环保设备、辅助设备等。其中，镀锌设备包括工艺池、工艺槽及槽液自动调节装置，锌锅及加热控制系统（含加热装置、温度测量与控制系统、温度报警装置、漏锌报警装置等）；环保设备主要包括防护罩、酸雾收集及处理装置、盐酸、工业废水收集处理装置，锌烟布袋式收集除尘装置、锌烟水喷淋除尘装置等；辅助设备包括挂料设备（挂架、挂架支撑装置等）、电动起重装设备、电动轨道车及余热再利用系统等。

整体上看，目前我国输电铁塔热浸镀锌工艺设备的自动化程度不高，安全环保等方面还存在一定的风险。对传统的热浸镀锌工艺设备、技术进行改进，提升其自动化、智能化水平，减少环境污染，实现全自动地上料、酸洗、镀锌、分拣和同步的环保处理，已是一项迫切的任务，也是输电铁塔行业镀锌车间技术改造的重要内容。

二、镀锌设备

（一）工艺池

其用途是用于盛放工件酸洗除锈用的盐酸溶液、助镀剂、冷却水、钝化剂等。其中，酸洗池主要有花岗岩工艺池、钢结构＋玻璃钢工艺池、防酸混凝土＋防腐涂层工艺池等。助镀池主要有花岗岩工艺池、钢结构＋玻璃钢工艺池、钢结构＋内衬不锈钢工艺池等，并配置助镀液在线处理装置。冷却及钝化池主要有钢结构+玻璃钢工艺池、防酸混凝土+防腐涂层工艺池等。

防腐一般采用荷兰帝斯曼树脂防腐涂料，涂覆工艺为：

（1）池体内防腐：底涂+1遍玻璃纤维布+3遍（2层玻璃纤维布+1层短切毡）+1层表面毡（厚度6mm）；

（2）池体外防腐：底涂+2遍02布+2层面涂；

（3）式体间栈道、护栏、盖板防腐：聚脲或玻璃钢。

典型工艺池结构如图6-38所示。

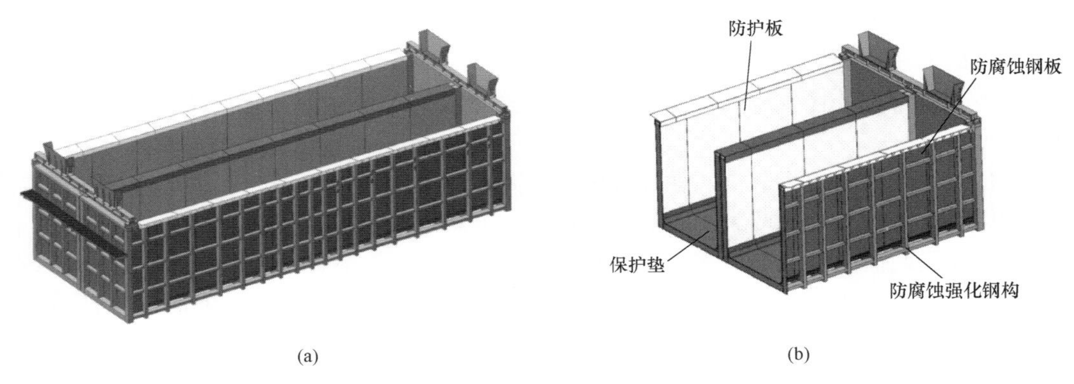

图6-38　镀锌工艺池结构示意图

（a）镀锌工艺池示意图；（b）工艺池结构组成

目前单体钢槽形式逐步取代混凝土池体，便于分批维修、更换，将整体生产影响降到最低。为保证安全环保性，现行业内采用开挖整体池体、建设围堰，将各酸池置于其中，便于检查，防止酸液泄漏，污染土壤。

（二）镀锌锅

1. 锌锅

锌锅的用途是通过电加热或者燃气加热方式，融化锌块，盛放锌液，用于工件镀锌。锌锅材料一般使用08F或锌锅专用钢XG08板材制造，根据实际需求定制钢板长度、厚度、圆角等特征值，采用整板热弯至U形，通过焊接方式加工而成，要求焊缝布局合理，且尽量减少焊缝数量，焊缝质量要求达到一级。

输电铁塔常用的锌锅尺寸为（长×宽×深）：(12.5～16)m×(2.0～4.5)m×(2.0～4.4)m。一般角钢塔工件使用的镀锌池宽度和深度较小；钢管塔、钢管杆需要的镀锌池尺寸较大。

2. 炉窑加热系统

炉窑加热系统主要用于熔化锌锭，保持锌液温度，控制和调整镀锌温度。其加热方式目前多采用天然气加热或煤气加热，也有采用电加热。

天然气或煤气加热炉采用外加热方式，通过燃烧系统将天然气或煤气的化学能转化为热能来加热锌锅，锌锅以热传导方式加热锌锭或锌液。电加热炉目前多采用外加热方式，电热元件置于锌锅外侧，将电能转化为热能来加热锌锅，锌锅以热传导方式加热锌锭或锌液；少数采用内加热方式，利用硅碳棒做电热元件，插入锌池内部，该方式在最初熔锌阶段效率较低，在后续锌液保温和镀锌过程中加热效率较高。

以燃气加热系统为例，炉窑系统主要由炉窑钢结构、炉窑保温层、燃气输送与燃烧系统、烟气处理系统、温度测量与控制系统等组成。其中：

（1）炉窑钢结构：包含炉窑壳体、炉窑支撑框架、顶锅棒、爬梯、漏锌坑盖板等组成，用于支撑和固定锌锅。

（2）炉窑保温层：包含炉窑四周的纤维模块保温、炉顶火道盖板与保温，底部预制浇注料保温、烟道口保温、烟气管道保温、锌锅底部保护等组成，用于减少热量损失，提高加热效率。

（3）燃气输送与燃烧系统：由空气系统、燃气系统、烟道、变频引风机组成。空气系统包含变频助燃风机、主路软接头、主路手动蝶阀、支路空气蝶阀、空气精调阀、软连接组成；燃气系统由燃气输送管道、主管路阀组、支管路阀组、烧嘴等组成。燃烧系统的布局应满足产线整体物流的布局，方便检修与维护。燃烧系统采用脉冲控制燃烧技术。

（4）温度测量与控制系统：包括炉膛温度、锌液温度、烟道温度测量与控制，以及炉膛压力测量与控制，漏锌报警、燃气高低压报警、空气低压报警、燃气泄漏报警。主要通过热电偶来检测炉膛温度、锌液温度、烟道温度，与 PLC 的设定温度进行比较，经过 PLC 的 PID 运算，输出相应的脉冲信号，来控制每个烧嘴的空气蝶阀，从而控制燃气燃烧。

（5）锌锅平台，由支撑立柱、平台框架、围栏、爬梯等组成，锌锅平台通行顺畅，满足人员操作与维修要求，与二次穿挂平台高度一致，与侧吸风道匹配制作。

（三）助镀剂除铁设备

助镀剂除铁设备主要用于处理助镀剂溶液中的二价铁离子，保持其浓度在 1g/L 以下，降低镀锌锌耗，提高镀锌质量。

一般采用氧化法处理，即将助镀剂溶液抽入除铁设备，通过加双氧水，将二价铁离子氧化为三价铁离子，加入氨水，把溶液中和到 pH 值 5 以上，通过压滤机过滤形成泥饼存放，滤清液回流入助镀槽中。

其反应原理是：

$$2FeCl_2 + H_2O_2 + 2HCl = 2FeCl_3 + 2H_2O$$

$$FeCl_3 + 3H_2O = Fe(HO)_3 \downarrow + 3HCl$$

三、镀锌环保设备

（一）酸雾吸收处理设备

酸雾吸收处理设备主要用于酸洗环节对盐酸酸雾的吸收和处理。相较于开放式镀锌生产线，酸洗环节越来越多地企业采用封闭间＋酸雾塔处理模式，即建设一座封闭间，将整个酸洗区域封闭形成微负压，提高封闭间内弥漫的酸雾吸收效果，通过喷淋塔中和处理后达标排放。

酸雾吸收处理设备一般由酸洗封闭间、酸雾喷淋塔等及附属系统组成，如图 6-39 所示。

一般根据实际场地大小设计钢结构封闭间，墙板和顶板采用高强度钢结构＋树脂板防腐处理。钢结构表面采用热镀锌＋表面防腐材料涂装，以保证耐腐蚀性，两侧设置钢化玻璃观察窗。

喷淋塔：利用微负压设计，始终将封闭间维持在－10Pa 的工况下，收集至喷淋塔进行喷淋，将酸雾在低功耗状处理，以达到环保排放标准。

(a)

(b)

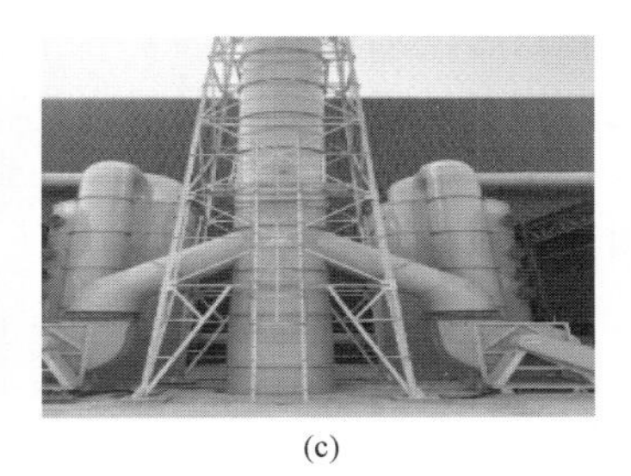
(c)

图 6-39 酸雾吸收处理设备
（a）酸洗封闭间；（b）封闭间内部；（c）酸雾处理喷淋塔

（二）锌烟吸收及处理设备

锌烟吸收及处理设备主要用于镀锌环节中产生的锌烟吸收及处理。相较于开放式镀锌生产线，镀锌环节越来越多地采用锌烟罩＋除尘塔处理模式，即在锌锅周围建设一套封闭罩，镀锌时形成封闭区域，防止锌烟外溢，通过侧吸管道吸收至锌烟除尘器，利用布袋除尘方式，吸附锌烟颗粒沉降，烟气达标排放。

锌烟吸收及处理设备主要由锌烟集气罩、布袋除尘器等组成。

锌烟集气罩：根据锌锅大小，结合车间实际场地，可以选用固定罩或者弧形升降罩，采用耐高温、不沾锌液的材质。镀锌工作期间固定罩关闭（锌烟罩上升关闭），减少镀锌时锌烟外溢，锌烟收集率不小于95%。

布袋除尘器：通过侧吸方式在相对密闭的锌烟罩内吸收弥散的锌烟，通过管道吸风口汇集后，由引风机引至塔体内布袋除尘器处理；收集到的锌烟通过重力沉降室除去其中大颗粒锌灰，然后利用锌烟专用布袋进行过滤，达到回收粉尘、治理废气的目的，使得各排放指标均达到国家标准排放要求。

（三）漂洗水处理设备

主要用于漂洗水中铁离子去除，保证漂洗效果，实现资源的循环利用且无外排。

漂洗水处理一般采用氧化法，高效催化氧化，实现漂洗水除铁。自动曝气，防止沉淀堆积。通过压滤机过滤，形成泥饼存放，除含铁污泥外，实现循环利用，无废水排放。

产线酸洗后漂洗水因含有大量的氯化亚铁，需要对其进行除铁处理，经氧化沉淀处理后，铁以氢氧化铁沉淀形式经过板式压滤机进行分离；分离后的液体水循环回用于生产线漂洗槽再利用；为减少反复循环利用造成的盐的累积，每月将该漂洗水部分用于配制酸洗液，同时，向漂洗槽内补充新鲜水以维持生产需求。此工艺技术的应用，保证了水的节约及资源循环再利用。

图 6-40 为漂洗水再生利用一体化设备。

（四）污泥处理设备

在镀锌过程，如脱脂、酸洗、助镀、镀后冷却和钝化过程中，均会产生污泥，污泥的处理需要更加专业复杂的设备，并需要相关资质，按照相关环保文件要求，一般由专业的第三方单位进行专门进行处理。

四、其他设备

（一）挂料辅助设备

挂料辅助设备主要用于待镀工件的挂料及镀锌工件的再处理。一般利用升降机调整挂架

图 6-40 漂洗水再生利用一体化设备

高度进行挂件作业（如图 6-41 所示），减轻劳动强度，还能提高挂件速度；镀锌结束后，小型工件可直接在后处理升降机上进行处理。

（二）起重设备

起重设备主要用于镀锌过程中镀锌件的起升、转运。一般采用电动葫芦起重机，双钩形式，钩吊挂具。在配合封闭间使用时多采用 RGV 车形式。

图 6-41 液压升降机调整挂架高度

在镀锌期间，起重设备仅钢丝绳在封闭间内运行，减少设备酸雾腐蚀，降低故障率。电动葫芦起重机与普通行车的形式、运行方式相同，小车固定，将葫芦吊钩伸入封闭间内。

RGV 车类似悬挂式葫芦，无横梁，两侧单独悬挂在封闭间上方，仅沿物流方向和上下起升运行。RGV 车一般包括轨道和栈道系统，均悬挂于厂房顶部，轨道系统沿物流走向范围布置，涵盖酸洗区域，轨道两侧铺设检修栈道，用于轨道系统及 RGV 车的日常检修与保养，每台 RGV 车装设二维码读取器，使得主控制电脑能够判断每台 RGV 小车在轨道上的准确位置。

（三）余热再利用设备

主要通过炉窑加热系统烟道上的余热回收设备收集余热，用于生产热水，也可用于助镀剂的加热或生活用水加热、热水供暖等多种用途。

余热再利用设备主要包括烟气换热器、助镀剂换热器、冷却装置、热水箱、软水装置及配套的泵、阀、管道、液位计、温度计等。通常利用烟道余热换热器将热水箱的水加热到设定值，将助镀剂加热到设定值（55～65℃），多余热量可用于生活用水加热、热水供暖等。

第七章　输电铁塔防腐技术

第一节　钢铁材料腐蚀与防护概述

一、钢铁材料腐蚀与防护的重要性

钢铁材料具有与周围介质发生作用而转入氧化（离子）状态的倾向，因此钢铁材料发生腐蚀是一种自然的趋势，也就是我们通常所讲的“腐蚀”。可见，钢铁材料腐蚀是钢铁材料与其周围介质作用下，由于化学变化、电化学变化或物理溶解而发生的损伤或损坏的现象，因此腐蚀包括化学、电化学与机械因素或生物因素的共同作用，多数情况下在钢铁材料表面或界面上进行着化学或电化学多相反应，表现为材料与介质的界面上转变为氧化（离子）状态。

钢铁材料腐蚀问题遍及国民经济的各个领域，腐蚀会带来巨大的经济损失，造成许多灾难性事故，并伴随环境污染。

据估算，全世界每年因腐蚀报废的钢铁设备约相当于钢铁产量的30%，世界主要工业国家调查统计表明，材料腐蚀带来的经济损失约占国内生产总值（GDP）的1.8%～4.2%，1975年美国金属材料腐蚀损失约为700亿美元，占当年GDP 4.5%，其中14%可通过防护技术避免；1998年美国直接腐蚀损失约2700亿美元，占当年GDP 3.1%。1974年日本由腐蚀造成的损失约占GDP2%，1999年日本估算腐蚀损失可能达到GDP的3%～4%。1999年我国调查估算腐蚀损失约5000亿元，相当于2000年GDP的5%，2014年我国腐蚀总损失约21 000亿元，相当于当年GDP的3.3%。按照每年10%～20%的腐蚀数量，2016年我国10亿t钢产量每年就会有1亿～2亿t的钢铁材料被腐蚀掉，相当于几个大型钢铁企业的年产量。

腐蚀还会引起灾难性事故，1985年8月日本的一架波音747飞机因应力腐蚀坠毁，造成500余人死亡；2013年青岛地下输油管线因腐蚀引发爆炸，导致62人死亡，直接损失7亿元；1965年美国一输油管线因应力腐蚀着火导致17人死亡；国内某化工厂18个乙烯原料储罐因硫化物腐蚀引起大火，直接损失2亿多元。

近年来，我国工业发展水平不断提高，钢铁材料用量越来越大，由于钢结构具有建造方便、强度高、塑性及抗震性能好等优点，因此钢结构已成为我国最主要的结构形式之一。然而，钢结构在大气环境中易腐蚀是一个普遍且严重的问题，从原材料、零部件加工到装配、成品运输以及结构服役等过程，均会遭到不同程度的大气腐蚀。钢材大气腐蚀不但给国民经济造成巨大损失，而且使钢材强度、弹性模量、伸长率等各项力学性能指标发生劣化，钢结构延性及抗震性能降低，导致结构安全事故发生的概率增加。资料显示，近年来美国因腐蚀造成的钢结构不安全事故约占全部事故的31.8%，我国为25%～30%。

输电铁塔是架空输电线路主要支撑结构，因长期暴露于严酷的自然环境中而普遍存在腐蚀问题，尤其是处于沿海、重工业区、酸雨及潮气环境下铁塔的腐蚀更为突出，严重威胁输电线路的运行安全。调查结果表明，处于苛刻腐蚀环境下的铁塔，若不采取防护措施，经过几年的时间就被腐蚀得锈痕累累，而不得不更换新塔，给电网企业造成很大的直接经济损失。

由此可见，钢铁材料腐蚀是一种普遍现象，但是腐蚀造成的损失并非完全不可避免，通过采取一定的防腐蚀技术，腐蚀造成的损失可减少30%～40%，图7-1给出了腐蚀损失、对策与防护之间的关系，显示了腐蚀控制的重要性，因此腐蚀与防护已日益引起人们的重视，并发展成相应的学科。

防止材料腐蚀大都从控制环境和控制材料本身两个方面入手。在钢结构产品中，大都采取的是控制材料本身，如研制新型耐腐蚀材料、表面防腐技术、电化学保护技术等。在这些防护技术中，表面涂层防护技术应用最为普遍，涂层材料涉及的范围也很广，施加涂层的方式也有很多种。

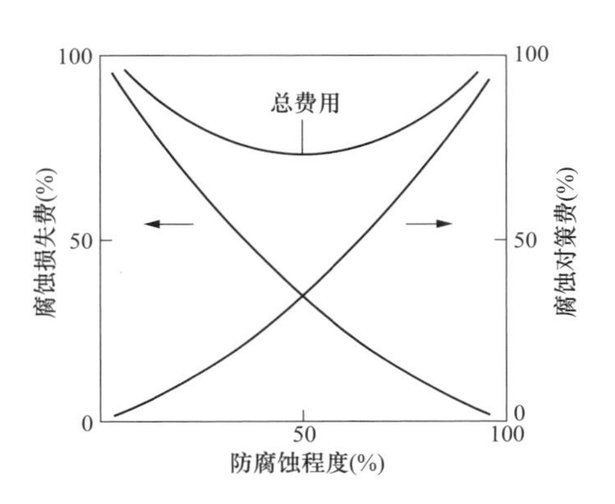

图7-1 腐蚀损失与防护之间的关系示意图

二、钢铁材料腐蚀的进程和分类

（一）钢铁材料腐蚀的进程

钢铁材料中主要元素为铁，它主要存在于铁矿石中，主要成分为Fe_3O_2，铁在大气环境的腐蚀产物即铁锈其主要成分也是Fe_3O_2，由铁矿石冶炼成铁需要提供一定的能量，相反地铁在气候环境中产生铁锈，则会释放出一定的能量，从热力学观点看，Fe_3O_2是更稳定的一种状态，因此，铁的腐蚀过程就是其恢复到自然存在状态的过程，伴随能量释放，腐蚀体系的自由能减少，它是一个自发的过程。这个腐蚀过程可以用一个总的反应过程表示：钢铁材料＋腐蚀介质→腐蚀产物。

它至少包括三个基本过程：①通过对流和扩散作用使腐蚀介质向界面迁移；②在相界面上进行反应；③腐蚀产物从相界面迁移到介质中或在材料表面形成腐蚀产物薄膜。因此钢铁材料要发生腐蚀必须满足与介质发生反应形成新相和整个腐蚀体系的自由能降低两个条件。

由于腐蚀过程主要在钢铁材料和介质界面上进行，因此具有以下特点：

（1）腐蚀一般开始于表面，伴随着腐蚀的进行向内部扩展。

（2）腐蚀的进程速度受钢铁材料表面状态的影响，钢铁材料表面的组织状态、粗糙度、钝化膜、保护涂层的性质与状态等影响。

钢铁材料在常温下的大气腐蚀，主要是受空气中的水分和其他污染物的化学、电化学的作用而引起的腐蚀，它是在表面极薄的一层水膜下进行的，这些水膜或是由于水分的直接沉降或是由于大气温度的突然变化而产生的凝露。而水膜又能溶入大气中的气体（如O_2、CO_2、SO_2、H_2S等）、盐类、尘土及其他污染物等形成电解质薄膜，当大气环境干燥时，钢材表面吸附的水膜厚度没有超过10nm，没有形成连续的电解质膜，此时钢材表面形成了极薄的氧化膜，腐蚀反应按化学途径进行。

$$Fe_{(固)} + H_2O_{(汽)} \longrightarrow FeO_{(固)} + H_{2(气)}$$

当大气环境潮湿时，钢材表面形成了连续的电解质膜，就开始了电化学腐蚀过程。电解质膜中由于氧的去极化作用，通常的反应为：

$$2Fe + O_2 + 2H_2O \longrightarrow 2Fe(OH)_2$$

$$4Fe(OH)_2 + 2H_2O + O_2 \longrightarrow 4Fe(OH)_3$$

$Fe(OH)_3$ 逐步氧化成含水的 Fe_3O_4 和 Fe_2O_3 铁锈覆盖在钢材的表面，一般的铁锈最外层为三价铁，最里层为二价铁，而中间层可能为 Fe_3O_4。

当电解质溶液中溶有一定量的 CO_2、SO_2、H_2S 等，加上水的电离便产生析氢反应：

$$H_2O \longrightarrow H^+ + OH^-$$

$$CO_2 + H_2O \longrightarrow H_2CO_3 \longrightarrow H^+ + HCO^-$$

铁在含 H^+、OH^-、HCO^- 等溶液中形成腐蚀电池，反应生成 $Fe(OH)_2$，进一步氧化成 $Fe(OH)_3$，最终形成红褐色的铁锈。

锈层形成后会影响大气腐蚀的电极反应，锈层处于湿润的条件下可起到强氧化剂作用。在钢铁与 Fe_3O_4 的界面上发生 $Fe \rightarrow Fe^{2+} + 2e^-$ 的阳极反应，在 Fe_3O_4 与 FeOOH 界面上发生阴极反应：

$$8FeOOH + Fe^{2+} + 2e^- \longrightarrow 3Fe_3O_4 + 4H_2O$$

即锈层内发生了 $Fe^{3+-} \rightarrow Fe^{2+}$ 还原反应，锈层参与了阴极反应过程。

当锈层干燥时，锈层与钢材基体的局部电池成为开路，在大气氧的作用下重新氧化成为三价铁的氧化物。

一般地锈层能够减缓钢铁材料的腐蚀速度，其程度与锈层的结晶结构有关，碳钢的锈层结晶结构主要由 γ-FeOOH、α-FeOOH 和 Fe_3O_4 构成，对基体的保护作用不大。低合金耐候钢是通过合金化在钢中加入了铜、磷、铬、镍、钼等合金元素，在大气环境中形成一层致密的、连续的非晶态层，尽管锈层的组成也主要由上述相组成，但 α-FeOOH 相层富集了铜、磷、铬等合金元素，锈层与基体黏附性好、致密，有效阻止了腐蚀介质与基体的接触；同时，由于具有极高的阻抗，降低了电化学反应速度。

（二）钢铁材料的腐蚀分类

按钢材腐蚀性质可分为物理腐蚀、化学腐蚀和电化学腐蚀。具体是哪一种腐蚀性质，主要取决于钢材表面所接触的介质的种类（非电解质、电解质、液态金属等）。

物理腐蚀是指金属由于单纯的物理溶解作用所引起的损伤和损坏，如热浸镀锌时液态锌对钢制锌锅的腐蚀破坏。

化学腐蚀是指钢铁材料与非电解质直接发生纯化学作用而引起的损伤和损坏，其反应历程的特点是在一定条件下非电解质中的氧化剂直接与钢铁材料表面的原子发生氧化还原反应形成腐蚀产物，腐蚀过程中电子的传递是在金属原子与氧化剂之间直接进行的，因而没有电流产生。腐蚀产物生成于发生腐蚀反应的表面，当它牢固地覆盖在钢材表面时会减缓进一步的腐蚀。

电化学腐蚀是指材料与电解质接触时，由于腐蚀电池的作用而发生的腐蚀现象，其特点是腐蚀反应至少有一个阳极反应和一个阴极反应，有电子流产生，被腐蚀的钢铁材料为阳极，介质为阴极，电子从阳极流向阴极，形成电流，腐蚀产物常产生在阳极和阴极之间，不能覆盖被腐蚀区域，通常起不到保护作用。

按腐蚀破坏形式通常有全面腐蚀、局部腐蚀和应力作用下腐蚀等。全面腐蚀是指整个材料表面上发生腐蚀，腐蚀可以是均匀的也可以是不均匀的。局部腐蚀主要集中在材料表面上某一个区域，一般包括点蚀、缝隙腐蚀、电偶腐蚀、晶间腐蚀、选择性腐蚀、沉积腐蚀等。应力作用下腐蚀包括应力腐蚀、腐蚀疲劳、氢腐蚀和冲刷腐蚀等。

由于腐蚀现象与机理比较复杂，其分类有时很难区分是哪一类的腐蚀，有时腐蚀由几种原因共同引起，如生物能为电化学产生腐蚀条件，促进腐蚀进程；当材料受到电化学和机械磨损共同作用时，则可发生磨损腐蚀。因此腐蚀防护时，要全面分析腐蚀发生的各种原因。

三、自然环境中钢铁材料腐蚀的类型和影响因素

钢铁材料在自然环境中的腐蚀是最普遍的一种腐蚀现象，一般的钢结构所产生的腐蚀基本上与自然环境有关，自然环境通常所指的大气、水（淡水、海水）和土壤环境，有时还涉及与自然环境有关的微生物环境，钢铁材料在自然环境中的腐蚀主要是与上述三种环境发生交互作用，从而逐渐发生腐蚀失效的过程。

（一）大气腐蚀

钢铁材料服役时暴露在大气环境中，与大气环境中的水汽和氧等发生化学或电化学反应而引起的腐蚀称为大气腐蚀。大气腐蚀是一种最普遍的腐蚀现象，如桥梁、厂房钢构、铁塔、变电站构支架等长期在大气环境中使用，钢材表面发生全面或局部腐蚀，图 7-2 所示为某铁塔在大气环境中发生的腐蚀。大气腐蚀是人类发现最早的一种腐蚀类型，主要以均匀腐蚀为主，但还可以发生其他腐蚀形态，其腐蚀速度随地点、季节和时间的变化而变化，表面的潮湿程度通常是大气中钢材腐蚀速度的主要因素，图 7-3 给出了大气腐蚀速度与钢材表面水膜层厚度的关系。按照钢材表面的潮湿程度通常把大气腐蚀分为干大气腐蚀、潮大气腐蚀、湿大气腐蚀三类。

图 7-2　铁塔件的大气腐蚀

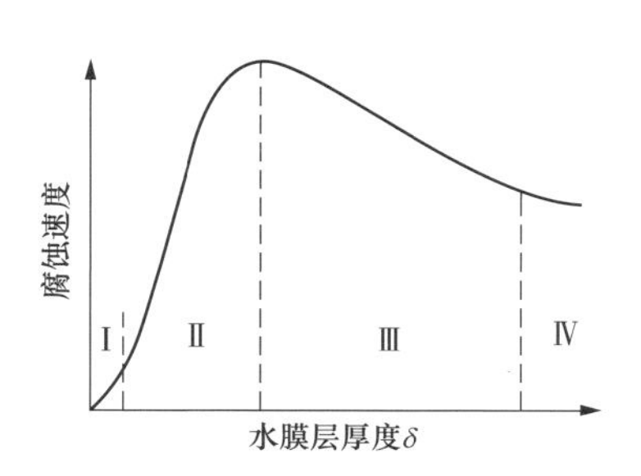

图 7-3　大气腐蚀速度与钢材表面水膜层厚度的关系

1. 大气腐蚀的类型

（1）干大气腐蚀。这种情况的大气中基本上没有水分，因此在钢材表面不存在水膜层或吸附不连续水膜厚度不超过 10nm，如图 7-3 中Ⅰ区，钢铁表面将保持光亮。

（2）潮大气腐蚀。这种情况的大气中含有一定水分，形成连续的水膜层，水膜层的厚度在 10nm～1μm，如图 7-3 中的Ⅱ区，钢铁材料表面发生电化学腐蚀，腐蚀速度显著增大，通常观察到钢材在没有经历雨雪天气时表面生产的铁锈即是潮大气腐蚀。

（3）湿大气腐蚀。这种情况目视钢铁材料表面可见到凝结的水膜，此时空气湿度接近 100%或者雨、雪、雾等水沫直接落在钢材的表面上，连续水膜层厚度为 1μm～1mm，如图 7-3 中的Ⅲ区，由于水膜较厚，减缓了氧的扩散速度，钢材的腐蚀速度下降。

2. 大气腐蚀的影响因素

大气的主要成分基本上是不变的，存在的腐蚀成分主要有氧、水蒸气、二氧化碳等，但某些次要成分的微小变动，可能会显著影响大气的腐蚀速度，因此大气腐蚀影响因素比较复杂，归纳起来主要受温度、湿度和大气中污染物的影响。

（1）湿度。

水汽对于在钢材表面形成电解质溶液、进行电化学腐蚀起到很重要的作用，由于钢材表面水膜的厚度与大气中的含水量有关，在一定的温度下，大气中的水蒸气有一定的饱和含量，温度越低，饱和含量也越低，如果大气中的水蒸气超过了饱和含量，则会在大气中凝结出来，沉积在钢材的表面上，形成水膜。

为表征大气中的含水量，采用相对湿度来表示，即在一定温度下大气中实际水蒸气的压力与饱和水蒸气压力的比值，相对湿度越大，越容易凝结沉积成水膜，水膜存在的时间也越长。使钢材大气腐蚀速度开始显著增加的相对湿度不需要达到100%，通常达到60%即可使钢材的腐蚀速度急剧升高，这一大气相对湿度值称为钢材的临界湿度。导致这一现象的原因主要有：①毛细凝聚作用，在钢件之间的狭缝、表面的灰尘、氧化膜和腐蚀产物的小孔都会起到毛细管的作用，水蒸气会优先在毛细管中凝聚；②化学凝聚作用，当钢材表面附着有盐类或生成易溶的腐蚀产物时，使水蒸气凝聚更加容易；③物理吸附作用，水分子与固体表面之间存在范德华分子引力作用，在大气相对湿度较低时就可使水蒸气凝聚到材料表面。

（2）温度。

当钢材处于温度比其高的大气中时，大气中的水蒸气会以液体的形式凝结于钢材的表面上成为结露。结露与环境温度有关，在湿度一定时，环境温度越高越容易结露，图7-4给出了湿度、环境温度和露点温度的关系。在其他条件一定时，气温高的地区大气腐蚀速度较快；昼夜温差变化大时，钢材表面温度会低于大气的温度，加速大气腐蚀。

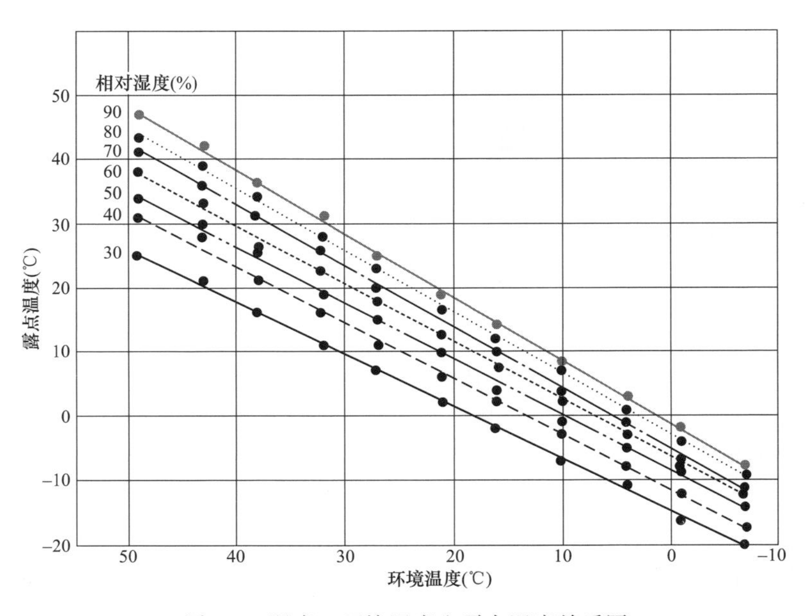

图7-4　湿度、环境温度和露点温度关系图

（3）污染物。

由于地理环境不同及工业废物排放，大气中常混有其他杂质，表 7-1 列出了大气中常见的杂质种类。大气的污染程度对大气腐蚀有很大的影响。

在硫化物中，SO_2 是加速腐蚀最为严重的一种杂质，它主要由矿物燃料燃烧产生，其加速钢材腐蚀目前有两种观点：①在大气中生成 H_2SO_4，再与 Fe 生成 $FeSO_4$；②直接在钢材表面与 Fe 反应，形成 $FeSO_4$。

固体颗粒对大气腐蚀的影响大致分为三类：①颗粒本身就有腐蚀性，如 NaCl 颗粒，溶入水膜中后提高了溶液的电导或酸度，同时 Cl^- 本身也有腐蚀性；②颗粒自身无腐蚀性，但能吸收腐蚀性的物质；③颗粒自身既无腐蚀性也不吸附腐蚀性物质如沙粒，但能沉落在钢材表面形成缝隙而凝聚水分，形成局部腐蚀条件。

表 7-1　大气杂质种类

类别		杂质
固体		灰尘、沙粒、$CaCO_3$、ZnO、金属粉或氧化物粉、NaCl
气体	硫化物	SO_2、SO_3、H_2S
	氮化物	NO、NO_2、NH_3、HNO_3
	碳化物	CO、CO_2
	其　他	Cl_2、HCl、有机化合物

（4）材料。

在碳钢和低合金钢中，加入铜、磷、铬、镍、钼等合金元素，可以改变锈层的结构，增强耐大气腐蚀性能。

（二）土壤腐蚀

土壤腐蚀是指钢铁材料被埋入土壤后而发生的腐蚀，图 7-5 是某铁塔塔腿造成的土壤腐蚀。

1. 土壤腐蚀的性质

土壤由土粒、水、气体及微生物等固、液、气三相组成，因此其具有多相性、多孔性、不均匀性和相对固定性，这些特性决定了土壤具有一种特殊性质的电解质，铁的阳极过程没有任何障碍，土壤越潮湿腐蚀越严重；阴极过程主要是氧的去极化过程，氧的输送是透过固体的微孔电解质，有液相和气相两个途径，并通过土壤中气相和液相的定向流动与在液相和气相中进行扩散两种方式液相和气相。

土壤腐蚀和其他的电解质电化学腐蚀过程一样，因钢材和介质电化学不均一性，形成了腐蚀原电池，图 7-6 的土壤腐蚀极化曲线给出了不同土壤条件下腐蚀电池的三种控制特征，在潮湿的土壤环境中，腐蚀过程强烈地受阴极过程控制，如图 7-6（a）所示；在疏松干燥的土壤中，腐蚀过程表现为阳极控制，如图 7-6（b）所示，类似于大气腐蚀；受长距离宏电池作用的土壤腐蚀，土壤电阻成为主要的腐蚀控制因素，腐蚀过程表现为阴极-电阻混合控制，如图 7-6（c）所示。

2. 土壤腐蚀影响因素

土壤腐蚀性质决定了土壤腐蚀影响因素很多且非常复杂，如果再受到工业污染和杂散电流的影响因素，要准确找到土壤腐蚀的各种原因，有时非常困难。尽管如此，目前能够确定的土壤腐蚀的几个重要的影响变量，对控制土壤腐蚀会有很大的帮助。

图 7-5 铁塔土壤腐蚀照片

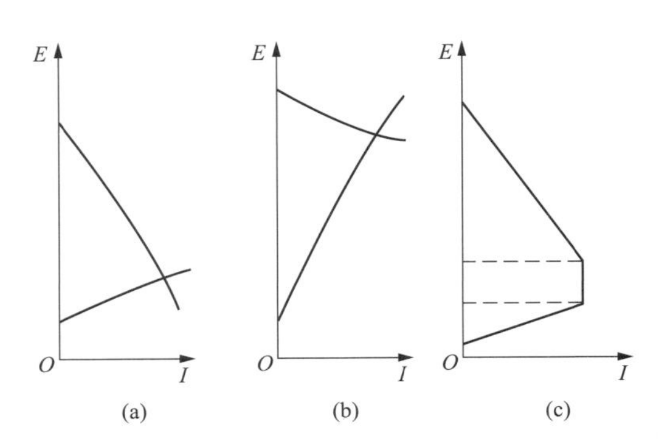

图 7-6 不同土壤条件下的腐蚀过程控制特征

(1) 孔隙度（透气性）。土壤透气性对土壤腐蚀有两方面的作用，透气性良好有利于氧的渗透和水分传输，促进腐蚀的初始发生，加速微电池作用的腐蚀过程；但透气性太大，钢材表面更容易形成具有保护能力的腐蚀产物层，阻碍阳极溶解，减缓腐蚀速率。当形成了腐蚀宏观电池时，透气性不良形成氧的浓差电池，透气性差的区域成为阳极，会发生严重的腐蚀。

(2) 土壤温度。温度是影响腐蚀过程的一个主要因素，温度能影响介质的扩散速度，当腐蚀由扩散过程控制时温度的作用非常明显；温度还影响气体在液相中的溶解度，这涉及氧对阳、阴极化产生的作用。同时，温度对材料的电极电位和土壤的电阻率都有影响。

(3) 土壤中的含水量。土壤中的含水量对土壤腐蚀有很大影响，在土壤的液相和气相中，湿度增大，土壤中的氧气和二氧化碳量也增加，将对电极电位和阴极极化产生影响。若腐蚀由微电池引起，土壤中的含水量超过 80%时，氧的扩散受阻，腐蚀速率较小；若土壤中的含水量少于 10%时，阳极极化和土壤的电阻率增大，腐蚀速率也很小；当土壤含水量处于二者之间时，随含水量降低，氧的去极化作用变得容易，此时腐蚀速率升高。如果腐蚀为宏电池引起时，此时腐蚀与氧浓差电池的作用有关，含水量大，电阻率低，氧浓差电池作用强，含水量增加到一定程度后，氧的扩散受阻，电池的作用减轻。实际上含水量对土壤腐蚀有一个临界值，临界值以下，含水量增加，腐蚀速度也增加，只是不同组分的土壤其临界值不同。

(4) 酸碱度。土壤的酸碱度来源很复杂，有的与地质组成有关，有的与工业污染有关，大多数土壤为中性土壤，pH 值为 6～8，少数盐碱地等 pH 值为 8～10，腐殖土等 pH 值为 3～6。随土壤的酸度增加，氢的去极化过程能顺利进行，土壤的腐蚀性增大。

(5) 电阻率。土壤电阻率决定了土壤的导电性，它与土壤的孔隙率、水含量、盐含量等许多因素有关，通常电阻率越低，土壤腐蚀越严重。

(6) 可溶性离子。土壤中大都含有许多无机盐，因此在电解质中存在阳离子和阴离子，从而增加土壤的导电性，通常土壤中盐的含量越大，土壤的腐蚀性越强。在各种阴离子中，Cl^- 对腐蚀进程影响最大，Cl^- 可穿过腐蚀产物间的间隙渗透到钢材表面直接参与电化学腐蚀，但它并不真正参与反应，只起到催化作用，所以在沿海潮汐区和制盐区的土壤其腐蚀性更强。

(7) 微生物。土壤中与腐蚀有关的微生物包括厌氧细菌、嗜氧细菌、真菌、生成淤泥的微生物等，其产生的作用主要为：新陈代谢产生腐蚀性产物、生命活动影响电极反应动力学、改变材料所处的环境、破坏材料表面防护层等。可见，微生物本身不一定有腐蚀性，而是生物直接或间接附着于钢材上，因其生长、繁殖、代谢和死亡而产生相关物质，直接或间接造成钢材腐蚀。

钢材生物腐蚀是钢材腐蚀形式的一种，是当今最为关注和热门的研究话题。生物对钢材的腐蚀是由于生物生长、发育和繁殖等活动过程，导致钢材的性质和功能发生不利于人类需求的变化。钢材生物腐蚀的防护研究一般从断绝其腐蚀途径着手，这也和其他腐蚀防护的手段基本相同，不过其关键在于探究生物腐蚀的机理和行为，这就要求对腐蚀生物的具体种类和行为及途径清楚明白，并采用相应的手段和方法加以阻断或缓解。

（8）杂散电流。杂散电流是指由原定的正常电路流失而流入其他地方的电流，当杂散电流流过土壤中的管道、电缆等时，电流离开导体进入土壤的阳极端就会产生腐蚀。

（三）水环境腐蚀

1. 水环境腐蚀特点

水环境腐蚀包括淡水腐蚀、盐湖水腐蚀和海水腐蚀，图 7-7 是铁塔在淡水和海水中的腐蚀照片。淡水中含盐量较低，其腐蚀性受水质环境影响；盐湖水是指含盐度不少于 5%的卤水湖，腐蚀性取决于水中离子的种类和浓度；海水中含有各种盐分，主要以氯化钠为主，因此海水中的含盐量可以用氯度（Cl^-‰）来表示，海水是腐蚀性非常强的电解质，海水腐蚀的阳极极化阻滞很小，阴极过程主要是氧的去极化，是腐蚀的控制性环节，因此钢铁材料在海水中很容易被腐蚀。

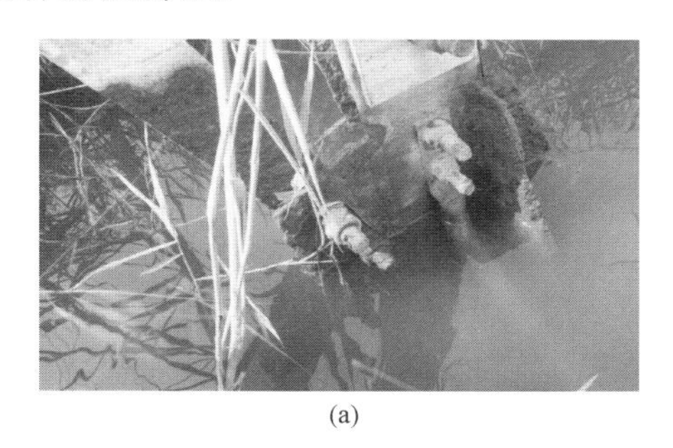

(a)

(b)

图 7-7　铁塔在水环境中腐蚀照片

（a）淡水；（b）海水

2. 水环境腐蚀影响因素

淡水环境腐蚀的影响因素主要有水的 pH 值、溶氧浓度、溶解盐浓度、水温和水的流速等。当钢铁材料的 pH 值为 4～9 时，腐蚀速度与 pH 值无关，pH 值小于 4 或大于 9 时，钢材表面的钝化膜溶解或破坏，腐蚀速度加快；腐蚀速度与水中氧的浓度成正比，但浓度超过一定值后，钢铁表面会发生钝化，腐蚀速度降低。盐能增加水的导电性，加剧钢铁材料的腐蚀，但超过一定浓度后，氧的溶解度降低，腐蚀速度下降；一般地，水温升高，反应速度加快，钢材的腐蚀速度显著增加。

海水环境腐蚀的影响因素与淡水的类似，海水中的 pH 值基本呈中性，对钢材的腐蚀影响不大，海水中的碳酸盐通常处于饱和状态，因此能沉积在钢材表面形成保护层，但在淡水入海口处，因碳酸盐处于不饱和状态，因此能增加腐蚀速度；海洋中有大量的生物，生物的附着与污损能影响钢材的腐蚀速度。

四、钢铁材料防腐蚀方法

早在18世纪中叶，人类对材料腐蚀的防护就具备了一定的经验，经过这么多年的研究和发展，钢铁材料防腐蚀方法大量涌现，有材料选用和结构设计、阴极保护和阳极保护、改变腐蚀环境和表面处理等，本节针对铁塔制造和服役环境等要求，主要介绍钢铁材料表面涂镀层防护方法。

涂层保护是在材料或设备表面形成两层或两层以上的涂料保护层，将腐蚀介质同基体表面隔离开来或牺牲阳极而起到防腐蚀作用。钢铁材料的保护涂层主要有金属涂层和非金属涂层，金属涂镀层是使用耐蚀性较好的材料或合金在钢材表面形成保护层，非金属涂层是用有机高分子材料或无机材料在钢材表面形成的保护层。

（一）金属涂镀层方法

钢铁材料常用的表面保护层技术主要有热浸镀、电镀、化学镀、电刷镀、热（冷）喷涂、扩散镀和机械镀等，其中热浸镀锌涂层是输电杆塔应用最广泛的一种防腐方式。

金属涂镀层根据其在腐蚀电池中的作用分为阳极性保护层和阴极性保护层，如锌的电极电位比铁低，因此锌涂镀层就是阳极保护层，铬的电极电位比铁高，铬镀层就是阴极保护层，阳极保护不受保护层空隙的影响，但阴极保护一旦保护层有空隙则会发生快速腐蚀。当阳极保护层表面形成了化合物薄膜，使保护层的电极电位升高时，阳极保护层可转化为阴极保护层。

为了提高阴极镀层的耐蚀性，发展了多层金属镀层。在锌镀层中，也可以加入铁、镍、钴等合金来提高镀层的耐蚀性。

1. 热浸镀层

热浸镀是将钢材及其产品浸入熔融金属中获得金属镀层的一种方法，镀层材料的熔点比基体材料要低得多，常用的镀层材料有锌、铝和锡等，镀层与基体形成的是冶金结合力，可获得较厚的镀层，耐蚀性高。但热浸镀时能耗高，污染严重。

2. 电镀层

电镀是将工件为阴极，镀层金属为阳极，放于电解液中在直流电的作用下沉积到工件表面上，电镀层可以改变材料的表面特性提高材料的表面性能，但镀层与基体是一种原子的附着，没有形成冶金结合，电镀层较薄，产生的废液是水污染的重要来源。

3. 化学镀层

化学镀是利用一种合适的还原剂将溶液中的金属离子还原，沉积在材料表面，它不需要通电，可以在复杂的工件表面获得均匀的镀层，镀层致密、空隙少，有较高的耐蚀和耐磨性，但化学镀的镀液容易不稳定，工作温度较高，镀层较脆。

4. 热喷涂层

利用热源加热熔化或半熔化涂层材料，通过高速气流将涂层材料以小颗粒状态喷射到工件表面，形成牢固的覆盖层。热喷涂方法设备简单、操作方便，适宜于大型工件，但喷涂场合工人劳动条件差、劳动强度高。

5. 冷喷锌涂层

冷喷锌是在常温条件下实现喷涂纯锌含量在96%以上的镀层的新型防腐工艺材料。冷喷锌具备热镀锌及富锌涂料的双重优点，提供阴极保护及屏障保护双重功能，防腐性能优异，可常温便捷施工。

6. 扩散涂层

在快速扩散的温度下，基体材料在涂层金属的介质中形成的涂层，分为渗镀、化学气相沉积、物理气相沉积和离子注入。涂层与基体呈扩散连接或冶金连接，涂层结合牢固。

7. 机械镀层

机械镀是把冲击料、表面处理剂、镀覆促进剂、金属粉和零件一起放入镀覆用的滚筒中，通过滚筒滚动时产生的动能，把金属粉冷压到零件表面形成镀层。机械镀可以实现单一镀层、合金镀层和多层镀层。镀层厚度均匀，无氢脆。

（二）非金属涂层方法

非金属涂层分为无机涂层和有机涂层。无机涂层包括化学转化涂层、搪瓷或玻璃覆盖层等；有机涂层主要指有机化工产品作为保护层，是应用比较广泛的防腐有机涂料。

1. 金属的化学转化膜

金属化学转化膜是通过金属表层原子与介质中的阴离子发生反应，在金属表面形成附着力强、耐蚀性优良的薄膜，以改善金属表面氧化膜的稳定性、涂料与基体金属的黏结性，减小金属的锈蚀程度。常用的金属转化膜方法主要有铬酸盐膜、钢铁表面的磷化膜和钢铁表面稳定的 Fe_2O_3 氧化膜。

2. 搪瓷涂层

搪瓷的主要成分为某些金属（K、Na、Ca 等）的硅酸盐，加入硼砂等溶剂后，喷涂在钢铁材料表面，然后烧结而形成一层保护层。

3. 硅酸盐水泥涂层

将硅酸盐水泥料浆涂覆在钢铁材料表面，固化后形成的一层保护层。

4. 陶瓷涂层

采用热喷涂技术将陶瓷材料喷涂在材料的表面，形成各种陶瓷保护涂层；目前，采用溶胶一凝胶法在材料表面涂覆氧化物凝胶，在几百度的温度下烧结成陶瓷保护层。

5. 涂料涂层

涂料习惯称为油漆，一般由成膜物质、颜料及改善涂膜的性能、分散介质和助剂四部分组成。将涂料涂覆在材料表面形成固态薄膜的过程又称为涂装，涂装工艺一般包括表面处理、涂布和干燥固化等程序。涂料涂层具有保护、装饰或提供特殊性能的功能，常用的有机涂料有油脂漆、醇酸树脂漆、聚氨酯漆、酚醛树脂漆、过氯乙烯漆、硝基漆、沥青漆、环氧树脂漆、有机硅耐热漆等。

6. 塑料涂层

将塑料涂覆并固化到材料表面形成塑料涂层的技术，常用的方法有喷涂法和层压法，形成的塑料薄膜种类有丙烯酸树脂、聚氯乙烯、聚乙烯和聚氟乙烯等。

7. 硬橡皮覆盖层

在橡胶中混入 30%～50%的硫进行硫化形成硬橡皮覆盖在钢铁表面的方法。但只能使用温度在 50℃以下。

8. 防锈油脂

防锈油脂由基础油、油溶性防锈剂及其他辅助剂组成，主要用于机械加工过程中对金属加工件进行暂时性防护。基础油主要是矿物油、润滑油、合成油、石蜡等；防锈剂是由极性和非极性基团组成，溶入基础油中起防锈的主要作用；辅助剂主要为提高使用性能而在油脂中加入不同特性的溶剂。

第二节　输电铁塔的腐蚀特点

一、输电铁塔的腐蚀机理

（一）输电铁塔运行环境分类

输电铁塔作为架空输电线路重要的支撑设备，长期工作于野外露天环境，经受日晒雨淋，而输电线路的距离属性、大气环境的复杂性，使得同一输电线路的铁塔可能在不同的大气腐蚀环境下长期运行，从而造成不同的腐蚀状态。

金属在大气自然环境条件下发生腐蚀的现象称为大气腐蚀，主要是基于材料与大气环境中介质之间产生化学和/或电化学作用而引起。输电铁塔的工作环境决定了铁塔的腐蚀必然以大气腐蚀为主，输电铁塔抗腐蚀的环境适应性指标主要依据大气腐蚀环境类型确定。因此，大气腐蚀环境分类是铁塔设计、运维人员非常关注的问题。

1. 依据裸露的碳钢在不同大气环境下暴露第一年的腐蚀速率划分腐蚀等级

GB/T 15957—1995《大气环境腐蚀性分类》将大气类型分为乡村大气、城市大气、工业大气、海洋大气四类，见表 7-2；按大气环境湿度将大气环境分为潮湿型、普通型和干燥型三类，见表 7-3；按影响钢结构腐蚀的主要气体成分及其含量，将环境气体分为 A、B、C、D 四种类型，见表 7-4。

表 7-2　大气类型

大气类型	特　征
乡村大气	内陆乡村地区和没有明显腐蚀剂污染的小城镇的环境大气。乡村大气中不含强污染物质，腐蚀相对较弱，影响腐蚀的因素主要是相对湿度、温度和温差等
城市大气	没有聚集工业的人口稠密区、存在少量污染的环境大气。其污染物主要是城市居民生活所造成的大气污染，如汽车尾气等
工业大气	由局部或地区性的工业污染物污染的环境大气，即工业聚集区的环境大气。工业大气是石油化工、冶炼等工业聚集区的环境大气，其含有二氧化硫、氮氧化物和粉尘颗粒物等多种污染物，影响最明显的是二氧化硫，空气中的二氧化硫溶于金属表面的液膜里，会形成强腐蚀介质，而相对湿度的增加，会促进二氧化硫对于金属的腐蚀作用
海洋大气	近海和海滨地区以及海面上的大气（不包括飞溅区），即依赖于地貌和主要气流方向，被海盐气溶胶（主要是氯化物）污染的环境大气。主要特点是相对湿度大且含有以氯化物为主的海盐粒子，当海盐粒子沉降在金属表面上，会溶于液膜中形成强腐蚀介质，同时由于氯化物的渗透性强，会促进金属发生点蚀

GB/T 15957—1995 是定量分类方法，主要依据大气环境的气体成分（硫化物、氯化物等）、湿度、碳钢在大气环境下暴露第一年的腐蚀速率（μm/a）的综合影响，将腐蚀环境类型

分为六大类。目前该标准已作废，但JGJ/T 251—2011《建筑钢结构防腐蚀技术规程》仍沿用GB/T 15957—1995对建筑钢结构在大气环境长期作用下腐蚀性等级进行划分，见表7-5。

表7-3　大气环境（潮湿程度）类型

环境类型	特　征
潮湿型	年平均相对湿度RH大于75%的大气环境（包括局部环境和微环境在内）
普通型	年平均相对湿度RH为60%～75%的大气环境
干燥型	年平均相对湿度RH小于60%的大气环境

表7-4　环境气体类型

腐蚀性物质名称	气体类型			
	A	B	C	D
	腐蚀性物质含量（mg/m³）			
二氧化碳	<2000	>2000	—	—
二氧化硫	<0.5	0.5～10.0	10.0～200.0	200.0～1000.0
氟化氢	<0.05	0.05～5.00	5.00～10.00	10.00～100.00
硫化氢	<0.01	0.01～5.00	5.00～100.00	>100.00
氮的氧化物	<0.1	0.1～5.0	5.0～25.0	25.0～100.0
氯	<0.1	0.1～1.0	1.0～5.0	5.0～10.0
氯化氢	<0.05	0.05～5.00	5.00～10.00	10.00～100.00

注　当大气中同时含有多种腐蚀性气体，则腐蚀级别应取级别高的一种或几种为基准。

表7-5　对建筑钢结构在大气环境长期作用下的腐蚀性等级

腐蚀类型		腐蚀速率（μm/a）	腐蚀环境		
腐蚀性等级	名称		大气环境气体类型	年平均环境相对湿度（%）	大气环境
Ⅰ	无腐蚀	<1	A	<60	乡村大气
Ⅱ	弱腐蚀	1～25	A	60～75	乡村大气
			B	<60	城市大气
Ⅲ	轻腐蚀	25～50	A	>75	乡村大气
			B	60～75	城市大气
			C	<60	工业大气
Ⅳ	中腐蚀	50～200	B	>75	城市大气
			C	60～75	工业大气
			D	<60	海洋大气
Ⅴ	较强腐蚀	200～1000	C	>75	工业大气
			D	60～75	海洋大气
Ⅵ	强腐蚀	1000～5000	D	>75	海洋大气

注 1. 在特殊场合与额外腐蚀负荷作用下，应将腐蚀类型提高等级。
2. 处于潮湿状态或不可避免结露的部位，环境相对湿度应取大于75%。

2. 依据标准试样第一年的腐蚀速率定义大气环境的腐蚀性分类

GB/T 19292.1—2018《金属和合金的腐蚀 大气腐蚀性 第1部分：分类、测定和评估》，等效采用ISO 9223：2012的分类方法，采用标准试样定量法，即根据标准试样第一年的腐蚀速率定义大气环境的腐蚀性分类，将大气腐蚀性等级分为6类，见表7-6。

表 7-6　大气腐蚀性分级

级别	腐蚀性	典型环境举例（室外）（GB/T 19292.1—2018 附录 C）
C1	很低	干冷地区，污染非常低且潮湿时间非常短的大气环境，如某些沙漠、北极中央/南极
C2	低	温带地区，低污染（$SO_2 \leqslant 5\mu g/m^3$）大气环境，如乡村、小镇。干冷地区，潮湿时间短的大气环境，如沙漠、亚北极地区
C3	中等	温带地区，中度污染（$5\mu g/m^3 < SO_2 \leqslant 30\mu g/m^3$）或氯化物有些作用的大气环境，如城市地区、低氯化物沉积的沿海地区。亚热带和热带地区，低污染大气
C4	高	温带地区，重度污染（$30\mu g/m^3 < SO_2 \leqslant 90\mu g/m^3$）或氯化物有重大作用的大气环境，如污染的城市地区、工业地区、没有盐雾或没有暴露于融冰盐强烈作用下的沿海地区
C5	很高	温带和亚热带地区，超重污染（$90\mu g/m^3 < SO_2 \leqslant 250\mu g/m^3$）和/或氯化物有重大作用的大气环境，如工业地区、沿海地区、海岸线遮蔽位置
CX	极高	亚热带和热带地区（潮湿时间非常长），极重污染（$SO_2 > 250\mu g/m^3$）包括间接和直接因素和/或氯化物有强烈作用的大气环境，如极端工业地区、海岸与近海地区及偶尔与盐雾接触的地区

该标准重点考虑金属和合金大气腐蚀的关键因素，包括温度—湿度的综合作用、空气中主要污染物等（如二氧化硫、氯化物等）。对应于每个腐蚀性等级的标准金属（碳钢、锌、铝等）第一年的腐蚀速率值见表7-7，其腐蚀速率的测定通过暴露1年后的标准试样去除腐蚀产物后单位面积的失重计算而得。

表 7-7　不同腐蚀性等级标准金属暴晒第一年的腐蚀速率

腐蚀性等级	金属腐蚀速率				
	碳钢		锌		铝
	g/(m²·a)	μm/a	g/(m²·a)	μm/a	g/(m²·a)
C1	≤10	≤1.3	≤0.7	≤0.1	忽略
C2	10～200	1.3～25	0.7～5	0.1～0.7	≤0.6
C3	200～400	25～50	5～15	0.7～2.1	0.6～2
C4	400～650	50～80	15～30	2.1～4.2	2～5
C5	650～1500	80～200	30～60	4.2～8.4	5～10
CX	1500～5500	200～700	60～180	8.4～25	10

注 1. 分类标准是基于用于腐蚀性评估的标准试样腐蚀速率的测定方法。
2. 以克每平方米年表达的腐蚀速率被换算为微米每年，并且进行四舍五入。
3. 标准金属材料表征见GB/T 19292.4—2018《金属和合金的腐蚀 大气腐蚀性 第4部分：用于评估腐蚀性的标准试样的腐蚀速率的测定》。
4. 铝经受不均匀腐蚀和局部腐蚀。表中所列腐蚀速率是按均匀腐蚀计算得到的。鉴于钝化作用和逐渐降低的腐蚀速率，不均匀腐蚀和局部腐蚀不能在暴晒的第一年后就用于评估。
5. 腐蚀速率超过C5等级上限是极端情况。腐蚀性等级CX是指特定的海洋和海洋工业环境。

DL/T 1453—2015《输电线路铁塔防腐蚀保护涂装》即依据 GB/T 19292.1—2018 将铁塔大气腐蚀环境等级分为 C1、C2、C3、C4、C5 五类。

GB/T 30790.2—2014《色漆和清漆　防护涂料体系对钢结构的防腐蚀保护 第 2 部分：环境分类》依然采用低碳钢和/或锌制成的标准试样在暴露一年后的质量或厚度损失来定义腐蚀性等级，将大气环境分为 6 种腐蚀性等级（见表 7-8），据此描述钢结构所处的典型大气环境，并对腐蚀性的评价给出了建议。该标准采用了 ISO 12944-2：1998《色漆和清漆 防护涂料体系对钢结构的防腐蚀保护 第 2 部分 环境分类》的分类方法。GB/T 28699—2012《钢结构防护涂装通用技术条件》依据 ISO 12944-2:1998 的大气腐蚀性等级分类，确定涂装指标。

表 7-8　　钢结构大气腐蚀性等级和典型环境示例

腐蚀性等级	单位面积质量损失/厚度损失（经过第一年暴露后）				温和气候下典型的外部环境示例（仅供参考）
	低碳钢		锌		
	质量损失（g/m^2）	厚度损失（μm）	质量损失（g/m^2）	厚度损失（μm）	
C1 很低	≤10	≤1.3	≤0.7	≤0.1	—
C2 低	>10 且≤200	>1.3 且≤25	>0.7 且≤5	>0.1 且≤0.7	低污染水平的大气，大多数乡村地区
C3 中等	>200 且≤400	>25 且≤50	>5 且≤15	>0.7 且≤2.1	城市和工业大气，中度二氧化硫污染，低盐度的沿海地区
C4 高	>400 且≤650	>50 且≤80	>15 且≤30	>2.1 且≤4.2	工业区和中盐度的沿海地区
C5-Ⅰ很高（工业）	>650 且≤1500	>80 且≤200	>30 且≤60	>4.2 且≤8.4	高湿度和侵蚀性大气的工业区
C5-M 很高（海洋）	>650 且≤1500	>80 且≤200	>30 且≤60	>4.2 且≤8.4	高盐度的沿海和海上区域

注　1. 用于腐蚀性等级的损失值与 GB/T 19292.1—2018 中给出的一致。

2. 在炎热、潮湿的沿海区域，质量或厚度损失值有可能超过 C5-M 等级的范围，因此为这些区域使用的结构选择涂料防护体系时必须采取特别的预防措施。

3. 大气环境腐蚀性分类的比较

一般认为，影响大气腐蚀的主要环境因素包括两个方面：①气候条件，包括湿度、温度等，综合表现为温度在 0℃以上时湿度超过临界相对湿度（65%～80%）的时间；②大气污染物质，主要包括 SO_2、盐粒、烟尘等，并据此划分大气腐蚀环境类型。

从前面的分析可以看出，各标准的划分依据基本相同，GB/T 19292.1—2018、GB/T 30790.2—2014 有更多的量化数据。对比各标准碳钢的腐蚀速率（见表 7-9）来看，GB/T 19292.1—2018、GB/T 30790.2—2014 两个标准 C1～C5 的大气腐蚀性等级分类是一致的；在中等腐蚀及以下，也与 GB/T 15957—1995 标准的分类基本一致，只是 GB/T 19292.1—2018 的 C4、C5 级分类更细，把 GB/T 15957—1995 的Ⅳ级分成了 C4、C5 两个级别。

从描述用语看，各标准前两个级别的描述基本一致，但从碳钢腐蚀速率指标看，GB/T 15957—1995 的Ⅲ类（轻腐蚀）对应 GB/T 19292.1—2018、GB/T 30790.2—2014 的 C3（中等），Ⅳ类（中腐蚀）包含了 GB/T 19292.1—2018、GB/T 30790.2—2014 的 C4（高）、C5（很高）。

表 7-9　　　　不同标准大气腐蚀性等级碳钢腐蚀速率比较

GB/T 15957—1995		GB/T 19292.1—2018		GB/T 30790.2—2014	
腐蚀性等级	腐蚀速率（μm/a）	腐蚀性等级	腐蚀速率（μm/a）	腐蚀性等级	腐蚀速率（μm/a）
Ⅰ（无腐蚀）	＜1	C1（很低）	≤1.3	Cl（很低）	≤1.3
Ⅱ（弱腐蚀）	≥1～25	C2（低）	＞1.3～25	C2（低）	＞1.3 且≤25
Ⅲ（轻腐蚀）	≥25～50	C3（中等）	＞25～50	C3（中等）	＞25 且≤50
Ⅳ（中腐蚀）	≥50～200	C4（高）	＞50～80	C4（高）	＞50 且≤80
Ⅴ（较强腐蚀）	≥200～1000	C5（很高）	＞80～200	C5-Ⅰ,C5-M 很高（工业,海洋）	＞80 且≤200
Ⅵ（强腐蚀）	≥1000～5000	CX（极高）	＞200～700	—	—

综合上述分析，各标准大气环境腐蚀性类别大致对应关系见表 7-10，输电铁塔大气腐蚀性等级分类采用了 GB/T 19292.1—2018 的分类方式。

表 7-10　　　　各标准大气环境腐蚀性类别大致对应关系

标准	GB/T 15957—1995	GB/T 19292.1—2018	GB/T 30790.2—2014
腐蚀性等级	Ⅰ（无腐蚀）	C1（很低）	Cl（很低）
	Ⅱ（弱腐蚀）	C2（低）	C2（低）
	Ⅲ（轻腐蚀）	C3（中等）	C3（中等）
	Ⅳ（中腐蚀）	C4（高），C5（很高）	C4（高），C5-Ⅰ，C5-M（很高）

腐蚀等级是一个技术性特征，不仅可以直观反映大气腐蚀性差异，更为材料的腐蚀程度或耐用年限的预测提供了重要依据。根据大气环境腐蚀性分类方法和结果，可预测与标准金属相似的材料在不同腐蚀等级地区的腐蚀程度或使用寿命。

输电铁塔长期工作于野外环境，为使铁塔有足够的使用寿命，需要结合其所在位置的大气腐蚀性等级对铁塔进行防护，并据此计算防护指标，如热浸镀锌层厚度，涂装防护体系组成与干膜厚度要求等。

（二）影响铁塔腐蚀的因素

1. 铁塔防护层的性质与质量

输电铁塔一般采用锌覆盖层来减缓和阻止塔材的腐蚀，通过锌覆盖层的阻隔效应和电化学效应保护塔材。研究表明，镀锌件的耐腐蚀性能主要取决于锌合金层的成分、厚度和结合力（附着力）。

国内外研究显示，镀层合金化比纯锌有更多优势，锌合金覆盖层不仅有更高的耐腐蚀性能，还可以改善锌液的特性，提高镀锌质量。如在锌液中添加 Al、Mg、稀土等元素或复合添加这些元素，不仅可提高镀锌层的耐腐蚀性，减少镀层厚度，还可改善流动性；在锌液中加入 Ni（0.04%～0.06%wt）可以抑制超厚镀层的生长，加入 Sn（3%～5%wt）可以解决高硅钢的活性问题等。

热镀锌层厚度除与镀层成分有关外，还与镀锌件的表面粗糙度、塔材中的活性元素（硅和磷）含量及分布状态、热镀锌工艺（锌液温度、浸锌时间）、镀锌件的厚度等有关。图 7-8 反映了热镀锌温度与锌层附着量的关系，可以看出，460℃及 520℃温度下效率最高，这正是铁塔构件及紧固件热浸镀锌的温度。而镀锌件的厚度不同，达成热平衡和锌铁交换平衡所需的时间不同，因而形成的镀层厚度也不同。

DL/T 1453—2015《输电线路铁塔防腐蚀保护涂装》给出了不同涂装工艺的镀层厚度与附着力要求，见表7-11。

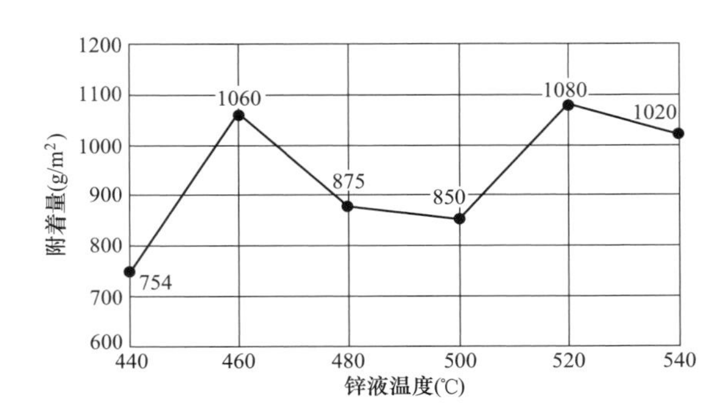

图7-8　热镀锌温度与锌层附着量的关系

表7-11　　不同涂装工艺的镀层厚度与附着力要求（DL/T 1453—2015）

工艺		涂镀层厚度（μm）		附着力
		最小平均厚度	最小局部厚度	
热浸镀锌*	$t\geqslant5$	86	70	落锤试验锌层不凸起，不剥离
	$t<5$	65	55	
热浸镀铝、锌铝合金**	$t\geqslant5$	80	70	刻划法不起皮，不脱落
	$t<5$	65	55	
热喷锌及其合金*		100	—	不低于6MPa
热喷铝及其合金*		100	—	铝：不低于9MPa；铝合金：不低于6MPa
涂料涂装	C1～C3	120（总干膜厚度）	—	不低于5MPa
	C4	140（总干膜厚度）	—	

*　C1～C4腐蚀环境；t为镀锌件厚度，单位为mm，下同。

**C5腐蚀环境。

2. 腐蚀环境等级

大气腐蚀环境等级的影响主要包括湿度、温度及大气污染物质的成分及含量。其腐蚀的性质和速率取决于表面形成电解质的性质，尤其取决于大气中悬浮污染物的类型和含量，以及它们在金属表面作用的时间。腐蚀形态和腐蚀速率是腐蚀体系综合作用的结果。

GB/T 19292.2—2018《金属和合金的腐蚀　大气腐蚀性　第2部分：腐蚀等级的指导值》以全世界很多暴晒点的大量暴晒试验为基础，给出了标准结构材料的腐蚀速率，用来预测金属零部件的使用寿命，以及金属涂镀层在大气中暴露时的使用寿命。根据该标准可以计算出镀锌层长期暴晒条件下腐蚀量，见表7-12，据此可以估算输电铁塔在不同腐蚀等级环境下的镀锌层厚度要求。

表 7-12　　镀锌层长期暴晒条件下腐蚀量　　单位：μm

腐蚀等级	30 年	r_{corr}(μm/a)	b	40 年	50 年
C2	1.5～12	0.1	0.813	2.1	2.5
			0.873	2.6	3.2
		0.7	0.813	14.5	17.7
			0.873	17.9	22.1
C3	12～33	0.7	0.813	14.5	17.7
			0.873	17.9	22.1
		2.1	0.813	43.5	53.2
			0.873	53.8	66.3
C4	33～66	2.1	0.813	43.5	53.2
			0.873	53.8	66.3
		4.2	0.813	87	106.5
			0.873	107.5	132.6

注　1. 依据 GB/T 19292.2—2018 表 B.1，以稳态腐蚀速率当作最初 30 年平均腐蚀速率计算出的锌的 30 年腐蚀量。

2. r_{corr}为标准试样金属暴晒第一年的腐蚀速率，取自 GB/T 19292.1—2018 表 2（锌）。

3. b 为金属的环境特性参数，通常小于 1，工业纯锌 b 为 0.813，其他类型的锌合金在大气暴露中的 b 值较高，对长期暴晒后腐蚀损失进行保守计算时，b 为 0.873。

4. 依据 GB/T 19292.2—2018 式（3）计算出的锌暴晒 40 年、50 年的腐蚀量。

（三）输电铁塔的腐蚀类型

1. 均匀腐蚀

均匀腐蚀是指与环境接触的整个金属表面几乎以相同速度进行的腐蚀。在考虑输电铁塔的防护时，即以抗均匀腐蚀作为确定其涂镀层厚度指标的依据，并以此确保输电铁塔的预期使用寿命。

2. 牺牲性腐蚀

为了保护输电铁塔的基体金属（钢材），常采用热浸镀、喷涂或涂装的方法在塔材表面形成一层金属涂覆层（如锌、铝或其合金），这层金属涂层能起到隔离腐蚀介质的作用，同时，由于这层涂覆层的电位较低，在铁塔运行过程中，这层金属涂覆层首先遭到腐蚀，这就是牺牲阳极（涂覆层）的阴极（塔材基体金属）保护作用。

输电铁塔采用热浸镀锌防腐即依靠此原理通过牺牲表面的锌层来提高塔材的耐腐蚀性，确保其使用寿命。

3. 缝隙腐蚀

金属与金属或金属与非金属之间，由于存在特定的狭小缝隙，限制了与腐蚀有关物质（如溶解氧等）的扩散，从而形成以缝隙为阳极的（氧）浓差电池，使缝隙内金属发生强烈的局部腐蚀，这种腐蚀即为缝隙腐蚀。

在输电铁塔中，缝隙腐蚀通常发生在法兰连接处、螺栓连接部位（如垫片底面、螺帽底面）的缝隙处，以及塔材连接部位的间隙处等，与其存在少量不易流动的积液有关，通常发生在缝隙内。缝隙腐蚀的前期以微电池的电化腐蚀为主，到后期形成宏观电池腐蚀。缝内介质流动不畅和腐蚀产物的水解催化作用是造成铁塔上述部位腐蚀速度加快的主要因素，尤其是潮湿环境的临海区域的氯离子、工业大气中的硫化物等加速了缝隙腐蚀过程，加速了这些部件的局部锈蚀。

4. 点腐蚀

金属表面产生的点状、小孔状的一种局部腐蚀形态称为点腐蚀，或称为孔腐蚀，有时称为“麻坑”。点腐蚀有大有小，一般情况下，其深度要比其直径大得多。点腐蚀经常发生在表面有钝化膜或保护膜的金属上，且多发生在金属表面保护膜不完整或破损处。

点腐蚀是一种特殊形式的缝隙腐蚀，只是在坑底具有较高的腐蚀速度而已。通常，点腐蚀与其他形式腐蚀同时存在。点蚀会使应力腐蚀和腐蚀疲劳等加剧，在很多情况下点腐蚀是这些类型腐蚀的起源。

输电铁塔的加工特性与工作环境特性，在运行过程中，当大气中含有某些活性阴离子（如 Cl^-）时，其首先被吸附在金属表面的某些点上，使塔材表面钝化膜发生破坏，这层钝化膜被破坏又缺乏自钝化修复能力时，就造成塔材的点腐蚀。如果塔材表面粗糙，或腐蚀环境中 pH 值较低、温度升高都会增加点腐蚀倾向。

点腐蚀对铁塔结构的破坏性较大，这种腐蚀以向材料厚度方向迅速扩展为特征，并可能造成应力集中，严重削弱塔材的承载能力。

5. 丝状腐蚀

丝状腐蚀是一种特殊形式的缝隙腐蚀，多数情况发生在保护膜下面，又称膜下腐蚀或漆膜下腐蚀，因腐蚀产物将漆膜拱起，呈现线丝状而得名。影响丝状腐蚀的最主要因素是大气的相对湿度，当相对湿度高于 65%时，才产生丝状腐蚀；相对湿度高于 90%时，则表现为漆膜鼓泡。随着湿度的增加，丝状腐蚀线条会逐渐变宽。

输电铁塔中，丝状腐蚀多发生在涂料涂装的输电铁塔塔材表面或紧固件的头部。丝状腐蚀是一种轻微的表面腐蚀，开始时只是涂层中的小缺陷，如果不及时维修，会渐渐蔓延到整个涂层从而导致腐蚀防护失效。

6. 应力腐蚀

应力腐蚀是特有的合金材料在拉应力（可以是残余拉应力或外加拉应力）和腐蚀介质共同作用下产生的腐蚀。应力腐蚀的三要素包括对腐蚀敏感的合金、腐蚀介质和拉应力。

应力腐蚀裂纹多从表面腐蚀坑底部或点腐蚀小孔开始，而裂纹的传播途径垂直于拉应力方向。应力腐蚀裂纹扩展速率是缓慢渐进的，其远大于没有应力时的腐蚀速度，可在远低于材料屈服强度（但拉伸应力须大于材料的应力腐蚀开裂门槛值）的情况下，产生无形变预兆的破坏，且应力腐蚀属于脆性断裂，对结构安全影响较大。

输电铁塔一般采用碳钢和低合金钢制造，当腐蚀环境介质存在硫化氢（H_2S）、盐酸（HCl）溶液、海水、海洋性和工业性气氛等，均可能存在应力腐蚀。

二、输电铁塔的腐蚀特征

（一）输电铁塔腐蚀特点

多数情况下，输电铁塔经过几年的运行后常见的表面腐蚀现象有白锈、变黑、发黄、锈蚀等。

白锈现象常出现于投运不久的铁塔，运行一段时间后即自行消失。白锈现象几乎不影响铁塔的耐腐蚀性，目前在镀锌过程中经钝化处理后，可以抑制白锈的产生。因此，无须考虑白锈对铁塔使用的影响。

变黑现象主要发生在铁塔主材上，主要是由于铁塔材料中硅在高温下形成合金镀层而使塔材表面变灰乃至发黑，在运行中并不影响塔材的耐腐蚀性，无须处理。

发黄现象一般发生在个别构件的某个部位，主要原因是塔材在镀锌过程中出现局部漏镀，或在运输、安装中磕碰造成局部锌层脱落，也可能是铁塔组立过程中现场加工（如切割、扩孔）后未做防腐处理，在运行过程中因潮湿、雨雪等作用而产生锈渍，并进而污染其他塔材，导致塔材发黄。这种现象需要对锈蚀部位进行维护，被污染的塔材可不做处理。

锈蚀一般发生在铁塔的个别构件或某个部位，锈蚀的主要原因是塔材在镀锌过程中，锌层厚度达不到要求、或锌层附着性较差造成锌层脱落造成塔材的腐蚀。锈蚀影响铁塔的使用寿命，需要结合大修进行维护或更换。

实际上，铁塔的腐蚀表现为整体腐蚀和局部腐蚀。整体腐蚀表现为输电铁塔大部分塔材镀锌层受到腐蚀破坏，造成塔材基体锈蚀严重。整体腐蚀主要出现在腐蚀环境等级高的区域，如盐雾浓度大的沿海地区，空气中大量盐类颗粒黏附在金属表面，特别是 NaCl、$MgCl_2$ 等氯化物在空气湿度较大时在锌层表面形成水膜引起电化学腐蚀，如青岛地区热镀锌层的腐蚀速率为 3.7μm/a，远大于内陆武汉地区的 1.4μm/a；酸雨严重的工业区，由于二氧化硫浓度高，在潮湿的环境中可与锌发生反应生成可溶锌，而使锌层便失去防护作用。

局部腐蚀多发生在有局部漏镀或局部锌层脱落、或有麻点、伤痕等缺陷的塔材上，也出现在铁塔的特殊部位，如内外包钢的塔材连接处、螺栓松动的部位，由于缝隙腐蚀、点腐蚀等的作用，造成这些部位腐蚀加剧。

此外，由于大气环境的复杂性，即使对于同一腐蚀环境的铁塔，不同高度塔材的腐蚀程度也不同，一般情况下，地表的腐蚀最严重，在 1～9m 高度内腐蚀程度明显下降，9～25m 高度内腐蚀程度很小，说明随高度增加大气腐蚀的影响逐渐减弱。塔脚部位因容易积灰，且处于地表环境，湿度较大，因而容易被腐蚀，并且生成的腐蚀产物中存在较多孔洞和裂纹，这些孔洞和裂纹既能够成为主要腐蚀污染物进入的通道，又具有一定的吸湿性，满足腐蚀持续进行的电化学条件，导致塔脚部位的腐蚀更加严重。

（二）输电铁塔锈蚀等级划分

输电铁塔维护前，需要对铁塔的锈蚀程度进行评估并加以界定，以判断维护方式，确定维修的紧迫程度。因此，需要确定铁塔的锈蚀等级。

陈云等人在对比国内外标准的基础上，结合输电铁塔的腐蚀特性，提出了输电铁塔表面锈蚀等级划分方法（见表 7-13），依此评估输电铁塔维修的紧迫性，确定维修方案。

表 7-13　输电铁塔表面锈蚀等级划分

锈蚀等级	基本描述		整体锈蚀（ASTM D610）	集中锈蚀区域参考
	热镀锌	涂层		
1	在边角等区域出现点锈	面漆出现轻微粉化	等级：8～9，即小于0.1%的锈蚀或更少	边角或螺栓的锈蚀达到总体锈蚀的0～1%

续表

锈蚀等级	基本描述		整体锈蚀（ASTM D610）	集中锈蚀区域参考
	热镀锌	涂层		
2	在边角和平面等区域出现轻锈蚀	面漆出现轻微粉化	等级：6～8，即0.1%～1%的面积锈蚀	边角、螺栓和平面的锈蚀达到总体锈蚀1%～10%
3	边角和平面出现中等锈蚀	面漆已经严重粉化或分层	等级：4～6，即1%～10%的面积锈蚀	边角、螺栓和平面的锈蚀达到总体锈蚀10%～30%，但无可见的蚀坑
4	在边角、法兰面及平面见到明显的锈蚀层，可见少量的蚀坑	面漆已经全部粉化或分层，底漆/中间漆完全暴露	等级：2～4，即10%～33%的面积锈蚀	边角、螺栓和平面的锈蚀达到总体锈蚀的30%～50%，锈蚀层下面可见有蚀坑
5	非常严重的锈蚀、基层伴有穿孔现象，有严重的蚀坑	旧涂层基本已经失效	等级：1～2，即大于33%的面积锈蚀	边角、螺栓和平面的锈蚀达到总体锈蚀的50%或50%以上，锈蚀层下面可见有严重蚀坑

表面锈蚀等级决定着输电铁塔维修的紧迫性和局部及整体的表面处理情况。锈蚀等级可结合整体锈蚀和局部锈蚀程度进行划分，在确定底材表面类型的基础上根据表面锈蚀面积及腐蚀程度进行划分。表面锈蚀程度及锈蚀面积的评估可参考 ASTM D610 或现有的国家、国际标准体系，并结合输电线路铁塔表面锈蚀的实际情况确定。对于已有旧涂层的输电铁塔表面，可根据锈点、起泡或裂纹等锈蚀、老化的密度、面积大小来进行评估。

当塔材的锈蚀等级达到 1 级时，只需重点处理局部锈蚀严重的小面积区域；当锈蚀等级达到 2 级或 3 级时，需要及时维修，并且锈蚀表面需要做比较彻底的处理；当锈蚀等级达到 4 级和 5 级时，需要对锈蚀表面进行更加彻底的表面处理，才能进行维修，否则维修效果会大打折扣。

第三节 热浸镀锌防腐技术

锌的标准电极电位比铁负，因此被广泛应用于钢铁材料表面的镀层来进行防腐，这主要是基于镀锌层所具有的优点：

(1) 镀层不仅可以机械保护钢铁材料，而且一旦镀层破损还可作为阴极保护基体；

(2) 锌在干燥空气中比较稳定，在潮湿的空气和水中，镀层表面能够形成一层白色薄膜，防止锌进一步破坏；

(3) 镀锌层的弹性好，当工件变形和弯曲时，锌层不容易破坏。

但镀锌层的硬度低，因此不适宜于应用到受摩擦和冲击的环境。

镀锌层的耐蚀性与镀层的厚度有关，图 7-9 给出了不同大气环境中镀锌层厚度与使用寿命的关系，可见，镀锌层越厚其使用寿命越长，因此尽管获得镀锌层的方法较多，但获得稳定的镀锌层厚度则有所差异。

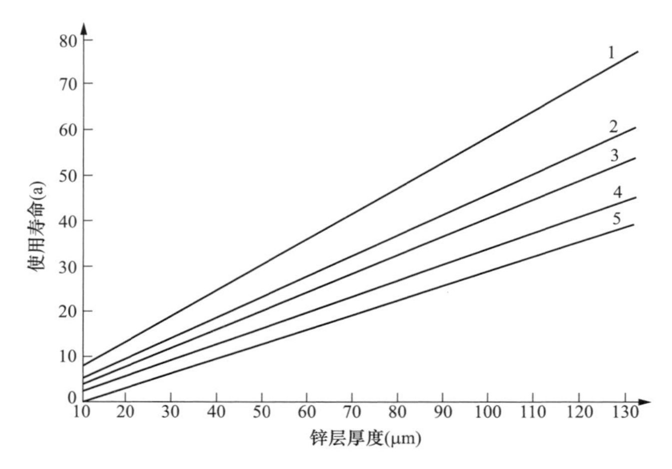

图 7-9　不同大气环境镀锌层厚度与使用寿命的关系

1—农村地区；2—海岸地区；3—海洋大气；4—城市郊区；5—工业地区

一、形成镀锌层的方法

（一）电镀锌层

利用直流电从电解液中析出元素锌，沉积并覆盖在钢铁材料表面而获得镀锌层的方法。常见有酸性法、锌酸盐法和氰化物法，近年来为保护环境，逐步采取了无氰镀锌取代氰化物法。电镀锌层致密、锌层较纯、孔隙率低，具有较好的耐蚀性，通常厚度在 6～12μm，厚度相对较薄。

（二）机械镀锌层

机械镀锌层是利用动能将活化的锌粉撞击到工件表面，形成连续、均匀镀锌层的方法。机械镀锌层结构分为基层、中间层和增厚层，机械镀层表面平整，厚度可在 10～100μm 之间调节，相同厚度时耐蚀性是热浸镀锌层的 80%。镀后基体无退火和氢脆现象，但机械镀层与基体的结合强度较低，因此适宜于小的结构件防腐。

（三）热喷涂锌层

以燃气或电源为热源，将锌丝材或粉末加热熔化后，通过高压气流将熔化的锌雾化成微粒喷射到钢铁材料表面形成镀锌层的一种方法。热喷锌层的孔隙率较高，锌层通常要进行封孔处理。热喷锌层的厚度可达 500μm，因此是一种长效的防腐涂层，常用于铁塔等大型钢结构件，但效率较低，不适用于大批量作业。

（四）富锌漆涂层

将含锌粉涂料涂覆在钢铁材料表面形成锌镀层的一种方法。富锌漆涂料可以涂布或喷涂等，形成的涂层具有自修补作用，当涂层受到损伤后，露出的钢铁表面有腐蚀电流通过，沉淀锌的腐蚀产物形成一层保护膜，多用于输电铁塔热浸镀锌局部缺陷的修复。

（五）热浸镀锌

热浸镀锌利用锌的熔点比铁低很多的优势，将钢铁材料浸入熔化的锌液中，经过一定时间后取出，在钢铁表面形成一层镀锌层的方法。热浸镀锌是应用比较广泛的一种方法，也是目前铁塔行业应用最广泛的防腐技术。

热浸镀锌工艺可追溯到18世纪，法国化学家发明了一种保护铁的方法，19世纪英国授予了热浸镀锌工艺专利并应用于工业化生产，在随后的200多年时间里，热浸镀锌工艺在工业实践中不断得到发展和完善，形成较为成熟的工艺体系。改革开放以来，我国热浸镀锌产业发展迅速，目前已成为热浸镀锌技术产量最高的国家。

二、热浸镀锌的方法和分类

热浸镀锌方法按工件的类型可分为连续热浸镀锌和批量热浸镀锌，连续热浸镀锌就是将规则形状的工件（如钢带、钢丝等）连续高速地通过锌浴获得热浸镀锌件的方法，传统的单张钢板热浸镀锌机组由于成本高、污染重、生产效率低、锌层质量差等，正处于被淘汰的境地。批量热浸镀锌是将钢结构等材料分批次浸入锌浴中来获得热浸镀锌件的方法。

（一）连续热浸镀锌

连续热浸镀锌方法一般有森吉米尔法/改良森吉米尔法、美钢联法、柯克-诺尔特法（即惠林法）、塞拉斯法四种。改良森吉米尔法和美钢联法的主要区别在于前者采用了无氧化加热段，而后者采用间接加热，它们的生产工序主要包括原板准备、镀前处理、热镀锌和镀后处理四个方面，其主要区别在于预清洗和退火这两道工序的方法和顺序不同。

带钢连续热浸镀锌的森吉米尔法和改良森吉米尔法加热都直接采用火焰进行的，对于带钢表面质量有一定影响，但这两种工艺方法的工艺简单。美钢联法能够将钢带表面的油污全部去除，同时加工出来的带钢表面锌层质量较好，但这一工艺方法工艺复杂，20世纪90年代以后为了提高带钢质量，更多采用的是美联钢法。

现代冷轧钢带连续热镀锌的典型工艺流程为：上料→开卷→夹送、矫直→焊接→清洗→入口活套→退火→镀锌→（合金化）→冷却→中间活套→平整→拉矫→后处理→出口活套→检查卷取。

钢管的热浸镀锌有溶剂法和氢还原法，两者工艺区别在于前处理不同。溶剂法热浸镀锌钢管的生产工艺流程为：碱洗→清洗→酸洗→清洗→溶剂处理→干燥→热浸锌→内外表面处理→水冷。

（二）批量热浸镀锌

批量热浸镀锌按助镀方式不同，分为湿法镀锌和干法镀锌，其工艺由镀前处理、热浸镀锌及镀后处理等步骤组成，其生产工艺流程为：制件准备→除油→清洗→酸洗除锈→清洗→溶剂助镀→烘干预热→热浸镀锌修整→冷却。

批量热镀锌能够实现大型钢结构件镀锌，因此广泛应用于输电杆塔、电力金具、桥梁、建筑钢结构、矿山机械等领域，表7-14列出了批量热浸镀锌在产品中的应用。在批量热浸镀锌产品消费中，电力设施的消费量最大，约占批量热浸镀锌的34%。

表7-14　批量热镀锌产品应用

应用领域	应用场合
交通运输	铁路电气塔架和接触网支柱构件，公路铁路护栏、隔离网、隔音壁、防风网、防雪栅、各种照明设施与指示标牌，桥梁钢结构与支撑架，城市轻轨设施、车船壳体等
电力、通信设施	输电铁塔、变电站设施、通信塔、广播电视塔、气象塔、卫星地面中继站、空中索道支架、电站钢结构、风力发电场工程、太阳能工程等

续表

应用领域	应用场合
建筑、街道和户外家具、工厂车间和设备	机场、车站、体育场馆等公用建筑，大跨度结构网架结构、钢结构住宅、钢结构厂房、仓库、海洋钢结构，过街天桥、城镇道路路灯杆、各类管道支架，工业用各类塔架、支架、电缆桥架、预埋件等
农业和园艺	农林灌溉设施，温室大棚钢结构，自动化养殖饲料供给设备，园林铁艺等
金属制品	不同规格紧固件、连接件等

批量热镀锌的酸洗流程常常带来大量的酸雾、废水、废酸等，成为车间主要污染工序之一，而常规的助镀剂含有 NH_4Cl，NH_4Cl 在镀锌过程中分解形成白色晶体颗粒，恶化镀锌车间的环境，为此，有镀锌厂家开始采用一种新的涡流酸洗工艺减少 HCl 的用量。在助镀方面，开发了无烟助镀技术，减少或不用 NH_4Cl，通过添加表面活性剂，以改善工件与锌液之间的浸润性。但由于我国镀锌行业起步晚，对热镀锌机理认识不全面，我国批量热浸镀锌技术总体产量大，技术较为落后，开发低污染、低能耗、低锌耗的热镀锌工艺仍是一项长期的工作。

三、热浸镀锌层形成及其合金化

（一）热浸镀锌层形成

热浸镀锌是将钢铁材料固体浸入到锌的液体中，因此镀锌过程也是铁锌的反应过程，根据铁锌二元相图如图 7-10 所示，存在着 α、γ、Γ、Γ_1、δ、ζ 等金属间化合物和 η 相。

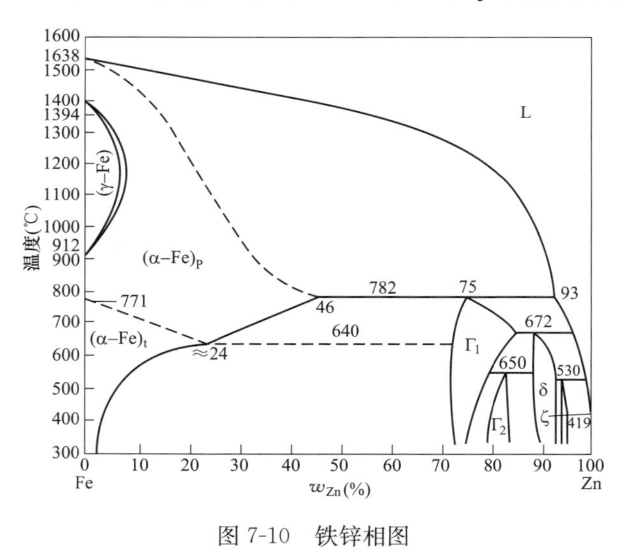

图 7-10　铁锌相图

Γ 相：Γ 相的分子式是 Fe_3Zn_{10}，体心立方晶格，是 α-Fe 与 Zn 反应直接生成在钢铁表面的化合物。

Γ_1 相：Γ_1 相的分子式是 Fe_5Zn_{21}，面心立方晶格，是 Γ 相与 δ 相反应的产物，是一种硬而脆的相。

δ 相：δ 相的分子式是 $FeZn_7$，六方晶格，是 Γ 相与 Zn 反应的产物。

ζ 相：ζ 相的分子式是 $FeZn_{13}$，单斜晶格，由 δ 相与 Zn 反应而成。在热浸锌层中，ζ 相层薄而脆。

η相：η相基本是纯锌，密排六方结构，是液态锌在镀层表面凝固而成的锌固溶体。

经典理论认为，热浸镀锌层的形成过程主要是铁-锌金属间化合物（Γ、δ、ξ）的形成过程，锌层由外到里依次为：η相、ξ相、δ相、Γ_1 相、Γ相、α-Fe相，在实际热浸镀锌生产中由于生产工艺条件差异，获得的锌层组织不一定完全含有上述的相层。η相为含少量铁的锌固溶体，决定着镀锌层的耐蚀性，δ相层塑性良好，ξ相层硬而脆，所以当δ相相层较厚ξ相相层较薄时镀层与基体结合牢固，反之锌层的质量较差。

镀锌层的相结构受多种因素影响，浸镀温度对工业纯铁和含硅钢镀锌层都有影响，其影响与基体中的硅含量无关，镀层中受浸镀温度影响最大的是ζ相层；锌浴表面张力的降低在浸镀初期对纯锌热浸镀镀层中合金相的生长有较为明显的促进作用，锌浴流动性的改善可以促使η相层的厚度减薄；钢材中的化学成分对镀锌层也会产生影响，概括来讲，C、Ti对ξ相有促进作用，导致镀锌层的性能变坏，Si、P加快ξ相生长，使镀层的性能变差。使含Si钢获得过厚的镀锌层且呈现灰色的现象称为圣德林（Sendlin）效应，当钢中的Si含量超过0.3%时，就会促进这一现象发生，严重影响镀层的性能、外观和组织。

为了得到更好的镀层，满足不同工件的热浸镀要求，通常会向锌浴中添加一定量的其他金属元素，在锌浴中添加Ni能有效控制活性钢镀层中的Fe-Zn反应，抑制ζ相的异常生长，加入Al对Fe-Zn合金层反应有很强的阻滞作用，不仅改变了其组织结构，而且能防止界面产生裂纹。Mg对镀锌层的组织有较大的影响，从而影响镀层的质量，Mg可明显提高镀层的耐腐蚀性能，消除锌液中铅对耐蚀性的不良影响。添加稀土元素也可改善镀层的性能，减少镀层厚度，增加耐腐蚀性能。

热浸镀锌层的形成并不完全是传统理论的逐层扩散形成，更不能简单归为熔融锌在基材表面的凝固过程。热浸镀锌的形层发生于锌浴与铁基的界面，终止于基材表面上锌液的表面，镀层的最终组织结构和物化性能与锌浴熔体有着密切、直接的联系。近年来Q345、Q420甚至Q460材质的型钢用量逐年增多，且发展迅速，而这些低合金高强钢的热浸镀锌质量，尤其是外观质量，并不尽如人意，易存在暗斑、色差等质量缺陷。因此，热浸镀锌过程是一个复杂的能量传递、表面浸润、界面反应、原子扩散及金属凝固过程，重视并加强锌浴表面张力、流动性、结晶特性等液态特征的研究，是改善镀层质量重要途径之一。

（二）热浸镀锌层合金化

热浸镀锌层具有优良的耐腐蚀性和阴极保护作用，但在一些特殊的场合下如海洋和工业大气环境下，锌层的耐蚀性受到了挑战，因此镀层的合金化已成为热浸镀锌层的重要发展趋势。通过向锌浴中添加合金元素，一方面改善锌浴特性，抑制活性钢超厚镀层的生长，如Zn-Ni合金、Zn-Sn合金、Zn-Mg合金镀层等；另一方面，可提高镀层的耐蚀性，如Zn-Al、Zn-Al-Mg合金镀层等。

1. Zn-Ni合金

活性钢镀锌时，钢中的Si促进ξ相快速生长，在锌浴中加入0.1%（*wt*）的Ni，可降低铁锌反应速率，抑制ξ相快速生长，但这一作用对Si含量小于0.25%（*wt*）的钢有作用，超过这一含量作用则不明显。Ni的这一作用被认为可能与两个原因有关，一是在ξ相前沿存在Zn-Fe-Ni三元合金相（Γ_2）的阻挡层，有效抑制了ξ相的继续增长；二是Ni促进非铁硅化物的优先形成，减少了铁硅化物的形成数量，从而降低了Si对ξ相成长的促进作用。由于

Ni 对镀层有减薄作用，因此对非活性钢镀锌有不利的影响，目前锌浴中加入镍含量的范围大致在 0.04%～0.06%(*wt*)。

2. Zn-Sn 合金

锌浴中加入 3%～5%（*wt*）的 Sn 能够解决高硅钢的活性问题，降低 Fe-Zn 合金的生长率。由于 Sn 难溶入 Fe-Zn 合金，随着 Fe-Zn 合金层的增长，Sn 被推到合金层的前沿，阻挡 Fe 与 Zn 的相互扩散，降低了 Fe-Zn 合金层的增长速度。但过高的锡会加速铁的溶解，引起锌锅严重腐蚀，若在 Zn-Sn 合金技术的基础上添加 Ni 和 Bi 或 V 等能降低 Sn 的使用量，减少 Sn 的有害作用。

3. Zn-Mg 合金

镀液中添加 Mg 可提高镀层的抗腐蚀性能，一方面是由于与 Si 能生成稳定的 Mg-Si 化合物，该化合物能取代 Fe-Si 化合物而直接抑制含 Si 活性钢中的 Fe-Zn 反应，同时锌浴中即使加入少量的 Mg，也可降低锌合金熔点，也能间接抑制活性钢中的 Fe-Zn；另一方面，Mg 可长期抑制氧化锌和碱式碳酸锌等腐蚀产物的形成，因此 Zn-Mg 合金镀层具有长期稳定的耐腐性。还有研究认为，Mg 的加入使镀层表面的组织结构发生了很大变化，镀层金属的晶粒细化，组织结构趋于均匀化。但当 Mg 含量达到 0.3%～0.5%(*wt*）时，反而会降低镀层的性能，使镀层表面组织变厚、粗糙，外观变成乳白色，黏附性变差。

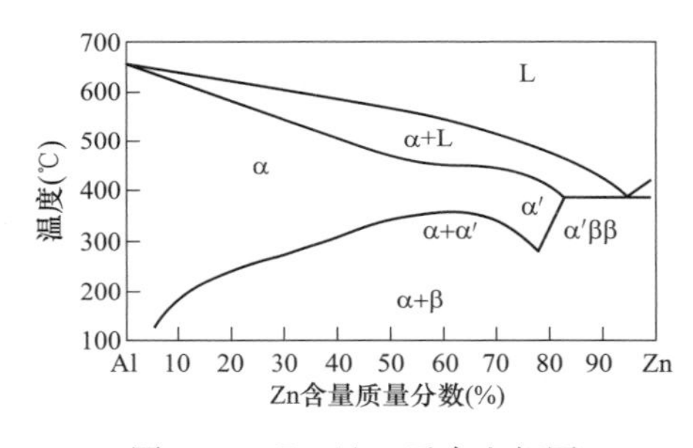

图 7-11　Zn-Al 二元合金相图

4. Zn-Al 合金

Zn-Al 二元合金在液态时无限固溶，而固态时只能有限固溶，不形成化合物，只形成共晶合金。根据 Zn-Al 二元合金相图如图 7-11 所示，室温下组织为 α-Al 相和 β-Zn 相的混合物，随着合金中 Al 含量的不同，合金中 α 相和 β 相的比例会发生变化，并且在 Al 含量为 5%时存在共晶组织，合金熔点最低，而不同的显微组织决定了合金具有不同的性能。在浸镀过程中 Al 与钢基表面形成的 Fe-Al 合金相，对热镀锌层的组织结构、物相生成等产生较大影响，从而影响了镀层的性能。Fe-Al 合金相能阻碍 Zn 原子扩散，控制或延迟 Fe-Zn 金属间化合物形成，提高镀层的耐蚀性。

利用 Al 与 O 的亲和力大于 Zn 的优势，锌浴中加 Al 能在锌液表面和镀层表面形成一层 Al_2O_3 薄膜，从而降低锌的消耗，增加镀层的表面光亮度，并提高镀层的耐腐蚀性能。

目前，研究比较成熟的 Zn-Al 合金镀层有 Zn-55%Al 合金镀层和 Zn-5%Al 合金镀层。热浸镀 Zn-55%Al 合金镀层，一方面具有 Al 镀层的耐蚀性和高温抗氧化性；另一方面，还具有 Zn 镀层的阴极保护性，因此，对钢铁的保护性能更强，适用于更苛刻的腐蚀环境；Zn-5%Al 合金镀层克服了 Zn-55%Al 合金镀层对成型加工和焊接缺点，镀层中不存在脆性的金属间化合物，从而避免了裂纹在界面上形核。

为降低镀液表面张力，提高镀液对钢基体的浸润性能，合金层中常加入 0.1%（*wt*）的稀土元素，以改善漏镀现象。Zn-Al 合金镀层技术目前主要应用于连续热镀锌方法，但随着环境变化以及资源日益紧张等问题出现，高耐蚀性的 Zn-Al 合金镀层应用于批量热镀锌也引起重视，在 Zn-Al 合金镀层应用于批量热镀锌时，需要解决的是镀件的氧化并确保镀件在镀前呈活化状态。

5. Zn-Al-Mg 合金镀层

在 Zn-Al 合金中加入 Mg，一方面能增大 Zn-Al 合金镀层的腐蚀阻力，抑制 Zn-Al 合金的晶界腐蚀；另一方面，Mg 加入后生成的共晶相不仅能够细化 Zn-Al 氧化层组织，而且有利于 Zn-Al 氧化层的稳定，从而提高镀层的耐蚀性。

当合金中的 Al、Mg 的含量较低时，镀层组织为富 Zn 相、Zn/Mg Zn_2 二元共晶相和 Zn/Mg Zn_2/Al 相。随着 Al、Mg 含量增加，初生 Zn 相的体积分数减少，二元和三元共晶相的体积分数增加；在“高铝”锌铝镁镀层中，则会增加 $MgZn_2$ 相和 Mg_2Si 相。Mg 提高 Zn-Al 合金的耐蚀性，被认为还有以下几个方面的因素：

（1）Mg 可长期抑制氧化锌（ZnO）和碱式碳酸锌[$Zn_4CO_3(OH)_6H_2O$]等腐蚀产物的形成，具有优异的抑制阴极反应的能力。

（2）镀层中 $MgZn_2$ 的开路电位为－1.5V，低于 Zn 的－1.0V，$MgZn_2$ 优先腐蚀，共晶组织发生去合金化。

（3）Zn/Mg Zn_2/Al 三元共晶组织中的 Mg，影响了 Zn-Al-Mg 合金镀层的组织分布，从而提高了合金镀层的耐蚀性和抗粉化性。但随 Mg 含量增加，超过 1%（*wt*）以后，镀层外观质量会变差，其原因是 Mg 容易与空气反应形成氧化物，并促进 Zn 的氧化；超过 4%时，漏镀现象会发生。

锌铝镁镀层的另一主要优点是镀层具有一定的自愈性，在镀层有破损的情况下或者是在切口位置，镀层的腐蚀产物会覆盖到破损或切口表面，与不含 Mg 的镀层相比，含 Mg 镀层所形成的腐蚀产物更致密、有序，从而具有更优异的耐切口腐蚀性和耐膜下腐蚀性。

此外，锌铝镁镀层的显微硬度较高。镀层硬度随 Mg 含量增加而增加，从成形性角度考虑，镀层硬度适当提高有利于减少磨损，但硬度过高会导致镀层成形性变差；锌铝镁镀层的摩擦系数较低，摩擦系数随冲压道次的增加而有所降低且对温度不敏感。

Zn-Al-Mg 镀层钢板作为耐蚀性更高的新型镀层钢板，其耐蚀性是一般镀层的 4～20 倍，是一种新型长寿命、能源资源节约型钢铁材料，可以采用现有热浸镀技术大规模生产，便于推广应用，在实现“双碳”目标中将发挥更大的作用。

四、热浸镀锌工艺

我们知道，钢板、钢管和钢丝的热浸镀锌工艺采用的是连续热浸镀锌；而以钢结构等构件为对象采用的是批量热浸镀锌，其主要工艺流程是：脱脂→水洗→酸洗→水洗→助镀→烘干→热镀锌→冷却→钝化→漂洗→干燥→整理→检验。

由于输电铁塔构件通常采用的都是批量热浸镀锌，为此，本节针对批量热浸镀锌中的几个重要工序作一简单的介绍。

（一）脱脂

脱脂也指除油，是钢铁制件热浸镀锌前处理的基本工序之一，也是整个前处理过程的基础，而脱脂不良或者不进行脱脂会使后续的除锈质量、助镀质量和镀层质量都产生影响。表7-15 是常见的脱脂处理方法。对于表面油污比较严重的工件，可以几种方法结合脱脂。

（二）酸洗

1. 酸洗的原理

钢铁是容易氧化和腐蚀的材料，其表面都存在铁锈和氧化皮，钢铁表面的氧化物来源于两方面：①制造加工过程中产生的氧化铁皮；②受大气腐蚀形成的腐蚀产物。铁锈主要成分是氧化亚铁、三氧化二铁、含水三氧化二铁和四氧化三铁。热镀锌前应将钢铁表面的氧化皮铁锈除尽，否则将影响助镀效果，甚至产生漏镀。

钢铁表面的氧化皮和腐蚀产物均能与酸反应，溶解在酸溶液中；另外酸与金属作用产生氢气，使氧化皮机械地剥落。酸洗的主要机理可以归纳为三类，以盐酸为例，酸洗机理如下：

表 7-15　　脱脂处理的基本方法

脱脂方法	工艺方法	特点	适用范围
氧化法	工件加热到300～400℃	油脂可以完全烧除，但工件表面可能会有残炭污染	不宜采用其他方法脱脂的工件
有机溶剂脱脂	浸泡、喷射等方式	皂化油脂和非皂化油脂均能溶解，一般不腐蚀工件。脱脂快，但不彻底，需要化学或者电化学方法补充脱脂。有机溶剂易燃、有毒、成本较高	可对形状复杂的小工件，油污严重的工件及易被碱溶液腐蚀的工件做初步脱脂
化学脱脂	浸泡、喷射或滚筒等方式	方法简便、设备简单、成本低、但脱脂时间长	一般工件的脱脂
电化学脱脂	阴极电解脱脂、阳极电解脱脂	脱脂率高，能除去工件表面的浮灰、浸蚀残渣等机械杂质，但阴极电解脱脂易渗氢，深孔内油污去除较慢	一般工件的脱脂或者阳极去除浸蚀残渣
喷砂（丸）	喷砂（干、湿喷）、喷丸	脱脂除锈可一次完成，但不适用于截面厚度较小的工件	不宜采用其他方法脱脂的工件

（1）化学溶解。

$$Fe_2O_3 + 6HCl \longrightarrow 2FeCl_3 + 3H_2O$$
$$Fe_3O_4 + 8HCl \longrightarrow 2FeCl_3 + FeCl_2 + 4H_2O$$
$$FeO + 2HCl \longrightarrow FeCl_2 + H_2O$$
$$Fe(\text{基体}) + 2HCl \longrightarrow FeCl_2 + H_2$$

生成的三氯化铁、氯化亚铁能溶入酸液中，三氧化二铁和四氧化三铁在酸液中较难溶解，而钢铁基体与盐酸反应生成的氢气，则对难溶的三氧化二铁具有机械剥离作用，促进其脱落。但氢气能促使钢铁基体发生氢脆，因此需要在酸液中加入缓蚀剂。

（2）电化学还原性溶解。

由于三氧化二铁和四氧化三铁在酸液中较难溶解，通常在钢铁表面上锈层不连续处产生局部电池，铁为阳极，首先发生上式 Fe 与 HCl 的反应，生成的氢气与三氧化二铁和四氧化三铁发生还原反应。

$$Fe_2O_3 + H_2 \longrightarrow 2FeO + H_2O$$
$$Fe_3O_4 + H_2 \longrightarrow 3FeO + H_2O$$

然后再发生 FeO 与 HCl 的反应。锈层溶解到酸液中的铁离子主要是亚铁离子。

（3）机械剥离。

当酸液渗入锈层最内层与最内层的氧化物或夹在氧化物之间的金属发生反应，使锈层失去附着力从而脱落下来。酸洗除锈主要是酸通过化学反应把锈层从金属基体上剥离下来而不是将锈层全部溶解，所以清洗结束后应将清洗过的设备进行彻底的清理把脱落下来的铁锈彻底清除。

酸洗的目的在于除锈，而不能腐蚀基体。过量的酸洗会使钢表面变得粗糙，从而影响热浸镀锌质量，故酸洗时通常加入缓蚀剂（六次亚甲基四胺），缓蚀剂以适当的含量和形式存在于介质中时，可以防止或减缓钢铁在介质中的腐蚀，添加少量的这种物质，便可有效地抑制钢铁材料的腐蚀，同时缓蚀剂还可以防止钢铁材料出现氢脆。

2. 酸洗的特点

热浸镀锌酸洗常用盐酸和硫酸作为酸洗液，硫酸工艺简单、成本低，但硫酸对工人的危害较大，因此，热浸镀锌常选用盐酸配制酸洗液。

盐酸除锈速度快、效率高，酸洗时间与溶液的温度和浓度有很大的关系，表 7-16 为盐酸溶液的温度、浓度对酸洗时间的影响，可见温度越高，酸洗时间越短。但温度越高盐酸挥发越严重，不仅造成酸的损耗，还有害人体、污染环境，且渗氢作用增强。尽管溶液随盐酸的浓度升高酸洗时间减少，但当盐酸浓度超过 20%时，基体金属的浸蚀速度比氧化物的浸蚀速度要快得多，如图 7-12 所示，而且酸雾较大，故一般使用 15%左右的盐酸进行除锈。

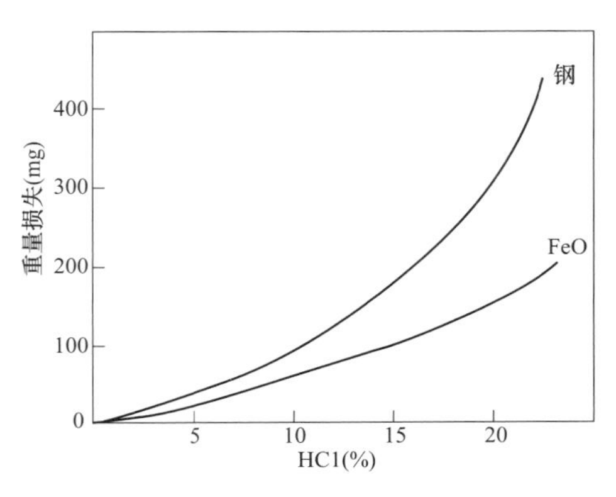

图 7-12 钢与氧化铁在盐酸中的浸蚀速度

表 7-16　温度、浓度对盐酸酸洗的影响

温度（℃）	酸洗时间（min）	
	酸浓度 5%	酸浓度 10%
18	15	9
40	15	6
60	5	2

通常酸洗溶液最佳浓度应控制在 150～270g/L，$FeCl_2$ 小于 200g/L。当盐酸浓度不足且 $FeCl_2$ 小于 150g/L 时，可添加新酸调整酸液浓度，当盐酸含量低于 40g/L 且 $FeCl_2$ 小于 150g/L 时，应更换酸洗液。酸洗温度一般为 20～40℃，酸洗时间通常为 3～5min。表面锈蚀严重的可适当增长酸洗时间。工件酸洗完后用热水或冷水冲洗，洗出残液。

（三）助镀

作为热浸镀锌前处理中最重要的工艺，助镀效果的好坏不仅影响镀层质量，还影响锌耗；若酸洗后工件直接浸入锌液中，往往导致漏镀并产生较多的锌渣。因此，在浸镀前用助镀剂对经碱洗酸洗后的钢基体洁净表面进行处理，使钢基体表面形成一层保护膜，保护处理后的活性钢基体表面不被氧化，可保证钢基体表面的洁净。

满足助镀要求的助镀剂包括有机酸（油酸、硬脂酸、软脂酸）、无机酸（盐酸、氢氟酸、磷酸、硼酸）、盐类（氯化锌、氯化铵、氯化亚锡、氟铝酸钾、氟化钠、氟化铝）、胺类（苯胺、乙酸铵、乙二胺）及其混合物等体系，这些助镀剂分解时可释放出活性成分，清洗钢基体表面和熔融的锌表面。目前工业应用最普遍的热浸镀锌助镀剂是氯化锌（$ZnCl_2$）和氯化铵（NH_4Cl）。

1. 助镀剂的作用

助镀的作用主要有：

（1）在助镀过程中能除去酸洗后工件表面残留的铁盐和氧化物，并在钢铁表面沉积上一层复合盐膜，使工件与空气隔绝，防止工件从助镀池到进入锌锅过程中在空气中氧化。

（2）降低钢铁基体和熔融金属液之间的表面张力，提高溶液对基体表面的浸润能力。

（3）在浸镀过程中，助镀剂在金属液中可迅速分解发生反应，使基体得到进一步活化，提高熔融金属液对钢基体的浸润能力，使基体和镀层能很好地结合。同时，助镀盐膜在热浸镀锌反应过程中能与锌液中的各种有害杂质反应，清除锌液液中的有害杂质。

2. 助镀剂的原理

常用的助镀剂为氯化铵和氯化锌水溶液，助镀作用就是通过助镀剂分解的产物来净化和活化钢基体表面实现的。若温度没达到 200℃时，在钢件表面会形成一种复合盐酸，这是一种强酸，可保证钢件表面在干燥过程中无法形成氧化膜而保持活化状态。

当温度高于 200℃时，钢铁表面上助镀剂盐膜中的氯化铵发生分解，分解成 NH_3 和 HCl，此时的 HCl 与基体表面上的氧化亚铁及锌液表面的氧化锌发生反应，使得钢铁与锌液的接触面得到充分净化。浸入锌液后，钢铁表面的温度迅速提高，氯化铵分解产生氢气，气体产生巨大的冲击力机械爆破去除了基体表面的氧化膜，净化基体表面。

氯化锌能在钢基体表面形成结晶盐膜，防止钢基体氧化，在高温下可与锌液中的浮渣反应起到净化锌液的作用。

助镀剂中起主要作用的是氯化铵，但是它与氯化锌共同作用时才有较好效果，这是因为氯化锌与氯化铁共溶时，对 FeO 的溶解能力要比各自单独使用时高出许多。

3. 影响助镀剂的主要因素

（1）助镀剂的浓度。盐类助镀剂中氯化锌和氯化铵的总浓度对助镀效果影响很大，浓度偏低，钢材表面附着的盐膜量较小，表面活化效果差，易产生漏镀；浓度偏高，盐膜厚度大不易干透，引起锌液的飞溅，产生更多的锌灰和烟尘。因此，助镀剂的浓度宜控制在 200～400g/L。

（2）NH_4Cl 与 HCl 配比。热浸镀过程中助镀剂的配比对镀层质量也有很大影响，氯化铵助镀效果好，但其分解温度低，受热时易分解失效，且助镀盐膜中的氯化铵还会引起较大烟尘；氯化锌浸锌时产生烟尘较少。因此，两种盐按一定比例混合后可通过互补产生较好的效果。

氯化铵在 338℃升华，而氯化锌在 283℃时才熔化，在 730℃时沸腾，将它们按一定的比例复配后可以在镀锌温度下维持液态、气态并存。若复配比例的铵锌比小于 1，钢铁表面形成的盐膜不能很快干燥，且易吸潮；当铵锌比大于 2 时，盐膜热稳定性较差，同时盐膜中氯化铵含量较高，易产生较多烟尘。通常氯化铵与氯化锌的比例为 1.2～1.6 时，助镀效果较好。

（3）助镀液的温度。助镀液温度低于 60℃时，钢铁表面助镀剂盐膜不易干透，同时表面活性清洁不良；温度高于 80℃会造成助镀剂过度沉积在钢铁表面上，易发生爆锌。因此，助镀液的温度通常宜在 60～80℃。

（4）亚铁离子。钢铁在酸洗时，会在钢铁基体表面产生大量亚铁离子，亚铁离子对镀锌工艺有不利影响，亚铁离子量过高锌渣量就大，影响镀层质量，严重时助镀剂完全失效。除去助镀液中的亚铁离子目前有两种方法：①倒槽法，将助镀剂加热到85℃以上，加入 H_2O_2 氧化剂和 NH_4Cl，将 Fe^{2+} 氧化成 Fe^{3+} 形成 $Fe(HO)_3$ 沉淀；②采用溶剂除铁设备，将助镀液亚铁离子沉淀除去。

（5）助镀液的pH值。助镀液pH值对助镀效果也有重要的影响。pH值过低，钢基体表面会过度腐蚀；pH值过高会降低清洁表面的效果，出现漏镀现象。通常钢铁材料助镀剂溶液的pH值一般控制在4～5的范围。

助镀是热浸镀工艺中一个重要步骤，可防止洁净的钢基体表面再次被氧化，降低基体和熔融金属液之间的表面张力，提高基体表面的浸润能力，活化钢基体表面。助镀剂的配比、温度、亚铁离子含量和pH值等因素都会影响助镀剂的使用效果。常用助镀液成分及工艺参数见表7-17。

表7-17　常用的助镀液成分及工艺参数

成分及参数	控制范围	成分及参数	控制范围
助镀剂的质量浓度（g/L）	200～400	pH值	4～5
铵锌比（质量比）	1.2～1.6	温度/℃	60～80
ω_{FeCl_2}（%）	<1	其他杂质（NaCl、KCl等）的质量分数（%）	<1

传统的锌铵助镀剂在钢件浸入锌液后，复合盐膜在高温下受热分解会产生 NH_3 和HCl气体烟尘，严重影响操作环境和生态环境。为此，近年来相继开发了一些无烟助镀剂，并取得了一定的效果，但目前并未在工业上普遍应用，主要原因是弃用氯化铵后，在浸镀过程中虽不再产生大量气体，而熔渣的浮出速度减慢，部分熔渣甚至不能浮出，黏附在工件表面导致漏镀。近来开发的电解活化是一种新型助镀方法，是在传统助镀剂热镀工艺基础上，在助镀剂池中加设一电解装置，经电解活化助镀，可以得到质量稳定、无漏镀等缺陷的镀层。

（四）热镀锌

热镀锌是将锌锭及其合金放入锌锅，加热至450～460℃使锌合金熔化，再将助镀后的预镀件缓缓放入锌锅中浸入一定时间后取出的过程。热镀锌的关键设备是锌锅，加热方式有电加热、油加热、气体加热及煤加热等几种。

钢铁表面能否获得良好的镀层与锌浴成分、锌浴的温度、浸锌时间和工件从锌浴中取出的提升速度等条件有关。通常在锌液中还要加入一些合金元素，如铝、镍等，加入铝可以防止锌氧化，增加亮度，改善光泽；加入镍能降低锌层的厚度，从而降低锌耗。

锌浴温度是热浸镀过程中十分重要的参数，锌浴温度直接决定镀层形成过程中锌铁反应的速度，进而影响镀层的厚度和性能。大多数钢件在430～460℃的锌浴中能获得良好的表面镀层。如果锌浴温度接近480℃，锌铁的扩散反应速度加快，致使镀层的合金层厚度快速增加，但是合金层中主要增加的是ζ相，由于其为脆性相，所以浸镀温度为480℃时镀层的塑性变差。当锌浴温度超过480℃时锌铁扩散速度更快，加剧了锌液对Fe-Zn合金层的腐蚀作用，因此镀层的厚度变化较小，但加剧了对锌锅的腐蚀。

浸镀温度相同的情况下，延长浸镀时间镀锌层的厚度会相应地增加，因锌铁扩散使得镀层各相的生长速度会有一定的差异，ζ相的初生长速度极快，δ相的初生长速度较慢，如果浸镀时间到达一定的界限后二者的生长速度恰好相反，那么可以通过控制浸镀时间来控制镀层中的各相的比例，进而达到控制镀层性能的目的。

钢件从锌锅中的提升速度对镀层的外观和厚度都有影响。含硅量较低的非活性钢，提升速度可慢一点，镀层薄，表面平滑光亮；若为含硅较高的活性钢，应提高提升速度，但速度太快镀层表面易形成毛刺、滴瘤和溜痕。

（五）钝化

热浸锌镀层具有优良的防腐性能，被广泛应用大气腐蚀环境中，但当长时间贮运或在一些恶劣的腐蚀环境条件下，则锌层的防腐能力不足，为此常对其表面采取一些防护措施，常用的防护措施就是钝化处理，钝化处理就是在金属或镀层表面产生一层钝化膜来提高材料表面的耐蚀性。锌基合金镀层都可以进行钝化处理，钝化处理后，耐蚀性能可大幅提高。常用的钝化方法有铬酸盐法和磷酸盐法。

铬酸盐钝化技术因其工艺简单、成本低、膜结合力好而成为目前金属钝化处理的主要方法，但钝化液中含有的六价铬致癌且有毒性，钝化处理过程中产生的气体和废液对人体及环境都会产生严重危害，已被政府严格限制铬酸盐的使用。目前发展的是三价铬钝化和无铬钝化，三价铬钝化液中直接加入封闭剂处理，其性能甚至会超过六价铬，因此三价铬是替代六价铬钝化的有效途径之一。但是，三价铬钝化还存在一些问题，如长时间放置后，钝化膜的颜色会发生变化，三价铬会被氧化等。无铬钝化近来研究得比较多，主要有稀土金属钝化、钼酸盐钝化、钛酸盐钝化、硅酸盐钝化、钨酸盐钝化、有机物钝化、植酸钝化等，无铬钝化例如钼酸盐钝化不仅可以形成钝化膜还可以增强与后续涂层的结合力，是钝化行业发展的必然趋势。只是目前还处于研究阶段，且成本较高，投入生产使用还需时日。

五、热浸镀锌层的质量控制

镀锌层的质量指标主要有锌层的外观质量、厚度和与基体的结合力。外观质量指的是目视条件下，锌层表面应光滑平整，无漏镀、起皮、锌瘤、锌灰、锌刺、残留溶剂渣和桑德琳效应等；锌层厚度应均匀，结构细致，达到标准的要求；锌层的结合力应经受冲击、碰撞、振动、弯曲及变形加工等。漏镀是镀锌件常见的缺陷之一，应从整个镀锌工艺上去查找原因，通常表面有氧化铁皮、锌灰和水渍是引发漏镀产生的因素，输电塔热浸镀表面漏镀缺陷主要与助镀剂有关，可见锌层表面缺陷产生的原因很多，大多与镀锌工艺和设备控制有关。

输电铁塔构件一般采用溶剂法镀锌，在镀锌生产中，影响镀锌层质量的因素大致有钢材的化学成分、钢材表面质量、镀锌工艺和镀锌操作等。因此，控制镀锌层的质量的方法主要有：

（1）控制钢材中 C、Si、P 的含量和偏析，尤其是应控制钢材中的 Si 含量，通过向锌液中加入合金元素，消除或减少桑德琳效应。

（2）控制钢材表面质量，不能太过粗糙，或有严重的蚀坑等缺陷。

（3）铁塔加工过程中应在合适部位预留流锌孔，避免镀锌时积锌。

（4）严格控制镀锌工艺，如挂料时，不要将差异较大的构件挂在一起；酸洗要适宜，酸洗后确保表面用水清洗干净；溶剂的比例和浓度要适中，处理后工件要烘干；控制好锌液中的 Pb、Fe 含量；热浸锌过程中锌液温度波动要尽量减小；人工操作时，根据工件的形状、尺寸、数量、重量等，结合工艺自身特点合理操作，严格控制浸锌时间、控制构件出锌液的状态等。

（5）加强镀后整理和检验工作，对局部缺陷及时进行修整或涂覆修复。

第四节 基于传统热浸镀锌的改进技术

一、传统热镀锌行业现状

在热镀锌行业，虽然一些企业已经采用了一些比较先进的清洁化生产技术，但其作用较小。由于缺乏对整个生产线的全局优化，所获得的效果十分有限，为了有效地降低危废的排放及能源的消耗，迫切需要对热镀锌生产技术进行改进和优化，促进热镀锌工业的可持续发展。由于热镀锌行业门槛不高，普遍存在生产线线型选择单一、产线布局规划不合理，生产车间设备简陋，车间现场“脏、乱、差”，作业安全无法保障，工作环境恶劣、设备故障率高、生产效率低等现象。

传统热镀锌生产线一般采用直线型布局，环境保障系统较差，酸池区环保设备简陋，一般采用侧吸式风道、移动酸池盖板和酸雾喷淋塔组合使用，锌烟收集方式一般采用侧吸式风道或者端吹端吸方式，酸雾、锌烟收集效率低下，无组织排放比例很高，常年厂房弥漫着酸雾、水汽和锌烟，严重影响作业人员的职业健康，无法实现清洁生产和满足国家对环境保护日益增长的要求。

国外的车间装备要好于国内企业：在自动化方面，国内外都有半自动化或部分工序自动化的生产线，但是能够覆盖生产线信息化和全生产线闭环自动化控制技术应用的相对较少。与国外相比，国内热镀锌技术还存在一定的差距，不少的镀锌企业缺乏先进的生产技术，设备设施老旧，能源消耗大、污染严重，严重影响热镀锌工业的可持续发展。

二、传统热镀锌环保技术改进

（一）工艺流程的优化

通过前处理酸洗环节，增加了减量处理工艺及梯度浓度酸洗的技术应用，减少酸液中氯化亚铁在生产线中的流通量，进而实现产线从源头减少固废产出的目标。该项技术目前已经在绿色环保型热镀锌生产线有实践应用，经过对比，产线固废产生量比传统线模式可下降50%以上。其流程对比见图7-13。

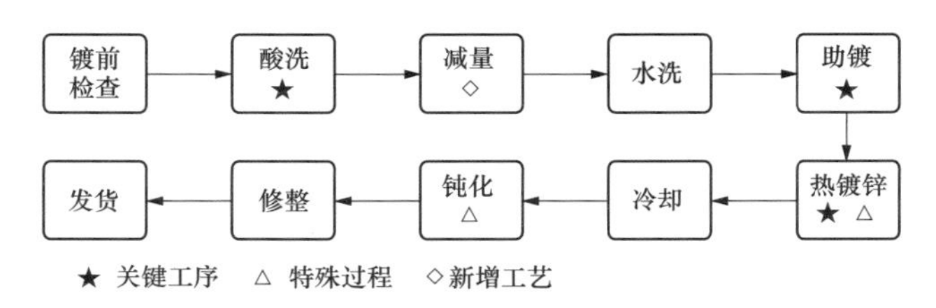

图7-13 热浸镀锌工艺流程对比

（二）脱锌技术的改进

热浸锌生产过程中使用的工装挂具以及生产加工的废品需返镀时，会黏附大量的锌，如果带入酸洗槽，不仅造成酸液损耗增大，而且将锌带入到废酸液中，会增加后续废酸处理成本。脱锌技术改进主要是利用专用脱锌设备将含有锌的挂具、返镀件进行集中处理，避免将锌带入酸洗液中，减少酸液的浪费，同时为后续废酸资源化处理提供成本节约及资源化便利。该技术的经济及社会效益十分显著。

（三）清洁用酸技术的改进

现有热浸锌作业模式下，环保方面最突出的问题是作业过程因为操作不当、管理不规范造成大量污物带入酸液，以及酸液、盐溶液等随工件带出槽液，导致生产现场跑冒滴漏普遍，现场环境差。新型环保生产线技术改进重点围绕此类问题，对热浸锌工艺流程优化设计，通过自动化下件、浸洗、上料、控液及自动转运，实现前处理酸液的清洁使用，减少工件表面污物、酸洗过程的油脂、锌离子对后续工艺的影响等，可以将废酸中的氯化亚铁进行资源转化，生产出用于工业水处理的絮凝剂和废酸得到再生利用。

（四）酸洁剂应用技术

随着环保力度的加强，节能减废要求势在必行，造成废酸处理费用高涨。酸洁剂是针对酸洗工艺中产生的废酸等问题而研发的一种添加剂。酸洁剂不是酸液，呈弱碱性，无毒无味，不具有腐蚀性及挥发性，接触人体不会产生影响。

酸洁剂作用的原理是以电化学特性吸附酸液中金属离子和有机杂质，以物理团聚效应沉淀。酸洁剂主要是以电位调整剂、分散剂、黏合剂、活性剂、脱羧剂及其他以纳米级硅化合物为原料，经过特殊工艺处理，配合特殊催化剂和多种添加剂后混制而成。通过吸附盐酸中的铁离子，有效延长酸液寿命，不产生废酸，具有一定的酸雾抑制效果，进一步降低环境污染。

酸液中只需要少量加入酸洁剂，即可活化酸液，长期循环利用，维持稳定的酸洗效果，从而解决酸液浪费和废酸环保问题。生产过程中只需补充携出和损耗的酸液，不必整槽报废，不再溢流补酸，实现酸液无限再生循环利用。

应用证明，可以 2 年不用更换酸液，无须进行废酸处理，具有良好的经济效益和环保效益。

（五）资源循环再利用技术的改进

酸洗后的漂洗水因含有大量的氯化亚铁，需要对其进行除铁处理。经氧化沉淀处理后，铁以氢氧化铁沉淀形式经过板式压滤机进行分离；分离后的液体水循环回用于生产线漂洗槽，以实现再利用。为减少反复循环利用造成的盐累积，将该漂洗水部分用于配制酸洗液，同时，向漂洗槽内补充新鲜水以维持生产所需。该工艺技术可以保证水的节约及资源循环再利用。

（六）酸雾收集及处理技术的改进

生产线前处理酸槽及助镀槽等所有槽体均采用封闭间进行集中封闭，并利用负压风机的吸风动力，将封闭间内气压维持在低于外界 10Pa 以内的微负压状态，从而保证了前处理槽体挥发出来的含氯化氢气体的酸雾被有效地控制在封闭间内，进而实现有组织收集和处理。前处理成套环保设备可实现酸雾喷淋塔自动变频运行，前处理封闭系统正常情况下，采用低频率运行，一旦封闭间进、出门打开，酸雾喷淋塔将生产线系统自动连锁并启动高频运行模式，通过微负压收集的酸雾，经过碱性喷淋塔喷淋处理，实现对酸雾的低能耗控制和有组织收集处理，并达标排放，环保效果得到极大提升。

（七）锌烟收集及处理技术的改进

传统热镀锌生产线的锌烟通常没有好的办法收集处理，配备的锌烟收集设备效率不高，使得现场烟气弥散，环境恶劣。新型环保镀锌生产线对锌烟收集，一般采用侧吸风和卷布罩配合收集锌烟或者用固定式锌烟收集罩进行收集。经收集的烟气，通过脉冲式布袋除尘器进行过滤处理，实现对锌烟的有效收集和环保处理并达标排放。

目前先进的锌烟除尘系统可以通过对锌烟尘成分、除尘器使用工况、风机选型、布袋选型、风管布置、除尘器舱室温度、湿度、喷吹压力、时间间隔等进行详细统计分析，实现工艺参数和运行记录在线实时跟踪，并可在数据积累的基础上不断优化，使得除尘器布袋具有更长的使用寿命、更优良的收集及处理效果，为企业降本增效。

三、生产线的高效生产技术改进

热浸镀锌生产线的高效主要体现在锌锅的利用率方面，目前锌锅利用效率普遍在40%～60%的水平。根据热浸锌行业统计，如果生产时间10h，锌锅有效利用时间通常只有4～6h，如果将锌锅利用效率提升，生产线产能将大幅度提高。

（一）传统镀锌生产线

传统铁塔行业镀锌生产线一般采用为侧进侧出式：待镀件从锌锅的侧面进入锌锅，另一侧面出料。目前行业内普遍采用该线型布局。如图7-14所示，该线型锌锅利用效率在68%左右。这种生产线占地少且投资低，但综合生产效率低。

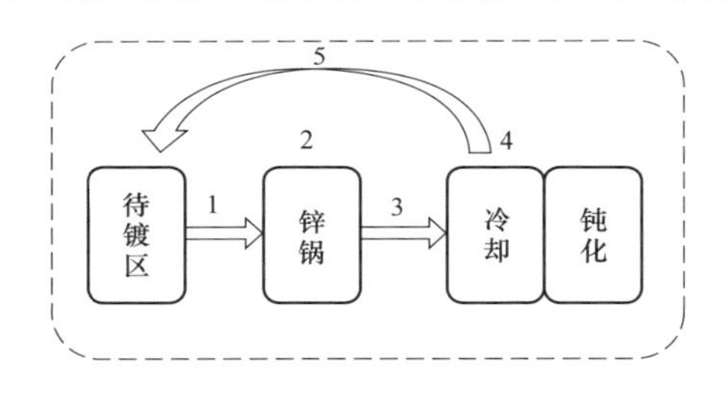

(a)

序号	主要动作	时间(s)
1	挂件检查→锌锅	60
2	热浸锌	300
3	出料→冷却	20
4	下降冷却	30
5	冷却池→待镀区挂件	30
合计		440

(b)

图7-14 传统侧进侧出式镀锌生产线

（a）传统工艺流程；（b）主要动作时间

（二）改进的镀锌生产线

（1）环形Ⅰ类镀锌生产线。端进端出式（环型Ⅰ类）待镀件从锌锅的端面进入锌锅，另一端面出料；该线型布局的锌锅利用效率在87%。如图7-15（a）所示。

（2）环形Ⅱ类镀锌生产线。端进侧出式（环型线Ⅱ类）待镀件从锌锅的端面进入锌锅，侧面出料，如图7-15（b）所示；这种布局可充分利用场地、保障物流顺畅，生产节拍稳定在7～8挂次/h，锌锅利用效率达90%。

在热浸锌时间相同的条件下，对比传统直线式布局与改进后的环型线布局，锌锅利用效率明显提高：

1）环型线布局较传统的直线型产线锌锅利用率提高约20%。改进型热浸锌生产线在线型选择方面主要围绕提高锌锅利用效率，配置相关设备。但对于热浸镀时间超过5min的产品，直线型布局及环型线效率差异相对较小。

2）传统生产线区域规划不合理，导致生产过程存在交叉作业，影响生产效率。改进后的环保生产线在产线规划设计初期要充分考虑产品特点，围绕物流走向进行布局规划，以规

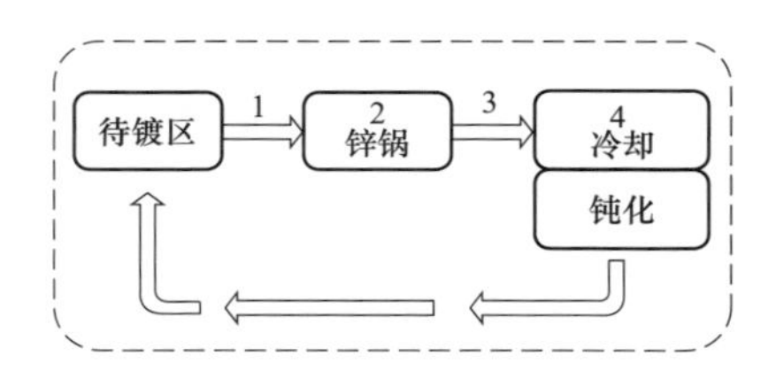

序号	主要动作	时间(s)
1	挂件检查→锌锅	20
2	热浸锌	300
3	出料→冷却	45
合计		345

(a)

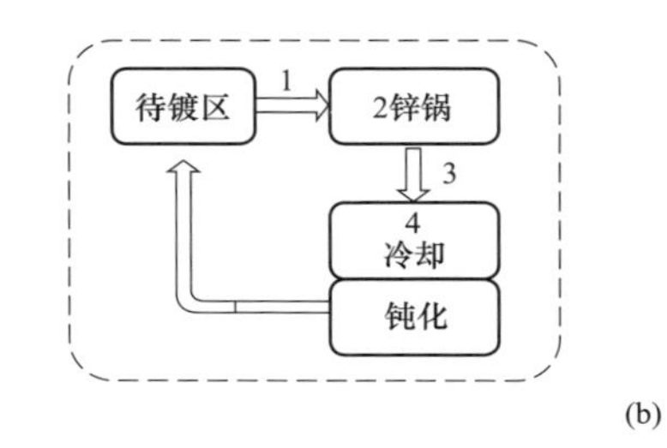

序号	主要动作	时间(s)
1	挂件检查→锌锅	20
2	热浸锌	300
3	出料→冷却	30
合计		330

(b)

图 7-15 改进后的两种环形镀锌生产线

(a) 环形Ⅰ类镀锌生产线［端进端出（环形）］；(b) 环形Ⅱ类镀锌生产线［端进侧出（环形）］

避交叉避让问题。

3）传统生产线现场调度不及时，容易出现工序间的滞工停料浪费。主要表现在：前处理挂件效率低，物料供应不足，酸洗跟不上，导致锌锅停止浸锌加工；后处理修整效率低，生产过程堆积大量的白件待修整，导致修整作业及存放区流通不畅，热浸锌加工被迫停产进行处理白件，影响产出，而改进后的热浸锌生产线可以在产线布局上规避这些问题。

4）生产设备配置不当，影响生产效率。比如热浸锌生产加热系统功率配置过低，锌液温度波动大，生产过程每加工一次，需要等待升温，无法连续生产；又如正常生产时，热浸镀行车只配备一部，而且行车除了执行浸锌、冷却操作外，有时还要承担钝化、出料等动作，一部行车明显难以保障热镀锌的生产效率，所以设备配置要考虑适当，以充分发挥产线效能。

5）现场管理对人的依赖程度大，因此生产过程的各类运行指标稳定性差，通常因为某个岗位人的任职能力、情绪、状态等影响到生产效率及产品质量，热浸锌作业过程中人为因素较大，浸锌时间随意性较大，造成锌层厚度不一，对锌耗影响较大。新型智慧镀锌生产线采用自动化控制技术解决生产过程依靠人操作完成的进料、浸洗、出料、控液、转运等动作，可以排除传统作业模式下人为因素所带来的生产效率损失。

四、生产线自动化智能化改进

（一）自动前处理封闭间系统

作业人员将待加工件基础信息在信息管理系统界面确认好，启动系统后，自动控制系统将自动进行前处理作业。自动作业包括自动进料、自动选择酸槽、自动下件浸酸洗、自动辅助酸洗、自动控制酸洗时间、自动提取、自动控制各个酸池液面、自动漂洗、自动浸助剂、自动出料至热镀锌工序。完成自动前处理作业的自动化装备主要是自动抓取行车、自动进出料地轨车等。

（二）自动热浸锌生产系统

对于环型生产线，热浸锌工序可以实现自动控制为主，该过程包括：操作者确认工件满足热浸锌条件，自动转运至热浸锌锅工位进行浸锌作业，浸锌时间根据不同工件进行选择，解决因人为因素造成的锌层厚薄不一、锌耗高低不均等问题；待浸锌结束后系统自动完成冷却-钝化-出料作业一系列的动作，直至进入到下一个热浸锌循环。

围绕热浸锌效率提升，热浸锌工序通常配备2～3组专业镀锌设备来满足锌锅高效运行的需求，真正做到锌锅一直处于热浸锌作业状态，进而提升产线的整体生产效率。专业热浸锌装备主要为热浸锌RGV车。

通过自动控制技术应用，生产线出现了自动前处理系统“拉动”人工挂件作业工序，迫使前处理更快、更多地提供待镀物料进行待镀；热镀锌自动循环区“拉动”自动前处理工序快速高效地向热浸锌工序输送物料；锌耗可以实现稳定控制，从而在保证质量的前提下，降低人为因素造成的锌耗偏高现象。热浸锌工序同时推动后修整工序高效地将镀锌物料处理完毕，否则将出现待修整的白件堆积现象，导致生产放缓或者停滞等待。自动控制技术在拉动或者推动生产线高效运转的同时，解决了现场因为管理协调能力不足带来的生产效率低下问题，从而实现高效镀锌生产。

五、生产线节能技术改进措施

热浸锌生产线的能源消耗主要包括生产线动力设备、环保设备运行过程所需要消耗的电能，以及为了完成热浸锌工序加工所需要为锌锅、助镀剂加热提供的热能。

能源消耗通常以加工每吨热浸锌产品所需消耗的电能、燃气的数量来衡量。在热浸锌生产线能耗的控制方面，主要以提高产能，降低电、气的消耗来实现。

（一）提高产能，降低能耗

对于同一生产挂次，动力设备、环保设备所消耗的电能、燃气一般相差不多，但该挂次如果吊挂的产量不同，单位产品能耗却相差很多。例如，一挂次生产3t的产品，一般电耗约45kWh、燃气约60m^3，折算到单位产品能耗分别为15kWh/t、20m^3/t；如果该挂次吊挂5t的产品，单位产品能耗则为9kWh/t、12m^3/t；因此，高效生产会降低能源损耗公摊，是生产线节能的有效措施之一。

（二）电能控制技术的改进

1. 合理配置设备

生产线及配套设备的选型对于节能降耗至关重要。以生产线前处理酸雾喷淋塔风机选型为例，同样10 000m^3的前处理封闭间，喷淋塔风机的配置功率，不同厂家配置不同，分别有90、110、150kW等，因而实际运行能耗也不同。新型环保封闭间喷淋塔风机选型一定要充分考虑封闭间大小、封闭间内槽体数量、液体表面积、温度、气流状况等因素，结合封闭间结构设计综合考虑，来选择合适的风机风量及配置。

2. 设备运行控制节能技术

生产线配套设备均采用变频控制技术，设备运行速度可以自行调节，设备启动及运行功率降低，既确保运行的可靠稳定，同时又降低能耗。

首先，通过生产线流程优化设计，达到部分工艺设备开机率降低的目标，如生产线漂洗水、助剂的工艺参数，通过工艺流程优化，日常运行工艺参数能够很好地控制在标准范围，漂洗水循环处理设备、助剂一体化再生处理设备等保障设备的开机运行时间较传统生产线可以明显缩短，降低能耗。

其次，对于运行过程，根据热浸锌生产工况，合理控制环保设备的运行功率。以酸雾喷淋塔风机的运行为例，当进、出封闭间门处于关闭状态时，封闭间只需要很小的风量即可以维持微负压状态，此时喷淋塔风机处于低频率运行控制状态即可；一旦封闭间门打开，自动控制系统自行启动高频运行模式，在确保封闭间微负压的条件下，确定好合适的高频频率。通过这种控制技术的应用，虽然设备配置功率高，但实际运行功率却可以降低至少30%。此类设备还包括热浸锌烟除尘系统，同样可以根据生产工况，合理设置运行功率，当工件热浸锌作业时，锌烟集中产出，此时启动高频运行，将锌烟全面收集；当浸锌结束，转为低频运行，将运行功耗降下来。

再次，提高设备运行及处理效率，不仅为生产线工艺参数稳定提供保障，而且设备使用寿命会相应延长，为企业节约投入资金。

3. 热镀锌过程中热能控制技术改进

（1）加热系统控制技术改进。

锌锅加热是热浸镀锌能源消耗的重点，约占总能耗的75%。对于常规燃气加热的600t锌锅，单位产品能耗一般为20～22m^3/t，高的达到28～30m^3/t。使用新型环保智能化热浸锌生产线在提高产能及生产效率的同时。燃气消耗可以降低到10～12m^3/t。因此，对生产线加热设备及加热系统专业而系统化的设计，对于降低能源消耗至关重要。

加热系统设备参数设计通常需要根据锌锅规格、产能大小等配置合理的燃烧器、风机。避免出现燃烧器功率配置过高，燃气消耗高；燃气功率配置过低，燃烧热量供应不足，影响生产效率的现象出现。

加热系统结构设计改进：热能传导理论及生产实践表明，一定比例的锌锅深宽比对于热量的传递效率非常关键。因此，加热系统结构设计时充分考虑燃气的热传递效率，考虑加热炉保温系统结构设计，规避炉体散热、烟气散热等热量损耗。

加热系统控制设计改进：热浸锌锌锅加热控制系统需要根据产能、容锌量、生产物料信息以及生产现场工况及时调整供热趋势、强度及供热能力，系统通过设定生产模式，内部算法对温度趋势分析、预判并及时调整，实现精准控温，达到节约燃料、降低能耗的目标。

（2）热浸锌生产线能源综合利用。

热镀锌生产线热能主要需求点在于脱脂、锌锅、助剂、烘干的加热，以及北方冬季酸洗槽的加热；而产线供热点在于燃烧烟气余热，冷却水余热。对于不同线型的生产线，能源利用系统是基于产线供热点、需热点的工况，进行综合利用系统设计，以达到节约能源的目标。

对于极少数采用电加热的生产线，除了冷却水有限的余热可以考虑利用外，再没有余热可以再利用，需要根据生产线运行实际，配备必要的加热器对需热点供热。而燃煤、燃气加热的生产线，燃烧余热、冷却水余热可以完全覆盖产线的需热点的需求，如果有富余的热量，可以考虑对员工浴室、办公室供暖之再利用。

六、智慧镀锌生产线应用

热镀锌生产线自动化技术的应用，较好地解决了传统热镀锌产线环境、效率、安全及管理等诸多问题；信息管理系统为热浸锌生产过程管理所需的相关数据的实时在线记录、存储及追溯提供了便利；现场电子显示屏实时显示生产加工信息，极大提高工序交接效率，减少人工传递信息慢的弊端，解决传统生产作业模式下，依靠人工记录工序生产加工过程信息存在不及时、不真实、不客观等管理问题。

（一）物流输送自动化的改进

根据热浸锌生产工艺流程进行可编制成自动控制系统，该系统能够实现以下功能：

（1）进出料类别选择与酸槽选择及酸洗时间联锁控制，在人工选择材料类别后，系统可以自动选择合适酸槽以及设定酸洗时间。

（2）自动地轨车系统与进出料封闭系统及 RGV 车组系统（一种自动抓取的起重设备）的联锁控制，地轨车的料架感应能与进出料封闭系统快速联动，同时封闭系统也与 RGV 车组系统有准确联动。

（3）RGV 车运行在系统的精准控制和保证运行速度前提下，挂件摆动幅度尽量小，工件运行位置误差小，行车自动抓取、放钩、脱钩操作精准，确保自动运行稳定高效。

（4）自动优化选择酸槽位，根据酸槽工作状态以及 RGV 车位置，能够自动优化 RGV 车运行，减少行程和工作时间，避免干涉。

（二）智能化控制的改进

主要包括以下方面：

（1）前处理酸池区作业采取封闭间自动控制，利用微负压的设计将含酸雾通过喷淋塔进行喷淋处理后达标排放。当系统检测有外部因素引起进气量加大，使负压值减小，系统启动预设的控制曲线模型，提高变频输出，增大风机功率；当系统检测进气量减少，使负压值增大，系统启动预设的控制模型曲线，降低变频输出，降低风机功率，直至能够维持负压值稳定。

（2）生产线自动化系统可靠性强，整个镀锌生产线由中央控制单元 PLC 集中控制。中央控制单元采用可靠稳定的控制器，按照通用标准进行设计的工业网络通信接口，兼容性强。镀锌生产线其他设备，控制系统需预留数据接口，可升级性比传统线强。

（3）新型智能化镀锌生产线将建立生产线信息化系统，对产线的数据进行实时采集，结合生产制造管理系统打通生产流程。通过信息化系统的开发，不仅能够对产线进行控制，还实现对生产线物流布局、产能状况、环保设备运行状况、生产质量管理、工艺标准管理、生产工单执行情况以及设备日常保养点检等管理内容的全局管控。企业可以通过车间数据看板、PC 电脑、平板电脑和手机等多种设备对产线进行全方位监控。

物流布局看板：能够实时在线动态显示生产状态及订单的加工进程。

产量能耗看板：能够实时显示产量状况及能耗状况。

环境保障系统管理看板：实时显示环保设备运行参数及状态，如出现异常，系统自动显示红色作为异常机型进行隔离处理，可实现快速判断问题和及时解决问题。

生产线综合管理看板：能够显示当班人员出勤状况、设备日常点检保养及管理状况，能耗情况等，让企业管理者实时了解各项情况。

物理模型可视化：关键设备信息展示，关键环节工艺展示，通过设备反馈信息，和设备维护点检计划，进行预防性设备维护，配合多元工业 App 应用系统，实现生产运行系统无忧化管理（如图 7-16 所示）。

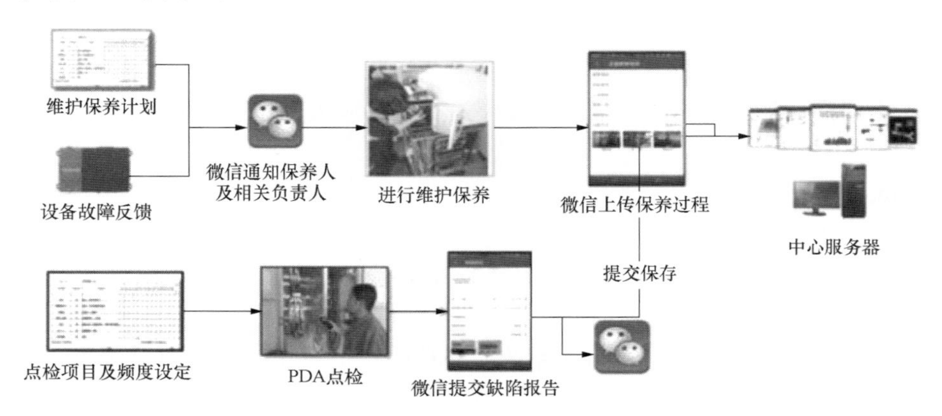

图 7-16　设备维护保养及信息反馈作业示意图

总之，智慧镀锌生产线一般设有自动上、下料系统、RGV 转运系统、工艺槽管理系统、能源管理系统、环境保障系统、自动检测系统、自动控制系统，MES 信息化管理系统等八大子系统，采用先进的控制系统，将各子系统集成，实现全产线的自动化控制及全网络通信。

对于单体运行的环保设备采用集成模块化设计，整体现场安装，方便快捷，安装高效。通过完善的工艺布局、自动化生产设备、先进的控制系统，对生产各环节参数的收集，应用大数据挖掘技术，优化、固化工艺参数，从而实现降低成本，提质增效的管理目标。

第五节　防腐涂层技术

防腐涂层技术就是用腐蚀性较好的金属或非金属涂覆在钢铁材料表面以提高钢铁材料耐介质腐蚀的方法。防腐涂层须具有下列特性：

（1）耐介质腐蚀性好，与钢铁材料结合牢固，附着力较强；

（2）涂层完整、均匀、致密；

（3）物理机械性能佳。

形成涂层的方法主要有涂、镀、喷、渗等，根据涂层材料不同将涂层分为金属涂层和非金属涂层，它们的特点已在本章第一节中进行了介绍，本节重点介绍几种常用涂层形成技术。

一、热喷涂技术

热喷涂技术是将涂层材料加热到熔融或半熔融状态后，利用高速气流将其喷射到材料的表面，用于提高产品或构件表面耐磨损、耐腐蚀、耐高温等性能的一种方法。它有如下特点：设备工艺简单，操作简便灵活；选材和应用范围广；被喷涂的材料受热影响小，不易变形；涂层功能较多，涂层厚度可调节的范围广。但热喷涂涂层的孔隙率高，需要进行封孔处理。

（一）热喷涂方法分类

热喷涂方法按热源不同，可分为燃气法、气体放电法和激光热源法等，在此基础上再按照不同形式的涂层材料形成一系列的热喷涂方法如图 7-17 所示。

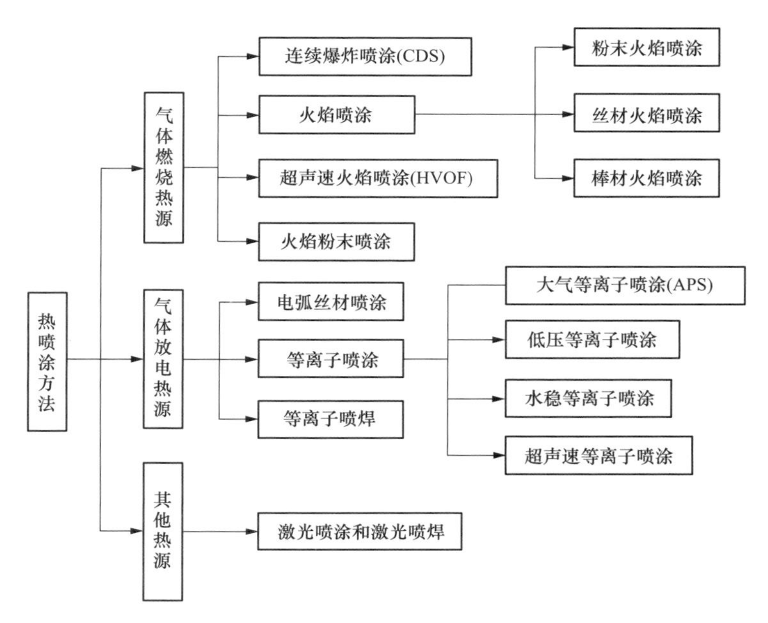

图 7-17 热喷涂方法分类

（二）热喷涂的原理

热喷涂过程中热源首先将喷涂材料加热熔化成熔融和半熔融状态；然后这种熔融或半熔融的喷涂材料形成熔滴，在外加压缩气流或热源自身射流的作用下雾化成微细熔滴，并被加速形成粒子流；粒子流遇到基体材料后与基材表面发生碰撞、变形、凝固和堆积，形成涂层。

（三）热喷涂材料

热喷涂材料的选择取决于所形成涂层的性质和材料本身的热喷涂工艺性能，常用的热喷涂材料主要有金属、合金线材、合金粉末、陶瓷材料以及塑料。

线材一般有金属、合金或复合的粉芯材料，主要有锌、铝、镍、铬及其合金、碳钢及低合金钢等，喷涂丝材直径在 2.4～5mm 之间。常见粉末材料有自熔性合金粉末、复合粉末和陶瓷粉末。自熔性粉末合金大部分是在镍基、钴基、铁基合金中添加适量的硼、硅元素而制成的；复合粉末是由两种以上不同成分的固相材料所组成。陶瓷粉末主要是一些氧化物粉末，常用的陶瓷粉末主要有 Al_2O_3、ZrO_2、TiO_2、WC、Cr_2O_3 等。由于粉末的粒度、形貌、密度与流动性等物理性能，以及化学成分、相组成和分布等化学性质对最终涂层的质量有很大影响，在使用粉末喷涂材料进行热喷涂前需要进行详细的检测。

目前，为了满足对材料多功能、高性能等的要求，多种材料的复合、纳米材料、新型合金或非晶材料的使用成为热喷涂材料发展的主要趋势。纳米涂层是目前公认的最具发展前途的方法，然而，因为纳米效应的存在，纳米粒子过于活泼，纳米粉末在喷涂过程中会出现烧结长大的问题，为此开发出了将纳米颗粒再造成大颗粒团聚粉体的工艺。

热喷涂耐腐蚀涂层的耐腐蚀性能取决于涂层的化学成分及其均匀性、涂层的组织结构。锌、铝、镍等及其合金涂层具有长效防腐功能，但由于热喷涂涂层的孔隙率高，需要涂层阻止腐蚀介质通过涂层中的孔隙渗入涂层/基体界面，因此，选择和开发封孔材料是热喷涂层应用成功的关键，目前常用的封孔剂有石蜡、酚醛树脂和环氧树脂等。

（四）常见的热喷涂方法及工艺

1. 基材表面处理

基材表面的状态直接影响着涂层的质量及性能，为了提高涂层与基材的结合力必须使基材表面洁净并有一定的粗糙度。通常表面处理过程有表面预加工、表面净化处理和表面粗化处理。表面预加工主要使工件表面尺寸和状态达到涂层精度要求，可采取机械加工、手工打磨和电动打磨等方法。表面净化处理主要清除表面的铁锈、污物、油脂等物质，表面预加工本身就具有净化作用。表面粗化处理就是使基材表达到一定的粗糙度（Ra），一般为 2.5～13μm，粗化处理通常采用喷砂方法，也可采用磨削加工，喷砂材料有石英砂和棕刚玉，气体压力一般不超过 0.8MPa，喷砂后表面无各种明显的油、脂、灰尘、轧皮、锈斑、涂膜、氧化物、腐蚀产物和其他外来物质。

2. 火焰喷涂方法

以火焰为热源，将金属或非金属材料加热到熔融状态，在高速气流的推动下形成雾流，喷射到基体上形成片状叠加沉积涂层的过程。其特点是工艺成熟、设备简单、适应性强、涂层材料广泛、操作灵活、噪声小、对基体影响小、经济性强等。但涂层与基体的结合强度较低，不能承受较大载荷，工艺受条件影响大。常用火焰喷涂方法有乙炔—氧焰粉末喷涂、乙炔—氧焰线材喷涂等。

（1）普通火焰喷涂工艺。

丝材火焰喷涂时，丝材的直径按喷枪的类型选择，喷嘴与工件表面的距离需根据热源参数、涂层厚度、线材和基体材质等因素选择，一般为 100～150mm；喷枪与工件表面的角度宜为 90°，最低不小于 45°，压缩空气压力应大于 0.4MPa。由于中性火焰焰流温度最高，多选择中性火焰。常用金属丝材火焰喷涂的主要工艺参数见表 7-18。

表 7-18　　常用金属丝材火焰喷涂的主要工艺参数

喷涂材料	氧气压力（MPa）	氧气流量（m^3/h）	乙炔压力（MPa）	乙炔流量（m^3/h）	压缩空气压力（MPa）	喷嘴距离（mm）	涂层厚度（μm）
Ni/Al 复合丝	0.45～0.65	0.8～1.2	0.08～1.2	0.65～1.0	0.45～0.65	100～150	30～40
铝/锌合金丝	0.4～0.5	0.75～0.9	0.07～0.1	0.55～0.85	0.4～0.5	100～120	60～80
铜合金丝	0.4～0.5	0.75～0.9	0.07～0.1	0.55～0.85	0.45～0.55	150～180	40～50

粉末火焰喷涂时，为提高涂层与基材的结合强度，常先喷涂一层底层，然后再喷涂工作层。喷涂过程中，枪嘴距工件的距离一般为 150～200mm，喷枪与工件表面的角度一般在 60°～90°的范围；射吸式喷枪氧气压力在 0.3～0.5MPa 之间，喷涂时常选用中性火焰。底层喷枪移动速度一般在 11～30mm/s，涂层厚度在 0.1～0.15mm 之间；工作层的移动速度应根据涂层的厚度来选择。

（2）超音速火焰喷涂。

超音速火焰喷涂（High Velocity Oxy Fuel，HVOF）是在普通火焰喷涂的基础上发展起来的一种新型热喷涂技术。通过氧气与氢、乙炔、丙烯等可燃气体在燃烧室或特殊的喷嘴中燃烧，剧烈膨胀的气体受水冷喷嘴的约束形成温度高达2000～3000℃，流速达2100m/s超音速高温火焰流，粉末由氮气送入火焰中，产生熔化或半熔化的粒子，以极高的速度喷射到基体表面形成涂层。超音速火焰喷涂制备的涂层比普通火焰喷涂或等离子喷涂制备的涂层结合强度更高更致密，涂层致密度极高可达到98%～99.8%。由于涂层组织细化，性能更优，因此超音速喷涂是现代热喷涂技术发展的方向，但是HVOF也存在不足，主要是在喷涂过程中枪管很容易堵塞。

超音速喷涂的工艺参数主要有粉末特性、氧—燃气的流量与比例、喷涂距离、送粉量等。粉末特性包括颗粒形状、粉末粒度分布和表面粗糙度；氧—燃气的流量以及混合比例决定了焰流温度，而且对涂层的组织结构也有很大影响；喷涂距离对涂层硬度、孔隙率等影响较大，与其他喷涂工艺比较，超音速火焰喷涂的喷距可以调节的范围比较大；送粉量是一个很重要的工艺参数，送粉量过小，则被喷涂粉末过熔，粉末烧损，送粉量过大，粉末熔化不充分，孔隙率增加。

3. 电弧喷涂

电弧喷涂是将金属做成两个熔化电极，在喷枪口产生短路而引发电弧，通过压缩空气穿过电弧以及熔化的液滴使之雾化，以一定的速度喷向工件表面形成连续的涂层。电弧喷涂优点是热效率高，对工件的热影响小，涂层的结合强度高，性能优异，应用范围广，成本低，设备安全、易操作，对工作环境要求低。但与等离子喷涂和超音速火焰喷涂相比，普通电弧喷涂的涂层质量较低，结合强度约20MPa，孔隙率3%～10%；在电弧喷涂过程中，合金元素烧损也比较严重从而影响涂层质量，同时电弧喷涂的丝材必须有良好的导电性，这些都限制了电弧喷涂的应用。

电弧喷涂的工艺参数有电弧电压；工作电流；雾化气体压力；喷涂距离。

（1）电弧电压。一般情况下，电弧电压应根据喷涂材料的熔点来选择，喷涂材料的熔点低，电弧电压也应相应降低。若电弧电压过高，会导致喷涂粒子尺寸增大、氧化烧损严重；但电弧电压过低，电弧将不稳定，会产生线材的不连续接触以及电弧的间断，导致喷涂过程不连续，甚至产生涂层缺陷。实际上每一种喷涂材料都有它电弧稳定燃烧所需的最低电弧电压，即临界电弧电压值。在保持电弧稳定燃烧的前提下应尽可能选择较小的电弧电压，以使喷涂粒子的尺寸减小，提高涂层质量。表7-19给出了常见耐蚀丝材的电弧电压。

表7-19　常用金属丝材电弧喷涂的电弧电压

喷涂丝材	锌	铝	锌铝合金	铝镁合金	稀土铝合金	镍合金	锡合金
电弧电压（V）	26～28	30～32	28～30	30～32	30～32	30～33	23～25

（2）电弧电流。选择电弧电流要根据喷枪的功率和丝材的材质与直径，选取的范围较大，丝材的材质与直径决定了电弧电流选择的下限，而喷枪的功率决定了电流选择的上限。丝材的直径越小，可选择电流的下限越低，在一定条件下，电流越高，喷涂速度越快，涂层的结合越好，孔隙率和涂层氧化物的夹杂也会越低，涂层的质量提高。

（3）雾化气体压力。雾化气体通常为空气，也可以为氧气和燃气的混合气体，为了减少金属的氧化和烧损，有时也采用惰性气体和非氧化性气体进行雾化。雾化气体的压力决定了喷涂粒子的雾化效果，适当增加气体的压力和流量，能够细化喷涂粒子和增加粒子的动能，提高涂层的致密度和结合力。通常雾化气体的压力控制在0.2M～0.7MPa之间。由于雾化气体压力增大有一定的局限性，而粒子速度对涂层质量又有决定性的作用，因此，有通过二次雾化方法将喷涂粒子的速度由100m/s提高到200m/s，涂层质量得到一定程度改善。但与超音速火焰喷涂相比仍有较大的差距，为此目前开发出了超音速电弧喷涂技术，采用燃料和空气的混合气燃烧产生的超音速射流，雾化电弧熔化的粒子并对粒子进行加速，使熔融的高速粒子喷射到基体表面形成致密的涂层。

（4）喷涂距离。喷涂距离对涂层性能无明显影响，喷涂距离通常为100～200mm。

电弧喷涂涂层的结合力低、孔隙率高，为了使喷涂层具有更好的性能，目前除了改进喷涂工艺外，还通过重熔处理和改善喷涂材料本身性质等来提高涂层的质量。

4. 等离子喷涂

等离子喷涂技术是采用由直流电驱动的等离子电弧作为热源，将喷涂材料加热到熔融或半熔融状态后，经孔道高压压缩和等离子一起呈高速等离子射流喷向工件表面而形成喷涂层的方法。按照电离介质不同等离子喷涂分为液稳和气稳等离子喷涂。低压、保护气体和大气等离子喷涂方法属于气稳等离子喷涂；而水稳和其他液稳等离子喷涂方法属于液稳等离子喷涂。目前还开发出三阴极等离子喷涂、高能等离子喷涂、微弧等离子喷涂和悬浮等离子喷涂等新技术。

等离子喷涂具有以下优点：①电弧中心温度高，便于各种陶瓷、高熔点、耐磨、耐热等材料的喷涂；②喷涂粒子喷射的速度高、涂层致密、孔隙率低，涂层与基材结合强度高；③由于使用惰性气体作为工作气体，喷涂材料不易氧化；④涂层厚度易控制、表面质量好。

等离子喷涂的缺点是：①设备投资大、成本较高，工作气体的纯度要求较高；②喷涂过程噪音大、光辐射强，产生金属粉尘和有害气体。

（1）大气等离子喷涂工艺。

大气等离子喷涂所用的气体主要有Ar、H_2、N_2和He以及它们的混合气体，Ar有稳定电弧的作用，N_2、He、H_2可以加强对颗粒的传热效果，由于单原子气体He具有很高的导热率，有助于形成很窄的喷涂射流，常被用于辅气。等离子喷涂常用的气体为Ar、Ar＋H_2、Ar＋He和Ar＋N_2等。

大气等离子喷涂工艺参数主要有基体的温度、电功率、送粉量、喷涂距离、喷涂角度、喷涂线速度、喷枪移动速度、主气和送粉气的流量等。

基体的温度主要是喷涂前对工件采取的预热措施，其目的是减小基体与涂层的温差，降低涂层的收缩应力，同时能够活化基体表面，提高涂层与基体的结合力。预热温度选择一般不超过200℃，温度过高反而会使基体表面出现氧化，影响涂层的质量。

电弧功率选择应综合考虑喷枪的类型、工作气体的种类和粉末的品种，并结合送粉量来合理地选取。若选择的功率与送粉量不匹配，会严重影响涂层的质量，送粉量过大，会出现粉末没完全熔化现象，送粉量过小，则会出现粉末氧化。

喷枪与工件表面的角度决定了喷射流与工件的角度，一般喷射角度为90°时涂层的质量最好，但由于工件结构的复杂性，难以做到90°，其角度也不应低于45°。喷嘴与工件表面的距离影响喷涂粒子速度、温度和运行路程，距离过大喷涂粒子的速度和温度低，涂层结合力与喷涂效率降低，孔隙率也增大，因此喷涂时应选择适宜的喷涂距离，一般在70～150mm。

喷涂的线速度是指喷枪相对工件移动的速度，它决定了涂层的厚度，同时线速度的选择还应考虑粉末的粒度；另外喷枪移动速度对工件的温升也有影响，为不使基体局部温升过高而造成热变形或热应力过大，可采取略提高喷枪的移动速度。

工作气体流量是重要的工艺参数之一，它直接影响到等离子焰流的热焓和速度，继而影响喷涂效率和涂层孔隙率等。当喷涂功率一定时，工作气体流量过大或过小均会导致喷涂效率的降低和涂层孔隙率的增加。送粉气的压力和流量对涂层质量的影响也很大。送粉气压力和流量过小会使粉末难以到达焰流中心，过大则会使粉末穿过射流中心，产生严重的“边界效应”，致使涂层疏松，结合强度降低。所以送粉气的压力和流量应根据送粉量的大小、粉末的比重、粉末的流动性以及供粉系统的性能、射流的功率等选取。

（2）水稳等离子喷涂工艺。

水稳等离子喷涂与普通等离子喷涂相比焰流长度增加两倍，高温区域体积增大了数十倍，输出功率大，生产效率较高而且运行成本为气稳等离子喷涂的1/40～1/30，常用水稳等离子工艺参数列于表7-20中。

表7-20　常用水稳等离子喷涂工艺参数

电弧电压（V）	电弧电流（A）	冷却水压（MPa）	耗水量（L/h）	阳极旋转速度（r/min）	送粉量（kg/h）	喷涂距离（mm）	石墨阴极消耗速度（mm/min）
300～350	300～350	0.6～1.3	10	2800	4～40	60～400	3～5

5. 冷喷涂

冷喷涂是20世纪90年代以来发展起来的一种新型喷涂技术，全名是冷空气动力喷涂法（CGDS）。该方法采用超音速加速管通过高压气体将粉末颗粒加速到一定临界速度以上，高速碰撞在基体表面并使粒子与基体同时发生一定程度的塑性变形而沉积于基体表面形成涂层。冷喷涂原理是喷涂材料不再加热熔化，而是只加热到约500℃或稍高一些的中等温度，为使这些固态粒子在基体表面沉积，固态粒子必须加速超过某一临界值，该临界速度与金属材料种类有关，一般认为在400～500m/s，表7-21为几种金属材料的喷涂临界速度值。

表7-21　常用金属材料的喷涂临界速度

金属材料	Cu	Fe	Ni	Al
临界速度（m/s）	560～580	620～640	620～640	680～700

（1）冷喷涂特点。与热喷涂技术相比，冷喷涂具有如下几方面的特点：①喷涂粒子因温度低、运行速度快，喷涂过程中粒子几乎来不及发生物理化学反应，涂层成分相对于粉末几乎不发生变化，没有发生沉积的粉末可以回收利用；②颗粒沉积成涂层后其晶粒尺寸因较大程度的塑形变形及再结晶而发生晶粒细化，而不发生晶粒长大，适用于纳米晶、非晶、碳化物复合材料等对温度敏感的材料；③高速粒子碰撞中的喷丸效应产生显著的压应力，降低了对涂层厚度的限制，有利于获得较厚的涂层；④涂层对基体的热影响小，基体表面产生的温度不会超过150℃，涂层的组织和成分稳定；⑤喷涂效率高，涂层致密，孔隙率低，结合强度高。其缺点是成本高；适用于喷涂的粒子直径范围比较小。

（2）冷喷涂工艺。在冷气动力喷涂中，除了临界速度之外，影响喷涂工艺的主要因素有气体的性质、气体压力、气体温度、粉末材料颗粒度和喷涂距离等。冷喷涂工艺的工作气体多使用N_2、He或压缩空气，使用N_2（或空气）作为工作气体时，粒子速度一般能被加速到

500～600m/s，使用 He 时，同样的粒子可以被加速到 1200～1500m/s。根据设备情况，气体温度可加热到 800℃左右。常用冷喷涂工艺参数见表 7-22。

表 7-22　　常用冷喷涂工艺参数

气体温度（℃）	气体压力（MPa）	粉末粒度（μm）	加速范围（m/s）	喷涂距离（mm）	喷嘴（马赫数）
100～600	1.5～3.5	5～50	500～1200	5～30	2～4

二、冷喷锌技术

热浸镀锌和富锌涂料作为传统的防腐方式，在钢结构防腐领域中得到了广泛应用。但热浸镀锌良好防腐性能的同时，带来了高污染、高能耗；而富锌涂料由于受本身防护原理限制，防腐年限一般在 5～10 年，使其在钢结构中的应用受到了限制。因此近年来研究发展了冷喷锌技术，即在常温条件下喷涂形成锌含量可高达 96%以上镀层的方法，又名冷镀锌、涂膜镀锌。冷喷锌具备热镀锌及富锌涂料的双重优点，具有阴极保护及屏障保护双重功能，防腐性能优异，可常温便捷施工，将“镀锌”变得如用油漆一样简单，是替代热浸镀锌的最佳方法。

（一）冷喷锌的特点

1. 耐蚀性

冷喷锌涂料主要由高纯度的锌粉、挥发性溶剂和特殊有机混合树脂组成，属于化学固化型涂料，它的漆膜特性是各组分之间以及与钢基体之间复杂的相互作用的综合体现。涂层干膜中含锌量高达 96%以上，因此遇到腐蚀介质时，锌粉作为阳极首先腐蚀，基材钢铁为阴极受到保护；同时因锌反应后生成的 ZnO、$Zn(OH)_2$ 和碱式碳酸锌［$ZnCO_3 \cdot 2Zn(OH)_2 \cdot H_2O$］产物沉积于涂层空隙中，增加了涂层的致密性，起到了屏蔽保护作用，减缓了电化学腐蚀速度。另外，漆膜中的特殊的树脂可以阻止或抑制水、氧和离子透过涂层，也能起到屏蔽作用。因此，冷喷锌涂层的耐腐蚀性优于富锌涂料，与热浸镀锌相当，在某些方面甚至要好于热浸镀锌层，如表 7-23 所示。

表 7-23　　富锌涂料、热浸锌和冷喷锌涂层耐蚀性对比

涂（镀）层制备	锌含量（%）	耐盐雾性（h）	适用环境（ISO 12944-2）	使用寿命（a）
富锌涂料	80	168（HG/T 3668）	C2～C3，内陆，无酸雨	5～10
热浸镀锌	96	≥1000（国家涂料质检中心）	C3～C5，内陆或沿海，酸雨不重	>25
冷喷锌	96	≥1800（国家涂料质检中心）	C3～C5，内陆或沿海，酸雨较重	>25

2. 实用性

冷喷锌涂料可以单组分包装，无混合试用期限制。施工方式灵活，可涂刷、有气和无气喷涂。既可以单独作为防腐涂层，也可以与其他防腐材料组合成复合涂层，还可用于热浸锌层、电弧喷锌层的修补，尤其适用于镀锌钢件焊接后焊接接头的修补。

3. 环保

涂料本身不含重金属成分，不含卤代烃、酮类等毒性大的有机溶剂；触变性能好，充分搅拌后可不加稀释剂就能涂装施工。替代热浸镀锌对减少“三废”，降低能耗有明显的促进

作用。

4. 存在的问题

冷喷锌涂层孔隙率大，减弱了涂层的屏蔽作用；锌粉具有较大的反应活性，涂层表面过高的反应活性与环境介质反应，会导致涂层的使用寿命小于理论设计值。

（二）冷喷锌涂料

冷涂锌防腐涂料是冷喷锌产品的关键因素，它是一种特殊的单组分富锌涂料，锌粉是冷涂锌中的唯一填料。当涂层中锌粉含量较少时，锌粉间的树脂层较厚，锌粉间、锌粉与基材间无法有效接触，难以构成有效的导电网链进行阴极保护，并且随着锌粉的消耗，涂层表面出现坑洞，涂层机械性能下降，屏蔽能力降低，无法实现对钢材的有效保护；但如果涂层中锌粉含量过高，则锌粉间的树脂层较薄，锌粉易滑移、脱落，力学性能反而下降。因此，冷涂锌多采用高纯度（高于99.995%）、小粒径（3～5μm）片状锌粉作为防锈填料。国内冷涂锌树脂以改性聚苯乙烯为主，也有选用聚硅氧烷、丙烯酸酯和环氧酯等，若树脂选取不当，会降低冷涂锌的实用性，有研究采用触变型防沉树脂作为流变助剂制备冷喷锌涂料，涂层锌粉堆积更整齐、致密；还有将石墨烯引入树脂中，除能同时实现包覆与导电外，石墨烯中各碳原子之间的连接非常柔韧，可赋予树脂极强的柔韧性。尽管如此，树脂缺陷是当前制约冷涂锌推广应用的最大问题，需要加强对树脂改性研究以提高涂层的结合力，来应对更苛刻的使用环境。根据《冷涂锌涂料》（HG/T 4845—2015）要求，冷涂锌涂料应满足表7-24中的主要技术指标。

表7-24 冷涂锌涂料的主要技术指标

项目	指标	检测方法
在容器中状态	在容器中状态	目测
不挥发物含量	≥80%	GB/T 1725—2007
不挥发分中金属锌含量	≥92%	HG/T 3668—2009
不挥发分中全锌含量（单质+化合物）	≥95%	HG/T 3668—2009
干燥时间	表干≤30min，实干≤24h	GB/T 1728—1989
涂膜外观	正常	目测
柔韧性	≤2mm	GB/T 1731—1993
耐冲击性	50cm	GB/T 1732—1993
划格试验	1级	GB/T 9286—2008
附着力（拉开法）	≥3MPa	GB/T 5210—2006
耐盐雾性	2000h划线处单项扩蚀≤2.0mm，未划线区无开裂、剥落现象，允许起泡等级≤1(S3)级、生锈等级≤1(S2)级	GB/T 1771—2007

（三）冷喷锌工艺

冷喷锌工艺流程通常为：钢材表面前处理→冷喷锌两道→喷涂金属封闭漆一道→检查涂装质量→破损修补锌层→修补处喷涂金属封闭漆一道。

1. 钢材前处理

前处理目的：①为了除去表面的油污、铁锈或其他涂层等；②使钢材表面达到冷喷锌要求的粗糙度。通常采用机械喷射（喷砂或抛丸）清理钢材表面，焊缝或二次锈蚀部位也可采用手动工具打磨，钢材经过机械除锈后，表面无油、无锈，无氧化皮及其他的污物，并露出金属光泽，不同状态钢材表面清洁度要求见表 7-25。除锈后钢材表面平均粗糙度约 Ra12.5μm。

表 7-25　冷涂锌对不同状态钢材表面的处理要求

基材表面	喷涂前表面处理	除锈等级标准
新钢材	机械除锈（喷砂、抛丸等），使表面无油、无锈	ISO 8501-1 Sa2.5
旧钢材	喷砂、手工打磨或风（电）动工具打磨，使表面无油、无锈	ISO 8501-1 St3
镀锌钢材	去除铁锈、油、锌盐及其他污物	—
焊接接头	去除焊渣、油脂、焊缝探伤剂及其他污物	ISO 8501-1 St2

2. 冷喷锌

冷喷锌设备要求简单，操作灵活简便，因此冷喷锌工作可以在不同的环境条件下进行，喷涂时通常要求环境温度在－5～50℃之间、相对湿度不大于 85%。在大面积实施冷喷锌前应采用手工刷涂方法将焊缝、拐角等预刷涂一层，一般刷涂宽度不低于 25mm，涂层均匀，无漏涂和流挂。

冷喷锌施工方式有手工刷涂、有气喷涂和无气喷涂，由于无气喷涂涂层的结合力较好，推荐采用无气喷涂方式。各施工方式常用相关工艺参数见表 7-26。当涂层厚度与表面质量符合要求后，还需喷涂一层金属封闭漆，厚度为 20～30μm。

表 7-26　不同施工方式常用相关工艺参数

施工方式	手工刷涂	有气喷涂	无气喷涂
稀释剂用量（%）	0～5	5～10	0～5
喷涂压力（MPa）	—	0.3～0.5	8～15
喷嘴孔径（mm）	—	1.5～2.5	0.48～0.63
喷涂距离（mm）	—	200～300	300～500

3. 涂层质量要求

涂层质量应满足下列要求：

（1）目视涂层表面，外观光洁，无漏喷、流挂、气泡、起皮、返锈及明显的皱皮、针孔等缺陷。

（2）用漆膜测厚仪根据 GB 50205—2020《钢结构工程施工质量验收标准》中的检测方法检测涂层的厚度，厚度满足设计要求。

（3）按照 GB 9286—2021《色漆和清漆 划格试验》中的划格法进行附着力测定，附着力至少达到 1 级。

冷涂锌是一种新型、长效、环保、便捷的重防腐保护方法，具有重融性、柔韧性、抗冲击性和耐磨性等优异的特性，随着国家大力推进实施“双碳”目标，冷喷锌成为建筑、电力设施、交通设施及海洋工程等钢结构防腐的首选方法，目前除了重视涂料的研发以外，还应重视施工性能的研究，尤其是在无气喷漆技术上，应加强对喷雾形成机理、涂层质量控制方面的研究，以推动冷喷锌技术的加快应用。

三、表面涂装技术

涂装是现代化产品的一个重要环节，广泛应用于各个领域，涉及电力、建筑、机械、汽车、家具、桥梁、船舶、石油化工、铁路等各行各业，被保护的基材有钢铁、混凝土、铝合金、木材等，用于表面改性、防腐以及装饰等领域，涉及的内容多、产品广，仅涂料产品就有 1000 多种，本节仅对钢结构涂料涂装防腐技术进行简要论述。

（一）防腐涂装技术的优点

在各种钢结构防腐蚀技术中，涂料涂装防腐蚀技术因具有许多独特的优越性是目前最有效、应用最广泛的防腐蚀保护方法之一，其主要优点表现在：

（1）涂膜自身对酸碱盐具有化学惰性，这种化学性质决定了涂膜在被保护金属发生电化学腐蚀的情况下，具有很强的耐蚀性。

（2）涂装方法无论是涂刷还是喷涂，施工较简便，适应性广，不受设备、面积和被涂工件形状的约束。

（3）可以与其他防腐措施（如阴极保护、金属喷涂、金属镀等）配合使用，根据防腐蚀要求不同，设计出满足条件需求的防腐蚀方法，从而获得自己需求的防腐蚀体系。

（4）根据使用条件、耐腐蚀性、涂装工艺和价格成本等情况，选择出最适宜的涂料涂装方案，应用性和实施性较强。

（5）在防腐蚀保护的同时，兼有装饰、标志、伪装、防火、润滑、防噪声等功能。

（6）与其他防腐蚀技术相比，涂装涂料成本和施工费用都较低，经济性好。

（二）常用防腐涂料的种类

涂料是一种能够覆盖在固体表面形成具有一定功能薄膜的液体或固体材料，通常涂料由成膜物质、颜填料、溶剂和助剂组成。由于涂料的品种很多，在涂料使用和发展过程中，形成了很多种分类方法。例如：按涂料的形态将涂料分为液体涂料和粉末涂料；按形成涂层的顺序将涂料分为底漆、中间漆和面漆；按溶剂分为油性、水性和无溶剂型涂料；按成膜机理分为转化型和非转化型；按成膜物质又分为环氧、丙烯酸、聚氨酯涂料等，为统一起见，国内以涂料中主要成膜物质为基础，将涂料分为 18 类。

钢结构防腐涂料就是用来保护钢结构表面不被介质腐蚀的一种涂料，涂料在钢结构表面成膜后起到隔离屏蔽、钝化缓蚀和电化学保护作用，常用防腐蚀种类主要有：

1. 环氧树脂涂料

环氧树脂涂料具有优良防腐蚀涂料所必须有的耐碱性和附着力，这是由于环氧树脂能与各种类型的固化剂反应生成不溶的高聚物，固化后的环氧树脂耐化学性高、黏附性强，同时固化催化后的环氧树脂分子中有大量的羟基，与金属表面可形成氢键，因而附着力较强。但环氧树脂中含有亲水的羟基及醚键，加上固化剂中的胺基，它们都会影响涂膜的耐水性，破坏了涂层与基体的结合并造成腐蚀。若在环氧树脂中引入有机硅氧烷，可降低环氧涂层的吸水量。树脂中的醚键能使漆膜经日光紫外线照射后粉化，因此环氧树脂涂料常用作为底漆，如环氧富锌底漆等。然而环氧树脂防腐涂料因含有的机溶剂会对环境造成污染，目前向着无溶剂和水性防腐涂料方向发展。

2. 聚氨酯防腐涂料

聚氨酯具有高强度，高耐磨性，耐化学性能，被广泛应用于户外涂料制品。最常见的聚氨酯涂料为双组分配方，涂料的性质接近于环氧涂料，能在室温交联，漆膜能耐石油、盐液等浸渍，具有优良的防腐蚀性能；聚氨酯防腐涂料既可用作底漆，也可用作面漆，在寒冷的环境下也能施工。但聚氨酯涂料遇潮湿会产生二氧化碳，使漆膜起泡或产生小针扎，因此漆膜的厚度受到限制。由于传统的聚氨酯防腐涂料大多为溶剂型，有机溶剂的挥发能造成环境污染且对人类危害很大，因此聚氨酯防腐涂料也向着高固体分及水性方面发展。

3. 煤焦沥青涂料

煤焦沥青漆膜耐水性优良，漆膜不透水并耐一些化学品的侵蚀；涂料对未充分除锈的钢铁表面仍具有良好润湿性，也能实现厚涂膜；但煤焦沥青涂料寒冬发脆，夏季发软会冷流，曝晒后有些成分挥发使漆膜龟裂。为此，可在沥青中加入其他树脂，在沥青涂料中加入氯化橡胶能提高沥青涂料的干性，改善涂料冬脆夏软的问题，也可加入细煤粉及增塑油，提高涂料的塑性。在外加的树脂中，加入环氧树脂能兼具沥青涂料和环氧涂料的优点，防腐效果最好，腐蚀涂料的应用效果也最好。

4. 有机硅树脂防腐涂料

有机硅树脂是具有高聚合度交联的网状结构的聚有机硅氧烷，其在耐候性、耐化学稳定性、疏水性等方面都表现优异，其缺点是固化温度高，附着力差，耐溶剂性差等，使得有机硅涂料的使用范围受到了限制。但如果对有机硅进行改性，就能够克服有机硅的一些缺点。

5. 氯化聚烯烃防腐涂料

氯化聚烯烃属于一种在成分中含大量氯的树脂，常用以制造氯化橡胶、氯磺化聚乙烯、过氯乙烯、高氯化聚乙烯、氯化聚丙烯、氯化乙烯一醋酸乙烯以及氯醚树脂等涂料。氯化聚烯烃制成的防腐蚀涂料其涂膜耐水、盐水、酸、碱等，附着力也强。氯化聚烯烃涂料可制成单组分，施工方便，不受施工环境影响。但氯化聚烯烃防腐涂料不耐有机溶剂，而且产品为低固体分涂料，在氯化聚烯烃生产中释放的含氯烃气体对臭氧层有损害，因此对其改性是其未来发展的重要方向。

6. 有机氟树脂

有机氟树脂，又称为“氟碳树脂”，由于 F-C 键具有键能高、极化率低等特性，因此氟碳涂料在耐候性、耐溶剂性、耐久性及耐热性等方面表现优异，成为各种复合涂层中的首选面漆。除了氟碳树脂具有优异的耐腐蚀性外，在聚合物中加入氟碳树脂单元，聚合物中的耐蚀性有很大的提高。若将氟碳树脂进行改性，也能提高涂层的耐候和耐蚀性。目前应用较广的氟碳涂料主要有聚氟乙烯（PVF）、聚偏二氟乙烯（PVDF）、聚三氟乙烯（PCTFE）和聚四氟乙烯（PTFE）等，水性 FEVE 氟碳涂料的 VOC 排量低，对人体无害，绿色环保，常作为紧固件复合涂层的面漆。

7. 富锌涂料

富锌涂料用作防腐底漆是工程应用中最广泛的一种涂料，锌粉作为涂料中的主要成分，承担起涂层的主要耐腐蚀功能，但锌粉不是成膜物质，它需要添加到成膜物质中。形成富锌涂料的成膜物质有很多种，按照富锌涂料的成膜物质可分为无机富锌涂料和有机富锌涂料。

无机富锌涂料的成膜物质为硅酸盐、磷酸盐等无机聚合物，又可分为溶剂型和水性富锌涂料。溶剂型无机富锌涂料的成膜物质一般为正硅酸乙酯等易溶于有机溶剂的物质；水性无机富锌涂料是由水性无机硅酸盐（钠、钾、锂）树脂、锌粉、助剂组成的双组分涂料。无机富锌涂料的耐蚀性、耐热性、导电性和施工性较好，但对基材表面处理要求较高，施工与固化受环境温度、湿度影响较大，漆膜较脆，涂层较厚时易开裂，在其上配套面漆较为困难。

有机富锌涂料常用环氧树脂、氯化橡胶、乙烯基树脂和聚氨酯树脂为成膜基料，最为常用的是环氧富锌涂料。有机富锌涂料在施工性方面优于无机富锌涂料，较少受环境影响，对基材的表面要求也不是很严格，涂膜附着力强、硬度高，不易开裂受损，与其他面漆配合使用相容性好；但有机富锌涂料中有机成膜物的导电性能差，防锈性能较差，可接受的氯化物含量较低，漆膜固化过程中释放出挥发性有机物，在电焊切割时产生的微细氧化锌烟雾也大，不利于环保。受环境保护对有机挥发化合物（VOC）的限制，涂料工业正朝着水性、粉末、高固体分、光固化等环保型涂料方向发展，富锌涂料也正由溶剂型向水性硅酸盐方向发展。

（三）涂装工艺

在工程施工中，为减轻钢结构腐蚀，国内外大都采用表面涂装方法防止钢结构发生腐蚀，所谓的涂装防护主要是利用防腐涂料在钢材表面形成涂层，使钢结构与环境介质隔离，从而达到防腐的目的。通常钢结构防护涂装的工艺流程为：表面处理→底漆涂装→中间漆涂装→面漆涂装→质量检查。

1. 表面处理

钢材涂装前的表面处理，一方面是除去钢材表面的各种污垢、油脂、铁锈、氧化皮、焊渣和已失效的旧漆膜等，即保证钢材表面的清洁度；另一方面，使钢材表面形成与涂料相适应的“粗糙度”。钢结构表面处理质量好坏，对涂装质量影响很大，研究表明，在影响防腐蚀涂层有效使用寿命的诸多因素中，表面处理质量的影响率最高，为49.5%，可见保证防腐涂装质量的重要环节就是控制好钢构件表面处理的质量。

表面处理方法有手工除锈、喷丸（砂）除锈等，其表面质量要求与表7-25相类似，为提高涂层的结合力，另外还可采取酸洗和磷化处理。对已经锈蚀的钢材而言，底漆的锌层影响涂料的结合力，涂前处理常选用磷化处理，磷化处理可在产品表面形成一层磷化膜，磷化膜均匀、带有微孔，其能与工件基体牢固黏合，但磷化处理成本高，形成的废液污染环境，而且温度对磷化过程影响很大，需要一定的温度来提高磷化速度和磷化质量。为克服这一缺点，研究发现采用硅烷表面处理也能取得很好的效果，硅烷膜是在脱水过程中成膜，而不是在水中成膜，这将增加前处理后密封室体的长度。选用小粒径砂粒进行喷砂，再用酸蚀的方式处理基材表面，在除去基材表面少量喷砂的残留同时还可以增大表面粗糙度和获得均匀的微纳二级结构，从而获得适合的表面粗糙度和足够的涂层结合强度，但由喷砂存在成本高、噪声大、不易清理死角等缺点，有采用高压水除锈和湿喷砂工艺来进行表面处理，然而这两种方法不易达到表面处理的质量要求。为此研究开发了一批低表面处理涂料，应用较广的是俗称“带锈涂料”，主要有转化型、稳定型、渗透型和功能型低表面处理涂料四种类型，由于这些涂料作用单一，大多属于高VOC含量溶剂型涂料，受到了环保的限制，为此今后将更多研发出环境友好型的低表面处理涂料。

2. 涂料的选择

钢结构防腐涂层系统多为复合层系统，主要包括底漆、中间漆和面漆，它们既有各自的作用又互为补充密不可分。表 7-27 列出了目前国内钢结构防腐中几种典型的防腐涂层系统，由表 7-27 可见，底漆应用最多的是富锌涂料，由于环氧富锌底漆与面漆易结合，对表面处理要求低等优点，因此防锈底漆常为环氧富锌底漆；但有机环氧富锌底漆的电化学保护性不如无机富锌底漆，因此在许多工程中也有采用无机富锌涂料作为底漆。无机富锌底漆有醇溶性自固化无机富锌涂料和水溶性自固化无机富锌涂料两种，鉴于水溶性无机富锌底漆具有较好的防锈性能，已在国内被陆续采用。

中间漆的主要作用是增加涂层的厚度，从而起到更有效的防护作用，中间漆常选用云铁环氧中间漆和环氧玻璃鳞片防腐涂料，云铁环氧中间漆采用云母氧化铁环为颜料，以环氧树脂为基料，聚酰胺树脂为固化剂等组成的涂料，聚酰胺固化剂的毒性低，可以室温固化，其涂层具有良好的附着力、柔韧性、耐磨性、封闭性能和较好的耐水性与耐候性；环氧玻璃鳞片防腐涂料以环氧树脂为基料，以薄片状玻璃鳞片为骨料制成的涂料，利用鳞片的分割作用，涂层的收缩应力和膨胀系数较低，可实施厚涂，同时涂层掺入的鳞片上下交错排列，形成了独特的“迷宫”式屏蔽结构，延长了外界腐蚀介质渗透至金属基体表面的时间，进而大大提高了涂层的抗渗透性与使用寿命。

根据防腐涂层配套体系和使用环境，面漆选择应具有耐蚀性和装饰性，主要作用是遮蔽太阳紫外线及污染大气对涂层的破坏作用。在耐大气介质腐蚀的面漆中，目前使用的主要有高氯类涂料、聚氨酯类涂料、氟碳涂料和聚硅氧烷涂料，高氯类涂料和聚氨酯类涂料在室外受日光照射易于粉化，目前逐步被性能更优异的丙烯酸聚氨酯和氟碳涂料所取代。近年来聚硅氧烷涂料在钢结构上应用显示出了独特的优势，该类涂料环保、可厚膜施工、户外耐候性是聚氨酯涂料的 3～4 倍。

表 7-27　　常用钢结构防腐涂层

涂料（涂层）名称	每道干膜厚度（μm）	涂装道数	总干膜厚度（μm）		适用范围
环氧富锌底漆（或水性无机富锌底漆）	40	2	80	190	适用于气候干燥、腐蚀环境较轻地区的钢结构防腐
环氧云铁中涂漆	40	1	40		
灰铝粉石墨醇酸面漆	35	2	70		
环氧富锌底漆	40	2	80	240～280	适用于沿海及化工大气环境中的钢结构防腐
环氧云铁中涂漆	80～100	1	80～100		
氯化橡胶面漆	40～50	2	80～100		
环氧富锌底漆	40	2	80	240～260	适用于桥梁、石油化工、海洋等环境的钢结构防腐
环氧云铁中涂漆	80～100	1	80～100		
脂肪族聚氨酯面漆	40	2	80		
无机硅酸富锌底漆	70～75	1	70～75	255～285	适用于桥梁、石油化工、海洋等环境的钢结构防腐
环氧封闭漆	25～30	1	25～30		
环氧云铁中涂漆	80～100	1	80～100		
脂肪族聚氨酯面漆	40	2	80		

续表

涂料（涂层）名称	每道干膜厚度（μm）	涂装道数	总干膜厚度（μm）		适用范围
环氧富锌底漆	40	2	80	220～250	适用于海洋、化工、桥梁等腐蚀环境恶劣地区钢结构防腐
环氧云铁中涂漆	80～100	1	80～100		
氟碳面漆	30～35	2	60～70		
无机硅酸富锌底漆	70～75	1	70～75	235～275	适用于海洋、化工、桥梁等腐蚀环境恶劣地区钢结构防腐
环氧封闭漆	25～30	1	25～30		
环氧云铁中涂漆	80～100	1	80～100		
氟碳面漆	30～35	2	60～70		
电弧喷铝	180～200	1	180～200	365～410	适用于腐蚀环境十分恶劣的地区钢结构防腐
环氧封闭漆	25～30	1	25～30		
环氧云铁中涂漆	80～00	1	80～100		
脂肪族聚氨酯面漆	40	2	80		
电弧喷铝	180～200	1	180～200	345～400	适用于腐蚀环境十分恶劣的地区钢结构防腐
环氧封闭漆	25～30	1	25～30		
环氧云铁中涂漆	80～100	1	80～100		
氟碳面漆	30～35	2	60～70		
环氧富锌底漆	75	1	75	195～225	适用于腐蚀环境恶劣地区钢结构防腐，目前使用量不大
丙烯酸聚硅氧烷面漆	120～150	1	120～150		

钢结构防腐涂料都需要根据不同基材、所在的环境制定不同的配套防腐体系以满足其所需要的性能要求，钢结构涂装不仅要考虑单一涂层的性能，更应该考虑涂料的正确配套，底漆与面漆之间应有良好的适应性。

3. 施工工艺

涂装施工对涂层质量起着很大的作用，常用的施工方法有刷涂、辊涂、空气喷涂和高压无气喷涂等，各种方法在冷喷锌一节中已做过描述，其原理基本一致。制定涂装施工工艺要综合考虑环境条件、人工操作水平、涂装方法、涂层材料和质量控制等因素。不同的施工方法对涂料的稀释要求不一样，应根据涂料的性质和说明书的要求来稀释。

（1）施工环境要求。

涂料涂装对施工温度和湿度都有一定的要求，温度过低，涂层的固化速度慢，基材的温度过高，溶剂挥发快，易产生气泡、皱皮等缺陷。通常施工温度在5～30℃，湿度不大于85%；温度在3℃为钢铁材料的露点温度，因此喷涂时，基材的温度还应高于在3℃。

（2）喷涂。

推荐采用无气喷涂方法进行喷涂。由于各涂料的特性不同，其配比、混合寿命、熟化时间及稀释剂类型和比例都不相同，因此喷涂前必须按照说明书和实际情况来进行混合和稀释，然后采用刷涂方法将结构应力孔、螺栓孔、焊缝及型材窄边缘处预先进行刷涂一层，而采用无气喷涂要根据涂层设计和涂料特性正确选择喷涂工艺参数，因为不同的涂料有不同的喷涂参数。常用涂料无气喷涂工艺参数见表7-28。

表 7-28 常用涂料无气喷涂工艺参数

涂料品种	D（喷嘴）(mm)	涂料喷出量 (L/min)	喷雾图形幅宽（mm）	η（福特杯-4）(s)
磷化底漆	0.28～0.38	0.42～0.80	200～360	10～20
胺固化环氧富锌底漆	0.43～0.48	10.2～1.29	250～410	12～15
无机硅酸盐富锌底漆	0.43～0.48	10.2～1.29	250～410	10～12
无机硅酸厚膜富锌底漆	0.43～0.48	10.2～1.29	250～410	12～15
丙烯酸漆	0.33～0.38	0.61～0.80	200～310	30～80
长油醇酸树脂面漆	0.33～0.38	0.61～0.80	200～310	30～80
厚膜乙烯树脂漆	0.33～0.38	0.80～1.29	250～360	—
聚氨酯面漆	0.33～0.38	0.61～0.80	250～310	30～50
氯化橡胶底、面漆	0.33～0.38	0.61～0.80	250～360	30～70
丙烯酸面漆	0.33～0.38	0.61～0.80	250～360	30～70
聚酰胺固化环氧底漆	0.33～0.43	0.80～1.02	250～360	50～90
聚酰胺固化环氧面漆	0.33～0.38	0.61～0.80	250～360	30～50

喷涂顺序一般应按照先上后下、先左后右、先里后外、先难后易的原则，涂层要求不漏涂，不流坠，漆膜均匀、致密、光滑和平整。底漆完成后应等待涂层表干再喷涂中间漆或面漆。

钢结构涂装完成后应按设计或标准要求，对涂层的外观、厚度、干燥情况和结合力进行质量检测与检查。

4. 涂装废水处理

涂装工艺由多道工序构成，其产生的废水包括前处理脱脂、表调、酸洗、磷化产生的废水、喷漆废水和各类清洗废水，单一处理工艺对涂装废水的处理均有一定局限性，一般需要根据废水的来源特性以及企业原料的使用情况，进行工艺灵活组合和变化，才能使废水得到更好处理，最终实现废水的循环回用和“零排放”。

最新发展的废水处理工艺有高级氧化技术、铁碳微电解技术、酶处理技术等。高级氧化技术是在高温高压、电、催化剂存在的条件下，在水中产生强氧化性的羟基自由基，降解废水中难降解的大分子有机物，从而降低污染物含量的一种净化技术；铁碳微电解又称铁屑过滤法，该方法不需要外加电源，在废水中填充铁碳颗粒，通过金属腐蚀原电池产生的电位差对废水进行电解处理，达到降解有机污染物的目的；酶处理法利用微生物酶破坏有机物中的化学键从而使废水中的有机物发生降解，酶处理法绿色环保，无毒无害，酶用量少，可提高废水的生物降解速度和效率，无二次污染，有利于生态环境保护。

（四）基于传统涂料的改性技术

1. 在涂料中添加纳米二氧化硅的技术

该技术的第一步是涂刷磷化液对已锈蚀的角钢表面进行磷化处理；第二步，选择环氧铁红防锈底漆、环氧云铁中间漆、氟碳面漆涂装体系，通过机械分散法、化学分散法，对纳米二氧化硅进行修饰，尽量让其与涂料液均匀溶解，用修饰好的纳米二氧化硅对涂装体系的面漆进行改性，使氟碳面漆的机械性能，耐化学试剂性能得到改善。其技术关键是控制纳米二氧化硅的添加量，将纳米二氧化硅加入氟碳面漆中的用量为3%时，其表面流平性、漆面平整光滑性、硬度、附着力等各项性能最优。

2. 在涂料中添加石墨烯的重防腐涂层技术

目前，重防腐涂料的成膜物质80%以上采用环氧树脂体系。对于纯环氧树脂，石墨烯可以提高复合涂层对金属基底的防护能力，但石墨烯的分散状态和含量直接影响复合涂层的服役寿命。中国科学院宁波材料技术与工程研究所开展了石墨烯高效物理分散和海洋环境用石墨烯基重防腐涂料的研发工作，开展了如何高效应用石墨烯粉体和浆料、石墨烯化学分散和高效物理分散技术、石墨烯与树脂兼容性、复合涂层失效衍化机制检测等方面进行大量研究工作，开发出了新一代绿色、环保涂料产品。该技术的关键是需要对每道漆的成膜厚度在配方设计上综合考虑。该产品于2016年7月在宁波的已服役的输电杆塔上进行修复和防护应用，封闭底漆涂装2h后进行石墨烯中间漆涂装，常温固化24h后进行面漆涂装，通过现场涂膜测厚仪测试，涂装体系底漆厚度15～26μm，中间漆膜厚度80～100μm，石墨烯面漆膜厚50～60μm。

3. 高适应性防护涂料的应用技术

该技术主要应用于输电铁塔的后期维修、维护，是一种对热镀锌、锈蚀热镀锌、钢材和旧涂层等表面皆具有良好适应性的防腐涂料应用技术，可直接在上述基材表面上使用，具有良好的施工性能和附着力，与脂肪族聚氨酯面漆配套后，涂层耐酸碱盐、耐大气环境腐蚀等性能优异。

（五）涂装涂料的发展

传统的防腐涂料体系多以溶剂型产品为主，溶剂挥发将会产生污染，随着社会对环境污染问题的重视，绿色环保型防腐涂料研究已成为防腐涂料研究领域的热点和必然发展方向，研究方向包括水性防腐涂料、粉末涂料、高固体分型防腐涂料等。

1. 无溶剂涂料

无溶剂涂料又称活性溶剂涂料，涂料主要是由树脂、固化剂以及活性溶剂等合成后制成的涂料，涂料不是没有溶剂，而是活性溶剂可以溶解树脂，并与树脂发生交联反应后形成涂膜。因此涂料的组成成分中多数不具备挥发性，对环境的污染很小，是目前涂料研究的主要方向。无溶剂涂料一般均是双组分，分别为树脂和固化剂；常见双液型无溶剂涂料有100%固体聚氨酯涂料、聚脲涂料、环氧树脂及其改性涂料、有机硅涂料等。

100%固体聚氨酯涂料具有优异的使用寿命，耐恶劣环境腐蚀，抗冲击性和抗耐磨良好，且低温熟化能力强、可快速施工及较低的VOC排放等，使得其应用领域日益广泛。在聚氨酯系列涂料中，双组分丙烯酸聚氨酯涂料的分子结构既含有RNH-COOR′键又含有C-C键，因此具有优良的综合性能，但双组分丙烯酸树脂对相对分子质量的控制、最佳工艺的确定、丙烯酸组分与固化剂相容性等问题一直没有得到很好的解决。

聚脲弹性体（SPUA）是近年来国内外发展起来的一种新型环保无溶剂涂料，由于聚脲有着优异的防腐蚀性能，近年来在海洋和一些重防腐领域得到了较大的发展。喷涂聚脲弹性体是近年来开发的一种新型无溶剂、无污染的环保施工技术，喷涂聚脲弹性体材料的主要原料是异氰酸酯、端胺基聚醚和胺类扩链剂及其他助剂，以端胺基聚醚和胺类扩链剂作为活性氢组分，在常温能迅速反应，达到快速固化成形的优点。

改性环氧树脂漆一种双组分、低 VOC 含量、厚浆型、改性环氧屏蔽涂料，单道涂层即具有长期保护作用，且浸渍于水中可继续固化，具有极佳的抗阴极剥离性能。环氧树脂涂料的主要成分是环氧树脂及其固化剂，辅助成分有颜料、填料等，耐蚀用的环氧树脂主要是双酚 A 型环氧树脂，改性后生成的酚醛环氧树脂固化后具有较高的交联度，同时由于骨架中大量苯环的存在，使其具有较高的热变形温度和优良的热稳定性。无溶剂环氧及改性涂料是厚涂型涂料，每次涂层厚度可达 100mm 以上，涂层结合强度高、收缩率小，可缩短施工期限。

有机硅树脂涂料是以有机硅聚合物或有机硅改性聚合物为主要成膜物质，涂料所用的有机硅高聚物主要有有机硅树脂及有机硅改性的醇酸树脂、聚酯树脂、环氧树脂、丙烯酸树脂、聚氨酯树脂等。有机硅树脂是以 Si-O-Si 键为主链、硅原子上连接有机基团的交联型高聚物，是一类热固性高分子材料，涂料具有优良的耐热、耐寒、耐电晕、耐辐射、憎水、耐沾污、耐化学腐蚀、电绝缘性和弹性等特殊性能。不足之处是纯有机硅树脂涂料黏度较低，颜料相容性较差，而且多数有机硅树脂涂料需要高温烘烤，耐溶剂性差，价格较贵等。

无溶剂涂料具有一次性成膜较厚、边缘覆盖性好、涂层收缩小、内应力较小不易产生裂纹等特点。但无溶剂涂料对施工条件要求高，但如果能掌握其施工性能并配备了相应的施工条件，完全可以得到广泛的应用。

2. 水性防腐蚀涂料

水性防腐蚀涂料主要以水作溶剂，成本低、污染小，因此成为防腐涂料的重要发展方向。水性防腐涂料主要有水性醇酸、水性环氧、水性聚氨酯、水性丙烯酸以及无机硅酸锌涂料等品种，其中水性丙烯酸涂料、水性环氧涂料、水性无机硅酸富锌涂料已实现工业化应用。

水性环氧防腐涂料多采用环氧树脂与不饱和脂肪酸酯先制成环氧酯，然后在环氧分子链中引入烃基、磺酸基等亲水性基团来实现环氧树脂的水性化，涂料具有附着力强耐蚀性优异及配套性好等优点，可与水性丙烯酸涂料或溶剂型涂料配套使用，也可用于在某些场合取代溶剂型环氧防腐涂料。不足之处在于耐化学品性较差且使用寿命短，对水蒸气及氧气等的屏蔽性能较差等。

水性丙烯酸涂料以丙烯酸共聚物为基料，以水作为分散剂，加入助剂、颜填料等配制而成。由于丙烯酸树脂中 C-C 主链所具有的光、热及化学稳定性，该涂料耐紫外线、不泛黄，具有良好的耐候性。可用作底漆、中间漆和面漆。其缺点为耐溶剂性能较差、机械强度较低。

水性无机硅酸富锌涂料主要以无机物成膜，同时加入高含量的锌粉为防锈颜料，用水作为分散介质。由于涂料中含有大量的金属锌粉，在漆膜中能紧密排列和接触，确保涂层和钢材之间的导电性和屏蔽性，涂层能够起到屏蔽及阴极保护作用，因此具有优异的耐腐蚀性和耐化学品性，可用于中等至严重腐蚀环境中钢结构的单一长效保护涂层，也可作为高性能防腐蚀涂料体系的配套底漆。其缺点是涂层脆、涂装时易出现龟裂现象，且对施工条件要求较高。

水性防腐涂料以水为分散介质，水的引入使得水性防腐涂料具备环保节能特点，必将逐步代替传统的溶剂型涂料，与此同时，水性防腐涂料的施工性能低、耐水耐腐蚀较差等缺点制约了它的推广应用。于是通过对水性防腐涂料的改性来获得高性能水性防腐涂料，在许多领域的抗冲击性和施涂性等方面已能与传统的涂料相媲美。

3. 高固体分涂料

是指体积固含量在60%或质量固含量在80%以上的涂料，高固体分涂料发展到极点就是无溶剂涂料，如近几年迅速崛起的聚脲弹性体涂料就是此类涂料的代表，高固体分涂料的主要品种是富锌防腐涂料、环氧类防腐涂料及其他具有耐高温性能的高固体分防腐材料等。高固体分涂料的可挥发成分含量极小、高压下抗渗透性强、固化时间短、涂层光滑致密、抗冲击强度好、抗流挂性质好、施工工艺性能优越的优点。广泛应用于汽车行业、石油化工储罐及海洋和海岸设施等重防腐工程等。

高固体分环氧树脂防腐涂料以液态双酚A环氧树脂做基料，涂膜有效交联密度高、抗化学腐蚀介质渗透力强、耐腐蚀性好等特点。其缺点是干燥时间长，加入催化剂加快干燥又容易出现流挂、缩孔、平流差、表干里不干等问题。

因此，高固体分涂料的核心问题是设法降低成膜物质的相对分子质量、黏度，提高溶解性，在成膜过程中靠有效的交联反应，保证完美的涂层质量达到溶剂型涂料的水平或更高。另外高固体分涂料中仍含有一定量的挥发性有机溶剂，不符合环保要求，而且使得生产、运输和使用过程中存在安全隐患。因此，近年来国内外研究者相继开发一些新的产品，提高了固体含量，降低了涂料的黏度，取得了很好的效果。

4. 粉末涂料

粉末涂料是以微细粉末的状态存在于不含溶剂的100%固体粉末状涂料，它以树脂和颜填料为基础，加入必要的固化剂、添加剂等按照一定比例混合制作而成。按照树脂交联固化方式不同，粉末涂料可分为热固性粉末涂料和热塑性粉末涂料，热固性涂料中需要添加固化剂，而热塑性涂料则不需要添加固化剂，因此在涂料中二者所用的树脂也不一样，前者以热固性合成树脂为成膜物质，常见的如环氧、氨基、不饱和聚酯树脂等；后者是以热塑性树脂作为主要成膜物质，常见的有聚乙烯、聚苯醚、聚氯乙烯等。由于热塑性树脂的粉碎性能较差、分子量高、软化点较高等其他明显缺点。热塑性粉末涂料的使用品种和使用范围都较小。

常用的防腐蚀粉末涂料有环氧树脂粉末涂料、环氧—聚酯粉末涂料、聚酯粉末涂料和聚氨酯粉末涂料等。环氧树脂粉末涂料具有良好的附着力、机械性能、抗湿性能和耐腐蚀性等，其主要缺点是耐候性不好，在紫外线的照射下涂层会出现粉化和泛黄；环氧—聚酯粉末涂料是一种混合型粉末涂料，具有成本低、调配方容易等，不足之处是耐蚀性、耐水性不如环氧树脂粉末涂层；聚酯粉末涂料的优点是耐候性好、耐热性好，在烘烤固化时涂膜不易泛黄，其缺点是纯聚酯树脂的熔融黏度较高、储存的稳定性较差；聚氨酯粉末涂料是羟基聚酯树脂用封闭型异氰酸酯固化而成，主要的优点是涂膜的流平性很好，对金属材料的附着力好，不需要底漆，耐磨性和耐腐蚀性也好。不足之处是涂膜过厚时，容易产生针孔，影响涂膜外观和性能。

随着环保的要求和技术的不断进步，粉末涂料逐渐向具有特殊功能的方向发展，以满足不同要求的需要。按照涂层提供的功能可分为防腐蚀型、耐候型、耐热型、疏水型和抗菌型等粉末涂料。重防腐粉末涂料和耐候性防腐涂料是其中两个重点研究方向，在重防腐粉末涂料体系中，熔结环氧粉末涂料是最重要的重防腐粉末涂料；耐候性粉末涂料包括多种耐候体系，其中氟碳粉末涂料由于其超高的耐候性能而受到越来越多的关注。

粉末涂料可以使用常温不溶于溶剂或水且分子量比较大的合成树脂来制造，粉末涂料中没有溶剂的加入，不易形成贯通涂膜的针孔，可以得到更加致密的涂膜，而且降低了对大气污染的危害，涂装工艺简单，一次能获得厚的涂膜。然而粉末涂料的固化干燥温度一般在160℃以上，换色时间长，不易获得薄涂层。

5. 氟碳涂料

氟碳涂料是主要以含氟共聚树脂或氟烯烃与其他单体共聚物作为成膜物质，经加工改性、研磨制成的涂料。由于树脂具有大量的C-F化学键，而C-F化学键具有很高的键能，分子结构稳定，赋予含氟聚合物优异的耐溶剂、耐油、耐气候、耐高温、耐化学品、表面自洁等性能，使得氟碳涂料具有优异的耐腐蚀性、耐候性、耐化学品及耐污性等综合性能优良，广泛应用于钢结构建筑、桥梁、船舶、轨道车辆、管道、化工设施和彩涂钢板等，成为各种复合涂层中的首选面漆。

氟碳涂料经历了熔融型、溶剂可溶型、可交联固化型及水性氟碳涂料四个发展阶段。近年来，又研发了水性、高固体分和粉末类氟碳涂料。但不同类型的氟碳涂料其耐蚀性会有较大的差异，即使同一类型的氟碳涂料因其共聚单体不同，其耐蚀性和耐候性也不一样。研究结果表明，具有更大交替性的醚类单体和位阻型大单体合成的FEVE（氟烯烃和烷基乙烯基醚或氟烯烃和烷基乙烯基酯交互排列的共聚）氟碳树脂，具有更优异的耐候性；而氟碳树脂的含量对涂层的耐蚀性也会产生影响，经过改性后的氟碳树脂能够进一步提高涂层的抗老化性。进一步研究发现，不仅氟碳树脂本身具有优异的耐候性、耐蚀性，在聚合物中加入氟碳树脂也能改善聚合物的耐蚀性。

21世纪人类面临环境和能源两大难题，保护环境和节能降耗就成为涂料行业重点发展方向，为适应时代发展的要求，氟碳涂料必须向水性化、高固体化和粉末化发展，以更好地适应防腐以及环保的要求。水性氟碳涂料一般是由含氟烯烃、乙烯基醚、含羧基化合物和水溶性氨基树脂共聚而制成，既具有含氟材料优良的耐候、耐污、耐腐蚀等性能，又具有水性涂料环保、安全等性能。国内开发的水性氟聚合物涂料中，用自身不能固化成膜的含氟乳液与一定比例的添加剂配制而成，具有较强的附着力、抗老化性、耐腐蚀性、耐候性和化学稳定性。然而，水性氟碳涂料受合成技术、性能等因素影响，在工业涂料领域的应用还十分有限。高固体分氟碳涂料和粉末氟树脂涂料同样具有环保性，选用异氰酸酯为固化剂制成的FEVE类型高固体组分氟碳涂料有着与常规氟碳涂料一样优异的耐候性能和施工性能。然而作为热塑性的氟碳粉末涂料虽然有优异的综合理化性能，但由于其固化温度高，给施工带来了难度，难以推广应用；所以近年来研发的以氟烯烃乙烯基醚为主链、可在100℃熔融的带羟基等交联性反应基团的氟树脂，可制得热固性氟树脂涂料，给施工带来了便利。

6. 基于VCI片锌技术的双金属防腐涂料技术

基于VCI片锌技术的双金属防腐涂料技术，是将VCI气相缓蚀技术、鳞片型片锌、片铝双金属复合防护技术与无机涂料技术相融合的新型防腐技术，具有高防腐性、良好环保性、资源节约化的特性。

其中，气相缓蚀剂（Volatile Corrosion Inhibitor，VCI）能单独或依附于合适的载体，在常温常压下直接气化；在密封环境中，VCI通过自身可调节的持续挥发使得作业单元内的任何空间缝隙中都会充盈含有VCI防锈因子的混合气体，这种气体遭遇金属表面时会吸附其上，形成只有一个或数个分子厚的致密保护膜层。该保护膜层能有效隔绝金属表面与水分、氧气及其他有害大气腐蚀因素的接触，抑制电化学反应的发生，从而达到最佳的防锈蚀效果（原理图见图 7-18）。片锌（片铝）技术是指涂料中用鳞片状锌（铝）粉替代传统球状锌（铝）粉填料，形成平行搭接的瓦片状结构，最大程度上屏蔽外界腐蚀性介质的渗入。

试验表明，该复合防护涂层体系，在涂层厚度约 45μm 时，耐中性盐雾试验 1440h 后，可达 0 级要求；附着力测试大于或等于 6MPa，划格试验法测试可达 0 级要求；在受弯情况下，涂层附着性和柔韧性表现良好；1680h 紫外老化试验结果，满足 0 级要求。图 7-19 为实际涂层微观形貌。

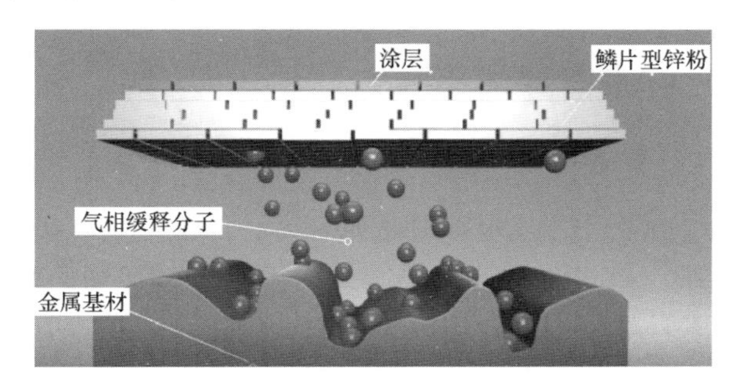

图 7-18 VCI 片锌双金属防腐原理示意图

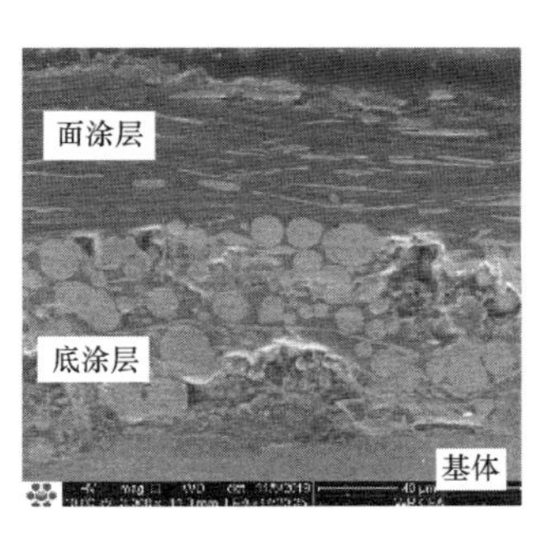

图 7-19 双金属涂层微观形貌

VCI 片锌片铝技术具有如下特性：

（1）耐候性：在无机富锌面漆中，片铝平行搭接形成光亮涂层表面，可有效反射阳光中的紫外线，加之无机硅酸盐基料，抗老性强，因而系统具有长远的耐候性。

（2）屏蔽性：与粒状锌相比，片状锌平行搭接，形成瓦片式结构，最大限度地降低了涂层空隙率，有效地阻止了腐蚀介质的渗入，增强了抗腐蚀性。另外，优良的屏蔽性使气相缓蚀技术的应用成为可能。致密的涂膜对气相缓蚀起到很好的封闭作用，使气相缓蚀剂的分子不易外溢、流失，滞留在涂层内部增强保护作用。

（3）导通性：片锌（铝）间平行搭接，以面接触取代了粒状锌间的点接触，使电阻降低，导通性增高，因而涂层具有优异的电化学保护性能。

（4）缓蚀性：气象缓蚀剂和硅酸盐基料的应用对涂层中的锌起到很好的缓蚀作用，明显降低了锌的消耗速度，从而延长了涂层的保护寿命。

（5）抗蚀性：VCI 系统成功地将涂层的三大保护机制，即屏蔽、电化学保护及缓蚀、钝化融为一体，使系统获得优异的抗蚀性能

（6）颜色多样性：该涂料颜色丰富，有粉、蓝、绿、紫、灰、银白等多种颜色，提升涂装后的塔材与周围环境的适应性、一致性。

该技术已成功应用于航天、军工等领域，并于 2015 年被确定为国家重点军转民推广项目，已在部分跨江大桥、大型钢构件、光伏支架等行业得到应用。目前，该涂料可以通过浸涂、喷涂工艺实现线上作业，提高涂装效率，降低涂装成本，也可采用手工喷涂、刷涂方式，实现特殊部位或现场作业。

第八章　输电铁塔制造技术管理

第一节　技术管理体系

一、概述

企业技术管理是企业管理系统的重要组成部分，是对企业技术开发、产品制造、技术改造、技术合作、成果转让等进行计划、组织、指挥、协调和控制等一系列管理活动的总称。企业技术管理的目的，是通过组建企业技术管理架构，合理分配职责，确保企业技术管理体系的有效运转，进而有计划地、合理地利用企业技术力量和资源，把最新的科技成果尽快地转化为现实的生产力，推动企业技术进步、确保产品技术要求和经济效益的实现。

企业技术管理的任务主要是推动科学技术进步，不断提高企业的劳动生产力和经济效益。在铁塔制造过程中，加工技术的运用将贯穿始终，通过科学合理的组织，采取有效的手段和技术措施，可以避免重大质量安全事故，减少质量通病的发生，并扩大产品盈利空间。

企业技术管理名目繁多、内容繁杂，主要有工艺管理、质量管理、设备管理、计量管理、企业标准化等，其核心是管理，重点是质量。为此，铁塔企业需要建立技术管理体系，依托管理架构和一整套的技术管理制度和措施，推动管理体系的有效运转；需要强化工艺管理和质量控制，建立内控的工艺技术文件，通过"人、机、料、法、环、测"的控制，落实产品技术标准，确保铁塔质量满足合同要求；通过加强设备管理和计量管理，使铁塔加工设备、工装、检验检测设备等保持良好的技术状态，确保铁塔制造过程的稳定，从而确保生产活动有条不紊地顺利进行；通过发动广大技术人员和技术工人提高技能，广泛开展技术革新、技术改造、QC 小组活动，对生产设备、工艺流程、操作方法等不断进行挖潜、革新和改造，提高企业的技术水平，从而更加高效地为用户提供高质量的产品和服务；通过科学的技术预测，有计划地开展新材料、新工艺、新技术的试验验证，从而为"三新"技术应用奠定良好的基础，最终确保工程铁塔产品整体技术、质量目标的实现，并获得良好的效益。

二、管理构架

为加强企业技术管理，铁塔企业应成立以总工程师为首的技术管理架构，涵盖技术部、工艺部、研发部、采购部、质检部、资料室、生产车间等部门，各部门设置相关技术类专责岗位（见图 8-1），分别负责开展各自职责范围内的技术工作，与生产车间技术人员配合，确保铁塔产品制造过程各项技术措施落实到位、顺利实施。

各铁塔企业由于部门设置、职责分工不同，岗位设置有所不同，但不论怎样，铁塔企业技术管理的内涵是承担本企业工艺与技术管理、产品放样、工艺试验验证、设备与工装管理、计量管理、新材料应用、新工艺与新技术研发、技术改造、技术革新与 QC 小组、国家与地方技术政策利用、专利与科技奖励申报等技术活动，促进企业技术进步。

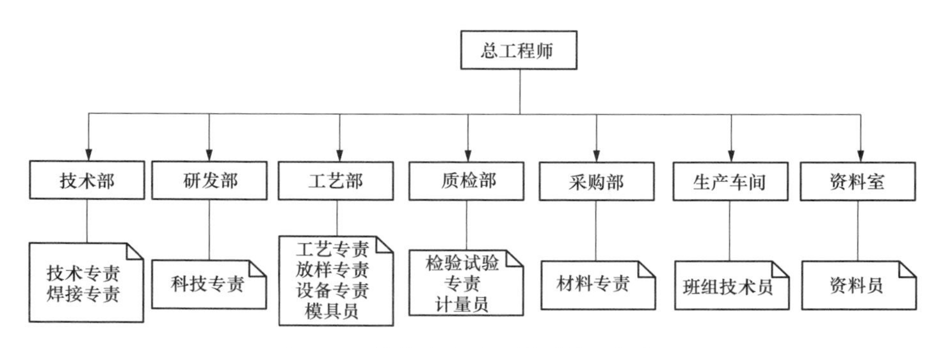

图 8-1　铁塔企业技术体系管理架构

三、主要职责

（一）相关部门技术职责

铁塔企业相关部门技术方面的示范性职责见表 8-1。

表 8-1　　铁塔企业各部门技术方面的（示范性）职责

序号	部门	技术工作内容
1	总工程师	全面负责企业技术管理工作，组织、督促各项技术工作的开展
2	技术部	负责开展铁塔产品放样与技术攻关；落实设计变更、材料代用；评估产品的加工、焊接可行性，进行相应的优化并确定焊接工艺
3	研发部	负责新材料、新工艺、新技术研发、工艺试验及验证；技术革新、QC 小组活动；开展国家与地方科技政策的研究与利用；组织企业专利与科技奖励申报等
4	工艺部	负责铁塔类产品技术、工艺文件的制修订；技术方案、技术措施的编审批工作；企业新工艺、新技术的应用实施与工艺改进；工装模具的研发与改造等、设备管理与技改等
5	质检部	负责企业计量管理，承担原材料、产品的质量检验，检验过程的标识与追溯管理；检测新工艺、新技术的应用与开发；产品制造过程质量抽检与监督等
6	采购部	负责材料的采购、库房管理、发放与回收管理；材料的标识与追溯管理；推进物资供应链技术的应用，推进企业智慧仓储、智慧物流等
7	资料室	负责设计图纸、放样图纸、各类技术文件（如会议纪要、设计变更等）、资料的收集归档；及时向相关部门传递有效版本
8	生产车间	负责相关技术、工艺要求的实施，协助职能部门开展工艺、技术、质量管理，推进各项技术措施的贯彻落实等

（二）相关技术岗位人员职责

1. 总工程师

总工程师作为企业技术工作的龙头，需要全面负责企业技术管理工作。具体包括组织、督促、指导相关部门开展技术工作；监督重点工程的关键技术措施的落实情况；主持企业内部技术标准的编制及修订；负责企业的技术革新、科技项目实施、新技术研发等。

2. 技术专责

技术专责应做好生产一线的技术支持工作。具体包括认真审核工程图纸，评估生产可行性，与设计完成技术协调；出具相应的加工技术文件，组织开展技术交底会，对关键性技术问题进行技术交底；解决放样和生产过程中出现的技术问题，做好技术服务工作；参与技术攻关和产品质量分析，不断提高产品质量。

3. 焊接专责

焊接技术人员负责企业焊接工艺的制定、监督。具体包括仔细审核设计图纸，分析工程结构及钢材牌号，进行焊接工艺评审，提出优化意见；组织开展焊接工艺评定，编制焊接工艺卡，监督焊接工艺的贯彻执行，检查焊接质量控制工作，指导车间施焊并解决施焊过程中遇到的技术问题；定期开展焊工培训、考试等工作；推广应用新材料、新工艺，努力提高本单位焊接技术水平。

4. 科技专责

负责企业的科技、研发工作。主要包括科技、研发项目的管理和协调，完成各类科技计划项目申报及资金争取，做好各级各组织研发经费的申报及研发；组织开展企业科技成果鉴定及科技奖励申报，做好企业专利的挖掘、申报、维护等；负责产学研合作的搭建及国家高新技术企业、中小型科技企业等申报和维护工作；负责编制本企业的科技发展战略规划，开展国家与地方科技政策的研究与利用。

5. 设备专责

负责企业厂房、设施、设备的管理工作。组织新增、技术改造设施设备，起草各项设施设备管理制度并审核各岗位操作规程，组织并督促落实，负责建立设施设备档案，建立健全设备、固定资产、备品备件、工器具等各项台账，做好设施设备管理中资料汇总保管工作。制订设备的维护保养计划，按期开展各项维护保养工作，保证全厂设施设备正常运行，确保生产的连续性。

6. 工艺专责

工艺员的主要职责是全面负责企业的工艺研究、制定、审核、监督等工作。具体包括对工程结构、材料、技术要求等进行工艺审核，提出优化建议；编制、审核工程加工工艺，监督执行情况；编制、修订、审核企业制造标准，以满足当前国家标准、行业标准以及市场需求；协同解决产品制造过程中产生的各种工艺技术问题；做好技术服务工作，进行技术攻关和产品质量分析，不断提高产品质量。

7. 模具员

模具员负责企业模具的设计、新增、改造、维护等工作。具体包括根据工程需求，提前完成工程构件装配模具；不断研发新型模具，升级、改造现有模具，提高生产效率，提升产品质量，降低生产成本；对生产模具定期进行检查、维护保养，及时做好更换工作。

8. 检验专责

检验专责负责企业产品的质量管控工作。具体包括负责检验规程、检验计划等文件的编制、审核、应用；熟悉并理解产品图纸、工艺文件，了解受检产品结构、性能及使用要求，做好来料检验、加工检验、试组装检验、成品检验等，防止不良产品、不合格品混入，埋下质量隐患；随时向相关部门反映发现的质量问题，并提出检验性意见；参与重大质量事故的分析讨论，提出处理、整改措施。

9. 资料员

资料员负责企业技术文件的发放、归档、整理、查验等工作。具体包括及时做好图纸、联系单等技术文件的发放、记录、归档；负责客户要求的工程铁塔资料的制作、整理与移交；对纸质资料进行扫描，整理为电子档。

第二节 技术管理内容

一、管理内容

（一）投标技术文件编制、审核

在工程投标之前，需要对铁塔工程的招标技术要求进行识别，明确工程采用的技术标准和质量要求，做出技术响应，编制技术应标文件。结合铁塔工程的技术特点、结构特点等，评估铁塔制造技术重点和难点，编制专项技术方案。

由于投标文件在中标后通常作为合同的一部分而受到合同执行的约束，因而工程投标前进行技术需求识别和响应，将会对能否中标及中标后合同的履行有重大的影响，故技术应标文件、专项技术方案均需专人审核。

（二）工艺文件编制

为保证铁塔产品质量和生产的顺利开展，在加工前，应根据铁塔制造技术特点、工程技术规范和相关标准的要求，编制或修订加工工艺文件及技术管理文件，创建本工程产品的工艺文件体系。

从内容上，工艺文件应包括但不限于：原材料采购与入厂复验、放样、下料、制孔、制弯、焊接、变形控制、试组装、热浸镀锌、产品检验、包装运输和服务等工序或环节的工艺技术要求，以及相关的图纸、工艺说明、检验要求、专项技术方案（措施）等。

从深度上，工艺文件包括厂级、车间级、工位级的工艺文件。其中，工厂级文件重在解决符合性问题，既要满足工程技术规范的要求，还要满足管理的需要；车间级文件重在解决谁来做、何时、何地做的问题，提出不同工序人员及资质要求，装备与工装配置，加工作业要领及加工禁忌，转序条件，检验要求等，对需要多工序加工的工件，应配置流程图，确定工件加工流程，是班组技术交底的依据；工位级文件重在解决如何做的问题，是某一工位人员作业的依据，一定要简洁、明确。各级工艺文件的内容应相互衔接、逐级简化、操作性要强。

从广度上，文件管理体系还应包括技术文件和管理文件，是为确保工艺文件的实施、技术要求的落实、管理的规范等而编制的一系列管理制度，如作业说明、关键岗位人员管理、标识与追溯管理、奖罚措施等。

工艺体系文件包括以下内容：

（1）产品加工工艺规程，包含原材料、加工、包装、发运等相关要求。

（2）各关键工序作业指导书、工艺卡。

（3）产品质量检验规程。

（4）针对本工程特殊要求制定的专项技术措施。

（5）技术管理制度等。

在工程加工前，还需要结合工程材料规格、接头形式、拟采用的焊接方式等，结合已有的焊接工艺评定，评估所需的焊接工艺评定项目，按照 GB 50661—2011《钢结构焊接规范》的要求开展焊接工艺评定，编制焊接工艺卡。还需结合工程的材质、拟采用的热制弯、热矫正工艺，开展热加工工艺试验验证。焊接工艺评定报告、热制弯/热矫正工艺验证试验报告是编制焊接工艺卡，优化热制弯、热矫正工艺的依据，应按规定的流程和要求进行。

实际上，工艺文件体系的构建过程就是形成铁塔加工内控质量标准的过程，正确有效地执行工艺技术文件，就能够严格落实产品技术要求，从而为用户提供高质量的产品。

（三）铁塔加工技术交底

在工程铁塔开始加工前，通过技术交底使参与加工的技术人员和工人，熟悉和了解所承担工程铁塔的结构特点、技术要求、加工工艺、加工难点及工程质量标准，尤其是对铁塔用材、铁塔加工的特殊要求，更是要宣贯到每名参与人员，使之做到心中有数。

技术交底分三级：工程技术负责人向技术及相关管理人员进行工程加工技术交底（必要时扩大到班组长）并做好记录；车间主任等管理人员向班组进行工程技术交底；班组长向工人交底。

工程技术交底主要内容为工程技术要求、产品质量要求、加工的标准和要求、加工注意事项、加工过程中的安全、环境等相关要求。对铁塔加工的禁忌性要求，又称铁塔加工“红线”，对其实行“上墙”管理，有助于作业人员在耳濡目染中牢记这些加工工艺禁忌。

技术交底是一项严肃的管理内容，要有书面的交底记录，参加交底的人员要签字确认，必要时，应有目的地开展相关技术培训与宣贯，以达到全员了解工程铁塔加工的技术要求，尤其是特殊要求，用科学作业代替经验作业、盲目作业。

（四）技术资料管理

铁塔加工技术资料是铁塔企业在完成工程铁塔加工供货过程中所形成的具有保存价值的技术资料，以备查考或移交的图纸（设计图纸、加工图纸、样板等）、各类检验报告、质量证明文件、缺陷及其处理、变更手续等技术文件。技术资料管理就是对这些资料的收集、整理、分类、保管、鉴定、统计和服务等一系列活动的管理过程。

铁塔加工技术资料包含了为完成工程铁塔制造，而用于证明铁塔制造质量的从材料采购、放样、材料使用、零部件加工、焊接、试组装、热浸镀锌到质量检验的全过程的技术文件，还包含相关的合同变更、设计变更等资料。这些资料也是铁塔供货完成后，企业存档或移交用户作为技术档案的原始凭证。

输电铁塔制造技术资料主要包括以下几类：

（1）质量证明文件。质量证明文件是处理质量异议的原始凭证之一，可作为用户收货验货的单据。质量证明文件应包含设计变更单/联系单、质量缺陷处理记录表、产品原材料入厂复检报告、材料、零件的入厂复检报告、零件、原材料监造见证单、第三方检验报告单（若有）、焊缝无损检验报告、一级焊缝第三方检测报告（若有）、试组装检验记录、验收单、防腐处理及其检验报告、产品抽样检验报告以及竣工图等。

（2）产品出厂技术资料。产品出厂技术资料指产品目录、产品样本和产品说明书一类的厂商产品宣传和使用资料。产品出厂技术资料应提供产品合格证、装车清单、监造出厂见证单、产品监造证明（若有）。

（3）归档或移交资料。技术资料归档是决定工程竣工后是否有据可循的重要环节，而收集工作是归档文件整理的重要环节。在归档和移交资料时，要确保产品合格证、供货明细表、产品质量证明书、材料代用清单、产品监造证明（若有）、设计图纸、设计交底文件、铁塔基础明细、加工图纸、竣工图、技术联系单、技术澄清回复单、技术交底记录、螺栓统计表等收集完整。

铁塔技术资料收集必须从工程铁塔生产准备阶段开始，并贯穿于铁塔制造的全过程，直到保质期到期后结束。凡列入工程技术档案的技术文件、资料，都必须经工程负责人正式审定。所有资料、文件都必须如实反映情况，要求记载真实、准确、及时、内容齐全、完整、整理系统化、表格化、字迹工整，并分类归档。严禁擅自修改、伪造和事后补作。工程资料的收发、借阅必须登记、建立工程资料台账。

铁塔技术资料应分类收集，按每种技术资料的产生过程，明确资料归档人员，最终由责任人统一整理、分类归档。

（五）工艺纪律管理

工艺纪律是企业在产品生产过程中，为维护工艺的严肃性，保证工艺的有效执行，确保产品质量和安全生产而制定的有约束性的规定。严格落实工艺纪律，是保证企业有序生产，避免作业人员随意性的重要举措。

通过落实工艺纪律，不仅可以促进企业严格管理，还可以保证工艺技术、工艺文件的有效实施，是确保企业安全生产，制造优质产品的重要手段。尤其是铁塔加工过程中，焊接、热制弯、热矫正等均属于技术复杂而专业性强的工序，其加工后的性能又难于通过直接检测的手段来判定，只能通过过程控制来保证，工艺纪律管理正是确保过程受控的重要手段。

工艺纪律所涉及的内容不仅与作业人员有关，也与技术管理人员、甚至与领导有关。铁塔企业工艺纪律管理至少包括以下几个方面：

（1）铁塔加工技术文件的质量管理。①铁塔加工技术文件要配置齐全，应按照作业工序和内容配置作业文件，如加工图纸（图样、样板等）、技术要求、工艺说明、检验要求等，使得作业人员能够“三按”生产（即按产品图样、按工艺文件、按技术标准进行作业生产）；②铁塔技术文件要正确、完整、统一，有针对性，满足工程铁塔的技术规范要求。

（2）铁塔加工设备和工装的技术状况。铁塔加工设备和工装模具是确保铁塔加工工艺有效实施和稳定生产的物质基础，其技术状况直接决定零件加工质量，如冲孔上下模具、制弯模具、装配工装等。

（3）检验检测量具、仪器设备的技术状况。铁塔零部件的加工质量、焊接质量、试组装质量、热浸镀锌质量等，一般均需通过相关的量具、检测仪器设备来检测，因而其技术状况直接影响检测结果和评判，确保检验检测设备的计量周检率、合格率是确保检测结果准确可靠的一项重要举措。

（4）材料、工序流转的严肃性。随着输电电压等级的提高和用地节约化，铁塔荷载不断增大，铁塔用材日益复杂化；我国地域环境、气候条件的多样性，对铁塔加工提出了越来越多针对性的要求。实行首工序复核制度，强化工序检验制度，是确保铁塔用材材质、规格正确，防止不合格零件、半成品转入下道工序的有效保障。

（5）作业人员执行工艺的严肃性。作业人员刚性执行工艺，遵守工艺纪律是确保铁塔加工质量的根本性要素，为此，加强技术培训，开展良好工艺习惯养成教育，对特殊岗位人员实行操作证制度，提升作业人员技术水平和熟练程度；实行工艺纪律监督检查，使之按工艺文件作业替代以经验作业，以规范化作业代替随意作业；实行 4S 管理，强化文明生产；实行首检、自检、互检、专检等，确保产品加工质量等，都是促使作业人员严格执行工艺纪律的有效手段。

开展工艺纪律监督检查是保证铁塔产品在生产过程中工艺和标准得以贯彻执行的一个重

要手段，工艺检查的内容包括：生产过程中是否执行了首检制度；制孔标准是否符合工程技术要求；焊接参数是否与评定报告一致；热加工、热镀锌参数是否符合工艺规范；下料方式是否满足工程技术规范要求等。

工艺纪律检查一般分为企业、车间、班组（工序）三级。铁塔企业工艺纪律检查由工艺，质检、技术、车间等部门人员组成工艺纪律检查小组，每月依照各工序检查表格进行检查并对检查结果进行汇总，如有不符合工艺纪律要求的，由工艺纪律检查小组开具《工艺纪律整改通知单》，要求限期整改，整改完毕后，各项表格文件由技术部按文件要求归档。

若相关部门对工艺纪律检查结果有异议，可在开具《工艺纪律整改通知单》之日起三日内向工艺纪律检查小组提出，并附《工艺纪律检查结果异议书》，说明异议理由。经复查，确为检查结果评判错误的，可撤销评判结果和《工艺纪律整改通知单》。

若对现行工艺规定有异议的，可在开具《工艺纪律整改通知单》之日起三日内向技术部提出，并报工艺纪律检查小组备案。确需修改工艺的，按修改后的工艺评判。不需修改工艺的，维持原有评判结果。

（六）设备与工装模具管理

1. 设备管理

在铁塔制造过程中，需要用到大量的加工设备，加工设备既是企业的重要资产，也是企业生产力的重要组成部分，更是铁塔企业赖以从事生产经营活动的重要工具和手段。尤其是在大力推进智能制造的背景下，铁塔制造装备水平更是反映铁塔企业加工能力和市场竞争力的一项重要标志。因此，管好用好铁塔加工设备，提高设备管理水平，对促进铁塔企业技术进步和降本增效有着十分重要的意义。

企业设备管理的基本任务是对企业主要加工设备的选型、购置、安装、使用、维修、保养、改造，直至报废、更新的全过程进行管理，以期达到在设备全寿命周期内费用最经济、综合产能最高。

设备管理分为自有设备管理和租赁设备管理。其中，自有设备管理主要包括：使用计划、设备选型与采购管理、设备台账管理、设备使用与保养管理、设备改造管理、机械费核算等；自有设备按照设备折旧费率、使用台班进行机械费核算。设备租赁管理主要包括：租赁计划、租赁合同管理、设备进场与退场管理、租赁费用结算与支付等；租赁设备按照租赁时间和租赁单价核算机械租赁费用。因而，自有设备使用费和租赁设备的租赁费共同构成铁塔制造成本中的机械费用。

设备管理流程见图 8-2。

设备管理的内容包括以下几方面：

（1）设备的选型与采购。企业应根据生产需要，依据设备的技术先进性、经济合理性原则进行选型，通过技术经济论证和评价，选择最佳方案。目前，铁塔企业对多功能复合型铁塔加工设备、全自动焊接设备、智能型加工设备有强烈而迫切的需求。

（2）设备使用。针对设备的特点和生产安排，正确合理地使用设备，提高设备利用率，延长设备使用寿命。这是铁塔企业降本增效的一种重要手段。

（3）设备的维护、保养和修理。这是设备管理的中心环节。企业要合理制订设备的维护、保养和修理计划，合理科学地进行定期检修与保养，尽可能降低设备的维保修费用。

（4）设备改造与更新。铁塔企业应根据生产经营的规模、铁塔产品的种类和质量要求，

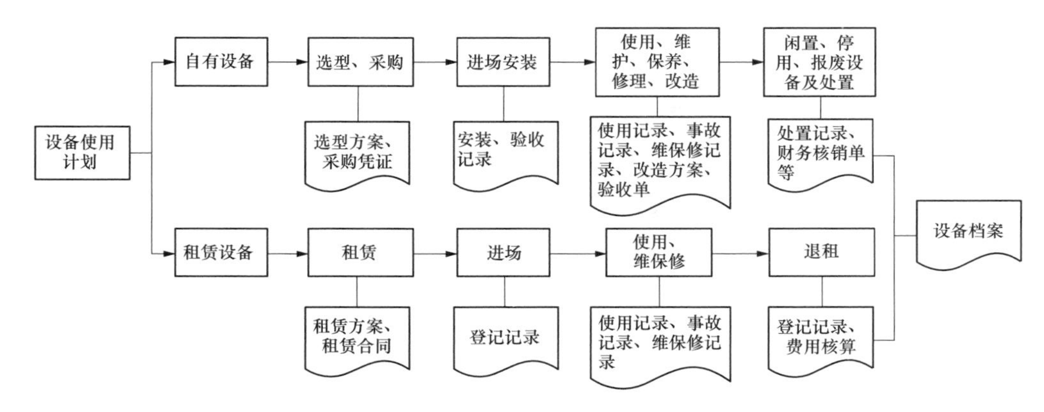

图 8-2 设备管理流程

有计划、有重点地对现有设备进行改造与更新，尤其是要在建设数字化车间、智能车间的过程中，通过“哑设备”改造，提升设备的智能化水平。

（5）设备的日常管理。①做好设备台账管理和技术资料管理，建立设备档案，包括设备采购单、进厂验收单、设备安装记录单、设备修理卡片、定检记录、设备的全套图纸、说明及检修工艺文件与记录等，设备档案是保证设备正确使用、对设备进行检查和维护修理的重要依据，按照数字化车间建设要求，设备档案需要数字化；②做好闲置设备、长期停用设备、报废设备的管理，通过出租、有偿转让、废旧物资处置等手段，挖掘设备残值和效益；③做好设备的事故处理，设备的非正常损坏造成的效能降低或不能使用都属于设备事故，企业应采取积极有效措施，预防设备事故的发生；④做好设备管理评价，从技术性和经济性两个方面，对设备进行评价。

2. 工装模具管理

铁塔制造相关常规工装模具包括冲头、钻头、冲孔凹模、点焊定位模具、开合角模具、制弯模具等。模具的管理包含模具的采购、设计、加工、质量验收、保管、使用、报废等全过程。

（1）应结合工程实际和加工需要，开展常用的工装模具、点焊模具、开合角模具、制弯模具的设计、加工图纸绘制，并落实模具的加工。

（2）日常使用的模具（工装模具、点焊模具、开合角模具、制弯模具）应进行日常维护保养，定期检查，建立加工模具的台账，做好使用和报废、更换记录。

（3）对于冲头、凹模、刀片等易耗备品，应对购买的模具进行检验并记录，并应加强库存管理。

（4）成立开发小组，按照提高加工效率、降低生产成本的原则进行工装模具设计，提出设计方案后应进行充分的论证。在批量加工前应由总工或技术、质量负责人进行组织验收，完成开发设计后应将设计图纸存档。

（七）计量管理

凡存在计量活动的地方，都离不开计量管理。计量管理是铁塔企业技术管理和质量管理的基础，直接体现着铁塔企业的技术管理水平。

铁塔企业计量管理工作的主要对象是检测数据、检测过程和检测设备。企业开展计量管理工作的目的是获得准确可靠的检测数据，这是正确判定铁塔零部件加工过程和产品质量的

主要依据。在铁塔质量检验中，有诸多的检验项目和检验试验方法，每个项目又有规定的取样位置、取样数量和取样方法，有规定的检验流程、检验方法、检验设备、检验环境条件和人员要求等，因而，要获得准确可靠的检测结果或测量数据，均需要检测过程予以保证，因而，检测过程是计量管理的关键环节。检测设备是为了实现各种检测项目、检测过程所必需的仪器、软件、试样、标准物质、辅助设备的组合，如焊缝的超声波检验，不仅需要超声检测仪器，还需要超声波探头、标准试块；冲击试验不仅需要冲击试验设备，还需要标准试样、环境箱等附属设备等。统计表明，在检测结果的测量不确定度中大约有70%来源于检测设备，因此，检测设备是计量管理工作的基础。

企业计量管理工作的内容主要包括：

（1）人员管理。企业应保证所有的计量工作都由具备相应资格、受过培训的人员来实施，并有人对其工作进行监督。企业计量人员的配备应与企业生产要求相适应，人员结构要合理，人员素质要高，能满足各类计量活动的要求。

（2）计量器具管理。检测设备是检测过程中决定检测数据准确可靠的关键因素，必须做好计量器具的定期检定工作，做好计量器具的日常维护和定期送检，以及停用、封存、报废管理等，确保检测设备的有效使用。

（3）计量器具管理台账。计量器具台账是开展计量器具管理的基础，铁塔企业不仅要有企业级台账，还要结合计量器具的使用场所，归口使用单位等建立分台账。台账内容至少应包括计量器具名称、型号规格、编号、数量、制造单位、检定周期、最近检定日期、下次检定日期、检定单位、器具状态、使用部门、责任人等。计量后应在计量器具的明显部位粘贴或悬挂检定标签，做到与台账相符。

（八）科技管理

铁塔制造过程中的科技管理工作主要是相关研发项目的管理和协调工作，包括立项、审批、过程控制、验收、奖励、后续成果的应用推广工作。研发项目立项方向一般包括铁塔制造新技术、新工艺研发，新材料、新设备应用、信息化技术、智能制造技术应用等方面。科技成果引用、消化、吸收、创新及产业化工作。同时科技管理工作内容还包括以下几方面：

（1）企业的科技发展战略规划制定，企业的科技管理体系搭建。

（2）省级、国家级企业技术中心，工程技术研究中心等科研平台申报、管理、维护。

（3）企业科技成果鉴定及科技奖励申报，专利挖掘、申报、维护、管理工作。

（4）企业标准化建设和管理工作，参与国家、行业、社会团体的产品标准、技术标准的起草和修订，企业技术标准体系建立、产品标准实施评价、技术标准管理等工作。

（5）国家高新技术企业、中小型科技企业等申报和维护工作。

二、管理制度

技术管理制度是技术管理所遵循的规程和行动准则，是技术管理体系的重要组成部分，是技术管理体系运行的基础。输电铁塔制造技术管理制度一般包含图纸自审制度、技术交底制度、技术复核制度、科技开发和推广应用管理制度、技术标准管理制度、工程技术档案制度等。

（一）图纸自审制度

图纸审查是铁塔制造前的重要环节，通过图纸自审可以领会设计的意图、识别工程加工的特殊点，并可以提前发现设计结构存在的问题，在设计交底会时提出并解决，为后续顺利加工打好基础。图纸自审制度的设立可以保证图纸审查的质量和效率，主要是由技术部负责人负责组织。在接到图纸后，组织有关人员及有经验的工人进行自审，提出各专业自审记录，再进行内部会审，意在弄清设计意图和工程的特点及要求。

在图纸自审过程中，应注意各塔型设计图纸卷册内容是否完整，对于加工说明、设计总说明、平面图所标注坐标、绝对标高等关键信息规定是否明确，检查平面图、大样图等是否相互对应，无任何矛盾，若发现问题或存在可优化之处，先行做好记录，待设计交底时提交并讨论解决。

（二）技术交底制度

铁塔制造技术交底指在设计交底之后，在工程正式加工前，其目的是通过技术交底使参与加工的技术人员和工人，熟悉和了解所承担工程加工任务的特点、技术要求、加工工艺、工程难点及加工操作要点以及工程质量标准，做到心中有数。

技术交底制度应明确交底的范围、内容和形式。技术交底一般分三级：工程技术负责人向工程技术及管理人员进行交底并做好记录；加工车间主任向班组进行交底；班组长向工人交底。

1. 技术交底的要求

（1）要领会设计意图，满足设计图纸和变更的要求，执行和满足标准规范、质量评定标准和客户的合理要求。

（2）对易发生质量事故和安全事故的工序，在技术交底时，应着重强调各种事故的预防措施。

（3）技术交底必须以书面形式，交底内容字迹要清楚、完整，要有交底人、接受人签字。

（4）技术交底必须在工程加工前进行，作为整个工程加工前准备工作的一部分。

（5）技术交底记录的归档，实行谁负责交底，谁就负责填写交底记录并负责将记录移交给资料员存档。

2. 技术交底的内容

在技术交底的过程中，应明确以下几个内容：

（1）工程塔型、数量、交货期。

（2）工程脚钉布置、防盗要求、挂点形式、线路“三牌”（指杆号牌、警示牌和相序牌）布置等工程技术要求。

（3）螺栓、脚钉防松形式、防盗形式、高度等附件技术要求。

（4）焊接工艺、焊缝质量等级、镀锌、制孔、制弯、包装等各工序的加工工艺与技术要求，加工工艺禁忌等。

（5）初次采用的新结构、新技术、新工艺、新材料及新的操作方法以及特殊材料使用过程中的注意事项。

（三）技术复核制度

铁塔制造技术复核主要是对加工图纸与设计图纸、加工图纸与技术要求之间进行校核。技术复核是保证加工图纸正确性、产品质量保证的重要手段。技术复核制度需要对复核的内容和流程做出规定。

1. 技术复核的内容

在工程加工过程中，对重要的和影响较大的技术工作，必须在正式加工前进行复核，以免发生重大差错，影响铁塔质量和使用，当复核发现差错及时纠正后方可开工。

技术复核主要包括以下几个方面：

（1）塔型呼高、组成段别，数量、主要控制尺寸，主材准线复核。

（2）腿部图纸根开与基础根开尺寸复核。

（3）各身段连接口宽尺寸、塔脚孔径及位置、挂线孔孔径及位置复核。

（4）脚钉布置、螺栓形式等工程技术要求复核。

（5）设计变更执行和落实。

2. 技术复核的方式

技术复核记录由工程负责人填写，技术复核记录应有技术专责的自复核记录，并经工程负责人校核和签字。技术复核记录必须在加工完成前。技术复核记录由工程负责人负责交资料员，资料员收到后应进行造册登记后归档。

（四）科技项目管理和成果推广应用制度

科技项目管理制度应明确科技项目立项、实施、验收的相关要求及流程，明确科技项目管理、成果推广应用的主体责任部门。

（1）科技项目和成果管理由企业科技管理部门负责，由总工程师主持并负责组织编制成果推广应用计划，落实推广应用的责任人及要求完成时间等，并组织实施。

（2）技术部负责人、科技项目负责人参与科技开发和成果推广应用计划的编制，并负责解决科技开发和科技推广项目所需的经费和人员。

（3）科技管理、工艺、焊接工程师等人员协调技术部负责人编制科技开发和推广应用计划，并参与实施工作，协助技术部负责人、技术员解决实施过程中出现的技术、质量问题，负责对实施中有关技术资料的收集及整理工作，并进行总结。

（五）技术标准管理制度

铁塔制造过程中需要遵循多种相关标准，其中包括设计标准、制造加工标准、质量检验标准、施工验收标准等。在工程铁塔加工过程中，要配备齐全所需的各种技术标准，并定期开展标准实施评价工作，确保所用标准的有效性。

在工程铁塔加工前，应在识别工程铁塔技术规范的基础上，结合标准实施评价情况，梳理、修订工艺技术文件，构建工程铁塔加工的内控标准体系。

制定技术标准管理制度，明确技术标准管理主体，能够更好地保证标准的实施。技术标准管理制度应明确以下内容：

（1）结合工程实际，建立技术标准体系，编制技术标准目录。

（2）标准管理工作由技术部牵头负责，由技术专责和科技专责联合完成。

（3）工程所需的各类规范、标准，根据编制的技术标准目录配齐，保证满足工程需要。

（4）当某标准作废时，管理人员应及时通知有关人员，防止作废标准继续使用。

（六）工程技术档案管理制度

工程技术资料是为工程加工提供指导和加工质量、管理情况进行记载的技术文件，也是竣工后予存查或移交建设单位作为技术档案的原始凭证。规范工程技术档案管理，建立工程技术管理制度十分重要。

工程技术档案管理制度必须明确工程技术档案管理时间范围：从生产准备开始，就建立工程技术档案，汇集整理有关资料，并贯穿于工程加工的全过程，直到质保期后结束。

工程技术档案管理方式：工程技术档案管理必须专人负责，凡列入工程技术档案的技术文件、资料，都必须经各级技术负责人正式审定。所有资料、文件都必须如实反映情况，要求记载真实、准确、及时、内容齐全、完整、整理系统化、表格化、字迹工整，并分类装订成册。严禁擅自修改、伪造和事后补作。

第三节 技术管理关键环节

一、工作计划管理

（一）工作计划的编制

工作计划是对技术工作的纲领性文件，文件的内容具有全局性、逻辑性、准确性。所谓全局性是指计划覆盖所有的工程项目；逻辑性是指计划的安排应根据工程的总体进度要求及工作时长需求，合理安排工作顺序；准确性是指工作的计划时间节点应准确，具有指导意义。

工作计划是面向工程管理人员（如工程负责人、技术组长）对工程作出宏观决策的技术性文件，工作计划由主要部门领导和技术专责编制。

按编制对象的不同，工作计划分为以下几类：包含所有工程的整体计划、重要工程的单项工程计划、工程量下发计划等。

1. 工作计划编制前的准备工作

为编制合理实用的工作计划，应做好以下几项准备工作：

（1）查看工程任务单。明确工程任务内容，如工程名称、塔型、基量、加工标准、交货期等。

（2）初步审查设计图纸。了解塔型结构，段别数量，主要材料类型、材质等。

（3）技术交底文件。了解工程加工技术要求，如加工标准、焊接要求、螺栓配置等。

2. 工作计划编制原则

工作计划编制应遵循以下原则：

（1）时间原则。工作计划应能满足工程任务交货期要求，充分考虑现有工程任务量，做好时间规划。

（2）全局原则。统筹全局，组织好制图协作，分批、配套、有序地进行制图。

（3）合理性原则。科学合理制图顺序，充分利用工作时间差，缩短制图周期。

3. 工作计划的主要内容

一般包括以下内容：

（1）工程概况。主要包括任务单号、工程类型、工程名称、图册名称、工程基量、段别组成等。

（2）任务分工。明确每一部分的工作由谁负责，如原材料备料、放样制图、加工清册、螺栓采购等。

（3）时间要求。在明确工程整体进度要求的基础上，细化各工序的完成时间。

（二）工作计划的调整

当遇到特殊工程需要加急完成的情况下，应当迅速对工作计划做出调整，推迟有时间富余量的工程，抽调技术员优先完成紧急任务。

二、图纸审核与设计变更

（一）图纸审核

图纸审核的目的是使相关工程管理人员熟悉设计图纸，了解工程特点和设计意图，找出需要解决的技术难题，并制定解决方案；解决图纸中存在的问题，减少图纸的差错，将图纸中的质量隐患消灭在萌芽之中。

图纸审核在接到任务通知单及蓝图后进行，由工程负责人组织，各制图组长、工艺专责等参与审核。针对各方面审核发现的问题和建议，从设计优化、加工便利、质量保障等方面进行讨论，并形成图纸审核记录，随后与设计方进行沟通协商处理。

图纸审核的关键点有以下几项：

（1）结构信息：如结构类型和整体尺寸、材料类型及最大最小规格、材质等。

（2）加工要求：如加工标准、焊缝质量要求、防腐要求等。

（3）图纸缺陷：如尺寸矛盾、明细与图纸信息不一致、总图与详图不一致等。

（4）结构缺陷：如节点的零件布置空间不便加工或无法加工。

（5）非常规要求：工艺或质量要求与常规生产标准不一致，相互矛盾或超出常规生产技术要求等。

（6）加工可行性：根据铁塔企业的加工能力，对设计采用的技术、结构、材料、工艺等进行评估加工可行性。

（二）设计变更

设计变更是设计单位对蓝图或其他设计文件所作的修改说明，通常以设计变更通知单的形式出现，有时为表达清楚也会附有图纸。

1. 设计变更的分类

按照变更程度与内容的不同设计变更分为以下三类：

（1）小型设计变更。不涉及变更设计原则，不影响工期、质量、安全和成本，不影响整洁美观，且不增减合同费用的变更事项。如图纸尺寸差错更正、原材料等强换算代用、图纸细部增补详图、图纸件矛盾问题处理等。

（2）一般设计变更。工程内容有变化，有费用增减，但还不属于重大设计变更的项目。

（3）重大设计变更。变更设计原则，变更系统方案，变更主要结构、布置，修改主要尺寸和主要材料等设计变更项目。

设计变更是一项严肃的工作，由设计单位提出的设计变更应严格落实；由铁塔企业提出的设计变更，应通过联系单提交设计单位确认，确认后方可按设计单位确认的方案落实变更内容。

2. 设计变更执行流程

根据设计变更的类别，设计变更的执行流程如下：

（1）小型设计变更。由工程负责人接收，审核变更内容，确认无误后签章回复设计方。随后交由对应技术员进行相应技术更改，若原有技术资料已下发车间或其他部门，则应开具技术联系单进行告知，并替换技术资料。

（2）一般设计变更。除小型设计变更的相应处理外，还需要经过技术部门负责人的审核确认。

（3）重大设计变更。除技术部门的以上处理方案外，还需要通知营销、物资、工艺、技术、车间等相关部门，并经认可或集中讨论通过。

三、技术交底

（一）技术交底的目的

技术交底是依据工程技术要求对加工工艺措施进行交底。主要针对工序的操作工艺、规范要求和质量标准进行明确、具体化，是一线人员进行加工操作的依据。

技术交底面向的对象是车间管理人员、班组长及一线工人，技术交底由工程负责人进行编写，是对工程技术要求的进一步细化，反映了车间操作的细节和要求。

技术交底是加工工艺的具体化，必须突出可操作性，让一线的作业人员按此要求去加工，不能生搬规范、标准原文条目，不能写“符合规范要求”之类的话，而应根据工程要求将加工工艺、加工标准参数化，把规范的具体要求写清楚，如尺寸控制要求值、焊缝质量等级等。

（二）技术交底注意事项

要严格落实技术交底制度，落实三级交底要求，不同级别的交底内容有所不同，由企业级、车间级、班组级应逐级简化、可操作化。交底时应把工程概况、结构形式分析、加工标准、焊缝等级要求、材料情况、防腐要求、钢印追溯规则、特殊工艺要求、加工红线等交代清楚，使全体人员了解铁塔的相关技术要求。

交底后应有交底记录，参与交底的人员应签字。

四、工艺管理

（一）工艺管理的范围

铁塔制造工艺是铁塔制造活动的加工指南、检验指南，贯穿于生产制造的每一个环节，从原材料采购、技术制图、零部件加工、装配焊接、试组装、防腐直至运输发货。

工艺管理是企业技术管理的重要组成部分，是企业技术管理的核心。铁塔制造工艺管理主要分为产品工艺性审查、编制加工方案、工艺技术文件编制与管理、工艺验证与定型、现场工艺管理、工艺标准化等。

（1）产品工艺性审查。由工艺专责在产品投标前或正式加工前，对产品结构、材料进行工艺性审查。所谓工艺性，是指设计的产品结构及材料，在一定的生产条件下（如生产规模、设备、工艺及经过努力才可以创造的条件等）制造的可行性和经济性。

（2）编制加工方案。工艺性审查完成后，应当策划和编制加工方案，它规定了铁塔加工所采用的设备、工作、用量、工艺过程及其他工艺因素。加工方案是工艺准备工作的总纲，也是进行工艺设计、编制工艺文件的指导性文件。若工程铁塔有特殊加工要求，或存在加工技术难点，还应编制专项技术方案。

（3）工艺技术文件类型。工艺技术文件是企业技术管理的文件，也是开展工艺工作的依据，主要用于指导工人操作和用于生产、检验、工艺管理。工艺技术文件既包括各类图纸、各工序工艺文件、工艺装配图、原材料和工器具、检验规程、工艺卡、记录表单等，还包括技术管理规定、措施等。

（4）工艺验证。工艺验证是在新产品、新材料、新工艺的正式加工前，对预定工艺能否达到产品设计要求所进行的一系列验证工作。工艺验证的依据有产品设计图及技术文件、相关技术标准、预编的文件方案等。工艺验证应尽可能地接近实际产品制造，条件允许的情况下可进行同产品试制。

（二）工艺管理的内容

工艺管理的主要内容包括工艺技术服务、工艺纪律监督等。其主要内容包括：

（1）对操作人员进行良好工艺习惯养成教育，对车间作业人员，尤其是关键岗位人员进行工艺技术培训和技术指导。

（2）保证所提供的工艺文件的齐全、正确和统一，保证工艺装备的质量和可靠性。

（3）各职能部门和辅助部门都应按照技术标准、设计图样和工艺文件的要求，为生产做好准备工作和服务工作。

（4）协调工艺人员、操作人员与现场管理人员的关系。

（5）及时发现工艺设计、工艺文件中的问题，并通过一定的程序予以解决。

（6）开展工艺纪律监督，严格落实工艺参数、工艺要求。

（三）工艺标准化

工艺标准化即工艺规程标准化，又称工艺规程典型化，是从研究产品结构形状和加工工艺着手，把具有相似的结构形状特征或加工工艺特征的零件归并在一起，研究其工艺上的共同特性，结合企业的实际生产技术条件，找出比较先进的工艺方案，形成指导生产的通用化的工艺文件。

铁塔加工工艺文件标准化，是运用标准化手段，对铁塔加工的工艺类型、工艺参数、工艺文件等实现标准化，并保证工艺文件的成套、完整和统一的标准化工作。铁塔企业应根据自身的产品特点、专业化程度、设备和人员的技术水平等不同条件，制定出适合本企业使用的工艺文件。同时应根据产品结构的改进，生产工艺的改进，国家标准、行业标准的更替等进行及时的更新。

五、技术资料管理

（一）开展技术资料管理的意义

技术资料是指在工程铁塔制造过程中所形成的各种形式的技术信息与记录。做好技术资料管理至少具有以下方面的意义：

（1）按照规范的要求整理而成的完整、真实、具体的工程技术资料，是工程完工验收交付的必备条件。

（2）一个质量合格的工程必须要有一份内容齐全、原始技术资料完整、文字记载真实可靠的技术资料。

（3）工程技术资料为工程的检验、维护、改进等提供可靠的依据。

（4）铁塔加工技术资料是输电线路工程开展验评工作和工程评优的重要组成部分，铁塔加工与产品质量技术资料是其中的重要一项内容。

（5）做好技术资料管理是工程管理的重要内容，完整无缺的技术资料是铁塔企业服务于工程项目的重要载体。

（二）技术资料类型

1. 按文件形式分

（1）纸质签章版资料，如设计蓝图、工程规范书、外部联系单等。

（2）纸质签字版资料，如内部联系单、会议纪要、技术交底、加工图纸等。

（3）电子签章版资料，经签章后的纸质文件扫描而成的文件，如PDF、照片等。

（4）电子签字版资料，经签字后的纸质文件扫描而成的文件，如PDF、照片等。

（5）电子非签章资料，如CAD、Word、Excel等可编辑文件。

（6）其他电子资料，如微信聊天截图、电子邮件、非文件性照片等。

2. 按文件流转方向分

（1）铁塔企业与设计方之间的资料，如设计蓝图、工程规范书、联系单、会议纪要等。

（2）铁塔企业与业主方的资料，如合同、订单、会议纪要等。

（3）铁塔企业与施工现场的资料，如安装图、产品清单等。

（4）铁塔企业与监理方的资料，如会议纪要、联系单、出厂见证单、产品监造证明等。

（5）铁塔企业内部的资料，如加工图、工艺文件、加工清单、联系单、会议纪要等。

所有的技术资料都是在工程铁塔制造过程中形成的，每一项技术工作内容都应当形成技术文件，根据其使用情况及法律有效性等，进行签字、盖章、发送、归档。企业内部的文件流转一般以签字版为主，与企业外部的文件流转至少应签字确认，必要时应当加盖公章。

资料的归档应在工程项目全部完成后进行，将铁塔制造过程中形成的文件加以整理，按规定存档至档案室。归档资料必须完整、准确、系统，能够系统反映工程铁塔制造的全过程。资料应经过分类整理，并应组成符合要求的案卷。

第四节 铁塔制造中的工艺验证试验

一、焊接工艺评定

（一）焊接工艺评定的概念

1. 定义

焊接工艺是指与制造焊件有关的加工方法和实施要求，包括焊前准备、材料选用、焊接方法、焊接参数和操作要求等（GB/T 3375—1994《焊接术语》的定义）。因而焊接工艺评定（WPQ）简单地说就是对制造焊接产品所采用的加工方法、实施要求进行评定的过程，一般是指为确保焊接接头的性能能够满足产品设计要求，按相关的焊接工艺预规程（PWPS），对拟定的焊接工艺进行评定的过程。

DL/T 868—2014《焊接工艺评定规程》给出的焊接工艺评定的定义是：为验证所拟定的焊件焊接工艺的正确性而进行的试验过程及结果评价。因而，焊接工艺评定属于验证性试验，一般在焊接性试验之后，于正式生产前进行。

由于焊接工艺评定是企业的一项重要的质量保证活动，因此必须对其进行规范，目前国际标准采用ISO 15607：2003《金属材料焊接工艺规范和评定 通则》，我国GB/T 19866—2005《焊接工艺规程及评定的一般原则》等同采用了该标准。由于行业的不同，焊接产品制造特点、服役条件的差异，目前，我国有多个焊接工艺评定标准，输电铁塔行业一般按照GB 50661—2011《钢结构焊接规范》进行评定。

2. 重要性

输电铁塔结构中的焊接节点和焊接接头不可能进行现场实物取样检验，为保证铁塔焊接质量，必须在工程铁塔加工前进行焊接工艺评定，依此确定焊接工艺的适宜性。

焊接工艺评定是输电铁塔制造工作中十分重要的一环，是确保铁塔焊接质量的关键环节，也是铁塔企业技术管理的重要组成部分。焊接工艺评定的水平是评定单位焊接技术能力的综合体现，综合反映铁塔企业的焊接能力和质量水平。通过焊接工艺评定，可以制定合理的焊接工艺，是生产高质量输电铁塔的基础。

3. 目的

焊接过程中，影响焊接质量的因素很多，尤以使用的焊接工艺是否正确、合理影响最大。通过焊接工艺评定，可以针对输电铁塔用钢，以及铁塔企业所使用的焊接方法，采用科学的检验手段验证焊接接头的性能是否满足产品质量要求，从而制定科学合理的焊接工艺文件，指导焊工的焊接工作。其目的主要有以下几个方面：

（1）验证企业所拟定的焊接工艺的正确性。在进行焊接工艺评定时，需要按照拟定的焊接工艺（PWPS）焊接试件，然后对其进行力学性能、理化检验、无损检测等，以此判断所使用的焊接工艺是否正确。

（2）评价企业能否焊出符合标准的焊接接头。焊接工艺评定过程涉及对“人、机、料、法、环、测”六大质量管理要素的控制，能够检验铁塔企业是否有能力焊接出符合产品质量要求的焊接接头，在一定程度上反映出铁塔企业质量管理水平。

（3）为制定正式的焊接工艺指导书或焊接工艺卡提供可靠的技术依据。经过焊接工艺评定的各类检验、试验，可以确认拟定的焊接工艺的正确性，在此基础上，依据焊接工艺评定报告，结合铁塔焊接结构特点，编制焊接工艺卡，指导工程铁塔的焊接工作。

（二）焊接工艺评定的流程

1. 技术流程

（1）提出焊接工艺评定的项目。进行焊接工艺评定前，需要先结合已有的评定项目和输电线路工程铁塔的用材、规格情况，结合企业焊接设备状况、焊工合格项目、铁塔的焊接接头类型等进行焊接工艺评定的评估，确定具体的“评定项目”，以避免重复评定、无效评定。

评定项目一般由“钢材-焊接材料-规格/厚度-焊接方法-接头类型-焊接位置-附加信息（如衬垫等）”组成。

（2）草拟焊接工艺评定方案。收集钢材的成分、性能资料，尤其要收集钢材的碳当量、冷裂纹敏感性指数等数据，必要时，还需要收集钢材的相变温度（如 A_{C1}、A_{C3} 等），甚至需要进行钢材的焊接性试验。在此基础上，结合以往经验和已有的资料，草拟出焊接工艺评定方案——预编焊接工艺规程（又称 PWPS），这是进行焊接工艺评定的前提和基础。

（3）编制焊接工艺评定报告。通过焊接工艺评定的实施，在评定合格后，形成焊接工艺评定报告（PQR），该报告既是评定过程的真实写照，也是对前期所拟定的 PWPS 正确性的一种验证，并确认企业能够焊出符合标准要求的焊接接头。

（4）编制适合工程使用的焊接工艺卡。依据评定合格的 PQR，可以编制出焊接工艺规程（WPS），以此为基础，结合铁塔制造过程中所用的焊接方法、采用的焊接接头、焊接位置等，编制出用于指导工程焊接作业的焊接工艺卡。因此，一份焊接工艺评定可以编制多份的焊接工艺卡，也可由多份焊接工艺评定编制一份焊接工艺卡。

焊接工艺卡格式参见表 8-2。

表 8-2 焊接工艺卡

<table>
<tr><td colspan="2">工程名称</td><td colspan="6"></td></tr>
<tr><td colspan="2">铁塔制造单位</td><td colspan="6"></td></tr>
<tr><td colspan="2">塔　　型</td><td colspan="2"></td><td colspan="2">工艺卡编号</td><td colspan="2"></td></tr>
<tr><td colspan="2">材　　质</td><td colspan="2"></td><td colspan="2">规　　格</td><td colspan="2"></td></tr>
<tr><td colspan="2">焊接工艺评定编号</td><td colspan="6"></td></tr>
<tr><td colspan="2">接头特征标识*</td><td colspan="2"></td><td colspan="2">焊接方法*</td><td colspan="2"></td></tr>
<tr><td colspan="2">焊接设备型号</td><td colspan="2"></td><td colspan="2">电源及极性</td><td colspan="2"></td></tr>
<tr><td colspan="2">工艺卡适用范围</td><td colspan="6"></td></tr>
<tr><td colspan="2">焊接材料型号与规格</td><td colspan="6">焊条：　　焊丝：
焊剂：　　保护气体：
烘干要求：</td></tr>
<tr><td colspan="2">焊工要求</td><td colspan="6"></td></tr>
<tr><td colspan="4">坡口及组对示意图：</td><td colspan="4">组对技术要求：
1. 组对间隙：
2. 定位焊接人员：
3. 组对焊接材料：
4. 定位方法：
5. 组对后检验要求：</td></tr>
<tr><td colspan="4">焊道分布与焊接顺序示意图：</td><td colspan="4">焊接技术要求：
1. 焊前清理：
2. 层间清理：
3. 清根：
4. 预热：
5. 焊后缓冷：
6. 焊后热处理：
7. 其他要求：</td></tr>
<tr><td colspan="8">焊接工艺参数</td></tr>
<tr><td>道次</td><td>焊接方法</td><td>焊材直径
mm</td><td>气体流量
L/min</td><td>焊接电流
A</td><td>焊接电压
V</td><td>焊接速度
cm/min</td><td>备注</td></tr>
<tr><td>打底</td><td></td><td></td><td></td><td></td><td></td><td></td><td></td></tr>
<tr><td>中间</td><td></td><td></td><td></td><td></td><td></td><td></td><td></td></tr>
<tr><td>盖面</td><td></td><td></td><td></td><td></td><td></td><td></td><td></td></tr>
<tr><td colspan="8">焊后检验</td></tr>
<tr><td colspan="2">检验类别</td><td colspan="2">检验比例</td><td colspan="4">检验内容</td></tr>
<tr><td colspan="2">焊工自检</td><td colspan="2"></td><td colspan="4">外观质量、焊缝尺寸</td></tr>
<tr><td colspan="2">质检员检验</td><td colspan="2"></td><td colspan="4">外观质量、焊缝尺寸</td></tr>
<tr><td colspan="2">无损检测</td><td colspan="2"></td><td colspan="4">内部质量</td></tr>
<tr><td>编制</td><td></td><td>日期</td><td></td><td>审核</td><td></td><td>日期</td><td></td></tr>
</table>

* 接头特征标识由接头类型一熔深符号+焊缝类别符号组成。其中，接头类型：B—对接接头；C—角接接头；T—T 形接头。熔深符号：P—部分熔透；U—完全熔透。焊缝类别：1—I 形坡口；2—单面 V 形坡口；3—双面 V 形坡口；5—单面 U 形坡口；6—双面 U 形坡口。

示例：B-U3 表示采用双面 V 形坡口的全熔透的对接接头。

T-P1 表示采用 I 形坡口的部分熔透的 T 形接头。

T-BC-P3 表示采用双面 V 形坡口的部分熔透的对接与角接组合接头。

** 焊接方法：SMAW—焊条电弧焊；GMAW—熔化极实心焊丝气体保护焊；FCAW—药芯焊丝电弧焊；SAW—埋弧焊；GTAW—钨极氩弧焊

2. 实施步骤

(1) 成立工艺评定的临时组织机构。

该机构一般由铁塔企业技术负责人担任组长，负责评定方案、报告的审批，评定过程的组织协调；由焊接技术管理人员负责评定方案、报告、工艺文件的编制，评定过程的组织实施、记录汇总，评定后工艺卡的编制等。

参与评定的人员与职责：

1) 材料管理人员：负责提供钢材、焊材及其质量证明书资料。

2) 焊工：承担焊接工艺评定试件的施焊工作。

3) 质检人员：负责评定实施过程中“人、机、料、法、环、测”各因素的质量保证，尤其要负责评定用钢材、焊材、试件加工质量的确认；焊接参数的监督、记录；焊件的外观质量检验；焊件内部质量检验、焊接接头力学性能试验、理化试验过程监督与结果的确认等。

4) 理化与无损检测人员：负责钢材、焊材、焊接试件的检验工作。

(2) 焊接工艺评定的实施条件

当同时满足下列要求时，可以进行焊接工艺评定的实施工作：

1) 完成了已有评定项目的评估，确定了需要进行焊接工艺评定的具体项目；

2) 成立了评定临时机构，相关人员已经到位，且满足要求；

3) 编制完成焊接工艺评定方案 (PWPS)，并对相关人员进行评定技术交底；

4) 评定用钢材、焊材来源清楚，可追溯，有质量证明文件，并完成材料复验且合格；

5) 评定用的焊接设备、检测设备与器材状态完好，需要检定的仪器、设备在检定周期内；

6) 评定用试件加工完成。

(3) 焊接工艺评定的实施过程。

焊接工艺评定的实施流程见图 8-3。在实施过程中，试件的加工、焊材选择、焊接参数的使用、焊接操作要求、评定试验项目和方法等，原则上应完全按照焊接工艺评定标准进行，不得随意改变，不能任意增加或缩减试验项目，也不能任意改变试验方法，否则就失去了焊接工艺评定的合法性和合理性。

焊接工艺评定的试件，分为对接焊试件、角接焊试件、对接与角接组合焊试件（包括部分焊透、全焊透)、斜 T 型焊试件、十字形角接（斜角接）及对接与角接组合焊试件。在上述试件中，还分为板材试件和管材试件。

焊接工艺评定试件的检验、试验项目包括外观检验、无损检测、弯曲试验、拉伸试验（含全焊缝拉伸试验)、缺口冲击试验（含焊缝、热影响区)、硬度检测（不同部位)、宏观金相（酸蚀）检验。

在评定实施过程应注意：

1) 在焊接工艺评定过程中，注意评定的流程不可随意颠倒或省略。

2) 焊接工艺评定所用的焊接参数，原则上是根据被焊钢材的焊接性试验结果制订，当评定前收集的钢材焊接性资料比较齐全，或有成熟丰富的焊接经验，有明确的指导性焊接工艺参数时，可不进行焊接性试验。

3) 应认真记录评定过程的各类焊接参数。

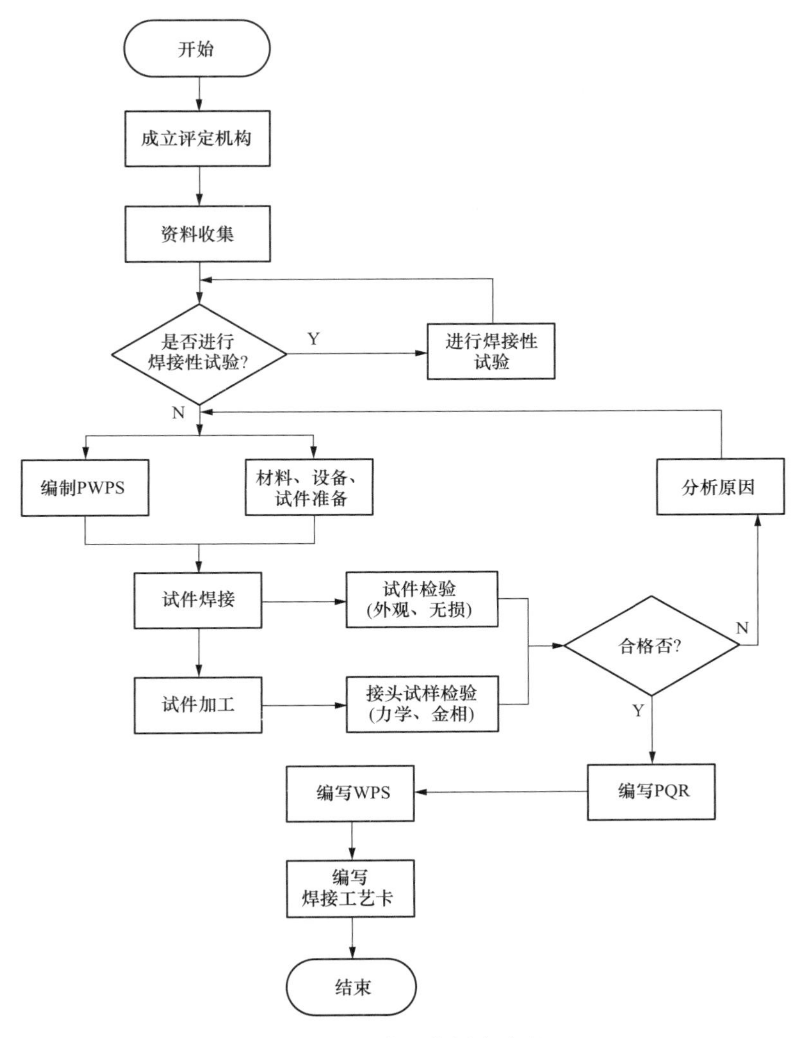

图 8-3 焊接工艺评定流程

4）力学性能、金相（宏观酸蚀）试样的取样与加工，应严格按照标准的要求进行，必要时可委托有资质的第三方检测单位进行试样的制备和检验。

5）依据各项检验结果，对焊接的试件进行综合评定，只有检验项目全部合格，则该工艺评定合格。当检验结果达不到标准要求时，应分析原因，制定措施，重新编制 PWPS，按评定流程重新进行评定，直至合格。

（三）焊接工艺评定的要求

1. 焊接工艺评定的依据

GB/T 2694—2018《输电线路铁塔制造技术条件》、DL/T 646—2021《输变电钢管结构制造技术条件》均明确规定：首次采用的钢材、焊接材料、焊接方法、结构形式、预热、后处理等，在焊接施工前应按 GB 50661—2011《钢结构焊接规范》进行焊接工艺评定，并编制焊接工艺规程和焊接作业指导书。因此，铁塔企业焊接工艺评定的具体实施要求应按照

GB 50661—2011《钢结构焊接规范》的规定执行。

2. 焊接工艺评定的免除

所谓焊接工艺评定的免除就是把符合标准规定的钢材种类、焊接方法、焊接坡口形式和尺寸、焊接位置、匹配的焊接材料、焊接工艺参数等规范化和书面化，企业无须进行焊接工艺评定试验，而直接使用免予焊接工艺评定的焊接工艺的过程。

按照 GB 50661—2011《钢结构焊接规范》的规定，需同时满足免予评定的条件，且拟免除的焊接工艺须有企业焊接技术人员和技术负责人签发的“免予评定的焊接工艺”书面文件后，方可免除相应项目的评定。

因此，对于免除焊接工艺评定的项目有严格的条件，而且仅限于焊接工艺已经长期使用，并经实践证明，按照该焊接工艺进行焊接所得到的焊接接头能够满足铁塔质量要求的情形。因此，企业对免予焊接工艺评定的项目应持慎重的态度。在实际生产中，对采用免予评定的焊接工艺并不免除对焊接质量的控制和监督。

3. 焊接工艺评定的替代

焊接工艺评定的替代是指经某一项目的焊接工艺评定后，为减少同类焊接接头的评定数量，而给出该评定的适用范围，在此范围内的焊件均可使用该项目的焊接工艺评定。

由于焊接工艺评定项目一般由焊接方法、钢材类别、接头类别、规格/厚度、焊接位置等组成，因而，焊接工艺评定的替代范围由上述要素所约束，GB 50661—2011《钢结构焊接规范》给出了具体的规定。

4. 重新评定

已经进行过的焊接评定，如果坡口尺寸、焊接材料、焊接热处理制度、电特性及操作技术等焊接参数发生变化或超过一定的范围时，将不再适用于指导工程的焊接工作，这时，需要重新进行焊接工艺评定，评定合格后，再重新编制焊接工艺卡。

一般下列情况下需要重新评定：

(1) 坡口尺寸（如坡口角度、钝边、根部间隙）变化超过规定要求；

(2) 热处理制度变化（如预热温度、道间温度）或焊后热处理的改变（增加或取消）；

(3) 焊条电弧焊、熔化极气体保护焊、非熔化极气体保护焊、埋弧焊等，焊接参数或焊接要求的改变或超过范围。

焊接工艺评定的免除、替代、重新评定具体要求详见附录 B。

（四）注意的几个问题

1. 与金属材料焊接性的关系

金属材料的焊接性是指被焊金属材料在一定的焊接方法、焊接材料、规范参数及结构型式下，获得优质焊接接头的难易程度，一般包括工艺焊接性和使用焊接性。

焊接工艺评定与焊接性试验都是在产品施焊前进行的试验工作，既有内在的联系，但又有不同的作用。一是解决的问题不同，焊接性试验在于研究或确定金属的焊接性，是进行焊接工艺评定的前提和基础；而工艺评定试验是将焊接性试验所获得的推荐焊接工艺在具体的施焊产品上进行验证，是对焊接性试验的完善和补充，体现了企业的焊接技术能力。二是工艺评定试验是企业在工程焊接前所必须进行的一项工作，但是评定前不一定要做焊接性试验。三是焊接评定不允许外部“输入”，但焊接性试验可以借鉴外部的试验结果供企业参考。

因此，焊接工艺评定与焊接性试验不能互相替代。

2. 与焊工技能考核的关系

焊接工艺评定与焊工的技能考核都是保证焊接质量的重要环节，但其侧重明显不同。工艺评定重在评定焊接接头的结合性能和使用性能是否满足标准的要求，参与施焊的焊工只要求熟练操作，并不一定是考核合格的持证焊工。而焊工考核的重点在于鉴定焊工的技术能力，不是为了检测接头的性能，也就是按照正确的焊接工艺文件，是否能够焊接出不超过标准规定的焊接缺陷的焊件。

考核合格的焊工，在评定合格的焊接工艺文件指导下施焊产品，即可使焊接质量得到有效的保证。因此，焊接工艺评定与焊工考核是相辅相成的关系。

3. 与焊接工艺卡的关系

焊接工艺评定是编制焊接工艺卡的依据，可以根据一份焊接评定报告编制多份焊接工艺卡。焊接工艺卡一般需要结合评定报告，并结合特定的焊接结构，如焊接件的规格、坡口形式等编制，一份焊接工艺卡可以依据一份或多份评定报告编制，尤其是组合焊时，可以依据不同焊接方法的评定报告综合编制焊接工艺卡。

编制焊接工艺卡的目的是工程铁塔的焊接，因此，焊接工艺卡应配备到车间焊接工位，且应结合焊接作业任务单，配置不同的工艺卡。

4. 工艺评定失败的处理

焊接工艺评定结果是综合评定的结果，结果不合格造成焊接工艺评定失败，可能是由多种原因造成，这时，应召开专题会议，分析原因，采取措施，制订新的焊接工艺评定方案，按原步骤重新评定，直到合格为止。

（1）外观检验不合格时，如是手工焊，可由原施焊焊工进行返修；如果是机械化焊接，则不能返修，该试件作失败处理，重新焊接试件。

（2）无损检测有缺陷时，应在试件缺陷处做出标记，取样时尽量避开缺陷。

（3）力学性能检验中某项性能被判定不合格时，可在原焊件上就不合格项目重新加倍取样进行检验，如仍不合格，应作失败处理。

（4）宏观酸蚀试样不合格时，不允许用加倍取样的办法复试，应作失败处理。

5. 焊接工艺评定的有效期

焊接难度等级为A、B级的焊接接头，焊接工艺评定可长期有效；焊接难度等级为C级的焊接接头，焊接工艺评定有效期应为5年；对于焊接难度等级为D级的焊接接头应按工程项目进行焊接工艺评定。焊接难度等级分类参见附录B。

二、热弯曲、热矫正工艺验证试验

（一）进行工艺验证的必要性

1. 国内外标准对热弯曲、热矫正的规定

（1）GB 50755—2012《钢结构工程施工规范》。

碳素结构钢和低合金结构钢在加热矫正时，加热温度应为700～800℃，最高温度严禁超过900℃，最低温度不得低于600℃。当零件采用热加工成型时，可根据材料的含碳量选择不同的加热温度。加热温度应控制在900～1000℃，也可控制在1100～1300℃；碳素结构钢和低合金结构钢在温度分别下降到700℃和800℃前，应结束加工；低合金结构钢应自然冷却。

(2) DL/T 678—2012《电力钢结构焊接通用技术条件》。

采用局部加热方法矫形时，其加热区温度应控制在800℃以下，调质高强钢、不锈钢、控轧钢不应采用加热方法进行矫形。

(3)《钢结构制造技术规程》。

火焰加热矫正（俗称热矫正）的加热温度一般为600～900℃。碳素结构钢加热后可浇水使其急速冷却，低合金结构钢加热矫正后应自然冷却，不可浇水，避免雨淋。钢管热加工成型的加热温度应控制在900～1000℃；碳素结构钢和低合金结构钢在温度下降到400℃以下时应结束加工；低合金结构钢应自然冷却。厚板折弯时允许加温，加热温度应控制在500～600℃。

(4) 铁塔制造标准。

GB/T 2694—2018《输电线路铁塔制造技术条件》、DL/T 646—2021《输变电钢管结构制造技术条件》并没有对铁塔零件热制弯、热矫正工艺提出要求。为弥补这一不足，中电联团体标准 T/CEC 353—2020《输电铁塔高强钢加工技术规程》提出了热制弯、热矫正工艺：高强钢（Q420、Q460）热制弯时，应根据弯曲要求确定制弯加热区域。加热温度应控制在850～930℃，温度下降到800℃以下应停止弯曲加工。热制弯过程中应采用测温仪测量加热部位的温度。热弯曲后应自然冷却，环境温度低于5℃时进行热弯曲，应采取缓冷措施。热矫正温度一般为850～900℃，热矫正后工件一般自然冷却，在环境温度低于0℃时进行热矫正，加热部位应采取缓冷措施。同时，该标准还提出在热弯曲、热矫正前，应对Q420、Q460钢进行模拟工艺试验验证的要求。

(5) 国外标准。

日本《钢管铁塔焊接施工标准》规定：热矫正加热温度上限为900℃，加热到850～900℃时，为避免淬火，到650℃为止，应避免水冷。

美国AWS D1.1《钢结构焊接规范》规定：热矫直温度，调质钢低于600℃，其他材料低于650℃，高于315℃禁止加速冷却。

可见，热弯曲、热矫正的加热温度有两种工艺，一种在相变点以上加热，另一种在相变点以下加热。从加热效果看，温度越高效果越好，但过高的加热温度、长时间的加热有可能造成晶粒长大，对材料性能造成不利影响。

2. 钢材的特性

(1) 钢材品种与强度等级。

输电铁塔用材从用钢品种上，以角钢、钢板（钢管杆、直缝焊管用钢也为钢板）最多；从强度等级上，主要以Q235、Q355（Q345）、Q420钢较多，Q460钢应用较少。

(2) 钢材供货状态。

从供货状态方面，角钢均以热轧状态供货；钢板的供货状态较多，其中碳素结构钢一般以热轧、控轧或正火状态供货（GB/T 700—2006《碳素结构钢》）；低合金结构钢一般以热轧、正火、正火轧制或热机械轧制（TMCP）状态供货（GB/T 1591—2018《低合金高强度结构钢》），如无特殊要求，除Q355、Q390外，Q420、Q460钢均不会以热轧状态供货。尤其是GB/T 1591—2018，在订货时，已不将交货状态作为订货内容（包括可选内容）。

在标准中不同的供货状态，相同强度等级的钢材其断后伸长率（即材料的塑性）的要求不同（见表8-3）。在铁塔零部件的加工中，钢材的实际断后伸长率将直接影响冷弯工件的加工质量。

表8-3 不同供货状态钢材的断后伸长率（GB/T 1591—2018）

供货状态	断后伸长率 A(%，不小于)		
	Q355（厚度≤40mm）	Q420	Q460
热轧	纵向22，横向20	20	18
正火、正火轧制（N）	22	19	17
热机械轧制（TMCP）（M）	22	19	17

Q235、Q355钢一般均以热轧状态供货，热弯曲、热矫正后对材料的性能影响不大，特别是Q235钢含碳量一般在0.12%～0.2%之间，在相变点以上加热后，即使采用快速冷却的方法（如水冷）得到马氏体组织，但因其碳的过饱和度较低，材料的硬度仍然不高（约170HBS），约比热轧供货状态下的硬度高（20～30）HBS，这也是《钢结构制造技术规程》允许碳素结构钢热矫正后允许浇水冷却的原因。

Q420、Q460钢的供货状态较为复杂，传统的以正火轧制等工艺生产的细晶粒钢的晶粒尺寸一般为20μm左右，随着冶炼和轧钢技术进步，通过控轧空冷（TMCP）技术可以获得更细晶粒的钢（5～10μm）；而采用大变形量、低轧制温度的技术，可获得超细晶粒钢（微米级细化10～1μm、亚微米级细化1～0.1μm和纳米级细化小于100nm）。这类钢材具有合金元素含量低、性能高、成本低的特点，因而世界各国从20世纪90年代开始争相进行开发和研究。我国在15年以前已经实现微米级超细晶粒钢的工业化生产，如武钢、宝钢、攀钢等在Q235钢成分基础上，生产出了400MPa级超细晶粒热轧钢板，晶粒尺寸为3.5～5.6μm。这种超细晶粒的钢板既可能被应用于钢管塔直缝焊管，也有可能被用于角钢塔、钢管塔的连接板、火曲件等，因此，超细晶粒钢有可能应用于输电铁塔当中。

但是，TMCP钢轧制后如果加热到580℃可能导致材料强度降低，对超细晶粒钢而言也存在同样的问题。在输电铁塔零部件制作中，均涉及大量的钢板件热制弯、热矫正作业，这些热作用均会削弱TMCP钢、超细精钢的原有性能。

综上分析，目前各标准对热弯曲、热矫正加热温度的规定差异较大，并且缺少对加热方法、加热时间等的详细规定。作业人员一般依靠经验来进行作业，质量管控可靠性不足，再现性差。有必要通过相应的热模拟工艺试验验证，确定铁塔企业在对Q420、Q460钢板材进行热制弯、热矫正时加热温度、加热时间、冷却方式对性能的影响，优化、细化热加工工艺文件，更好地指导工程铁塔加工。

为此，中电联团体标准T/CEC 353—2020、中国电机工程学会团体标准T/CSEC 0044—2017、国家电网公司企业标准Q/GDW 1384—2015《输电线路钢管塔加工技术规程》等，均提出了铁塔加工前需进行热弯曲、热矫正工艺试验验证的要求。

（二）工艺试验验证方法

1．热弯曲模拟工艺试验

热弯曲模拟工艺试验的重点是要确定加热制度对材料性能的影响，确定不同厚度钢材在不同的制弯角度下合适的最小弯曲半径。

在模拟试验时，应考虑铁塔企业自身的加热方法（炭炉加热、感应加热、电阻炉加热

等）、操作方式（单件加热、多件同时加热等）、制弯效率（加热炉到制弯设备的距离、工装模具、熟练程度等）等，然后选取不同的加热制度（温度、加热时间）进行模拟制弯，制弯后空冷到室温后对工件进行检验。

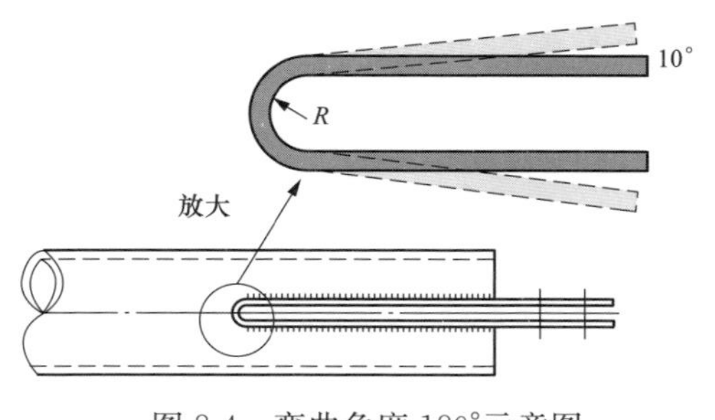

图 8-4　弯曲角度 180°示意图

可以结合工程实际情况，如具体的制弯件类型（板材、管材）、结构、材质、规格等，按以下三种情形进行制弯试验验证：①弯曲角度 180°，模拟 U 形插板制作；②弯曲角度 90°，模拟 C 形插板制作；③弯曲角度 45°，模拟火曲件制弯。

下面以模拟 U 形插板制作为例，示范性说明其工艺验证试验。

（1）选取工程铁塔典型的 U 型插板（见图 8-4），确定使用的弯曲半径 R，R 可按式（8-1）确定

$$R = t_1/2 + 1 \tag{8-1}$$

式中：t_1为连接板厚度，mm。

（2）确定加热方式、加热制度与加热范围。炭炉加热或电阻炉加热时，可进行 880℃×10min，920℃×20min 两种加热方式的试验。感应加热可进行 880℃×10s，920℃×30s 两种加热方式的试验。加热方式要结合标准要求、具体制弯件的厚度、加热方法、作业经验、企业实际情况等进行选择，既不要过分教条，也不可过分随意。

模拟试验加热时，加热宽度取 2B，B 为进行工程的零件制弯时所使用的加热宽度。B 按式（8-2）计算，且不小于 100mm。

$$B > \pi(R + 3t_2) \tag{8-2}$$

式中：t_2为插板的公称厚度，mm。

（3）按上述要求制作 U 形插板两套。进行工艺试验验证时，下料、加热区域、取样示意图见图 8-5。

（4）热制弯后进行下列项目的检验：

1）外观检查：目视检验热制弯表面是否有制弯裂纹、超过标准要求的压痕。

2）热制弯外形尺寸偏差：制弯中心偏移不大于 2mm。模拟 C 形插板与火曲件，弯曲角度偏差不大于 2°；模拟 U 形插板，开口尺寸偏差应为 0～2mm，单侧扩散角小于 10°。

3）加热前、后的力学性能：包括拉伸试验、弯曲试验、冲击试验。

若上述试验合格，说明各项制弯工艺合格，尤其是加热制度是合适的，在实际的热制弯过程中，热弯曲件可以在 880～920℃的范围加热 10～20min，对材料的使用性能不会造成恶化。

若任意项目不合格，应调整工艺，重新进行试验，直至合格。试验合格后，应将优化的试验结果、采取的措施、注意事项等补充进相应的工艺文件（如插板制作作业指导书、热制弯作业指导书等）。

2. 热矫正模拟工艺试验

工件的变形分为焊接变形、原材料变形和加工过程产生的变形。防止和减少变形的措施很多，热矫正只是其中的一种方法，对铁塔零部件的热矫正，主要应用于铁塔部件焊接变形

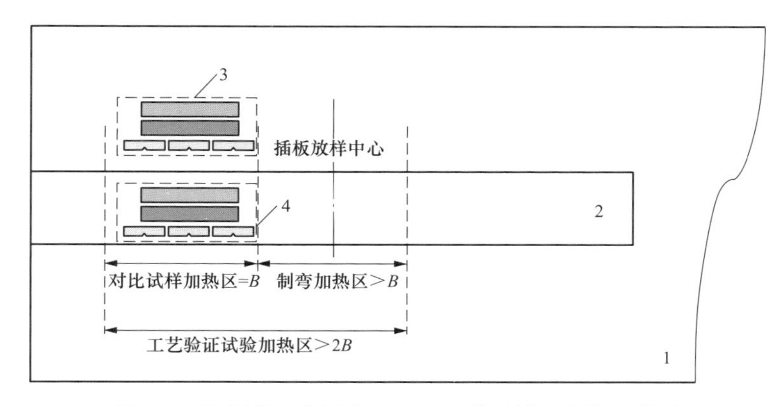

图 8-5 热制弯工艺试验下料、加热区域、取样示意图

1—钢板；2—插板下料展开图；3—钢板（未加热状态）对比试样取样示意（拉伸 1 个、弯曲 1 个、冲击 3 个）；4—插板热制弯后取样示意（拉伸 1 个、弯曲 1 个、冲击 3 个）

的矫正，尤其是钢管塔结构的焊接变形应用最多。

热矫正与热弯曲的最大区别在于热弯曲需要对弯曲部位进行均匀加热，而热矫正则需要根据变形件的结构特征、变形特点等，依靠对变形附近区域的不均匀加热，在随后的冷却中产生与工件原变形相反的变形，达到矫正目的。

热矫正一般采用火焰加热法，其关键是确定加热位置、选择加热方式和加热温度，其中，加热位置、加热方式选择需要根据具体工件的结构、变形特点、截面形状来确定。由于热矫正工艺试验的目的不是为了验证对某一特定工件特定变形的矫正效果，其重点在于确定火焰加热温度、加热时间对材料性能的影响，因而，对于采用相变点以下（730℃）温度的热矫正无须进行工艺验证试验。此外，与热弯曲相比，热矫正的工艺验证试验相对简单。

（1）收集、了解工程铁塔热矫正的相关资料，主要有钢材信息，如钢材类型（管、板）、牌号与规格、供货状态；热矫正加热信息，如曾使用的加热温度，在同一位置加热的最长时间、最短时间等。

（2）选择工程铁塔使用的钢板，钢板厚度宜选择最常进行热矫正的塔材规格。当钢板供货状态不同时，应分别进行验证。

（3）选取不同的热矫正温度和时间，进行火焰加热对比试验。相变点以上进行热矫正，加热温度一般在 750～900℃之间。工艺验证试验时，可分别选 750、780、870、900℃，也可选择更多的温度；加热时间要考虑结构厚度，一般可按 1min/mm 计算。

使用氧—乙炔焊炬进行加热。加热时，火焰焰心至工件的距离应在 10mm 以上，焊炬应在整个加热范围内均匀移动，不要在一个地方长时间停留。工件加热、取样示意图见图 8-6。

（4）取样进行钢材的性能试验，试验项目包括拉伸试验、弯曲试验、冲击试验。

通过验证试验，可确定热矫正的允许加热温度与时间范围，在此范围内加热不会对钢材的性能造成严重损伤；如果造成钢材性能的严重恶化，如性能不合格，则在实际热矫正中，要更严格地控制加热温度和时间，即要确定更精确的加热制度，指导工程热矫正作业。

（三）注意事项

1. 加热工艺的优化

进行热弯曲加热时，应注意要采用均匀加热的方法，并监测工件的加热温度，要求工艺

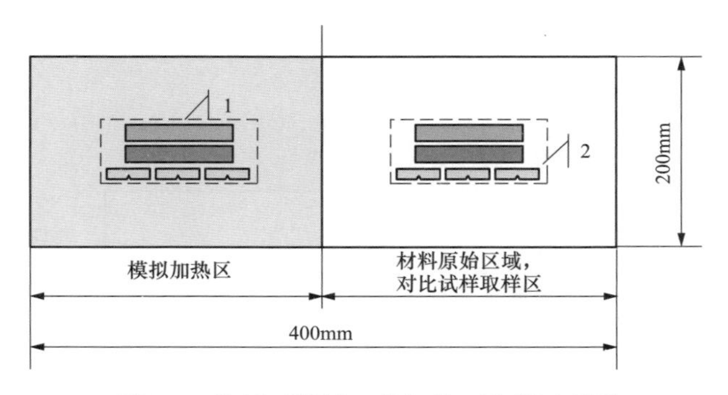

图 8-6 热矫正模拟工件加热、取样示意图

试验规定的加热区域都应达到要求的温度，在此温度下恒温相应的时间。

通过热弯曲、热矫正工艺验证试验，可以针对不同材质、结构特点，选择更加合理、精确的加热温度、加热时间，摸索合适的操作工艺措施，不仅可以减小高温加热对材料性能的影响，还可以为后续实际加工摸索经验，促进作业的规范化，提升作业效果。

2. 热矫正对承载力的影响

有关资料显示，热矫正尤其是火焰矫正所引起的钢铁结构残余应力差异较大，即使采用同样的加热方式、加热温度，对于不同截面和构造的铁塔构件，其残余应力数值也可能相差数倍。一般情况下，火焰矫正后的残余应力能达到 100MPa 以上，如果火焰加热矫正的构件承担的是拉应力，热矫正所产生的残余拉应力与外来载荷相叠加，达到钢材的屈服强度，则导致构件产生塑性变形；若达到材料的抗拉强度，会导致构件断裂。

工艺验证试验并不能反映或测定热矫正对残余应力的影响，只是对优化、细化热矫正工艺，减少对材料性能的劣化提供技术依据。

对刚性较大的铁塔焊接构件不宜采用冷矫正方法，在进行热矫正时，宜在与焊接部位所对称的位置，采用火焰矫正，这样焊接残余应力与火焰矫正产生的残余应力可以部分相互抵消，确保构件的承载能力。

3. 工艺试验验证结果的使用

工艺验证试验后，应完善、细化热弯曲、热矫正作业文件，在进行热弯曲、热矫正时，应严格按照经工艺验证后的合理的热加工工艺进行作业，不可随意加热，并注意：

（1）热弯曲时，要选择温度可控并能够均匀加热的方法，尽量避免使用焊炬进行局部加热。

（2）火焰矫正时，要严格控制加热温度和加热操作，加热过程应随时监测加热部位的温度，且不可在一个位置长时间加热，避免钢材组织粗化和性能劣化，使构件承载能力降低。

第九章　输电铁塔制造质量管理

第一节　概　　述

一、质量管理的概念

产品质量的概念在不同的历史时期有不同的要求，随着技术的发展和生产力水平的进步，人们对产品质量会提出不同的要求。目前，国际上比较认可的关于质量的定义是ISO 8402《质量术语》中的定义：质量是反映实体满足明确或隐含需要能力的特性总和。

在质量的概念中，“实体”是指可单独描述和研究的事物，可以是活动、过程、产品、组织、体系、人及其组合。在合同环境中，质量概念中的“需要”是规定的，而在其他环境中，隐含需要应加以识别和确定；在许多情况下，“需要”会随时间而改变，因而要求定期或不定期地修改规范，以不断完善需要的内涵。

在质量的概念中，“需要”由两个层次构成。第一层次是产品或服务须满足明确或隐含的需要，这种需要可以是技术规范中规定的要求，也可能是技术规范中未注明，但用户在使用过程中实际存在的需要，因而是动态的、变化的、发展的和相对的，这是产品或服务的“适用性”需要；第二层次则说的是产品或服务的“符合性”需要，由于质量需要加以表征，为此应转化为可以衡量的指标来说明产品或服务的特征和特性。

企业要在激烈的市场环境中生存和发展，都离不开产品质量的竞争，因此，企业只有生产出高质量的产品，为用户提供高质量的服务，才能满足用户的需要，进而才能占领市场。为此，必须进行质量管理。

质量管理是指在质量方面指挥和控制组织的协调的活动，通常包括确定质量方针、质量目标和质量方面的职责，并通过质量体系中的质量策划、质量控制、质量保证和质量改进来实现质量管理的全部活动。因而，质量策划、质量控制、质量保证和质量改进都是质量管理的重要组成部分。

输电铁塔是为了满足工程配送电的需要，其作为输配电线路的重要组成部分，既要满足线路电气和机械的技术条件，又要满足线路建设经济性要求，铁塔质量关乎输电线路的安全运行，铁塔质量又包含铁塔的制造质量和铁塔的组立质量。本章重点介绍铁塔的制造质量管理。

二、输电铁塔制造质量现状

（一）输电铁塔制造质量不断提升

1. 输电铁塔产品质量要求与质量管控模式越来越严格

随着输电线路电压等级的提高，铁塔荷载逐渐增大，输电距离增加，塔型增多，对铁塔的制造质量要求越来越高。

随着我国“放管服”政策的推进，尤其是铁塔生产许可证取消后，铁塔产品质量管控模式发生了很大的变化，业主对铁塔质量的监督、抽查、处罚力度日益严格，倒逼铁塔企业不断提升铁塔制造质量水平，以适应市场发展的需要。

如国家电网公司对特高压输电铁塔开展的“驻厂监造＋专家巡检＋第三方检测”的质量管控模式，把主要质量缺陷消灭在了制造厂内，有效保证了铁塔供货质量，对保证特高压输电线路安全运行起到了积极作用。

2. 特高压输电铁塔制造质量水平反映了我国当前输电铁塔行业最高水平

特高压输电是当今世界上技术水平最先进的输电技术，在特高压输电铁塔设计中，高强钢、大规格角钢、新型钢管塔的应用等，引领了输电铁塔行业的技术方向，对铁塔制造质量提出了严峻的挑战。以特高压输电铁塔为代表，反映了我国新时代铁塔行业制造的最高水平。

3. 近 10 年来，我国输电铁塔企业的制造质量水平、供货能力获得大幅度提升

（1）主流铁塔企业的技术能力，尤其是焊接技术及管理水平大幅提升，为保证铁塔制造质量提供了坚强的技术支撑。各铁塔企业在扩大产能的同时，积极参加相关的技术培训、技术演练、观摩交流等，不断提升其放样、焊接、试组装等技术能力。

（2）铁塔企业的技术装备水平明显提高，数字化、自动化、专业化装备增多，具有锯切与高速钻功能的大角钢加工生产线、钢管—法兰装配及自动焊接一体化生产线、数字化定长切割及专业开槽设备、塔脚焊接机器人、激光下料与制孔一体化设备等越来越多的先进装备应用于铁塔制造，不仅提高了铁塔加工效率，也提升了产品的加工质量。

（3）为提升企业竞争力，铁塔企业通过精益化管理、降本增效等手段，不断提升企业的供货保障能力。特别是我国特高压钢管塔制造企业由最初的 10 余家增加到 30 余家，产能由 2008 年的 10 万 t/年提升到 80 万 t/年，在满足产品质量的情况下，满足了我国特高压输电线路建设快速发展的需要。

（4）通过特高压工程铁塔供货实践，锻炼了一大批铁塔原材料供应商，满足了对铁塔关键原材料的高质量要求。为提升铁塔技术经济性，特高压角钢塔使用了高强钢、大规格角钢；钢管塔中则大量使用了直缝焊管、锻造带颈法兰，这些关键原材料曾是制约特高压输电铁塔制造质量和供货进度的瓶颈，特高压工程供货实践，扩充了上游行业产品品种，积累了供货经验，满足了工程需要。

（5）通过特高压钢管塔的加工质量管控，培育了一批焊缝、锻造法兰第三方检测单位，带动了铁塔行业检验水平的提高，为确保铁塔制造质量提供了检验保障。

（二）制造质量问题给铁塔供货带来一定风险

1. 技术方面

现阶段铁塔企业技术工人流动性大，对输电铁塔加工经验总结不足，改进措施不到位，落实不力，常见质量问题时有发生，而重纠正轻预防的现象依然存在，给铁塔企业带来一定的技术风险；有些铁塔企业对招标文件、技术规范识别不深入、细致，理解和宣贯不到位，质量信息传递不及时或传递不到位，也造成铁塔供货存在一定的技术风险。

2. 管理方面

铁塔企业全员质量意识有待进一步提高，对主要加工缺陷的危害性认识依然不足，对材

料的标识与追溯落实不严，工件转序检验缺少有效的管控等。此外，铁塔企业技术升级仍有待加强，尚未摆脱“经验型”加工，“科学化、规范化”加工的道路仍很曲折。

第二节　常见质量问题

一、生产准备阶段的问题

（一）工艺技术文件识别不足，工艺技术文件修改不充分

主要是对铁塔加工技术规范识别不深入、细致，造成铁塔加工工艺文件、技术管理文件的编制、修改不充分，主要表现在以下几方面：

（1）原材料采购忽略合同技术规范的特殊要求，如厚度偏差要求，Mn 含量的特殊要求（不低于 1.0%），钢材的状态供货等。铁塔企业在采购原材料时，有时会忽略这些特殊要求。

（2）在铁塔加工技术规范中，明确提出了冷加工条件、制孔工艺要求，以及制弯裂纹、错孔、开槽缺陷等的处置禁忌，有些企业在铁塔加工工艺文件中未体现合同技术规范的加工要求，造成工艺使用错误。

（3）不同的输电铁塔原材料，其追溯程度要求不同，部分企业落实不严格，尤其是出库交接不规范，领料时不对材料进行核查确认，有些企业对入厂检验试样的标识与追溯管控不足，造成材料使用存在质量风险。

（二）未按铁塔招标技术规范要求构建“三大体系”，编制“四大计划”

“三大体系”是指铁塔企业为完成某一工程铁塔制造而构建的生产组织管理体系、质量管控体系和工艺文件体系；“四大计划”是指为保证工程铁塔高质量按期供货而制定的产品质量保证计划、检验验证计划、生产进度计划和售后服务计划。

“三大体系”“四大计划”对保障铁塔制造与供货质量有着重要的作用，目前仅参与特高压输电铁塔供货的企业对此有一定的认识，有些企业对此认识不清，有些企业流于形式，造成技术方案可操作性不强。

1.“三大体系”“四大计划”方面的问题

主要表现形式有：

（1）体系组建不按工程项目组建，或体系组建未形成书面制度。

（2）生产管理体系、质量管控体系部门职责、人员职责不清，部门接口衔接不清。

（3）工艺技术文件不成体系，不同层级的工艺技术文件不能有效衔接。

（4）检验验证计划内容不全、操作性不强。

（5）产品质量保证计划与质量保证体系不一致，结果造成“两层皮”现象等。

2. 技术方案策划方面的问题

有些企业铁塔主要技术方案策划深度不足，可操作性不强，或管控能力不足，主要表现在以下方面：

（1）缺少对工程铁塔加工供货的整体方案策划，如组织机构的确定，车间配置、设备配置、人员配置、场地使用，焊接方案、试组装方案、热浸镀锌方案、物流运输方案的策划，应急预案等。

（2）缺少对工程铁塔加工中焊接方案的整体策划，造成焊接评定、焊工准备、焊接工艺的使用目的性不明。

（3）缺少对第三方检测的整体策划，如对一级焊缝、锻造法兰、8.8级螺栓与螺母的第三方检测单位选择、方案准备、过程管控等不深入。

（4）不同塔型试组装方案针对性不强，流于形式。

（5）对外委工序缺乏全面而又有针对性、可操作性的质量管控措施等。

（三）工艺验证性试验不规范

主要存在为评定而评定，为试验而试验的现象，造成焊接工艺评定或工艺验证试验方法不规范。

1. 焊接工艺评定方面

有些企业的焊接工艺评定脱离工程的实际需求，评定的项目、评定的方法不合理。焊接工艺评定时，十字接头拉伸试验取样不正确，检验项目与标准不一致。弯曲试验使用的弯轴直径随意性大，弯曲角度不符合要求等。

2. 工艺验证试验方面

有些企业热弯曲、热矫正工艺试验验证目的不明确、方法不正确，造成试验结果对工艺制定不具备指导意义。

（四）放样时把关不严，造成加工图错误，或随意修改设计、对设计变更不确认

主要表现有：

（1）将非焊接件变更为焊接件不经设计单位确认同意，或不经设计单位确认，在加工图上随意减小焊缝有效长度。

（2）对本单位采用的加工工艺考虑不周、对附属设施安装考虑不周，造成加工图错误。

（3）试组装出现的问题不能有效反馈到放样部门，并得到纠正。

（4）设计院已经确认的设计修改不能得到有效落实。

（五）原材料采购、入厂检验不规范，入库后的材料标识管理不规范，标识方法落后

1. 原材料采购、检验方面

主要表现有：

（1）采购合同不严谨，未体现对材料的特殊要求。

（2）原材料到货后对其资料审查不严，或未按规定批次对原材料进行复检。

（3）部分产品漏检，如对螺栓、脚钉、锌锭、焊材等未按要求进行入厂检验。

（4）入厂检验时，试样取样位置不正确，试样加工精度不够，造成试验结果不准确。

（5）复检项目不全、试验方法不正确、试样保管不规范，不能对入厂检验试样进行追溯等。

2. 库房管理方面

目前，多数塔厂仍以标签、色标标识为主（见图9-1），这是一种十分不可靠、不完善的标识方法，大多只标识出了材料的强度等级，部分厂家标识出了质量等级、偏差属性等。但色标无法标出材料的生产批号、是否为高Mn钢材等，且色标会随着材料的氧化、雨水侵蚀而模糊不清，从而对材料发放与使用带来隐患。

铁塔企业在生产准备阶段出现的问题多为技术问题，带来的一般是潜在风险，或系统性

图 9-1　铁塔原材料常用标识方法

质量风险，应引起高度重视。

二、加工阶段质量问题

（一）下料质量问题

主要表现形式有：钢板剪切厚度超标；下料后边缘不清理，熔瘤、氧化层不打磨，造成切割边粗糙；下料尺寸偏差大；厚板火焰切割时引孔工艺不正确，造成起始切割位置缺肉等。如图 9-2 所示。

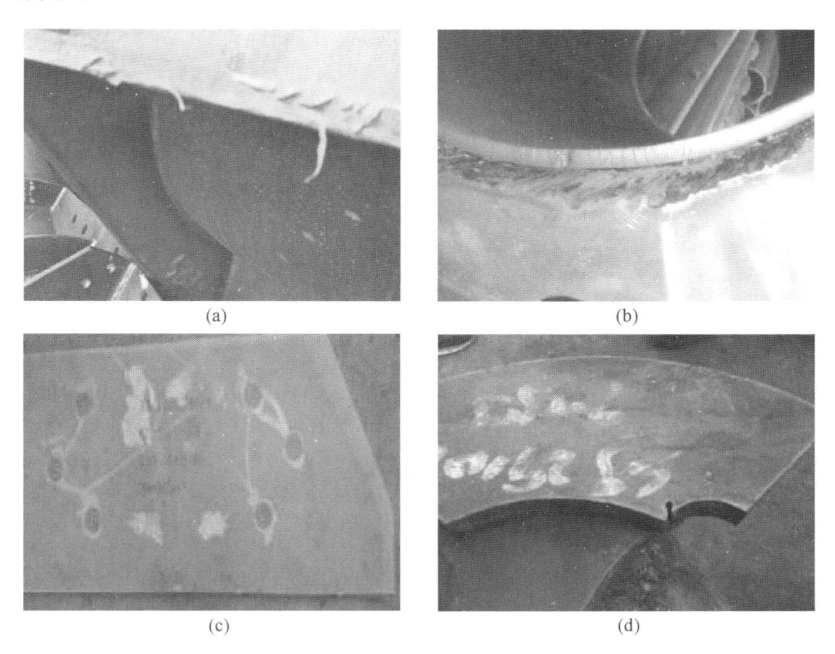

图 9-2　下料主要质量通病

（a）剪切毛刺；（b）塔脚法兰内圆二次加工；（c）下料尺寸与样板不一致；（d）缺肉

（二）开槽质量问题

主要表现形式有：开槽尺寸偏差超标（宽度过宽、长度过长）；十字开槽中心不对称，影响装配；开槽偏斜；开槽边粗糙，不整齐；出现“菜刀型”过开槽等。如图 9-3 所示。

（三）制弯质量问题

主要表现形式有：下料剪切毛刺、撕裂层、火焰割纹等制弯前不打磨；热制弯不进行工艺试验验证，或方法不规范；制弯工艺不正确，如冷、热制弯工艺选择、制弯速度过快、弯

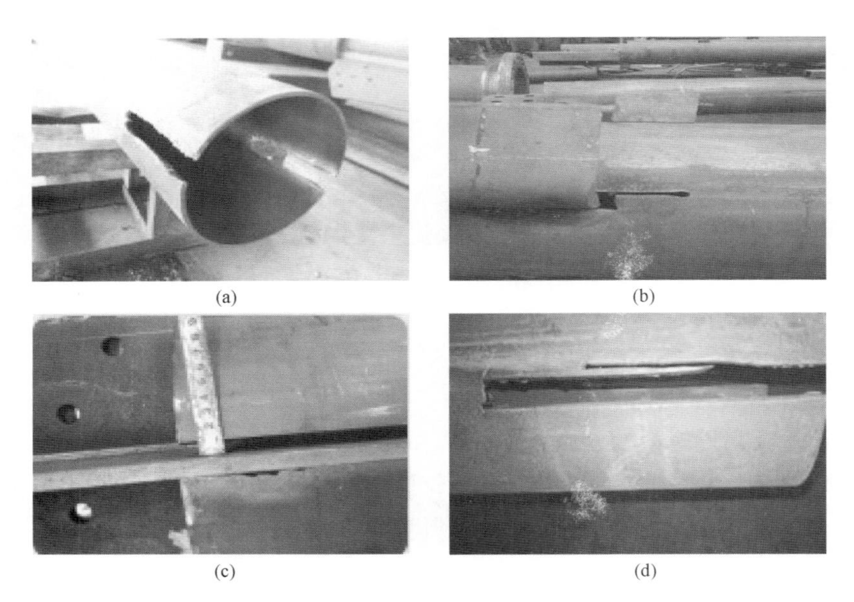

(a)　(b)　(c)　(d)

图 9-3　开槽主要质量通病

(a) 开槽粗糙；(b)“菜刀型”过开槽；(c) 开槽过宽；(d) 开槽偏斜

曲半径过小，造成制弯裂纹；热制弯时不测温；弯曲角度偏差大等。制弯裂纹缺陷如图 9-4 所示。

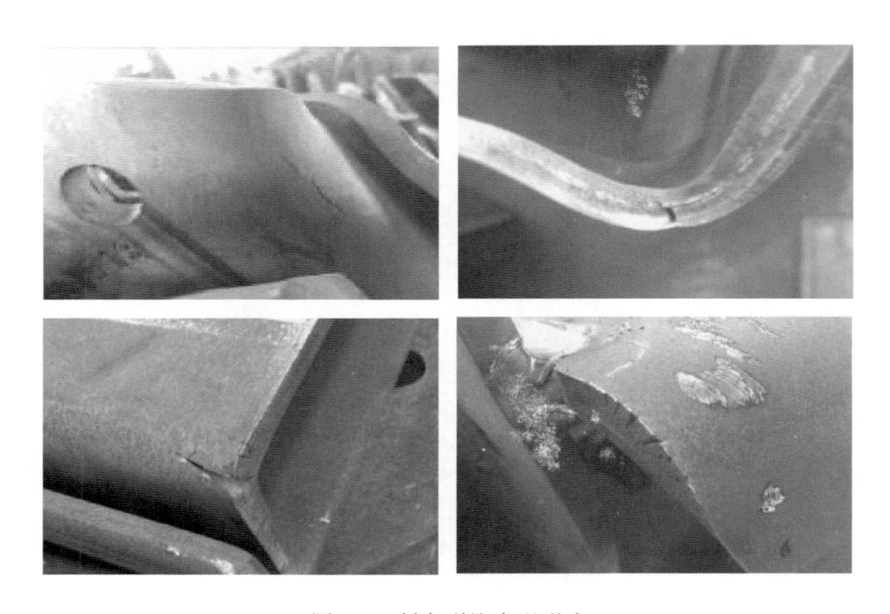

图 9-4　制弯裂纹表现形式

（四）制孔质量问题

主要表现形式有：不按照制孔件的材质、厚度、制孔温度选择制孔工艺；制孔表面粗糙，毛刺不清理；孔径或孔位偏差大，孔边距不足等。如图 9-5 所示。

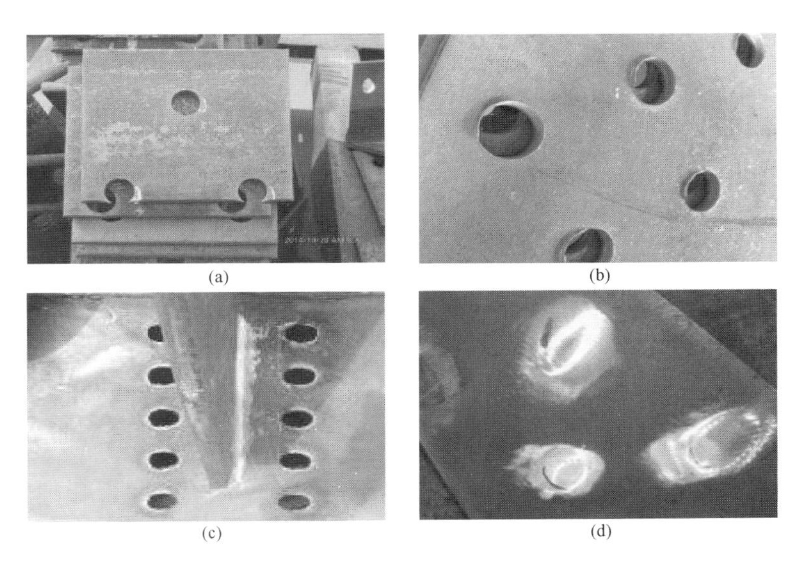

图 9-5　制孔主要质量通病

（a）孔位错误；（b）冲孔毛刺；（c）随意割孔；（d）补焊堵孔

（五）装配质量问题

主要表现形式有：强行装配；装配间隙不均匀、或间隙偏大；装配定位偏差大；未避开钢管纵向焊缝；导线挂点部位装配不合理；钢管—法兰装配采用定位块，定位块随意剔除损伤母材；十字插板不预制就与钢管装配等。如图 9-6 所示。

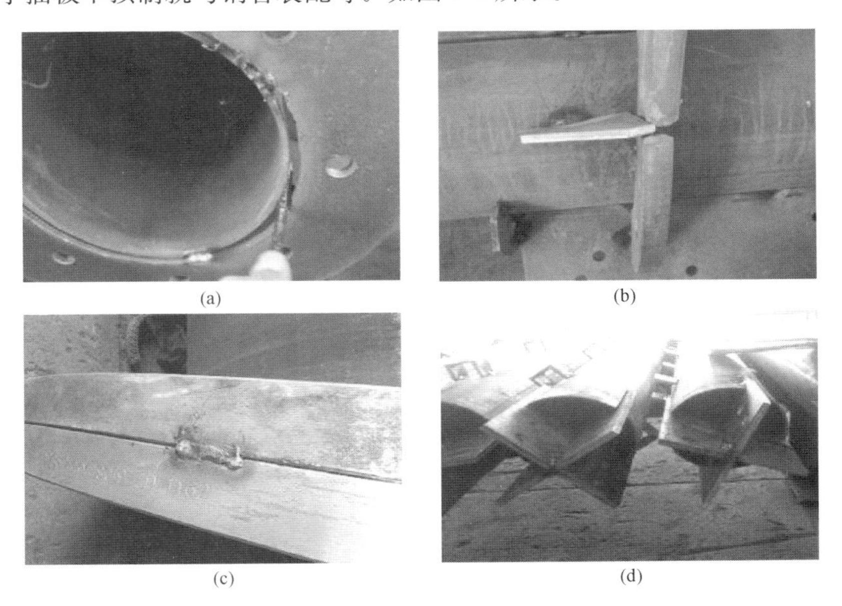

图 9-6　装配主要质量通病

（a）间隙过大；（b）在对接焊缝中装配劲板；（c）随意用焊接方法固定法兰；（d）十字插板未预制

（六）焊接质量问题

主要表现有：焊工作业项目与证书不符或无证焊接；焊接参数随意性大；焊接习惯不

良（不除锈、焊后不清渣、不修磨等）；焊缝外观质量差；焊缝尺寸不合适，如焊缝余高、焊脚尺寸过大或偏小；联板、脚钉座、插板等未封焊，影响镀锌；重视主要焊缝，忽视一般焊缝等。如图 9-7 所示。

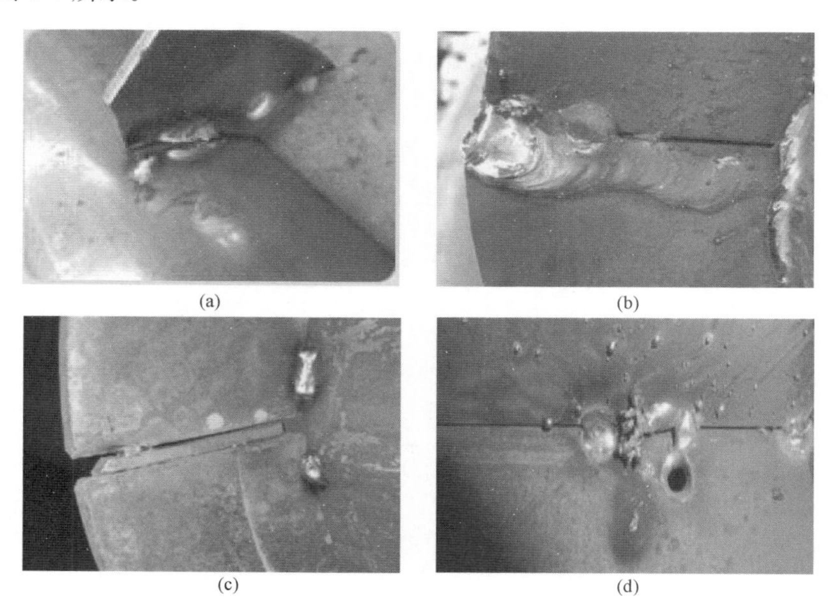

图 9-7　主要焊接缺陷

（a）定位焊裂纹；（b）未熔合且成型不良；（c）焊缝嵌塞填充物；（d）烧穿母材

图 9-8　热矫正造成鼓包

（七）矫正质量问题

主要表现有：矫正工艺选择不规范；缺少矫正工艺文件；不进行热矫正工艺试验验证，热矫正工艺随意性大；热矫正工艺控制不严谨，如不进行测温测量，无热矫正记录；矫正时对工件表面缺少保护等。如图 9-8 是热矫正造成钢管鼓包。

（八）镀锌质量问题

主要表现有：镀锌工艺文件不全，操作性不强；镀锌操作不到位，造成漏镀、色差、钝化色等；镀后清理不到位，造成滴瘤、锌渣、积锌、锌刺等；镀后检验不到位；缺少外委镀锌质量控制措施，对外委镀锌质量管控能力不足等。如图 9-9 所示。

（九）试组装质量问题

主要表现有：试组装方案针对性不强，内容不全；不按试组装方案组装；垫板不安装；螺栓使用不当，数量不足，不拧紧；工件相碰随意处理；附属设施不到位；试组装深度不足等。如图 9-10 所示。

（十）其他质量问题

主要表现有：在工序转移、二次倒运、发货运输、装卸车中对工件保护不到位；制孔、制弯、热矫正、试组装相碰件的切割随意性大，对缺陷随意补焊；原材料使用、关

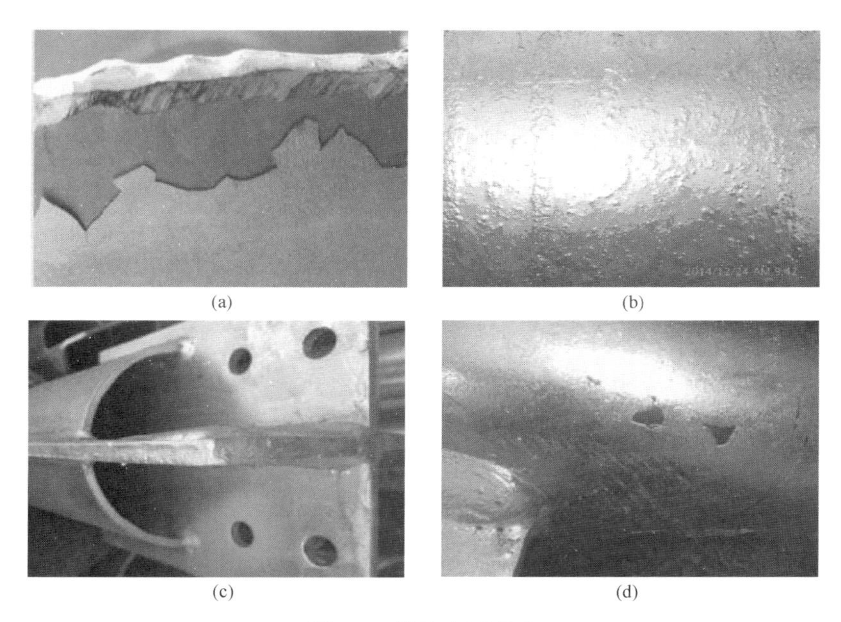

图 9-9 镀锌主要通病

（a）锌层脱落；（b）镀锌麻点；（c）连接面积锌；（d）局部漏镀

图 9-10 试组装主要质量通病

（a）构件相碰；（b）脚钉座影响螺栓安装；（c）未安装联板；（d）装配间隙

键工序、关键人员可追溯性不强；设计考虑不周，造成加工难度较大等。如图 9-11 所示。

在输电铁塔加工中，部分节点因为构造上的原因，给铁塔件的加工带来难度（见图 9-12），如焊接位置狭窄，焊接操作可达性不强，影响焊缝质量；热弯管件与火曲件通过焊缝

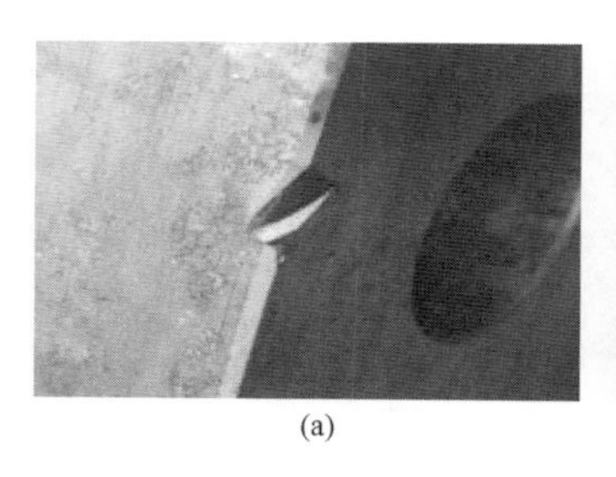
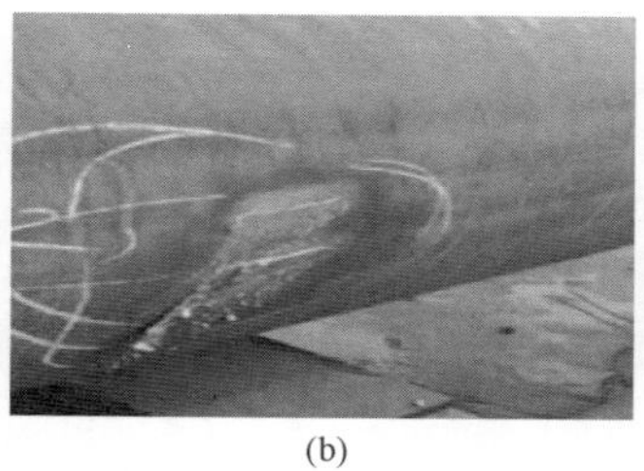
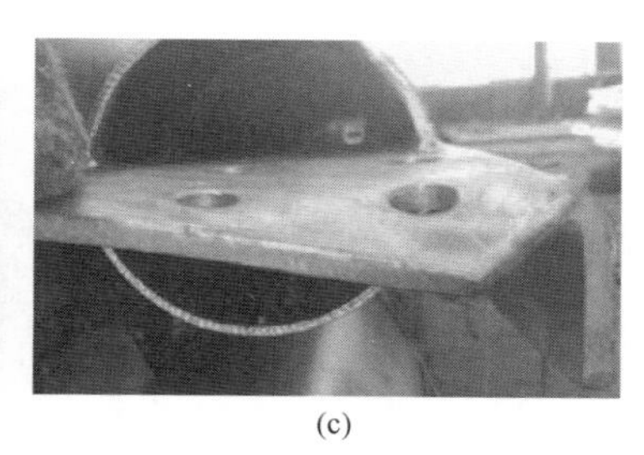

(a) (b) (c)

图 9-11 其他质量问题

(a) 磕碰损伤法兰；(b) 随意切割损伤母材；(c) 插板变形

连接，热弯区域与焊缝热影响区重叠等。因此，在进行这些节点的结构设计时，应充分考虑铁塔加工所造成的不利影响。

(a) (b)

图 9-12 构造及加工对承载的不利影响

(a) 焊接位置困难；(b) 钢管塔横担部位管节点

加工阶段质量问题存在于铁塔加工的各个环节，无孔不入、难以治理，又称“质量通病”。这类通病带来的一般是显性质量风险，但其中有些质量问题属于恶性质量问题，造成严重的质量隐患。

三、售后阶段的主要问题

售后阶段的产品质量问题主要是铁塔发运至现场进行开箱验收中，或在后续铁塔组立过程、线路运行初期发现的问题。对于售后阶段的铁塔质量问题，塔厂应高度重视并及时处理，如果让其扩展到组塔阶段，不仅造成处理困难，甚至给企业声誉带来不利影响，并造成巨大的经济损失。

（一）运输阶段

主要有铁塔构件包装不当，装车、卸车不当造成铁塔构件在运输途中因磕碰、摩擦等造成变形、锌层损坏。

（二）组塔阶段

现场吊运、安装不当，造成构件变形、错孔；现场进行热切割、焊接等，造成锌层损坏；铁塔零件、构件加工不当造成组塔装配间隙过大、塔材干涉、螺栓不能穿过、杆件无法连接等。

（三）运行阶段

结构设计、加工或组装原因造成的铁塔构件损坏或局部失效等。

第三节 质量管理内容

一、生产准备阶段的质量管理

铁塔生产准备阶段的质量管理是确保铁塔制造质量的基础，重在进行工程铁塔的加工策划，以及工艺、技术、质量管理文件的编制，确保铁塔制造有据可依，合理有效。

（一）做好工程铁塔加工策划

1. 铁塔加工策划

铁塔加工策划实际上是针对某一工程项目中标量、交货进度要求，通过对铁塔加工过程所涉及的各种影响因素进行系统分析所进行的运筹规划，以及对加工活动的全过程所作的预先考虑和设想，以便组织相关资源展开项目运作，实现铁塔加工过程中时间、空间、结构三维关系的最佳结合。

铁塔加工策划要结合自身实际，以项目铁塔加工阶段的剩余产能为条件，遵循客观现实、切实可行、灵活机动、讲求实效、全员参与、利益适当等原则进行整体规划。

从内容上讲，铁塔加工策划应针对中标项目的加工量、交货进度，梳理已有的项目清单、供货计划，合理预估剩余产能，然后合理组织和安排企业的各项资源，确保人、机、料、法、环、测各环节顺畅运转。主要包括以下方面：

（1）铁塔供货概况：包括中标数量、塔型、铁塔的结构特点、进度要求等。其中，铁塔结构特点要体现工程铁塔加工的特殊要求。

（2）质量方针与质量目标策划：确定工程铁塔的质量方针，针对工程铁塔的质量要求，细化、量化铁塔制造质量目标。

（3）加工方案的策划：这是整个策划案最重要的内容，也是确保铁塔加工顺利进行和高质量供货的关键。主要结合企业剩余产能、中标量对原材料供应、车间与设备需求、关键岗位人员配置、试组装与场地规划、热浸镀锌、加工难点、主要的质量和进度风险等进行系统的分析和策划；还要结合供货进度确定作业方式（一班制、两班制或三班制），以便为后续加工提供技术和资源保障。

（4）体系构建：针对工程项目组建“三大体系”“四大计划”，这是确保铁塔供货进度和质量的组织保障，这是国家电网公司为保证特高压工程铁塔供货质量对铁塔企业提出的要求，对所有电压等级的铁塔加工有着普遍的意义。

（5）确定焊接工艺评定项目与工艺验证试验项目：焊接、热弯曲、热矫正是铁塔加工的重要环节，对铁塔质量和长期安全运行有重要的影响。为此，应结合工程铁塔的材质、规格、结构特点，拟采用的焊接、热弯曲、热矫正工艺等，对现有工艺评定、工艺验证试验项目进行评估，以确定是否需要进行新的焊接工艺评定和工艺验证试验。

（6）全员培训：要合理策划培训方案，针对关键岗位人员需要进行专项的培训，重在让参与项目铁塔加工的全体人员了解项目的要求、注意的环节、采取的措施、自身的职责等，避免相关人员按经验进行管理或作业，而忽视项目的特殊要求。

（7）新技术应用：近年来，铁塔加工中不断使用新的加工设备和加工技术，尤其是高效、绿色、环保等先进制造技术；三维数字化技术；物联网技术；柔性制造、智能制造技术等。为此，需要结合自身实际，及时收集、掌握、应用这些新工艺、新技术，不断提升企业的形象和市场竞争力。应注意，有些新技术的应用，还需要业主的评审确认，不能盲目使用，避免造成不必要的损失和浪费。

(8) 技术革新与 QC 小组活动：铁塔企业应强化技术革新、开展 QC 小组活动的理念，加大技术革新投入力度，不断健全技术革新机制，积极开展 QC 小组活动，这是企业不断跃上新台阶的根本保证。为此，可针对铁塔制造过程中遇到的生产、质量、安全等方面的问题，围绕设备改进、工装制作、工艺完善、作业环境改善等，以技术骨干为引领，激发带动所有员工积极参与，找出技术差距，通过 QC 小组活动，共同推动企业安全生产、质量提高、效益提升。这样，企业就能抱住“技术金娃娃”，赢得竞争优势。

2. 结合工程实际，合理策划铁塔加工专项技术措施

针对铁塔制造过程的难点、关键点，制定专项技术措施，提升其质量控制和质量保证的等级，如原材料的质量管控措施、焊接质量管控措施、试组装质量管控措施、关键节点质量管控措施等，集中全企业的力量进行技术攻关和质量管控。

(二) 合理构建“三大体系”“四大计划”

1. 正确、合理构建铁塔加工“三大体系”

构建铁塔加工“三大体系”，首先应有书面化的文件，明确参与部门、责任人及其职责，明确部门之间的接口，信息传递要求等。体系建立后要确保体系运行流畅，发现的问题不仅能及时解决，更要有纠正措施，建立预防机制，避免体系运转出现“两层皮”现象。

(1) 生产组织管理体系。

确保输电铁塔加工的顺利进行所进行的各种人力、设备、材料等生产资源的配置，并在加工过程的各个阶段、各个工序、各个环节在时间上和空间上的有效衔接与协调。它包括组织机构、职责、流程、信息沟通、业主要求、贯彻落实措施等，要求覆盖履约的全过程。在此基础上，通过生产的调度、各工序、人员的协作，不断提高劳动生产率，实现供货计划。

(2) 质量管控体系。

包括质量管理和质量控制两个方面。建立质量管理体系是全面质量管理的核心任务，离开质量体系，全面质量管理就成了空中楼阁。质量管理体系是铁塔企业建立的、为实现工程铁塔制造质量目标所必需的组织结构、过程和资源。它根据企业特点选用若干体系要素加以组合，将资源与过程结合，以过程管理的方法将企业的管理活动、资源提供、产品实现以及测量、分析与改进等活动系统化、文件化。质量控制是铁塔企业为达到质量要求所采取的作业技术和活动的总称，也就是说，质量控制是通过监视质量形成过程，消除在产品质量形成的所有阶段所引起的不合格、不满意、质量风险的因素。因此，需要采取相应的技术措施，并实施这些措施，其中，质量检验也是质量控制的重要活动。必要时通过 QC 小组活动，开展专项技术攻关。多数情况下，质量控制还依靠监理活动来督促实现。

铁塔质量管控体系应覆盖输电铁塔质量形成全过程，并从人、机、料、法、环、测等影响产品质量的各种因素，通过各种质量管理和质量控制的活动，确保产品质量。

(3) 工艺文件体系。

包括输电铁塔质量形成全过程的工艺、技术、管理文件，工艺文件体系宜按照工程项目构建。为此，要充分识别及全面响应技术规范及相关要求，编制各关键工序的加工工艺文件和应急措施，包括但不限于原材料采购与入厂复验、放样、下料、制孔、制弯、焊接及其检验、变形控制、试组装、热浸镀锌、包装运输和服务等。

从深度上，工艺文件包括厂级、车间级、工位级的工艺文件。各级工艺文件的内容应相互衔接、逐级简化、操作性要强。

从广度上，文件管理体系包括技术文件和管理文件，如作业说明、关键岗位人员管理、标识与追溯管理、奖罚措施等。

2. 落实“四大计划”，保持体系有效运行

（1）产品质量保证计划。

通过对工程技术规范的充分识别和逐条梳理，将组织体系、生产能力、工艺技术、资源配置、专项技术措施、先进技术应用、质量控制技术验证活动等各项要求落实到产品质量保证计划内。计划应覆盖铁塔加工的全过程，并应结合工程项目编制。

产品质量保证计划的内容应明确为满足上述过程质量要求，企业为本工程铁塔加工而采取的控制手段、工艺，设备（包括测试设备）、工装、场地、人力资源等。应与生产组织管理体系和质量管控体系有效衔接，并更加细化。

（2）检验验证计划。

铁塔企业应对质量形成过程等整个流程进行分析，以生产全过程的关键工序、关键点、关键部件为检验重点，确定检验验证计划。至少包括：原材料进厂检验；放样验证；零件制作工序检验；焊接质量检验；镀锌件抽检及镀锌质量检验；试组装检验；零部件抽检；包装质量抽检等。

（3）生产进度计划。

是铁塔企业为保证工程铁塔按其交货制定的详细排产计划，包含月度计划、周计划等。为此，铁塔企业要针对影响加工进度的潜在风险进行分析，必要时，制定相关预案，预案应有启动条件、人员职责、采取的措施等。要通过生产组织体系的有效运转，确保供货计划如期完成。

对于紧固件、铁塔附属设施等，要有单独的进度计划，并与铁塔生产进度计划相匹配。

（4）售后服务计划。

为确保铁开箱验收及铁塔组立过程出现的异常问题，而制定的服务措施，售后服务计划是质量管理体系的重要组成部分。至少包括：成立售后服务机构与负责人，协调厂内制造的进度协调、开箱验收、现场组塔服务及问题反馈等；售后服务响应时限，售后服务人员到场时机，服务的内容、信息沟通渠道等。

必要时，应制定售后应急预案，考虑补货要求、业主的现场抽检要求等，还要对售后出现的问题进行必要的甄别、沟通，避免问题扩大化。

（三）全面正确地识别工程技术规范

1. 正确识别工程招标技术规范

每个工程项目铁塔招标时，均可能有特殊要求，如寒冷地区加工要求、材料的特殊要求、试组装的特殊要求、检验的特殊要求、铁塔防腐特殊要求等，为此，在收到项目技术规范后，要组织相关技术人员对规范进行逐条识别，甄别与以往工程的差别条款，列出识别清单，为修改相关工艺文件奠定基础。

2. 修改工艺技术文件并进行宣贯

在对技术规范识别完成后，应针对识别清单与原工艺技术文件进行对照，并修改完善，

必要时应重新编制相关工艺文件，确保加工过程满足工程要求。

在“三大体系”构建完成，“四大计划”编制完成，文件体系修改完成后，应组织项目人员进行全员宣贯，达到先知后行。尤其是对于加工过程的禁忌性要求要作为加工红线，实行上墙管理，严格管控。

（四）正确进行焊接工艺评定与工艺验证试验

1. 正确实施焊接工艺评定，编制焊接工艺卡

结合已有的焊接评定、工程铁塔焊接件的类型、拟选用的焊接方法，确定拟评定的项目，严格按照 GB 50661—2011《钢结构焊接规范》规定的评定程序、检验方法、评定标准进行焊接工艺评定。

要结合评定结果和工程铁塔焊件的类型，编制焊接件装配工艺卡、焊接工艺卡。可以依据一份评定编制多份焊接工艺卡，也可依据多份评定（如组合焊）编制一份焊接工艺卡。

2. 正确实施工艺验证试验，优化热弯曲、热矫正作业文件

根据工件材质，拟定的热弯曲、热矫正工艺验证试验方案，正确实施加热工艺，并正确取样进行力学性能试验，确定拟定的热弯曲、热矫正工艺的适宜性，确定加热对材料性能的影响。尤其对 Q420、Q460 级高强钢，要进行模拟工艺试验，对热制弯、热矫正工艺进行优化，以使得热弯曲、热矫正过程对材料的性能影响到最小。

具体的热弯曲、热矫正验证方法可参照第八章的有关内容。

二、生产过程的质量管理

（一）把好“四个环节”的质量管控

1. 开工准备

做好开工准备是确保工程铁塔加工质量和进度保障的前提，应在构建好“三大体系”的基础上，重点抓好原材料的采购与入厂复验，重视铁塔放样工作。对于实施驻厂监造的工程项目，由于实行开工令制度，还需强化开工报审工作。

（1）原材料的采购与复验。

1）严控分供方管理，分供方管理是企业质量管理体系中的重要组成部分，也是质量管理体系的输入环节，包括对分供方的能力评审、对合格分供方的选择与业绩考核等，其最终目的是获得优质、低价、快捷的产品和服务。铁塔企业的分供方包括原材料供应商、外购件供应商、零部件供应商和第三方检测单位等。从质量的角度考虑，应加强对分供方的能力评审，重点是审查其是否具备按照标准要求，提供高质量产品或服务的能力，是否有应急供货或服务能力等，通常对分供方实行分级管理，择优采购。

2）把握好采购的合规性，确保采购的原材料满足工程的使用要求。重点要关注技术规范是否对原材料有特殊的要求，如尺寸偏差、Mn 含量、供货状态、标识、冲击试验、第三方检测等要求；同时还要考虑企业对材料的特殊要求，如角钢、钢管的定尺长度、钢管的坡口要求、焊接材料要求等。由于输电铁塔原材料的种类、规格众多，在采购时，要注意不同品类材料、不同规格材料到货时间的匹配性。

3）确保入厂复验的正确性，首先要按技术规范要求的频次进行检验；其次是取样位置、取样数量满足检验要求；第三要严格按标准要加工试样，按标准规定的检验项目、检验方法进行试验，当某一项检验不合格时，应按标准或规范要求进行二次检验；第四是要注意从取

样到制样、检验整个过程的标识与追溯管理，以免发现不合格材料时，能够准确溯源。

4）入厂复验合格后，应加强入库材料的标识管理，库存原材料必须按产品类型、牌号、质量等级、炉批号、Mn含量、型号规格等进行标识，做到内容完整清晰；不同质量等级的原材料应按类别分区存放，不得混放。要建立库房巡查制度，通过日常巡查，对标识不清、标签损坏等情况及时进行整改完善。

若对铁塔实施驻厂监造，铁塔企业需要在取样、制样、检验的各环节，提前通知驻厂监造人员是否进行旁站见证；同时还需要将采购文件、复验报告、原材料的质量证明文件等资料提交驻厂监造人员进行文件见证。

（2）放样。

放样是保证铁塔制造质量的重要环节之一。对放样结果要通过自审、互审等方式，确保放样图纸的正确性。

1）在放样时，不仅要考虑铁塔企业自身的加工工艺、装配习惯，还要考虑流锌孔、过焊孔的位置与大小，连接板与加强板的坡口加工、装配间隙等加工细节问题，此外还要考虑爬梯、走道等附属设施的加工与安装，考虑防坠落装置、脚钉等。

2）在放样过程中，如出现缩短焊缝的有效长度、将非焊接更改为焊接件等情形，铁塔企业应及时联系设计单位进行确认。

3）针对试组装、铁塔现场组立过程中发现的问题，要认真进行技术分析，是否需要从放样方面进行改进。

为提升放样的技术水平和放样效率，铁塔企业要不断提升放样人员的技术水平，不断利用新的放样技术，如三维放样技术、三维设计与放样的融合技术等，建立放样数据库，对放样数据实施二次挖掘利用，实现与企业ERP、MES等信息化系统的逐渐融合。

（3）开工报审。

针对特高压输电工程，开展了铁塔加工全过程的监造工作。为满足监造工作要求，铁塔企业需向监造单位提交开工报审资料，包括但不限于体系建设情况、铁塔加工的设备配置、人力资源、场地规划、工艺技术文件、放样资料、材料采购与入厂复验资料等。监造单位对上述资料进行初审后，一般会提出修改意见，铁塔企业整改后即可提交开工申请，监造单位向铁塔企业派遣驻厂监造人员，进行开工条件的现场审核，具备开工条件后，监造单位签发开工令。

2. 原材料领用

抓好原材料的领用管理是确保铁塔用材正确、可追溯的关键。包括原材料的出库管理和使用管理两方面。

（1）原材料的出库。

这是原材料由库房管理阶段转序到车间加工阶段的首个环节。目前，主要有两种管理方式：①信息化系统应用较好的企业，多通过ERP系统，由库房向车间发放材料；②车间依据生产情况，凭领料单到库房领取材料。但不管如何，库房管理人员与领料人员应做好两方面的工作：

1）双方要做好材料的交接确认，包括材料的牌号、质量等级、规格（偏差要求）、生产批号、数量等；

2）要做好材料的标识移植，确保领出的每支大规格角钢、每块钢板、每根钢管、每件

法兰都标识清晰、完整，前述的五大属性要素能够清晰地分辨。这是确保材料加工后进行可追溯的基础。

（2）原材料的使用。

应建立首工序（一般是下料工序）确认制度，首个使用材料的人员应依据作业文件先对所用的材料进行复核确认，包括材料牌号、质量等级的确认，尺寸偏差的复核。

下料过程中，应做好零件信息（如塔型、件号、数量）与所用材料信息（如钢材牌号、质量等级、规格、生产批号等）的对接记录，随流转单一起进行工序流转。

下料后，应在剩余材料上做好标识移植，内容应包括材质牌、质量等级、规格、炉批号、Mn 含量标识等。直至在工件上打上零件信息钢印标识后，标识移植工作才算完成。

对于特高压工程等进行驻厂监造的项目，铁塔企业应在下料前，向驻厂监造人员提报原材料质量证明文件，包括但不限于：拟下料加工的原材料清单，对应批号原材料的质量证明书、入厂复检报告、使用去向等。监造人员见证后，才能下料生产。

在原材料使用过程中，铁塔企业要养成“两清理”的良好习惯，即清理车间工位的图纸，不同工程的图纸不混放；清理车间余料，标识不清的材料不使用。

3. 焊接质量管控

焊接是铁塔加工中，尤其是钢管塔、跨越塔、构支架等铁塔产品加工的重要环节，是确保输电铁塔长期安全运行的关键。由于焊接件的产品质量不能完全依靠检验来验证（如力学性能等），需要进行连续的参数监控，因而在质量管理体系中一般把焊接作为特殊过程予以管控，以确保焊接质量的稳定。

（1）焊接质量控制的必要性。

在铁塔焊接过程中，由于焊接工艺评定的局限性，铁塔焊件结构的复杂性，坡口加工、焊件装配的偏差因素，焊接工艺参数的随意性，焊缝缺陷的不可避免性，以及焊接环境、焊工的熟练程度、心理因素等方面的影响，都会对铁塔焊接质量造成影响。

随着技术的不断进步，高效率的焊接方法、高自动化的焊接设备，越来越多地应用于铁塔制造领域，要确保输电铁塔焊接质量，不单要靠先进的设备、先进的技术，更重要的是要抓好管理，对铁塔焊接全过程进行质量控制，因此，就铁塔制造而言，焊接是核心，装备是关键。

（2）焊接质量控制的内容。

1）人员。包括焊接技术管理人员、焊工及焊机操作工、焊接质量检验人员、无损检测人员，另外，还有焊接材料管理人员、焊接装配人员等。重点是强化焊接人员的质量意识教育、工艺纪律教育和良好习惯养成，建立质量责任制；进行专门的培训，使之从理论上掌握工艺，从实践上提高技能。

2）焊接设备与工装器具。包括焊机及附属设备（如送丝机、变位机、滚轮架等）、装配设备、焊接工装模具、焊条/焊剂烘干设备、供气装置等；还包括焊工配套工具（如手锤、手电、扁铲、保温桶等），以及焊接检验器具（如超声波仪器、探头、试块、射线探伤机、焊缝检测尺及配套工具）等。

焊接设备决定了铁塔企业采用的焊接工艺，从自动化程度上，目前我国仍以手工焊接设备为主，自动焊设备主要用于钢管塔中钢管—法兰的焊接，以及角钢塔塔脚的焊接。

焊接设备的性能及其稳定性、可靠性直接影响焊接质量。设备结构越复杂，机械化、自动化程度越高，焊接质量对它的依赖性就越高。所以，需要对焊接装备进行管控，如定期对焊接设备进行维护、保养和检修，重要焊接结构在焊接前对设备进行必要的检查和测试；对在役焊接设备实行定期检验制度，包括对焊接设备上的电流表、电压表、气体流量计等进行必要的定期校验；建立焊接设备使用人员责任制，保证设备维护的及时性和连续性；建立焊接设备技术档案等，以确保焊接设备正常使用。

3）材料。包括母材、焊接材料（焊条、焊丝、焊剂）、保护气体等，焊接材料的质量是保证铁塔产品焊接质量的基础和前提。为此，从生产准备阶段开始，就要把好材料关。①要加强材料的采购控制；②要加强钢材、焊接材料的入厂检验控制；③建立严格的库房管理制度；④对一级、二级焊缝用的钢材、焊接材料，实行严格的发放、使用、回收管理制度，实现对铁塔重要部位焊接质量的追踪控制。

4）焊接工艺。在铁塔加工中，目前，我国铁塔企业以 CO_2 气体保护焊（包括 GMAW 和 FCAW）和自动埋弧焊（SAW）为主，少数企业应用了钨极氩弧焊工艺（GTAW）。而焊条电弧焊（SMAW）尽管在铁塔企业应用较多，但多用于定位焊或临时焊件的焊接。其中，GMAW、FCAW 广泛应用于角钢塔、钢管塔、构支架等铁塔类产品的焊接；GMAW、SAW 或其组合焊主要用于管径大于 219mm 的直缝焊管与法兰的焊接，也用于大型连接板之间、连接板与钢管 T 形焊缝等的焊接；GTAW 焊采用单面焊双面成型工艺，主要用于钢管塔中管径不大于 219mm 的直缝焊管与带颈法兰焊接。

焊接质量对焊接工艺方法的依赖性很强，在影响焊接质量的诸因素中占有非常突出的地位，其影响主要包括两方面：①工艺制订的合理性；②执行工艺的严格性。为此，铁塔企业应结合自身实际、结合焊接工艺评定理智选择焊接方法，编制焊接装配工艺卡、焊接作业工艺卡，并配备到工位。这些以书面形式表达的各种工艺要求、工艺参数，在装配、焊接作业过程中，不能随意变更，即使确需修改，也应履行一定的程序。对一级、二级焊缝（包括返修焊缝）应有焊接记录和检验记录，以实现对焊材、焊接参数、焊接与检验人员的追溯。

值得注意的是，部分塔厂使用的焊接工艺较为多样化，不仅加大了焊接技术管理的难度，增加了焊接工艺评定的数量、焊材管理难度，也增加了焊工考核的成本，因此，铁塔企业一定要结合自身实际选择合适的焊接设备，确定焊接工艺。

5）环境。影响焊接质量的环境因素包括温度、湿度、照明、噪声、烟尘、空气流速、作业位置与作业空间等，焊接环境的影响是人的因素和物的因素的综合，不仅影响铁塔的焊接质量，还对作业人员的身体健康有一定的影响。在特定环境下，焊接质量对环境的依赖性较大，如焊接场所的温度、湿度、风力及雨雪天气等对焊接质量有较大影响，需要引起注意。为此，在相关标准中，对焊接环境提出了明确的要求，当不满足要求时，要暂时停止焊接工作，或采取一定的措施后再进行焊接。

（3）焊接质量控制点的设置。

为保证铁塔焊接质量，不仅要控制影响焊接质量的各种因素，还要对铁塔加工过程中影响铁塔质量的关键节点、关键环节、关键因素等进行重点控制，体现全面质量管理活动，为此，需要设置一些质量控制点。

设置焊接质量控制点的目的是以预防为手段，消除或减少焊接缺陷，使焊接质量得以有效控制，并为焊接质量改进提供依据。

一般情况下，铁塔制造焊接质量控制点见表9-1。由于质量控制点的设定具有动态特性，当铁塔企业的某个质量控制点得到有效控制，处于稳定状态时，可以撤销该控制点；而当某一环节、因素焊接质量问题较多时，还需要新增质量控制点。为此，铁塔企业要结合自身实际合理选择质量控制点，并制定相应的措施，加强质量管控。

表9-1　　输电铁塔焊接质量控制点

序号	质量控制环节	控制内容
1	焊接方案策划与制定	1）结合工程铁塔中标量和交货进度，确定配备的焊接资源（焊接方法、焊接人员、焊接设备、焊接材料等）。 2）结合工程铁塔焊接件的特点与企业实际情况（焊工项目、设备），确定不同部件拟采用的焊接方法。 3）结合工程铁塔结构与特点，工程拟采用的焊接方法，以及已有的评定项目，评估焊接工艺评定的覆盖能力；评估是否存在重新评定的情形，如坡口尺寸、热处理制度、焊接参数的变化等；提出焊接工艺评定项目。 4）制定专项焊接技术措施
2	焊接工艺评定	1）依据确定的焊接工艺评定项目，正确实施焊接工艺评定，进行试件的检验，进行综合评定。 2）依据焊接工艺评定报告，正确编制焊接工艺卡，工艺卡要结合铁塔焊接结构特点和企业的焊接设备、焊接工艺编制
3	焊工与检验人员资格	1）参加要求的培训与考核，持证上岗，有项目清单、钢印号对照表。 2）焊接作业项目、检验项目与证书内容一致。 3）一级、二级焊缝焊接人员钢印管理满足要求
4	钢材与焊材管理	1）钢材、焊接材料、保护气体等满足标准或技术规范的要求，有质量证明书。 2）钢材、焊接材料进行了入厂复验，检验项目、检验方法满足标准或技术规范的要求，结果合格，有复验报告。 3）钢材、焊接材料标识有管理制度，实际标识清晰、完整、无损毁。 4）焊条、焊剂烘干满足要求。 5）一级、二级焊缝用钢材、焊接材料有发放、使用记录，能够追溯
5	关键焊接节点	开豁口或割缝制弯件；塔脚；横担节点；变坡节点；挂线点部位
6	坡口加工	1）有坡口加工图，坡口形式与尺寸的变化符合GB 50551—2010《球团机械设备工程安装及质量验收标准》焊接工艺评定的要求。 2）坡口加工方法、加工质量、尺寸偏差满足标准或技术规范要求
7	焊接件装配	1）有焊接件装配工艺卡或装配作业文件，有装配技术要求，如临时定位件、刚性固定件的用材、焊点要求，焊后去除要求。 2）按要求对焊件进行打磨。 3）装配间隙、错边、装配要求等满足标准或技术规范要求。 4）定位焊的人员、焊材使用、焊接工艺、焊点尺寸等满足标准或技术规范要求。 5）临时件的去除方法满足规范要求，未对焊件本体造成损伤
8	焊接环境	1）焊材库房环境满足JB/T 3223—2017《焊接材料质量管理规程》的要求。 2）焊接车间配备温度、湿度、风速测量器具。 3）焊接作业环境不满足工艺技术要求时，有措施，并严格执行。 4）试验室环境满足设备、检测试验要求

续表

序号	质量控制环节	控制内容
9	焊接	1）焊接工位配备焊接工艺卡。 2）焊接作业内容与焊工合格项目相匹配。 3）焊前对焊件装配间隙、错边、定位焊等进行检查。 4）预热、焊后热处理工艺正确（有要求时）。 5）正确实施焊接工艺参数，焊接顺序合理。 6）一级、二级焊缝有焊接操作记录，焊工、焊材使用等可追溯
10	焊接检验（外观质量）	1）焊后焊工自检（焊缝尺寸、表面缺陷）。 2）实现后道工序对前道工序质量的互检。 3）质量检查人员对焊接过程进行监督，对焊件外观质量进行抽检（焊缝尺寸、表面缺陷）。 4）一级、二级焊缝返修后的检验
11	焊缝无损检测	1）无损检测人员资质，持证项目与检测项目相一致。 2）检验设备的校验。 3）有检验工艺卡或检验作业文件，并正确实施。 4）一级、二级检验记录（含返修焊缝）
12	焊接返修	1）有焊缝修理作业文件。 2）缺陷的去除方法正确。 3）返修焊的焊工、使用的焊材、焊接工艺满足要求。 4）返修焊的次数复核规定。 5）返修后按要求进行检验

4. 试组装质量管控

铁塔试组装是铁塔企业为了有效控制铁塔整体安装就位率、主控尺寸、基础根开等，把加工完成的零件、构件进行预组装，以检验放样、零件图的正确性、加工尺寸的符合性等是否满足设计与安装质量要求而设置的一道关键检验工序，以便及时发现和纠正错误，防止出现批量质量缺陷。

在输电线路中，由于地理条件、气候环境、输送条件的不同，以及经济性要求，一条输电线路铁塔会有多种塔型，铁塔试组装一般按塔型进行。业主有试组装验收要求时，需要将试组装作为停工待检点进行管理，验收合格前（包括整改问题封闭前）不得转序。

（1）试组装方案编制。铁塔试组装方案编制是铁塔企业进行工程铁塔加工策划的重要内容之一，要结合工程的供货进度和塔型数量，合理安排试组装时间节点，提前进行试组装人员、装备、仪器、工具以及试组装场地的准备，结合具体的塔型特点，确定试组装方式、流程、组装顺序，提出试组装检验内容、检验方法，发现问题的反馈与处置要求，试组装安全措施等。

（2）试组装的管控重点。铁塔企业要高度重视试组装工作，要在准备充分的前提下，认真组装，严格检验，确保试组装的实效性。

1）要把控好试组装条件，同时具备下列条件时，方可开始试组装：①具有拟组装塔型的试组装方案；②该塔型全部零件、构件加工完成并检验合格；③该塔型所用的原材料有质量证明书，且入厂检验合格，法兰、焊缝等第三方检测合格。

2）要了解不同类型的铁塔、不同工程铁塔试组装的不同要求，如角钢塔、钢管塔试组装的不同；直流工程角钢塔与交流工程的不同等，做到有的放矢。

3）严格按照试组装方案的要求、顺序和工艺进行组装，不可强行组装；使用临时替代构件组装时，应确保其与正式构件的一致性；节点连接螺栓应严格按照工程要求穿装，其穿装方向、螺栓数量、正式螺栓的使用等要满足工作要求；分段采用不同方式试组装时，应在铁塔拆除后，对该段进行过补充组装；对于相同塔型不同呼高的铁塔，应对未试组装的不同部位，通过局部拼装的方式进行验证。

4）严格试组装的检验，重点检验主控尺寸、组装间隙等，检查是否有压焊缝的现象，是否存在螺栓干涉、零部件碰撞等问题。同时，还应对该塔型的零件、构件、焊接件的质量进行抽查复核。

（3）试组装问题的处置。对于试组装过程中发现的问题，应分析原因，加强与放样人员、设计单位的沟通。对出现的零部件碰撞问题，不得随意切割；对出现的螺栓干涉问题，可利用三维放样软件，对其进行复原验证。必要时，应从放样环节修改加工图，或改进加工工艺，制定预防措施等，避免同样的问题重复发生。

铁塔试组装成本较高，危险因素较多，目前，铁塔制造行业的三维设计、三维放样技术已经比较成熟，借助激光三维扫描、三维数字化建模等三维数字化技术，可以将加工后的铁塔构件进行三维虚拟重构，从而实现铁塔的三维仿真试组装，部分单位已在基于三维数字技术进行虚拟试组装方面，进行了有益的探索，可望在不久的将来能够进入实际应用。

（二）重点抓好“三项工作”

1. 标识与追溯管理

做好铁塔加工过程的标识与追溯管理，是保证铁塔加工质量的基础和前提，其中，标识是手段，追溯是目的。铁塔加工过程的追溯管理包括对主要原材料的追溯（如大规格角钢、直缝焊管、锻造法兰等）、关键岗位人员的追溯（如焊工、检验人员等）、关键工艺的追溯（如一级焊缝的焊接、热矫正等）。其中，关键人员、关键工艺的追溯多通过记录、钢印等方式进行追溯，相对简单，下面重点介绍铁塔主要原材料的追溯管理。

铁塔主要原材料的追溯包括两个方面：①对入厂检验试样的追溯；②对原材料入库、领用过程的追溯。

（1）入厂检验试样的标识与追溯。

铁塔原材料入厂检验过程涉及取样、制样、检验多个环节，参与人员、传递次数、存放区域较多，传递路径环境复杂，企业重视程度不足，多数企业没有相应的管理办法，随意性较大，甚至有些企业在对多批次原材料同时取样时存在混放的情形，造成原材料入厂检验结果不可追溯。因而，原材料入厂检验试样的标识与追溯管理是目前铁塔企业的薄弱环节。

铁塔企业要高度重视原材料入厂检验过程的追溯管理，首先应制定“原材料入厂检验试样标识管理办法”，明确相关人员的职责、标识的内容与方法、试样的流转要求等；其次，应加强试样在取样、制样、检验环节的流转监督，促使相关人员良好习惯的养成。采用入厂检验试样流转箱进行试样的流转（图 9-13），是一个不错的方法。图中 A 是试样流转标签，内容包括：取样、制样、检验人员交接签字及日期；B 是试样识别标签，内容包括材料品类、生产商、材质、规格、批号、试样数量等信息。一个流转箱可存放多个产品种类或多个批次的入厂检验试样。

在一个批次的原材料入厂检验结束后，检验人员应收集该批号材料的所有残样，进行打包标识，以便追溯。

随着二维码技术在输电铁塔领域应用的普及，可以通过扫码技术＋物联网技术实现检验过程数据的实时传递。

（2）原材料的入库、领用标识与追溯。

这一过程的标识与追溯管理包括库房管理与车间使用两个阶段。不同的原材料，追溯的深度不尽相同，如对常规角钢目前仅能追溯到库房、钢板一般追溯到加工车间，而特高压工程铁塔用大规格角钢、直缝焊管、锻造法兰则可追溯到具体的塔位。

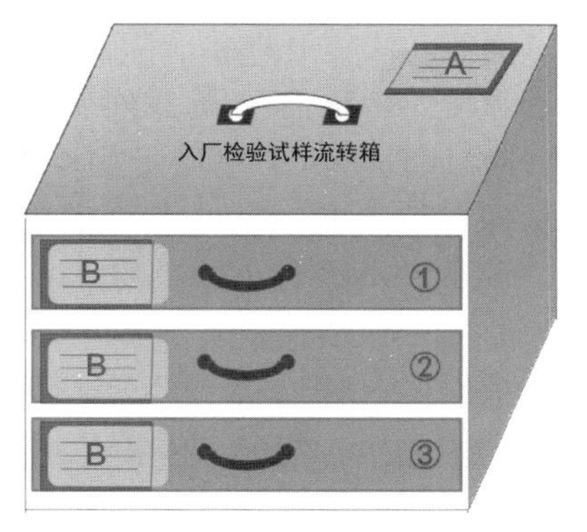

图 9-13　入厂检验试样流转箱

库房管理阶段，现有的标签、色标标识方法，既不可靠，也不科学，且仅适用于库房管理的标识。随着技术的不断发展，运用最新的标识管理技术，利用物联网技术、视觉识别技术、电子屏显示技术（如 LED 屏、显示终端）等，通过与企业 ERP 系统对接，可以实现库房材料的动态显示与管理。

在领料阶段，重点加强出库材料的标识确认和标识移植，确保车间领出的材料标识清晰、完整。在加工阶段，通过首工序确认制度，确保材料使用正确，实现零件信息与材料原始信息的对接。下料后，做好余料的标识移植工作。在这一过程中，新技术应用成为改进铁塔加工阶段标识与追溯管理落后局面的关键，如 MES 系统的应用、激光打标技术与识别技术的应用等，不仅可以实现标识的快捷化，还可以实现零件加工统计的实时化，推动加工管理的高效化。

2. 工序与流转管理

工序是指一个（或一组）工人在一个工作地对一个（或几个）劳动对象连续进行生产活动的综合，是组成生产过程的基本单位。多数情况下，铁塔零部件需要多个工序才能加工完成，为此，不仅要对铁塔零部件每个加工工序进行质量管控，更需要强化铁塔零部件工序流转管理，明确工件的流转条件、流转要求。工序管理与流转管理是确保铁塔零部件顺利加工的关键一环。

（1）工序质量管控。

产品质量在开始加工的首个工序就已经存在，并贯穿于生产的全过程，最终的产品质量，取决于全部工序质量缺陷的累积结果。所以，工序质量管控是确保产品质量的基础。

1）要严格工序交底。工序交底属于班组交底范畴，是通过日站班会或周例会形式，对工序所有人员就铁塔零部件的加工工艺要求、加工方法、注意事项进行技术说明，同时对前期加工质量问题进行总结分析，提出纠正与预防措施，并加以落实的过程。交底时要明确本工序的加工要求，操作方法，检查内容；明确本工序常见的质量缺陷、产生的原因和采取的措施；明确作业人员的质量责任。通过工序交底可以使每一位作业人员了解铁塔零部件加工技术要点、质量要求、预防措施等，是克服作业人员经验主义和避免操作错误的有效手段，应严格执行。

2）强化工序质量管控。做到“两严格”，即严格落实技术规范的禁止性条款，通过实行上墙管理、强化班前提醒、过程监督机制，使全体员工在耳濡目染中，牢记加工“红线”，自觉地按工艺要求进行加工，避免重大质量问题；严格执行工艺纪律，克服经验主义和自由主义，开展良好工艺习惯养成教育与训练，避免铁塔加工过程的随意性，如随意切割半成品件、随意在法兰上焊接、随意以锤击方式敲掉固定焊件、随意以经验或习惯替代评定的工艺（焊接、热矫正）；随意外委加工等。

3）认真落实工序质量检验。工序检验的形式通常有首验、巡检和末检三种。其中，首检即首件检验，是在各工序生产开始时或工序因素调整后（换人、换料、换岗、换工装、调整设备等）对加工的第一个或前几个零部件进行检验，目的是防止产品成批报废。巡检是指专职质量检查人员在各生产工序对已加工或正在加工的工件按一定的时间间隔或比例进行的监督检验，它不仅要抽检产品，还要检查影响产品质量的生产因素、监督作业人员的工艺执行情况。末检是指末工序的检验，是工件通过各工序流转，零部件加工结束后对其进行的检验，其主要目的是验证零部件加工质量是否合格，工序流转过程是否正常。在铁塔加工中，尤其是自动化作业、在线检测生产线等，必须严格落实首件检验和末工序检验。

4）严控流转条件。只有经本工序检验合格的工件，才能向下道工序流转，避免带缺陷的工件流入下道工序。

（2）工序流转过程的质量信息反馈。

工序检验是把控铁塔零部件工序加工质量的关键环节，通过工序检验，可以对工序加工中的质量问题进行汇总、分级，以便采取针对性的措施，确保工序加工质量。

一般根据工件加工中质量问题的严重程度，将零部件质量缺陷分为重大缺陷、较大缺陷、一般缺陷三级，具体的分级方法参见表 9-2。

表 9-2　零部件质量缺陷分级

缺陷等级	影响因素				
	对安全影响	对精度、性能影响	对产品可靠性影响	对产品外观影响	对企业信誉影响
重大缺陷	对运维人员安全有严重的威胁	特别严重	易产生重大故障，严重影响线路安全运行	严重	可能使企业面临停标的严重处罚
较大缺陷	导致铁塔承载能力降低，影响安全	较大，影响铁塔的安装与使用	较大，影响铁塔长期安全使用	较大，影响铁塔的交付	可能使企业面临通报或处罚
一般缺陷	轻微或几乎没有	轻微或几乎没有	轻微或几乎没有	轻微或几乎没有	轻微或几乎没有

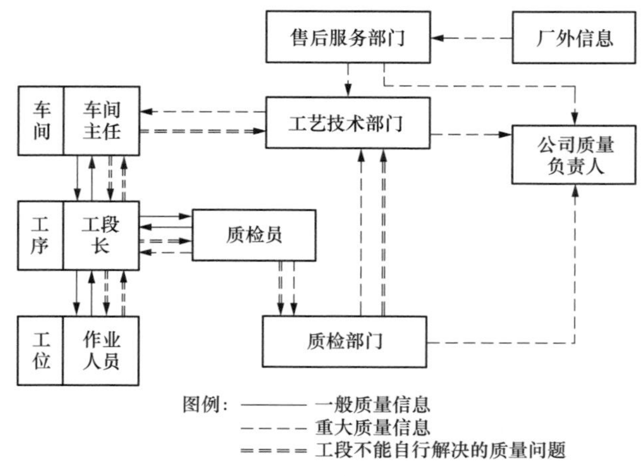

图 9-14　工序质量信息反馈流程

针对铁塔零部件加工各工序中出现的质量问题，应按规定的路线和方式反馈到相关的部门、人员，以便相关部门及时了解工序质量状况，及时采取对策，不断调整工序质量的控制水平。

工序质量信息反馈流程见图 9-14。

（3）工序流转的质量改善。

进行工序质量管控的目的是工序的质量改善和持续提升。工序质量改善的对象一般按其特征分为偶发性质量缺陷和经常性质量缺陷，其中，经常性质量缺陷又称质量通病。见表 9-3。

表 9-3　工序改善的对象

类型	内　容	特　点
偶发性质量缺陷	系统性因素造成的质量突然恶化，需要采取措施加以消除，从而防止同一缺陷再次发生，使工序处于可控制状态	对产品质量影响大，产生原因明显，易于采取措施予以消除
经常性质量缺陷	长期性因素引起的质量变化，会使工序质量长期处于不利的状态，因而需要采取另一些措施来改变现状，使之达到新的水平	对产品质量影响不明显，产生的原因复杂且不易被人发觉，但长时间后会影响企业的经济效益

工序改善应遵循以下原则：①预防为主，动态控制原则；②突出重点，目标管理原则；③人人参与，层层治理原则。工序改善中领导重视是关键，人员素质是基础，落实责任是重点。

工序改善的重点工作内容：

1）要制定改善计划，确定工序质量改善的组织及其分工，明确责任人与工作内容，改善要点和改善期限。

2）要采取正确的工序改善方法，在熟悉并了解工序质量现状、存在的质量问题的基础上，结合具体工件的加工工序和工艺特征，用技术和经验来分析产生质量缺陷的原因；采用直方图、管理图、散布图、假设检验、参数估计等方法，分析影响加工质量的因素，制定预防措施。必要时，通过 QC 小组活动，开展技术攻关，来解决工序质量的重点和难点。

3）把工序交接作为质量控制点，严格落实交接过程的质量责任，人人参与，层层治理，强化工艺纪律的执行，突出工序流转检查的作用。上道工序要对下道工序负责，下道工序要对上道工序进行监督。同时加强工序流转中构件的保护，强化工序流转的标识与追溯管理。

4）要确认工序改善效果，对于有效的工序改善措施变为工序作业的正式文件，以此指导该工序的作业。当工序改善效果不理想时，应继续分析原因，采取措施，如此反复进行，直至改善有效。

3. 镀锌与发货前的检验

（1）镀锌质量管控。

输电铁塔长期在野外使用，一般通过热浸镀锌提升铁塔的长期抗腐蚀能力。热浸镀锌是铁塔制造过程中影响其使用性能的最后一道工序，因而对镀锌质量进行管控对铁塔的长期运行有重要的实际意义。

线路的距离特性决定了同一输电线路铁塔可能经受不同腐蚀环境的作用，并对其使用寿命产生影响，从 2021 年开始，国家电网公司对输电铁塔热浸镀锌厚度进行了调整，提高了 C4 腐蚀环境的镀锌厚度要求。针对这一变化，塔厂一方面需要完善相关铁塔构件、紧固件的标识文件，用于规范不同腐蚀等级地区塔材、紧固件的标识要求，避免发货错误；另一方面，塔厂要对热浸镀锌工艺进行调整试验，尤其应确定对薄壁、小件的镀锌工艺，并进行 C4 及以上腐蚀等级镀层厚度下的热浸镀锌工艺验证，确定镀层均匀性、附着性、镀层厚度能够满足要求，合格后，将合格的镀锌工艺固化在相应的镀锌工艺文件中。

热浸镀锌质量受钢材（化学成分、表面质量）、镀锌工艺（锌液成分、镀锌温度、浸锌时间等）、镀锌操作等诸多因素的影响。为此，应加强镀锌工艺管控，注意钢材中 Si 含量的影响，必要时，向锌液中加入合金元素，消除或减少圣德林效应；当锌液成分或镀锌工艺变化时，应进行工艺验证性试验；要控制钢材表面的蚀坑、麻点等缺陷，控制酸洗、助镀环节，控制好锌液中的 Pb、Fe 含量，减小浸锌过程中锌液温度波动。浸锌操作时，要根据工件的形状、尺寸、重量等合理操作。

反映镀锌层质量的指标包括锌层的外观质量、锌层厚度、与基体的结合力、附着均匀性等。为此，应加强镀锌质量检验和镀后整理，当铁塔零部件存在下列镀锌质量问题时，不允许产品出厂：①存在影响组装结合面的积锌、锌瘤；②存在影响螺栓穿过的孔内积锌、锌瘤；③面积较大的局部漏镀（大于 $10cm^2$）；④锌层脱落；⑤严重色差或钝化色外观质。

近几年，环保政策的日益严苛，越来越多的铁塔企业寻求外委镀锌，由于镀锌质量受诸多因素影响，铁塔企业必须加强外委镀锌的管控。重点包括：认真开展外委镀锌厂家的评价，审慎选择外委镀锌分供方，重点评价其技术能力和质量保证能力，如其锌锭的采购与检验、镀锌工艺试验、镀锌过程的质量控制、镀锌质量检验等。在此基础上，制定完善的外委镀锌质量管控措施，切不可“以包代管”。当有驻厂监造要求，铁塔企业还需要向监造单位提交外委镀锌报审资料，经监造人员见证合格后方可外委镀锌。

（2）发货前的检验。

由于输电铁塔的特殊性，产品出厂一般按基包装，并要求紧固件、防坠落装置、附属设施等同步发货。加强发货前的检验，不仅是为了确保发货铁塔的塔型正确，还要确认该铁塔加工过程的消缺工作全部完成，随车资料齐全。对于需要进行驻厂监造的铁塔，还需进行出厂报审，落实发货前的开包抽检，合格后监造人员出具《出厂见证单》才能发货。

铁塔发货前的检验内容主要包括：随车资料的检查，发货单的核对，特殊腐蚀区铁塔零件、构件的标识与镀锌厚度抽检，装车后的包装检查等。

有发货报审要求时（如特高压工程），一般实行每塔型首车必检制度，其工作流程是：塔厂提出发货报审单，驻厂监造人员对该塔型资料进行审核，确认问题整改完毕；进行开包抽检，对包装、镀锌情况再次进行见证确认抽查；审核发货清单及随车资料，抽查标识中工程代号；出具《出厂见证单》。

（三）强化“两个关键点”的管理

1. 设计变更

设计变更是指设计单位对原设计图纸或设计文件所表达内容的改变和修改。设计变更是工程变更的重要组成部分，它关系铁塔的加工质量、加工进度，甚至关系铁塔加工费用的调整，因而，加强设计变更管理意义重大。

设计变更一般由于以下原因而产生：

（1）线路路径原因导致塔型变化或铁塔数量变化。

（2）设计错误、遗漏。

（3）使用的材料品种、规格发生变化。

（4）放样时，铁塔企业发现零件、构件干涉。

（5）铁塔加工中，铁塔企业发现的因结构原因导致的无法加工。

（6）因加工工艺问题，导致铁塔结构或承载力的改变，如非焊接件变为焊接件，焊缝有效长度的缩短等。

（7）在铁塔加工、安装过程中，相关方提出的合理化建议。

上述变更有可能是设计单位提出，也有可能是铁塔企业、甚至施工单位提出，但无论原因如何，出自何方，最终必须由设计单位来确认，而且设计变更一经确认，则必须落实，相应的铁塔加工图纸、涉及的工艺文件等，也应进行相应的修改。实施驻厂监造时，铁塔企业应将设计变更联系单，变更确认书面文件等资料提交监造人员进行见证，同时，监造人员还要见证设计变更的实施情况。

在设计交底阶段，设计变更多是因设计前期准备资料不全或设计考虑不周，或因设计人员业务水平原因，导致设计图纸出现差错，或设计文件存在错误、遗漏、缺失等，多数问题会在图纸会审中发现而得到解决。一般以联系单或会议纪要的形式将变更情况进行通报。

在铁塔加工阶段，多是铁塔企业在放样、加工中发现一些具体问题而提出变更，需要对铁塔进行结构、外观或功能等方面的局部修改或调整；也可能是铁塔企业自身的原因，如个别材料采购困难，提出代用申请等。一般需要铁塔企业提出设计修改联系单，提交设计单位进行确认。

在铁塔施工阶段，一般是在铁塔组立过程或线路运行初期，发现铁塔出现功能性或结构性缺陷，如振动、局部构件失效等。一般需要各方参与，对出现的问题进行综合讨论分析和处理，对工程影响较大。

设计变更出现得越晚，对工程影响越大，因此，一方面，设计单位应提高铁塔设计质量和设计深度，另一方面，要严格把控图纸会审关，尽可能把设计变更控制在设计阶段。铁塔加工阶段发现的问题，铁塔企业应及时与设计单位沟通，尽早采取措施，避免问题拖延而扩大化。

2. 材料代用

在铁塔制造过程中，当铁塔企业的材料品种或规格不能完全满足设计要求而又生产急需时，一般会出现材料代用。实质上，材料代用是设计变更的一项重要内容，应慎重对待。

材料代用一般应遵循以下原则：

(1) 合规性原则，代用的材料应符合技术规范与材料标准的要求，设计文件有规定时，还应满足设计要求。

(2) 安全性原则，材料代用不应造成铁塔承载能力的降低和使用寿命的缩短，或带来其他影响设备安全运行的缺陷。

(3) 符合性原则，材料代用要领会和符合设计者的基本意图，不能因为代用造成铁塔使用性能的降低或影响铁塔的安装，也不能因为代用而造成设计基本原则的改变或造成较大的费用调整。

输电铁塔材料代用一般有两种类型：①一般性材料代用，如在不改变规格的前提下，用高级别的材料替代低级别的材料，这种情况既不更改铁塔的设计原则，也不影响铁塔的加工质量和安全运行；②重要性材料代用，如降低材料的强度等级、质量等级，或改变材料的规格，从而引起铁塔构件承载力的变化，或对铁塔组装有一定的影响。

事实上，单纯考虑“以优代劣”原则是铁塔加工过程产生质量隐患和管理混乱的主要因素，在代用材料的选择上，应综合考虑被代用材料的外形质量、化学成分、尺寸公差、性能指标、检验要求等，而且不管是哪一种材料代用，均必须办理材料代用单，履行相应的审批手续。要坚决杜绝内容不明确的，没有零件图或具体使用部位的，而只是笼统提出材料变更的代用；坚决杜绝操作人员简单而随意的“以优代劣”进行材料代用。所有的材料代用必须得到设计单位的认可，方可实施。有驻厂监造要求时，铁塔企业应将材料代用申请单、设计单位确认单等资料提交监造人员见证后方可实施代用，同时，监造人员还要见证材料代用的实施情况。

三、售后阶段的质量管理

售后阶段的质量管理是加工阶段的延伸，是广泛收集铁塔组立单位、用户对铁塔加工问题改进意见的有效途径，应引起重视。

（一）售后阶段问题分析

售后阶段的质量问题主要是铁塔发运至现场经开箱验收后，在后续铁塔组立过程发现的问题。

对于售后阶段的铁塔质量问题，塔厂应进行分析，要分析是产品质量问题，还是售后服务问题；要确认是产品制造阶段造成的缺陷，还是现场组塔不当造成。针对制造阶段的问题，应将问题及时反馈到塔厂的生产、技术部门，查找原因，进行纠正和预防。

此外，铁塔产品售后服务，不仅要处理铁塔运抵现场后开箱验收和铁塔组立过程的质量问题，还要处理铁塔在质量保证期内的问题。

（二）售后服务的内容

铁塔企业应从全链条、全方位考虑售后服务的内容，以便为相关方（业主、用户、施工单位、监理单位等）提供更加周到、优质的服务。具体的服务内容包括但不限于以下方面：

（1）成立售后服务机构，及时向施工现场派遣服务代表，建立现场与企业信息沟通的渠道；

（2）对现场组塔作业提供技术指导和现场服务，及时处理相关问题；

（3）及时提供零件、构件的补货、换货服务；

（4）对现场发现的质量问题进行甄别，提出处理意见和措施；

（5）收集现场组塔人员就产品质量、服务方面的意见与合理化建议，根据情况及时改进；

（6）为业主、用户、现场施工单位提供电话回访或上门回访，持续改进服务工作。

（三）做好售后阶段的质量管理

售后质量管理是售后服务的重要内容之一，是售后服务工作的延伸。良好的售后服务，不仅可以降低因产品质量问题导致的经济损失，以及对企业信誉造成的不良影响，还可以进一步改进铁塔的供货质量，扩大产品的市场占有率。

1. 做好售后服务策划，落实售后服务计划

做好售后服务的策划，是铁塔企业为业主提供良好服务的前提，其策划内容包括组织策划和方案策划。

组织策划的重点是确定售后服务的组织机构，明确职责分工，确定信息反馈流程等，其工作内容不仅是事后处理，还应包括前期的信息沟通，相关方的互相谅解、企业内部的快速反应等，形成从合同签订、图纸文件、生产制造、包装运输、产品交付、现场安装配合等全链条的，从企业内部到企业外部的（设计、施工方、业主、用户），从供货进度到缺陷处理的全方位的服务机制。其目的是为售后阶段的质量管理提供组织保障和信息反馈渠道，确保售后服务体系的有效运转。方案策划的重点是针对铁塔加工供货的各阶段，梳理影响铁塔供货进度和供货质量的因素和环节，制定相应的措施，如包装方案、运输方案、退换货方案、

应急处置方案等。其目的是为售后质量管理提供技术支撑。

售后服务计划是铁塔企业落实“四大计划”的一项重要内容，是售后服务组织策划和方案策划成果的具体体现，落实好售后服务计划，不仅可以降低企业的成本和声誉损失，还可以进一步强化内部质量反馈系统，推动质量管理体系的有效运转。

2. 做好售后服务工作，避免质量问题扩大化

针对现场发现的质量问题，铁塔企业首先应快速响应，服务及时。售后服务人员不仅要有营销人员，还应有技术人员。营销人员的作用是及时与各方沟通，避免影响扩大化；技术人员的作用是对现场发现的问题进行甄别，并将问题准确、及时传递给生产、技术、质量部门，以便确定问题产生的根源，制定纠正、预防措施，在后续铁塔加工中避免同类质量问题再次发生。

3. 采取有效措施，全员全过程参与质量管控

铁塔产品质量管理流程长，涉及环节较多，铁塔企业要采取有效措施，全面提升全员质量意识与责任心，在用人上，要确保铁塔企业技术骨干、关键岗位人员稳定，通过制度管理、人文关怀，提高企业全员全过程参与质量改进的主动性和自觉性，对于铁塔企业持续发展有重要意义。

第四节 铁塔制造质量检验

一、质量检验概述

质量检验是指借助于某种手段或方法来测定产品的一个或多个质量特性，然后把测得的结果同规定的产品质量标准进行比较，从而对产品作出合格或不合格判断的活动。

现代工业生产是一个复杂的过程，由于主客观因素的影响，要绝对地防止不合格品的产生是难以做到的。因此，质量检验是很有必要的。生产和检验是一个有机的整体，检验是生产中不可缺少的环节。从质量管理发展过程来看，质量检验曾是保证产品质量的主要手段，后来的统计质量管理、全面质量管理都是在质量检验的基础上发展而来。

质量检验的对象是产品，产品可以是原材料、外购件、半成品、成品；也可以是单个成品或批量的产品。质量检验是质量管理中不可缺少的一项工作，要求企业具备三个方面的条件，包括足够数量的符合要求的检验人员、可靠而完善的检测手段与检测设备、明确而清楚的检验标准。

由于在检验活动中，需对产品质量特性进行观察、测量、试验和判断，因而多数情况下须借助一定的检验手段。检验手段包括硬件和软件，其中，硬件主要指要有从事检验工作所需技能的人员、检验场所和检验设施、检测测试仪器和计量器具、检验过程所必需的消耗品，以及能源和资源等；软件则主要指检验方法。

质量检验的依据是技术标准、合同技术规范、设计图样、制造工艺文件等。其中，产品的技术标准、合同技术规范是进行质量检验的主要依据，一般包含了产品制造的技术要求、检验项目与试验方法、检验规则等内容。设计图样、设计文件是产品制造的主要依据，也是供需双方表达技术思想的基本工具。制造工艺文件是指导工人作业、生产基本依据，制造工艺是否正确，往往决定了产品加工过程是否与用户需要相一致，进而决定产品的质量是否满足用户的需要。

根据产品的特点和要求，质量检验的分类方法很多。按照检验样品的多少，分为全数检验和抽样检验；按照检验工作的顺序，分为预先检验、中间检验和最后检验；按照检验地点不同，分为固定检验和流动检验；按照检验的预防性可分为首件检验和统计检验；按照检验的主体和性质，分为自检、互检和专检等。

按照检验的目的，质量检验具有以下四个作用或功能：

(1) 鉴别功能。通过检验来判定产品质量是否符合规定的要求，鉴别主要由专职检验人员完成。

(2) 把关功能。通过质量检验剔除不合格品并予以隔离，实现不合格的原材料不投料，不合格的中间产品不转序，不合格的成品不交付。鉴别是把关的前提，把关是质量检验中最重要、最基本的功能。

(3) 预防功能。可以通过工序作业的首件检验或巡检起到预防作用，通过对原材料、外购件的检验等，不仅可以起到把关作用，还有预防作用。

(4) 报告功能。通过质量检验可以时掌握产品质量状况，为质量控制、质量改进、质量决策提供重要信息和依据。

二、检验质量的管控

输电铁塔制造属于传统的制造范畴，具有质量检验的基本特征，而且在铁塔制造过程中，质量检验有着重要的作用。应从以下方面进行质量管控，确保检验的质量。

(一) 检验人员

从全面质量管理的角度，所有作业人员都是检验人员，进行作业项目的自检、承担工序检验的把关工作。专职检验人员包括质检员、检验试验人员（包括力学性能试验、理化检测、无损检测人员），从事专门的检验工作，且专职检验人员一般要有丰富的实践经验，并需经过专门的培训，考核合格，方可上岗。

(二) 检测设备

检验检测设备完好准确是确保检测质量的基础，而检验检测设备的精度，是确保检测结果准确的保障。为此，在选用检测仪器设备时，应选用量程和精度与被检工件的检测项目最接近、最匹配的检验检测器具，以保证量值和检测结果的准确性。用于输电铁塔产品质量检验的所有检测设备，须经有资质的计量检定机构检定（校准）合格并出具有效的量程、精度和与检测标准对应的检测范围的检定（校准）证书，且在有效期内使用。同时，应加强检验设备的日常维护，加强附属设备、试验工装的管理。

铁塔制造过程常用的检验检测设备包括外观与尺寸检验器具、理化检验设备、无损检测设备等。

1. 外观与尺寸检验器具

外观检验主要使用目测或利用检测器具、辅助以放大镜进行外观质量和尺寸的检验。这些检验器具虽然简单，也基本上是手工操作，但对确保铁塔的质量一直发挥着重要的作用。进行尺寸检验的器具主要包括：

(1) 尺寸检测器具：如游标卡尺、千分尺、钢卷尺、直尺、角度尺、塞尺、准距卡尺等，主要用于原材料、零件或构件的尺寸检测；焊缝检测尺用于焊缝外形尺寸的测量；塞尺主要用于试组装时法兰连接间隙和插接式钢管杆插接面贴合率等的检测；螺纹通止规、螺纹千分尺主要用于螺栓、螺母的尺寸测量。

（2）测厚仪：如超声波测厚仪主要用于原材料包括钢板和型钢厚度的检测；涂层测厚仪主要用于镀锌层厚度检测。

（3）粗糙度测试仪：用于螺栓孔、零件的粗糙度检测。

（4）方位测量仪：如经纬仪用于立式试组装时铁塔的垂直度测量；水准仪用于试组装时横担预拱、构架梁的预拱以及结构面平面扭曲等的检测。

2. 理化检验设备

主要使用专门的仪器设备，进行材料、零件或产品的成分、性能、特征指标的检测与分析。主要包括：

（1）化学成分分析仪器（包括相应材质的有证的标准物质）：目前，常规的碳、硫分析仪、分光光度计及五元素分析仪已逐步被多通道数字式光谱分析仪替代，可以准确分析输电铁塔常用钢材、锌锭中的主要元素含量。

（2）冲击试验设备：冲击试验机、V形缺口拉床、缺口投影仪及低温槽等。

（3）拉伸、弯曲试验设备：万能试验机主要做拉伸、弯曲试验以及螺栓的拉力试验、楔负载试验、螺母的保证载荷试验等，需要配套标距仪、相应的工装夹具等。万能试验机目前已由原来的表盘指针式变为微机屏显式，使得检测数据结果更加准确，免去人工估读的数据不准确度。

（4）硬度检验设备，包括硬度计以及相应的硬度标准试块，目前各铁塔制造企业多使用布/洛/维氏硬度计，主要用于螺栓、螺母的硬度检验，也用于材料的工艺验证试验。

（5）金相检验设备：主要是金相显微镜，用于材料的金相分析，螺栓脱碳层的检测。

（6）镀锌检验设备：硫酸铜试验仪器、锤击试验装置等，用于进行镀锌层的均匀性试验和附着性试验。

（7）密度计：用于检测溶液的密度。

3. 无损检测设备

主要用于对材料、零件、焊接接头的质量检验，用于检测其表面、内部的质量状况。

（1）超声波检测设备（包括配套标准试块、专用探头等）、射线探伤设备主要用于焊缝的内部质量检验。

（2）磁粉探伤设备和渗透检测装置用于焊缝或零件部件的外观质量检验。

（三）检验试样

对检验试样的控制重点一是要管控取样位置、取样方法、取样数量或频次，确保所取的样品满足标准与技术规范的要求；其次是要管控试样的制样质量，试样的加工精度、粗糙度等；三要能够对取样、制样、检验过程进行追溯。

GB/T 2975—2018《钢及钢产品 力学性能试验取样位置及试样制备》给出了钢板、角钢力学性能试样的取样位置。图9-15为角钢拉伸、冲击试样取样位置，要求取样位置应在翼缘外表面。T/CEC 352—2020《输电线路铁塔用热轧角钢》还规定，拉伸试样应采用全厚度矩形试样，对于厚度大于22mm的角钢，冲击试样应在厚度中心取样。

图9-16为钢板试样取样位置，一般在钢板宽度1/4处切取横向样坯，若规定取横向拉伸试样时，钢板宽度（w）不足以在$w/4$处取样，试样中心可以内移，但应尽可能接近$w/4$处。

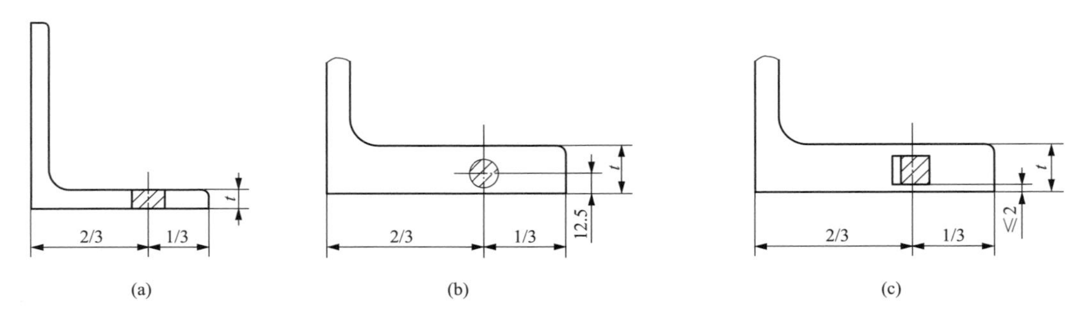

图 9-15　角钢拉伸、冲击试样取样位置

（a）在宽度上的取样位置；（b）圆柱拉伸试样在厚度上取样位置；（c）冲击试样在厚度上取样位置

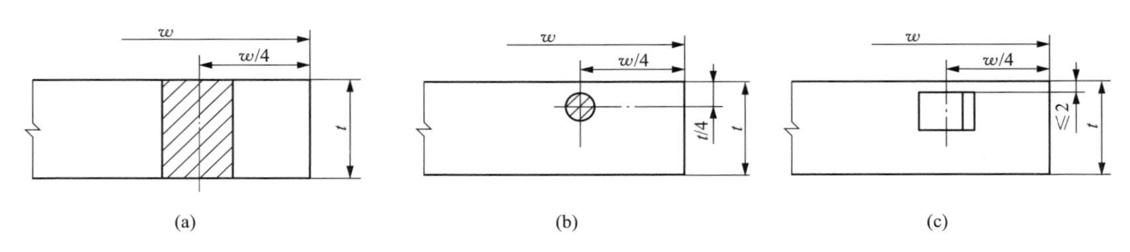

图 9-16　钢板拉伸、冲击试样取样位置

（a）钢板全厚度试样；（b）圆形截面试样（$t \geqslant 20$mm）；（c）冲击试样

T/CEC 136—2017《输电线路钢管塔用直缝焊管》给出了管型塔材力学性能试样的取样位置与要求（见图 9-17），要求管体的拉伸、弯曲、冲击试样应在钢管上平行于焊缝截取，拉伸、弯曲试样可使用全壁厚弧形截面试样，也可加工成圆柱状标准拉伸试样。焊接接头拉伸、弯曲、冲击试样的截取位置与焊缝垂直，焊缝位于试样中心，冷压平后做拉伸、弯曲试验。两面的焊缝余高应去除。

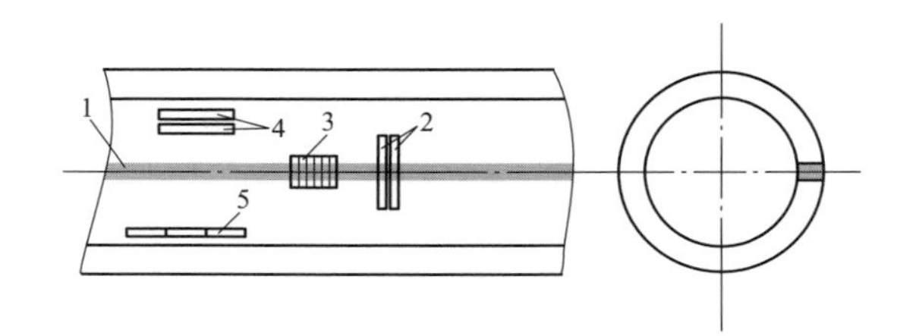

图 9-17　直缝焊管拉伸、弯曲、冲击试样取样位置

1—焊缝；2—焊接接头拉伸、弯曲试样；3—焊接接头冲击试样；
4—管体拉伸、弯曲试样；5—管体冲击试样

DL/T 1632—2016《输电线路钢管塔用法兰技术要求》给出了法兰的取样位置与要求（见图 9-18），要求试样从法兰成品取样，经需方同意，也可从最终热处理状态的半成品取样。

试样加工精度直接影响试验结果，尤其是冲击试样 V 型缺口的加工，其缺口位置，缺口根部加工精度，对试验结果影响很大，必须使用缺口投影仪，对缺口加工质量进行检测。

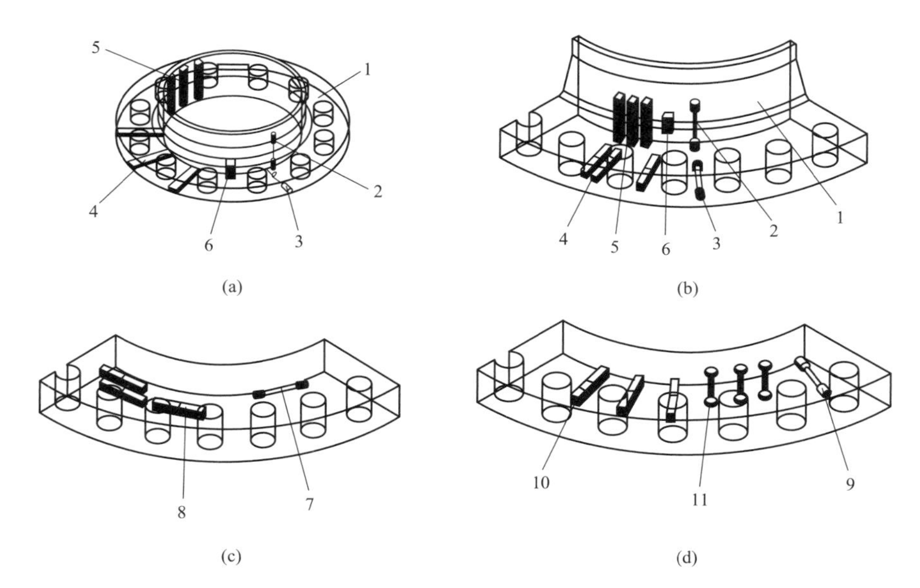

图 9-18　法兰试样取样位置

（a）小规格锻制带颈法兰；（b）大规格锻制带颈法兰；（c）锻制板式平板法兰；（d）钢板割制板式法兰

1—法兰；2、10—轴向拉伸样；3、9—径向拉伸样；4—径向冲击样；5—轴向冲击样；6—金相试样；7—切向拉伸样；8—切向冲击样；11—轴向断面收缩率样

（四）检验方法与检验项目

铁塔产品的质量检验，一般按照 GB/T 2694—2018《输电线路铁塔制造技术条件》、DL/T 646—2012《输变电钢管结构制造技术条件》的检验项目进行，针对重要的工程项目，如特高压工程铁塔产品，有些用户有专门的技术规范。随着标准的不断完善，对铁塔的检验要求、零部件的判定原则也不断完善。

铁塔产品检验一般采用抽检方式，包括塔厂的自检、第三方检验、法定监督抽检、业主（用户）的质量抽检等。检验内容包括铁塔原材料的入厂检验、零部件尺寸检验、焊缝质量检测、试组装质量检验、镀锌质量检验，要严格按照规定的检验流程、试验方法进行。对初检不合格的项目，要按标准要求进行二次检验。

1. 铁塔原材料的入厂检验

铁塔原材料的质量是保证铁塔质量的前提。不同的原材料，具体的检验项目有所不同，但总体上包括原材料的资料（随货质量证明书）检查和产品质量抽检两大项。

产品质量抽检包括对产品的外观质量、外形尺寸、理化指标的检验检测。其中，理化检测项目主要包括材料的化学成分、拉伸性能、弯曲性能、冲击性能等，对钢管、法兰还要求进行无损检测。特高压输电铁塔原材料的理化检验试样应能够进行追溯。

2. 零部件尺寸检验

零部件尺寸检验是产品加工质量的检验，是保证成品试组装质量的前提。铁塔零部件尺寸检验包含零部件下料、制孔（孔形、孔位）、成型（制弯、压扁、开合角）、焊接件尺寸检验等，一般可采用钢卷尺、钢直尺、角度尺、卡尺等进行检验。

3. 焊缝质量检测

在输电铁塔中焊接结构用于铁塔的关键节点部位，焊接质量在很大程度上影响铁塔

质量。

焊接质量检验包括焊缝的外观质量检验、外形尺寸检测和内部质量检验。其中，焊缝外观质量、外形尺寸一般采用肉眼、放大镜和焊缝检验尺进行检验检测，必要时，可采用表面探伤方法（如 PT、MT）进行检测。焊缝内部质量一般采用超声波检测方法进行检验，超声波不能对缺陷作出判断时，采用射线检测方法进行焊缝内部质量检验。焊缝的内部质量检验一般仅对设计要求全焊透的一、二级焊缝进行，且需要具有相应项目检测资质的人员来操作。

4. 试组装质量检验

输电铁塔的试组装分为卧式试组装和立式试组装两种形式。其检验包括构件的质量抽检和组塔后关键尺寸的检验。

特高压输电铁塔，尤其是直流线路角钢塔，由于横担长度较长，一般要求头部立式组装，检验横担设计预拱值是否符合要求，横担立装后不允许水平方向出现负偏差。

5. 镀锌质量检验

热浸镀锌是输电铁塔应用最为广泛的防腐技术，镀锌质量的好坏直接影响铁塔的使用寿命。镀锌质量检验包括镀锌层外观质量检验，镀层均匀性、镀层附着性检验和镀锌层厚度测量。其中，镀锌层外观质量用目测检查；镀层均匀性用硫酸铜试验方法检验；镀锌层附着性用落锤试验方法检测；镀锌层厚度用金属涂层测厚仪测试方法检测。

三、检验新技术

（一）理化检测

1. 手持式金属光谱分析

目前，输电铁塔原材料成分检验是一项基本的检验项目。过去多采用碳硫磷三元素分析仪进行检测，如今多采用取样方法进行实验室数字光谱分析。

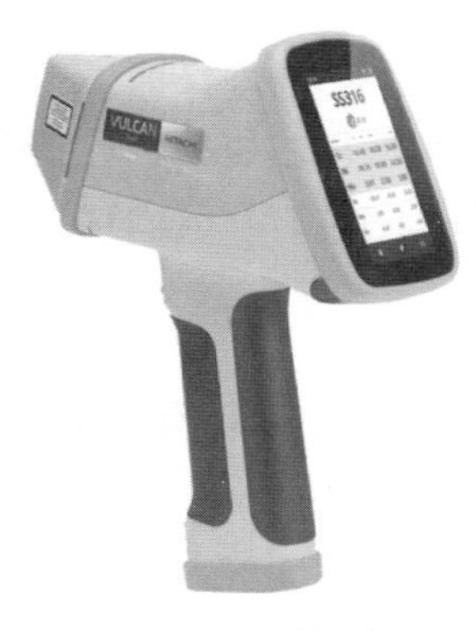

图 9-19　手持式金属光谱仪

手持式金属光谱分析仪（见图 9-19）以其小巧便携、现场检测、快速无损、无须取样，在不损坏被测材料的前提下，可直接对材料进行高精度分析，且能在数秒内获得数据，大大提高了检测效率，降低了塔厂的成本。

从目前部分厂家使用的实际效果看，手持式金属光谱分析仪可以在堆料场地对角钢端面进行检测，无须进行破坏性取样并加工试样，无须逐根材料摊开，检测时间一般在 5s 内即可完成。另外，该仪器对环境温度和湿度的要求不高，室内室外均可以正常使用，准确、方便、高效。不足的是：该仪器不能对金属材料的非金属元素进行检测，使其在铁塔原材料入厂检验中不能得到更广泛的应用。

2. 高精度手持式激光测距仪

高精度手持式激光测距仪，利用激光对目标的距离进行准确测定，见图 9-20。激光测距仪在工作时向目标射出一束很细的激光，由光电元件接收目标反射的激光束，计时器测定激光束从发射到接收的时间，从而自动计算出从观测者到目标的距离。

激光测距仪质量轻、体积小、操作简单、速度快而准确，通常应用在距离较长、构件外形较大、环境复杂的尺寸测量上，如铁塔试组装质量检验中可用于铁塔跟开、横担长度、横担垂直距离、挂线点距离、呼高等主要控制尺寸的测量。

图 9-20 手持式激光测距仪

（二）无损检测技术

1. 爬波检测

在特高压工程钢管塔中，有大量厚度小于 8mm 的钢管—法兰对接焊缝，传统的横波超声波检测标准不能适应该焊缝的检测需要。2010 年国家电网公司组织专门力量进行技术攻关，确定采用爬波检测为主，当需要对缺陷进行定位时，采用横波辅助检测的方法进行检测。

实践证明，爬波检测是一种新型高效的检测方法，具有简单、实用、效率高、对仪器实用性强的特点，特别适用于薄壁钢管与带颈法兰对接环形焊缝的检测。目前，已有 DL/T 1611—2016《输电线路铁塔钢管对接焊缝超声波检测与质量评定》，作为该类焊缝内部质量检验的依据。

2. 超声相控阵检测技术

超声相控阵检测由多个小的晶片按照一定的序列组成，检测时，按照预定的规则和时序对探头中的一组或全部晶片分别进行激活，每个激活晶片发射的超声波束相互干涉形成新的波束，通过软件控制新波束的角度、焦距、焦点尺寸等，实现焦点和声束方向的变化，从而实现超声波的波束扫描、偏转和聚焦。然后采用机械扫描和电子扫描相结合的方法来实现图像成像。

超声相控阵检测可应用于角钢塔塔脚焊缝检测、特高压钢管塔带颈法兰对接环焊缝、直缝焊管纵焊缝等无损超声检测等。

与射线检测、手动超声波检测相比，成像直观，单个探头可以实现多角度的检测，覆盖范围广，具有安全、环保、高效、准确、可靠、缺陷检出率高等多方面的优势，通过过程控制可有效提高焊接工艺水平和焊接质量，但是由于设备成本高，在铁塔加工过程中应用范围窄、工作量小，影响其推广运用。

3. TOFD 检测技术

TOFD 又称超声波衍射时差法，是一种依靠从待检试件内部缺陷的“端角”和“端点”处得到的衍射能量来检测缺陷的方法，用于缺陷的检测、定量和定位。

早期的超声检测使用的都是模拟探伤仪，用横波斜探头或纵波直探头做手动扫查，大多数情况采用单探头检测，仪器显示的是 A 扫波型，扫查的结果不能被记录，也无法作为永久的参考数据保存。

TOFD 检测需要记录每个检测位置的完整的未校正的 A 扫信号，其数据采集系统是一个复杂的数字化系统。TOFD 采用一发一收两个宽带窄脉冲探头进行检测，探头相对于焊缝中心线对称布置。发射探头产生非聚焦纵波波束以一定角度入射到被检工件中，其中部分波束沿近表面传播被接收探头接收，部分波束经底面反射后被探头接收。接收探头通过接收缺陷尖端的衍射信号及其时差来确定缺陷的位置和自身高度，见图 9-21。

TOFD 检测具有技术可靠性好、定量精度更高、检测简单快捷、检测效率高、操作成本低等特点。目前已有 NB/T 47013.10—2010《承压设备无损检测第 10 部分：衍射时差法超

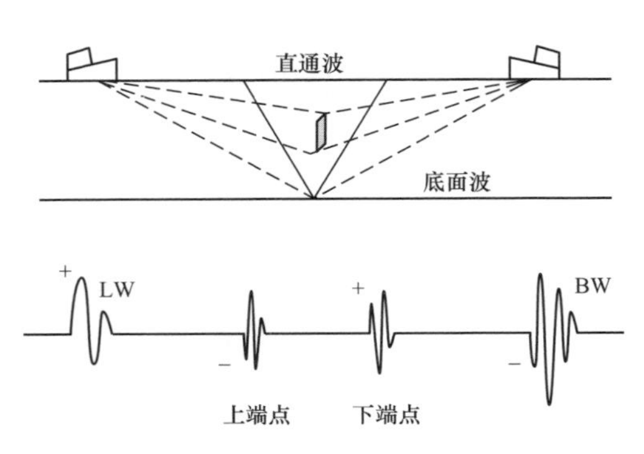

图 9-21 TOFD 检测示意图

声检测》、DL/T 1317—2014《火力发电厂焊接接头超声衍射时差检测技术规程》等标准可供借鉴使用。

（三）基于三维数字化的检测技术

1. 塔材零部件三维检测技术

基于塔材零部件几何尺寸无接触三维测量技术，是用三维摄影测量取得所测工件的高精度框架数据。再根据所取得的三维框架数据，用三维扫描仪将各关键部位三维点的云数据扫描出来，通过系统原件将扫描数据贴在已经取得的三维造型数据模型框架上进行对比，自动显示出实际加工零件的外形尺寸与零件三维造型数据模型之间的偏差，自动判定尺寸偏差是否合格。

三维检测有三维摄影测量、三维扫描仪或采用三维摄影测量和三维扫描仪两种设备共同测量等形式。采用三维摄影测量和三维扫描仪两种设备共同测量可测工件达到 10m 以上，测量精度可达 0.04mm/4m。

三维扫描测量技术零件表面轮廓检测技术可实现产品检测手段的数字化、可视化、自动化；可实现对加工的塔材实施虚拟试组装检验验证塔材安装尺寸的正确性。

2. 在线视觉检测技术

主要应用于角钢构件加工生产线，采用线扫工业相机进行实时拍照，通过软件高速解析处理图像，分析检测数据，并出具检测数据报告。该在线视觉检测系统由相机、光源、数据图像处理软件组成。具有以下几个特点：

（1）可对角钢件中每个孔的孔径、孔端距、孔准距、孔间距、成品角钢的长度等加工精度进行检测；并且还可检测加工孔的数量（检验是否漏孔或多孔）以及角钢原材料的肢宽是否合格。

（2）加工后的成品工件经过软件的图像处理，可以把角钢制孔测量后实际数据直观地显示出来，同角钢加工 NC 程序数据进行比较，如果视觉测量过程中发现有超出设定误差范围，系统会显示此工件加工不合格，同时输出报警指示，用户可以选择加工完此件或中断加工。

（3）不影响生产节拍效率，随加工随检测。实现了工件产品全检，避免传统抽检方式导致漏检。

（4）在线检测结果自动记忆存储，生成数据库文件，为设备接入管理系统（ERP/MES），提供基础数据。

目前，该系统在部分塔厂已经获得应用。

第五节 铁塔制造质量监督

一、铁塔质量监督概况

输电铁塔是输电线路的重要支撑结构，对线路的安全运行起着至关重要的作用。因而，我国十分重视输电铁塔产品的质量，2017 年 6 月以前，一直实行生产许可证制度。

1981年，铁塔行业首个技术标准GB 2694《输电线路铁塔制造技术条件》颁布；1998年，颁布DL/T 646《输电线路钢管杆制造技术条件》。这些标准对输电铁塔产品质量提出了明确的要求，也为铁塔企业、铁塔用户的检验，以及第三方检测机构开展产品质量监督提供了依据。

对输电铁塔开展产品质量监督检验工作，是确保铁塔产品质量的重要手段。目前，一般由铁塔企业通过自检来把控制造阶段的质量；在产品发货前或供货后，铁塔用户多通过第三方检验或委托检验的方式，对铁塔产品质量进行抽检监督。此外，市场监督管理总局通过对输电铁塔产品质量实施国家监督抽查、专项质量抽检等方式，实施法定质量监督工作。

二、生产许可证时期的抽检

1986年开始，国家对输电铁塔产品实行生产许可证管理制度，在国家质检总局统一管理之前，由电力工业部生产许可证办公室具体负责实施生产许可证管理；1999年开始，许可证管理归国家质检总局统一管理，2017年6月，国家质检总局取消了铁塔的生产许可证管理。输电铁塔生产许可证制度历时31年。

输电铁塔生产许可证的实施依据是《输电线路铁塔产品生产许可证实施细则》，仅适用于750kV及以下电压等级的角钢塔产品，并未涵盖特高压铁塔，也未涵盖钢管塔，对钢管塔产品是通过第三方检验的方式进行质量监督。截至2016年9月，国家主管部门已至少发布4版《实施细则》（2002版、2006版、2011版、2016版），不同版本的《实施细则》对铁塔产品取证的单元划分不同，不同取证单元对塔厂的要求、抽样依据等有所不同（见表9-4），这些变化，反映了我国输电铁塔设计、制造技术的不断发展和进步。

在这一时期，输电铁塔产品生产许可证的检验工作由指定的检验机构承担，铁塔企业可从指定的检验机构中自主选择检测机构，在企业生产现场开展产品检验。在取得生产许可证后，依据《产品质量国家监督抽查管理办法》（2011年以前）、《产品质量监督抽查管理办法》（2011年以后），国家质检总局负责制定年度国家监督抽查计划，指定有关部门或者委托具有法定资质的产品质量检验机构通过签订行政委托协议书的方式，承担监督抽查相关工作。因此，法定抽样监督是这一时期对铁塔产品进行质量监督的主要方式。

表9-4　不同版本输电线路铁塔产品生产许可证实施细则取证单元划分

版本号	单元划分	抽样依据
2002版	110、220（330）、500kV输电线路铁塔	《输电线路铁塔生产许可证产品质量检验办法》
2006版	110、220（330）、500、750kV输电线路铁塔	《输电线路铁塔产品生产许可证检验规则》
2011版	110、220（330）、500、750kV输电线路铁塔	《输电线路铁塔产品生产许可证检验规则》
2016版	一个单元，按电压等级划分为110、220（330）、500、750kV四个发证范围	按检验样品数量一览表的规定抽样

（一）输电铁塔取证检验

按照《输电线路铁塔产品生产许可证实施细则》，在取证时由审查组进行实地核查，并抽封样品，塔厂自主选择检测机构进行检验。一般按产品单元或电压等级，在塔厂自检合格后，选择一基塔（整塔）进行检验。表9-5为2016版检验样品数量一览表。

表 9-5　　输电铁塔检验样品数量一览表

<table>
<tr><th>序号</th><th colspan="2">产品单元</th><th>抽检样品种类</th><th>抽样基数</th><th>样品数量</th><th>抽样方法与要求</th></tr>
<tr><td>1</td><td rowspan="4">输电线路铁塔</td><td>110kV</td><td>110kV 直线塔、转角塔的呼称高不得低于 18m</td><td rowspan="4">不小于 1 基</td><td rowspan="4">1 基</td><td rowspan="4">采取现场随机抽样，所确定的检查批，是近期生产的（六个月内）、产品上有企业标识钢印的各种塔型（与申报电压等级相符）整基成品塔，经厂方自检合格，包装完毕待发运的产品</td></tr>
<tr><td>2</td><td>220kV（330kV）</td><td>220kV（330kV）直线塔的呼称高不得低于 21m；转角塔的呼称高不得低于 18m</td></tr>
<tr><td>3</td><td>500kV</td><td>500kV 直线塔的呼称高不得低于 27m；转角塔的呼称高不得低于 22m</td></tr>
<tr><td>4</td><td>750kV</td><td>750kV 直线塔的呼称高不得低于 30m；转角塔的呼称高不得低于 27m</td></tr>
</table>

（二）取证后的抽样检验

铁塔企业在取得生产许可证以后，一般由专门的铁塔检测机构对产品进行抽样检验。下面以《输电线路铁塔产品质量监督抽查实施规范》（CCGF 506.1—2010）为例，介绍其抽检要求。

1. 抽样

企业的铁塔产品通常有多种电压等级、不同规格型号的产品，原则上从被抽查企业的合格产品中抽取电压等级最高或数量最大的规格并保证样品具有代表性。

抽样方法、基数及数量按以下要求：

（1）在铁塔成品中，随机抽取近期生产的同一批次，并有产品质量检验合格证明或者以其他形式表明合格的产品。

（2）确定所要抽取的铁塔的规格品种，当被抽检企业有多个规格品种时，用掷骰子或抽扑克牌的方法随机抽取一种。当某一规格产品被确定为抽检对象后，若被抽检企业成品中有多基该规格产品，用同样的方法随机抽取一基作为待检的样本母体。

（3）根据各规格塔型的结构特点，随机抽出各检验项目所需的样本（见表 9-6～表 9-11）作为待检的产品样本。

表 9-6　　钢材材质抽样表

批量范围（基）	样本大小（件）		判定数组	
	初检数	备样数	A_c	R_e
1	2	4	0	1

表 9-7　　钢材外观、外形尺寸抽样表

批量范围（件）	样本大小（件）	判定数组	
		A_c	R_e
501～1200	32	0	1
1201～3200	50	0	1
3201～10 000	80	1	2

表 9-8　　零部件、焊接件检验抽样表

样本品种			主材			接头铁			连接板			腹材			焊缝质量	焊接件
批量范围（件）			26～50	51～90	91～150	9～15	16～25	26～50	151～280	281～500	501～1200	281～500	501～1200	1201～10 000	1～8	1～8
样本大小（件）			8	13	20	3	5	8	13	20	32	20	32	50	2	2
判定数组	750kV以下	A_c	1	2	3	0	1	2	1	2	3	2	3	4	0	0
		R_e	2	3	4	1	2	3	2	3	4	3	4	5	1	1
	750kV及以上	A_c	0	1	2	0	0	1	0	1	2	1	2	3	0	0
		R_e	1	2	3	1	1	2	1	2	3	2	3	4	1	1

表 9-9　　锌层外观、厚度检验抽样表（件）

批量范围（件）	样本大小与品种规格				判定数组	
	$\delta<5$	$5\leqslant\delta<8$	$\delta\geqslant8$	合计	A_c	R_e
≤500	8	8	4	20	1	2
501～1200	12	12	8	32	2	3
≥1200	15	15	10	40	3	4

表 9-10　　锌层附着性检验抽样表（件）

检测项目	样本大小	判定数组	
		A_c	R_e
附着性	3	0	1

表 9-11　　试组装检验抽样表

检测项目	样本大小（基）	判定数组	
		A_c	R_e
部件就位率	1	0	1
同心孔通过率			
主要控制尺寸			

注　在本规范的规定中，检验机构在检验过程中对检验结果进行复验所采用的样品，应是抽取的检验样品，不能采用备用样品。备用样品仅是指被抽查企业或者经过确认了样品的生产企业对检验结果提出异议，需要对不合格项目进行复检时，才需使用备用样品。

2. 判定原则

通常依据表 9-12 零部件项次规定，分别计算出零部件项次合格率、焊接件项次合格率、试装就位率、同心孔通过率等，在此基础上进行综合判定。

表 9-12 零部件项次规定

<table>
<tr><td>项目</td><td>下料尺寸</td><td>边垂直度</td><td>端距</td><td>直线度</td><td>角钢端部垂直度</td><td>孔形</td><td>孔位</td><td>弯曲（开合角）</td><td>清根（刨根）</td><td>切角（切肢）</td><td>切断</td><td>标识</td><td>焊缝</td></tr>
<tr><td>角钢（件）</td><td>1</td><td>2</td><td>2</td><td>1</td><td>2</td><td colspan="2" rowspan="2">以孔计数</td><td rowspan="2">以弯计数</td><td>以处计数</td><td>以头计数</td><td>2</td><td>1</td><td rowspan="2">以200mm为一个项次</td></tr>
<tr><td>钢板（件）</td><td>2</td><td>4</td><td>4</td><td>1</td><td></td><td colspan="2"></td><td>以边计数</td><td>1</td></tr>
</table>

对于项次克扣及不合格的确定按如下原则：

（1）凡零部件判为废品的，其所有项次均为不合格项次。

（2）某一项次不合格而影响相关项次也不合格，其相关项次也为不合格项次。

（3）焊接件中部件尺寸与焊缝有一方面不合格则焊接件不合格。

（4）不合格品的确定：不合格品分为返工品和废品，见表 9-13。

表 9-13 不合格品规定表

序号	不合格品	
	返工品	废品
钢材质量	—	材质与要求不符，外形尺寸严重超标，重皮和锈蚀严重
零部件尺寸	项次合格率小于规定指标但有修复价值经返工能成为合格品	接头处孔向相反，50%及以上孔准距超标，没有修复价值，下料尺寸与图纸不符，严重超标
焊接件	部件尺寸及孔小于规定指标，可修复，焊道小或漏焊可补焊	组对或尺寸有错不可修复
镀锌件	锌层三项试验不合格，锌层表面滴瘤，露铁等缺陷可返工重镀	过酸洗严重，头孔被酸腐蚀超标，没有修复价值
试装	漏切角、板边大、孔距超标但可返工	零部件尺寸超标不可修复由于放样错误控制尺寸与图纸不符，相关件全为废品
其他	弯大、划伤漏铁可返工	划伤严重，弯曲经校直钢材撕裂

综合判定原则：检验项目全部合格，判定为被抽查产品合格；检验项目中任一项或一项以上不合格，判定为被抽查产品不合格。当产品存在 A 类项目不合格时，属于严重不合格；当产品仅有 B 类项目不合格时，属于一般不合格。

注：在 GB/T 2694—2018《输电线路铁塔制造技术条件》中把产品检验项目按质量特性的重要程度分为 A 类和 B 类，参见表 9-14。

三、许可证取消后的质量抽检

2017 年 7 月，为落实国务院《关于调整工业产品生产许可证管理目录和试行简化审批程序的决定》（国发〔2017〕34 号）（简称《决定》），国家质检总局下发国质检监〔2017〕317 号《关于贯彻落实＜国务院关于调整工业产品生产许可证管理目录和试行简化审批程序的决定＞的实施意见》，要求各省级质监部门、有关生产许可证审查机构自《决定》发布之日起，停止包括输电线路铁塔在内的 19 类产品的生产许可证审批和管理工作，不得以任何形式继续许可或变相许可。要求多措并举加强事中事后监管，并要求各级质监部门（市场监督管理部门）按照“双随机、一公开”的要求，加大产品质量监督抽查的力度，抽查结果依法向社会公开。

至此，对输电铁塔的检验模式，变成了国家抽查（政府部门）监督与用户以合同约定进行监督检验相结合的方式。其中，用户监督检验包括产品的过程监造、质量抽检、第三方检验等。

（一）政府部门开展的输电铁塔质量监督抽查

政府部门开展的铁塔质量监督抽查包括市场监督管理总局组织的年度产品质量国家监督抽查、各省市场监管部门组织的监督抽查、专项监督抽查等。

以 2018 年的产品质量国家监督抽查为例，输电铁塔产品国家质量监督抽检方式：①采取“双随机”抽查方式，通过政府采购方式招标遴选入围检验机构，入围后随机确定抽查企业，随机确定承检机构，并进行随机匹配；②实施抽检分离，抽样由企业所在地市场监管部门组织实施，市场抽样辅助工作由不承担该产品检验任务的技术机构实施，检验任务由“双随机”确定的技术机构承担。

输电铁塔检验项目见表 9-14，重点对钢材外形尺寸、钢材材质、零部件尺寸、锌层等 15 个项目进行检验。

表 9-14　　2018 年输电铁塔产品抽检检验项目、方法及重要程度

<table>
<tr><th rowspan="2">序号</th><th rowspan="2" colspan="2">检验项目</th><th rowspan="2">依据法律法规或标准</th><th rowspan="2">检测方法</th><th colspan="2">重要程度或不合格程度分类</th></tr>
<tr><th>A 类</th><th>B 类</th></tr>
<tr><td>1</td><td colspan="2">钢材外形尺寸</td><td>GB/T 706—2016 中 4.2 款
GB/T 709—2006 中 6.1 款</td><td>GB/T 2694—2010 中 7.3.4.5 款</td><td></td><td>●</td></tr>
<tr><td rowspan="7">2</td><td rowspan="7">钢材材质</td><td>拉伸试验</td><td>GB/T 700—2006 中 5.4 款
GB/T 1591—2008 中 6.4.1 款</td><td>GB/T 228.1—2010</td><td rowspan="7">●</td><td rowspan="7"></td></tr>
<tr><td>冷弯试验</td><td>GB/T 700—2006 中 5.4 款
GB/T 1591—2008 中 6.4.4 款</td><td>GB/T 232—2010</td></tr>
<tr><td>碳</td><td>GB/T 700—2006 中 5.1 款
GB/T 1591—2008 中 6.1 款</td><td>GB/T 20123—2006
GB/T 4336—2016</td></tr>
<tr><td>硫</td><td>GB/T 700—2006 中 5.1 款
GB/T 1591—2008 中 6.1 款</td><td>GB/T 20123—2006
GB/T 4336—2016</td></tr>
<tr><td>锰</td><td>GB/T 700—2006 中 5.1 款
GB/T 1591—2008 中 6.1 款</td><td>GB 223.63—1988
GB/T 4336—2016</td></tr>
<tr><td>磷</td><td>GB/T 700—2006 中 5.1 款
GB/T 1591—2008 中 6.1 款</td><td>GB/T 223.59—2008
GB/T 4336—2016</td></tr>
<tr><td>硅</td><td>GB/T 700—2006 中 5.1 款
GB/T 1591—2008 中 6.1 款</td><td>GB/T 223.5—2008
GB/T 4336—2016</td></tr>
<tr><td>3</td><td rowspan="5">零部件尺寸</td><td>主材</td><td rowspan="5">GB/T 2694—2010 中 6.1～6.5、6.7、6.8 款</td><td rowspan="5">GB/T 2694—2010 中 7.3.4.1 款</td><td></td><td>●</td></tr>
<tr><td>4</td><td>接头件</td><td></td><td>●</td></tr>
<tr><td>5</td><td>连板</td><td></td><td>●</td></tr>
<tr><td>6</td><td>腹材</td><td></td><td>●</td></tr>
<tr><td>7</td><td>焊接件</td><td></td><td>●</td></tr>
<tr><td>8</td><td rowspan="3">锌层</td><td>厚度</td><td rowspan="3">GB/T 2694—2010 中 6.9 款</td><td rowspan="3">GB/T 2694—2010 中 7.3.4.3 款</td><td></td><td>●</td></tr>
<tr><td>9</td><td>附着性</td><td>●</td><td></td></tr>
<tr><td>10</td><td>均匀性</td><td>●</td><td></td></tr>
</table>

续表

序号	检验项目		依据法律法规或标准	检测方法	重要程度或不合格程度分类	
					A类	B类
11	焊缝质量	外形尺寸	GB/T 2694—2010 中 6.6 款	GB/T 2694—2010 中 7.3.4 款		●
12		内部质量		GB/T 11345—2013 GB/T 29711—2013 GB/T 29712—2013	●	
13	试组装	部件就位率	GB/T 2694—2010 中 6.10 款	GB/T 2694—2010 中 7.3.4.4 款		●
14		同心孔率				●
15		主要控制尺寸			●	

（二）铁塔用户（业主）开展的第三方检测工作

最近几年，随着我国电力建设的快速发展，为保障输电铁塔供货质量，铁塔用户（如国家电网、南方电网）均开展了对铁塔产品的质量监督检验工作。

以国家电网公司为例，2020 年国网公司提出加强铁塔质量验收管理，对 330kV 及以下铁塔严格执行到货抽检；500kV 线路工程批量铁塔，由各省公司（建设单位）组织出厂前验收检查工作；对 500kV 及以上铁塔的出厂验收和出厂质量抽检，做到工程全覆盖。

铁塔用户开展的铁塔抽检或验收，一般采用现场检验模式。抽检频次一般按工程线路电压等级，对中标塔厂进行抽检。

第十章 输电铁塔制造信息化技术应用

第一节 概　　述

一、信息技术与制造技术的融合发展

随着全球新一轮科技革命和产业变革的飞速发展，新一代信息通信技术、网络技术等不断突破，与先进制造技术加速融合，从而为制造业高端化、智能化、绿色化发展提供了良好的历史机遇。其中，智能制造成为大国博弈的一个焦点，如美国的“先进制造业领导力战略”、德国“国家工业战略2030”、日本“社会5.0”等，均以重振制造业为核心，以智能制造为主要抓手，力图抢占全球制造业新一轮竞争的制高点。

当前，我国大力扶持制造企业推进智能制造，《“十四五”智能制造发展规划》提出：以新一代信息技术与先进制造技术深度融合为主线，深入实施智能制造工程；加快新一代信息技术与制造全过程、全要素深度融合，推进制造技术突破和工艺创新，推行精益管理和业务流程再造，实现泛在感知、数据贯通、集成互联、人机协作和分析优化，建设智能场景、智能车间和智能工厂。为此，提出了“工业软件突破提升行动”，推动以下四类工业软件快速发展（见表10-1）。

表10-1　“工业软件突破提升行动”支持的四类工业软件

序号	软件类型	软件项目
1	研发设计类软件	计算机辅助设计（CAD）、计算机辅助工程（CAE）、计算机辅助工艺计划（CAPP）、计算机辅助制造（CAM）、流程工艺仿真、电子设计自动化（EDA）、产品数据管理（PDM）等
2	生产制造类软件	制造执行系统（MES）、高级计划排程系统（APS）、工厂物料配送管控系统（TMS）、能源管理系统（EMS）、故障预测与健康管理软件（PHM）、运维综合保障管理（MRO）、安全管理系统、环境和碳排放管理系统等
3	经营管理类软件	企业资源计划系统（ERP）、供应链管理系统（SCM）、客户关系管理系统（CRM）、人力资源管理（HRM）、质量管理系统（QMS）、资产绩效管理系统（APM）等
4	控制执行类软件	工业操作系统、工业控制软件、组态编程软件等嵌入式工业软件及集成开发环境

智能制造涉及制造装备、制造执行、智能物流、物联网等支撑技术的应用，需要实现企业信息系统和自动化系统、生产管理系统等制造系统的深度融合，才能支撑企业的智能决策。

信息技术与制造技术的融合打通了从原材料、生产过程到成品出入库及发货管理的供应链的各环节，主要体现在以下方面：

（1）与生产技术融合。如数字化车间建设，以MES应用为代表，将生产各环节加以协调控制，通过通信接口，实现生产数据的实时采集、制造过程的实时追溯，同时提升工人与设备的绩效，从而实现生产过程的精益化管控。

（2）与企业管理融合。通过信息技术应用，推动企业管理升级，以 ERP 应用为代表，将企业的物质资源、资金资源和信息资源进行集成，通过建立跨越企业各个部门、各种生产要素和环境的统一的数据库，实现人力资源、财务、销售、制造、任务分派和企业供应链等各项管理业务的流程简化与再造，提高企业经济效益。

（3）与市场融合。信息化技术应用有利于与用户的信息化系统建立连接，实现产品的生产数据与检验数据的实时采集、上传和实时统计分析，用户可以实时查看企业的生产动态、供货进度等，提升客户体验和满意度，扩大市场影响力。

“两化融合”是企业现代化的重要标志，也是企业发展的必由之路。信息化系统的应用是铁塔企业走向智能制造的关键，对提升企业精益化管理水平发挥着重要的作用。企业通过新一代信息技术、自动化技术、网络技术、现代管理技术等制造技术的融合，带动企业产品制造技术创新、管理模式创新、企业间协作关系创新，实现产品设计、制造与管理的信息化、生产过程控制的智能化、装备的数字化和服务的网络化，进而促进生产的规范化，实现高效益，推进企业可持续发展，提升企业竞争力。

二、输电铁塔企业信息化建设现状

铁塔制造行业属于粗放型金属加工业，行业门槛较低，企业规模普遍不大，信息化基础薄弱，部分铁塔企业信息化工作甚至是空白，与快速发展的装备水平不相协调，也与快速推进的智能制造技术不相适应，因而信息化管理系统应用是当前铁塔企业发展的软肋。

目前，大部分铁塔企业面临信息系统建设起步低，应用不深入，日常生产与运营管理等仍采用人工＋纸质的传统方式，尤其是车间管理仍是黑箱作业，车间生产数据采集自动化程度低，生产数据不透明，存在信息孤岛、未实现数据联网、各车间协作不畅等问题，无法满足企业日益复杂多变的生产和企业跨越式发展的需要。

铁塔企业的信息化建设基本上是从基于办公自动化、财务管理、人员与设备管理的 MIS 管理系统开始的；后来，有些企业使用了基于订单管理或项目管理的企业资源计划管理系统（ERP），其功能相当于一个进销存系统，主要用于铁塔的订单管理、材料管理、排料与发货等。其主要问题是：

（1）这些管理系统集成度不高，基本单独运行；

（2）有些企业采用的 ERP 系统中的产品加工数据未经车间加工系统的确认，提供的材料使用表、追溯信息等可信度不高；

（3）多数企业尚未有用于车间管理的制造执行系统（MES）、制造运营管理系统（MOM），用于绿色工厂创建的能源与能效管理系统等，无法全面管理与提升企业的制造水平；

（4）未建立企业级的数据中心，各管理系统数据不能直接调用，不能实现信息的双向交互等。

2020 年，国家电网公司智慧物联平台（EIP）的应用、南方电网供应链统一服务平台的上线，极大地推动了输电铁塔制造业信息化管理系统的应用进程，尤以 ERP、MES 系统应用最为突出，极大地加快了铁塔企业信息化建设步伐，使铁塔企业逐步走上了“软”“硬”结合发展的新模式，不仅促进了铁塔企业管理创新，更重要的是给企业带来了理念创新，开展以“精益管理”理念为代表的数字化车间建设，实施降本增效，开始成为铁塔企业实现高质量发展的重要指导思想。

但是，由于铁塔企业信息化基础薄弱，MES 系统、ERP 系统的功能、运行稳定性等尚需经受上线运行的考验，也需要不断地改进和完善，更多的信息化管理手段也尚未开始应用。实现 ERP 与 MES 系统、生产控制系统的协调集成，以 MES 系统为纽带，为 ERP 系统和生产控制系统提供关键连接，使企业建立从上至下的无缝衔接的网络信息平台，并实时接入第三方应用系统，以适应用户对信息化业务功能上的新要求，将是一项长期的任务，铁塔企业信息化的道路将漫长而曲折。

第二节 输电铁塔制造 ERP 系统

一、ERP 系统概述

企业资源计划（Enterprise Resource Planning，ERP）是集信息技术与先进管理思想于一体，以系统化为理论基础，为企业提供管理的平台。ERP 最大的优点是改变企业内部信息孤岛的状态。ERP 是一个广域的平台，主要面向的是企业经营管理和决策，通过它对资源进行合理规划，为企业的资源调度和生产提供巨大便利。ERP 系统支持离散型、流程型等混合制造环境，应用范围从制造业扩展到了零售业、服务业、银行业、电信业、政府机关和学校等事业部门，通过融合数据库技术、计算机辅助开发工具等对企业资源进行了有效的集成。

ERP 系统的用途，经典的概括是：打通数据通道，缩短中间流程，降低中间成本。目的是实现“三化”，即流程化、标准化、规范化，推动企业价值链的再造升级，改变传统企业的低效运营、管理、市场、销售方式，通过建立跨越企业各个部门、各种生产要素和环境的统一的业务流程，实现人力资源、财务、库存、销售、生产和企业供应链等各项管理业务的集成，让企业核心资产数字化，为铁塔制造企业提供了一整套现代化管理思想的办公手段。

二、铁塔企业 ERP 系统研发现状

由于铁塔产品的特殊性、流程管理的复杂性，较难研发出一套针对整个铁塔制造行业通用的 ERP 软件，通用的 ERP 产品也比较难以契合铁塔企业特有的管理方式，部分有实力的企业多采用与软件公司合作，研发针对本企业管理业务的定制化 ERP 系统。

这种定制化研发思路，能较好地贴合企业的管理方式，降低 ERP 实施过程中各部门对统一流程的理解和适应成本，但其局限性也是显而易见的。从企业层面来看，系统过于迁就企业现有的管理制度，使得企业难以真正实施 ERP 系统先进的管理思路；为了满足单个部门工作效率而提供的灵活的数据编辑权限，会破坏 ERP 系统基于统一数据结构的数据一致性；定制化开发必然导致较长的实施周期和成本，也使得铁塔企业 ERP 的实施难度成倍增加。

立足于整个行业，定制化的研发也难以形成统一的行业标准，真正为铁塔制造业的产业升级助力。2020 年，国家电网有限公司启动了电工装备智慧物联平台（EIP）的建设。该平台的建设直接推动了铁塔企业的信息化进程，也带动了多家软件开发商进入铁塔企业 ERP 的研发市场。

目前较为成熟的适用于铁塔企业的 ERP 产品的软件开发商主要有福州国电远控、北京道亨、北京富达等。

一个 ERP 系统，一般应具备以下几方面的功能（见图 10-1）：

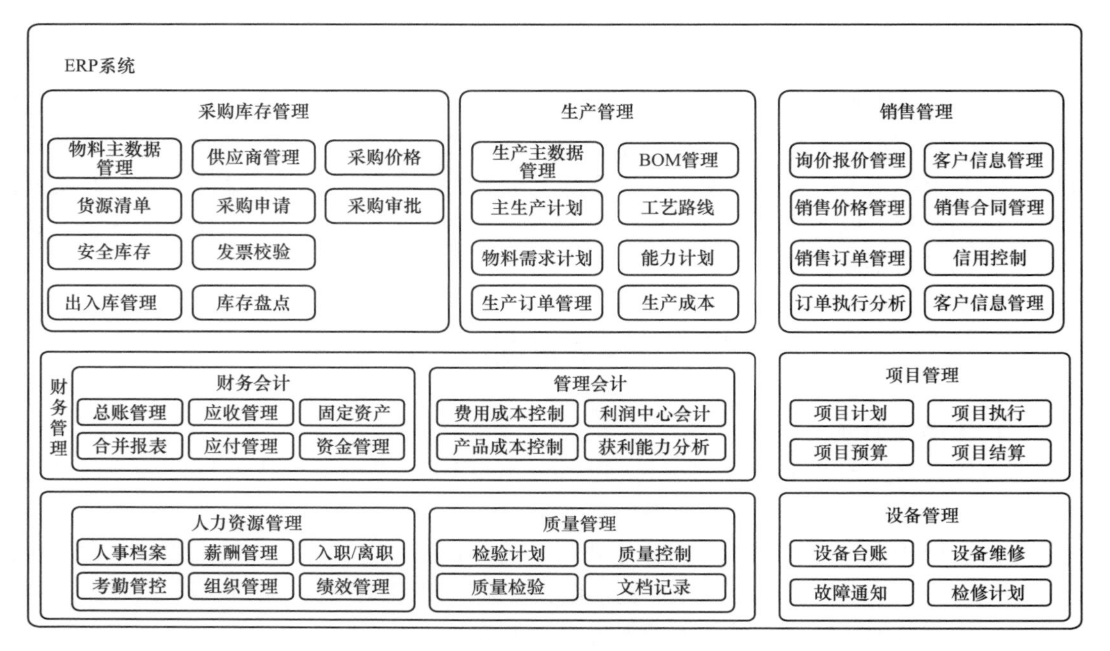

图 10-1　ERP 系统功能示意图

（1）人力资源管理。功能主要包括组织管理、人事管理、薪酬管理、绩效管理、考勤管理等功能，实现员工 360°管理，构建一套人力资源管理基础信息规范，合理评估单位、部门、员工的工作，确保岗位人员、部门设置、薪酬的合理性，为定制企业人力资源规划提供依据。

（2）财务管理。功能主要包括财务总账管理、应收管理、应付管理、资产管理、资金管理、预算管理、成本管理等功能，优化业务流程，实现财务、业务一体化管理，通过管理会计推动产品标准成本管理工作，实现精益化管理。

（3）项目管理。功能主要包括项目的规划管理、设计与计划管理、执行与监控管理、竣工管理等功能，加强对项目的立项、项目预算全过程数据管控，提高对项目的预算、成本、执行进度、结算的规范化和精细化管理。

（4）物资管理。功能主要包括主数据管理、采购管理、库存管理及发票预制等功能，实现从采购合同到采购收货、发票预制、付款清账等业务的全过程精细化管控。

（5）销售管理。功能主要包括主数据管理、销售订单管理、发货管理、退货管理及发票管理等功能，实现从销售合同到订单执行、发货、开票、回款等营销全链条业务的精细化管控。

（6）生产管理。功能主要包括主数据管理、生产计划管理、物料需求计划管理、生产执行管理等功能，改善端到端生产作业，提高生产管理水平。通过开展与 MES 系统的集成建设，实现生产过程的全过程精细化管控。

（7）质量管理。功能主要包括基础数据管理、采购质量管理、生产质量管理、销售质量管理等功能，实现产品全质量周期管理，建立试点单位标准、规范的质量管理体系，改善质量管理业务运作。

（8）设备管理。功能主要包括基础数据管理、设备状态管理、设备故障管理、维护处理等功能，实现设备资产全寿命周期管理，提高检修计划的准确性，提高检修的效率与效益。

三、铁塔企业ERP系统实施

（一）实施目标与原则

ERP系统实施是将ERP系统管理思想与企业业务流程相结合的过程，对于如何实现ERP系统与企业自身流程有机结合，首先需要明确ERP系统实施工作的主要目标与原则。

1. 实施目标

（1）深入了解ERP系统的功能和管理思想，并将系统功能和管理思想融入客户实际业务流程，形成有针对性的解决方案。

（2）帮助企业重整业务流程，形成规范化的业务管理标准，达到降本增效的目标。

（3）通过蓝图设计，借助信息系统将优化后的业务流程进行固化。

2. 实施原则

（1）顶层设计。顶层设计过程中将始终遵循和体现系统的集成性、先进性、成熟性、自适应性和指导性原则。

（2）突出重点。只有解决企业的重点关切，才能真正体现出系统的经济效益。在当前阶段，重点寻找切入点，逐步拓展，建立一个统一、集成的管理信息化应用平台。

（3）分步实施。坚持采用科学的项目实施方法论，分阶段、分步骤地完善和优化实施过程，使实施风险降低到最低的限度。

企业信息化是在一个总体目标下不断完善的过程。

（二）实施步骤

根据信息系统实施方法论，ERP系统实施主要分为项目准备、蓝图设计、系统实现、系统上线、试运行支持五个阶段。

1. 项目准备

建立实施方和客户方双方项目组织，准备实施方案、项目计划，ERP系统实施是一把手工程，企业高层领导的参与程度将直接影响项目质量，因此需要邀请企业高层领导在项目启动会上表达信息化推动的决心，传达项目相关实施任务、计划，明确客户方与项目实施要求相匹配的项目组织与管理体系，明确双方项目总体实施目标、实施计划，使项目实施团队和企业实施团队形成目标共识，明确建立项目实施章程，明确项目角色和责任，以及项目任务完成考核管理办法，项目沟通方法的约定等。

2. 蓝图设计

蓝图设计阶段的主要工作就是指导客户在初步掌握系统标准业务处理的基础上，参照标准业务流程，将企业自身的业务流程转化为能够在系统中处理的业务流程，并初步形成企业应用的系统业务蓝图草案，本阶段的主要工作目标就是指导客户对自身的主业务流程进行整理，并形成系统的业务蓝图草案，培训客户掌握系统的标准处理流程，建立企业系统业务蓝图草案。

3. 系统实现

系统实现是在蓝图设计的基础上，依据业务蓝图草案、编码方案、权限方案、参数配置

方案、数据收集方案、客户化开发方案；进行配置开发，并通过测试的过程。

本阶段的工作目标是在蓝图设计的基础上，根据企业管理的业务修正，开发系统，并进行测试工作。

4. 系统上线

在整个项目实施过程中，系统上线阶段是一个比较关键的阶段，前期业务规划、数据准备等工作，都要在该阶段见到成果，转换为实际的业务。

5. 试运行支持

试运行支持阶段是上线后对用户的一个短期支持，上线后用户需要在正式系统展开日常工作，此时刚上线的用户很多操作不熟练，或期初数据导入有问题，从而引起系统运行工不畅，需要实施方协助解决。

四、铁塔企业 ERP 系统应用成效

山东电工电气集团有限公司下属有十余家铁塔企业，是国内领先的输电线路铁塔设计、生产、销售、研发的企业集团。北京富达依托上述企业信息化建设，深耕铁塔行业，深入企业各部门、生产车间调研研究，积累了大量的铁塔行业经验，开发出了北京富达 ERP 系统。

北京富达 ERP 系统依托于国内铁塔企业先进管理思想和行业标准，定制铁塔行业业务解决方案，建立起一个适合离散型制造的，在销售、生产、采购、人员、财务、库存、质量和设备管理等方面的有效执行和信息共享的统一的 ERP 系统，并且全面集成 MES、移动应用等专业化应用系统，打通信息孤岛，为企业数字化转型提供坚强的基础业务支撑平台。

通过 ERP 系统的实施，优化、整合公司资源，实现物流、资金流、信息流的高度集成，不断控制和降低成本，提高劳动生产率，提高产品质量和准时交货率，提升企业的竞争能力。

第三节　输电铁塔制造 MES 系统

一、MES 系统概述

如何将车间制造过程黑箱作业透明化，实现项目订单执行进度的透明化，在提高产品质量、降低生产成本的同时，又能够保证交货工期，是目前制造企业所面临的最重要的问题和挑战。MES 系统很好地解决了这个问题。

生产制造执行系统（Manufacturing Execution System，MES）处于计划层和现场自动化系统之间的执行层，主要负责车间生产管理和调度执行。MES 系统是面向执行的工厂层（车间）信息系统，它作为生产与计划之间的信息纽带，为 ERP 系统和控制系统提供关键连接，使整个企业建立一个从上至下的无缝衔接的网络信息平台，从而解决生产计划与生产执行之间的“断层”问题。

MES 系统可以借助数字孪生为工厂建模，实现加工过程可视化，通过人、机、料、法、环、测六大要素对生产加工环节进行全方位管理，帮助企业提高管理能力和生产效率，实现智能化管理和精益化生产。

钢结构生产过程信息化系统是以项目执行过程为主线，支持生产计划执行管理、材料入库管理、余料仓库管理、车间在制品管理，最终支持项目执行全过程的跟踪和管控，图 10-2

所示为某钢结构制造企业的总体业务流程，图 10-3 展示的是该 MES 系统网络总体部署方案。

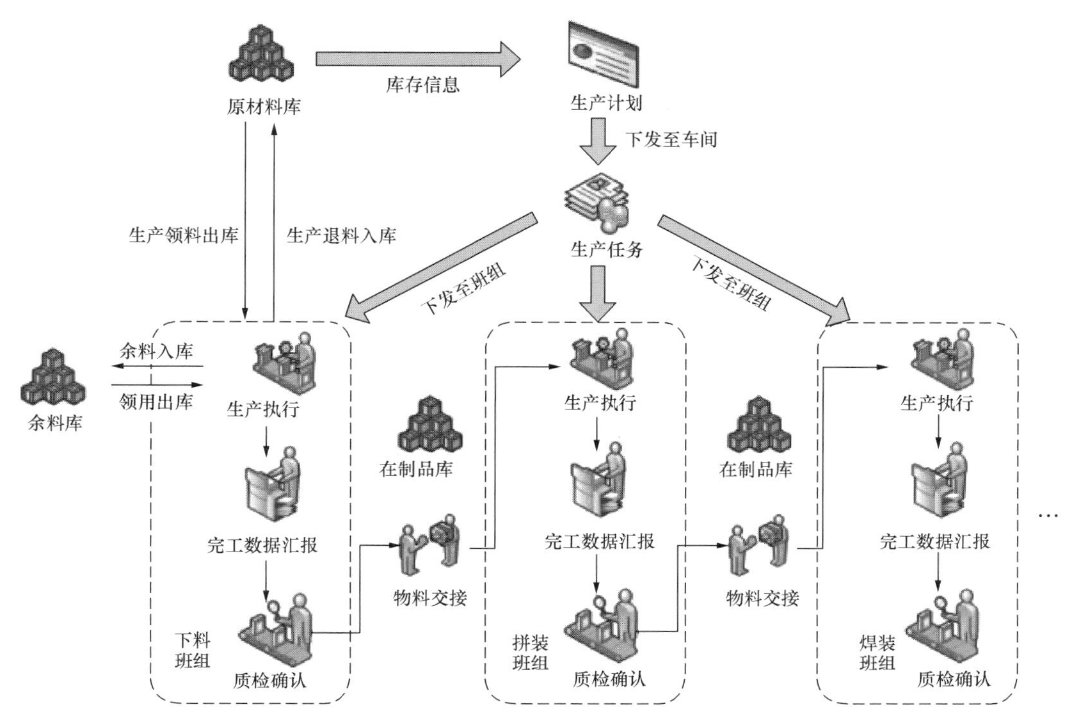

图 10-2　某钢结构公司的 MES 系统业务流程

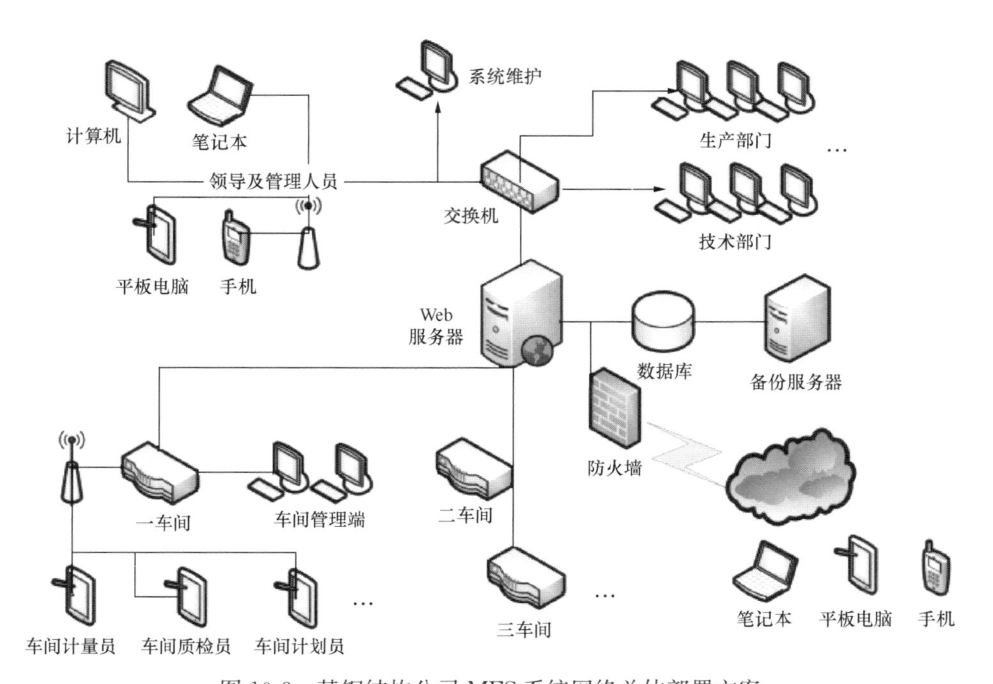

图 10-3　某钢结构公司 MES 系统网络总体部署方案

二、铁塔企业 MES 系统发展现状

目前，适合铁塔制造的 MES 系统在国内尚无成熟的应用，也无相关行业标准。就山东电工电气集团所属的近 10 家铁塔企业来说，其中 2 家用的是输电钢结构制造管理系统，1 家使用的是建锐智系统，这些系统都是基于 C/S 结构构建，且上线已达 10 年之久。同时，受软件结构的限制，这些系统无法与其他系统（如放样系统、EIP 等）进行集成，集成难度大，成本较高。剩余的几家铁塔企业，仍通过手工方式进行加工过程管理和数据处理，存在很大的生产和管理效率提升空间。

因此，实施适合铁塔制造且能够与企业内其他生产系统、国网侧 EIP 系统集成的生产制造执行系统（MES），将在很大程度上改进企业生产效率和管理水平，进而获得更高的经济效益。MES 系统的应用实践证明，实施 MES 系统后，企业可缩短交货工期，节约原材料、减少库存和用工成本，生产效率可提高 20%，年产能可提升 25%。

铁塔制造与钢结构加工业务流程相似，但又有不同之处。北京国网富达科技发展有限责任公司依托山东电工电气集团所属塔厂的铁塔加工经验，详细分析了铁塔制造的业务特点，功能需求，针对铁塔企业需要，研发了铁塔企业专用的 MES 系统。系统通过强调制造过程的整体优化来帮助企业实施完整的闭环生产，协助企业建立一体化和实时化的 ERP/MES/EIP 信息化体系。

本节以富达 MES 智能制造系统（铁塔类）（简称富达 MES 系统）为例，介绍其应用场景、技术架构、系统功能与实施。

三、富达 MES 智能制造系统

（一）应用场景

富达 MES 系统是一款云端制造协同系统，通过数据实时采集、多端多角色实时协同、大数据可视化量现、深度学习智能决策，帮助输电铁塔企业解决生产过程中遇到的交付期拖延、信息滞后、工人效率低下、生产过程不透明等问题，提高生产效率，降低制造成本，打通信息孤岛，真正实现数据驱动制造。

富达 MES 系统集合了系统管理软件和多类综合智能系统，通过人、机、料、法、环、测六大要素对生产加工环节进行全方位管理，帮助企业实现智能化管理和精益化生产，系统通过强调制造过程的整体优化来帮助企业实施完整的闭环生产，协助企业建立一体化和实时化的 ERP、MES、EIP 物联网信息体系，如图 10-4 所示是三者之间的关系。

富达 MES 系统是铁塔企业专用的铁塔制造执行系统，可以实现生产过程最优排产、配料自动计算、产品质量监控追踪、生产信息可视透明、生产操作条件优化、突发事件预警处理等功能，将整个工厂生产过程业务进行串联，并实现与 ERP 系统和 EIP 电工装备智慧物联平台的互通融合，搭建铁塔企业信息化基础业务平台，促使企业生产高效、协调、稳定运行。

铁塔制造应用场景在铁塔企业内部不仅贯穿整个铁塔加工的生产过程，还向上连接企业 ERP 系统，向下连接第三方应用，在整个生产管理系统中起着十分重要的作用。

（二）技术架构

富达 MES 系统以实现生产全过程管控，为铁塔企业生产管理持续改进和精益化生产提供服务，既连接企业 ERP 系统，又可同时实现将生产数据上传到国网侧电工装备智慧物联

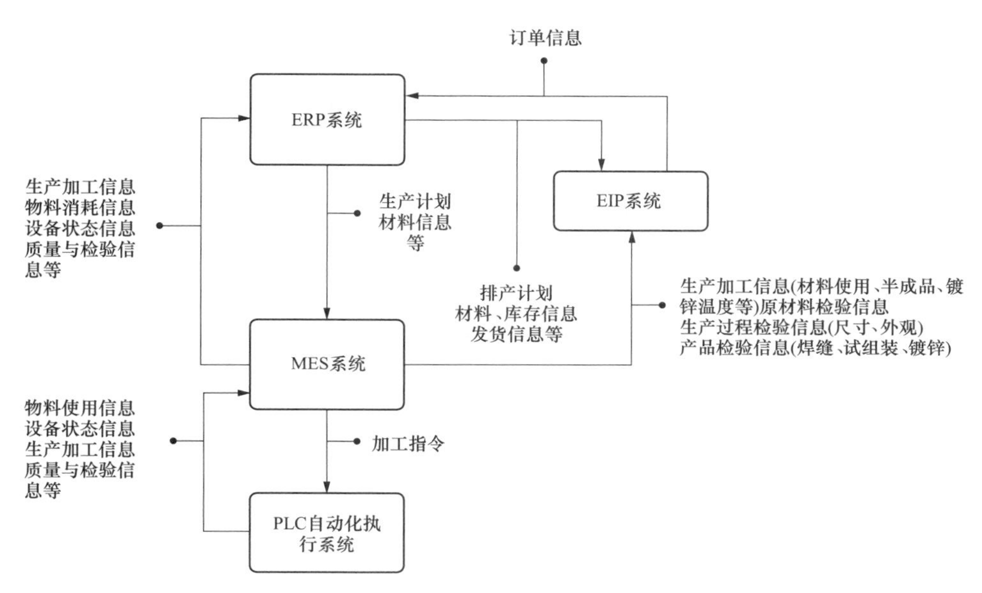

图 10-4 铁塔企业 MES 系统与 ERP/EIP 之间的关系

平台（EIP）。具体的技术架构见图 10-5。

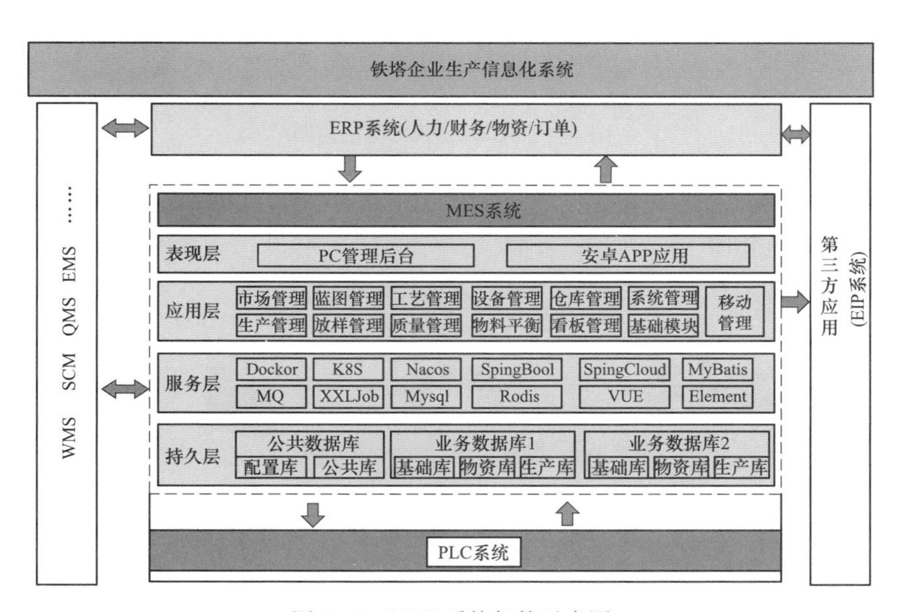

图 10-5 MES 系统架构示意图

系统采用五层架构设计。顶层是架设于 MES 系统本身之上的系统层，包括 ERP、EIP 等企业在用系统，各系统间通过接口或者中间数据库进行集成。表现层有 PC 端和移动端 App。应用层体现的是 MES 的各个模块的具体功能。服务层属于中间层，服务层构建的是基于接口的微服务，通过接口服务可以进行无限扩展，基于接口服务的优点是可以热插拔、热更新。最底层是数据持久层，系统使用的是分布式主从架构的 Mysql 数据库，每个单位数

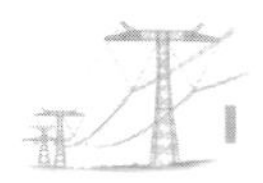

据库独立存储，公共部分数据存在公共数据库中，业务数据通过租户进行区分，互不干扰，集团级租户可以将数据进行汇总分析。

（三）系统功能

富达 MES 系统可以实现从产品设计到交付的全过程管理，主要有十三大模块，包括市场管理、蓝图管理、放样管理、生产管理、物料平衡、仓库管理、成品管理、质量管理、设备管理、工艺管理、移动应用、智慧物联、系统管理等，重点关注原材料、生产过程及售后质量三个层面，功能结构如图 10-6 所示。

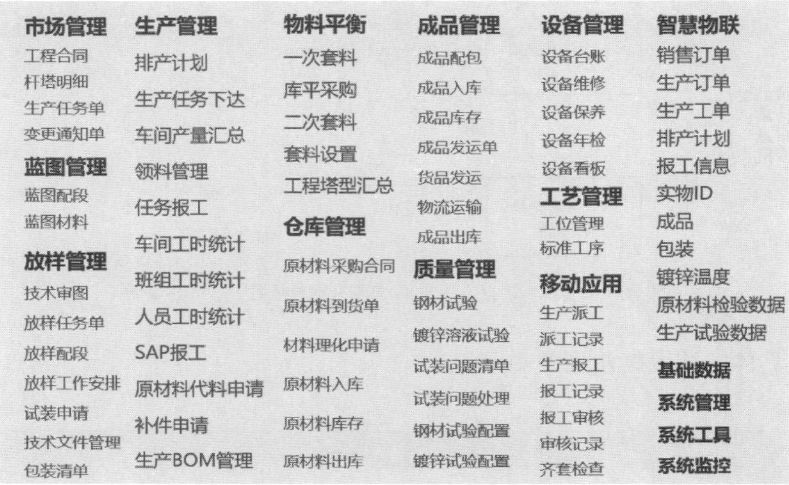

市场管理
工程合同
杆塔明细
生产任务单
变更通知单
蓝图管理
蓝图配段
蓝图材料
放样管理
技术审图
放样任务单
放样配段
放样工作安排
试装申请
技术文件管理
包装清单
生产管理
排产计划
生产任务下达
车间产量汇总
领料管理
任务报工
车间工时统计
班组工时统计
人员工时统计
SAP报工
原材料代料申请
补件申请
生产BOM管理
物料平衡
一次套料
库平采购
二次套料
套料设置
工程塔型汇总
仓库管理
原材料采购合同
原材料到货单
材料理化申请
原材料入库
原材料库存
原材料出库
成品管理
成品配包
成品入库
成品库存
成品发运单
货品发运
物流运输
成品出库
质量管理
钢材试验
镀锌溶液试验
试装问题清单
试装问题处理
钢材试验配置
镀锌试验配置
设备管理
设备台账
设备维修
设备保养
设备年检
设备看板
工艺管理
工位管理
标准工序
移动应用
生产派工
派工记录
生产报工
报工记录
报工审核
审核记录
齐套检查
智慧物联
销售订单
生产订单
生产工单
排产计划
报工信息
实物ID
成品
包装
镀锌温度
原材料检验数据
生产试验数据
基础数据
系统管理
系统工具
系统监控

图 10-6　MES 系统功能结构图

MES 系统与各系统间、设备之间通过 API 接口和中间数据库实现自动集成，提高数据传输效率，集成关系如图 10-7 所示。

高速钻制孔设备
钢板下料制孔设备
角钢下料制孔设备
中间库
EIP系统
接口
MES系统
接口
放样系统
MIDC
物料主数据平台
ERP系统
中间库
PDM系统
理化试验设备
钢板套料系统
角钢套料系统
镀锌池测温设备

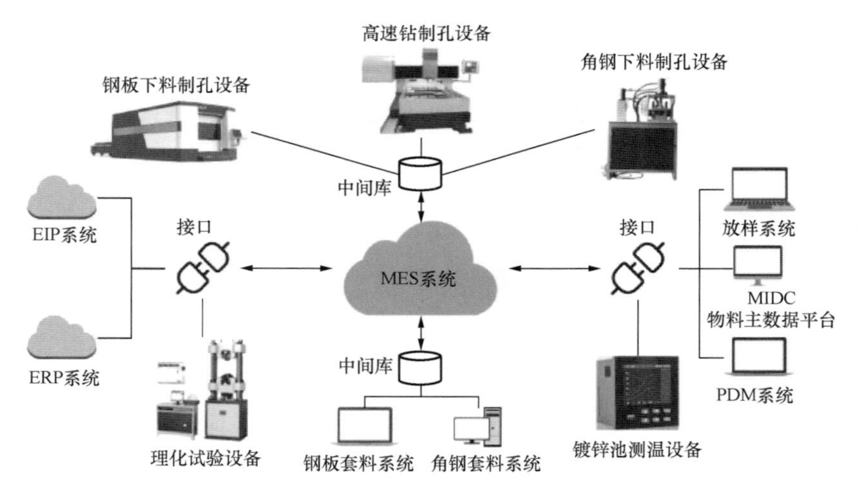

图 10-7　MES 系统集成示意图

MES 系统以 PC 端应用为主，移动端 App 应用为辅，为铁塔制造企业全面打造数字化、移动化、智能化的数字化工厂。PC 端用户登录后首页如图 10-8 所示，App 端应用主要功能包含派工、报工、扫码出入库等，如图 10-9 所示。

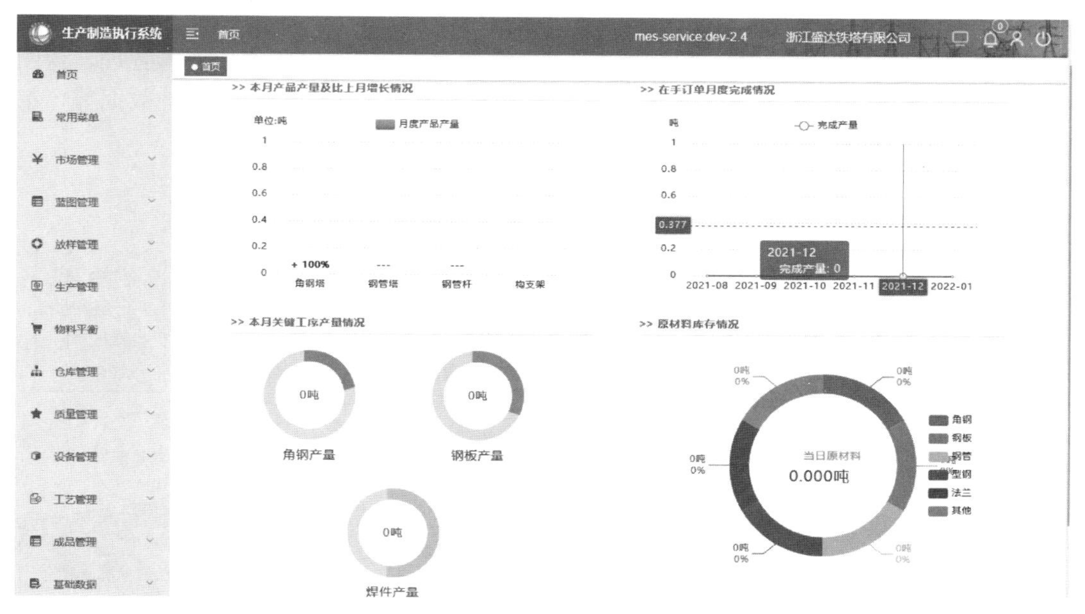

图 10-8 MES 系统 PC 端应用界面

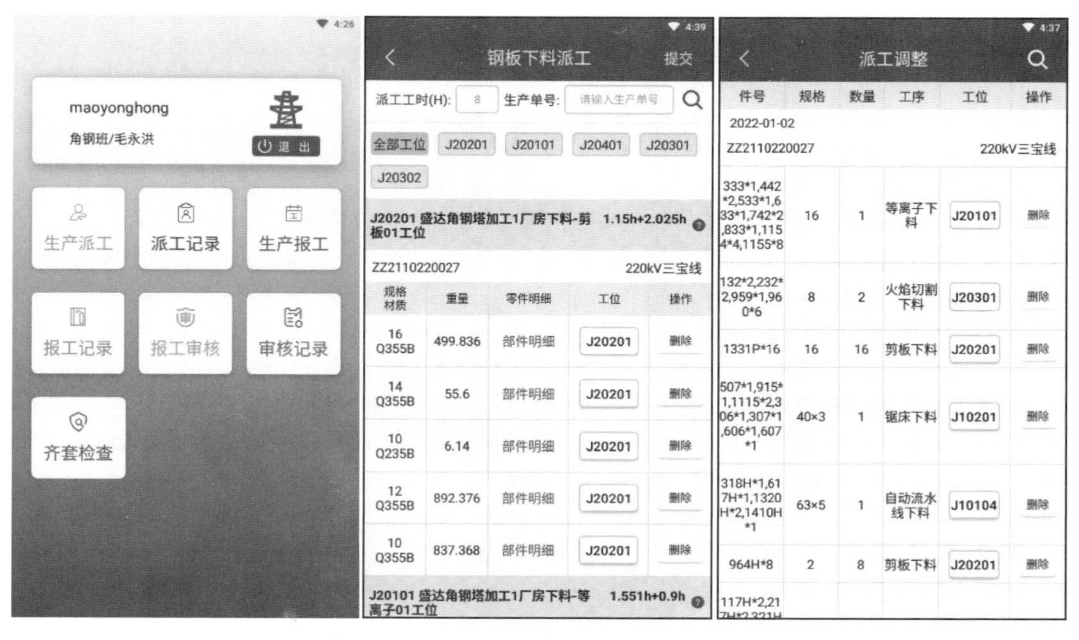

图 10-9 MES 系统移动端 App 应用界面

富达 MES 系统还可以通过数据接口实现铁塔加工过程数据的实时采集与传输，如可以实现铁塔零件、构件镀锌温度的自动采集、实时监控，并可将镀锌温度数据实时自动上传至国网 EIP 平台，用户只需在客户端输入生产工单号，选择相应的镀锌时段，系统会自动匹配镀锌温度数据并实时上报。

（四）系统实施

MES系统按照两期实施，逐步推进，第一期根据企业自身情况分模块进行，先实施基础模块，涉及市场、技术、物资、生产、质量等部门；实施功能模块包括市场管理、蓝图管理、放样管理、仓库管理、生产管理、物联平衡、质量管理、工艺管理、基础数据等，都属于基础模块，如图10-10所示。

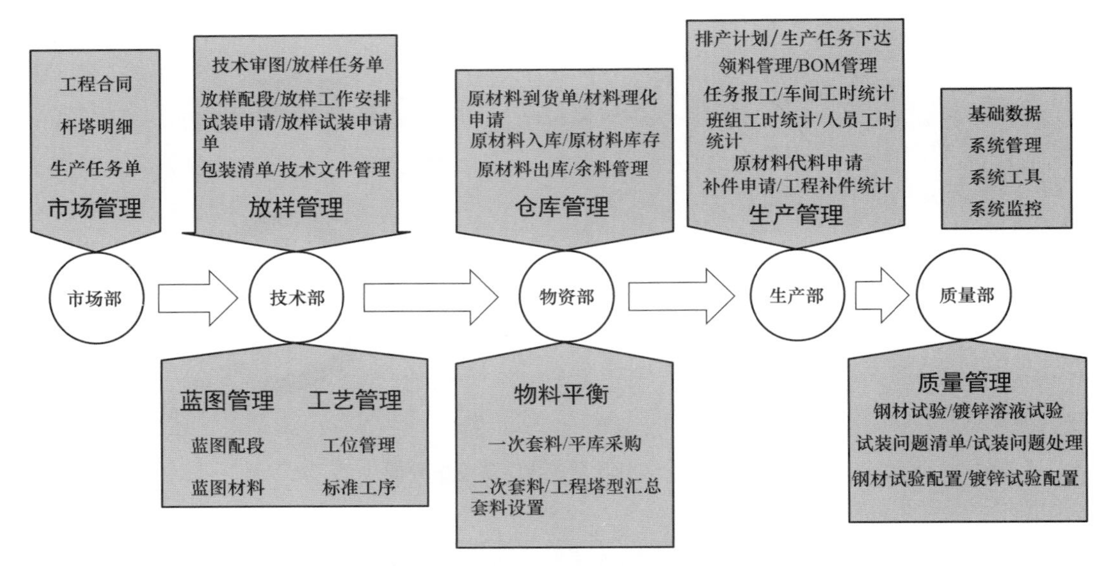

图10-10　MES系统实施一期功能

MES系统一期实施之后，待基础数据和业务数据基本稳定，铁塔企业具有一定的MES系统基本功能运行经验，可以逐步推进第二期的实施，实施部门涉及成品部、维修车间、各个加工车间，功能模块包括智慧物联、成品管理、设备管理、移动应用等，如图10-11所示。

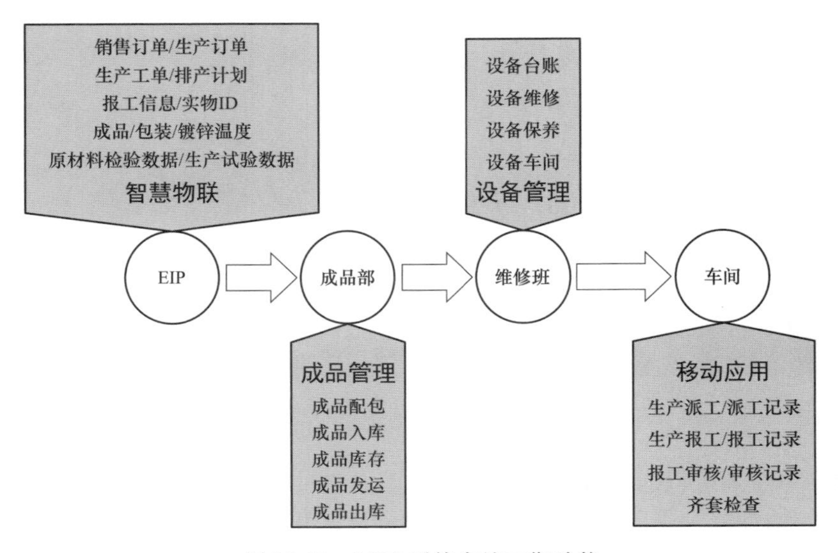

图10-11　MES系统实施二期功能

（五）MES 系统与生产设备集成

1. 数控角钢生产线

富达 MES 系统通过中间数据库与数控角钢生产线进行集成，可以自动抓取报工数据和开停机时间，通过设备数据抓取统计和分析设备使用情况，通过分析数据提升设备利用率。

MES 系统与数控角钢生产线集成后，可以自动获取套料方案，并将套料方案以数据的形式存储到中间数据库的派工计划表中，然后通过 MES 系统将 NC 文件以数据流的形式存储进相应的数据库，铁塔企业通过其 PLC 系统读取派工表的加工参数，进行角钢的下料、制孔、打钢印作业，同时将 NC 数据读取出来，还可以将 CAD 图纸读取过去展示给操作工。加工完毕之后操作工点击完成按钮，PLC 自动将报工数据写入中间数据库的加工反馈表中，另外 PLC 会定时将开关机时间写入中间数据库供 MES 统计分析使用，通过数据交换实现设备跟 MES 集成后设备数据自动上传。表 10-2 是 MES 系统与数控角钢生产线集成中间表清单，图 10-12 是 MES 系统与数控角钢生产线集成示意图。

表 10-2　MES 系统与数控角钢生产线集成中间表清单

编号	所属系统	中间表	描　述
1	MES	NestPlan	配料方案调度计划表（MES 写入，设备读取）
2	MES	GroupEmployee	排班员工表（MES 写入，设备读取）
3	MES	F_NCStream	NC 数据文件表（MES 写入，设备读取）
4	设备	WorkInfo	设备加工数据反馈表（设备写入，MES 读取）
5	设备	MachinePower	开机和工作累计时间的统计（设备写入，MES 读取）
6	设备	MachineState	数控设备运行状态信息日志表（设备写入，MES 读取）

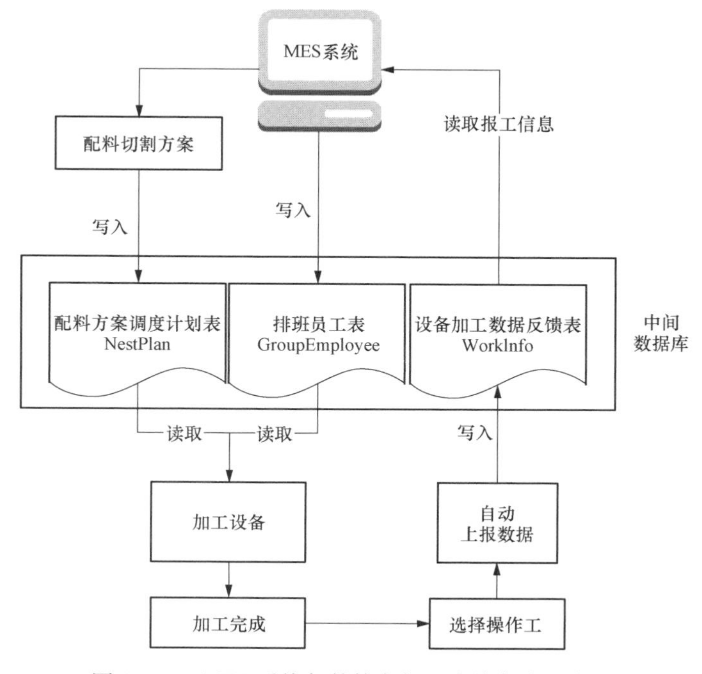

图 10-12　MES 系统与数控角钢生产线集成示意图

2. 钢板下料制孔设备

目前国内铁塔企业钢板下料的套料软件没有共享数据库，也不能查询前期作业，追溯性较差。有些企业所用套料软件仅适用于特定设备，无法实现一种软件支持所有的下料设备，通用性较差。套料人员手动输入零件数量，材质，厚度等，无法实现通过 Excel 订单 BOM 信息批量导入零件信息；特别是加工零件种类繁多时，人工输入速度慢，易出错，效率低。

针对以上痛点，富达 MES 系统对钢板套料系统和钢板下料设备进行了集成，MES 系统将加工零件传递给钢板套料系统，套料结束后套料系统将切割方案回传给 MES，MES 系统再将下料切割方案下发给设备，设备按照下料方案完成加工后将报工数据上报至 MES 系统，形成生产闭环。目前 MES 系统已可以实现与套料软件 LANTEK 的集成，LANTEK 的超算版本将搭载富达 MES 系统共同为铁塔制造企业赋能。图 10-13 是 MES 系统与激光一体化加工设备集成示意图。

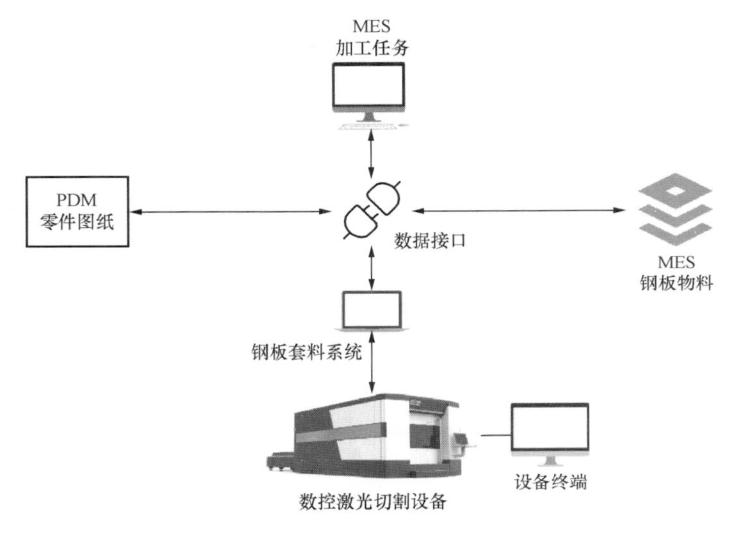

图 10-13　MES 系统与激光一体化加工设备集成示意图

3. 检验试验设备

铁塔原材料的检验一般采用抽查的方式，其中，理化检验和力学性能试验主要使用数字直读光谱仪、万能材料试验机（进行拉伸、弯曲）、冲击试验机等。

富达 MES 系统定制了试验设备集成标准，通过接口集成将试验批次数据自动传递到试验设备，设备做完试验后自动将数据上传至 MES 系统。在未来还可引入无人实验室，操作人员只需要将试样放到指定位置，通过机械手来放置或夹持试样，试验完试后，根据试验单号自动回传试验结果，自动生成试验报告。

4. 镀锌设备

目前，国家电网公司已将镀锌温度的实时采集纳入智慧物联（EIP）数据监控范围。为此，富达 MES 系统将每个镀锌池锌液温度测量单元升级了通信模块，加装了数据采集模块，并通过服务器端实时保存温度数据，实现了镀锌温度单元的集成，镀锌池锌液温度以曲线的方式进行展示，镀锌温度的变化可以在 MES 系统中实现可视化，如图 10-14 所示。

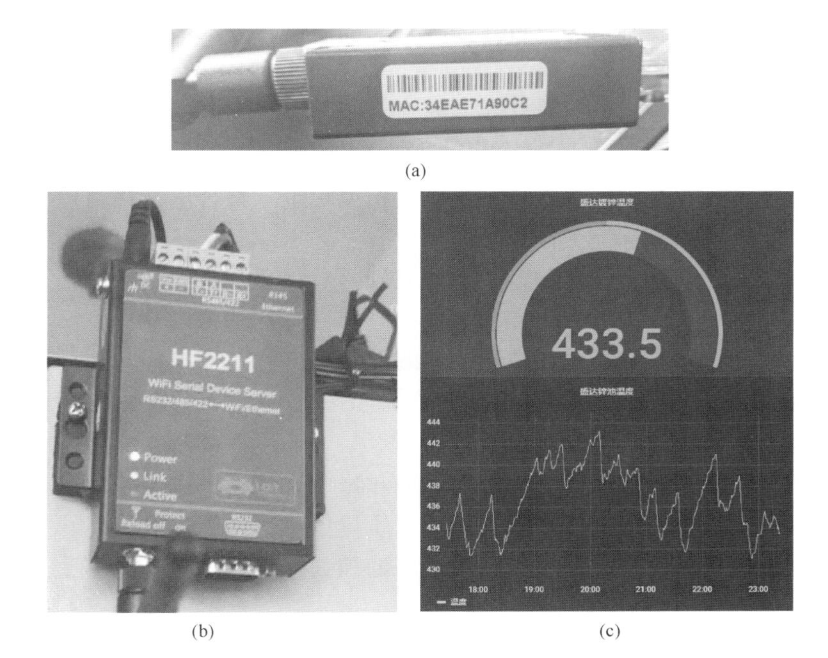

(a)

(b) (c)

图 10-14 MES 系统在镀锌温度监测中应用

(a) 镀锌温度计加装通信模块示意图；(b) 镀锌温度数据采集模块安装示意图；(c) 镀锌温度可视化展示

第四节 电工装备智慧物联平台 EIP 系统

一、平台背景

电工装备智慧物联平台 EIP 系统是国家电网公司推出的一个用户侧管理平台，用于推动国家电网公司 10 个品类物资（包括主网七大品类：线缆、二次、线圈、开关、表计、铁塔、抽水蓄能；配网三大品类：线缆、开关柜、配电变压器等）的统一管控，可以实现跨专业的共建共享共用，通过信息化软件和技术接入平台，将感知层向供应商侧延伸，能够在输变电、配电、客户侧、供应链等领域促进感知层资源和采集数据源端共享。

该系统以电工装备供应链为主线，以需求侧引领供给侧及配套服务第三方等利益诉求，形成社会化的协同生产方式和组织模式，针对招标采购、工程设计、生产制造、质量检验、物流运输、安装服务、运行维护、产融融合等供应链环节，全方位促进内外部资源共享及上下游高效协同，打造一站式服务平台。

二、平台目标

（一）总体目标

EIP 系统秉承“开放、共享、合作、共赢”的理念构建电工装备智慧物联平台，以实现一个平台、两个服务、三个提升的总体目标。

一个平台：构建电工装备智慧物联平台。

两个服务：对内与公司内部业务系统贯通，为各专业提供精准的物资供应全过程信息服务；对外为供应商提供大数据分析增值服务。

三个提升：提升电网设备采购质量，提升供应链运营管理水平，提升电工装备制造业核心竞争力。

（二）建设原则

电工装备智慧物联平台建设工作，总体遵循以下原则：

（1）合规性原则。符合国网信息化系统建设相关规定，符合国网项目建设工作流程，项目申报、审批、立项、招投标等工作均合法合规。

（2）一致性原则。按照平台建设目标和原则，总体业务设计与平台建设工作方案相一致。

（3）标准性原则。所有业务设计遵循统一的设计标准和工作模板，保证同类型业务场景设计成果的颗粒度和深度一致。

（三）总体框架

电工装备智慧物联平台按照统一的接入标准和接口规范，遵循国家电网和互联供应商保密要求，对接供应商订单信息、排产信息、工艺质量信息、出厂试验信息，力图打造透明工厂，向供应商提供质量评价、工程进度、金融咨询和数据挖掘等行业服务，总体框架图如图10-15所示。

三、建设进展

平台从2019年4月启动建设，12月底平台1.0版本上线运行。2020年8月2.0版本上线运行。2021年7月平台全面应用，八大核心功能全部上线应用，同时平台完成了主网七大品类、配网三大品类物资管理中心建设，见图10-16。

平台运行以来，截至2021年7月，累计跟踪合同订单8万余条，采集生产、试验数据70亿余条，发送进度、质量告警1700余条，促进供应商产品质量提高成效显著。

四、铁塔品类EIP接入要求

（一）总体说明

由于不同的输电铁塔企业有其自身的管理特点，且生产组织形式、管理模式、信息化水平等各不相同，导致输电铁塔产品生产计划的制定机制及排产方式等千差万别。而EIP系统需要连接并汇总国网供应链众多企业的相关订单数据，为实现这个目标，该系统采用了包含采购订单、排产计划、销售订单、生产订单、生产工单和报工信息在内的数据关联组织方式，见图10-17。

EIP系统所涉及的订单类型数据，特别是来自供应商的数据，只针对国网公司的采购活动。与此同时，项目所涉及的各级订单只涵盖国网公司采购的物资，如果牵扯到其他采购行为，需要拆分成单独的销售订单并排产，使其独立于EIP系统管理范围之外，避免混淆。在实际运营过程中，可能发生由于国网订单采购的铁塔数量较少等原因，铁塔企业可能会将国网的铁塔产品采购订单与其他用户的铁塔产品采购订单合并排产，这时，铁塔企业也应将相关的销售订单、排产计划和生产订单等信息进行部分推送。

（二）相关的术语

（1）采购订单：特指采购订单中描述订单总体情况的部分，具体所采购物料相关详情，则分别在“国网采购订单行项目”中具体描述。

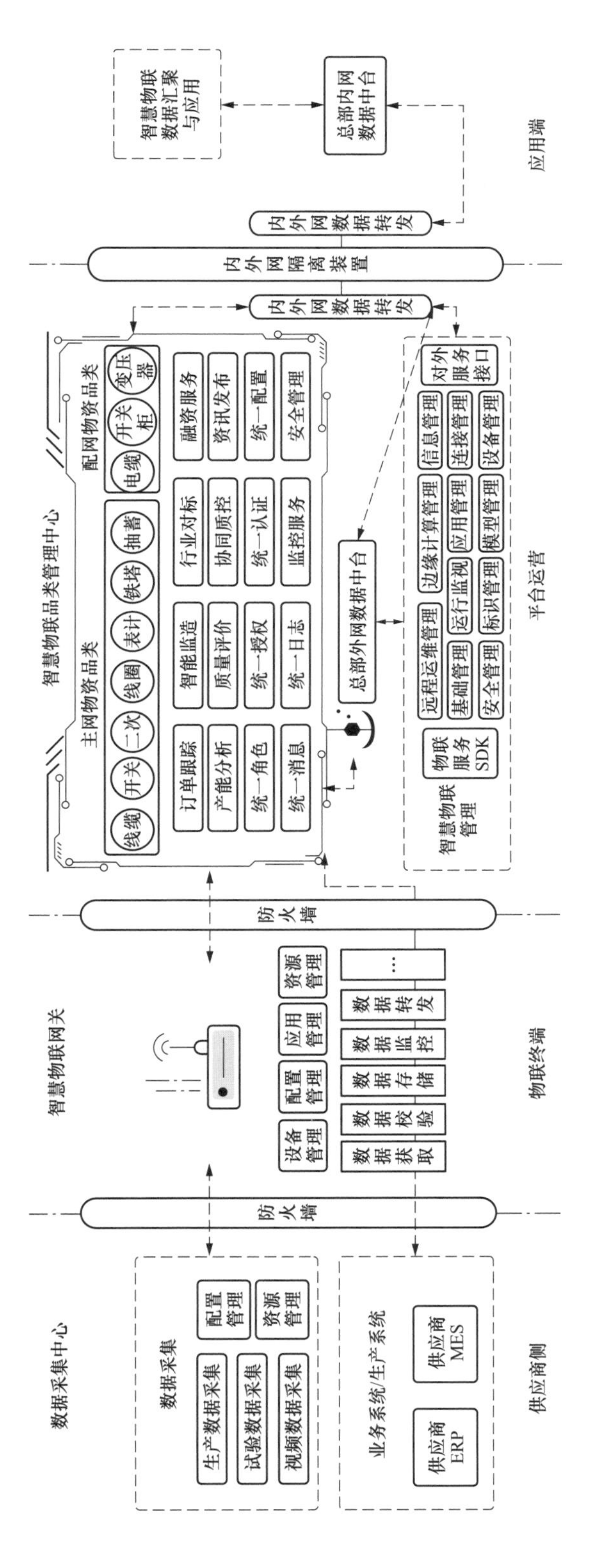

图 10-15 电工装备智慧物联平台总体框架图

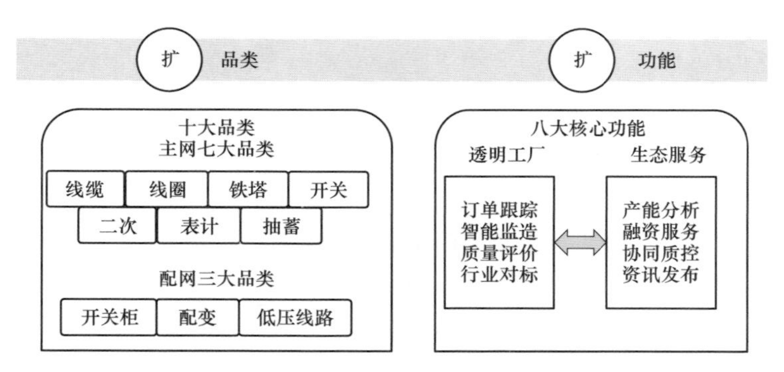

图 10-16　电工装备智慧物联平台功能及涉及品类

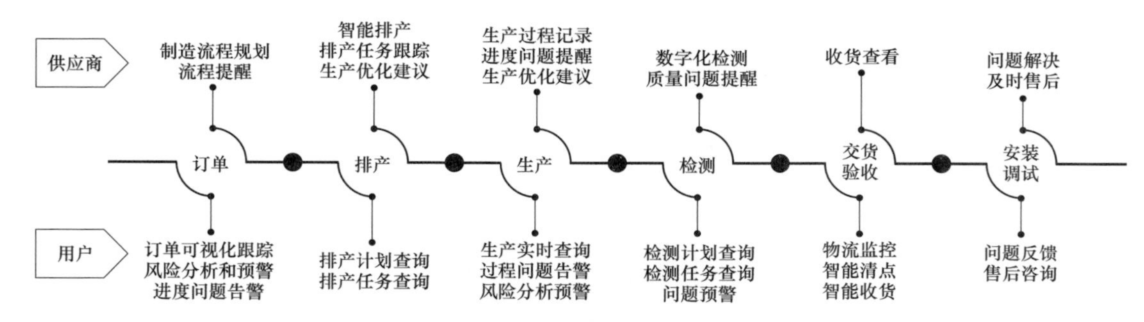

图 10-17　电工装备智慧物联平台订单管理流程示意图

（2）采购订单行项目：逐项描述国网采购订单所包含的每一种具体采购物资明细信息，涵盖物料编码、物料描述、交货时间、交货地点等事项。每条国网采购订单可能包含多条行项目信息。

（3）销售订单基本信息：指供应商的销售部门所产生的与国网采购相关的销售协议。这里所指是供应商销售订单中的总体框架部分，不包含具体采购的物资项目明细信息。特别注意，这里的销售订单范围必须与国网采购相关，即便只有一项物资明细与国网采购相关，也应涵盖在内。

（4）销售订单行项目：逐项描述供应商的销售部门所产生的采购订单所包含的每一种具体销售物资明细信息，涵盖物料编码、物料描述、交货时间、交货地点等事项。每单销售订单可以包含多条行项目信息。特别注意，这里的行项目所涵盖的范围必须与国网采购相关，如果销售订单中除国网采购物资外，还包含其他企业的采购事项，那么这些事项不属于本系统的业务范围，相关数据信息不在系统讨论范围。

（5）排产计划：指供应商处根据交付期和工艺流程等因素、综合优化后为车间生成的短期生产计划，规定了计划内的订单所需资源、开始和结束时间等关键信息。这里特指针对国网采购订单所涉及的排产计划信息，只要排产计划内涵盖国网所采购物资的生产行为，就属于本系统业务范围。

（6）生产订单：指供应商处根据自身生产组织方式和特点、为满足排产计划交付要求所产生的具体生产计划。一条排产计划包含多条生产订单。生产订单应可以直接关联到国网采购订单行项目信息。

（7）生产工单：指供应商处的生产车间根据生产订单进行进一步细化分解所制定的针对产线、工段、工位级的制造计划。根据生产组织形式不同，生产工单不一定特指企业车间内的“派工单”，可以是针对车间生产任务分解过程中的某一任意层级，最关键的是一条生产订单可以包含多条生产工单，而且生产工单应直接关联报工信息以及生产现场采集数据（包含原材料检测、生产过程、检测试验及视频等）信息。

（8）报工单：即供应商处的生产现场工人（或工段、工作组）填报的、针对生产工单的工作完成情况确认单，用于车间计划调度部门确认生产进度、完成质量及成本核算的重要依据。

（9）实物 ID：指国网将实物资产、设备、物资等项，统一进行电子编码，实现信息完整可追溯、跨系统贯通、设备的全寿命周期管理。实物 ID 的编码是针对每一个（台）具体的国网物资（设备）产生的唯一编码。

（三）铁塔生产过程关键环节管控

国网 EIP 系统根据铁塔品类特性，重点关注原材料检验、生产过程检验、试验过程检验等关键环节并进行跟踪把控。依据铁塔品类的国家标准、行业标准及采购标准，对原材料、生产过程及试验过程的关键技术信息进行数据建模，制定铁塔品类的数据采集标准，如图 10-18 所示。

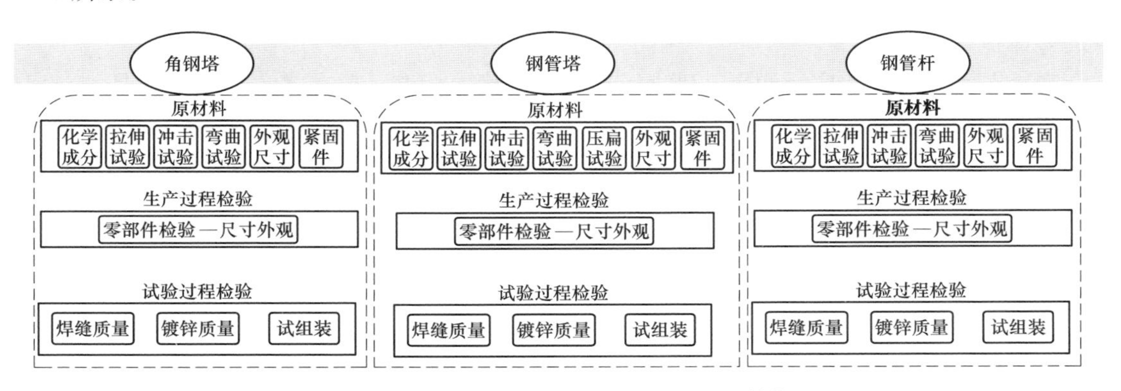

图 10-18 EIP 中铁塔生产过程关键环节管控

原材料检验：实现原材料采集数据与招标文件技术要求的自动校验，及时发现原材料质量问题，把好原材料入厂关。

生产过程检验：重点采集生产工艺数据，实时监控供应商生产过程，强化生产质量管控，保证过程数据满足工艺控制要求。

试验过程检验：主要采集焊接、镀锌等关键试验环节数据，确保各项试验结果满足采购标准要求，杜绝不合格品出厂。

（四）深化铁塔品类数据应用

通过铁塔品类中心建设，深挖数据价值，实现铁塔合同履约可视化跟踪、智能化远程监造、自动化质量评价分析并推进招标采购策略优化，促进铁塔行业整体水平提高。

1. 合同履约跟踪

按工程进度对订单生产、交接验收、安装投运实现实时数据交互，为需求方合理安排生产进度、供应商有序组织订单生产提供全息可视化支持。

2. 智能远程监造

实现监造方式创新，由传统人工现场旁站监造方式向系统自动监测加人工辅助远程在线监造方式的转变，监造更为规范、高效、公正和透明。

3. 质量分析评价

构建多维度质量评价模型，客观公正地对供应商生产质量进行评价，将产品质量评价结果反馈到招标采购、生产制造和产品检测环节，从源头提升设备采购和生产质量，提升供应商工艺质量水平。

4. 优化招标策略

推进招标采购策略优化，依据平台大数据支撑，基于对“透明工厂”的高度认知和自信，推进招标采购评审内容、评审规则的不断优化，使采购寻源更加科学、透明和公正。

五、EIP 电工装备智慧物联平台发展方向

EIP 电工装备智慧物联平台通过与供应商相连，将电工装备质量管控延伸到制造环节，建立供需双方高度互信、高效协同的质量管控机制，打造“透明工厂”，实现质量溯源，建立电网设备全生命周期档案。

电工装备智慧物联平台将供给侧和需求侧紧密相连，更加突出需求驱动、创新引领、互利共享理念，助力电工装备供给侧不断向数字化、智能化制造方向转变，促进电工装备产业链的整体提升。

需求驱动方面：在广泛调研基础上形成的平台接入标准，要求接入的供应商具备一定的信息化管理和数字制造能力，客观上推动了供应商管理手段和制造装备的升级改造；同时，用户对电工装备高质量要求和接入平台敢于“亮剑”的自信，也来源于供应商智能制造和质量管控水平的整体提升。

创新引领方面：基于平台大数据，对接入供应商的工艺质量、装备能力、服务水平进行对比分析，开展行业对标，突出技术创新、管理变革的引领作用。

互利共享方面：平台秉承开放共享、互利共赢原则，一方面通过供需双方海量、多样、时序、低价值密度的数据交互共享，从而深度挖掘数据价值，促进智能制造能力提升；另一方面将金融服务引入平台，促进产融融合，助力金融服务便捷高效融入实体经济，为电工装备产业发展注入新动能。

目前，南方电网也参考 EIP 电工装备智慧物联平台的模式建立了供应链统一服务平台，作为供应商统一入口和外部数据集成中心，通过提供标准化的服务接口，为方便第三方更快速，更高效地集成到平台。

第十一章　输电铁塔现场组立技术

第一节　概　　述

近年来，我国电网发展取得了辉煌成就，自主建成220～750kV超高压电网和1000、±800、±1100kV特高压电网，发展成为全球规模最大、电压等级最高、技术水平最先进的交直流互联电网，为国民经济持续快速发展做出了重要贡献。

电网工程建设是促进能源合理配置、优化能源利用结构、提高能源利用效率的重要保障，是未来我国经济可持续发展的重要战略之一。“十四五”期间，仅国家电网公司规划建设的特高压项目就有“24交14直”，涉及线路长度3万余km，为电力铁塔行业带来了巨大的市场需求。

输电铁塔在厂内制造完成后，需运输到施工现场材料站进行验收，然后再转运至具体的塔位进行组立。铁塔组立是输电线路施工的重要一环，现场组塔技术直接关系铁塔组立效率，而铁塔组立质量对后续的线路安全运行也有重要的影响。此外，在铁塔组立过程中，高空吊装和安装作业多、安全风险高。

基于上述因素，在现场组塔中不断推行新的组塔技术，尤其是近年来在特高压输电线路工程中大力推行了全过程机械化施工，先后成功研制并推广落地双平臂抱杆、落地单动臂抱杆等专用组塔装备及相应组塔技术，探索并应用了大型流动式起重机、重型直升机等大型装备及相应组塔技术，逐渐实现了组塔装备的标准化、系列化和智能化，改变了以往“人力为主、机械为辅”的现状，有效地降低了组塔作业安全风险，减轻了现场作业人员劳动强度，提升了铁塔组立的质量和效率。

本章简要介绍超高压铁塔和特高压铁塔的组立技术。

第二节　超高压铁塔组立技术

一、超高压铁塔组立方法

（一）整体组立

输电铁塔整体组立需结合杆塔的结构型式、质量和高度，先采用卧式方法将杆塔在地面完成整体组装，再根据后续所采用的整体组立方案进行现场布置，利用倒落式抱杆、座腿式人字抱杆等抱杆或起重机、直升机等大型设备，完成杆塔的整体组立。其中，倒落式抱杆组塔方式适用于各种类型铁塔，尤其是带拉线的单柱型（拉锚）或双柱型（拉门、拉V）及质量较轻的窄基铁塔。座腿式人字抱杆组塔方式适用宽基的自立式铁塔。起重机整体立塔方式适用于各种类型铁塔，要求塔位道路畅通、地形开阔平坦。直升机整体组塔方式适用于各种类型铁塔。整体组立的杆塔一般质量较轻、高度适中。

（二）分解组立

输电铁塔分解组立是根据杆塔的分段组成结构，采用自下而上的方式逐段顺序吊装组立或采用自上而下的方式逐段倒装组立，同时，结合地形及杆塔高度、质量等条件，选用相应的抱杆或起重机、直升机等大型设备，完成杆塔分段组立。

1. 外拉线抱杆分解组塔

外拉线即抱杆拉线落在塔身之外，也称落地拉线。这种组塔方式的抱杆随塔段的组装而提升，因其根部固定方式不同，分为外拉线悬浮抱杆组塔和外拉线固定抱杆组塔。外拉线固定式抱杆又可分为两种：①抱杆固定在某一主材上，也称外拉线附着式抱杆；②将落地式抱杆置于塔位中心，也称外拉线落地式抱杆。

2. 内拉线悬浮抱杆分解组塔

内拉线即抱杆上部拉线的下端固定在杆塔四根主材上，抱杆根部为悬浮式，通过四条承托索固定在四根主材上，内拉线抱杆是在外拉线抱杆的基础上创造的一个新方法。

3. 摇臂抱杆分解组塔

摇臂抱杆分解组塔的特点是在抱杆的上部对称布置两副（或四副）可以上下升降和旋转的摇臂。摇臂抱杆又分为两种：①落地式摇臂抱杆，即主抱杆坐落在地面，随塔段的升高主抱杆随之接长；②悬浮式摇臂抱杆，如同内拉线抱杆的悬浮式一样，抱杆根部靠四条承托索固定于杆塔四根主材上。

4. 倒装组塔

上述三种分解组塔方法是由塔腿开始顺序向上组装，而倒装组塔的施工次序恰好相反，是由塔头开始逐步向下接装。

倒装组塔分为全倒装和半倒装两种。全倒装组塔是先利用倒装架作抱杆，将塔头段整立于塔位中心，然后以倒装架作倒装提升支承，其上端固定提升滑车组以提升塔头段，并由上而下逐段接装塔身各段，最后接装塔腿，直至整个铁塔就位；半倒装组塔是先利用抱杆或起重机组立塔腿段，再以塔腿段代替抱杆，将塔头段整立于塔位中心，然后以塔腿作倒装提升支承，先提升塔头段，并由上而下逐段按顺序接装塔身各段，直至塔腿以上的整个塔身与塔腿段对接合拢就位。

5. 无拉线小抱杆分件吊装组塔

无拉线小抱杆分件吊装组塔用一根小抱杆以人力逐渐提升吊塔材，进行高空拼装，适用于地形险峻、无组装塔片场地的塔位，以及运输条件极为困难、难以应用大型机具的现场。

6. 直升机分解组塔

直升机分解组塔利用直升机分段（或分片）吊装塔材，进行高空拼装，适用于运输条件差或组立周期要求紧、难以采用常规方式组立的杆塔。

7. 混合组塔

混合组塔是指采用抱杆或起重机对铁塔下部进行整体或分片、分段吊装，完成后对铁塔上部再利用分解组塔法组立。

二、超高压铁塔施工技术

（一）内悬浮外拉线抱杆施工技术

抱杆悬浮于铁塔结构内部中心，由外拉线系统和承托系统柔性约束。外拉线系统一端连接于抱杆顶部的抱杆帽上，另一端固定于铁塔基础 45°方向外延长线的地锚上，形成对抱杆的顶部约束。抱杆承托系统一端连接于抱杆底部的承托环，另一端固定于已组塔段的主材节点处，形成对抱杆底部的约束，通过滑车组对抱杆进行提升。采用单侧起吊、外拉线平衡方式，起吊绳穿过抱杆顶部的起吊滑轮，利用外部动力提升铁塔塔片并将起吊重力轴向传递给抱杆，如图 11-1 所示。

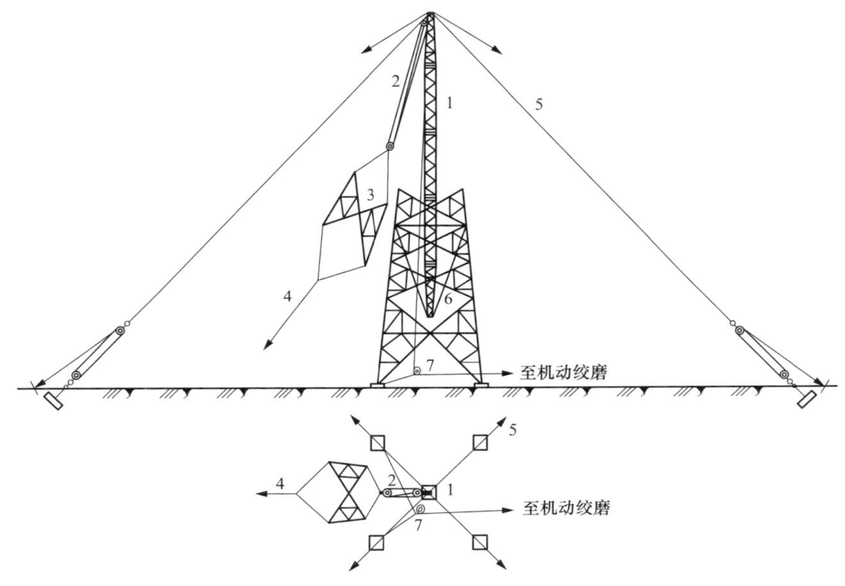

图 11-1 内悬浮外拉线抱杆分解组塔现场布置示意图

1—抱杆；2—起吊滑车组；3—构件；4—攀根绳；5—外拉线；6—承托绳；7—地滑车

内悬浮外拉线抱杆分解吊装较长横担有困难时，可增设人字辅助抱杆配合吊装。主抱杆保持垂直状态，人字辅助抱杆通过定位销铰接在塔身或横担上平面施工专用孔上，利用主抱杆的起吊系统控制倾斜 30°，副抱杆上设置辅助起吊系统吊装地线支架及边横担，如图 11-2 所示。

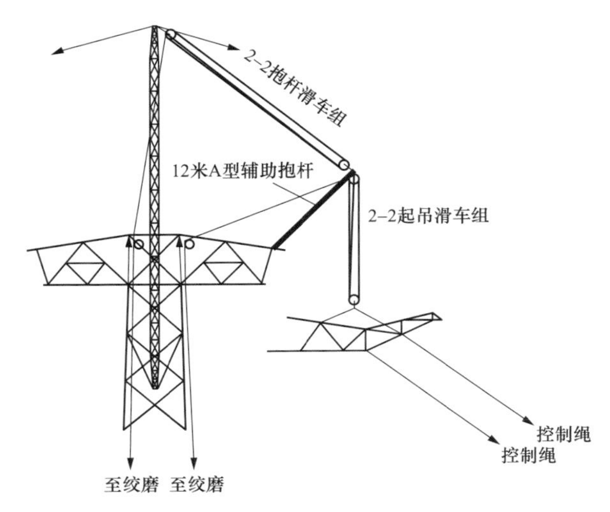

图 11-2 辅助人字抱杆吊装上横担外侧段示意图

当现场施工地形差、难以设置外拉线的情况下，内悬浮抱杆外拉线可改为内拉线。这时，上拉线系统一端连接于抱杆顶部的抱杆帽上，另一端固定于已组塔段的主材节点处，或在已组塔段的主材节点处挂转向滑车，上拉线通过转向滑车锚固于塔脚，形成对抱杆的顶部约束。

内悬浮外拉线抱杆技术较为成熟，操作便捷，但安全可靠性有待加强，适用于单件质量较小、可设置外拉线的杆塔组立。

（二）附着式自提升轻型抱杆施工技术

附着式自提升轻型抱杆是一种轻型格构式抱杆，由抱杆主体、抱箍、背弓机构和自提升装置等四部分组成。抱杆主体全长 14m，采用格构式结构，由标准节段、旋转连接座和鹰嘴型吊臂组成，可沿回转中心线进行转动。抱箍是抱杆与塔材之间的连接部件或自提升动作的结构件，将抱杆附着在钢管塔主材上，分为承载式抱箍和提升式抱箍。背弓机构包括三角形支撑臂和背弓，由圆钢组合而成，形成两组空间三角形结构，将杆体受弯转变为杆体受压，提升了杆体的整体刚度，显著减小杆体向两侧弯曲变形量，能够显著提高起吊能力。自提升装置位于抱杆内部，由动力电源、自提升卷扬机和控制系统组成，实现抱杆的自提升功能，且具备无线遥控功能。

附着式自提升轻型抱杆主要适用于地形复杂、山势险峻、运输困难且无法安装外拉线的山区、林区、河网等特殊环境，具有结构简单、受力清晰、自重轻、操作方便、无外拉线等突出优点。

（三）落地双摇臂抱杆施工技术

落地双摇臂抱杆由一个垂直的主抱杆和两副可上下和水平转动的摇臂组成，主抱杆立于铁塔基础中心的地面上，并在杆身上设内拉线和数道腰环，以约束抱杆。随着铁塔组立，在杆身上同步增加标准节而提升抱杆高度，以满足吊装高度要求。抱杆采用单侧起吊、对侧平衡或双侧同步起吊方式，通过调幅滑车组对摇臂进行起吊幅度调节，以满足塔材就位要求，如图 11-3 所示。

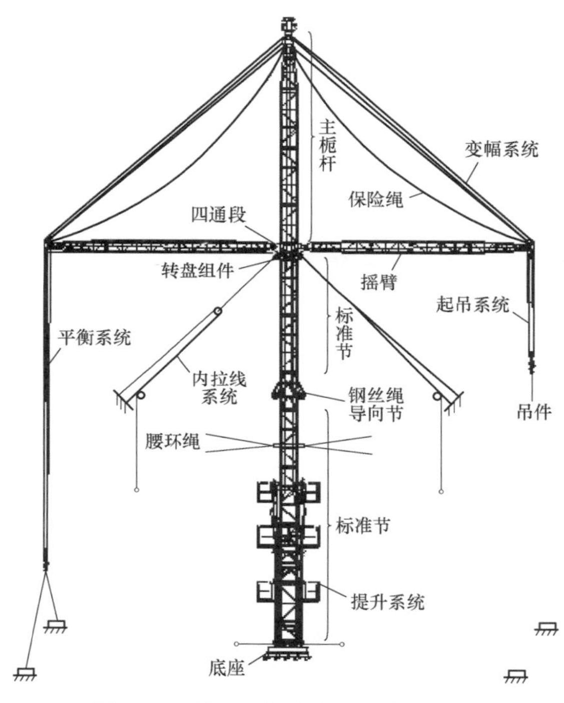

图 11-3　落地双摇臂抱杆组成示意图

落地双摇臂抱杆具有组塔作业半径大、额定载荷大、安装效率高等优点，适用于受地形或外部环境而无法安装外拉线的塔位。

第三节　特高压铁塔组立技术

一、特高压铁塔特点及组立难点

（一）特高压铁塔特点

1. 一般线路铁塔

一般线路特高压铁塔有多种类型，其结构和受力特点不同，以适应不同的地理特点、线路特征等，因而有不同的特点。

(1) 单回路自立塔。主要分酒杯型和猫头型直线塔两种，一般来说，在走廊宽度紧张的地方宜使用猫头塔，走廊宽度不太紧张的地方宜使用酒杯塔。转角塔多选用结构简单、受力清晰的干字型耐张塔，其占用线路走廊少，施工安装和检修方便。如图 11-4 为 1000kV 晋东南—南阳—荆门特高压交流试验示范工程等所采用的酒杯型直线塔和干字型耐张塔。

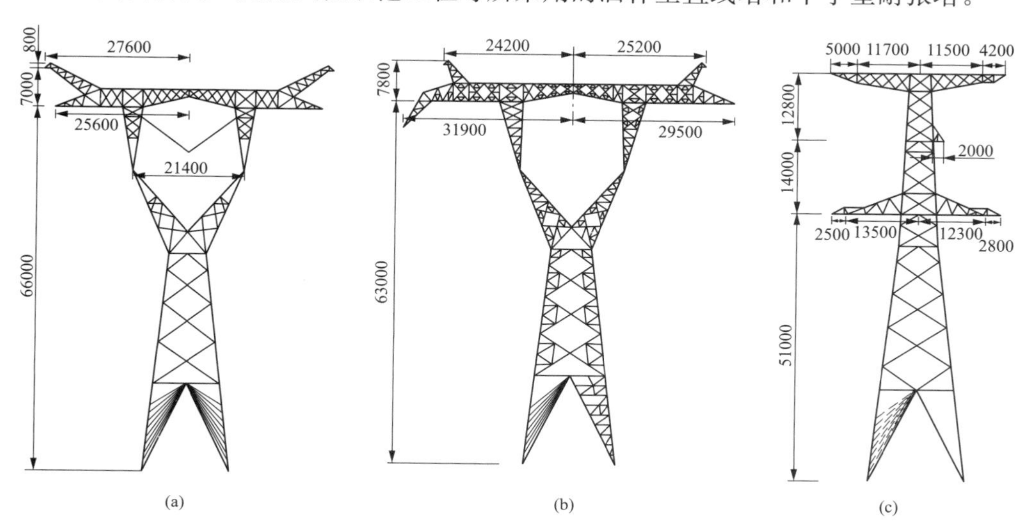

图 11-4 特高压交流单回路线路铁塔示意图

(a) 酒杯型直线塔；(b) 酒杯型直线转角塔；(c) 干字型耐张塔

(2) 双回路自立塔。特高压交流工程铁塔一般采用三层或四层导线横担的伞型或鼓型塔，三相导线垂直排列，可以有效减小线路走廊宽度，如图 11-5 为皖电东送淮南—上海特高

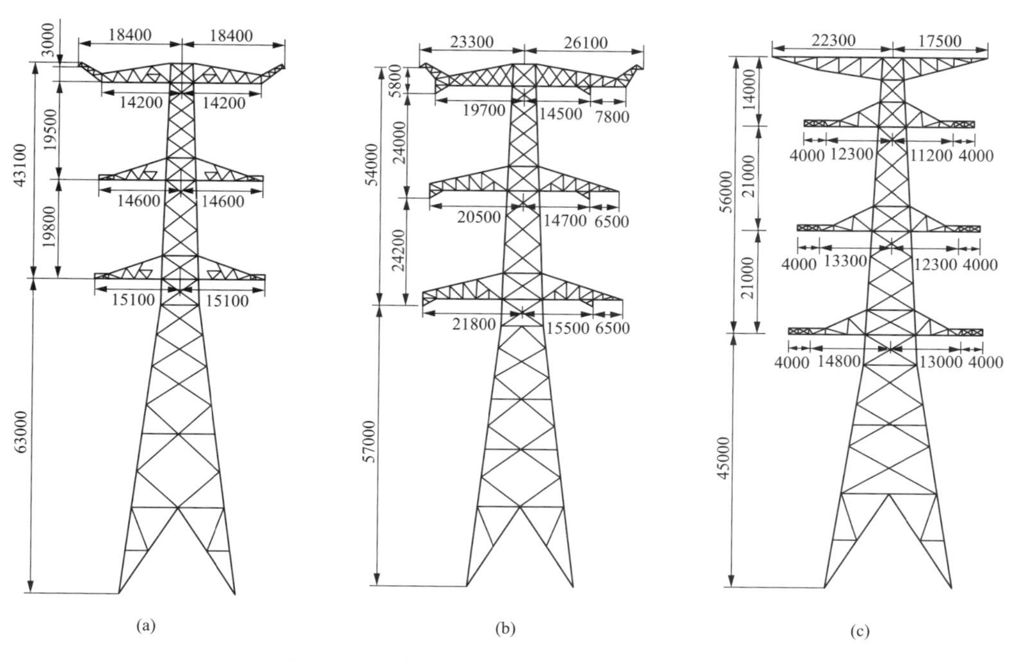

图 11-5 特高压交流双回路线路铁塔示意图

(a) 伞型直线塔；(b) 伞型直线转角塔；(c) 伞型耐张塔

压交流输电示范工程（简称皖电东送工程）采用的伞型直线塔和伞型耐张塔；图 11-6 为青海—河南±800kV 特高压直流输电线路工程采用的羊角型直线塔和干字型耐张塔。

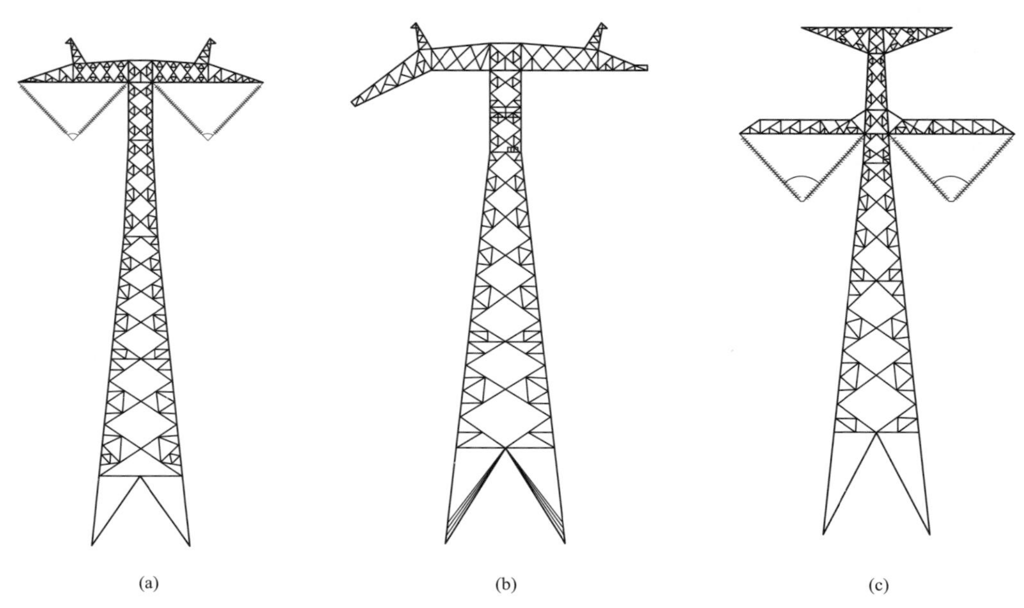

图 11-6　特高压直流双回线路铁塔示意图

（a）羊角型直线塔；（b）羊角型直线转角塔；（c）干字型耐张塔

2. 大跨越铁塔塔型

特高压输送距离远，不可避免地要跨越大江、大河、湖泊等宽阔水面或风景区、文物古迹等特殊设施，为此，需要专门的跨越塔。跨越塔一般水平档距较大，为满足电气性能要求，因而铁塔高度大幅增加。

单回路特高压跨越塔一般采用酒杯型钢管塔，如图 11-7（a）所示；双回路特高压跨越塔多采用伞型、鼓型、蝶型钢管塔或钢管混凝土塔，如图 11-7（b）、（c）所示；部分特高压线路与超高压线路共用大跨越走廊，采用四回路钢管塔或钢管混凝土塔，如图 11-7（d）所示。如 1000kV 南阳—荆门—长沙特高压交流工程螺山长江大跨越采用伞型双回路钢管塔；白鹤滩—浙江±800kV 特高压直流输电工程安徽铜陵枞阳长江大跨越采用直流±800kV/交流 500kV 混压钢管塔。

（二）特高压铁塔组立难点

在平地、丘陵地区，特高压交流铁塔多采用双回伞型钢管塔，平均铁塔高度约 110m，最大铁塔高度超过 140m；平均铁塔质量约 220t，最大塔重超过 700t；其单侧横担长度为 15～24m，最长横担达 35m；铁塔主材采用钢管，单根主材最大质量约 5t。尤其是钢管塔安装精度高，施工难度较超高压铁塔明显增加。

在山地、高山峻岭地区，特高压交流铁塔多采用单回酒杯型、干字型角钢塔，平均塔高约 65m，平均塔重约 100t；铁塔主材采用角钢，单根主材最大质量约 1.5t。其中酒杯型塔“塔窗”宽度约 20m、高度约 30m，单侧横担长度为 25～34m，顺线路开口最小尺寸为 1.3m，曲臂部分质量约为全塔的 20%。

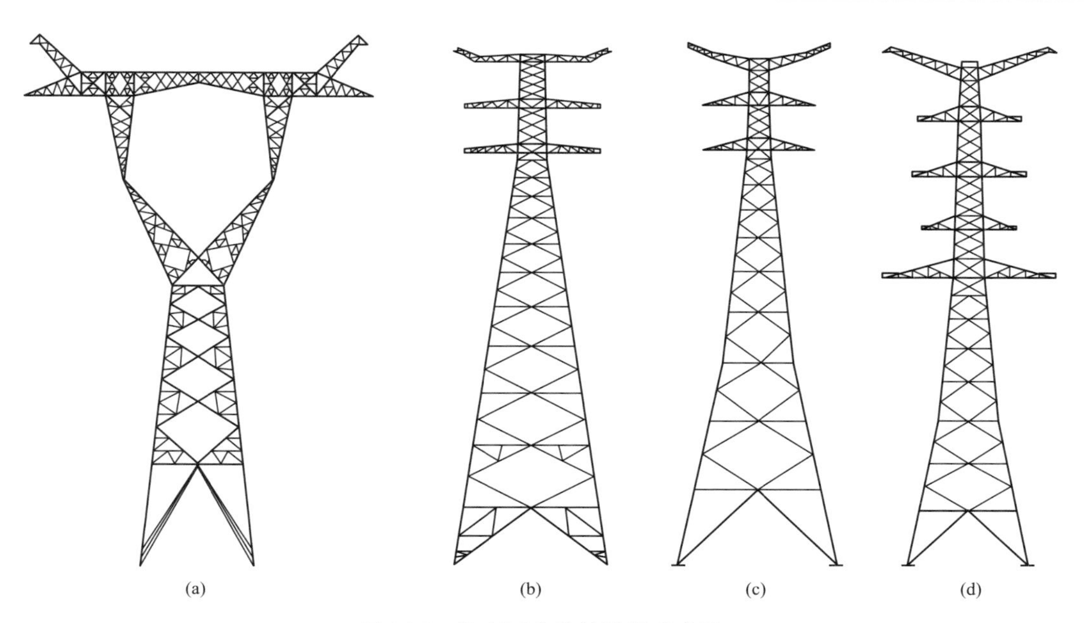

图 11-7　特高压大跨越铁塔示意图
(a) 酒杯型钢管跨越塔；(b) 平头伞型钢管跨越塔；(c) 鼓型钢管跨越塔；(d) 四回路混压钢管跨越塔

±800、±1100kV 直流线路一般采用双回路架设，多采用羊角型直线塔、干字型耐张塔，单极架线或路径受限时有时采用 F 型塔。其中，±800kV 直流线路铁塔平均高度为64～70m，平均塔重为 62～83t（与双回 500kV 铁塔质量相当），单侧横担长度为 18～23m，铁塔主材一般采用大规格角钢，单根主材最大质量约 2t。±1100kV 直流线路铁塔平均高度约 83m，平均塔重约 130t，单侧横担长度为 21～27m，主材采用大规格角钢，单根主材最大质量超过 2t。

特高压大跨越塔高度一般超过 180m，塔重超过 1000t。南阳—荆门—长沙特高压交流工程螺山长江大跨越铁塔高度达 371m，塔重达 4400t；单侧横担长度为 22～31m，横担最大质量约 35t；主材采用 Q420 钢管，单根主材最大质量 18.34t。

特高压输电铁塔具有铁塔高度大、横担长、单件质量大、安全风险高、就位精度高、作业周期长的特点，且对组立装备、组塔质量提出了更高的要求。整体而言，随着电压等级的提高，特高压铁塔组塔时的吊装难度和安全风险较超高压铁塔显著升高更高，组塔施工技术和装备成为制约特高压线路工程建设的难点。

二、特高压铁塔组立方法选择原则

（一）一般线路铁塔组立

基于特高压铁塔的特点及组立难点，特高压铁塔可选的组立方法主要有内悬浮内拉线抱杆、内悬浮外拉线抱杆、内悬浮双（四）摇臂抱杆组塔、落地双（四）摇臂抱杆、流动式起重机、落地双平臂抱杆、落地单动臂抱杆施工技术等，各种方法均有其特点，应根据具体情况选择。

1. 内悬浮内拉线抱杆

工器具较少、操作简便、使用灵活、经济性较好，在超高压及以下输电线路工程中应用较多。由于拉线设置于塔身上，上拉线与抱杆夹角较小，抱杆稳定性差；且抱杆起吊质量轻、高空作业量大、机械化程度低、施工效率低，对施工技术经验要求高，在特高压线路“高、重、大”铁塔组立时存在较大安全风险。因此，特高压交流线路所有塔型、直流线路直线转角塔严禁使用内悬浮内拉线抱杆；直流线路铁塔受特殊条件限制确需使用时，应编制专项施工方案并组织专家论证、报建设管理单位审查后，并采取提级管控施工作业风险，且两内拉线平面与抱杆夹角不应小于15°。

2. 内悬浮外拉线抱杆

工器具较少、操作简便、使用灵活、经济性较好。拉线设置于地面，稳定性受拉线设置影响较大。起吊质量较内悬浮内拉线抱杆组塔有所提升，但受制于起吊幅度限制，一般需要加设辅助抱杆配合吊装。因此，全高大于80m的铁塔严禁使用内悬浮外拉线抱杆；全高不大于80m的铁塔，受特殊条件限制确需使用时，应编制专项施工方案并组织专家论证，报建设管理单位审查，并经关键工器具受力验算后方可使用。

3. 内悬浮摇臂抱杆

主抱杆始终处于竖直状态，通过摇臂进行吊装，安全性较内悬浮外（内）拉线抱杆有所提高，但稳定性受拉线设置影响较大。抱杆包含调幅系统、吊装系统、提升系统，操作复杂程度较内悬浮外（内）拉线抱杆有所提高，尤其是内悬浮四摇臂抱杆操控难度大，应用相对较少。

4. 落地双（四）摇臂抱杆

机械化程度较高，自动化水平较低。抱杆包含调幅系统、吊装系统、提升系统，工器具运输量较大，操作复杂程度较内悬浮外（内）拉线抱杆有所提高，但低于落地双平臂抱杆。安全性介于内悬浮双摇臂抱杆与落地双平臂抱杆之间。在特高压交流工程山区高塔组立时应用较多。

5. 其他组立方法

流动式起重机、落地双平臂抱杆、落地单动臂抱杆等施工方法安全水平高、机械化程度高，开发应用了液压顶升、起重安全限制、视频监视、集中控制等系列新型技术，提高了组塔施工的机械化和智能化水平，较好地解决了特高压铁塔组立施工难题。但受交通条件制约，且抱杆（设备）运输量大，施工成本较高，一定程度上制约了相关组塔技术的推广应用。

2014年起，特高压输电线路工程全面推广全过程机械化施工。在平地等具备条件的地区优先应用流动式起重机组塔；在丘陵、山区逐步推广落地式抱杆（双平臂、单动臂、摇臂抱杆等）组塔；试点开展直升机组塔；强化规范内悬浮外（内）拉线抱杆组塔施工管理和技术要求，限制其应用场景。

截至目前，特高压交流线路应用流动式起重机、落地式抱杆组塔比例较高，平地、丘陵应用比例已基本达到100%；山区应用比例基本达到80%，部分工程应用比例达到100%。特高压直流线路铁塔高度相对较低、质量相对较轻，在交通条件允许的地区，已全面推广流动式起重机进行组塔，丘陵、山区正在推广使用落地式抱杆组塔。

（二）特高压大跨越铁塔组立

特高压大跨越铁塔组立是大跨越工程建设的关键工序，其技术难度大、建设周期长、制约因素多，是影响工程整体投运的关键节点。大跨越铁塔组立技术及专用施工装备已逐步成为工程建设中“卡脖子”因素。

1000kV 晋东南—南阳—荆门特高压交流试验示范工程大跨越采用内附式平头塔吊和落地双摇臂抱杆施工技术，较好地解决了高塔组立的难题。落地双摇臂抱杆施工技术逐渐成为当时较为主流和成熟的大跨越铁塔组立技术，但仍存在高空作业多、缺少安全措施、安全风险大；顶升技术不成熟、就位操作复杂；吊装能力有限、需要人字抱杆辅助吊装等不足和问题。

皖电东送工程及后续特高压大跨越大范围推广落地双平臂抱杆施工技术，其安全系数高、技术参数不断提升、安全保护措施齐全、机械化程度高、作业效率大幅提高，逐步成为后续特高压以及超高压大跨越铁塔组立施工技术的首选。落地双摇臂抱杆、落地单动臂抱杆（含智能平衡臂）在特殊环境大跨越铁塔组立中仍时有应用。

特高压大跨越塔根开尺寸大、工程量相对庞大，需要创造良好的进场和施工环境条件，有利于大中型机械进场使用。一般情况下，大跨越低段塔材会优先选择采用大吨位流动式起重机进行施工，高段塔材吊装可采用落地双摇臂抱杆、落地双平臂抱杆、塔式起重机抱杆、落地单动臂抱杆（含智能平衡臂）等施工技术。后续高段位塔材吊装所需使用的抱杆或塔式起重机时，宜利用流动式起重机组立抱杆或安装塔式起重机。

三、特高压铁塔施工技术

（一）大型起重机组塔施工技术

在特高压线路组塔施工中由于常规内悬浮抱杆、落地抱杆等组塔工艺在安全性、组塔效率和质量控制等方面存在局限性，因此，当现场地形条件允许时，采用大型起重机组塔已经成为首选。

大型起重机指流动式起重机，包括汽车式起重机和履带式起重机。流动式起重机到达施工塔位，利用吊臂直接进行杆塔的整体组立或分解组塔。大型起重机组塔具有快速进出场、低高度大吊重、吊装起升快速、全方位回转、施工效率高、安全风险低、适用塔型多等突出优点，可广泛应用于特高压线路工程组塔施工。

大型起重机组塔对道路、场地要求较高，台班费较高，施工单位应结合现场实际情况，对大型起重机选型、站位、杆塔组装、施工组织进行优化，形成起重机组塔流水作业，可充分发挥大型起重机组塔的优势。

特殊情况时，可采用混合组塔工艺。针对整体高度较高的特高压铁塔或跨越塔，可利用大型流动式起重机吊装杆塔下部单件质量大、作业幅度大的构件，利用普通抱杆吊装杆塔上部的构件，可有效提高铁塔组立整体工效和经济性。在地形平坦地区，可采用不同吨位起重机相互配合形成流水起吊作业。通过多种吨位起重机组合，合理安排起重机进场时间，充分利用资源、发挥各自优势，既满足立塔的高度和载荷要求，又使施工成本得到有效控制，最大程度地兼顾了安全性和经济性。

一般情况下，铁塔安装高度 70m 时需采用 130t 流动式起重机，高度 90m 时需采用 200t 流动式起重机，高度 120m 时需采用 400t 流动式起重机。

（二）落地式回转双平臂抱杆组塔施工技术

皖电东送工程是世界首条 1000kV 同塔双回输电线路，首次大范围使用钢管塔。该工程

双回路钢管塔具有“高度高、质量大、构件长”等特点，杆塔平均高度超过100m，单个构件长度超过12m；平均塔重超过200t，单个构件质量超过5t；杆塔平均根开超过20m；对组塔设备的作业高度、承载能力、力矩平衡能力、作业半径等技术参数提出了更高要求。同时，该工程包夹段的杆塔距离±800kV向上线的水平距离平均不足70m，施工难度大，安全风险高。

该工程是首次大规模应用落地式回转双平臂抱杆组塔施工技术的特高压线路工程，圆满解决了上述施工难题。

落地式回转双平臂抱杆包括塔顶；平臂、拉杆；吊装提升和水平变幅系统；回转机构和支承系统；杆身和附着机构；抱杆顶升系统；底架机构和电控系统等八个部分，详见图11-8。

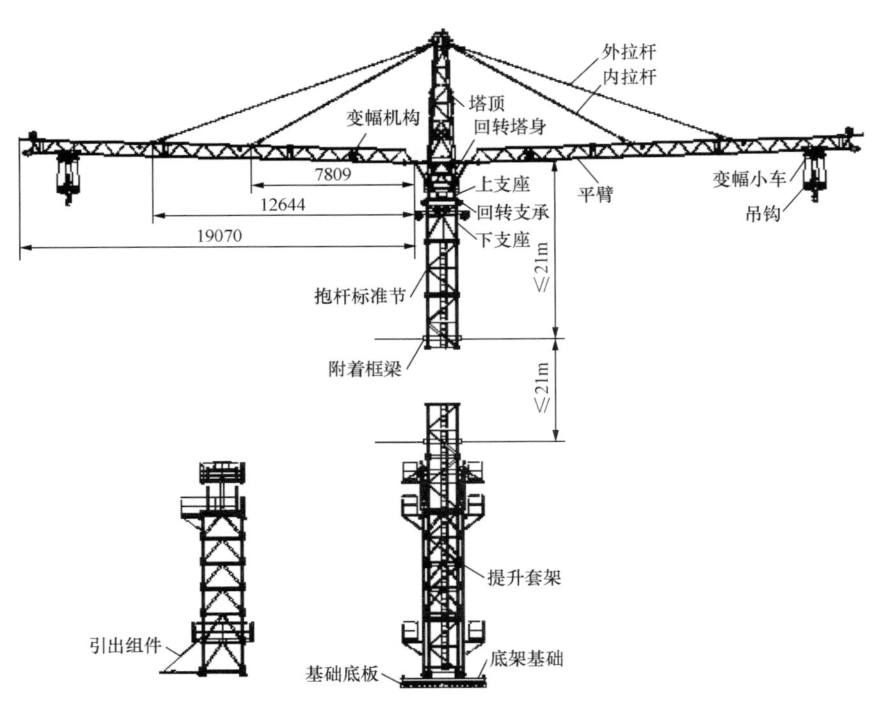

图11-8　落地双平臂抱杆组成示意图

以特高压交流线路较为常用的T2T120型落地式回转双平臂抱杆为例，其杆身截面为1.4m，采用专用标准节或塔吊标准节组成，杆身最大高度200m；抱杆杆身顶部安装一副旋转式双平臂，平臂上设变幅小车，有效工作半径可达2～25m；抱杆最大额定荷载2×80kN；作业方式分双侧同时对称吊装或单侧吊装作业，不平衡系数为50%。抱杆提升可利用塔身或专用提升架采用滑车组倒装提升，也可根据标准节或井架结构，采用液压顶升方式进行倒装或顺装提升，抱杆杆身使用附着框梁稳定。

落地式回转双平臂抱杆采用落地式设计，设置在待组装铁塔内部，并与杆塔采用可靠连接，可充分利用杆塔的自身强度，安全稳定性好。抱杆可采用双侧或单侧垂直吊装，通过变幅小车进行水平变幅，并可进行±180°水平旋转，作业范围大，安装业效率高；抱杆允许起吊质量大，加装有质量、幅度、力矩等多项安全控制装置，安全系数高，安全措施齐全，安全可靠性高；抱杆回转及起吊变幅采用电气集中控制操作，杆身提升、平臂回收均采用液压作业，安装效率高，劳动强度低。

落地式回转双平臂抱杆机械化、自动化程度高，安全风险低，组立高塔时效率高。但该抱杆安装复杂，构件数量较多，且需起重机配合安装，组立质量较小的铁塔经济效益相对较差；自身质量较大、单件质量大、尺寸大，配套工器具较多，对运输（尤其是索道运输）要求较高。

因此，该组塔施工技术适用于质量较大、总周期较长的杆塔组立，尤其是跨越塔或特高压铁塔组立。

（三）落地式单动臂抱杆组塔施工技术

落地单动臂抱杆是在建筑塔式起重机基础上，针对输电线路铁塔组立施工特点和要求研发设计，其立于铁塔中心、与铁塔进行软附着、采用单动臂型式及智能平衡配重系统、可重复利用的装配式基础，通过单吊臂俯仰及回转实现塔材就位，详见图 11-9。

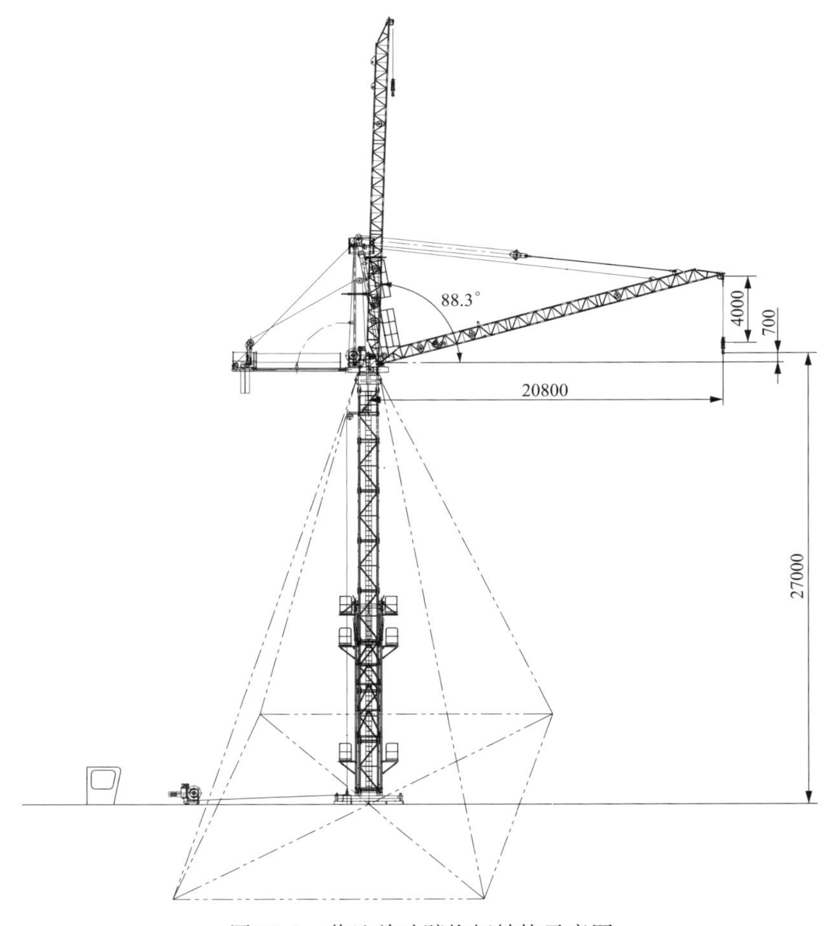

图 11-9 落地单动臂抱杆结构示意图

该项技术所选用的抱杆为落地形式，抱杆无须设置外拉线，采用单侧起吊、对侧平衡方式，通过动臂上的变幅滑车组调节起吊幅度，抱杆回转及起吊变幅采用电气集中控制操作，设有质量、幅度、力矩等多项安全控制装置，提升采用液压顶升方式。

落地单动臂抱杆总体技术水平先进，安全可靠性高，施工操作便捷。与落地式回转双平臂抱杆相比，不需双侧平衡起吊，对塔材组装场地要求相对较低，在场地受限时较双平臂抱杆有一定优势。

落地单动臂抱杆组立需起重机配合安装，该组塔施工技术适用于质量较大、总周期较长的杆塔组立，尤其是全高不超过 300m 跨越塔或特高压铁塔组立。

（四）大型直升机组塔施工技术

使用直升机进行输电线路铁塔组立是一种先进的组塔施工技术，大型直升机组塔施工技术利用直升机良好的飞行及起重性能，采用分段或整体吊装方式，可显著减少施工人员数量、减轻工人劳动强度、降低安全风险、提升施工效率、减轻环境破坏，具有较好的社会效益，详见图 11-10。

直升机本身配有完备的安全控制系统，装备总体技术水平先进，安全可靠性较高，组塔吊装施工操作便捷，但对飞行员与组塔施工人员的配合默契度要求较高。该施工技术适用于各种地形条件、各种塔型的整体或分解组立，特别适用于运输条件差或组立周期要求紧、难以采用常规方式组立的杆塔。

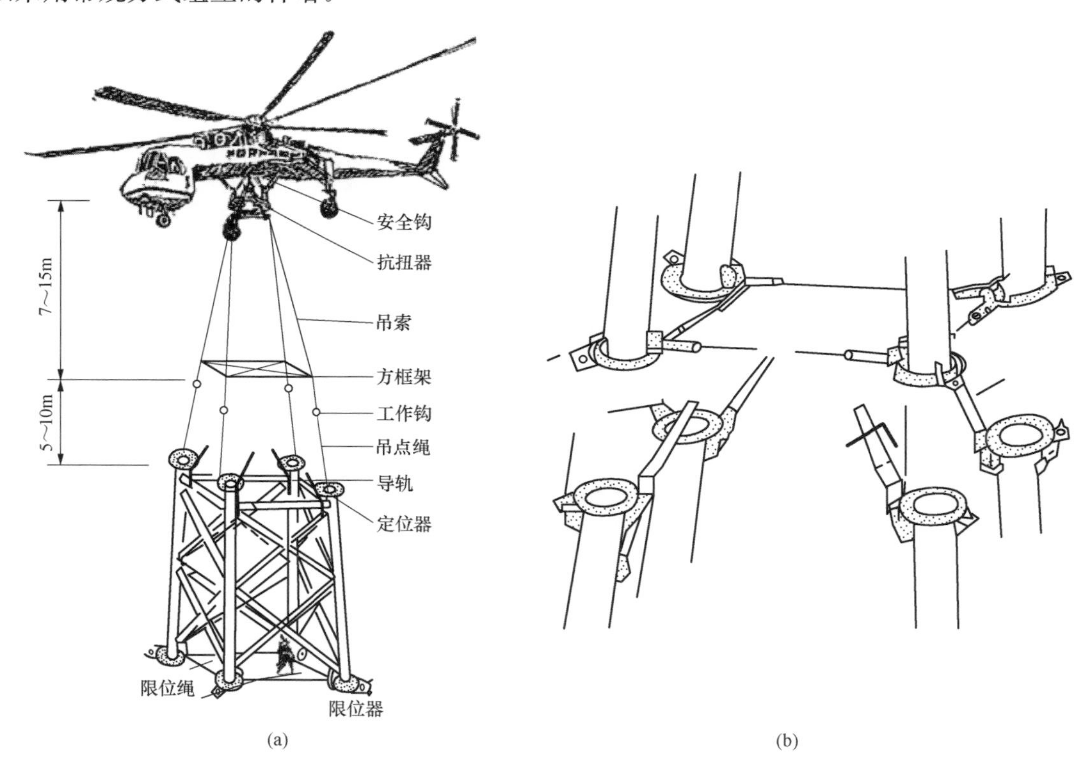

图 11-10　直升机组塔吊装示意图

（a）直升机吊装示意图；（b）挂钩式导轨示意图

浙北—福州特高压交流输变电工程、锡盟—山东 1000kV 特高压交流输变电工程（简称锡盟—山东工程）对直升机组塔施工技术进行了系统研究和深化应用，积累、掌握直升机吊装组塔关键技术，带动提升我国电网基建施工水平，有效降低传统组塔方法的安全风险、降低作业人员劳动强度；对解决特高压建设过程中遇到的高山大岭等困难地段施工难题具有现实意义，可解决传统作业方式带来的人员、环境代价等一系列问题。

以锡盟—山东工程为例，采用 S-64F 型直升机吊装与人工辅助就位结合的方式，机外载荷工具钩以下单吊质量上限为 9.4t（需对原有钢管塔进行了设计优化）。2015 年 5 月 5 日开始地面组装，5 月 20～27 日完成 3 基双回路钢管塔吊装作业，累计飞行 13h49min，完成 55（段）吊次，吊装质量小计 372t，全过程安全“零事故”。平均每吊重 6.8t、历时 15min（含加油等），日最大吊次 15 吊次、吊重约 100t；单次最大吊重约 10t。

目前，直升机组塔未能广泛推广，主要原因是直升机综合使用成本较高、可适用组塔的机型种类较少、直升机驾驶员较少，且国内对空中管制较为严格等条件制约了推广应用。

（五）特高压大跨越铁塔施工技术

根据目前已核准及近期待核准的特高压工程路径分析，南昌—长沙、白鹤滩—江苏、南阳—荆门—长沙、武汉—南昌、荆门—武汉、白鹤滩—浙江特高压工程等 13 处大跨越工程，其中交流工程涉及 5 处大跨越，直流工程涉及 8 项处大跨越。其中，铁塔全高超过 300m 的大跨越工程有 3 处，分别为螺山长江大跨越（371m）、鲍家林长江大跨越（预计 312.7m）、枞阳长江大跨越（346m）；铁塔全高低于 300m、超过 200m 的大跨越工程有 2 处（马鞍山长江大跨越、五洲尾赣江南支大跨越）；其余大跨越工程 8 处。

对于高度 200m 以下的大跨越铁塔，一般采用 T2T120 落地双平臂抱杆（最大吊重 8t，最大幅度时吊重 5t）或 SDX160 型单动臂抱杆（最大起吊高度 220m，起吊幅度 24m，最大吊重 8t）；对于高度 200～300m 范围内的大跨越铁塔，可采用 T2T480 大型落地双平臂抱杆；对于高度 300m 以上的大跨越铁塔，可采用 T2T800 及以上的特大型落地双平臂抱杆。详见表 11-1。

表 11-1　落地式回转双平臂抱杆系列参数表

型号	T2T120	T2T480	T2T800	T2T1500
额定力矩	120t·m	480t·m	800t·m	1500t·m
起吊质量	4.3t～8t	全幅度 16t	全幅度 20t	全幅度 30t
幅度	25m	30m	40m	50m
最大起吊高度	200m	300m	400m	420m
抱杆收臂后最小尺寸	3.5m	4.1m	6.5m	8.5m

潍坊—临沂—枣庄—菏泽—石家庄特高压交流工程黄河大跨越铁塔采用 SKT-135 型自立式双回钢管塔，铁塔全高 204m，基础立柱高度 8m，最大吊装高度为 212m，铁塔质量 1506.1t。采用 130t 起重机配合 T2T480 型落地双平臂抱杆组立，立塔施工周期为 45 天。

张北至雄安 1000kV 特高压交流输变电工程乌龙沟长城大跨越铁塔采用 SZC3010KB 型自立式双回钢管塔，铁塔全高 211.6m，铁塔质量约 760t。受地形限制无法使用大吨位起重机配套组立，采用 SDX160 型单动臂抱杆（最大起吊高度 220m，起吊幅度 24m，最大吊重 8t）组立大跨越铁塔，解决了特殊地形条件下特高压交流大跨越铁塔组立难题，立塔施工周期约 90 天。

南阳—荆门—长沙特高压交流工程螺山长江大跨越铁塔采用SZK-297.5型自立式双回鼓型钢管塔，铁塔全高371m，基础立柱高度6.5m，最大吊装高度为377.5m，铁塔质量约4200t。其主材采用38mm壁厚Q420C级高强钢管，主材单件最长9.5m，单件质量18.34t；水平材单吊最长52.52m，吊装质量13.28t。采用400t超大型履带式起重机、130t汽车式起重机完成底段组立，采用400t超大型履带式起重机配合T2T800型落地双平臂抱杆组立122m以下塔段，采用工程自主研发的800吨米级电力抱杆，提升高度可达440m，用于组立其余塔段和导地线横担，解决了当前世界轻量化超高塔组立的装备难题，立塔周期约130天。

第十二章　输电铁塔制造技术发展

第一节　概　　述

输电线路铁塔制造行业是传统的劳动力密集型制造业，加工自动化水平较低，加工模式落后。在新技术、新产品层出不穷的今天，以先进制造技术为代表的新一轮产业变革迅猛发展，绿色清洁、自动化、数字化、网络化、智能化等先进制造技术日益成为制造业的技术发展趋势。铁塔企业唯有紧跟时代步伐，努力创新，积极将绿色制造、智能制造等先进制造技术融合于生产加工过程中，才能实现转型升级，提高企业的核心竞争力。

资源和环境问题是当前人类面临的共同挑战，可持续发展日益成为全球共识，推动绿色增长、实施绿色新政是全球主要经济体的共同选择，清洁、高效、低碳、循环等绿色制造理念不断深入人心。我国作为制造大国，尚未摆脱高投入、高消耗、高排放的发展方式。《中国制造 2025》提出了绿色制造工程，并首次提出“全面推行绿色制造”的战略任务和“构建绿色制造体系”的战略目标，以促进全产业链和产品全生命周期绿色发展。绿色制造既是国家战略，也是我国生态文明建设的重要内容，对于加快转变经济发展方式、推动我国工业转型升级、提升制造业国际竞争力具有深远的历史意义。

当前，我国经济由快速发展阶段转入高质量发展阶段，在新的发展阶段，坚定不移贯彻“创新、协调、绿色、开放、共享”的新发展理念，是关系我国发展全局的一场深刻变革。创新制造模式，发展绿色制造、清洁生产也将成为传统铁塔制造的普遍形态，尤其是绿色制造面向可持续发展，以资源的高效利用和循环利用为核心，以尽可能少的资源消耗和尽可能小的环境代价来实现最大的经济社会效益，因而绿色制造成为一种以协调制造、环境、资源关系为准则的新型发展模式，并受到世界各国的青睐。

近年来，全球各主要经济体都在大力推进制造业的复兴，尤其是各个制造行业都在加快推进智能制造的步伐。智能制造是基于新一代信息通信技术与先进制造技术深度融合，贯穿于设计、生产、管理、服务等制造活动的各个环节，具有自感知、自学习、自决策、自执行、自适应等功能的新型生产方式，因而成为制造业的热点备受人们关注。

智能制造具有广泛的内涵，智能工厂是智能制造的载体，在工业 4.0、工业互联网、物联网、云计算等热潮下，全球众多优秀制造企业都开展了智能工厂建设实践。《中国制造 2025》明确提出：推进制造过程智能化，在重点领域试点建设智能工厂/数字化车间，加快推动新一代信息技术与制造技术的融合发展。我国《“十四五”智能制造发展规划》“智能制造示范工厂建设行动”提出：智能车间要“覆盖加工、检测、物流等环节，开展工艺改进和革新，推动设备联网和生产环节数字化连接，强化标准作业、可视管控、精准配送、最优库存，实现生产数据贯通化、制造柔性化和管理智能化。”

可以确定的是，未来的智能制造系统将是集“软”“硬”一身，“虚”“实”结合的高效的又能够精准执行的制造系统。推动智能制造，不仅能够有效提高产品生产效率和产品质量，还可以降低运营成本和资源能源消耗，最终达到智能化生产和资源的高效利用。

在智能工厂建设中，智能装备是实现智能制造的基础，三维数字技术应用是智能制造的重要手段，数字化车间与智能车间建设是智能制造的核心，也是制造企业走向智能制造的起点。因而，智能装备、三维数字技术应用，以及数字化车间与智能车间是智能工厂建设的重要内容。

经过各方面人员的共同努力，铁塔行业智能制造已迈出了重要的一步，特别是在国家电网公司、南方电网公司等业主的推动下，加速了铁塔企业推进智能装备应用和信息化建设步伐，促进了视觉识别技术、物联网技术、智能制造等先进制造新技术的应用，为铁塔制造行业技术发展注入了新的活力；加速了企业 MES 系统、ERP 系统的应用工作，开创了铁塔制造业“软”“硬”结合发展的新模式，不仅对车间设备互联奠定了基础，也为车间铁塔加工信息数据共享共用提供了平台。

然而，输电铁塔制造是一个规模较小的制造行业，尽管在我国大力推进智能制造的背景下，铁塔企业有极高的热情去引进具有更多功能、更高效率的一体化加工新装备，提升装备自动化、智能化水平，通过“机器代替人”，来提升产品质量和加工效率，但无奈于企业利润水平不高，而输电铁塔行业需求多样化和产品定制化的客观特性也给铁塔企业智能制造的推进带来一定难度。同时输电铁塔行业专业装备制造商不多，而集“硬件”与“软件”于一体的铁塔加工智能制造一体化供应商更是没有。此外，多数铁塔企业信息化建设处于起步阶段，自动化生产线与信息化融合深度不足，短期内无法实现数据的高效应用和高度集成，依然存在“信息孤岛”。铁塔企业数字化转型仍然面临诸多的挑战。在三维数字化技术应用方面，目前输电线路设计中已广泛应用三维数字技术，通过集成高分辨率影像数据和数字高程模型，构建三维地理场景，实现线路路径选择及优化，线路杆塔排位，电气设计，结构设计，技经统计和线路三维展示等；铁塔制造中也广泛采用了三维放样技术，但在输电铁塔三维设计与制造融合上有待深入，基于三维数字化虚拟试组装的研究需要进一步地探索，基于三维数字技术的铁塔制造数字孪生车间研究与建设尚未起步。因而，三维数字技术在铁塔制造有着广阔的发展前景，也为输电铁塔企业创新发展模式提供了新的场景。

从长远看，绿色制造、智能制造依然是促进铁塔行业高质量发展，实现质量变革、效率变革、动力变革的必然之路。但由于铁塔企业起步较晚、基础薄弱，许多关键问题仍需要广大技术人员共同努力去加以解决。

本章重点从绿色制造，三维数字化在铁塔制造中的应用、铁塔制造装备的数字化与智能化、数字化车间与智能车间建设等方面来阐述铁塔制造技术的发展方向。

第二节　面向可持续发展的绿色制造技术

一、绿色制造概述

（一）传统制造模式及存在的问题

传统制造模式下，人们关注的重点是产品的生产，而生产中造成的环境污染和资源浪费问题往往被忽略，因而是一种“资源-产品-污染物排放”的单向线性和非循环的经济过程。

实际上，传统制造模式下生产过程的输入（如材料、能源、人员、装备等）只影响产品的形成过程（即输出），而不受产品输出的影响，因而这是一个开环生产系统，其发展的结果必然导致系统中一个或几个环节过度发展，引起整个生态系统失衡，造成资源过度开发和环境日益恶化。

传统制造业一般纯粹从经济效益的角度去实施产品的制造过程，因而传统生产模式下，人们的环保意识、资源节约意识相对淡薄，制造过程废弃物较多，对环境污染关注度不足，且生产过程浪费较为严重，回收再利用较少。因此，将资源转变为产品的制造过程、产品的使用过程以及废弃物处理过程是当前环境污染的主要根源。

目前，我国输电铁塔的生产多采用这种传统的生产模式，只是近几年来，国家环保要求的提高和政策的严苛性，促使各塔厂在生产中加入了一些环境污染的末端治理技术，如车间烟尘的吸收、镀锌废水处理、酸雾与锌烟的收集与处理等，并未从根本上改善车间环境、达到资源的优化利用、能源的高效转化等。此外，铁塔企业更多地关注产品制造阶段的综合成本，并不关注原材料制造阶段的资源节约与环境污染；输电铁塔的长寿命（30 年以上）特性，使得铁塔企业也不关注铁塔的回收问题。传统生产模式流程见图 12-1。

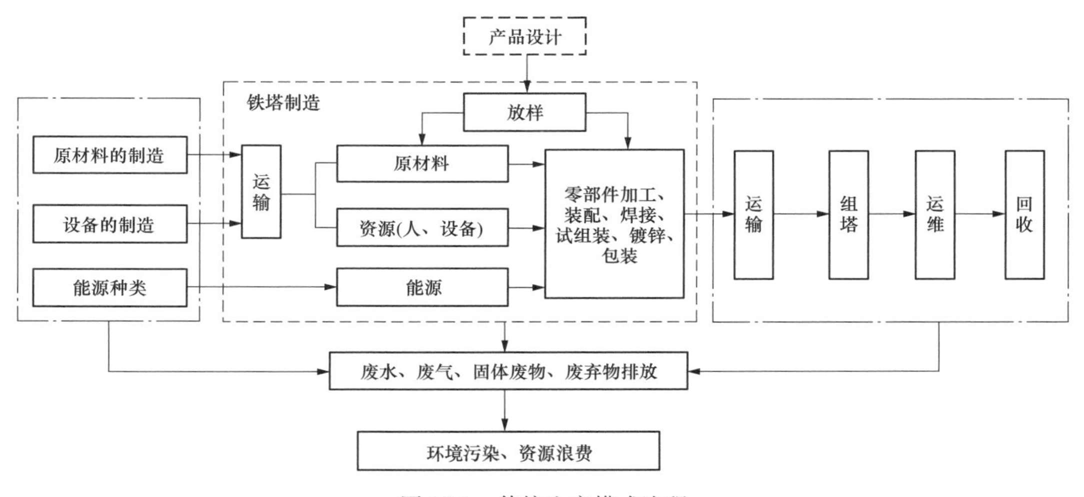

图 12-1　传统生产模式流程

（二）绿色制造的基本概念

1. 绿色制造的概念

绿色制造（Green Manufacturing）又称环境意识制造（Environmentally Conscious Manufacturing）、面向环境的制造（Manufacturing For Environment），最早起源于 20 世纪 30 年代，直到 1996 年才由美国制造工程师学会在绿色制造蓝皮书中比较系统地提出。

绿色制造是一种综合考虑环境影响和资源效益的新型现代化制造模式。其目标是使产品从设计、制造、包装、运输、使用到报废处理的产品全寿命周期中，对环境的影响最小，资源利用率最高，能源消耗最低，并使企业经济效益和社会效益协调优化。

绿色制造模式是一个闭环系统，在“原料—生产—使用—报废—回收—二次原料”的全寿命周期循环中，在考虑产品使用性能、使用寿命、产品质量等基本属性的基础上，以系统集成的观点考虑产品的环境属性，它打破了原来的末端治理式的环境保护方法，从源头上、

全过程中抓起，实现产品制造过程中环境、资源的协调优化。其本质是围绕环境保护和节约资源，综合考虑企业效益、环境保护和人的需求，是一种人性化的新型的可持续发展的制造模式。

2. 绿色制造的内涵

绿色制造具有非常丰富和深刻的内涵。绿色制造以生态学规律指导生产制造活动，以资源的高效利用和循环利用为核心，以尽可能少的资源消耗和尽可能小的环境代价来实现最大的经济社会效益。

绿色制造是人类社会可持续发展战略在现代制造业中的体现，是在传统制造的基础上发展而来，是对传统制造业发展模式的改进和提高，是以协调制造、环境、资源关系为准则的新型发展模式。因而，绿色制造是多领域、多学科的交叉和集成，主要涉及产品制造领域、环境领域和资源领域。

在制造领域，绿色制造是“从摇篮到坟墓”的制造方式，它强调在产品整个生命周期的每一个阶段并行、全面地考虑资源因素和环境因素。其目标是提高各种资源的转换效率，减少所产生的污染物类型及数量，考虑材料的有效回收利用等。

在环境方面，绿色制造强调生产过程的绿色性，因此，它不仅要求对环境的负影响最小，而且要达到保护环境的目的。

在资源方面，绿色制造要求对输入制造系统的一切资源的利用、能源的转化要达到最大化，以便最有效地利用有限的资源，获得最大的效益。

2020 年第七十五届联合国大会上，中国向世界郑重承诺力争在 2030 年前实现碳达峰，努力争取在 2060 年前实现碳中和。在“双碳”背景下，制造业绿色发展成为企业的共识，节能减排成为企业实现绿色发展的根本，赋予了绿色制造新的内涵。探索未来绿色创新发展之路，实现绿色发展与效率增长成为重要的关注点。

（三）绿色制造的特征

从绿色制造的理念、内涵不难看出绿色制造具有下列特征：

（1）经济可持续发展特征。制造业是经济发展的支柱产业，发展绿色制造与实现制造业更快、更好发展并不冲突，而是相辅相成。发展绿色制造，推行资源节约与循环利用的制造模式，对于实现制造业的可持续发展具有深远意义。

（2）减少环境污染特征。绿色制造是绿色发展理念在制造业的具体体现，在环境保护上表现为污染的低排放，甚至零排放，是将清洁生产、资源综合利用融为一体的经济活动，是具有新时代特征的环境保护发展方式。

（3）资源（包括能源）节约特征。绿色制造以低消耗、低排放、高效率为特征，体现源头节约、各尽所用、循环利用、变废为宝、化害为利，是对传统制造特征的根本变革。

绿色制造的这些特征，与“双碳”目标的要求一脉相承，因而，绿色制造成为世界各国改变传统制造业生产方式的重要举措。一方面，各国通过制定经济政策，用市场机制引导绿色制造的实施；另一方面，绿色制造也为企业提高产品的绿色水平提供技术手段，为消除国际贸易壁垒提供技术支撑，从而推动绿色制造技术的发展。

（四）绿色制造技术及组成

绿色制造技术（Green Manufacturing Technology，GMT）是指在产品整个寿命周期中，以传统工艺技术为基础，结合材料科学、加工技术、控制技术等高新技术，持续地运用一体化、预防性的环境保护战略，以达到资源的优化和能源的合理利用，在造成环境污染最小化的同时，保护劳动者的职业健康安全，并向市场提供具有竞争力的绿色产品，最终实现经济、环境和人类社会的可持续发展。由于可持续发展以保护自然为基础，与资源和环境的承载能力相协调，因而绿色制造技术现在已成为人类社会可持续发展的必要手段。

与传统制造相比，绿色制造运用了生命周期评价（PLCA）方法，这是绿色制造的理论基础，全意是分析和综合评价产品全寿命过程中资源消耗及对环境影响，包括从自然资源的摄取、转换、残余物的处置，以及各阶段能源、资源消耗及对环境的影响等，开展产品从孕育生成直到消亡的产品全生命周期的环境经济评价。也就是说它优先考虑产品的环境适应性，然后再从产品的质量、成本、寿命等基本属性出发，确定设计方案、加工工艺、装配等生产过程。图 12-2 是绿色制造产品全生命周期过程。

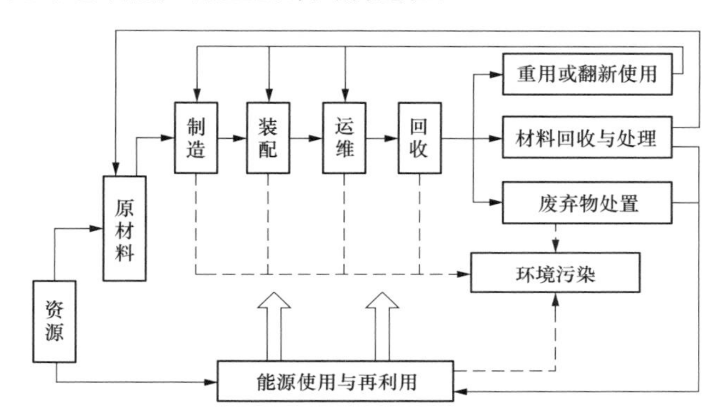

图 12-2 绿色制造产品全生命周期过程

从微观上看，一个产品的整个生命周期循环过程，构成该产品的生态系统，传统制造模式是个开环系统，随着产品功能的丧失，其使用寿命即宣告结束。在这个过程中，只考虑生产或过程的污染治理，而不考虑前期原材料的生产、后期使用与回收过程中资源的消耗和对生态环境的危害问题。绿色制造模式要求在设计阶段就要考虑产品及其全寿命周期对资源和环境的影响，在考虑产品性能、质量、成本的同时，优化各设计要素，使得产品在整个生命周期内对环境的总体负影响降到最低水平。表 12-1 是绿色制造与传统制造的对比。

表 12-1　　绿色制造与传统制造的对比

制造模式	设　计	加　工	包　装	循环利用
传统制造	注重产品的功能与品质	多采用铸、锻、钻等方法以及机加工冷却、润滑造成切削液汽化，污染环境	材料消耗量大，缺乏科学性	“生产—使用—废弃”的开环系统下产品利用率低
绿色制造	使用性能、加工工艺、材料与环境的综合。如：选择绿色材料、采用节能设计、可回收性设计、长寿命设计等	综合考虑环境适应性与加工经济性。如：采用新的工艺方法，使用绿色设备、可再生能源等	包装设计、结构、材料等方面绿色化	“生产—使用—回收—二次资源”的闭环系统，产品及时回收、处理、再利用

绿色制造技术由绿色设计、绿色制造、绿色运维、绿色处理四部分组成，全面考虑产品的整个生命周期对环境的影响。

1. 绿色设计

设计阶段是产品生命周期的源头，搞好绿色设计，意味着从源头上实现废弃物的最小化和对污染的预防，因此，绿色设计是绿色制造技术的核心。

绿色设计又称面向环境的设计（Design for the Environment），其核心是“3R”（Reduce、Recycle、Reuse），即减量、回收、再利用，不仅要减少资源和能源的消耗，减少有害物排放，而且要使产品及零部件能够方便地回收，并循环再利用。

绿色设计技术研究在全生命周期内各设计环节如何在设计目标中添加面向环境的约束，在产品设计初期就要考虑产品在整个生命周期中（包括设计、制造、使用、回收等环节），通过合理的材料选择、结构设计，运用先进的设计手段，实现对环境的影响最小。

2. 绿色制造

绿色制造技术重在利用技术手段提高资源的回收率与利用率，涵盖绿色材料、绿色工艺、绿色包装等。

绿色材料是指在制备、生产过程中能耗低、噪声小、无毒性并对环境无害的材料和材料制品，也包括那些对人类、环境有危害，但采取适当的措施后就可以减少或消除的材料及制成品。绿色制造中所强调的绿色材料是指在满足一定功能要求的前提下，具有良好的环境兼容性的材料，因此绿色材料又被称为生态材料。

绿色工艺是实现绿色制造的重要一环，绿色工艺的重点是做好绿色制造工艺规划，包括对工艺路线、工艺方法、工艺装备、工艺参数、工艺方案等进行优化和规划，以便将原材料消耗量、废物产生量、能源消耗量以及健康与安全风险、生态损坏减少到最低程度。诸如绿色切割（切削）、激光修复与成形技术、绿色焊接等特种加工技术，以及三维数字化加工技术、视觉识别加工技术、数字孪生与虚拟现实技术等先进技术均属于绿色工艺范畴。

绿色包装重在摒弃包装上的标新立异，不过度包装，倡导简化包装，既要减少资源的浪费，又要减少环境的污染和废弃物后的处置费用。绿色包装应遵循“3R1D”（Reduce、Recycle、Reuse、De-gradable）原则，即减量、回收、再利用、可降解原则。

3. 绿色运维

产品使用过程少不了维护和保养。传统的运维仅考虑设备的正常使用或基本属性的恢复，如结构、性能、功能等，却忽视了运维工作的环境属性。绿色运维则要考虑在产品使用阶段的维护保养环节对环境影响问题。如维修时使用绿色环保材料、采用节能环保的绿色工艺；减少维修时废水、废气、废渣等对环境的影响；尽可能少地产生维修废弃物等。

绿色运维技术通过合理规划产品的维护、维修计划和方案，以此达到维修成本最低、周期最短、对环境的影响最小。

4. 绿色处理

产品的绿色处理在其生命周期中占有重要的位置，是实现废弃物再利用的关键技术之一。通过各种回收策略，产品的生命周期要形成一个闭合的回路。通过对产品中有回收价值的零部件和材料的回收，可以使其重新回到制造、使用环节，进入下一个生命周期的循环，从而使产品具有多生命周期的属性。

为了实现产品的绿色处理，一般在设计中要重点考虑所用的材料及其结构，综合考虑材料回收的可能性、回收的价值大小、回收的处理方法等，以便实现有效回收。

作为制造业的代表，2021 年 10 月，美的集团对外发布绿色战略（见图 12-3），提出围绕“绿色设计、绿色采购、绿色制造、绿色物流、绿色回收、绿色服务”六大支柱，打造全流程绿色产业链的绿色制造方案。

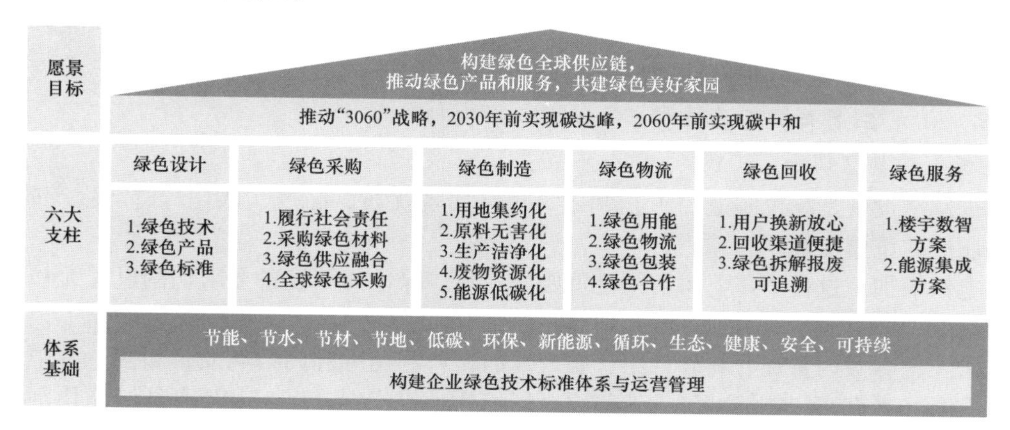

图 12-3 美的集团绿色战略愿景目标（来源：21 世纪经济报道）

二、输电铁塔绿色制造技术

（一）车间规划与环境改善

基于绿色制造的车间规划与环境改善是要在保持车间基本功能的前提下，在资源、能源节约，车间环境、污染物排放等方面进行优化、改进，以实现节约资源、降低能耗、减少污染的目的。重点内容包括：

（1）优化生产流程，进行生产布局和工艺流程的优化。主要是在现有铁塔加工流程的基础上，分析铁塔产品的加工过程，去掉没有增加价值的活动和不必要的传递，使生产工艺过程更加顺畅、物流更加便捷，资源投入更少。

（2）使用可再生能源。一方面要应用电能替代技术；另一方面，可以充分利用厂区内空地、屋顶等，建立厂内光伏电站、光热电站、风电、地源热泵等，提高生产过程中可再生能源使用比例，建设企业级综合能源管理中心，实现绿色用能，管理节能。

（3）采用节能、节材型加工工艺设备或高效一体化加工设备，如使用高能效的电机，提升能源转换效率；使用套料排版软件、割缝更小的加工工艺，提升材料利用率；使用多功能一体化加工设备，减少物流转运；使用低噪声、低烟尘加工工艺，使用高效节能低污染的热浸镀锌技术等。

（4）采用先进实用的清洁生产工艺技术或进行生产过程的清洁化改造，减少重金属、有毒有害物品的使用，推广高污染、有毒害、高排放的替代技术等，从加工源头减少污染物的产生，削减烟尘、酸雾、废酸、废水、固体废物等污染物排放。

（5）在主要生产车间应用污染物末端治理技术，减少污染物排放和对人员职业健康的影响，利用车间环境监控系统，实时监测污染物的排放。

（二）绿色材料应用

输电铁塔制造过程用材料不仅包括铁塔本体用材，还包括工装用材、周转性材料、消耗性材料和包装材料等。

在绿色制造理念下，铁塔生产过程中所用的材料除了要考虑材料本身的质量、性能、成本之外，还要考虑其环境兼容性、环境协调性。选用绿色物料是企业实现绿色生产的前提，应遵循以下几个基本原则：①优先选择通过绿色产品认定的材料；②优先选择污染小、可再生、可二次利用、可生物降解的绿色材料，加大绿色材料在整个材料中的占比；③尽量使用回收材料，尽量选择加工成本低廉和能耗较低的材料；④尽量选用环境兼容性好的材料，避免选用有毒、有害和有辐射特性的材料等。

（三）清洁生产关键工艺技术

1. 绿色切割（切削）工艺

先进制造设备是绿色制造的工艺基础，也是实现优质、高效、低耗、清洁生产的前提，是绿色制造的重要支柱。

输电铁塔加工过程中，下料切割是重要的一环。绿色切割设备要求切割过程无粉尘、无噪声、高效率、高质量。目前，激光切割、精细等离子切割是最常用的绿色切割工艺，可以把专业的工艺参数内置在套料软件中，实现高的材料利用率和高效高质量切割。其中，激光切割具有激光光斑小、割缝精细、切割边金属损伤小等优点，以 15kW 光纤激光切割设备为例，可以实现 30mm 及以下厚度碳钢、低合金钢的高精度、高效切割，实现下料、制孔一体化加工，下料公差小于±0.3mm，斜度在 1°以内。使用等离子切割设备时，要尽量提高等离子切割机的工作电压，减小电流，以减小设备周围的臭氧含量，保护工人身体健康，使用精细等离子切割可以实现 50mm 及以下厚度碳钢、低合金钢的高精度、高效、低成本切割，切割公差在±0.5mm 以下，下料斜度在 1°以内。

在输电铁塔制造领域，已开发出双横梁双激光板材切割、割孔、刻字复合加工一体化设备。该设备使用一个低功率的激光发生器进行工件刻字（代替钢印）和薄板的切割加工，使用另一个高功率的激光发生器对中厚板进行下料、制孔。减少了工件周转和车间噪声，是铁塔行业可选用的一种绿色制造装备。

切削方面，机床在将毛坯转化为零件的过程中不仅消耗能源，还会产生固体、液体和气体废弃物，对工作环境和自然环境造成直接或间接的污染。因而机床绿色化是实现绿色加工的前提，其主要方向是减少质量，节省材料，降低使用能耗。当前干式切削、准干式切削是最常用的绿色切削工艺，可以大大减少传统切割中切割液的使用量，减少生产资源的使用，降低环境污染。

2. 激光清洗与激光焊接技术

激光加工技术是绿色再制造的重要支撑技术，在铁塔加工领域，激光切割（下料、制孔）工艺已比较成熟，而激光清洗、激光焊接技术应用尚需进一步的探讨。

激光清洗技术利用高能激光束照射工件表面，使表面的污物、锈斑或涂层发生瞬间蒸发或剥离，达到洁净的目的，是一种高效、快捷、低成本、非损伤的绿色清洁技术，但对铁塔材料的影响程度需开展验证性试验，确定表面除锈、脱锌等不同用途下的清洁工艺。

激光焊接热源能量密度集中，线能量小，在深熔焊接模式下可以获得大深宽比的焊缝。目前，国内外学者进行了大量的激光焊接试验研究，包括不同类型激光器在厚板焊接中的研究，如英国、德国等国学者采用 20kW CO_2 激光和 7.2kW Nd：YAG 激光复合焊接技术，实现了厚度 30mm 厚钢板焊接；Webster 等人采用 20kW CO_2 激光实现了 15～25mm 厚板单道激光复合焊接，并研究了激光焊接工艺参数和坡口形式等对焊接质量的影响；德国不来梅激光研究所 Vollertsen 等人采用 20kW 光纤激光实现了 16mm 碳钢单道焊接，但要实现

20mm 碳钢单道焊接需要对焊缝进行预处理或预热。目前，激光焊接的主要问题是焊接气孔的产生倾向较大，焊接过程稳定性和焊缝成形控制等方面有待进一步深入研究。

3. 绿色焊接技术

绿色焊接是针对目前焊接行业普遍存在的能源消耗大、资源有效利用率低、污染物及温室气体排放量较大等问题而提出的概念，所有旨在提高焊接质量、减少污染、节约能源的新型高效焊接技术都称为绿色焊接技术，包括绿色焊接材料、绿色焊接设备、绿色焊接工艺等。

（1）绿色焊接材料。

1）焊材生产的绿色化，包括使用清洁能源，创新生产装备。例如，将伺服直驱技术用于焊丝生产，可降低电能消耗且噪声更低；调整焊材生产工序，以机械除锈代替酸洗除锈，可在不使用任何化学试剂的情况下达到焊丝盘条前处理的除锈要求；采用焊丝无镀铜工艺，在增强焊丝抗锈性的基础上，增加焊丝的润滑性和导电性，降低导电嘴的磨损。目前，国内多家焊丝企业已研制出具有自己特色的无镀铜焊丝，正努力向无重金属、无酸、无碱生产靠近。

2）焊材使用的绿色化，输电铁塔焊接大量采用 CO_2 气保护焊和自动埋弧焊工艺。其中，气保护焊重点要解决两个方面的问题：

a）实现焊接过程的低烟尘，研究表明，在保护气体中加入少量的 NO，可降低致癌的六价 Cr 含量；改变药芯焊丝中的药粉粒径（120～150mm），可以降低焊丝的发尘量，且电弧稳定性变好，因此，基于药芯焊丝成分设计的无害化，是解决焊接烟尘危害的有效手段；此外，采用低 CO_2 气体含量的气体保护焊工艺，是减少焊接过程温室气体逸散排放的关键。

b）实现焊接过程的低飞溅，焊接飞溅由金属液滴凝固形成，在气体保护焊中，当熔滴过渡变为旋转射流过渡时，电弧不稳，易产生飞溅，并影响焊道表面成形，无缝药芯焊丝不仅电弧稳定、飞溅少，而且扩散氢含量低，送丝距离长，焊丝对准性高，是一种具有良好应用前景的绿色焊材。解决药芯焊丝发尘量大和实芯焊丝飞溅大的问题，仍是未来焊材发展的主要方向之一。绿色高效埋弧焊技术的发展趋势为双丝、多丝埋弧焊，焊剂铜衬垫埋弧单面焊（用辅助衬垫和焊剂实现单面焊双面成形）等，重在提高劳动生产率。由于埋弧焊的焊缝质量和性能更多由焊剂来决定，因而，应用绿色焊剂也是实现绿色埋弧焊的重要途径。烧结型焊剂与熔炼焊剂相比，具有碱度调整范围大、添加合金灵活、无污染等特点，是绿色埋弧焊的常用选择；另外，国内部分焊丝企业开展了低烟雾熔炼型焊剂的研究，其 pH 值呈中性，不含铅、汞、镉、六价铬等有害物质，在保证焊接质量的同时，也减少了对焊工的职业健康危害。

（2）绿色焊接设备。①推行数字化焊接设备，包括晶闸管整流和 IGBT 逆变，目的是提高焊接稳定性，减少飞溅，实现绿色高速焊接和精确控制；②推行焊接机器人，摆脱人工焊接，在提高焊接质量的同时，有效减少焊接人员的工作量及焊接过程对操作人员的职业健康伤害。

目前铁塔行业已推出塔脚焊接六轴机器人系统，该系统以变位机、六轴焊接机器人实现快速编程和对塔脚焊缝的全自动焊接，为了提高机器人焊接的适应性，该系统选择了高熔深 CO_2 气保护焊机。

（3）绿色焊接工艺。

缆式焊丝气体保护焊工艺，是一种高效优质低耗的新型焊接工艺方法，其创新之处在于使用的缆式焊丝（也称绞合焊丝），由多根药芯或实心焊丝旋转绞合而成，其中一根焊丝（称为中心丝）位于中间，其余焊丝（称为外围丝）围绕中心丝绞合，形成缆状大直径焊丝，是一种新型的焊丝形式（图 12-4），具有焊接效率高、焊接质量好等优点。

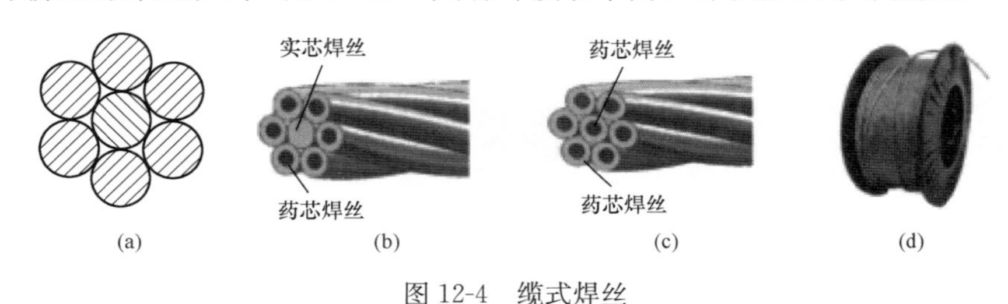

图 12-4 缆式焊丝

（a）焊丝断面；（b）中心丝为实心焊丝；（c）中心丝为药芯焊丝；（d）实物

上述技术均以环保和减少资源消耗为前提，这些绿色制造设备、绿色材料、绿色工艺均存在价格昂贵的问题，造成中小型企业无法承受，对铁塔企业也是如此，因而经济型绿色装备、材料、加工工艺的不断研发，将是一项长期而艰巨的任务。

4. 末端治理技术

末端治理技术是指在生产过程的末端，针对产生的污染物开发并实施有效治理的技术。这种治理方法不能从根本上实现对环境的保护，一是处理污染的设施投资大、运行费用高，企业生产成本增加，效益下降；二是末端治理往往是将污染物转移，而不能彻底治理；三是末端治理未涉及资源的有效利用，不能制止自然资源的浪费。但末端治理又是环境管理发展过程中的一个重要阶段，它有利于消除污染事件，在一定程度上减缓生产活动对环境的污染和破坏。

在铁塔行业，目前多使用末端治理技术，如在焊割车间，一般通过配备烟尘除尘装置来净化吸收车间焊接、切割过程所产生的烟尘、铁粉等；在镀锌车间，主要是通过酸雾吸收、锌烟收集、废水与废酸处理，污泥处理等来减少污染物排放。

三、绿色工厂创建

（一）绿色工厂创建背景

2016 年以来，工业和信息化部启动了以绿色工厂、绿色产品、绿色园区、绿色供应链为主要内容，以公开透明的第三评价机制和标准体系为基础的绿色制造体系建设。截至 2020 年底已陆续发布了 5 批绿色制造名单，有 2126 家工厂通过了工信部认定，进入“绿色工厂示范名单”，但铁塔行业无一家企业通过国家工信部绿色工厂认证。

（二）绿色工厂的创建要求

绿色工厂的创建依据主要是 GB/T 36132—2018《绿色工厂评价通则》，各行业可依据此标准，结合行业特点制定本行业的绿色工厂评价标准。

1. 绿色工厂创建的前提

绿色工厂应在保证产品功能、质量及生产过程中人的职业健康安全的前提下，通过引入生命周期思想，优先选用绿色原料、工艺、技术和设备，满足绿色工厂在基础设施、管理体系、能源与资源投入、产品、环境排放、绩效的综合评价要求，并进行持续改进。其体系框架见图 12-5。

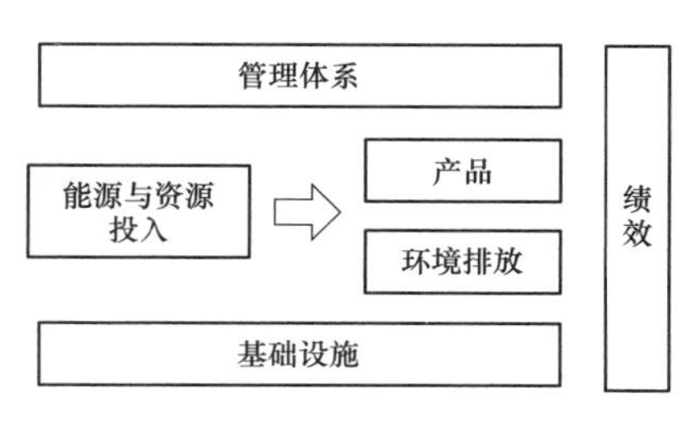

图 12-5 绿色工厂体系框架

2. 绿色工厂创建流程

我国绿色工厂实施以标准引导、企业自主创建、第三方评审、政府确认的方式。绿色工厂创建评价流程见图 12-6。

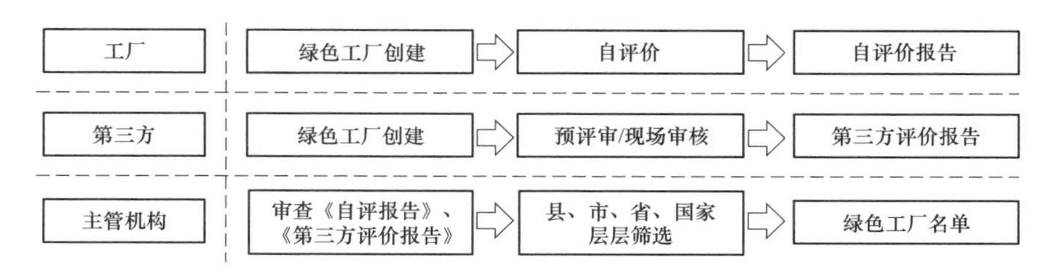

图 12-6 绿色工厂创建评价流程

（1）以工厂为主体的绿色工厂创建和自评价。工厂对照绿色工厂评价指标，逐项进行自我衡量，评判未达到要求的指标是否能够通过努力而达到要求，这一通过策划、实施、评判、改进，以满足绿色工厂所有评价指标的过程即为绿色工厂的创建，尤其是关于可再生能源的利用、能源管理体系认证、温室气体核查、节水评价等指标都是工厂在进行绿色工厂创建过程中完成的。创建完成后，工厂需进行自评价，完成《绿色工厂自评价报告》。

（2）以第三方机构为主体的第三方评价。工厂在完成自评价之后，可以在工信部发布的工业节能与绿色发展评价中心名单或其他有经验的机构中选择一家作为第三方机构，开展绿色工厂的现场审核和评价。第三方评价机构组成评价组到现场进行勘察和评价，并根据评价结果完成《绿色工厂第三方评价报告》。

（3）以各级主管部门为主体的评审、筛选及上报。在《绿色工厂自评价报告》和《绿色工厂第三方评价报告》完成后，工厂需待工信部发布“关于推荐绿色制造名单的通知”后，将上述材料提交基层主管部门，即市级工信部门。市级工信部门经过初审筛选，逐级上报，逐级筛选，优中选优进行上报，最终评选出国家级绿色工厂，由工信部发布绿色工厂示范名单。

（三）铁塔制造业创建绿色工厂的难点

尽管我国已实施绿色工厂创建活动多年，但由于我国绿色制造由工信部主导，其主推行业为工信部直管的十多个行业，跨行业的绿色工厂创建工作难度较大，输电铁塔行业参与绿色工厂创建的积极性不足。就输电铁塔制造业而言，开展绿色工厂创建活动的主要难点有以下几方面：

1. 缺少输电铁塔制造业绿色工厂评价技术标准

工信部直管的行业，目前已逐步制定了相应行业的绿色工厂评价规范或导则；某些地区制定了当地特色行业绿色工厂评价规范；甚至一些行业协会也结合自身特点制定了绿色工厂评价的团体标准，但钢结构行业、铁塔制造业等均无绿色工厂评价标准，影响了绿色工厂评价工作的开展。

2. 铁塔行业很少有塔厂开展能源管理体系建设，开展温室气体排放核算和产品碳足迹评价，进行节水评价和节约原材料的评价

按照 GB/T 36132—2018《绿色工厂评价通则》的要求，工厂若创建绿色工厂，应按照 GB/T 23331—2020《能源管理体系 要求及使用指南》，建立、实施并保持能源管理体系；按照 GB/T 32150—2015《工业企业温室气体排放核算和报告通则》对厂界范围内的温室气体排放进行核算，按照适当的标准或规范开展产品碳足迹核算或核查；按照 GB/T 7119—2018《节水型企业评价导则》的要求开展节水评价工作；按照 GB/T 29115—2012《工业企业节约原材料评价导则》的要求对原材料使用量的减少进行评价。但目前很少有塔厂开展此项工作。

3. 难以界定输电铁塔制造业目前主要绩效指标水平

绿色工厂具有用地集约化、生产洁净化、废物资源化、能源低碳化、原料无害化五大特征，GB/T 36132—2018 用 5 项绩效、12 个指标来表征，见图 12-7。需要结合铁塔制造企业的特点和实际情况，在调研的基础上合理确定铁塔制造行业的上述指标水平。

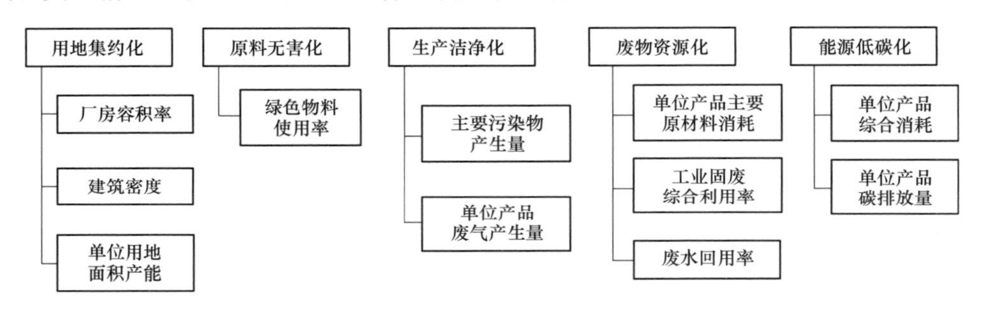

图 12-7 绿色工厂绩效指标

4. 在基础设施方面缺乏绿色制造的考量

建筑物在规划设计时，需要考虑建筑材料、建筑结构、采光照明、绿化场地、再生资源与能源等，在建设时考虑节材、节能、节水、节地、无害化、可再生等。照明方面，应尽量采用自然光，不同场所照明分级设计，公共场所照明分区、定时、自动调光等。设备设施方面，专用设备要降低能源、资源消耗，减少污染物排放；通用设备要高效、低能耗、低水耗、低物耗；限期淘汰禁止生产、高能耗、效率低的设备；主要设备在经济参数下运行等。计量设备方面，要求配备、使用、管理能源、水、检验等计量器具和装置，并分类计量。

输电铁塔制造行业作为制造行业的一个分支，有必要开展绿色工厂创建工作，以便促进铁塔制造行业的绿色制造水平，为我国绿色生态文明建设做出应有的贡献。

第三节 基于三维数字化的铁塔制造技术

三维数字化是运用三维工具（软件或仪器）来实现模型的虚拟创建、修改、完善、分析等一系列的数字化操作，从而达到用户的目的。相比二维数字模型，三维数字模型给空间信息提供了更为丰富的展示空间。其在铁塔行业的应用，也有广阔的发展空间，如三维设计与三维放样技术的融合技术、虚拟现实技术等均以三维数字化技术为基础，必将促使铁塔制造

更加便捷化、更加智能化。

一、铁塔三维数字化设计与三维放样融合技术

（一）传统铁塔放样基本流程

传统的铁塔生产制造流程，通常是由设计单位首先完成铁塔设计，将设计文件转化为绘制完整的工程蓝图。铁塔加工厂接到工程任务后，首先对设计单位提供的工程蓝图进行审图，再根据图纸建立三维模型，建模后细化构件并转换成生产加工文件，下发至生产车间进行加工；完成加工后，发往施工现场，由施工单位进行铁塔组立施工。竣工后根据需求可提供相关资料给工程管理、运行维护等部门。

传统的铁塔设计及放样总体流程如图 12-8 所示。其中，铁塔放样环节又可以大致划分为 13 个步骤，基本流程如图 12-9 所示。

铁塔设计→建立铁塔计算模型→计算铁塔→提取单线模型参数→生成二维图纸→图纸与计算模型对比

铁塔放样→图纸交付厂家→全塔放样→生成三维实体模型→实体模型与二维图纸对比→生成铁塔制造模型→生成加工文件

图 12-8 铁塔设计及放样总体流程

图纸审核→技术交底→系统参数设置→主体搭设→分图构造→型材输入→联板制作→明细表输出→型材输出(出单件图)→样板输出→焊接图绘制→资料整理和检验→螺栓表制作

图 12-9 铁塔放样基本流程

（二）基于三维数字化的铁塔设计与放样融合

1. 设计与放样融合的意义

从传统的铁塔设计及放样的基本流程可以看出：铁塔加工厂是依据设计单位提供的铁塔二维施工图来提取相关信息，在放样软件中生成三维放样模型。事实上，二维图纸和三维模型所包含的主要信息是一致的，按照二维设计蓝图建模放样输入大量信息和参数，很大程度上属于重复工作，而且建模准确性对放样人员的技术水平有较高要求。另外，在三维建模时如果发现图纸尺寸与三维模型存在差异，还需要反馈设计人员进行复核甚至修改图纸，无形中又会降低加工效率。

显然，如果能在一个统一标准的三维模型上开展设计和放样工作，设计阶段将设计计算模型直接关联到放样三维模型，实现计算模型与实体产品模型的数据互通，形成设计—制造一体化模型，就可以大幅度提高放样效率甚至质量。

2. 设计与放样融合的技术路线

实现设计与放样的融合，设计单位需要利用三维设计软件，将构件、节点等设计成果落实在三维实体模型上，完成节点放样，最后将生成的产品模型交付给铁塔加工厂；加工单位以该产品模型为信息载体进行细化、完善并放样，补充样板、材质规格、钢印、紧固件等信息，生成铁塔制造三维模型，然后进行生产加工。完备的三维数字化模型最终可以传递至施工单位、运行维护部门等需求方。设计与加工放样的融合，关联了设计、加工、施工和运维等多个环节，实现对工程的全过程管理。

铁塔设计与放样融合的基本流程如图 12-10 所示。

建立铁塔计算模型→计算铁塔→提取单线模型参数→生成三维实体模型→节点放样→放样模型与计算模型对比→生成铁塔产品模型→产品模型交付厂家→全塔放样→生成铁塔制造模型→制造模型与产品模型对比→生成加工数据

图 12-10　铁塔设计与放样融合的基本流程

通过实现设计数据的对接引用，铁塔加工单位直接引用设计单位提供的设计三维模型，实现与设计图纸资料数据的衔接，直接使用设计计算文件或计算模型进行精细化放样，可以至少节省 20%的前期建模时间，放样准确度也可大幅提高。根据设计提供的三维模型初图，在该模型基础上进行细化完善和放样，对后期放样资料的校审也有很大帮助，技术资料错误率也会明显降低。

3. 设计与放样融合的关键技术问题

铁塔设计与放样相融合，解决输电塔在设计与加工阶段的信息共享问题，可以视为建筑信息系统（Building Information System，BIM）技术的一个分支。BIM 技术致力于解决建筑物在设计、加工、建造和运维等全寿命周期内的信息共享问题，其核心是通过建立虚拟的建筑工程三维模型，利用数字化技术，为这个模型提供完整的、与实际情况一致的建筑工程信息库。该信息库不仅包含描述建筑物构件的几何信息、专业属性及状态信息，还包含非构件对象的状态信息。借助这个三维模型可以大幅提高工程的信息集成化程度，为工程关联方提供一个信息交换和共享的平台。

为利用 BIM 技术实现输电铁塔设计和放样工作的高效融合，需要解决以下主要关键技术问题：

（1）建立输电塔设计与放样阶段的信息共享标准，实现输电塔几何、管理及力学等信息的顺利传输。

（2）开发、完善输电塔三维设计软件，直接采用三维模型表达设计成果，打通设计与加工放样软件之间的接口。

二、基于三维数字化的虚拟试组装技术

虚拟现实技术通过三维数字化技术进行仿真，形成虚拟运行环境、虚拟的加工过程和虚拟的产品，通过仿真及时发现产品生产过程中可能出现的错误和缺陷，保证产品质量。在铁塔行业可以通过虚拟试组装，降低铁塔制造过程中试组装成本。通过构建数字孪生车间，不仅可以进行数字化模拟排产、加工工艺仿真，还可实现铁塔加工的工序优化、排产优化，工艺参数与工艺方案优化等，提升管理效率、设备的生产效率、产品的加工效率。

下面以基于三维数字化的虚拟试组装技术为例，简单介绍其实现过程。

（一）试组装概述

试组装是铁塔制造企业在铁塔生产过程中，为了有效控制产品质量，把各个零部件进行预拼装，以检验其是否满足设计及安装质量要求而设置的一道关键检验工序。

较为重要的或者复杂的工程，一般均需要进行试组装。目前，铁塔试组装以实物方式进行。调研发现，铁塔的实物试组装时间占整个供货周期的 8%～20%，而试组装成本占据单基铁塔制造费用的 4%左右。特别是当存在塔型多而基数较少时，更易造成资源的浪费、工期延误等问题。

因而，寻找新的方法，替代铁塔实物试组装，减少资源的浪费，提高铁塔加工效率，缩短供货周期，成为一个新的课题。

（二）基于三维数字化的虚拟试组装

三维数字化是通过人工获取物品的外形数据，将获得的数据信息进行加工拼接，通过建模的方式，将各个孤立的单视角三维数字模型无缝集成，经过贴图、渲染处理以后，形成三维数据文件。三维数字技术的发展为实现铁塔的虚拟试组装提供了可能。通过运用三维数字技术，对输电铁塔构件进行虚拟的组装、检测，从而可以免去实物试组装，提高铁塔加工效率，降低加工成本。

虚拟试组装是运用三维数字技术，将铁塔三维模型与激光重构技术结合起来，通过激光扫描仪扫描构件形成点云，利用点云复原构件，再运用组装软件把各构件进行虚拟装配，最后对装配后的三维模型与三维模型进行对比分析，通过缺陷预警等功能检测构件的正确性，从而实现试组装的目的。

虚拟试组装的优势在于便捷、实时（边生产边扫描边组装）、高效、安全、环保、低成本、高精度、不受场地限制、整塔可连续组装。

（三）三维虚拟试组装的实施

1．关键技术

要实现虚拟试组装，需要解决以下几个关键技术：

（1）正向三维加工放样模型需要有非常高的精准度；

（2）通过激光扫描复原的虚拟构件应与实物尺寸保持一致，精度满足要求，从而保证逆向模型的精准度；

（3）准确识别逆向模型与正向模型的比对缺陷及本身缺陷；

（4）不同软件之间不同文件格式能互相转换。

2．虚拟组装实施过程

虚拟试组装实施流程如图 12-11 所示。

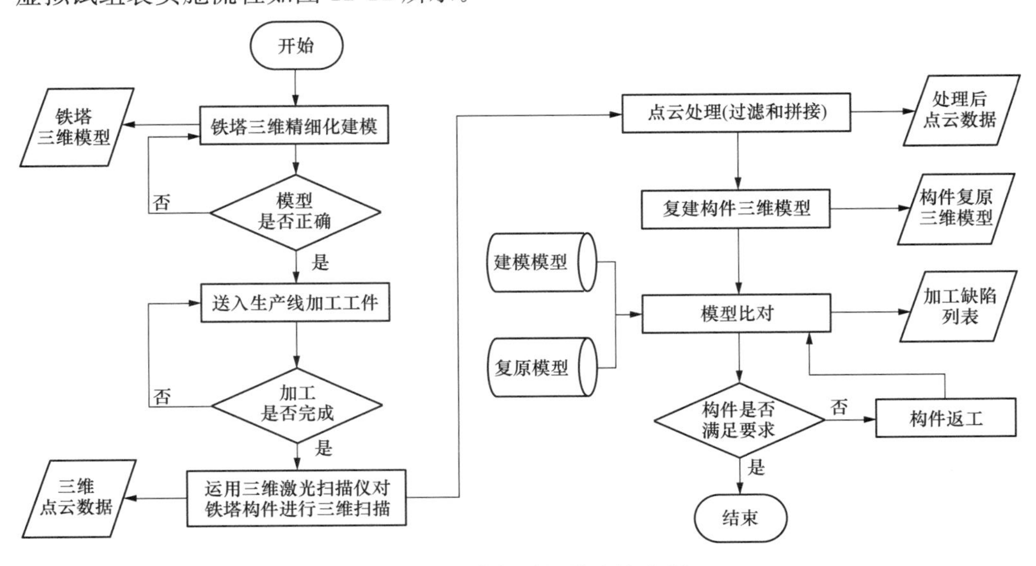

图 12-11 虚拟试组装实施流程

（1）三维放样与加工。

在设计阶段，根据设计数据，构建统一复用的三维精细化模型。三维模型应为整体建模。通过三维设计与铁塔三维放样的融合，减少铁塔企业三维建模工作量。铁塔企业依据原始的三维设计模型，根据加工工艺、材料应用情况等进行修改，形成三维放样模型。三维放样模型是实现虚拟试组装比对检测的基础。

三维设计软件应能显示高精度图形、流畅的操作性、完备的三维功能；能够根据设计数据自动建模、自动装配，具备碰撞检测功能；能够在三维模型与二维平面图之间重复转换，能够输出正面、侧面、横担、特定剖面图、典型节点施工图及零件图，做到“一输入、多输出”。

铁塔企业按照放样出具的零件加工图进行零部件的加工，但由于试组装所用构件仅为全部相同构件的一个或一部分，不可能对每一个零部件全部进行试组装，所以相同构件加工必须是一样的，具备互换性。

（2）激光扫描。

三维激光扫描技术是利用激光测距原理，通过记录被测物体表面大量密集点的三维坐标信息和反射率信息，将各种大实体或实景的三维数据完整地采集到电脑中，进而快速复建出被测目标的三维模型及线、面、体等各种图件数据。

塔材加工完成后，通过激光扫描方式对构件进行精确尺寸测量。由于激光扫描不能透过材料而得到构件背面信息，所以需要从不同角度对构件进行扫描，形成点云数据。可多根构件一起扫描。根据实际情况，可翻转、移动构件或移动激光扫描仪。不同角度测得的云点应具有一定的重叠度。

（3）数据处理。

激光扫描形成的初始数据（点云）是单角度的、杂乱的，需要经过一系列的数据处理过程才能使用，通常包括数据配准、数据滤波、数据缩减、数据分割、数据分类等。

1）数据配准：把不同角度测得的数据进行拼接，形成构件完整的三维模型；

2）数据滤波：去除多余的噪声点、无效点；

3）数据缩减：对密集的点云数据进行缩减，减少点云数据量，提高处理效率；

4）数据分割、数据分类：多根构件时，按需求对构件点云进行分割、分类。

（4）虚拟装配。

运用点云数据专用处理软件，对各虚拟构件，基于构件的点云数据，完成虚拟试组装，生成整体铁塔结构（逆向模型），如图 12-12 所示。

虚拟装配中零部件的定位、装配是通过约束来完成的。约束包含的信息有约束的类型和约束几何元素类型。约束的类型有贴合、偏移、对齐、重合、相切及坐标系等。约束几何元素类型包括装配部件进行装配的几何特征，即点、线、面等。

（5）比对、检测。

虚拟试组装软件应有缺陷识别、预警等功能，对正向模型和逆向模型进行比对，检验评估虚拟试组装结果，如螺栓可安装性、安装空间、局部间隙、重叠碰撞、控制尺寸等，形成检测报告。其方式有：

1）正、反向模型比对：主要检测反向模型的控制尺寸是否正确，如根开、呼高、挂点位置、塔高、构件规格、连接点位置等。

图 12-12 虚拟试组装生成的整体铁塔结构示意图

2）反向模型自身检测：主要检验螺栓的可安装性、构件可安装性、安装间隙、安装空间、预留空间、碰撞重叠等。

第四节 铁塔制造装备的数字化与智能化

一、铁塔制造装备的数字化与智能化的现状和要求

（一）铁塔加工装备数字化与智能化现状

近年来，复杂多变的经济形势和巨大的市场压力，使得输电铁塔市场竞争更加剧烈。而铁塔行业粗放薄弱的管理基础和高质低价的市场环境也不断倒逼铁塔企业转型升级，由此加速了新型装备应用步伐。

目前，我国铁塔制造设备基本实现了数控化。如基于下料、制孔、打钢印于一体的数控角钢生产线；以装配、焊接一体化加工为代表的钢管—法兰装配焊接生产线等。但即使是这些相对先进的铁塔加工设备，仍属于单设备、单工序作业的“哑设备”，不满足智能制造的数字化、信息化要求，更与以物联网技术为代表的智能制造要求有较大差距。如角钢生产线不能实现自动上下料、不能实现物料信息与加工信息的对接与实时传送，也不具备自动感知环境温度、对工件尺寸进行智能检测，而自动选择制孔、切断工艺的智能化加工功能；钢管—法兰装配焊接生产线，加工效率偏低，设备故障率较高。

经过铁塔装备企业的不懈努力，近年来，越来越多具有高效加工能力、一体化加工的新装备应用于铁塔企业。如高速钻、视觉检测系统在角钢生产线的应用；焊接机器人，塔脚焊接专机，钢管数字化下料、开槽、坡口加工专机，激光下料制孔一体化加工设备，塔脚装配焊接一体化六轴机器人系统、智慧镀锌等的应用逐渐增多。具备角钢自动上下料、基于激光加工的角钢数字化加工中心、激光打标系统等已从概念设计，逐步进入实质性研发阶段。角钢智能叉车、智能物流等在其他行业应用逐渐成熟。铁塔制造装备水平的提升，为实现铁塔加工装备的数字化、智能制造的多场景应用奠定了基础。

（二）铁塔加工装备数字化与智能化要求

“大力发展智能制造装备，推动先进工艺、信息技术与制造装备深度融合，通过智能车间建设，带动通用、专用智能制造装备加速研制和迭代升级”是我国“十四五”期间发展智能制造的重要内容之一，柔性触觉传感器、高分辨率视觉传感器、成分在线检测仪器、先进控制器、可穿戴人机交互设备、工业现场定位设备、智能数控系统等；智能焊接机器人、智能移动机器人；先进激光加工装备、先进工业控制装备，数字化非接触精密测量、在线无损检测、激光跟踪测量等智能检测装备，智能穿梭车、智能大型立体仓库等智能物流装备等的快速发展，必将推动铁塔行业装备智能化的提升。

铁塔制造装备的数字化与智能化是先进制造技术、信息技术以及人工智能技术在制造设备上的集成和融合，设备应具备“自动化、数字化、信息化、互动化”等特点。根据铁塔制造装备的数字化与智能化的特点，结合铁塔企业的实际状况，要从社会、技术、经济的发展全局出发，从行业发展的长远考虑，对企业实现铁塔制造装备的数字化与智能化整体规划，分步实施。

1. 自动化

铁塔制造装备自动化是实现铁塔工件连续高效生产的基本要求，也是实现装备智能化的基础。一般要从铁塔加工单台设备、单一工序作业的自动化，逐步实现多台设备的联控或多工序连续式作业（复合工序）的自动化，直至实现车间各工序设备在MES系统的调度下实现车间乃至全工厂的精益化生产。

2. 数字化

制造设备的数字化不只是数控化，更重要的是体现数字信息、量化管理等，就是加工设备要通过各种技术手段实现加工状态的自感知，加工参数的自匹配，感知数据的传输与使用，加工过程的控制循环、状态协调，加工信息数据与在线视觉检测数据的显示、趋势报警等。因而，在智能制造大环境下，设备的数字化不仅是设备自动化的升级，其功能已经不仅体现于工件的加工，而且已深入企业的运营与服务。

设备数字化要求包括以下几方面：

（1）设备档案信息的数字化，包括编号、描述、模型及参数的数字化描述；

（2）具备通信接口，能够与其他设备、装置及执行层实现信息互通；

（3）能接收执行层下达的信息，并向执行层提供制造活动的反馈信息，包括产品的加工信息、设备的状态信息及故障信息等；

（4）具备一定的可视化能力和人机交互能力，能在车间现场显示设备的实时信息等。

3. 信息化

设备的信息化是通过建立工业通信网络，基于信息化管理，实现生产设备联网和加工信息的共享共用，实现作业的实时调度，数据的实时采集和作业的动态优化。

对现有“哑设备”进行信息化改造，是打通设备信息孤岛、实现加工信息在MES系统与ERP系统共享共用的经济且有效的方法。随着铁塔信息化管理技术应用的逐渐深入和功能的完善，以及三维数字技术、人工智能技术、互联网技术的不断提升，打造数字孪生车间，开展铁塔加工的数字化模拟排产、加工工艺仿真、加工工序优化、排产优化、三维仿真试组装等，铁塔智能制造的成熟度等级也将逐步提升。可以说，数字化与信息化的融合造就了智能制造。

4. 互动化

应用人机交互技术，实现铁塔物料、加工、质量信息的跟踪与追溯。在仓储环节，通过电子标签识别技术、电子屏显示技术与手机App等移动终端的人机交互，实现物料库存的动态显示与跟踪；在下料环节，通过与移动终端或下料设备的人机交互，实现物料信息与铁塔工件信息的对接；通过激光刻蚀与（钢印）识别技术、在线监测技术与防差错系统应用，有效防止原材料使用错误、防止跳工序作业等。交互技术应用，有助于实现铁塔产品加工过程的信息采集，实时监控与产品质量的双向追溯。

二、铁塔制造装备的数字化与智能化技术路径

铁塔加工设备的数字化与智能化，一般主要有两种技术路径：①对目前的“哑设备”进行技术改造，在现有数控设备上加装数据接口、通信接口，通过物联网技术应用，实现与信息化系统（MES/ERP）的对接，完成现有“哑设备”的改造升级；②开发全新产品，通过对相关单机设备的组合与程序化控制，实现铁塔零件/构件的多工序复合型自动化加工，减少工序流转，通过智能型加工专机，甚至通过远程操控，实现铁塔零件/构件加工过程的自动化和加工数据的实时化、集成化，进而达到生产线的无人值守，最终建成智能型无人车间。

（一）现有数控设备的改造升级

1. 板材加工设备

目前铁塔板件加工，主要以数控火焰或等离子切割机、激光切割设备或剪板机进行下料，以冲压机或钻床制孔，以数控折弯机、火曲设备进行板件制弯。完成一个板材工件加工通常需要几道工序，并需人工辅助、人工流转完成，工人劳动强度大，生产效率较低。

通过对现有设备改造，数控火焰、等离子切割机、激光切割机增加人机交互功能，增加数据接口、通信接口，完善自动上下料、激光刻字、视觉识别、机器人自动分拣码垛等功能，实现与信息系统的对接，使传统“哑设备”成为具有自动上下料、物料信息与铁塔工件信息的自动对接、自动刻字（打钢印）与识别、在线检测等多功能的一体化智能加工设备。

剪板机、冲孔设备、折弯设备等单一功能的“哑设备”，也可通过类似的方式进行改造，实现与信息管理系统的对接，满足数字化车间对装备数字化的要求。

2. 角钢件加工设备

目前，输电铁塔角钢件加工广泛使用数控角钢生产线，该设备可实现下料、制孔、打钢印的自动化，但需人工上下料、更换钢印字符，码垛等，工人的劳动强度依然较高。

通过现有设备改造，增加数据接口、通信接口，完善人机交互，增加整捆材料上料单

元、自动固定夹紧单元，数控打字/激光刻字单元，机器人切角单元、在线视觉检测单元、分类码垛单元等。在保持原功能前提下，改造控制系统，对接信息化 MES 系统，接收加工 BOM 清单，自动在 MES 中调用加工程序。实现角钢上料、打标、冲孔（钻孔），切断、切角、检测、码垛等多工序自动化生产。在此基础上，增加物料信息的智能识别、工件尺寸的自动复核测量等，进一步实现物料信息与加工信息的对接，及与 MES/ERP 系统的数据互联，实现角钢件的智能化加工。图 12-13 为角钢件智能制造单元系统图。

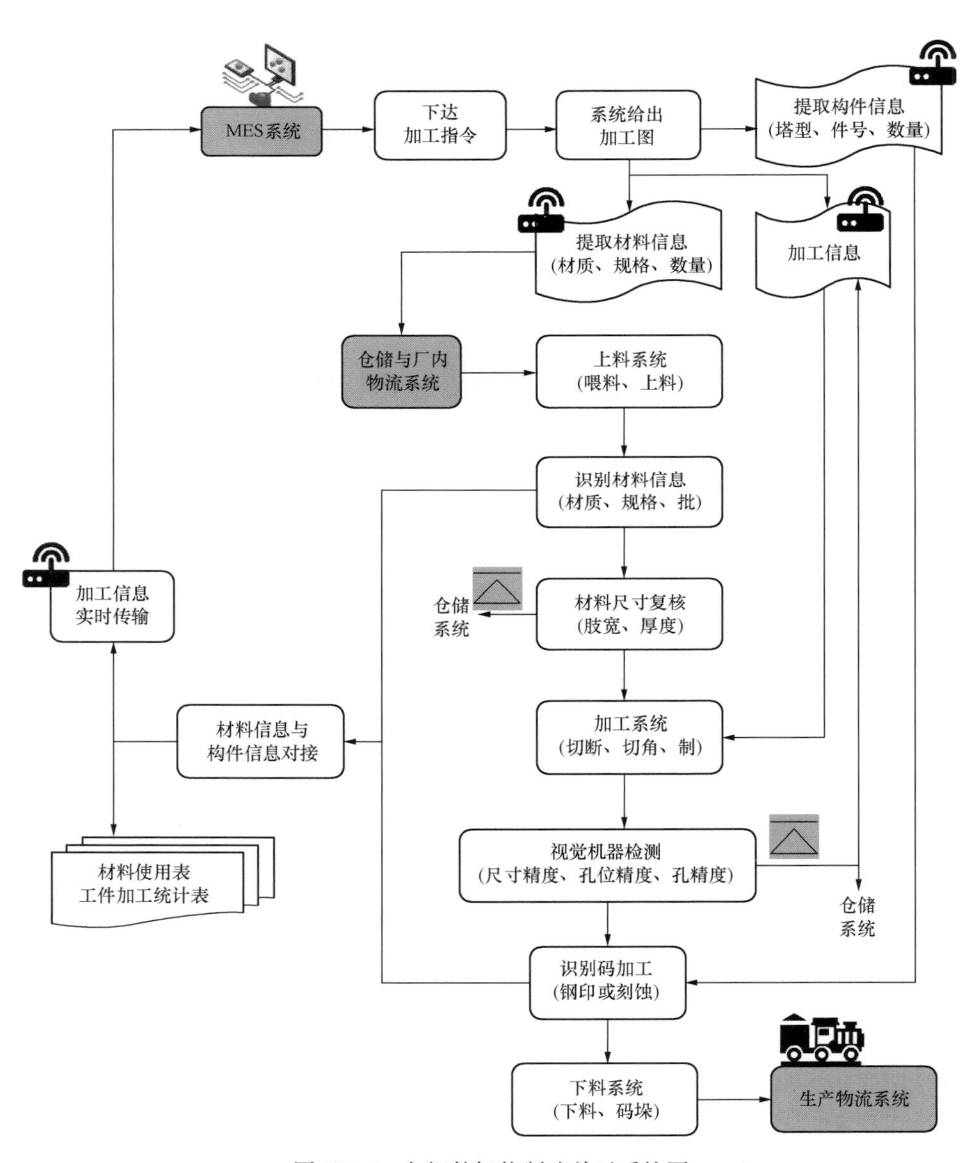

图 12-13　角钢件智能制造单元系统图

对于角钢开合角设备，加装通信接口，利用三维放样软件直接生成零部件的加工数据程序，通过信息化系统传输给设备；设备接收到加工 BOM 清单，进行物料精准配送，生产线自动上料并读取物料信息，按照加工程序进行开合角加工、在线检测、自动下料码垛等。同时，通过对接 MES 系统、ERP 系统，实现加工进度的实时统计、信息共享等。

通过对上述设备的集成控制，使传统的由数台设备分别完成不同功能的分散式角钢件加工设备成为一条高度自动化的智能制造流水线。

3. 钢管件加工设备

主要对钢管定长切割、开槽设备、钢管法兰组对与焊接设备进行改造升级。如增加自动上料（无需人工干涉）、激光刻字、视觉识别、自动下料装置，实现钢管件的切割、开槽、刻字、法兰组对、焊接等多功能一体化加工。钢管合缝机、合缝焊接一体机也可通过类似的改造，实现功能的扩展。

在此基础上，通过加装数据接口、通信接口等功能，使钢管件加工设备在 MES 系统协调下集成互联，并联通 ERP 系统，实现物料信息、加工信息的实时统计、信息共享共用。

（二）研发具有智能化功能的专机

1. 板材激光加工中心

改变传统的加工方式，开发双龙门双工作台激光加工中心，设置双激光工位，其中，一个龙门设置低功率激光器用于刻字，另一个龙门设置高功率激光器用于切割。采用激光加工＋上下料机器人，利用二个激光切割头实现板材刻字、下料、制孔的一体化加工，实现板材高效率、高精度加工，减少工件在不同工序之间的流转。采用双工作台结构，可以一边加工一边进行上下料，进一步提高加工效率。配置钢印（刻字）识别、视觉检测，加装数据接口、通信接口，实现与 MES 系统、ERP 系统的对接与数据共享。目前，该设备已实现商业化应用。

2. 角钢激光加工中心

采用新的加工方法实现角钢加工的集成化。以上下料机器人、激光加工（激光刻字、激光切割）设备、视觉识别与检测设备为核心，实现角钢的上料、刻钢印、切断、制孔、切角、码垛等自动化加工，实现物料信息与工件信息的自动对接。加装数据接口、通信接口，实现与 MES 系统、ERP 系统的对接与数据共享。该加工中心集多工序自动化加工于一体，实现加工过程的自动化，加工信息的链条化、实时化、集成化。

3. 塔脚自动加工生产线

主要以塔脚组对系统和塔脚焊接机器人系统为核心，实现角钢塔各零件的自动组对、自动焊接。其中，塔脚组对通过机器人协同作业，一个机器人通过视觉识别系统抓取工件，并自动组对，另一个机器人点焊固定工件，实现塔脚装配的自动化。全自动塔脚焊接机器人通过工件自动装夹、自动变位、参数化编程、激光扫描定位、机器人焊接系统等，实现塔脚焊缝的全自动焊接。

通过智慧物流，将塔脚零件的加工、物流输送，塔脚组对、焊接各工序进行连接，形成柔性加工系统。生产线各设备通过数据接口和通信接口，实现与 MES 系统、ERP 系统的对接，使生产线各设备协调工作，加工信息实时获取与共用，达到塔角的全自动智能化生产。

总体而言，具有通信功能和数据采集传输功能的高自动化、高集成化复合型的加工设备，是未来铁塔加工装备的发展趋势。

第五节　数字化车间与智能车间建设

一、数字化车间与智能车间简述

（一）数字化车间概述

GB/T 37393—2019《数字化车间 通用技术要求》给出了数字化车间的定义：数字化车间是以生产对象所要求的工艺和设备为基础，以信息技术、自动化、测控技术等为手段，用数据连接车间不同单元，对生产运行过程进行规划、管理、诊断和优化的实施单元。因而，数字化车间是集“精益化管理”理念，“软”“硬”一体，设备/资源/业务活动互联互通，具有精细化管控、协同制造能力的信息化车间，是实现智能化、柔性化、敏捷化的产品制造的基础，也是铁塔企业走向智能制造的起点。

数字化车间作为智能制造的核心单元，涉及信息技术、自动化技术、机械制造、物流管理等多个技术领域。铁塔企业开展数字化车间建设，应了解其标准体系和建设要求。

目前，国家已建立起完整的数字化车间标准体系，它由一系列标准构成，其中，GB/T 37393—2019 是指导铁塔企业进行数字化车间规划、建设、验收和运营基本标准，也为铁塔企业开展数字化车间建设提供了参考依据。铁塔企业开展数字化车间建设正当其时。

（二）数字化车间要求

GB/T 37393—2019 给出了数字化车间的具体内涵、体系结构、基本要求、车间信息交互、制造运行管理数字化要求等。该标准所述数字化车间主要包括生产规划、生产工艺、生产执行阶段，不包括产品设计、服务和支持等阶段。数字化车间分为基础层和执行层。在数字化车间之外，还有企业管理层。

基础层包括数字化车间生产制造所必需的各种制造设备及生产资源。其中，制造设备承担生产、检验、物料运送等任务，大量采用数字化设备，可自动进行信息的采集或指令执行；生产资源是生产用到的物料、托盘、工装辅具、人、传感器等，本身不具备数字化通信能力，但可借助条码、RFID 等技术进行标识，参与生产过程并通过其数字化标识与系统进行自动或半自动交互。

执行层主要包括车间计划与调度、生产物流管理、工艺执行与管理、生产过程质量管理、车间设备管理五个功能模块，对生产过程中的各类业务、活动或相关资产进行管理，实现车间制造过程的数字化、精益化及透明化。

数字化车间体系结构如图 12-14 所示。GB/T 37393—2019 给出了建设数字化车间的具体要求，详细内容可参见此标准。

（三）智能车间概述

智能车间是在数字化车间的基础上，以数据为轴激发企业智慧化进程，利用物联网技术和设备监控技术加强信息管理和服务，清楚掌握产销流程、提高生产过程的可控性、减少生产线上人工的干预、即时正确地采集生产线数据，以及合理的生产计划编排与生产进度。

智能车间包含车间运营管理的五个方面，即制造资源控制、现场运行监管、物流过程管控、生产执行跟踪、质量工作监督，通过对 MES、QMS、ERP、SCM 等系统的集成及对自动化设备传感器数据的对接，打造企业的智能车间管理平台，实现制造管理的统一化与数

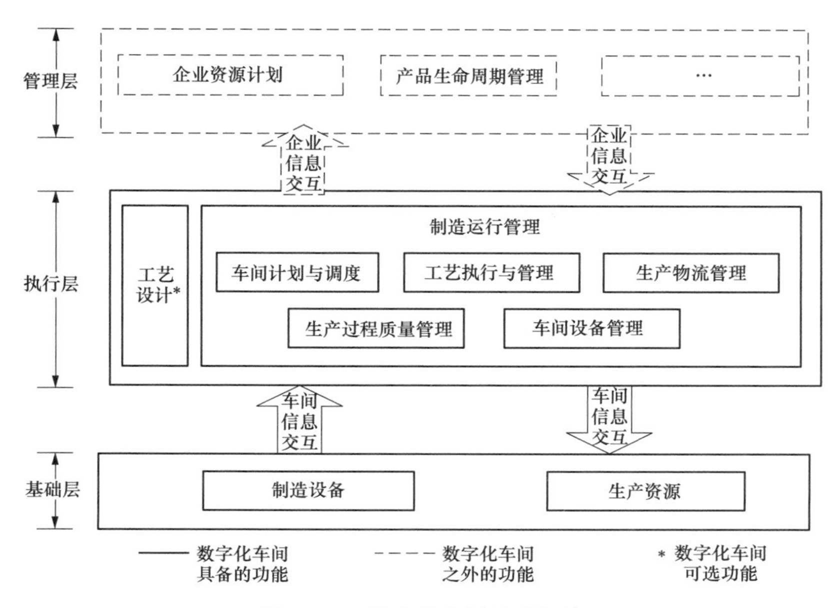

图 12-14　数字化车间体系架构

字化。

二、铁塔企业车间现状

（一）铁塔企业开展数字化车间建设的条件基本成熟

2020 年国家电网公司推出了智慧物联平台 2.0（EIP），南方电网公司推出了供应链统一服务平台，从而推动了铁塔制造业“两化融合”的步伐，加速了铁塔企业 MES 系统的应用步伐。2021 年，铁塔行业信息化系统应用逐渐进入爆发窗口期，信息化与工业化的融合，无论从广度还是深度方面，与前几年相比，都有巨大的进步。铁塔企业开展数字化车间建设的条件逐渐成熟，主要表现为：

（1）铁塔企业的需求旺盛而迫切。用户的要求、竞争的压力、用工的困难和人工费用的日益升高，倒逼铁塔企业转型升级，在此背景下，以“精益管理”理念为代表的数字化车间、智能化车间建设，成为铁塔企业脱困、转型、升级的新希望，使得铁塔企业对智能制造的需求旺盛而迫切。

（2）装备智能化水平的提升，为铁塔企业实现智能制造的多场景应用奠定了基础。经过铁塔装备企业的不懈努力，越来越多具有高效加工能力、一体化加工功能的新装备开始应用于铁塔企业。装备智能化水平的不断提升，为铁塔企业实现智能制造的多场景应用奠定了基础。

（3）输电铁塔行业智能制造的技术路径逐渐清晰。经过铁塔企业近年来的共同摸索与努力，铁塔行业智能制造的技术路径逐渐清晰，数字化车间建设成为铁塔企业智能制造的抓手，通过哑设备改造和技术集成，通过自动化加工设备（生产线）与信息技术、物联网技术集成应用，逐步扩大铁塔智能制造应用场景，进而向智能车间、智能工厂迈进。

（二）铁塔企业智能制造的难点

1. 铁塔企业车间基础薄弱

（1）加工装备。

依据输电杆塔产品的不同，车间主要加工设备有所不同，目前各塔厂主要加工设备基本实现了数控化、自动化。但多为单机、单工序、单一件的离散型作业。加工设备智能化程度不足，不具备上传信息能力。

特高压输电线路的建设，极大地推动了铁塔加工装备的发展，如推动了数控设备、专业设备的广泛应用；推动了自动生产线功能上的完善，如剪冲联合角钢线、锯切＋快速钻新型角钢线、钢管—法兰装配/焊接线、智能化热浸镀锌线等；近几年激光技术、视觉识别技术、控制技术的发展，推动了激光一体化加工、在线视觉检测、塔脚自动焊接机器人的应用。

与数字化车间设备数字化要求相比仍有较大差距，主要表现在：缺乏通信接口，生产资源的数字化，生产资源识别程度不高，信息读取、上传功能不足；生产数据自动化采集能力不足，尚不能实现与其他设备信息互通，也不能向执行层提供相关的加工信息、设备状态信息、故障信息等；生产现场可视化生产与管理能力不足，人机交互与铁塔加工需要的信息不适应；上下料自动化水平、智能感知功能较少等。

（2）工艺设计。

因各塔厂模式不同，工艺设计数字化程度不同。多数塔厂目前已采用三维工艺设计，对关键工序能够进行工艺路线和工艺布局仿真，能够进行加工过程的仿真和装配过程的仿真，并可以向车间提供电子化的工艺文件，下达生产现场。一些塔厂的 ERP 系统可以向系统提供工艺 BOM。但是在工艺知识库、专家知识库的建立方面还存在薄弱环节。在工艺文件数字化的执行层面，工艺文件数字化检验层面，人机交互传输存在较大的问题，主观上人为干预因素明显。

（3）信息化系统应用。

这是目前铁塔制造企业的软肋，多数铁塔企业的信息化主要是基于办公自动化（OA）、财务管理、人员与设备管理的 MIS 管理系统；也有部分企业使用了基于项目管理的企业资源计划管理系统（ERP），主要用于铁塔的订单管理、材料管理、排料与发货等。

铁塔企业信息化管理存在集成度不高，MES、EMS 系统应用不足的问题。此外，未建立企业级的数据中心，各管理系统数据不能直接调用，不能实现信息的双向交互等。

（4）仓储与物料配送。

随着电网建设的快速发展，铁塔用材品种、规格不断增多，材料的性能等级、质量等级越来越多，不同工程对材料的要求不同，给塔厂仓储提出了越来越高的要求。而铁塔制造的特殊性，塔厂的材料存放较为分散，甚至众多材料露天存放，材料的管理难度也日益增大。

目前，铁塔企业的仓储与物料配送存在智能化程度不高、堆放杂乱、查找困难等问题，造成企业仓储与物料配送成本高、效率低。

（5）物料信息跟踪与追溯。

目前，铁塔企业物料信息的识别、跟踪技术存在技术手段落后、管理松懈、标识内容不全、跟踪深度不足的问题。尤其是色标标识仍是多数企业广泛采用的铁塔材料标识方法，这种方法既不可靠，又十分落后，不能标出铁塔材料要求的全部属性信息，也会随着材料的氧化、雨水侵蚀而模糊不清，甚至剥落，无法实现自动识别。

落后的物料信息跟踪与追溯体系严重制约铁塔企业数字化车间的建设步伐，与当前先进的大、云、物、移、智技术不相协调。

2. 铁塔企业智能制造之路漫长

（1）现有技术装备信息化水平是制约铁塔行业迈向智能制造之路的瓶颈。尽管我国铁塔制造设备基本实现了数控化，但仍属于单工序作业的“哑设备”，多数企业信息化建设基础薄弱，自动化生产线与信息化融合深度不足，短期内无法实现数据的高效应用和高度集成，数字化转型仍然面临诸多的挑战。

（2）输电铁塔行业的低利润与智能制造高投入的矛盾，成为铁塔企业踏入智能制造之门的绊脚石。输电铁塔制造门槛低，同业竞争严重，企业利润水平普遍不高。其他行业的经验表明，智能制造投入较高，以 e-works（数字化企业网）发布的“2020 中国标杆智能工厂百强榜”为例，标杆智能工厂的产值规模在 20 亿元以上的占 60%，在 1 亿元以上的占 95%；智能制造投入 5000 万元以上的占 90%。因而，输电铁塔行业的产值规模、利润规模与智能制造的高投入之间的矛盾，成为制约铁塔行业推进智能制造工作的最大障碍。

（3）铁塔制造行业的特点，客观上减缓了输电铁塔企业智能制造的步伐。输电铁塔行业需求多样化和产品定制化的客观特性给铁塔企业数字化转型造成一定难度。而输电铁塔制造作为一个规模较小的行业，集“硬件”“软件”于一体的铁塔铁塔制造装备供应商较少，客观上减缓了输电铁塔行业智能制造的步伐。

这一现实因素说明，智能制造不是一蹴而就之事，铁塔企业要有长远的考虑和规划，不可盲目上马，更不可追求一步到位。与汽车、机械装备、电子通信、家电等智能制造标杆行业相比，铁塔制造行业智能制造只能说处于摸索阶段，对比 GB/T 39116—2020《智能制造能力成熟度度模型》（共 5 级），铁塔行业智能化水平仅达到一级——规划级，尚未达到二级——规范级。因而，铁塔行业智能制造之路虽然漫长但发展空间巨大。

三、铁塔企业数字化车间建设

（一）铁塔企业数字化车间建设思路

铁塔制造企业属于粗放型传统金属加工业，规模不大，属于资金、人员密集型企业，成本高而利润率较低。在数字化车间建设方面还处于起步阶段，应着重解决以下方面的问题：①缺少统一规划，建设目标不明确；②重硬件，轻软件，信息化程度不足；③智能仓库建设落后，物料信息识别与跟踪技术低下，物流配送手段落后等。

铁塔制造企业数字化车间建设应本着“统一规划、逐步建设、试点示范、摸索经验”的原则来实施，重点围绕“三条主线”“四个方面”开展工作。

1. 数字化车间建设的“三条主线”

（1）基础层建设，通过自动化/数控设备、生产资源升级，实现生产过程的精确化执行，基础层建设构成数字化车间的物理基础；

（2）以 MES 系统应用为中心，实现对车间活动各生产环节及要素的精细化管控，构成车间的虚拟系统；

（3）在物联网基础上，并以之为桥梁，连接信息系统与设备、生产资源系统，构建车间级的信息物理系统（CPS）。

通过“三条主线”建设，实现数据在设备与资源、信息化系统之间有序流动，将整个车间打造成软硬一体的系统级 CPS，实现高效、高质、绿色、低成本的新生产模式。

2. 数字化车间建设的“四个方面”

（1）在智能装备应用方面：广泛开展自动化、数字化生产、检测设备的应用，推广复合型多功能的生产线，组建柔性制造单元。其一是开展“哑设备”改造，通过安装数据采集系统、通信接口，打通设备及信息孤岛，实现设备联通和与信息化系统（MES(MOM)/ERP）的对接。其二是对单机设备进行组合、程序化控制，实现铁塔零件、构件的多工序复合型自动化加工，减少工序流转；或通过智能型加工专机，甚至通过远程操控，实现铁塔零件、构件加工过程的自动化和加工数据的实时化、集成化，实现智能单元，进而达到生产线的无人值守，最终建成智能型无人车间。

（2）在信息化建设与应用方面：建立车间级工业通信网络，实现设备联网和加工信息的共享共用，实现车间作业的实时调度，实时数据采集，动态优化车间作业。进一步完善ERP、MES系统功能，逐步应用能源/资源综合管理系统（EMS）、车间环境监测与处理系统、产品生命周期管理系统（PLM）、生产与工控信息安全管理系统等。打造数字孪生车间，开展数字化模拟排产、加工工艺仿真、铁塔加工的工序优化、排产优化、三维仿真试组装等。

在信息化建设的同时，铁塔企业应提前规划企业级数据中心建设，使企业关键应用系统统一集中在数据中心，支撑企业业务运作，使其成为企业的知识中心及通用的业务平台以“数据集中，应用分散”的方式实现企业资源整合，业务连贯，信息高效利用。最终把企业数据中心打造成企业监控中心、数据收集中心、生产管理平台、资源管理平台、设备互联平台、检验试录平台。

（3）在智能仓储与物料配送方面：建设智慧仓库，通过物料信息代码的标准化，物料位置的坐标化，物料看板的实时化，提升仓储的智能化水平。通过先进的物流技术手段与装备应用以及与物联网技术的不断融合，实现智能物流、精准配送、可视化管理和智能发货。

（4）在产品信息跟踪与追溯方面：通过电子标签识别技术、激光刻蚀与识别技术、钢印识别技术、在线监测技术、防差错系统应用等，以及广泛的人机界面交互，实现物料、生产、质量信息的跟踪与追溯。

（二）铁塔企业数字化车间建设应注意的问题

1. 切忌急躁，追求一步到位

铁塔企业在筹建数字化车间前，就应该结合自身实际与需求，寻找自身优势与短板，明确所需功能与建设目标，统筹规划，分步建设。既不要追求以高投入实现一步到位，也不要一味等待或过分依赖别的企业，照抄照搬，结果造成有投入无回报，或表面上看功能齐全，但就是不适合自己。切记在智能制造的路上，没有最好，只有更好。

2. 不要进入“数字化设备＝数字化车间”的误区

铁塔企业在数字化车间建设中，不要一味追求高大上、功能全、价格高的设备，可以在很大程度上利用车间现有的数控设备，通过“三哑（哑设备、哑岗位、哑企业）”改造，实施“两化”融合，打通企业信息“孤岛”，建立企业统一的数据采集监控中心，从而实现资源共享、信息交换、能力协同。

其中，最重要的是对“哑设备”进行联网改造，以较低的成本，实现车间设备数据的实时采集，联网运行，提升设备运行效率和智能化水平。

3. 要正确理解智能制造与精益生产的关系

铁塔企业在数字化车间、智能车间建设中，不能只着眼于智能装备应用、实现设备联网，以及自动化、智能化生产线建设，忽略推进精益生产。对企业而言，精益生产是实现智能制造的基础，而智能制造是为企业实现精益生产而服务的。

4. 智能制造不等于“机器换人”

在数字化车间、智能化车间的进程中，随着智能装备的不断应用，机器换人不可避免，但此时人变得更加重要。一方面，数字化车间建设以精益生产为指导思想，以使用者为中心，无论是机器人还是 ERP、MES 系统等信息化系统，都是基于帮助人、服务于人的出发点，而不是简单地替代人、减少人；另一方面，数字化车间建设中，要以人为本，其关键是着力提升人员素质，提升单位人员的生产效率，降低单位产品用人成本，提升企业竞争力。为此，要重视人才培养，尤其是精益管理、智能制造人才要实行跨界培养。

5. 要“软”“硬”结合，逐步推进

智能车间建设不可能一蹴而就，要分阶段实施，逐步推进。要注意装备智能化与信息化，网络化同步建设，“软”“硬”统筹，选择条件成熟，管理完善的工序、环节优先实施。

四、角钢塔智能车间建设

（一）智能车间构成

针对角钢塔加工现状与车间智能化发展，初步拟定角钢塔智能车间架构，实现生产设备数字化、工序自动化、车间作业管理智能化。面向角钢塔加工的智能生产车间主要包括智能装备、过程控制、生产管理、多系统集成、数据决策分析五项内容，如图 12-15 所示。

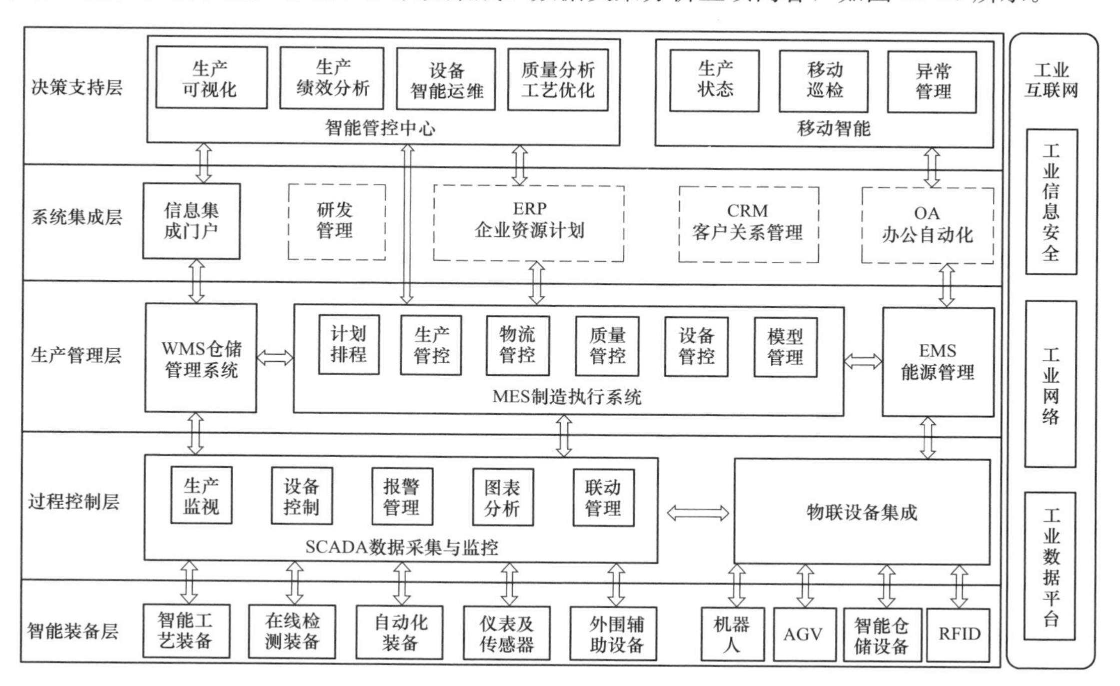

图 12-15 智能车间构成（示例）

角钢塔车间智能装备主要由智能仓储、物流设备、识别设备等组成。智能仓储：蜂窝式仓库、堆垛机、电磁芯片、伺服电机；智能加工设备：APM1412 生产线、APM0708 生产线；物流设备：堆垛机、上下料装置、辊道、码垛机器人；识别设备：传感器、摄像头、RFID、条码或二维码识别设备。智能车间内应用智能化生产、试验、检测、监测、运输等

设备，确保生产质量效率、产品质量、物流效率及有效资源利用率等全面提高，以实现优质、高效、低耗、灵活的智能生产。

角钢塔智能车间业务流程主要包括钢材的质检、存放、上料与下料、切割、打孔、制弯、焊接、镀锌、钢材码垛等。流程如下：

（1）入库。角钢由货车从原材料厂家运输过来，一个工人手持二维码或条码等识别终端，识别货框上的二维码或条码，将待存放角钢的型号、大小、材质，以及将要存入的库位号等信息录入到智能立库的数据库中，另一个工人同时进行质检，两项工作完成后，由堆垛机将装有角钢的货框存入智能立体仓库的库位中。

（2）出库。当需要加工某种型号的钢材时，智能立库中的堆垛机，移动到指定库位，然后进行定位，并将待出库的角钢从立库中取出，放在辊道上，由辊道发送到加工工位旁。

（3）上料。利用机器视觉识别装置识别加工工位旁的成捆角钢，主要识别角钢的开口朝向（正 V 型或倒 V 型），根据机器视觉识别装置识别后的角钢开口朝向，取料桁架单根取料，将加工工位旁的角钢，统一翻转成正 V 型放到加工设备中。

（4）加工。加工设备对角钢进行打孔、切断、切角等加工。

（5）下料。码垛机器手将加工后的角钢根据设定的堆叠方式，对角钢进行正 V 和倒 V 的交叉叠放。

（6）运输。AGV 将加工后的半成品角钢运送到指定工位进行下一步加工、焊接、镀锌等。

（7）码垛。原材料角钢进行一系列的加工工序后变成成品角钢，码垛车和码垛机械手根据交货订单，以及设定的码垛程序互相配合完成码垛。

智能车间的过程控制应对角钢塔智能车间的全部业务流程进行跟踪反馈和管控；生产管理按照生产订单与工艺流程进行计划排产，并能进行每个正在加工的角钢作业状态，物流状态，质检状态展示与现场调度管理，同时监测每台设备的运行状态；多系统集成将现有软件系统：APS（高级计划与排产）、DNC（分布式数字控制）、MDC（制造数据采集）MES（制造执行系统）、ERP（企业资源计划系统）、B2B（电子商务）、PLM（产品生命周期管理）等，集成到智能车间的中央控制系统平台上，使数据在不同系统之间无阻隔流转，信息无障碍流通，缩短各部门之间无效的协作时间；数据决策分析对车间各种数据挖掘分析，找出不易发现的规律，实现质量分析，工艺优化指导，设计更加高效的动态排产计划，辅助公司经营决策等。

（二）智能车间布局设计

传统车间设备布局是指不考虑生产车间设加工设备的具体形状，将其简化成规则的矩形，用矩形包络加工设备的最大外形尺寸，将包络矩形作为设备的简化矩形，在给定的车间范围内，确定每个布局对象在空间的具体位置。传统的设备布局设计规划方法采用两个设备之间的直线距离或者曼哈顿距离作为优化变量，而没有考虑工件搬运设备在实际物料搬运过程中行驶的路线。但是智能车间中往往采用 AGV 或桁架等搬运工具，再继续采用传统的基于直线距离的传统布局方案就有一定的局限性，因此应根据智能车间情况，打破传统思维，进行创新布局设计。

智能车间具备设备集中化，具有自动引导车（AGV）等特点，而设备布局规划和 AGV 路径规划都将影响车间的生产效率和布局成本。车间布局的目标点主要集中在物料搬运成本最小、设备重组成本最小、设备利用率最大、车间面积利用率最大、车间布局的安全性等方面，但真正进行车间布局设计时，所选的目标点一般不超过两个，需要将多个目标点进行两两组合进行布局优化。另外在布局设计时，应留出人工作业的物理空间，避免因为一些意外因素导致一个机器停工，进而导致整个车间停止生产的情况。

综合考虑上述因素，智能车间布局要素主要有：符合物料转移基本要求、自动化、连续性、拉动式、暂存少、减少不必要的停顿。物流自动化要素主要有：物体运动有规律，符合规则；各运动的物体之间互不干涉；当不可避免物流冲突时，应设立等待机制。

针对智能车间，构建智能车间布局评价指标体系，对多种布局方案的评价指标进行对比。对于评价指标的选择，常用的方法有专家咨询法，文献综述法等。以角钢智能车间为例，可采用的评价指标有："车间运行成本和效率、车间生产效益、车间布局人性化程度和车间时代特征适应性"，如表12-2所示。在未来，智能车间的布局将更侧重于动态重构的研究，使智能车间能够自动调整布局，适应大规模个性化定制模式的生产需要。

表12-2　　智能车间布局评价指标

评价指标	评价项目	评价内容
车间运行成本与效率	物流搬运效率	物流搬运总费用占生产总成本的比重
	空间利用率	必备区域总占地面积占车间总可用面积的比例
	设备平均运行效率	所有设备实际生产量占理论生产量比重
车间生产效益	生产产品的质量	消费者对产品使用的满意度
	空间可重组性	生产人员对不同产品生产流程的熟练程度 车间中空闲区域的大小以及重组的性价比
车间布局人性化程度	车间布局的安全性	各类型安全隐患发生可能性
	生产人员对车间环境的满意度	相邻设备间的平均间隔距离
车间时代特征适应性	准时制造能力	设备运行的均衡情况
	敏捷制造能力	产品平均生产速度
	绿色制造能力	废弃物回收情况
	智能化程度	生产设备中物联网技术的应用比例

（三）智能车间物联网建设与数据采集

物联网与信息物理融合系统是智能车间信息联通的基础框架。物联网是基于互联网和先进信息传感设备，在统一的数据传输和网络通信协议下实现智能化识别、监控和管理的信息网络。

智能车间内应以现场总线、以太网、物联网和分布式控制系统等信息技术和控制系统，建立车间级工业互联网。通过网络与信息系统安全管理及技术防护以及应急响应等措施，确保生产过程中，所有的设备及工艺流程统一联网管理，使设备与设备之间、设备与计算机之间能够联网通信，设备与岗位人员紧密关联，通过物联网对数据备份、实时更新、实时查看管理。物联网建设特点就是实时数据收集和各种制造资源之间的共享，将典型的生产资源转化为智能制造对象（SMO），实现人与人、人与机器、机器与机器以及同系统之间的连接，以实现智能感知。

在角钢智能车间中，数据的来源总体可分为三大部分：①来自各种系统，如企业资源管

理系统（ERP）、制造执行系统（MES）、仓储管理系统（WMS）等；②车间内的各种信息源，如传感器、设备芯片、RFID、摄像头、人员、环境等；③外部数据，如供应商供应的原材料数据、市场销售数据、客户数据等。

角钢智能车间数据采集系统的建造可分为数据采集，数据通信，数据存储管理三个模块。

1. 数据采集

智能车间内的每台设备都应具备数据采集功能，以便智能车间对每台设备的运行状态实时监控，判断故障和远程诊断分析。例如，对于角钢数控机床运行时应收集的数据有加工角钢的型号、长度、大小，打孔的数量和大小，切断的次数，设备运行的总时长，待机时长，故障时长，以及每根角钢加工的时间，消耗的能源数据等信息。

以数控机床数据采集为例，现可采用 PLC 采集、宏程序输出采集、外加传感器采集和开放式数控系统接口采集四种方法采集数据。在建造智能车间时，根据数控机床的数控系统，接口方式等实际情况选用不同的采集方法。而在智能车间中，需要采集的数据往往不止数控机床，“人、机、料、法、环（噪声，设备温湿度）、测、能”的数据都需要采集。这些数据具有大量、高纬、多样、低价值密度、真实性的特征，收集并存储这些信息对于智能车间数据库的建设来说是一项大工程。

实现智能数据采集功能不仅可以做到产品质量在线监测、车间设备运作状态远程监控，还可利用大数据技术，使智能车间可对收集到的历史数据进行分析，安排更加合理高效化的作业顺序、设备故障预警、远程故障诊断等作用。

2. 数据通信

车间内的数据收集完毕后需要传输到客户端进行处理以及显示，在这个过程中，因为数据的来源不同，导致通信方式、信号强度的不同，所以在数据传输时，需要保障其准确性、稳定性和实时性。

数据通信的大体流程如下：根据车间内设备的型号，选择合适的适配器以及通信协议，适配器能够从设备数据源采集数据，通过编写代码能把数据转化为软件需要的格式，它主要起数据收集与转化的作用，然后把这种格式的数据发送给专门的软件进行存储。软件可将不同源的数据存入到数据库中。

3. 数据存储管理

智能车间内，数据类型复杂，数据量巨大，数据维度高，为了方便车间数据的查询统计，需要设立专门的服务器，构建一个完善的数据库对收集到的数据进行存储管理，分析各种信息属性之间的关系，构建 E-R 图模型对数据库需求进行概念结构设计，设立对应的数据表结构和关系，进而实现铁塔智能车间数据库的各项功能。

（四）智能管控平台建设

智能管控平台应集成以下：APS（高级计划与排产）、DNC（分布式数字控制）、MDC（制造数据采集）、MES（制造执行系统）、链接 ERP（企业资源计划系统）、B2B（电子商务）、PLM（产品生命周期管理）等系统。打破各系统之间的信息孤岛，使全局信息流通，实现数控化的生产设备的互联与集中监控、分散式加工任务集中批量处理，面向订单的计划排产及车间生产资源管理，达到机械加工过程中的智能化、绿色化，全面提高设备作业率和生产效率，优化工序，降低材料消耗和生产成本，促进两化深度融合。最终实现以下四个目标：

(1) 车间生产标准化。根据角钢工序与工时，设立标准化的车间作业流程，并使之能够提供准确的数据以供后期分析，提高不同部门之间的协作效率。

(2) 车间生产可追溯。对车间内的人员，设备，物料等活动的全过程实现双向追溯。

(3) 车间生产可视化。提供可视化平台，确保平台内容与车间实际情况相对应，协助管理者实时掌控生产状态，进一步提高生产效率。

(4) 车间生产可控制。使生产交付日期进度可控，设备运行与故障情况可控，使人员流动与权限可控。

（五）智能车间与大数据技术的结合

智能车间采集到的数据用大数据技术构建专家知识库，并进行智能决策分析。智能车间工作中将产生大量的生产调度数据，现在的传统生产调度模式依然依靠调度人员有限的方法和经验，局限性较大，不能保证生产调度的质量和稳定性，因此需要根据车间的工艺流程和物流，结合机器学习技术，设计合理高效的调度算法，实时优化生产调度流程，降低时间成本，提高生产效率。

智能车间拥有大量的数据，人为地进行分析，耗时耗力，且科学程度不够高，不能够充分挖掘出数据的潜在信息，可对已有的大量数据使用机器学习的聚类，分类算法，分析建模，挖掘出人工不易得到的信息。如使用与设备相关的数据，运用分类算法建模，可以预测出哪台设备将要故障的信息，在设备还未故障时对设备进行维护，减少设备故障的频率，保障设备的正常工作。

智能车间的大数据，需要基于云、移动、互联等技术实现动态感知、实时分析、自助决策、精准执行，而云计算、大数据、物联网、移动互联、人工智能等新一代信息技术与先进制造技术深度融合，贯穿设计、生产、管理、服务等各个环节，实现自感知、自学习、自决策、自执行、自适应，最终达到智能制造。

附录 A 输电铁塔主要技术标准

序号	标准号	中 文 名 称
产品及其加工标准		
1	GB/T 2694—2018	输电线路铁塔制造技术条件
2	DL/T 646—2021	输变电钢管结构制造技术条件
3	T/CEC 137—2017	输电线路钢管塔加工技术规程
4	T/CSCE 0044—2017	特高压钢管塔及钢管构架加工技术规程
5	GB/T 985.1—2008	气焊、焊条电弧焊、气体保护焊和高能束焊的推荐坡口
6	GB/T 985.2—2008	埋弧焊的推荐坡口
7	GB 9448—1999	焊接与切割安全
8	GB 50661—2020	钢结构焊接规范
9	DL/T 678—2013	电力钢结构焊接通用技术条件
10	DL/T 1453—2015	输电线路铁塔防腐蚀保护涂装
11	DL/T 1762—2017	钢管塔焊接技术导则
12	JB/T 10045—2017	热切割　质量和几何技术规范
13	T/CEC 353—2020	输电铁塔高强钢加工技术规程
设计标准		
14	GB 50009—2012	建筑结构荷载规范
15	GB 50017—2017	钢结构设计规范
16	GB 50135—2019	高耸结构设计规范
17	GB 50545—2010	110kV～750kV 架空输电线路设计规范
18	GB 50665—2011	1000kV 架空输电线路设计规范
19	GB 50790—2013	±800kV 直流架空输电线路设计规范
20	DL/T 5440—2020	重覆冰架空输电线路设计技术规程
21	DL/T 5442—2020	输电线路铁塔制图和构造规定
22	DL/T 5486—2020	架空输电线路杆塔结构设计技术规程
23	DL/T 5551—2018	架空输电线路荷载规范
24	DL/T 5582—2020	架空输电线路电气设计规程
主要原材料标准		
25	GB/T 470—2008	锌锭
26	GB/T 699—2015	优质碳素结构钢
27	GB/T 700—2006	碳素结构钢
28	GB/T 702—2017	热轧钢棒尺寸、外形、重量及允许偏差
29	GB/T 706—2016	热轧型钢
30	GB/T 709—2019	热轧钢板和钢带的尺寸、外形、重量及允许偏差

续表

序号	标准号	中 文 名 称
31	GB/T 908—2019	锻制钢棒尺寸、外形、重量及允许偏差
32	GB/T 3077—2015	合金结构钢
33	GB/T 1591—2018	低合金高强度结构钢
34	GB/T 3274—2017	碳素结构钢和低合金结构钢热轧钢板和钢带
35	GB/T 3524—2015	碳素结构钢和低合金结构钢热轧钢带
36	GB/T 4171—2008	耐候结构钢
37	GB/T 5313—2010	厚度方向性能钢板
38	GB/T 6725—2017	冷弯型钢
39	GB/T 8162—2018	结构用无缝钢管
40	GB/T 17395—2008	无缝钢管尺寸、外形、重量及允许偏差
41	GB/T 36130—2018	铁塔结构用热轧钢板和钢带
42	DL/T 1632—2016	输电线路钢管塔用法兰技术要求
43	HG/T 2323—2019	工业氯化锌
44	T/CEC 136—2017	输电线路钢管塔用直缝焊管
45	T/CEC 352—2020	输电线路铁塔用热轧等边角钢
46	YB/T 4001.1—2019	钢格栅板及配套件 第1部分：钢格栅板
47	YB/T 4163—2016	铁塔用热轧角钢
48	YB/T 4835—2020	铁塔用热轧耐候角钢
49	GB/T 4842—2017	氩
50	GB/T 5117—2012	非合金钢及细晶粒钢焊条
51	GB/T 5293—2018	埋弧焊用非合金钢及细晶粒钢实芯焊丝、药芯焊丝和焊丝—焊剂分类组合要求
52	GB/T 6052—2011	工业液体二氧化碳
53	GB/T 8110—2020	熔化极气体保护电弧焊用非合金钢及细晶粒钢实心焊丝
54	GB/T 10045—2018	非合金钢及细晶粒钢药芯焊丝
55	GB/T 39255—2020	焊接与切割用保护气体
56	GB/T 39280—2020	钨极惰性气体保护电弧焊用非合金钢及细晶粒钢实心焊丝
57	GB/T 36037—2018	埋弧焊和电渣焊焊剂
58	HG/T 3728—2004	焊接用混合气 氩—二氧化碳
59	JB/T 3223—2017	焊接材料质量管理规程
60	GB/T 41—2016	1型六角螺母 C级
61	GB/T 95—2002	平垫圈 C级
62	GB/T 805—1988	扣紧螺母
63	GB/T3098.1—2010	紧固件机械性能 螺栓、螺钉和螺柱
64	GB/T 3098.2—2015	紧固件机械性能 螺母
65	GB/T 5267.3—2008	紧固件 热浸镀锌层
66	GB/T 5780—2016	六角头螺栓 C级

续表

序号	标准号	中 文 名 称
67	GB/T 6172.1—2016	六角薄螺母
68	DL/T 284—2021	输电线路杆塔及电力金具用热浸镀锌螺栓与螺母
69	DL/T 1236—2021	输电杆塔用地脚螺栓与螺母
70	T/CISA 193—2021	输电线路铁塔用耐候钢螺栓与螺母
主要检验标准		
71	GB/T 222—2006	钢的成品化学成分允许偏差
72	GB/T 228.1—2010	金属材料　拉伸试验　第1部分：室温试验方法
73	GB/T 229—2020	金属材料　夏比摆锤冲击试验方法
74	GB/T 231.1—2018	金属材料　布氏硬度试验　第1部分：试验方法
75	GB/T 232—2010	金属材料　弯曲试验方法
76	GB/T 246—2017	金属管　压扁试验方法
77	GB/T 2650—2008	焊接接头冲击试验方法
78	GB/T 2651—2008	焊接接头拉伸试验方法
79	GB/T 2652—2008	焊缝及熔敷金属拉伸试验方法
80	GB/T 2653—2008	焊接接头弯曲试验方法
81	GB/T 2654—2008	焊接接头硬度试验方法
82	GB/T 2975—2018	钢及钢产品　力学性能试验取样位置及试样制备
83	GB/T 3323.1—2019	焊缝无损检测　射线检测　第1部分：X和伽玛射线的胶片技术
84	GB/T 4336—2016	碳素钢和中低合金钢　多元素含量的测定　火花源原子发射光谱法（常规法）
85	GB/T 4340.1—2009	金属材料　维氏硬度试验　第1部分：试验方法
86	GB/T 4956—2002	磁性基体上非磁性覆盖层　覆盖层厚度测量　磁性法
87	GB/T 11345—2013	焊缝无损检测　超声检测　技术、检测等级和评定
88	GB/T 13912—2020	金属覆盖层　钢铁制件热浸镀锌层　技术要求及试验方法
89	GB/T 29712—2013	焊缝无损检测　超声检测　验收等级
90	GB/T 37910.1—2019	焊缝无损检测　射线检测验收等级　第1部分：钢、镍、钛及其合金
91	DL/T 1611—2016	输电线路铁塔钢管对接焊缝超声波检测与质量评定
92	NB/T 47013.4—2015	承压设备无损检测　第4部分：磁粉检测
93	NB/T 47013.5—2015	承压设备无损检测　第5部分：渗透检测
施工标准		
94	CECS 80—2006	塔桅钢结构工程施工质量验收规程
95	GB 50205—2020	钢结构工程施工质量验收标准
96	GB 50233—2014	110kV～750kV 架空输电线路施工及验收规范
97	DL/T 5168—2016	110kV～750kV 架空输电线路施工质量检验及评定规程
98	DL/T 5235—2010	±800kV 及以下直流架空输电线路工程施工及验收规程
99	DL/T 5236—2010	±801kV 及以下直流架空输电线路工程施工质量检验及评定规程
100	DL/T 5300—2013	1000kV 架空输电线路工程施工质量检验及评定规程

附录B　GB 50661—2011《钢结构焊接规范》（摘编）

一、钢结构焊接难度

钢结构焊接难度可按表B.1分为A、B、C、D四个等级。含碳量不小于0.18%时，钢材碳当量（CEV）宜采用式（B.1）计算；含碳量小于0.18%时，钢材碳当量（P_{cm}）宜采用式（B.2）计算。

$$CEV(\%)=C+\frac{Mn}{6}+\frac{Cr+Mo+V}{5}+\frac{Cu+Ni}{15}(\%) \tag{B.1}$$

$$P_{cm}(\%)=C+\frac{Si}{30}+\frac{Mn+Cu+Cr}{20}+\frac{Ni}{60}+\frac{Mo}{15}+\frac{V}{10}+5B(\%) \tag{B.2}$$

表B.1　钢结构焊接难度等级

焊接难度等级	板厚t(mm)	钢材分类	钢材碳当量CEV/P_{cm}(%)
A（易）	$t\leqslant 30$	Ⅰ	$CEV/P_{cm}\leqslant 0.38$
B（一般）	$30<t\leqslant 60$	Ⅱ	$0.38<CEV/P_{cm}\leqslant 0.45$
C（较难）	$60<t\leqslant 100$	Ⅲ	$0.45<CEV/P_{cm}\leqslant 0.50$
D（难）	$t>100$	Ⅳ	$CEV/P_{cm}>0.50$

说明：1. 根据表中影响因素所处最难等级确定整体焊接难度。

2. 钢材分类应符合GB 50661表4.0.5的规定（见表B.2）。

二、钢材分类

钢结构焊接工程中常用国内钢材按其标称屈服强度分类应符合表B.2的规定。

表B.2　常用国内钢材分类

类别号	标称屈服强度	钢材牌号举例	对应标准号
Ⅰ	≤300MPa	Q195、Q215、Q235、Q275	GB/T 700
		20、25、15Mn、20Mn、25Mn	GB/T 699
		Q235GJ	GB/T 19879
		Q235NH、Q265GNH、Q295NH、Q295GNH	GB/T 4171
		ZG 200—400H、ZG 230—450H、ZG 270—480H	GB/T 7659
		G17Mn5QT、G20Mn5N、G20Mn5QT	JGJ/T 395
Ⅱ	>300MPa且≤370MPa	Q355	GB/T 1591
		Q345q、Q370q、Q345qNH、Q370qNH	GB/T 714
		Q345GJ	GB/T 19879
		Q310GNH、Q355NH、Q355GNH	GB/T 4171
		ZG300—500H、ZG340—550H	GB/T 7659
Ⅲ	>370MPa且≤420MPa	Q390、Q420	GB/T 1591
		Q390GJ、Q420GJ	GB/T 19879
		Q420q、Q420qNH	GB/T 714
		Q415NH	GB/T 4171

续表

类别号	标称屈服强度	钢材牌号举例	对应标准号
Ⅳ	＞420MPa	Q460、Q500、Q550、Q620、Q690	GB/T 1591
		Q460q、Q500q、Q460qNH、Q500qNH	GB/T 714
		Q460GJ	GB/T 19879
		Q460NH、Q500NH、Q550NH	GB/T 4171

说明：国内新钢材和国外钢材按其屈服强度级别归入相应类别。

三、焊接连接构造设计

（一）一般规定

1. 钢结构焊接连接构造设计，应符合下列规定：

——宜减少焊缝的数量和尺寸；

——焊缝的布置宜对称于构件截面的中性轴；

——节点区应便于焊接操作和焊后检测；

——宜采用刚度较小的节点形式；

——焊缝位置宜避开高应力区；

——应根据不同焊接工艺方法选用相应的坡口形式和尺寸。

2. 钢结构设计施工图中应明确规定下列焊接技术要求：

——构件采用钢材的牌号和焊接材料的型号、性能要求及相应的国家现行标准；

——构件相交节点的焊接部位、焊缝长度、焊脚尺寸、部分焊透焊缝的计算厚度；

——焊缝质量等级，无损检测方法和检测比例；

——工厂制作单元及构件拼装节点的允许范围。

3. 深化设计图中应标明下列焊接技术要求：

——对设计施工图中所有焊接技术要求进行详细标注，明确构件相交节点的焊接部位、焊接方法、有效焊缝长度、焊缝坡口形式、焊脚尺寸、部分焊透焊缝的计算厚度、焊后热处理要求；

——明确标注焊缝坡口详细尺寸，以及钢衬垫的尺寸；

——对于重型、大型钢结构，明确工厂制作单元和工地拼装焊接的位置，标注工厂制作或工地安装焊缝；

——根据运输条件、安装能力、焊接可操作性和设计允许范围确定构件分段位置和拼接节点，按设计标准有关规定进行焊缝设计并提交原设计单位进行结构安全审核。

4. 焊缝质量等级应根据钢结构的重要性、荷载特性、焊缝形式、工作环境以及应力状态等情况，按下列原则确定：

——在承受动荷载且需要进行疲劳验算的构件中，凡要求与母材等强连接的焊缝应焊透，质量等级应符合下列规定：

1）作用力垂直于焊缝长度方向的横向对接焊缝或 T 形对接与角接组合焊缝，受拉时应为一级，受压时不应低于二级；

2）作用力平行于焊缝长度方向的纵向对接焊缝不应低于二级；

3）铁路、公路桥的横梁接头板与弦杆角焊缝应为一级，桥面板与弦杆角焊缝、桥面板上的U形肋角焊缝应为二级；

4）GB/T 3811—2008《起重机设计规范》中整机工作级别为A6～A8和起重量Q大于等于50t的A4、A5起重机吊车梁的腹板与上翼缘之间以及吊车桁架上弦杆与节点板之间的T形连接部位焊缝应焊透，焊缝形式宜为对接与角接组合焊缝，其质量等级不应低于二级。

——在工作温度等于或低于－20℃的地区，构件对接焊缝的质量不得低于二级。

——不需要疲劳验算的构件中，凡要求与母材等强的对接焊缝宜焊透，其质量等级受拉时不应低于二级，受压时不宜低于二级。

——部分焊透的对接焊缝、T形连接部位的角焊缝或部分焊透的对接与角接组合焊缝、搭接连接角焊缝，其质量等级应符合下列规定：

1）直接承受动荷载且需要疲劳验算的结构和吊车起重量等于或大于50t的A4、A5级起重机吊车梁以及梁柱、牛腿等重要节点不应低于二级；

2）其他结构可为三级。

（二）焊缝计算厚度

1. 全焊透的对接焊缝及对接与角接组合焊缝，采用双面焊时，反面宜清根后焊接。焊缝计算厚度 h_e 对于对接焊缝应为焊接部位较薄的板厚，对于对接与角接组合焊缝，焊缝计算厚度 h_e 应为坡口根部至焊缝两侧表面不包括余高的最短距离之和（图B.1）。

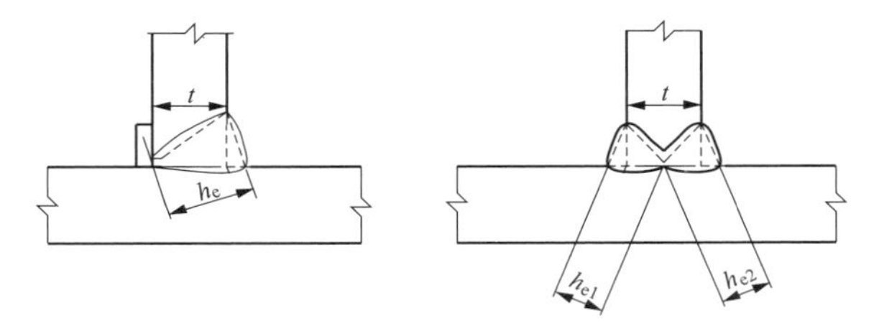

图B.1 全焊透的对接与角接组合焊缝计算厚度 h_e

h_e、h_{e1}、h_{e2}—焊缝计算厚度

2. 部分焊透的对接焊缝和T形接头对接与角接组合焊缝，焊缝计算厚度 h_e（图B.2）

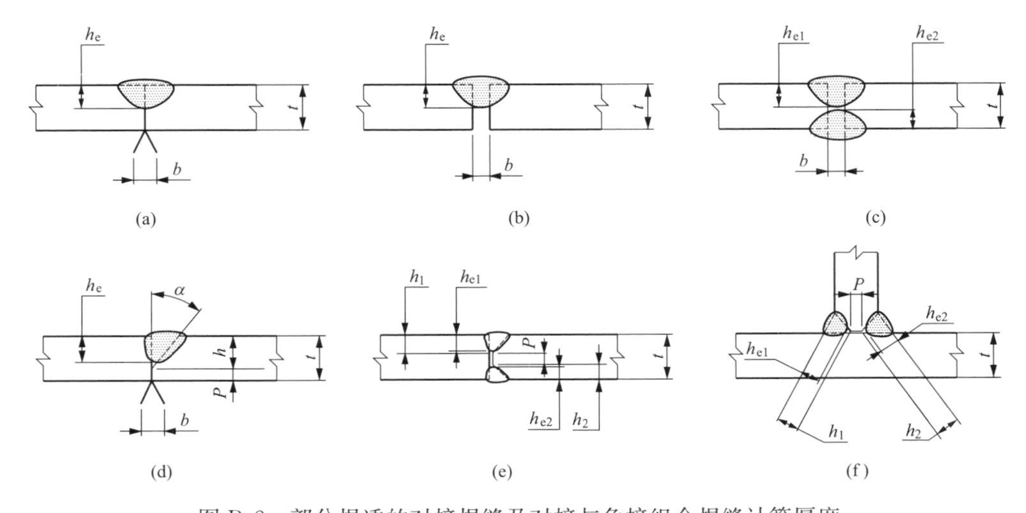

图B.2 部分焊透的对接焊缝及对接与角接组合焊缝计算厚度

应根据不同的焊接方法、坡口形式及尺寸、焊接位置对坡口深度 h 进行折减，并应符合表 B.3 的规定。对于 α 大于等于 60°的 V 形坡口及 U、J 形坡口，焊缝计算厚度 h_e 应为坡口深度 h。

3. 搭接角焊缝及直角角焊缝计算厚度 h_e（图 B.3）应按下列公式计算：

（1）当间隙 $b \leqslant 1.5$ 时：

$$h_e = 0.7h_f \tag{B.3-1}$$

（2）当间隙 $1.5 < b \leqslant 5$ 时：

$$h_e = 0.7(h_f - b) \tag{B.3-2}$$

表 B.3　　部分焊透的对接焊缝及对接与角接组合焊缝计算厚度

图号	坡口形式	焊接方法	t(mm)	α(°)	b(mm)	P(mm)	焊接位置	焊缝计算厚度 h_e (mm)
B.2（a）	I形坡口单面焊	焊条电弧焊	3	—	1.0～1.5	—	全部位置	t-1
B.2（b）	I形坡口单面焊	焊条电弧焊	$3<t\leqslant6$	—	$\frac{t}{2}$	—	全部位置	$\frac{t}{2}$
B.2（c）	I形坡口双面焊	焊条电弧焊	$3<t\leqslant6$	—	$\frac{t}{2}$	—	全部位置	$\frac{3}{4}t$
B.2（d）	L形坡口	焊条电弧焊	⩾6	45	0	3	全部位置	h-3
B.2（d）	L形坡口	气体保护焊	⩾6	45	0	3	F，H	h
							V，O	h-3
B.2（d）	L形坡口	埋弧焊	⩾12	60	0	6	F	h
							H	h-3
B.2（e）、（f）	K形坡口	焊条电弧焊	⩾8	45	0	3	全部位置	h_1+h_2-6
B.2（e）、（f）	K形坡口	气体保护焊	⩾12	45	0	3	F，H	h_1+h_2
							V，O	h_1+h_2-6
B.2（e）、（f）	K形坡口	埋弧焊	⩾20	60	0	6	F	h_1+h_2

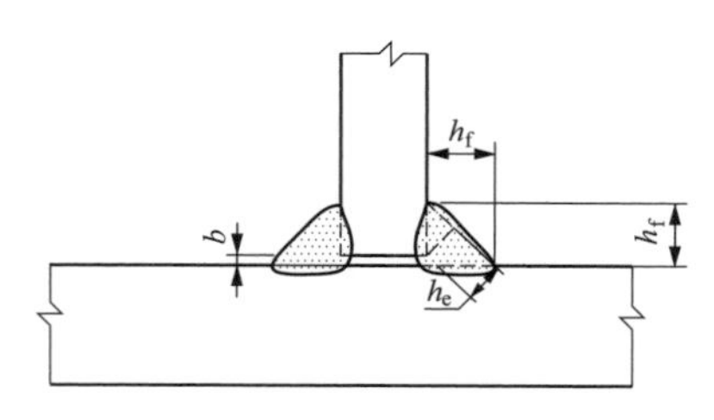

图 B.3　直角角焊缝及搭接角焊缝计算厚度

四、焊接工艺评定

（一）一般规定

除非符合免予评定的规定，施工单位首次采用的钢材、焊接材料、焊接方法、接头形式、焊接位置、焊后热处理制度以及焊接工艺、预热和后热等各种参数的组合条件，应在钢结构构件制作及安装施工之前进行焊接工艺评定。

焊接工艺评定所用的焊接方法和施焊位置的代号应符合表 B.4 和表 B.5 的规定。

表 B.4　焊接方法分类

代号	焊接方法	
1	焊条电弧焊	SMAW
2-1	半自动实心焊丝 CO_2 气体保护焊	GMAW-CO_2
2-2	半自动实心焊丝混合气体保护焊	GMAW -MG
3-1	半自动药芯焊丝气体保护焊	FCAW-G
3-2	半自动自保护药芯焊丝电弧焊	FCAW-SS
4	非熔化极气体保护焊	GTAW
5-1	单丝埋弧焊	SAW-S
5-2	多丝埋弧焊	SAW-M
5-3	单电双细丝埋弧焊	SAW-MD
5-4	窄间隙埋弧焊	SAW-NG
8-1	自动实心焊丝 CO_2 气体保护焊	GMAW-CO_2A
8-2	自动实心焊丝混合气体保护焊	GMAW-MA
8-3	窄间隙自动气体保护焊	GMAW-NG
8-4	自动药芯焊丝气体保护焊	FCAW-GA
8-5	自动自保护药芯焊丝电弧焊	FCAW-SA
10-1	机器人实心焊丝气体保护焊	RW-GMAW
10-2	机器人药芯焊丝气体保护焊	RW-FCAW
10-3	机器人埋弧焊	RW-SAW

表 B.5　焊接位置代号

焊接位置		代号	位置定义
平	F	1G（或 1F）	板材对接焊缝或角焊缝试件平焊位置 管材（管板、管球）水平转动对接焊缝或角焊缝试件位置
横	H	2G（或 2F）	板材对接焊缝（或角焊缝）试件横焊位置 管材（管板、管球）垂直固定对接焊缝或角焊缝试件位置
立	V	3G（或 3F）	板材对接焊缝或角焊缝试件立焊位置
仰	O	4G（或 4F）	板材（管板、管球）对接焊缝或角焊缝试件仰焊位置
全位置	F、V、O	5G（或 5F）	管材（管板、管球）水平固定对接焊缝或角焊缝试件位置
		6G（或 6F）	管材（管板、管球）45°固定对接焊缝或角焊缝试件位置
		6GR	管材 45°固定加挡板对接焊缝试件位置

焊接工艺评定结果不合格时，可在原焊件上就不合格项目重新加倍取样进行检验。如还不能达到合格标准，应分析原因，制订新的焊接工艺方案，按原步骤重新评定，直到合格为止。

焊接难度等级为 A、B 级的焊接接头，焊接工艺评定可长期有效；焊接难度等级为 C 级的焊接接头，焊接工艺评定有效期应为 5 年；对于焊接难度等级为 D 级的焊接接头应按工程项目进行焊接工艺评定。

（二）焊接工艺评定替代原则

1. 焊接方法

不同焊接方法的评定结果不得互相替代。不同焊接方法组合焊接可用相应板厚的单种焊接方法评定结果替代；当弯曲及冲击试样切取位置涵盖不同的焊接方法时，也可用不同焊接方法组合焊接评定。

2. 钢材

同种牌号钢材中，质量等级高的钢材可替代质量等级低的钢材。

不同牌号钢材焊接工艺评定的替代应符合下列规定：

——承受动荷载且需疲劳验算的结构，不同牌号钢材的焊接工艺评定结果不得互相替代。

——Ⅰ、Ⅱ类钢材中当强度和质量等级发生变化时，高级别钢材的焊接工艺评定结果可替代低级别钢材；Ⅲ、Ⅳ类不同类别钢材的焊接工艺评定结果不得互相替代，同类别钢材中，高级别钢材的焊接工艺评定结果可替代低级别钢材；除Ⅰ、Ⅱ类别钢材外，异种钢材焊接时应重新评定，不得用单类钢材的评定结果替代。

——同类别钢材中轧制钢材与铸钢、耐候钢与非耐候钢的焊接工艺评定结果不得互相替代。

——除正火状态、热轧状态和正火轧制供货的钢材外，不同供货状态钢材的焊接工艺评定结果不得互相替代。

——国内与国外钢材的焊接工艺评定结果不得互相替代。

3. 接头类别

十字接头评定结果可替代 T 形接头评定结果，全焊透或部分焊透的对接接头、T 形或十字接头对接与角接组合焊缝评定结果可替代角焊缝评定结果；按动荷载要求评定合格的焊接工艺，可用于静荷载结构，覆盖范围可执行静荷载的相关规定。

4. 规格/厚度

焊接工艺评定厚度覆盖范围应符合下列规定：

——承受静荷载的结构，评定合格的试件厚度在工程中适用的厚度范围应符合表 B.6 的规定。

——评定合格的管材接头，外径小于 600mm 的管材，其直径覆盖范围不应小于工艺评定试验管材的外径；外径不小于 600mm 的管材，其直径覆盖范围不应小于 600mm。

——板材对接与外径不小于 600mm 的相应位置管材对接的焊接工艺评定可互相替代。

表 B.6　静荷载结构评定合格的试件厚度与工程适用厚度范围

焊接方法类别号	评定合格试件厚度（t）(mm)	工程适用厚度范围	
		板厚最小值	板厚最大值
1、2、3、4、5、8、10	≤25	3mm	$2t$
	$25<t\leqslant70$	$0.75t$	$2t$，且不大于 100mm
	＞70	$0.75t$	不限

说明：输电铁塔焊接结构一般按静载荷进行评定。

5. 焊接位置

横焊位置评定结果可替代平焊位置，平焊位置评定结果不可替代横焊位置。立、仰焊位置与其他焊接位置之间不可互相替代。

6. 衬垫

有衬垫与无衬垫的单面焊全焊透接头不可互相替代；有衬垫单面焊全焊透接头和反面清根的双面焊全焊透接头可互相替代；不同材质的衬垫不可互相替代。

（三）重新进行焊接工艺评定的规定

1. 坡口尺寸

当坡口尺寸发生以下变化时应重新评定：

——坡口角度减少 10 °以上；

——全焊透焊缝钝边增大 2mm 以上；

——无衬垫的根部间隙变化 2mm 以上；

——有衬垫的根部间隙变化超出－2mm～＋6mm 区间。

2. 热处理制度

当热处理制度发生以下变化时应重新评定：

——预热温度低于规定的下限温度 20 °C 及以上；

——承受动荷载且需疲劳验算的结构，道间温度超过 230℃，其他结构，道间温度超过 250℃；

——增加或取消焊后热处理。

3. 焊条电弧焊的条件发生变化

焊条电弧焊下列条件之一发生变化时，应重新进行工艺评定：

——焊条熔敷金属抗拉强度级别变化；

——由低氢型焊条改为非低氢型焊条；

——直流焊条的电流极性改变；

——多道焊和单道焊的改变；

——清根改为不清根；

——立焊方向改变；

——焊接实际采用的电流值、电压值的变化超出焊条产品说明书的推荐范围。

4. 熔化极气体保护焊的条件发生变化

熔化极气体保护焊下列条件之一发生变化时，应重新进行工艺评定：

——实心焊丝与药芯焊丝的变换；

——单一保护气体种类的变化；混合保护气体的气体种类和混合比例的变化；

——保护气体流量增加 25％以上，或减少 10％以上；

——焊炬摆动幅度超过评定合格值的±20％；

——焊接实际采用的电流值、电压值和焊接速度的变化分别超过评定合格值的 10％、7％和 10％；

——实心焊丝气体保护焊时熔滴颗粒过渡与短路过渡的变化；

——焊丝型号改变；

——焊丝直径改变；
——多道焊和单道焊的改变；
——清根改为不清根。

5. 非熔化极气体保护焊的条件发生变化

非熔化极气体保护焊下列条件之一发生变化时，应重新进行工艺评定：

——保护气体种类改变；
——保护气体流量增加25%以上，或减少10%以上；
——添加焊丝或不添加焊丝的改变；冷态送丝和热态送丝的改变；焊丝类型、强度级别型号改变；
——焊炬摆动幅度超过评定合格值的±20%；
——焊接实际采用的电流值和焊接速度的变化分别超过评定合格值的25%和50%；
——焊接电流极性改变。

6. 埋弧焊的条件发生变化

埋弧焊下列条件之一发生变化时，应重新进行工艺评定：

——焊丝规格改变；焊丝与焊剂型号改变；
——多丝焊与单丝焊的改变；
——添加与不添加冷丝的改变；
——焊接电流种类和极性的改变；
——焊接实际采用的电流值、电压值和焊接速度变化分别超过评定合格值的10%、7%和15%；
——清根改为不清根。

（四）免予焊接工艺评定

免予焊接工艺评定的适用范围应符合下列规定：

（1）免予评定的焊接方法及施焊位置应符合表B.7的规定；

（2）免予评定的母材和焊接材料组合应符合表B.8规定，母材厚度不应大于40mm，钢材质量等级应为A、B级；

（3）免予评定的焊接最低（预热）温度应符合表B.9的规定；

（4）焊缝尺寸应符合设计要求，最小焊脚尺寸应符合本标准表B.10的规定；最大单道焊焊缝尺寸应符合本标准表B.11的规定。

（5）焊接工艺参数应符合下列规定：

——免予评定的焊接工艺参数应符合表B.12的规定；
——要求完全焊透的焊接接头，单面焊应加衬垫，双面焊时应清根；
——表B.12中参数应为平、横焊位置。立焊时焊接电流比平、横焊减小10%～15%；SMAW焊接时，焊道最大宽度不应超过焊条标称直径的4倍，GMAW、FCAW-G焊接时焊道最大宽度不应超过20mm；
——导电嘴与工件距离应为40mm±10mm（SAW）；20mm±7mm（GMAW）；
——保护气种类应为二氧化碳（GMAW-CO_2、FCAW-G）；氩气80%＋二氧化碳20%（GMAW-Ar）；
——保护气流量应为20L/min～80L/min（GMAW、FCAW-G）；
——焊丝直径不符合表B.12的规定时，不得免予评定；

——当焊接工艺参数按表B.12的规定值变化范围超过规定时，不得免予评定。

（6）免予焊接工艺评定的结构荷载特性应为静荷载。

表B.7　免予评定的焊接方法及施焊位置

焊接方法代号	焊接方法		施焊位置
1	焊条电弧焊	SMAW	平、横、立
2-1	实心焊丝二氧化碳气体保护焊（短路过渡除外）	GMAW-CO_2	平、横、立
2-2	实心焊丝80%氩+20%二氧化碳气体保护焊	GMAW-Ar	平、横、立
2-3	药芯焊丝二氧化碳气体保护焊	FCAW-G	平、横、立
5-1	埋弧焊	SAW（单丝）	平、横

表B.8　免予评定的母材和焊接材料组合

母材				焊条（丝）和焊剂-焊丝组合分类等级			
钢材类别	母材最小标称屈服强度	GB/T700和GB/T1591标准钢材	GB/T699标准钢材	焊条电弧焊SMAW	实心焊丝气体保护焊GMAW	药芯焊丝气体保护焊FCAW-G	埋弧焊SAW（单丝）
Ⅰ	＜235MPa	Q195 Q215	—	GB/T5117： E43XX	GB/T8110： ER49-X	GB/T10045： T43XX-XXX-X	GB/T5293： S43X（S）XX-X
Ⅰ	≥235MPa且≤295MPa	Q235 Q275	20	GB/T5117： E43XX E50XX	GB/T8110： ER49-X ER50-X	GB/T10045： T43XX-XXX-X T49XX-XXX-X GB/T17493： T49X-XX-XX	GB/T5293： S43X（S）XX-X
Ⅱ	＞295MPa且≤355MPa	Q355	—	GB/T5117： E50XX E5015 E5016-X	GB/T8110： ER50-X	GB/T10045： T49XX-XXX-X GB/T17493： T49X-XX-XX	GB/T5293： S49X（S）XX-X GB/T12470： S49XX-X

表B.9　免予评定的焊接最低（预热）温度

钢材类别	钢材牌号	设计对焊材要求	接头最厚部件的板厚 t（mm）	
			$t\leqslant 20$	$20<t\leqslant 40$
Ⅰ	Q195、Q215、Q235、Q235GJ Q275、20	非低氢型	5℃	20℃
		低氢型		5℃
Ⅱ	Q355、Q345GJ	非低氢型		40℃
		低氢型		20℃

说明：1. 接头形式为坡口对接，根部焊道，一般拘束度。

2. SMAW、GMAW、FCAW-G热输入约为15kJ/cm～25kJ/cm；SAW-S热输入约为15kJ/cm～45kJ/cm。

3. 采用低氢型焊材时，E4315、4316的熔敷金属扩散氢含量不应大于8mL/100g；E5015、E5016的熔敷金属扩散氢含量不应大于6mL/100g；药芯焊丝的熔敷金属扩散氢含量不应大于6mL/100g。

4. 焊接接头板厚不同时，应按厚板确定预热温度；焊接接头材质不同时，按高强度、高碳当量的钢材确定预热温度。

5. 环境温度不低于0℃。

表 B.10　　角焊缝最小焊脚尺寸（mm）

母材厚度 t[1]	角焊缝最小焊脚尺寸 h_f[2]
$t \leqslant 6$	3[3]
$6 < t \leqslant 12$	5
$12 < t \leqslant 20$	6
$t > 20$	8

说明：1. 采用不预热的非低氢焊接方法进行焊接时，t 等于焊接接头中较厚件厚度，应采用单道焊；采用预热的非低氢焊接方法或低氢焊接方法进行焊接时，t 等于焊接接头中较薄件厚度。

2. 焊缝尺寸不要求超过焊接接头中较薄件厚度的情况除外。

3. 承受动荷载的角焊缝最小焊脚尺寸为 5mm。

表 B.11　　最大焊道尺寸

焊道类型	焊接位置	焊缝类型	焊接方法代号			
			1	2、3	5-1	5-3
根部焊道最大厚度	平焊	对接焊缝	10mm	10mm	不限	不限
	横焊		8mm	8mm		
	立焊		12mm	12mm	—	—
	仰焊		8mm	8mm		
填充焊道最大厚度	全部	对接焊缝	5mm	6mm	6mm	不限
最大单道角焊缝焊脚尺寸	平焊	角焊缝	10mm	12mm	不限	不限
	横焊		8mm	10mm		
	立焊		12mm	12mm	8mm	10
	仰焊		8mm	8mm	—	—

表 B.12　　各种焊接方法免予评定的焊接工艺参数范围

焊接方法代号	焊条或焊丝型号	焊条或焊丝直径（mm）	电流		电压（V）	焊接速度（cm/min）
			（A）	极性		
SMAW	EXX15 ［EXX16］ （EXX03）	3.2	80～140	直流反接 ［交、直流］ （交流）	18～26	8～18
		4.0	110～210		20～27	10～20
		5.0	160～230		20～27	10～20
GMAW	ER-XX	1.2	180～320 打底 180～260 填充 220～320 盖面 220～280	直流反接	25～38	25～45
FCAW	TXXX1	1.2	160～320 打底 160～260 填充 220～320 盖面 220～280	直流反接	25～38	30～55
SAW	SXXX	3.2 4.0 5.0	400～600 450～700 500～800	直流反接或交流	24～40 24～40 34～40	25～65

说明：表中参数为平、横焊位置。立焊电流应比平、横焊位置减小 10%～15%。

附录C　焊接材料型号表示方法

一、焊条

依据 GB/T 5117—2012《非合金钢及细晶粒钢焊条》

（一）型号划分

焊条型号按熔敷金属力学性能、药皮类型、焊接位置、电流类型、熔敷金属化学成分和焊后状态等进行划分。

（二）型号表示方法

焊条型号由五部分组成：

1）第一部分：用字母“E”表示焊条；

2）第二部分：字母“E”后面紧邻的两位数字，表示熔数金属的最小抗拉强度代号（43、50、55、57 四个强度级别，对应的最低抗拉强度分别为：430、500、550、570MPa）；

3）第三部分：字母“E”后面的第三和第四两位数字，表示药皮类型、焊接位置和电流类型，部分代号见表 C.1；

表 C.1　药皮类型、焊接位置和电流类型代号（示例）

代号	药皮类型	焊接位置	电流类型
03	钛钙	全位置	交流和直流正、反接
10	纤维素	全位置	直流反接
11	纤维素	全位置	交流和直流反接
12	金红石	全位置	交流和直流正接
13	金红石	全位置	交流和直流正、反接
14	金红石＋铁粉	全位置	交流和直流正、反接
15	碱性	全位置	直流反接
16	碱性	全位置	交流和直流反接
18	碱性＋铁粉	全位置	交流和直流反接
19	钛铁矿	全位置	交流和直流正、反接
40	不规定	制造商确定	

4）第四部分：为熔敷金属的化学成分分类代号，可为“无标记”或短划“—”后的字母、数字或字母和数字的组合，示例性代号见表 C.2；

5）第五部分：为焊后状态代号，其中“无标记”表示焊态，“P”表示热处理状态，“AP”表示焊态和焊后热处理两种状态均可。

表 C.2　熔覆金属化学成分分类代号（示例）

分类代号	主要化学成分名义含量（质量分数），%				
	Mn	Ni	Cr	Mo	Cu
无标记、－1、－P1、－P2	1.0	—	—	—	—
－1M3	—	—	—	0.5	—
－3M2	1.5	—	—	0.4	—
－3M3	1.5	—	—	0.5	—
－N1	—	0.5	—	—	—
－NC	—	0.5	—	—	0.4
－G	其他成分				

除以上强制分类代号外，根据供需双方协商，可在型号后依次附加可选代号：

a）字母“U”，表示在规定试验温度下，冲击吸收能量可以达到 47J 以上；

b）扩散氢代号“HX”，其中 X 代表 15、10 或 5，分别表示每 100g 熔敷金属中扩散氢含量的最大值为 15、10、5mL。

部分焊条熔敷金属力学性能见表 C.3。

表 C.3　焊条熔敷金属力学性能（示例）

焊条型号	抗拉强度 R_m（MPa）	屈服强度 R_{eL}（MPa）	断后伸长率 A（%）	冲击试验温度（℃）
E4303	≥430	≥330	≥20	0
E4310、E4311	≥430	≥330	≥20	－30
E4312、E4313	≥430	≥330	≥16	—
E4315、E4316	≥430	≥330	≥20	－30
E5003	≥490	≥400	≥20	0
E5010、E5011	490～650	≥400	≥20	－30
E5012、E5013	≥490	≥400	≥16	—
E5015、E5016	≥490	≥400	≥20	－30
E5016-1	≥490	≥400	≥20	－45
E5510-P1	≥550	≥460	≥17	－30
E5515-3M3	≥550	≥460	≥17	－50
E5516-N1	≥550	≥460	≥17	－40
E55XX-G	≥550	≥460	≥17	—

说明：熔敷金属力学性能是在规定焊接条件下（焊接电参数、预热、焊后热处理等）的值，其中，无标记、－1 预热及道间温度 100～150℃；其他预热及道间温度 90～110℃；－N5、－N7 热处理条件［(605±15)℃，60～75min］；－N13 热处理条件［(600±15)℃，60～75min］；其他热处理条件［(620±15)℃，60～75min］。

示例 1：

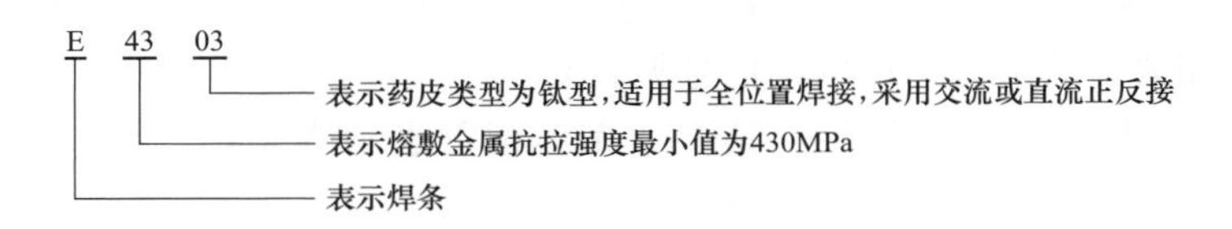

示例2：

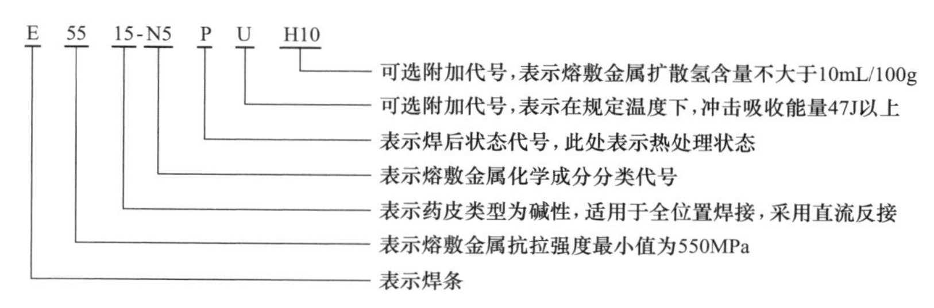

二、气体保护焊用焊丝

（一）熔化极气体保护焊用实心焊丝

（摘自GB/T 8110—2020《熔化极气体保护电弧焊用非合金钢及细晶粒钢实心焊丝》）

1. 型号划分

焊丝型号按熔敷金属力学性能、焊后状态、保护气体类型和焊丝化学成分等进行划分。

2. 型号表示方法

焊丝型号由五部分组成：

1）第一部分：用字母“G”表示熔化极气体保护电弧焊用实心焊丝；

2）第二部分：表示在焊条或热处理条件下，熔敷金属的抗拉强度代号（43X、49X、55X、57X四个级别，对应的抗拉强度分别为：430～600、490～670、550～740、570～770MPa；最低屈服强度分别为：330、390、460、490MPa；“X”代表“A”指焊态，或“P”指焊后热处理，或“AP”指焊态和焊后热处理两种状态均可）；

3）第三部分：表示冲击吸收能量（KV_2）不小于27J时的试验温度代号（Z—不要求；Y—＋20℃；0—0℃；2— －20℃；3— －30℃；4— －40℃；4H— －45℃……）；

4）第四部分：表示保护气体类型代号，保护气体类型代号按GB/T 39255的规定；

5）第五部分：表示焊丝化学成分分类，常见焊丝成分代号与化学成分分类代号对照见表C-4。

除以上强制代号外，可在型号中附加可选代号：

a）字母“U”，附加在第三部分之后，表示在规定的试验温度下，冲击吸收能量（KV_2）应不小于47J；

b）无镀铜代号“N”，附加在第五部分之后，表示无镀铜焊丝。

示例：

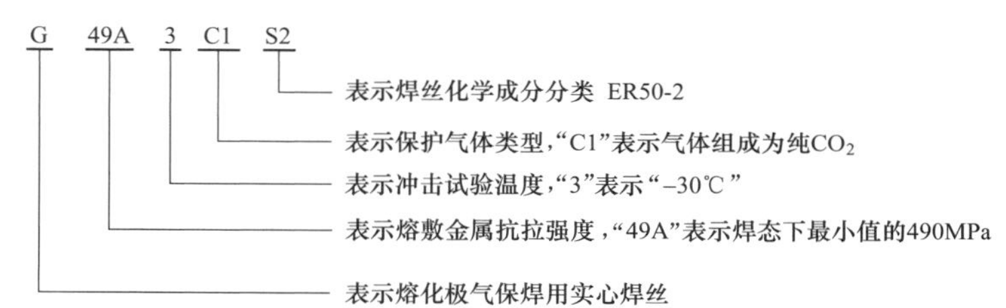

常见焊丝型号新旧标准对照见表C.4。

表 C.4　　常见实心焊丝型号对照

序号	GB/T 8110—2020		GB/T 8110—2008	
	焊丝型号	化学成分分类代号	焊丝成分代号（型号）	保护气类型
1	G49A3C1S2	S2	ER50-2	C1
2	G49A2C1S3	S3	ER50-3	C1
3	G49AZC1S4	S4	ER50-4	C1
4	G49A3C1S6，G49A4M21S6	S6	ER50-6	C1，M21
5	G49A3C1S7	S7	ER50-7	C1
6	G49AYUC1S10	S10	ER49-1	C1
7	G49PZ×S1M3	S1M3	ER49-Al	M22
8	G55A3C1S4M31	S4M31	ER55-D2	C1
9	G55A3C1S4M31T	S4M31T	ER55-D2-Ti	C1
10	G55A4H×SN2	SN2	ER55-Ni1	M22
11	G55P6×SN5	SN5	ER55-Ni2	M22
12	G55P7H×SN71	SN71	ER55-Ni3	M22
13	G55A4UM21SNCC1	SNCC1	ER55-1	M21

说明：“×”代表保护气体种类。

（二）药芯焊丝

摘自 GB/T 11045—2018《非合金钢及细晶粒钢药芯焊丝》

1. 型号划分

焊丝型号按力学性能、使用特性、焊接位置、保护气体类型、焊后状态和熔敷金属化学成分等进行划分。仅适用于单道焊的焊丝，其型号划分中不包括焊后状态和熔敷金属化学成分。

2. 型号表示方法

焊丝型号由八部分组成：

1）第一部分：用字母“T”表示药芯焊丝。

2）第二部分：表示用于多道焊时焊态或焊后热处理条件下，熔敷金属的抗拉强度代号（43、49、55、57 四个强度级别，对应的抗拉强度分别为：430～600、490～670、550～740、570～770MPa；对应的最低屈服强度分别为：330、390、460、490MPa）；或者表示用于单道焊时焊态条件下，焊接接头的抗拉强度代号（43、49、55、57 四个强度级别）。

3）第三部分：表示冲击吸收能量（KV_2）不小于 27J 时的试验温度代号（Z—不要求；Y—＋20℃；0—0℃；2— －20℃；3— －30℃；4— －40℃……）；仅适用于单道焊的焊丝无此代号。

4）第四部分：表示使用特性代号，T1～T9，T11～T15，见表 C.5。

5）第五部分：表示焊接位置代号，“0”表示“平焊”“平角焊”；“1”表示“全位置”。

6）第六部分：表示保护气体类型代号，“N”表示自保护，保护气体的代号按 ISO 14175 规定；仅适用于单道焊的焊丝在该代号后添加字母“S”。

7）第七部分：焊后状态代号，其中“A”表示焊态，“P”表示焊后热处理状态，“AP”

表示焊态和焊后热处理两种状态均可。

8）第八部分：表示熔敷金属化学成分分类，示例性表示见表 C.6，详见 GB/T 10045—2020。

表 C.5　使用特性代号

代号	保护气	电流类型	熔滴过渡	药芯类型	焊接位置	特性	焊接类型
T1	C1，M21	直流反接	喷射过渡	金红石	0 或 1	飞溅少，平或微凸焊道，熔覆速度高	单和多道
T2	C1，M21	直流反接	喷射过渡	金红石	0	与 T1 相似，强度更高	单道
T3	不要求	直流反接	粗滴过渡	不规定	0	焊接速度极高	单道
T4	不要求	直流反接	粗滴过渡	碱性	0	极高焊速，抗热裂，熔深小	单和多道
T5	C1，M21	直流反接	粗滴过渡	氧化钙-氟化物	0 或 1	微凸焊道，冲击韧性优于 T1，较好的抗冷裂、抗热裂	单和多道
T6	不要求	直流反接	喷射过渡	不规定	0	冲击韧性好，根部熔透性好	单和多道
T7	不要求	直流正接	细到喷射	不规定	0 或 1	熔覆速度高，抗热裂性好	单和多道
T8	不要求	直流正接	细到喷射	不规定	0 或 1	良好的低温韧性	单和多道
T10	不要求	直流正接	细滴过渡	不规定	0	高熔覆速度	单焊道
T11	不要求	直流正接	喷射过渡	不规定	0 或 1	仅用于薄板焊接	单和多道
T12	C1，M21	直流反接	喷射过渡	金红石	0 或 1	与 T1 相似，高韧低锰	单和多道
T13	不要求	直流正接	短路过渡	不规定	0 或 1	小根部间隙焊接	单焊道
T14	不要求	直流正接	喷射过渡	不规定	0 或 1	涂镀层薄板进行高速焊接	单焊道
T15	要求	直流反接	细滴喷射	金属粉型	0 或 1	熔渣覆盖率低	单和多道
TG	协商						

表 C.6　多道焊药芯焊丝熔敷金属分类代号（示例）

化学成分分类	化学成分（质量分数，单值为最大值），%										
	C	Mn	Si	P	S	Ni	Cr	Mo	V	Cu	Al[1)]
无标记	0.18	2.00	0.90	0.030	0.030	0.50	0.20	0.30	0.08	—	2.0
K	0.20	1.60	1.00	0.030	0.030	0.50	0.20	0.30	0.08	—	—
2M3	0.12	1.50	0.80	0.030	0.030	—	—	0.40～0.65	—	—	1.8
N1	0.12	1.75	0.80	0.030	0.030	0.30～1.00	—	0.35	—	—	1.8
N2	0.12	1.75	0.80	0.030	0.030	0.30～1.20	—	0.35	—	—	1.8
CC	0.12	0.60～1.40	0.20～0.80	0.030	0.030	—	0.30～0.60	—	—	0.20～0.50	1.8
GX	协议成分										

说明：1）只适用于自保护焊丝。

除以上强制代号外，可在其后依次附加可选代号：

a）字母“U”，表示在规定的试验温度下，冲击吸收能量（KV_2）应不小于47J；

b）扩散氢代号“HX”，其中“X”可为数字15、10或5，分别表示每100g熔敷金属中扩散氢含量的最大值为15、10、5mL。

示例：

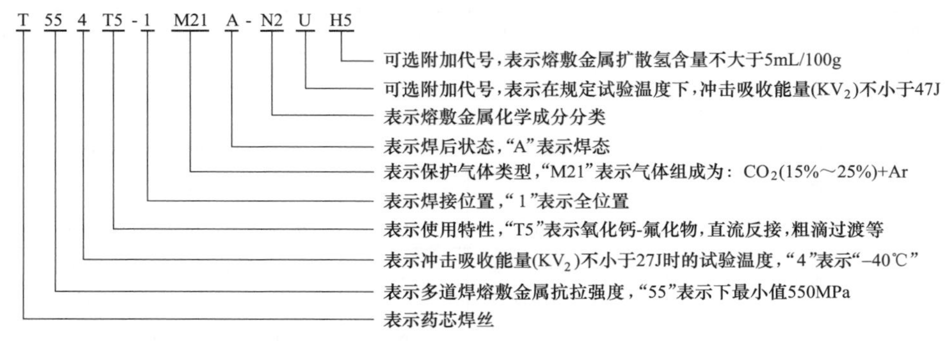

药芯焊丝型号新旧标准对照参见表C.7。

附表C.7　药芯焊丝新旧标准型号对照

序号	GB/T 10045—2020	GB/T 10045—2001	序号	GB/T 10045—2020	GB/T 10045—2001
1	T492T1-XC1A	E50XT-1	12	T492T1-XM21A	E50XT-1M
2	T49T2-XC1S	E50XT-2	13	T49T2-XM21S	E50XT-2M
3	T49T3-XNS	E50XT-3	14	T49ZT4-XNA	E50XT-4
4	T493T5-XC1A	E50XT-5	15	T493T5-XM21A	E50XT-5M
5	T493T6-XNA	E50XT-6	16	T49ZT7-XNA	E50XT-7
6	T493T8-XNA	E50XT-8	17	T494T8-XNA	E50XT-8L
7	T493T1-XC1A	E50XT-9	18	T493T1-XM21A	E50XT-9M
8	T49T10-XNS	E50XT-10	19	T49ZT11-XNA	E50XT-11
9	T493T12-XC1A-K	E50XT-12	20	T493T12-XM21A-K	E50XT-12M
10	T43T13-XNS	E43XT-13	21	T49T14-XNS	E50XT-14
11	T43ZTG-XNA	E43XT-G	22	T49ZTG-XNA	E50XT-G

说明：“X”代表焊接位置，可以是“0”或“1”。

（三）钨极氩弧焊用实心焊丝

摘自GB/T 39280—2020《钨极惰性气体保护电弧焊用非合金钢及细晶粒钢实心焊丝》

1. 型号划分

焊丝型号按熔敷金属力学性能、焊后状态和焊丝化学成分等进行划分。

2. 型号表示方法

焊丝型号由四部分组成：

1）第一部分：用字母“W”表示钨极惰性气体保护电弧焊用实心填充丝；

2）第二部分：表示在焊态、焊后热处理条件下，熔敷金属的抗拉强度代号（43X、49X、55X、57X四个级别，对应的抗拉强度分别为：430～600、490～670、550～740、

570～770MPa；最低屈服强度分别为：330、390、460、490MPa；“X”代表“A”指焊态，或“P”指焊后热处理，或“AP”指焊态和焊后热处理两种状态均可）；

3）第三部分：表示冲击吸收能量（KV_2）不小于27J时的试验温度代号（Z—不要求；Y—+20℃；0—0℃；2— −20℃；3— −30℃；4— −40℃；4H— −45℃……）；

4）第四部分：表示焊丝化学成分分类，示例性分类见表C.8。

表C.8　钨极氩弧焊实心焊丝分类代号（示例）

序号	GB/T 39280—2020		焊丝成分代号（GB/T 8110—2008型号）
	焊丝型号	化学成分分类代号	
1	W49A32	2	ER50-2
2	W49A23	3	ER50-3
3	W49AZ4	4	ER50-4
4	W49A36	6	ER50-6
5	W49AYU10	10	ER49-1
6	W49PZ1M3	1M3	ER49-Al
7	W55A4HN2	HN2	ER55-Ni1
8	W55P6N5	N5	ER55-Ni2
9	W55P7HN71	N71	ER55-Ni3

除以上强制代号外，可在型号中附加可选代号：

a）字母“U”，附加在第三部分之后，表示在规定的试验温度下，冲击吸收能量（KV_2）应不小于47J；

b）无镀铜代号“N”，附加在第四部分之后，表示无镀铜焊丝。

示例1：

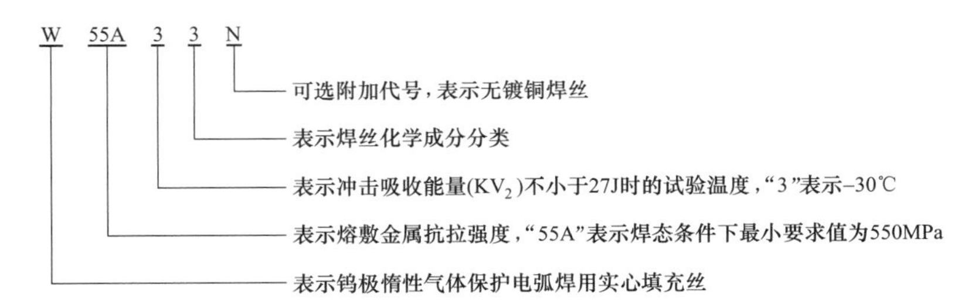

示例2：

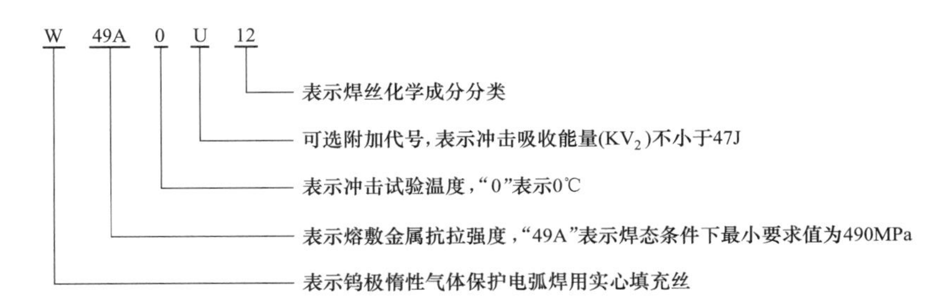

三、埋弧焊用焊丝、焊丝—焊剂组合

（一）实心焊丝分类

（摘自 GB/T 5293—2018《埋弧焊用非合金钢和细晶粒钢实心焊丝、药芯焊丝和焊丝-焊剂分类组合要求》）

实心焊丝型号按照化学成分进行划分，其中字母“SU”表示埋弧焊实心焊丝，“SU”后数字或数字与字母的组合表示其化学成分分类。

示例：

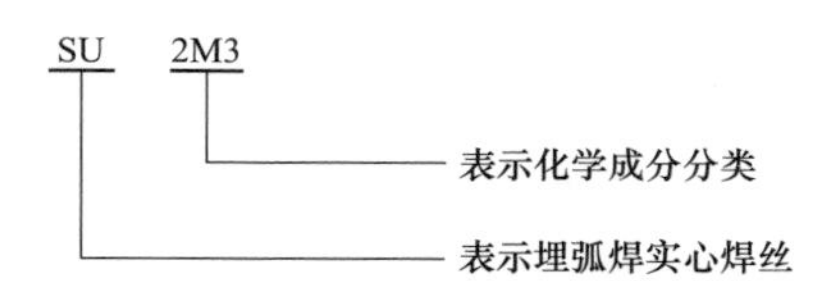

实心焊丝不同标准之间的型号/牌号对照见表 C.9。

表 C.9　埋弧焊实心焊丝型号/牌号对照（示例）

序号	GB/T 5293—2018		GB/T 5293—1999
	型　号	冶金牌号	
1	SUH08A	H08A	H08A
2	SUH08E	H08E	H08E
3	SUH08C	H08C	H08C
4	SU13	H15	H15A
5	SU26	H08Mn	H08MnA
6	SU27	H15Mn	H15Mn
7	SU34	H10Mn2	H10Mn2
8	SU44	H08Mn2Si	H08Mn2Si
9	SU45	H08Mn2SiA	H08Mn2SiA

（二）焊剂分类

摘自 GB/T 36037—2018《埋弧焊和电渣焊用焊剂》

1. 型号划分

焊剂型号按适用焊接方法、制造方法、焊剂类型和适用范围等进行划分。

2. 型号表示方法

焊剂型号由四部分组成：

1）第一部分：表示焊剂适用的焊接方法，“S”表示适用于埋弧焊，“ES”表示适用于电渣焊；

2）第二部分：表示焊剂制造方法，“F”表示熔炼焊剂，“A”表示烧结焊剂，“M”表示混合焊剂；

3）第三部分：表示焊剂类型代号，常用焊剂类型及特点见表 C.10；

4）第四部分：表示焊剂适用范围代号，代号“1”用于非合金钢及细晶粒钢、高强钢、热强钢和耐候钢，适合于焊接接头和/或堆焊。

表 C.10　　焊剂类型、特点及使用范围代号

焊剂类型代号	焊剂特点
MS（硅锰型）	焊缝含氧高，韧性受限，用于单丝或多丝高速焊，抗气孔性好，不适用厚截面多道焊
CG（镁钙型）	能降低焊缝氮和扩散氢含量，常用于高韧性的多道焊或高热输入场合
CB（镁钙碱型）	能降低焊缝氮和扩散氢含量，常用于高韧性的多道焊或高热输入场合
CG-Ⅰ（铁粉镁钙型）	能降低焊缝氮和扩散氢含量，常用于力学性能要求不高的厚板高热输入焊接
CB-Ⅰ（铁粉镁钙碱型）	能降低焊缝氮和扩散氢含量，常用于力学性能要求不高的厚板高热输入焊接
RS（硅钛型）	用于匹配中、高锰含量焊丝，韧性受限，常用于单丝和多丝高速双面焊
AR（铝钛型）	多用于单丝和多丝高速焊，包括薄壁和角焊缝
BA（碱铝型）	焊缝含氧量低，尤其适用于多道焊可获得良好韧性
AB（铝碱型）	冶金活性范围宽，常用于单丝或多丝的单道和多道焊
AS（硅铝型）	焊缝含氧量低，韧性较高，应用于各种接头
FB（氟碱型）	焊缝含氧量低，韧性较高，广泛用于单丝和多丝的接头

除以上强制分类代号外，根据供需双方协商，可在型号后依次附加可选代号：

a）冶金性能代号，用数字、元素符号、元素符号和数字组合等表示焊剂烧损或增加合金的程度，详见 GB/T 36037—2018；

b）电流类型代号，用字母表示，“DC”表示适用于直流焊接，“AC”表示适用于交流和直流焊接；

c）扩散氢代号“HX”，其中“X”可为数字 2、4、5、10 或 15，分别表示每 100g 熔敷金属中扩散氢含量的最大值为 2、4、5、10、15mL。

示例 1：

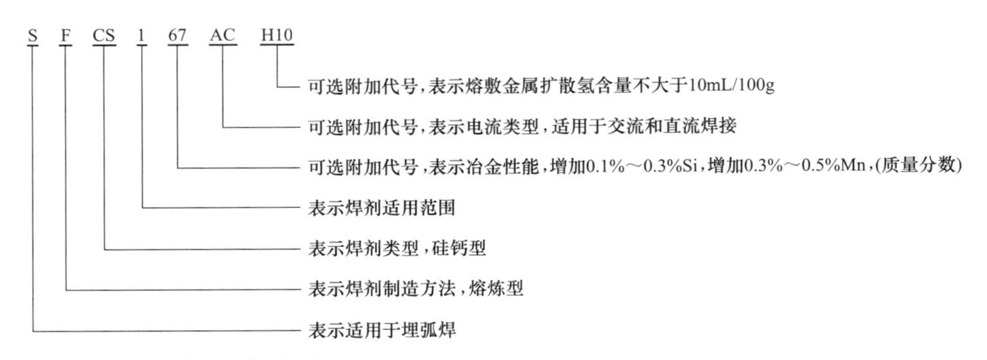

（三）焊丝—焊剂组合分类

摘自 GB/T 5293—2018《埋弧焊用非合金钢和细晶粒钢实心焊丝、药芯焊丝和焊丝—焊剂分类组合要求》

1. 分类方法

实心焊丝—焊剂组合分类按照力学性能、焊后状态、焊剂类型和焊丝型号等进行划分。

药芯焊丝—焊剂组合分类按照力学性能、焊后状态、焊剂类型和熔敷金属化学成分等进行划分。

2. 焊丝—焊剂组合分类表示方法

埋弧焊焊丝—焊剂组合分类由五部分组成：

1）第一部分：用字母“S”表示埋弧焊焊丝—焊剂组合。

2）第二部分：表示多道焊在焊态或焊后热处理条件下（“A”表示焊态，“P”表示焊后热处理状态），熔敷金属的抗拉强度代号（43X、49X、55X、57X 四个强度级别对应的抗拉强度分别为 430M～600M、490M～670M、550M～740M、570M～770MPa；最低屈服强度分别为 330、390M、460M、490MPa，“X”代表“A”或“P”）；或者表示用于双面单道焊时焊接接头的抗拉强度代号（43S、49S、55S、57S 四个强度级别）。

3）第三部分：表示冲击吸收能量（KV_2）不小于 27J 时的试验温度代号（Z—不要求；Y—＋20℃；0—0℃；2— －20℃；3— －30℃；4— －40℃……），在试验温度代号后附加字母“U”则表示冲击能量（KV_2）不小于 47J。

4）第四部分：表示焊剂类型代号。

5）第五部分：表示实心焊丝型号，示例见表 C-9；或者药芯焊丝—焊剂组合的熔敷金属化学成分分类，详见 GB/T 5293—2018。

除以上强制分类代号外，可在组合分类中附加可选代号：

a）字母“U”，附加在第三部分之后，表示在规定的试验温度下，冲击吸收能量（KV_2）应不小于 47J；

b）扩散氢代号“HX”，附加在最后，其中“X”可为数字 15、10、5、4 或 2，分别表示每 100g 熔敷金属中扩散氢含量的最大值为 15、10、5、4、2mL。

示例 1：

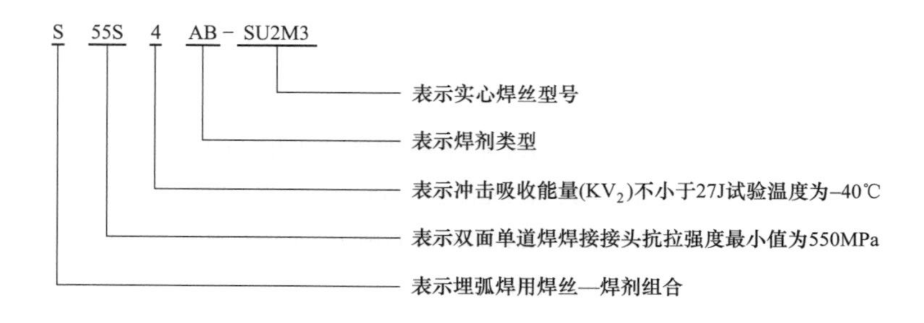

示例 2：

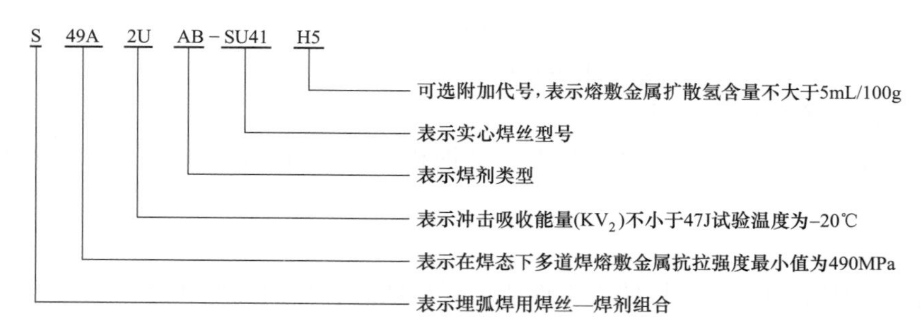

示例 3：

四、焊接与切割用保护气体

（摘自 GB/T 39255—2020《焊接与切割用保护气体》，修改采用 ISO 14175：2008）

1. 型号划分

气体型号按化学性质和组分等进行划分。

2. 型号表示方法

保护气体型号由三部分组成：

1）第一部分：表示保护气体的类型代号，由大类代号（见表 C. 11）和小类代号（见表 C. 12）构成；

2）第二部分：表示基体气体和组分气体的化学符号/代号，按体积分数递减的顺序排列；

3）第三部分：表示组分气体的体积分数（公称值），按递减的顺序对应排列，用“/”分隔。

示例 1：

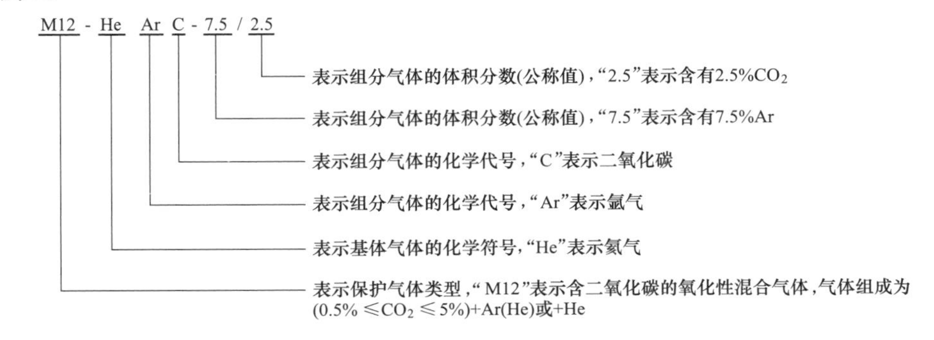

表 C. 11　　保护气体类型代号——大类代号

大类代号	气体化学性质
I	惰性单一气体和混合气体
M1，M2，M3	含氧气和/或二氧化碳的氧化性混合气体
C	强氧化性气体和混合气体
R	还原性混合气体
N	含氮气的低活性气体或还原性混合气体
O	氧气
Z	其他混合气体

表 C.12　　保护气体类型代号——小类代号（示例）

类型代号		气体组分含量（体积分数），%				
大类代号	小类代号	氧化性		惰性	还原性	低活性
		CO_2	O_2	Ar	H_2	N_2
I	1	—	—	100	—	—
M1	1	$0.5 \leqslant CO_2 \leqslant 5$	—	余量	$0.5 \leqslant H_2 \leqslant 5$	—
	2	$0.5 \leqslant CO_2 \leqslant 5$	—	余量	—	—
M2	0	$5 \leqslant CO_2 \leqslant 15$	—	余量	—	—
	1	$15 \leqslant CO_2 \leqslant 25$	—	余量	—	—
	2	—	$3 \leqslant O_2 \leqslant 10$	余量	—	—
	3	$0.5 \leqslant CO_2 \leqslant 5$	$3 \leqslant O_2 \leqslant 10$	余量	—	—
M3	1	$25 \leqslant CO_2 \leqslant 50$	—	余量	—	—
	2	—	$10 \leqslant O_2 \leqslant 15$	余量	—	—
	3	$25 \leqslant CO_2 \leqslant 50$	$2 \leqslant O_2 \leqslant 10$	余量	—	—
C	1	100	—	—	—	—
	2	余量	$0.5 \leqslant O_2 \leqslant 30$	—	—	—
N	1	—	—	余量	—	100
	2	—	—	余量	—	$0.5 \leqslant N_2 \leqslant 5$

参 考 文 献

［1］左前明．电力行业研究：新型电力系统的特点、趋势和投资机会［J/OL］．信达证券．2021 年 9 月 3 日．

［2］云潭．绿色引爆新型电力系统［J/OL］．钛媒体 APP．2022 年 1 月 4 日．

［3］刘振亚．特高压交流输电技术研究成果专辑（2012 年）［M］．北京：中国电力出版社，2014.

［4］张文亮．特高压杆塔结构试验系统［M］．北京：中国电力出版社，2009.

［5］樊东，徐跃明，佟晓辉．热处理工程师手册（第 3 版）［M］．北京：机械工业出版社，2011.

［6］王道光．实用热处理工艺守则［M］．北京：机械工业出版社，2013.

［7］常建伟，李凤辉，徐德录，等．输电铁塔用角钢韧脆转变温度评价方法研究［J］．热加工工艺．2015 年 5 月，第 44 卷第 10 期，64-68.

［8］常建伟，李凤辉，李光，等．我国输电铁塔用角钢低温性能评价［J］．钢结构．2015 年，第 6 期．第 30 卷．55-58.

［9］李凤辉，常建伟，徐德录，等．输电铁塔用大规格角钢低温性能研究［J］．新技术新工艺．2016 年，第 12 期．26-29.

［10］常建伟，乔亚霞．我国输电线路钢管塔用直缝焊管生产现状［J］．焊管．2013 年 8 月，第 36 卷第 8 期．55-60.

［11］肖曙红．管线用直缝焊管机械扩径及其影响因素研究［J］．石油机械，2007，35（03）：1-4.

［12］中国电力科学研究院有限公司．特高压交流工程线路物资制造及质量控制［M］．北京：中国电力出版社，2018.

［13］徐景华，杨保胤．标准紧固件［M］．北京：机械工业出版社，1996.

［14］许立坤，等．海洋环境紧固件防护涂层［M］．北京：化工工业出版社，2021.

［15］张先鸣，熊辉．紧固件热处理实践［M］．武汉：湖北科学技术出版社，2021.

［16］李新华，李国喜，吴勇，等．钢铁制件热浸镀与渗镀［M］．北京：化学工业出版社，2009.

［17］彼得·梅斯（Peter Maass），彼得·派斯克（Peter Peissker）．王胜明译．热浸镀锌手册［M］．北京：机械工业出版社，2015.

［18］刘书浩，等．带钢剪切断面层次分布对剪切工艺影响探究［J］．机械设计与制造，2012（10）．108-110.

［19］常建伟，李凤辉，徐德录，等．输电铁塔主材低温失效分析［J］．电力建设，第 33 卷第 3 期，2012 年 3 月．86-88.

［20］魏宝明．金属腐蚀理论及应用［M］．第 2 版．北京：化学工业出版社，2008.

［21］李晓刚．材料腐蚀与防护概论［M］．第 2 版．北京：机械工业出版社，2017.

［22］黄伯云，李晓刚，郭兴蓬．材料腐蚀与防护［M］．第 1 版．长沙：中南大学出版社，2009.

［23］卢锦堂，许乔瑜，孔纲．热浸镀技术与应用［M］．第 1 版．北京：机械工业出版社，2006.

［24］侯宝荣．中国腐蚀成本［M］．第 1 版．北京：科学出版社，2017.

［25］曹琛，郑山锁，胡卫兵，等．大气环境腐蚀下钢结构力学性能研究综述［J］．材料导报，2020，34（6）：1162-1170.

［26］俞霞，傅多智，何道斌．钢结构的大气腐蚀及防护措施［J］．安徽冶金科技职业学院学报，2005，15（3）：15-17.

［27］刘凯吉．大气腐蚀环境的分类及腐蚀性评定［J］．全面腐蚀控制，第 29 卷第 10 期，2015 年 10 月．26-27.

[28] 王光雍．自然环境的腐蚀与防护［M］，北京：化学工业版社，1997.
[29] 樊志彬，李辛庚．输电杆塔钢构件腐蚀防护技术现状和发展趋势［J］．山东电力技术，2013，191（1）：，30-34.
[30] 魏云鹤，于萍，刘秀玉，等．钢基表面热镀锌镁合金镀层及其耐蚀性能研究［J］．材料工程．2005（7），40-42.
[31] 熊自柳，张雲飞，姜涛．锌铝合金镀层的性能特点与发展现状［J］．河北冶金，2012，（4），8-11.
[32] 朱铄金，朱丽慧，刘茜，等．热浸镀锌合金技术的研究现状［J］，热处理，2008，23（3），20-23.
[33] 卢锦堂，许乔瑜，孔纲．热浸镀技术与应用［M］．北京：机械工业出版社，2006.
[34] 陈云，强春媚，王国刚，等．输电铁塔的腐蚀与防护［J］．电力建设．第 31 卷 第 8 期，2010 年 8 月，55-58.
[35] 王秀玉，朱德炜，程学启．对运行输电线路铁塔防腐问题的探讨［J］．山东电力技术，2006 年第 6 期（总第 152 期），55-56.
[36] 陈耀财，安贞基．输电铁塔腐蚀分析与有机涂料防护设计［J］．现代涂料与涂装，第 13 卷第 10 期，2010 年 10 月，23-27．
[37] 陈云，药宁娜，徐利民，等．输电线路铁塔表面锈蚀等级划分的探讨［J］．华北电力技术．2015 年第 4 期，30-33.
[38] 张波．热喷涂技术发展概况的研究［J］．机电信息，2019，606（36）：174-175.
[39] 李君．热喷涂技术应用与发展调研分析［D］．长春：吉林大学材料科学与工程学院，2015.
[40] 贾文．表面热喷涂技术的发展与应用［J］．昆明冶金高等专科学校学报，2003，19（2）：32-35.
[41] 张燕，张行，刘朝辉，等．热喷涂技术与热喷涂材料的发展现状［J］．装备环境工程，2013，10（3）：59-61.
[42] 徐滨士，张伟，梁秀兵，等．热喷涂材料的应用与发展［J］．材料工程，2001，（12）：3-7.
[43] 蔡宏图，江涛，周勇．热喷涂技术的研究现状与发展趋势［J］．装备制造技术，2014，（6）：28-32.
[44] 曲敬信，王泓宏．表面工程手册［M］．第 1 版．北京：化学工业出版社，1998.
[45] 苏贤涌，周香林，崔华，等．冷喷涂技术的研究进展［J］．表面技术，2007，36（5）：71-74.
[46] 徐龙．钢基材表面冷涂锌涂层的防腐蚀性能和机理研究［D］．合肥：中国科学技术大学材料科学与工程学院，2019.
[47] 李焱．“冷镀锌”在防腐蚀领域中的应用［J］．上海涂料，2007，45（7）：13-16.
[48] 杨焰，肖邵博，车轶材，等．冷涂锌涂料的应用现状及发展趋势［J］．电镀与涂饰，2015，34（22）：1293-1298.
[49] 郭继新，王娟．冷喷锌在宁东发电厂钢结构防腐中的应用［J］．价值工程，2014，33（19）：104-105.
[50] 何丽芳，郭忠诚．水性无机富锌涂料的应用研究［J］．表面技术，2006，35（1）：55-58.
[51] 权苗，孙佳佳，王娅丽，等．流变助剂对冷喷锌涂料性能的影响［J］．中国涂料，2017，32（9）：55-59.
[52] 高湛，李华．冷喷锌防腐工艺研究［J］．建材世界，2010，31（5）：80-82.
[53] 李彬．水性环氧富锌防腐涂料研究［D］．东营：中国石油大学（华东）材料系，2008.
[54] 伯仲维．防腐涂层在不同腐蚀环境中的防腐性能研究［D］．青岛：青岛理工大学土木工程学院，2013.
[55] 编辑部．防腐蚀涂料行业发展现状综述［J］．涂料技术与文摘，2008，（3）：3-13.
[56] 季卫刚，胡吉明，张鉴清，等．环氧树脂的磷、硅改性［J］．高分子材料科学与工程，2006，（2）：1-5.
[57] 郭文建，许立坤，于良民，等．氟碳涂层的研究现状［J］．上海涂料，2011，49（5）：46-49.
[58] 张希珍．谈钢结构防腐涂装［J］．山西建筑，2015，41（9）：85-86.
[59] 陈慧．涂装技术在工程机械中的应用现状与趋势［J］．工业技术，2018，10：36-37.

[60] 李伟战. 环保型涂装前处理技术开发方向 [J]. 中国西部科技，2010，9 (10)：7-11.

[61] 杨振波，李运德，师华. 低表面处理涂料技术现状及发展趋势 [J]. 工业技术，2009，28 (1)：61-63.

[62] 柳维成，郑铁英，计春艳. 钢结构防腐涂层配套体系的研究 [J]. 全面腐蚀控制，2005，(3)：33-37.

[63] 李敏风. 无气喷漆机在钢结构涂装上的应用（二）[J]. 电镀与涂饰，2008，27 (4)：57-58.

[64] 朱则刚. 活性溶剂涂料及其未来发展 [J]. 化学工业，2014，32 (11)：7-10.

[65] 赵文. 热固性粉末防腐涂料发展现状与应用前景 [J]. 山东化工，2021，50 (4)：92-95.

[66] 张辉，闫宝伟，杨帅，等. 功能性粉末涂料的研究现状与发展 [J]. 化学工业与工程，2021，37 (2)：92-18.

[67] 房亚楠，秦立光，赵文杰，等. 氟碳涂料在防腐领域的研发现状和发展趋势 [J]. 中国腐蚀与防护学报，2016，36 (2)：97-106.

[68] 李田霞，陈峰. 氟碳涂料国内外现状及发展趋势 [J]. 安徽化工，2012，38 (1)：12-18.

[69] 工信部等. 关于印发“十四五”智能制造发展规划的通知（工信部联规〔2021〕207 号），2021 年 12 月.

[70] 中国钢结构协会主编. 钢结构制造技术规程 [M]. 北京：机械工业出版社，2012.

[71] 张佩良，张信林. 电力焊接技术管理 [M]. 北京：中国电力出版社，2006.

[72] 戴为志，刘景凤. 建筑钢结构焊接技术——“鸟巢”焊接工程实践 [M]. 北京：化学工业出版社，2008.

[73] 王国凡主编. 钢结构焊接制造 [M]. 北京：化学工业出版社，2004.

[74] 张富强，朱心昆，梅东生. 微米级超细晶粒钢细化工艺的研究进展 [J]. 四川冶金，2007，(6)：5-10.

[75] 刘相华，陆匠心，张丕君，等. 400～500MPa 级碳素钢先进工业化制造技术 [J]. 中国有色金属学报，2004，14 (1)：207-210.

[76] 陈伟，秦忠，何雨洁. MES 系统在钢结构公司的应用研究与实现 [J]. 科技与创新. 2021 年第 16 期. 179-181.

[77] 张新民，段雄. 绿色制造技术的概念、内涵及其哲学意义 [J]. 科学技术与辩证法，第 19 卷第 1 期，2002 年 2 月，47-50.

[78] 崔喜，马雷，罗继虹. 绿色制造技术及其发展方向 [C]. 安徽节能减排博士科技论坛论文集，2007 年 12 月，253-256.

[79] 李海胜. 绿色制造技术及其发展趋势 [C]. 2009 海峡两岸机械科技论坛论文集，2009 年 9 月，407-412.

[80] 姚喆赫，姚建华，向巧. 激光再制造技术与应用发展研究 [J]. 中国工程科学，2020，22 (3)，63-70.

[81] 任成高，申晓龙，张明军，等. 高功率激光器及应用于厚板焊接的技术进展 [J]. 热加工工艺，2016 年 1 月第 45 卷第 1 期，11-15.

[82] 李红，栗卓新，巴凌志，等. 中国绿色焊接材料的现状和进展 [J]. 金属加工 热加工，2020 年第 10 期，19-22.

[83] 章永志. 三维数字化技术在输电线路设计中的应用研究 [J]. 中文科技期刊数据库（引文版）工程技术，2016 年第 10 月.

[84] 俞登科，张华，李永双，等. 输电线路工程三维数字化应用研究与展望 [J]. 智慧电力，2019 年 9 月，86-90.

[85] 潘冬伟，程庆和. 物联网技术在船舶数字化建造中的应用研究 [C] // 2018 年数字化造船学术交流会议. 2018.

[86] 李玉敏，周学良，单博，等. 智能制造技术推广服务与实践 [J]. 智能制造，2021 (4)：9.

[87] 刘明月. 国企数字化转型的难点及建议 [J]. 企业管理，2021 (05)：115-117.

[88] 张益，冯毅萍，荣冈. 智慧工厂的参考模型与关键技术 [J]. 计算机集成制造系统，2016 (1)：1-12.

[89] 徐卫国，尼尔·林奇. 数字工厂 [M]. 北京：中国建筑工业出版社，2015.
[90] 刘业峰，赵元. 智能工厂技术基础 [M]. 北京：北京理工大学出版社，2020.
[91] 谢振勇，周子琼，曾湘峰. 高效光伏电池智能制造车间关键技术研究 [J]. 内燃机与配件，2021 (15)：213-215.
[92] 胡旭东. 毛纺智能车间建设 [J]. 纺织机械，2018，301 (06)：59.
[93] 郑颖琦. 面向智能制造的生产车间布局优化研究 [D]. 桂林电子科技大学.